計算困難問題に対する
アルゴリズム理論

組合せ最適化・ランダマイゼーション
近似・ヒューリスティクス

J.ホロムコヴィッチ 著

和田幸一／増澤利光／元木光雄 訳

丸善出版

Translation from the English language edition:
Algorithmics for Hard Problems by Juraj Hromkovič
Copyright © Springer-Verlag Berlin Heidelberg 2001, 2003
Springer is a part of Springer Science+Business Media
All Rights Reserved

ペトラとパウラへ

生きていることは闇だ，とは，あなたの聞いてきたこと．
あなた自身も疲れたとき，疲れた者が言う其の言葉を繰り返しています．

しかし，私は言いましょう．まことに生きることは闇．
もし，そこに衝動がなければ．

そして衝動は盲目．そこに知識がなければ．

そしておよそ知識は空虚．そこに労働がなければ．

そして労働は空しい．そこに愛がなければ．

愛をもって労働するとき，あなたは自分をつなぎとめる．
自分自身に，ひとに，そして神に．

労働，それは目に見えるようになった愛．

愛なしで，ただ嫌気だけで働くなら，
むしろ働くのをやめて
神殿の門のわきに坐り，喜びをもって働く者に
施しを乞いなさい．

預言者

カリール・ジブラン

『預言者』（佐久間 彪訳，至光社）

第2版（増補版）への序文

　アルゴリズムという用語は計算機科学の主要な概念であり，アルゴリズム論は理論計算機科学における数少ない基礎的な核のひとつである．この分野の近年の発展がこの事実を裏付けている．理論計算機科学の他の分野においては，それほど活発ではなく，最近においては（PCP-定理や素数判定に対する効率的なアルゴリズムなどと同等な）深遠な進展やワクワクするようなブレークスルーは達成されていない．最も刺激的な発展はまさに困難問題に対するアルゴリズム論の分野で起こっており，それが本書のトピックである．

　本書の目的は，困難問題に対してアルゴリズムを設計するための概念と方法をわかりやすく，系統的に導入することである．単純性が本書の主要な教育的特徴である．全てのアイデア，概念，アルゴリズム，解析，証明に対しては，正しい洞察を与えるためにまず直観的に説明され，続いて，注意深く詳細が記述される．この戦略に従って，最適であるが技巧的すぎる結果を示すのではなく，最もわかりやすい例を用いて，アルゴリズムの設計法を提示することとした．その結果，本書の第1版では上級コースに対しては十分深い内容を含ませることができなかった節が残っていた．

　第2版において，この欠点を取り除くために，最も興味深いトピックのいくつか——素数判定に対する乱択アルゴリズムと近似アルゴリズムの設計における線形計画法の応用に対して題材をふやした．この第2版には，素数判定に対する Solovay-Strassen アルゴリズムと Miller-Rabin アルゴリズムを動作の解析（エラー確率）も含めて収録している．それらに対して関連のある詳細の全てを与えるために，代数と数論の節を拡張している．線形計画法への緩和の威力を説明するために，LP-双対法の概念と主双対法の説明を付け加えた．このトピックへの導入として，最大フロー問題に対する Ford-Fulkerson 擬多項式時間アルゴリズムを用いている．これは擬多項式時間アルゴリズムの節に入れられている．

　第1版のいくつかの部分を拡張したのに加えて，数多くの小さな改良と訂正を行なった．これらは私にコメントと意見を送ってくれた方々のおかげである．特に，Dirk Bongartz, Hans-Joachim Böckenhauer, David Buttgereit, Thomas Deselaers, Bernd

Hentschel, Frank Kehren, Thorsten Uthke, Jan van Leeuven, Koichi Wada, Dieter Weckauf, Frank Wessel は本書の多くの部分を注意深く読みコメントしてくださった. ここに感謝の意を表します. さらに, Dirk Bongartz と Hans-Joachim Böckenhauer には本書の新しい部分における実りある議論をしていただき, 貴重な意見をいただきました. ここに感謝します. LATEX の専門家である Markus Mohr の専門的知識は非常に役にたちましたので, 感謝致します. Springer-Verlag の Mrs. Ingeborg Mayer との卓越した共同作業にも感謝致します.

　最後に, 本書の執筆に果てしなく取り組むよう励ましてくださった Peter Widmayer に深く感謝致します.

アーヘン, 2002 年 10 月　　　　　　　　　　　　　　　　J. ホロムコヴィッチ

序文

　困難問題の解決に成功するためには，現在の計算技術のどんな標準的な改良にも増して，アルゴリズムの設計，ことに困難問題のためのアルゴリズムの設計が不可欠である．それゆえに，困難問題を解決するためのアルゴリズムの設計は理論的見地のみならず，実際的な見地からも，現在のアルゴリズム研究の中核である．アルゴリズム論に関する一般的な教科書や，局所探索，乱択化，近似アルゴリズムやヒューリスティックスなどの特別なアプローチに特化した本もたくさん出版されている．しかしながら，困難問題を解くことに対するアルゴリズムの設計に焦点をあて，困難問題を攻略するための主要な可能性を系統的に説明し，結びつけ，かつ比較したような教科書はこれまでに存在していない．この話題は計算機科学の中では根本的に重要なことであり，本書はこのギャップを埋めることを目的としている．

　もう1つの動機は，おそらくこちらの方が本書を書くための主な理由であるが，教育を考えてのことである．計算機科学におけるアルゴリズムの領域は近年非常にダイナミックに発展しており，研究に関しても，種々の深遠な結果，新しい概念や新しい方法が発見されている．これまでになされた貢献のいくつかは非常に根本的であるので，計算機科学を専攻する全ての学生に対して教育すべきパラダイムである．残念なことに，現実はそれにはほど遠い．その理由は，これらのパラダイムが計算機科学のコミュニティで十分には知られておらず，それゆえ，学生や現場の人たちに十分伝達されていないからである．このような好ましくない状況がおこる主な理由は，特に乱択アルゴリズムや近似アルゴリズムの分野におけるアルゴリズム論や計算論における新しい貢献に対して，簡単な説明やわかりやすい提示が初等コースにおける教科書レベルでできていないことにある．このことは，もはや特定の科学分野では遅かれ早かれ常識となると思われる重要な貢献でも，広いコミュニティにおいてはパラダイムとしていつまでも認識されず，大学の基礎課程には難しすぎるし，専門的すぎるとさえ非専門家たちによって考えられているときの典型的な状況である．本書の目的は，このパラダイム的な研究結果を教育的な常識に変えることを加速することである．

　本書は，困難問題に対するアルゴリズム論への「格安チケット」を提供することを

意図している.「格安」とはこの導入部で示されている内容の詳細が本文中で正確に説明されていないことを意味するのではなく,できる限りわかりやすく提示されており,そのためにできる限り単純な数学を用いて形式化されていることを意味している.従って,本書の主要な目的は次のような最適化問題として形式化できる.

入力: 計算機科学専攻の学生,または計算機に携わる現場の人.

制約:
- 入力に対して,困難問題を解決するための主要なアイデア,概念,アルゴリズム設計技法(擬多項式時間アルゴリズム,パラメータ化計算量,局所探索,分枝限定法,線形計画法への緩和,乱択アルゴリズム,近似アルゴリズム,焼きなまし法,遺伝アルゴリズムなど)をわかりやすく,しっかりと理解できるように教育する.
- それぞれの話題に対して,明白で直観的なアイデアのレベルと正確で形式的なレベルのいずれにおいても説明する.また,利用した全ての数学に関しては全て本書の中で説明する.
- 特定の困難な問題を攻略するために,異なる方法を組み合わせる可能性とともに,並列化による可能な高速化を議論する.
- 特定の問題を解くための異なったアプローチに対して理論的方法と実験的方法を比較する.

コスト: 入力が本書の内容(特に,用いられている数学の抽象レベルと数学的な証明の難しさ)を学習するために必要とする時間の期待値.

目的: 最小化.

この困難な最適化問題に対して本書が実行可能解を提供できるよう著者は希望している.本書で与えられる解の精度(近似比)がどの程度であるかを判定することは読者に委ねられている.

本書全てに渡り注意深く読んでいただき,数多くのコメントや意見をいただいたHans-Joachim Böckenhauer, Erich Valkema, Koichi Wada に深く感謝します.興味深い議論と本書の初期の草稿についてコメントをいただいた Ivana Černá, Vladimír Černý, Alexander Ferrein, Ralf Klasing, Dana Pardubská, Hartmut Schmeck, Georg Schnitger, Karol Tauber, Ingo Wegener, Peter Widmayer に感謝します.本書全体に渡る作成過程における優れた手助けに対して Hans Wössner と Springer-Verlag のチームに感謝します.LATEX の専門家である Alexander Ferrein の専門的知識と助言はたいそう有用であり,非常に感謝しています.

最後に,本書の執筆の間,妻 Tanja の愛と忍耐に感謝します.

アーヘン,2001 年 3 月 J. ホロムコヴィッチ

日本語版への序文

　日本の皆さん，本書へようこそ．

　2000年に私が本書の第1版の最後の部分に取り掛かっていた頃，私の友人である和田幸一教授がアーヘンの私のところに滞在していました．私にとっては，彼と彼のすばらしい家族のアーヘンでの滞在は嬉しかったのですが，そのころ私は非常に多忙で，私の滞在者に十分な時間がとれないことに罪悪感を感じていました．そのような時，私は和田教授に本書の一部を渡しました．新しい講義形式に対する概念を彼に見てもらうのと同時に，私が時間がとれない理由を間接的に説明するために．驚くべきことに，数日後，和田教授はこの本を大変気に入り，本書を日本語に翻訳したいと私に申し出てくれました．500ページを越える技術的で複雑な専門書を翻訳することは大変な仕事であり，それに時間を費やすことは，人生の限られた時間において，本来の仕事でない別の仕事を敢えて行なうことに相当します．それゆえ，私は和田教授と共訳者の方々に，この大変な仕事に対して感謝を述べたいと思います．

　読者の皆さん，私は日本，とりわけ日本人が好きです．この美しい日本には友人もおり，日本への滞在はたいそうたのしいものになりました．日本は私が訪れた国の中で最ももてなしの良い国だと思っていますので，私の仕事の一部がこのような形で皆さんに利用していただけることを光栄に思っています．

　本書を書いた第一の理由は，現在のアルゴリズム論の核となる，困難問題に対するアルゴリズム設計技法において得られた成果の概観を順を追って示すことを初めて行なうことにありました．この目的については，序文と序論において十分述べましたので，ここでは改めて繰り返しません．ここでは，本書執筆の目的である新しい講義形式への挑戦について少し述べたいと思います．アーヘン工科大学では，1講義あたり，通常数百人の学生が受講していました．学生が我々の高い必要条件を満たすことを支援し，彼らの学習がうまくいくようにするために，たとえ全ての読者が講義に出席するわけではなくても，教授される内容に関する専門知識を得ることができるような教材を作ろうと決心しました．そのような高い期待を満足させるためにはどのようにすればよいのでしょうか？最初のアイデアは，全ての主題を直接，最小単位の形

式的な詳細部分に分割して提示する一方，直観的なアイデアやアプローチの経緯に対しては十分な紙数をとって説明するというものです．講義を行なう上で重要な概念である，「単純さ」，「わかりやすさ」と「全部を説明しないことが時として多くの情報量を伝える」が，本書を著すことの基礎になっています．考え，概念や方法などは単純な言葉で説明します．できる限り具体的にすることを心がけることによって，不必要な数学的抽象化を用いることを避けました．複雑な議論や証明を提示する時は，まず，単純でわかりやすい方法でそのアイデアを説明し，その後で形式的で詳細な証明を与えるようにしました．知られている最良の結果を述べる時には，わかりやすさを重視しました．最善の結果よりも弱い結果をわかりやすく説明した方が簡潔にアイデアを述べることができる時は，最善の結果に対して，強い結果であるけれども技巧が必要でわかりにくい議論を述べる代わりに，そのようにしました．ほかの数多くの研究ガイドや教科書では，第一に最も重要な目的は，ある量の情報を可能な限り最小のスペースで伝達することである，という間違った仮定をしています．本書の裏に隠された哲学はそれとは異なり，プレゼンテーションの質こそ，示される題材の量よりも重要であると考えています．本書を通して，単純なものから複雑なものまでの進展に対して系統的に小さなステップをきざみ，思考を中断させることがないようにしました．新しい言葉を創造することには特別に重点を置きました．なぜならば，このことは求めるべき領域において，思考方法の開発を理解させるためには本質的に重要だからです．本書は自己完結的に書かれており，それによって，これらの講義の内容を全て，何回でも繰り返すことができようになっています．この講義に参加することができる利点としては，人それぞれのスピードに応じて学ぶことができることです．これによって，本書は学習と教育いずれにおいても役に立つことを心から望み，読者に本書を楽しく読んでもらえるならば，こんなうれしいことはありません．

チューリッヒ，2005 年 8 月　　　　　　　　　　　　　　J. ホロムコヴィッチ

目　次

第1章　序論　　　　　　　　　　　　　　　　　　　　　　　　　　1

動機と目的 1

学生と実際に計算機に携わる人に対して 2

講義をする先生方へ 3

本書の構成 4

第2章　初歩的な基礎　　　　　　　　　　　　　　　　　　　　　11

2.1　序論 11

2.2　数学の基礎 13

2.2.1　線形代数 13

2.2.2　組合せ，数え上げ，グラフ理論 31

2.2.3　ブール関数とブール式 47

2.2.4　代数と数論 57

2.2.5　確率論 86

2.3　アルゴリズム論の基礎 100

2.3.1　アルファベット，語，言語 100

2.3.2　アルゴリズム問題 104

2.3.3　計算量理論 122

2.3.4　アルゴリズム設計技法 145

第3章　決定性アプローチ　　　　　　　　　　　　　　　　　　161

3.1　序論 161

3.2　擬多項式時間アルゴリズム 165

3.2.1　基本概念 165

3.2.2　動的計画法とナップサック問題 166

3.2.3　最大フロー問題と Ford-Fulkerson 法 170

xii 目 次

	3.2.4	適用可能性の限界	181
3.3	パラメータ化計算量	183
	3.3.1	基本概念	183
	3.3.2	パラメータ化計算量の適用可能性	185
	3.3.3	関連する話題	188
3.4	分枝限定法	190
	3.4.1	基本概念	190
	3.4.2	Max-Sat と TSP に対する適用例	191
	3.4.3	関連する話題	197
3.5	指数時間の最悪計算量の低減	198
	3.5.1	基本概念	198
	3.5.2	計算量が 2^n より小さい 3SAT の解法	199
3.6	局所探索	204
	3.6.1	序論と基本概念	204
	3.6.2	近傍と Kernighan-Lin の深さ可変探索の例	208
	3.6.3	解の精度と計算量のトレードオフ	213
3.7	線形計画法への緩和	225
	3.7.1	基本概念	225
	3.7.2	線形計画法による問題の記述	227
	3.7.3	シンプレックスアルゴリズム	235
	3.7.4	丸め，LP-双対法，プライマルデュアル法	244
3.8	文献と関連する話題	262

第 4 章 近似アルゴリズム **267**

4.1	序論	267
4.2	基礎	268
	4.2.1	近似アルゴリズムの概念	268
	4.2.2	最適化問題のクラス分け	273
	4.2.3	近似の安定性	274
	4.2.4	双対近似アルゴリズム	278
4.3	アルゴリズムの設計	281
	4.3.1	序論	281
	4.3.2	被覆問題，貪欲法，線形計画法への緩和	282
	4.3.3	最大カット問題と局所探索	291
	4.3.4	ナップサック問題と PTAS	294
	4.3.5	巡回セールスマン問題と近似の安定性	306

xiii

| | 4.3.6 | 箱詰め問題，スケジューリング，双対近似アルゴリズム . . . | 333 |

4.4 近似不可能性 342

	4.4.1	序論	342
	4.4.2	NP 困難問題の帰着	343
	4.4.3	近似保存帰着	346
	4.4.4	確率的証明検査と近似不可能性	356

4.5 文献と関連する話題 366

第 5 章　乱択アルゴリズム　　369

5.1 序論 369

5.2 乱択アルゴリズムの分類と設計パラダイム 371

	5.2.1	基礎	371
	5.2.2	乱択アルゴリズムの分類	374
	5.2.3	乱択アルゴリズムの設計パラダイム	389

5.3 乱択アルゴリズムの設計 393

	5.3.1	序論	393
	5.3.2	平方剰余 —— ランダムサンプリングとラスベガス法	395
	5.3.3	素数判定 —— 豊富な証拠と片側誤りモンテカルロ法 . . .	400
	5.3.4	等価性判定 —— 指紋法とモンテカルロ法	419
	5.3.5	MIN-CUT 問題に対する乱択最適化アルゴリズム	426
	5.3.6	MAX-SAT 問題とランダムサンプリング	435
	5.3.7	3SAT と乱択多スタート局所探索	442

5.4 デランダマイゼーション 447

	5.4.1	基本的なアイデア	447
	5.4.2	確率空間の縮小によるデランダマイゼーション	448
	5.4.3	確率空間の縮小と MAX-EkSAT	454
	5.4.4	条件付き期待値法によるデランダマイゼーション	456
	5.4.5	条件付き期待値法と充足可能性問題	458

5.5 文献と関連する話題 463

第 6 章　ヒューリスティクス　　467

6.1 序論 467

6.2 焼きなまし法 469

	6.2.1	基本概念	469
	6.2.2	理論と実験による考察	473
	6.2.3	乱択タブーサーチ	477

xiv 目 次

6.3	遺伝アルゴリズム	481
	6.3.1 基本概念	481
	6.3.2 自由パラメータの調整	489
6.4	文献と関連する話題	495

第 7 章 困難問題を解くためのガイド   **497**

7.1	序論	497
7.2	アルゴリズム的な仕事にとって代わるべきこと，コストに関して 一言	498
7.3	異なる概念と技法の融合	499
7.4	異なるアプローチの比較	502
7.5	並列化による高速化	504
7.6	新しいテクノロジー	513
	7.6.1 序論	513
	7.6.2 DNA 計算	515
	7.6.3 量子計算	522
7.7	基本的用語の辞書	528

参考文献   **539**

訳者あとがき   **559**

索 引   **561**

第1章　序論

> あまりに初等的にみえる部分を読み飛ばす上級
> の読者は難し過ぎる部分を読み飛ばす読者より
> も多くのものを見逃すかもしれない.
>
> G. ポーヤ

動機と目的

　本書は，解くのが困難な計算問題，すなわち，低次数の多項式時間で解けるアルゴリズム[1]が解明されていない問題に対してアルゴリズムを設計するための「格安チケット」を提供する．本書では，その基本的概念と以下のようなアルゴリズム設計技法を系統的に表現することに焦点を絞っている．擬多項式時間アルゴリズム，パラメータ化計算量，分枝限定法，局所探索，指数時間アルゴリズムの最悪計算量の低減，双対近似アルゴリズム，近似の安定性，乱択化（敵対者の欺き，豊富な証拠，指紋法，ランダムサンプリング，ランダム丸め），デランダマイゼーション，焼きなまし法，タブー探索，遺伝アルゴリズム，など．これらの概念と技法を表現するために，まずいくつかの基本的な直観的アイデアから始め，その後で引き続き詳細に説明する．これらの方法を適用するために例として用いられるアルゴリズムは単純とわかりやすさに重点を置き，正確さ（計算量や信頼性）を多少犠牲にしている．アルゴリズムの設計のためのいくつかの方法は系統的に説明されるだけでなく，与えられた応用に対する実際的なアルゴリズムにできるように，それらの方法を組み合わせたり，比較したり，同時に記述したりもする．DNA 計算や量子計算のような，将来的に可能性がある技術に対する概説も与えている．

　本書を書いた一番の動機は教育である．困難問題に対するアルゴリズム研究の領域は近年非常にダイナミックに発展を続けており，この分野における研究によっていくつかの深遠な結果，新しい概念，新しい方法が発見されてきた．達成された貢献のうちのいくつかは非常に根本的であり，計算機科学者全員に伝えるべきパラダイムということができる．本書の主要な目的は，これらの根本的な研究結果を教育の古典へと変換させる過程を加速することである．

---

[1] 本書では問題の困難さの解釈を NP 困難に限定していない．NP 困難かどうかわかっていない（多項式時間で解けるかどうかも知られていない），素数判定のような問題もここでの興味の中心である.

2　第1章　序論

学生と実際に計算機に携わる人に対して

　本書へようこそ．本書は主に諸君を対象に書かれており，本書のスタイルはその目的を達成するために構成されている．本書は実際的な問題を解決するために，必要な理論的な知識の重要さを示す非常に魅力的な内容を含んでいる．皆さんの中には理論は退屈で，計算機科学者には必要なく，計算機科学や工学における応用分野のコースに比べて難しすぎると考えている人がいるかもしれない．さらに，皆さんの中にはこの理論のコースを資格証明をとるためにやらなければならない厄介なハードルとしか捉えていない人もいるであろう．本書は，そのような判断が正しくないこと，すなわち，理論は実際と直接的に明白な関係があるわくわくさせるようなアイデアを持っており，それらは非常に理解しやすいものであることを示そうとしている．そのような仕事を達成することは，アルゴリズム論は他の理論的分野と比べて，応用との関係が単純で直接的であるので，それほど難しいことではない[2]．さらに，本書ではさまざまな実際的な問題を，いくつかの自明でない理論的な結果のみを使って解くことができることを示し，よって多くの応用における成功はアルゴリズム設計者の理論的なノウハウに強く依存していることがわかるであろう[3]．最も興味をそそる効果は，何らかのナイーブなアルゴリズムを実行するためには何百万年も計算機を動作させなければならないものが，理論的概念を利用することによって数秒で収まることであろう．もう1つの決定的な事実は，深遠な理論的結果を使うことは，ある複雑で抽象的な神秘的な数学の難しい研究には必ずしも結び付かないということである．ここでは，数学は形式的言語として，あるいは道具として用いるが，それ自身神秘的な結果としては用いない．ここでは，数学的な抽象における基本的で非常に単純な形式的言語だけで主要なアイデアを明確に形式化したり，ある主張を証明するには十分であることを示す．**単純性**が本書の主たる教育的特徴である．全てのアイデア，概念，アルゴリズム，証明はまず直観的に説明されてから詳細が注意深く記述される．段階的に難しくなる話題は一歩一歩順に説明がなされる．

　各節の最後には，その節の主要なアイデアと結果をもう一度見直すために，直観的なまとめが置かれている．各節を読み終わった後，重要なアイデアを見落としていないかどうかを確認するために，このまとめを見てその節における知識を確認することを勧める．各節で導入された新しい用語もその節の最後にまとめられている．

　本書によってアルゴリズムに対する現代の理論が楽しめるようになる基礎力をつ

---

[2] すなわち，いくつかの応用における理論的結果の妥当性や有用性を示すためには，それほど長く複雑な道を必要とはしない．

[3] その代表例が，現在決定性多項式時間アルゴリズムが知られていない素数判定問題である．この問題は大きな素数を生成する必要がある公開鍵暗号系に対して本質的である．数論，確率論とアルゴリズム論における自明でない結果と概念を使わない限り，この問題に対する実際的なアルゴリズムは開発できなかった．

け，特定の技術的な知識（は今は役立つものの，何年後には陳腐化する）ではなく，パラダイム（は何十年後も有用であり，今後の発展の核にすらなり得る）を学習されることを希望する．

講義をする先生方へ

本書は，Christian-Albrechts-University of Kiel と Technological University (RWTH) Aachen で定期的に開講された**アルゴリズム論**と**近似アルゴリズムと乱択アルゴリズム**の講義に基づいている．**アルゴリズム論**の講義は古典的なアルゴリズム設計技法から始まるアルゴリズム論であるが，主として**困難**問題を解くことに重点がおかれた基本的コースである．ここで，**困難**とは NP 困難だけを考えているわけではなく，むしろ，低次数の多項式時間アルゴリズムが発見されていない任意の問題を困難と考えていることに留意されたい．効率的なアルゴリズムを設計するための決定性アプローチについての 2.3 節と第 3 章とヒューリスティックスについて述べた第 6 章がこのコースに完全に含まれている．さらに，近似アルゴリズムの基本的なアイデアと概念（第 4 章）と乱択アルゴリズム（第 5 章）とこれらの概念を表す最も簡単なアルゴリズム例もこの基本的コースに含まれている．第 4 章と第 5 章は上級コースの**近似アルゴリズムと乱択アルゴリズム**に基づいている．このコースの最も難しい部分は近似不可能性についての 4.4 節とデランダマイゼーションについての 5.4 節であるので，これらの節は講義の際随時省略してくださってもよい．一方，焼きなまし法や遺伝アルゴリズムのような確率的ヒューリスティックスの振舞いに対する，より複雑な解析を付け加えられてもよいであろう．第 7 章では異なった方法によって設計されたアルゴリズムを結合したり，比較したり，並置したりしているので，いずれのコースにも含まれる部分である．DNA 計算と量子計算の基本（7.6 節）は上級コースの最後のところで将来の可能な技術を展望する形で教えられるとよいと思われる．

本書では演習問題からなる節を作らず，本文中に直接演習問題をおく形をとった．演習問題はそれらが示されている場所の内容と密接に関係があるので，演習問題の直前に表された内容を理解したり，理解を深めるのに役立つ．演習問題を解くのに本書で示されていない，自明でない新しいアイデアがいくつか必要な場合は，その問題に (*) を付けた．明らかに，この印 (*) は読者の知識に依存している．提示されたトピックをより深く学習するためにはさらに演習問題を作る必要があることに留意されたい．

本書は自己完結型で書かれており，提示されたアルゴリズムの設計と解析に必要な全ての数学は 2.2 節に書かれている．他の文献を読む必要があるのは，提示されている，あるいは関連するトピックをより深く知ろうとする時のみである．本書は困難問題に対するアルゴリズム論を導入するものであり，よってこの分野の専門家になるた

めには関連する文献を読む必要があることにもう一度言及しておく．各章の最後に置かれている関連する文献では対応する文献への参照があり，この目的のために役に立つと思われる．

　本書では主として3つの教育的配慮をしている．まず第1に，それぞれのトピックに対して**系統的**な表現をしていることである．これを達成するためにある既知の概念を修正するだけではなく，これまでこの分野では概念として認識されていなかった概念にも名前を付けた．2番目は，本書のそれぞれの部分ではまず形式的でない直観的な説明から始めて，次に詳細な形式的な記述や例を示し，最後に再び形式的でない議論で締めくくっている（すなわち，常に出発点に立ち戻り，初期の目的とその実現とを対比させている）．3番目の配慮は**単純化**である．ここでのトピックに関しては数学を使うことは避けられないので，形式化はできる限り単純化し，抽象度を低くするようにしている．さらに，特定の概念や設計技法を例示するためのアルゴリズムを選ぶ時は，最良の（しかし技巧的な）アルゴリズムを示すことはせず，その方法をわかりやすく表した応用を示すことにした．全ての技術的な証明は，単純な証明のアイデアをまず示し，そのアイデアを注意深く詳細化していった．

　本書の序文において，本書の主な目的を困難問題に対するアルゴリズム論を最短時間で学習するという最適化問題として形式化した．入力を学生ではなく，先生方とすると，この問題は，このトピックに対する講義を準備するために必要な時間を最小化する問題として形式化し直すことができる．本書によって講義の準備時間が短縮できるだけでなく，たとえアルゴリズム論にはあまり興味がない場合でさえ，そのような講義をしてみたいという気持ちが湧いてきたり，他の講義の中でも本書のいくつかの部分を使用してみたいという気持ちを引き起こすような存在として本書が皆さんを励ましてくれることを願う．本書で示されたほとんどのアルゴリズムはアルゴリズム論における宝石であり，それらのうちのいくつかは計算機科学の他の分野におけるパラダイム的なアイデアや概念を例示するために使うことができるであろう．

本書の構成

　本書は3部からなっている．第1部は第2章であり，通常学部で教えられる数学とアルゴリズム論の初歩的な基礎からなる．第2部である第3，4，5，6章は本書の主要な話題である．すなわち，困難問題に対する効率的なアルゴリズムの設計のための方法が系統的に記述されている．第3部は第7章であり，第2部で示された方法の応用分野へのガイドである．以下では，各章の具体的な詳細を述べよう．

　第2章は2つの大きな節からなっており，すなわち**数学の基礎**と**アルゴリズム理論の基礎**である．最初の節の目的は第3，4，5，6章で示されるアルゴリズムを設計し解析するために必要な全ての形式的概念や議論の詳細が説明されるという意味にお

いて本書を自己完結にすることである．線形代数，ブール論理，組合せ論，グラフ理論，代数，数論，確率論の初歩がこの節で示される．唯一難解な部分は数論における基本的結果の証明であり，この結果は第5章の乱択アルゴリズムを設計するために必要となるものである．本書では，読者は数学の基礎の節の話題には精通していることを前提としている．本書の中心的話題であるそれ以降の章を読み始める前にこの節を読む必要はない．この節は読み飛ばして，特定のアルゴリズムを理解するために必要となった時にその結果を見られる方がよい．**アルゴリズム理論の基礎**の節ではアルゴリズムと計算量理論の基本的なアイデアと概念が説明され，同時に本書で使用される記法を確定する．上級コースの読者にとっても，この節は本書の哲学の基礎を示してあるので，この節を読むことは有用であろう．

3, 4, 5, 6の各章は困難問題を解くために必要な基礎的な概念とアルゴリズム設計技法を系統的に示している．ここで，**概念**という語と**アルゴリズム設計技法**という語は注意深く使い分けている．分割統治法，動的計画法，分枝限定法，局所探索，焼きなまし法などの**アルゴリズム設計技法**はアルゴリズムの可能な実現や並列化に対しての枠組さえも与えるうまく定義された構造を持っている．擬多項式時間アルゴリズム，パラメータ化計算量，近似アルゴリズム，乱択アルゴリズムなどの**概念**は困難問題を取り扱う方法に関するアイデアと大まかな枠組を形式化するものである．したがって，ある特別な場合に困難問題を取り扱うための概念を実現するために，あるアルゴリズム設計技法（または異なる技法の組合せ）を適用する必要がある．

第3章の「**決定性アプローチ**」は困難問題を解くための決定的な方法である．この章は6つの基本的な節からなっている．最初の3つの節では困難問題を取り扱うための古典的なアルゴリズム設計技法，すなわち，分枝限定法，局所探索，線形計画法への緩和について述べる．後半の3つの節では，擬多項式時間アルゴリズム，パラメータ化計算量，最悪の指数時間計算量の低減の概念について述べる．全ての節は同じ方法で説明される．まず，対応する方法（概念またはアルゴリズム設計技法）が説明されて形式的に記述される．次に，特定の困難問題に対してあるアルゴリズムを設計することによってその方法が例示され，最後にこの方法の限界が議論される．

擬多項式時間アルゴリズムと**パラメータ化計算量**の概念は，特定の困難問題の全ての入力インスタンスの集合を**易しい**問題インスタンスの集合と**難しい**問題インスタンスの集合に分割し，易しい入力インスタンスに対して効率的なアルゴリズムを設計するというアイデアに基づいている．擬多項式時間アルゴリズム（3.2節）の概念を例示するために，ナップサック問題に対してよく知られた動的計画法のアルゴリズム[4]を示す．強NP困難性の概念は，ある困難問題に対して擬多項式時間アルゴリズムが存在しないことを証明するために用いられる．パラメータ化計算量の概念（3.3節）

---

[4] このアルゴリズムは後で近似アルゴリズム (FPTAS) を設計するためにも使用される．

6 第 1 章 序論

はここでは擬多項式時間アルゴリズムの一般化として提示される．そのことを例示するために，頂点被覆問題に対する 2 つのアルゴリズムを示す．強 NP 困難性はまたこの概念の適用可能性の限界を示すためにも使用される．

分枝限定法（3.4 節）は，最適化問題を解くために使用される古典的なアルゴリズム設計技法であり，この動作と性質を示すために，最大充足可能性問題と巡回セールスマン問題を選んだ．分枝限定法と他の概念や技法（近似アルゴリズム，線形計画法への緩和やヒューリスティックなど）を組み合わせる方法が議論される．

指数時間アルゴリズムの最悪計算量の低減（3.5 節）の概念は，ある $c < 2$ に対して $O(c^n)$ 時間の計算量を持つアルゴリズムを設計することに基づいている．そのようなアルゴリズムは大きな入力サイズに対してさえ実際的となり得る．この概念は特に充足化問題に対してうまく働き，この問題に対する単純なアルゴリズムを示す．この概念のさらなる応用例は乱択アルゴリズムについての第 5 章で示される．

3.6 節では**局所探索**の基本的枠組を示し，**Kernighan-Lin の深さ可変探索**アルゴリズムを示す．これらの技法は最適化問題を取り扱うために使われ，選ばれた局所近傍に関して局所最適解を与える．解の精度と局所探索の計算量のトレードオフを研究するために，多項式時間探索可能な近傍と正確な近傍の概念が導入される．局所探索に対して病的な振舞いをする巡回セールスマン問題のある入力インスタンスが示される．ここで，病的に振舞う入力インスタンスというのは，唯一の最適解を持ち，指数サイズの近傍において指数個の 2 番目に良い局所最適解が最適コストの指数サイズのコストを持つような入力インスタンスを意味している．

3.7 節は最適化問題を解決するために用いられる**線形計画法への緩和**のための技法についてである．この技法の実現は 3 ステップからなっている．第 1 のステップ（帰着）は最適化問題の与えられた入力インスタンスを整数計画法の入力インスタンスとして表現する．これを例示するために最小重み頂点被覆問題とナップサック問題を用いる．第 2 のステップ（緩和）は整数計画法の入力インスタンスを線形計画法のインスタンスとして解く．このステップの実行例を示すためにシンプレックスアルゴリズムを簡単にわかりやすく説明する．第 3 のステップは与えられた最適化問題のもとの入力インスタンスに対する高精度の実行可能解を計算するために線形計画法の入力インスタンスに対して計算された最適解を利用する．これらを示すために，丸め，LP 双対性とプライマルデュアル法の概念が議論される．

第 4 章「**近似アルゴリズム**」の主たる目的は以下の通りである．

(1) 最適化問題の近似の概念の基本を説明する．
(2) 効率的な近似アルゴリズムの設計に対するわかりやすい例を示す．
(3) 近似の概念の適用可能性の限界を証明するための基礎的な方法（すなわち，多項式時間での近似不可能性に関する下界を証明するための方法）を示す．

短い序論（4.1 節）の後，4.2 節では多項式時間近似可能性の基本概念を導入する．この概念はアルゴリズム論における最も魅惑的な効果の１つを示している．巨大で不可避な量の物理的仕事をほんの少しの条件（最適解を出す代わりに最適解のコストの高々ε $(>0)\%$ だけ異なるようなコストを持つ解を出すという条件）に替えるだけでパソコン上で数秒の仕事に変えることができる．相対誤差，近似比，近似アルゴリズム，近似スキームといった基本的な用語の導入に加えて，多項式時間近似可能性の精度に基づく最適化問題の分類が与えられる．多くの場合，近似アルゴリズムを設計するために標準的な概念とアルゴリズム設計技法を用いることができる．4.2 節では，近似アルゴリズムの設計のために開発された２つの特別な概念（双対近似アルゴリズムと近似の安定性）が説明される．

4.3 節では特定の近似アルゴリズムの設計を行う．4.3.2 節で頂点被覆問題に対する単純な 2-近似アルゴリズムを与え，この問題を重み付きに一般化した時にも近似比 2 を得るために線形計画法への緩和技法を適用する．さらに，集合被覆問題に対して $\ln(n)$-近似アルゴリズムを設計するために貪欲法を適用する．4.3.3 節では最大カット問題に対して単純な局所探索アルゴリズムによって近似比２が達成できることを示す．4.3.4 節では，まず単純なナップサック問題に対して多項式時間近似スキームを設計するために貪欲法としらみつぶし法を組み合わせる．近似の安定性の概念を用いて，この近似スキームは，一般のナップサック問題に拡張できることを示す．最後に，3.2 節でのナップサック問題に対する擬多項式時間近似アルゴリズムを用いて，この問題に対して完全多項式時間近似アルゴリズムを設計する．4.3.5 節では巡回セールスマン問題 (TSP) と，近似の安定の概念を取り扱う．まず，重みが距離である TSP に対する最小全域木アルゴリズムと Christofides のアルゴリズムを示す．TSP はどのような多項式時間近似アルゴリズムも許さないので，近似の安定性の概念を用いて，TSP の全ての入力インスタンスの集合を多項式時間近似性に関して，無限のクラスに分割する．これらのクラスの近似比は 1 から無限大まで大きくなる．4.3.6 節では双対近似アルゴリズムの概念の応用を示す．箱詰め問題に対する双対多項式時間近似スキームの設計を利用して，メイクスパンスケジュール問題に対して多項式時間近似スキームを構成する．

4.4 節では特定の最適化問題に対して多項式時間近似可能性に関する下界の証明法を示す．これらの方法は３つのグループに分けられる．最初のグループは，NP 困難な決定問題に対する古典的な帰着である．第２のグループは解の精度を保存するような（最適化問題同士の）特別な帰着に基づいている．ここでは，近似比を保存する帰着とギャップを保存する帰着を考える．第 3 の方法は有名な PCP 定理を直接適用することに基づいている．

第 5 章「乱択アルゴリズム」の主な目的は以下の通りである：

8 第 1 章 序論

(1) 確率的計算の概念の基礎を与え，誤差確率に関して乱択アルゴリズムを分類する．

(2) 乱択アルゴリズムの設計パラダイムを与え，それを特定の問題を解くためにどのように適用できるかを示す．

(3) 乱択アルゴリズムを決定性に変換するために，いくつかのデランダマイゼーションの方法を説明する．

　簡単な序論（5.1 節）の後，5.2 節では確率的計算の基礎を示し，乱択アルゴリズムをラスベガスアルゴリズムとモンテカルロアルゴリズムに分類する．ラスベガスアルゴリズムは決して誤った出力はしないアルゴリズムである．モンテカルロアルゴリズムはさらに誤差確率のサイズと性質によって分類される．そして，乱択アルゴリズム設計のために**敵対者を欺く**，**豊富な証拠**，**指紋法**，**ランダムサンプリング**，**緩和法**などのパラダイムが与えられて議論される．

　5.3 節では確率的計算のパラダイムを具体的な乱択アルゴリズムの設計に適用する方法が示される．5.3.2 節では，与えられた素数 p に対する $\mathbb{Z}_p$ における平方剰余を見つける問題に対する単純なラスベガスアルゴリズムを設計するためにランダムサンプリングの技法が用いられる．5.3.3 節では豊富な証拠の技法を適用して，素数判定に対するよく知られた（Solovay-Strassen アルゴリズムと Miller-Rabin アルゴリズムと呼ばれる）片側誤りのモンテカルロアルゴリズムを設計する．また，それらのアルゴリズムの正しさの証明の詳細を示す．5.3.4 節では素数 p に対する $\mathbb{Z}_p$ 上の 2 つの多項式の等価性と 1 回読みブランチングプログラムの等価性を効率的に決定するためにどのように指紋法を用いるかを説明する．5.3.5 節では，最小カット問題を用いて，乱択最適化アルゴリズムの概念を例示する．5.3.6 節では，ランダムサンプリングとランダム丸めを用いた線形計画法への緩和法を用いて，最大充足可能性問題に対する乱択近似アルゴリズムを設計する．5.3.7 節では，乱択化，局所探索，最悪時間計算量を低減する概念を結合して，3 乗法標準形における充足可能性問題に対するモンテカルロ $O(1.334^n)$-時間アルゴリズムを設計する．

　5.4 節ではデランダマイゼーションについて述べる．確率空間の帰着法と条件付き確率の方法が説明され，最大充足可能性問題に対する 5.3.6 節の乱択近似アルゴリズムのデランダマイゼーションが示される．

　第 6 章では**ヒューリスティクス**について述べる．ここでは，一見したところ計算された解の効率と精度（正しさ）が保証できず，任意に限定された確率さえ持たないような乱択アルゴリズムの設計に対するロバストな技法として，あるヒューリスティクが考えられている．そして，焼きなまし法と遺伝アルゴリズムに焦点が当てられる．これらの技法に対するスキームの形式的な記述を与え，理論的な収束性を議論するとともに，それらのパラメータを自由に動かした時の実験的評価も議論する．焼き

なまし法の可能な一般化として乱択タブー探索も取り扱う.

　第7章では困難問題の解法に対するガイドを行う. その中でも,

- アルゴリズム設計の過程で異なる概念と技法を結合すること,

- 同じ問題に対して異なる方法によって設計したアルゴリズムを計算量だけでなく, 解の精度によって比較すること,

- 設計されたアルゴリズムを並列化によって高速化すること,

の可能性が議論される.

　これに加えて, 7.6 節では, 仮想的な将来の技術として DNA 計算と量子計算が概説される. これらの計算法を説明するために, ハミルトン閉路問題と 3 彩色問題に対する DNA アルゴリズム（Adleman の実験）と真のランダムビットを生成するための量子アルゴリズムを示す. 第7章の最後では困難問題に対するアルゴリズム論における基本用語の解説が示される.

第2章 初歩的な基礎

知識がたえず増えない人は全く賢者ではない.
J. パウル

2.1 序論

本書では,読者は数学とアルゴリズム論の学部程度のコースをとっていることを仮定している.この仮定を置いてはいるが,この章では本書の残りの部分に対して必要となる初歩的な基礎の全てを記述してある.その主な理由は以下の通りである.

(i) 以降の章で記述されるアルゴリズムの設計や解析に必要な全ての議論を詳細に本書で説明するという意味において本書を完全に自己完結させるため.

(ii) アルゴリズム設計の過程で本質的な数学的な考察を説明するため.

(iii) 計算量理論とアルゴリズム論の基本的なアイデアを直観的に説明した後で,それらの数学的な定式化を示すため.

(iv) 本書の中での記法を確定するため.

本書の中心的な話題である以降の章を読み始める前に,この章の全てを読む必要はない.少なくとも少しでも経験のある読者なら,数学に関する部分は読み飛ばして,後で特定のアルゴリズム設計で必要になった時,その部分を調べればよい.一方,アルゴリズムの初歩的な基礎の部分は先に読む方がよい.なぜなら,その部分は本書の哲学と密接に関係しており,また基本的な記法はそこで確定されるからである.この章をどのように利用するかについてを以下に詳しく記載する.

この章は2つの部分,「数学の基礎」と「アルゴリズム論の基礎」に大別される.初歩的な数学の部分は5節からなる.2.2.1 節では,線形代数の初歩的な基礎が述べられる.そこでは,線形方程式系,行列,ベクトル空間とそれらの幾何学的な解釈に焦点があてられている.ここで示される概念や結果は線形計画法とシンプレックス法が説明される 3.7 節でのみ必要となる.従って,読者は 3.7 節がよくわからない時にそこの部分を参照すればよい.2.2.2 節は組合せ理論,数え上げとグラフ理論の初歩的な基礎が述べられている.そこでは,順列,組合せが定義され,いくつかの基礎的な数列が示される.さらに,関数の漸近的な増加率に関する解析に用いられる O, Ω, Θ

記法が定義され，漸化式の解法に関するマスター法が紹介される．最後に，グラフ，有向グラフ，多重グラフ，連結度，ハミルトン閉路や，オイラー閉路などの基本的な概念が定義される．2.2.2節の内容はアルゴリズム計算量の解析やグラフ理論的問題に対するアルゴリズムの設計に使用されるので本書の多くの部分に対する基礎となる．2.2.3節ではブール関数，ブール式の表現とブランチングプログラムについて述べる．ここで用いられる記法や基本的な知識は主要な関心のパラダイム的な問題である充足可能問題を研究する時に役に立つ．困難な問題に対するアルゴリズム設計について述べられる以降の全ての章でこれらの問題を考えるからである．2.2.4節はそれまでの節とは少し異なる．それまでの節では記法を確定し，初等的な知識を述べたのに対して，2.2.4節は代数学の基本定理，素数定理，フェルマーの定理や中国剰余定理のような自明でない重要な結果もいくつか含んでいる．ここでは，それらの定理に対する証明も記載してある．その理由は，これらのトピックの完全な理解がアルゴリズム的な数論の問題に対する乱択アルゴリズムの設計に必要になるからである．もしこの節の内容に熟知していないならば，対応する第5章を読む前にこの節を読むとよい．2.2.5節は確率論の初等的な基礎である．ここでは離散的確率分布のみを取り扱う．確率空間，条件付き確率，確率変数，期待値のような基本的な概念だけでなく，それらの本来の性質や乱択アルゴリズムの解析との関係も示される．したがって，この部分は第5章の乱択アルゴリズムに対して必須である．

　2.3節ではアルゴリズムと計算量理論の基礎が述べられる．本書の主要なトピックと関連する中心となるアイデアや概念がここで示される．第3, 4, 5, 6章における困難問題に対するアルゴリズムの設計技法の部分を読む前にこの部分を一読することを強くお勧めする．2.3節は以下のように構成されている．2.3.1節では（アルファベット，語や言語のような）形式言語理論の基本用語を示す．これらはデータの表現やアルゴリズム問題や計算量理論の基礎概念を形式的に取り扱うのに有用である．2.3.2節では，本書で取り扱われる全ての問題の形式的な定義が与えられる．そこで，決定問題と最適化問題が定義される．2.3.3節は，計算の困難さに応じた問題の分類に対する理論として，計算量理論に対する基本概念の簡単なサーベイである．計算量の尺度，非決定性，多項式時間帰着，検証者やNP困難といった基礎的概念が紹介され，理論計算機科学における歴史的発展の枠組の中で議論される．これらが，以降の章で困難問題を解決することの基礎となる．最後に，2.3.4節では学部のアルゴリズムの講義で通常教えられるアルゴリズム設計技法（分割統治法，動的計画法，バックトラッキング，局所探索，貪欲アルゴリズム）を概説する．これら全ての技法は特定の困難問題を取り扱う際に使われる．特に，これらの技法が開発され，他の問題の解を得るために別のアイデアとが組み合わされる3節を読む前にこの節を読むことを勧める．

2.2 数学の基礎

2.2.1 線形代数

この節の目的は，線形方程式，行列，ベクトル，ベクトル空間のような線形代数の基礎的な概念を紹介し，それらについての初等的な知識を与えることである．ここで導入される用語は，3.4 節で線形計画法の問題を研究したり，シンプレックス法を導入するために必要となる．ベクトルはまた，しばしば多くの計算問題のデータ（入力）を表現するのに用いられ，行列は以下のいくつかの節で述べられるグラフ，有向グラフや多重グラフを表現するのに用いられる．

以降では，次の基礎的な集合を考える．

$\mathbb{N} = \{0, 1, 2, \ldots\}$：全ての自然数の集合，

$\mathbb{Z} = \{0, -1, 1, -2, 2, \ldots\}$：全ての整数集合，

$\mathbb{Q} = \{\frac{m}{n} \mid m, n \in \mathbb{Z}, n \neq 0\}$：有理数の集合，

$\mathbb{R}$：実数の集合，

全ての $a, b \in \mathbb{R}$ $(a < b)$ に対して，$(\boldsymbol{a}, \boldsymbol{b}) = \{x \in \mathbb{R} \mid a < x < b\}$,

全ての $a, b \in \mathbb{R}$ $(a < b)$ に対して，$[\boldsymbol{a}, \boldsymbol{b}] = \{x \in \mathbb{R} \mid a \leq x \leq b\}$,

全ての集合 S に対して，記法 $\boldsymbol{Pot(S)}$ または $\boldsymbol{2^S}$ は集合 S のベキ集合を表す．すなわち，

$$Pot(S) = \{Q \mid Q \subseteq S\}.$$

ある定数 a に対して，変数 y を変数 x を用いて

$$y = ax$$

と表した形の方程式を**線形方程式**と呼ぶ．線形性の概念は直線に対応する幾何学的解釈に関連している．

定義 2.2.1.1 S を $\mathbb{R}$ の部分集合とし，$a, b \in S$ ならば，$a + b \in S$ かつ $a \cdot b \in S$ が成り立つとする．方程式

$$y = a_1 x_1 + a_2 x_2 + \cdots + a_n x_n \tag{2.1}$$

を $\boldsymbol{S}$ 上の**線形方程式**と呼ぶ．ここで，$a_1, \ldots, a_n$ は S の定数で，$x_1, x_2, \ldots, x_n$ は S 上の変数である．方程式 (2.1) は変数 $x_1, x_2, \ldots, x_n$ によって y を表現しているという．変数 $x_1, x_2, \ldots, x_n$ は線形方程式 (2.1) の**未知数**とも呼ばれる．

固定された y の値に対して，線形方程式 (2.1) の**解**は，

$$y = a_1 s_1 + a_2 s_2 + \cdots + a_n s_n$$

14 第 2 章 初歩的な基礎

を満たす S の数列 $s_1, s_2, \ldots, s_n$ である. □

例えば, $1, 1, 1$ (すなわち, $x_1 = 1$, $x_2 = 1$, $x_3 = 1$) は $\mathbb{Z}$ 上の線形方程式

$$x_1 + 2x_2 + 3x_3 = 6$$

の解である. もう 1 つの解は $-1, -1, 3$ である.

定義 2.2.1.2 S を $\mathbb{R}$ の部分集合とし, $a, b \in S$ ならば, $a + b \in S$ かつ $a \cdot b \in S$ が成り立つとする. m と n を正整数とする. **S 上の n 個の変数 (未知数) を持つ m 個の線形方程式系** (または単に **S 上の線形系**) は, S 上の m 個の線形方程式の集合である. ここで, 各線形方程式は同じ変数 $x_1, x_2, \ldots, x_n$ によって表現されている. 言い換えれば, S 上の m 個の線形方程式系は

$$
\begin{array}{rcl}
a_{11}x_1 + a_{12}x_2 + \cdots + a_{1n}x_n & = & y_1 \\
a_{21}x_1 + a_{22}x_2 + \cdots + a_{2n}x_n & = & y_2 \\
& \vdots & \\
a_{m1}x_1 + a_{m2}x_2 + \cdots + a_{mn}x_n & = & y_m
\end{array}
\tag{2.2}
$$

である. ここで, a_{ij} $(i = 1, \ldots, m, j = 1, \ldots, n)$ は S の定数で $x_1, x_2, \ldots, x_n$ は S 上の変数 (未知数) である. 各 $i \in \{1, \ldots, m\}$ に対して, 線形方程式

$$a_{i1}x_1 + a_{i2}x_2 + \cdots + a_{in}x_n = y_i$$

は線形系 (2.2) における **i 番目の方程式**という. 線形方程式系 (2.2) は, $y_1 = y_2 = \cdots = y_m = 0$ となる時, **斉次**であるという.

与えられた $y_1, y_2, \ldots, y_m$ の値に対して, 線形系 (2.2) の解は $x_1 = s_1, x_2 = s_2, \ldots, x_n = s_n$ となる (すなわち, $s_1, s_2, \ldots, s_n$ が, 線形系 (2.2) のそれぞれの方程式の解となる) S の数列 $s_1, s_2, \ldots, s_n$ である. □

$\mathbb{Z}$ 上の線形方程式系

$$
\begin{array}{rcr}
x_1 + 2x_2 & = & 10 \\
2x_1 - 2x_2 & = & -4 \\
3x_1 + 5x_2 & = & 26
\end{array}
$$

は 2 変数 x_1 と x_2 を持つ 3 個からなる線形方程式系である. $x_1 = 2$ と $x_2 = 4$ がこの系の解である[1].

---

[1] 読者は線形系の解を効率良く求める方法を知っていると仮定している. この方法はアルゴリズム的観点からは興味深いものではないので, ここでは方法を示さない.

解を全く持たない線形系が存在することに注意しよう. 次の線形系がその例である.

$$x_1 + 2x_2 = 10$$
$$x_1 - x_2 = -2$$
$$6x_1 + 10x_2 = 40$$

以下ではベクトルと行列を定義する. これらは, 数学や計算機科学に現れる他の多くのオブジェクトと同様, 線形系を表現したり取り扱うために非常に都合の良い形式化を提供する.

定義 2.2.1.3 $S \subseteq \mathbb{R}$ を全ての $a, b \in S$ に対して $a + b \in S$ かつ $a \cdot b \in S$ を満たす任意の集合とする. m と n を正整数とする. **S 上の $m \times n$ 行列 A** は水平行に m 個, 垂直列に n 個配置された S の $m \cdot n$ 個の要素からなる長方形配列である. すなわち,

$$A = [a_{ij}]_{i=1,\ldots,m, j=1,\ldots,n} = \begin{pmatrix} a_{11} & a_{12} & \ldots & a_{1n} \\ a_{21} & a_{22} & \ldots & a_{2n} \\ \vdots & \vdots & \ddots & \vdots \\ a_{m1} & a_{m2} & \ldots & a_{mn} \end{pmatrix}.$$

すべての $i \in \{1, \ldots, m\}$ と $j \in \{1, \ldots, n\}$ に対して, a_{ij} を A の **(i, j)-要素** と呼ぶ[2]. A の **i 行** は全ての $i \in \{1, \ldots, m\}$ に対して

$$(a_{i1}, a_{i2}, \ldots, a_{in})$$

である. 各 $j \in \{1, \ldots, n\}$ に対して, **j 列** は

$$\begin{pmatrix} a_{1j} \\ a_{2j} \\ a_{3j} \\ \vdots \\ a_{mj} \end{pmatrix}$$

である.

任意の正整数 n と m に対して, $1 \times n$ 行列を **n-次元行ベクトル** と呼び, $m \times 1$ 行列を **m-次元列ベクトル** と呼ぶ.

任意の正整数 n に対して, $n \times n$ 行列を **次数 n の正方行列** と呼ぶ. $A = [a_{ij}]_{i,j=1,\ldots,n}$ が正方行列の時, 要素 $a_{11}, a_{22}, \ldots, a_{nn}$ は A の **主対角** をなすという. A が,

(i) $a_{ii} = 1$ $(i = 1, \ldots, n)$

---

[2] a_{ij} は, i 行と j 列の交差点に置かれることに注意しよう.

16　第2章　初歩的な基礎

(ii)　$a_{ij} = 0$ $(i \neq j, \ i, j \in \{1, \ldots, n\})$

である時，A は **1 対角行列**（または**単位行列**）といい，I_n と表す．A が

(i)　$a_{ii} = 0$ $(i = 1, \ldots, n)$ かつ，

(ii)　$a_{ij} = 1$ $(i \neq j, \ i, j \in \{1, \ldots, n\})$

を満たす時，A は **0 対角行列**という．

　$m \times n$ 行列 $B = [b_{ij}]_{i=1,\ldots,m,j=1,\ldots,n}$ は，$b_{ij} \in \{0, 1\}$ $(i = 1, \ldots, m, j = 1, \ldots, n)$ の時，**ブール行列**という．

　$m \times n$ 行列 $B = [b_{ij}]_{i=1,\ldots,m,j=1,\ldots,n}$ は，全ての $i \in \{1, \ldots, m\}$，$j \in \{1, \ldots, n\}$ に対して $b_{ij} = 0$ が成り立つ時，**零行列**という．サイズ $m \times n$ の零行列は $\mathbf{0}_{m \times n}$ と表される．　　　　　　　　　　　　　　　　　　　　　　　　　　　　$\square$

　次の行列 $B = [b_{ij}]_{i=1,\ldots,3,j=1,\ldots,4}$ は $\mathbb{Q}$ 上の 3×4 行列の例である．

$$B = \begin{pmatrix} 1 & \frac{2}{3} & 4 & -6 \\ \frac{1}{2} & 1 & \frac{3}{4} & -8 \\ -3 & \frac{6}{5} & 2 & 0 \end{pmatrix}.$$

$\left(\frac{1}{2}, 1, \frac{3}{4}, -8\right)$ は，B の第 2 行である．B の $(3, 4)$ 要素は $b_{34} = 0$ である．

定義 2.2.1.4　m, n を 2 つの正整数とする．2 つの $m \times n$ 行列 $A = [a_{ij}]$ と $B = [b_{ij}]$ が**等しい**というのは，全ての $i \in \{1, \ldots, m\}$ と $j \in \{1, \ldots, n\}$ に対して，$a_{ij} = b_{ij}$ である時である．

　A と B の**和** $(\boldsymbol{A + B})$ は全ての $i \in \{1, \ldots, m\}$ と $j \in \{1, \ldots, n\}$ に対して，

$$c_{ij} = a_{ij} + b_{ij}$$

によって定義される行列 $C = [c_{ij}]_{i=1,\ldots,m,j=1,\ldots,n}$ である[3]．　　　　　　$\square$

演習問題 2.2.1.5　A, B, C を同一サイズ $m \times n$ $(m, n \in \mathbb{N} - \{0\})$ の $\mathbb{R}$ 上の行列とする．以下を証明せよ．

(i)　$A + B = B + A$.

(ii)　$A + (B + C) = (A + B) + C$.

(iii)　A の**逆行列**が存在すること（すなわち，$A + D = 0_{m \times n}$ となるような $m \times n$ 行列 $D = (-A)$ が存在する）．　　　　　　　　　　　　　　　　$\square$

定義 2.2.1.6　**行列積**を定義する．m, p, n を正整数とする．$A = [a_{ij}]_{i=1,\ldots,m,j=1,\ldots,p}$

---

[3] 行列の和は A と B の行数と列数が等しい時のみ定義されることに注意しよう．

と $B = [b_{ij}]_{i=1,\ldots,p,j=1,\ldots,n}$ を 2 つの行列とする．A と B の積（乗算）は

$$c_{ij} = a_{i1}b_{1j} + a_{i2}b_{2j} + \cdots + a_{ip}b_{pj} = \sum_{k=1}^{p} a_{ik}b_{kj}$$

$(i = 1, \ldots, m, j = 1, \ldots, n)$ によって定義される $m \times n$ 行列 $C = [c_{ij}]_{i=1,\ldots,m,j=1,\ldots,n}$ である． $\square$

定義 2.2.1.6 の例を示すために，次の行列を考える．

$$A = \begin{pmatrix} 1 & 0 & -2 \\ 0 & 3 & -1 \end{pmatrix}, \qquad B = \begin{pmatrix} 1 & -3 \\ 5 & 0 \\ 0 & 4 \end{pmatrix}.$$

この時，

$$A \cdot B = \begin{pmatrix} 1 \cdot 1 + 0 \cdot 5 + (-2) \cdot 0 & 1 \cdot (-3) + 0 \cdot 0 + (-2) \cdot 4 \\ 0 \cdot 1 + 3 \cdot 5 + (-1) \cdot 0 & 0 \cdot (-3) + 3 \cdot 0 + (-1) \cdot 4 \end{pmatrix} = \begin{pmatrix} 1 & -11 \\ 15 & -4 \end{pmatrix}.$$

B と A の積が定義されるのは B の列数と A の行数が等しい時のみであるので，$B \cdot A$ は定義されない．

演習問題 2.2.1.7 $A \cdot B \neq B \cdot A$ となるような $\mathbb{Z}$ 上の 2 つの正方行列 A と B を見つけよ． $\square$

演習問題 2.2.1.8 A, B, C をそれぞれ $\mathbb{R}$ 上の $m \times p, p \times q, q \times n$ の行列とする．以下の等式を証明せよ．

$$A \cdot (B \cdot C) = (A \cdot B) \cdot C.$$ $\square$

演習問題 2.2.1.9 任意の $n \times n$ 行列 A に対して以下の等式が成り立つことを証明せよ．

$$A \cdot I_n = I_n \cdot A = A.$$ $\square$

定義 2.2.1.10 r を実数とし，$A = [a_{ij}]$ を $\mathbb{R}$ 上の $m \times n$ 行列とする．**r による A のスカラー積 $r \cdot A$** は，$m \times n$ 行列 $B = [b_{ij}]$ である．ここで $i = 1, \ldots, m$ と $j = 1, \ldots, n$ に対して

$$b_{ij} = r \cdot a_{ij}$$

が成り立つ． $\square$

定義 2.2.1.11 $A = [a_{ij}]$ を $m \times n$ 行列とし，$m, n \in \mathbb{N} - \{0\}$ とする．

$$a_{ij} = b_{ji} \ (i = 1, \ldots, m, j = 1, \ldots, n)$$

18 第 2 章 初歩的な基礎

を満たす $n \times m$ 行列 $B = [b_{ij}]_{i=1,\ldots,n, j=1,\ldots,m}$ を，**A の転置行列**といい A^T と表す．$A = A^\mathsf{T}$ である時，A は**対称**であるという． $\square$

演習問題 2.2.1.12 任意の実数 r と任意の $\mathbb{R}$ 上の行列 A と B に対して，次の等式が成り立つことを証明せよ．

(i) $\left(A^\mathsf{T}\right)^\mathsf{T} = A$.
(ii) $(A + B)^\mathsf{T} = A^\mathsf{T} + B^\mathsf{T}$.
(iii) $(A \cdot B)^\mathsf{T} = B^\mathsf{T} \cdot A^\mathsf{T}$.
(iv) $(rA)^\mathsf{T} = r \cdot A^\mathsf{T}$. $\square$

さて，線形方程式系を表現するのに行列をどのように使うかを示してみよう．定義 2.2.1.2 における系 (2.2) を考える．次のように A, X, Y を定義する．

$$A = \begin{pmatrix} a_{11} & a_{12} & \ldots & a_{1n} \\ a_{21} & a_{22} & \ldots & a_{2n} \\ \vdots & \vdots & \ddots & \vdots \\ a_{m1} & a_{m2} & \ldots & a_{mn} \end{pmatrix}, \quad X = \begin{pmatrix} x_1 \\ x_2 \\ \vdots \\ x_n \end{pmatrix}, \quad Y = \begin{pmatrix} y_1 \\ y_2 \\ \vdots \\ y_m \end{pmatrix}.$$

この時，線形系 (2.2) は行列によって

$$A \cdot X = Y$$

と表せる．行列 A は線形系 (2.2) の**係数行列**と呼ばれる．

例えば，線形方程式系

$$\begin{aligned} -x_1 + 2x_2 - 3x_3 &= 7 \\ 6x_1 + x_2 + x_3 &= 5 \end{aligned}$$

に対する係数行列は

$$A = \begin{pmatrix} -1 & 2 & -3 \\ 6 & 1 & 1 \end{pmatrix}, \quad X = \begin{pmatrix} x_1 \\ x_2 \\ x_3 \end{pmatrix}, \quad Y = \begin{pmatrix} 7 \\ 5 \end{pmatrix}$$

となる．

定義 2.2.1.13 A を $n \times n$ の正方行列，$n \in \mathbb{N} - \{0\}$ とする．A は

$$A \cdot B = B \cdot A = I_n$$

となる $n \times n$ の行列 B が存在する時，**正則**（または，**可逆**）と呼ぶ．行列 B を A

の逆元と呼び，A^{-1} と表す[4]．A の逆元が存在しないならば，A は**非正則**（または，**非可逆**）という． □

例えば，

$$A = \begin{pmatrix} 2 & 3 \\ 2 & 2 \end{pmatrix} \text{ と } B = \begin{pmatrix} -1 & \frac{3}{2} \\ 1 & -1 \end{pmatrix}$$

に対して $A \cdot B = B \cdot A = I_2$ が成り立ち，それゆえ $A^{-1} = B$ かつ $B^{-1} = A$ が成り立つことは容易に確かめられる．任意の正整数 n に対して $I_n^{-1} = I_n$ も容易にわかるであろう．

演習問題 2.2.1.14 次の命題を証明せよ．$A_1, A_2, \ldots, A_r$ が $n \times n$ の正則行列ならば，$A_1 \cdot A_2 \cdot \cdots \cdot A_r$ は正則であり，

$$(A_1 \cdot A_2 \cdot \cdots \cdot A_r)^{-1} = A_r^{-1} \cdot A_{r-1}^{-1} \cdot \cdots \cdot A_1^{-1}.$$ □

$A \cdot X = Y$ を，係数行列 A が $n \times n$ 正則行列である線形方程式系とする．この系は A^{-1} を構成することにより解くことができる．なぜなら，等式

$$A \cdot X = Y$$

に A^{-1} を左から掛けると

$$A^{-1} \cdot A \cdot X = A^{-1} \cdot Y$$

が得られる．$A^{-1} \cdot A = I_n$ かつ $I_n \cdot X = X$ であるので，

$$X = A^{-1} \cdot Y$$

となるからである．

次に，線形方程式系に対する幾何学的解釈を考えてみよう．

定義 2.2.1.15 任意の正整数 n に対して，**n 次元 ($\mathbb{R}$) ベクトル空間**を

$$\mathbb{R}^n = \left\{ \left. \begin{pmatrix} a_1 \\ a_2 \\ \vdots \\ a_n \end{pmatrix} \right| a_i \in \mathbb{R} \ (i = 1, \ldots, n) \right\}$$

と定義する．ベクトル $0_{n \times 1}$ は $\mathbb{R}^n$ の**原点**と呼ぶ． □

$\mathbb{R}^n$ の要素に対する幾何学的解釈には 2 通りの可能性がある．1 つ目は $\mathbb{R}^n$ の要素

---

[4] もし，行列 A に対して $A \cdot B = B \cdot A = I_n$ を満たす B が存在するならば，B は A の逆元として一意に定まる．

$$X = \begin{pmatrix} a_1 \\ \vdots \\ a_n \end{pmatrix}$$

に, $\mathbb{R}^n$ の $a_1, a_2, \ldots, a_n$ の座標を持つ点を対応付けるものである. もう 1 つは $(0, 0, \ldots, 0)^{\mathsf{T}}$ から $(a_1, \ldots, a_n)^{\mathsf{T}}$ への有向線分を対応付けるものである. この有向線分をベクトル $(a_1, \ldots, a_n)^{\mathsf{T}}$ という.

$\mathbb{R}^2$ を考えよう. $\mathbb{R}^2$ に対する幾何学的解釈を構築するために原点 $(0, 0)^{\mathsf{T}}$ を与えることから始める. お互いに直交し, 原点で交わる 2 本の直線を描く. 一方は通常, 水平方向に描き, $\boldsymbol{x}$ 軸と呼ぶ. もう 1 本の直線 $\boldsymbol{y}$ 軸は垂直方向に描かれる (図 2.1 を見よ). この時, 正の実数は原点から x 軸の右の増加方向に対応付けられ, 負の実数は原点から x 軸の左の減少方向に対応付けられる. 同様にして, 原点から上の y 軸は正の実数を表し, 原点から下の y 軸は負の実数を表す. 平面上の任意の点 X に対して X の座標を次のように定める.

(i) 点 X を含み, x 軸に直交し (y 軸に平行な) 直線 l をとる. x 軸と l との交点に対応付けられた実数 a_x が X の $\boldsymbol{x}$ 座標である.

(ii) 点 X を含み, y 軸に直交し (x 軸に平行な) 直線 h をとる. y 軸と h との交点に対応付けられた実数 a_y が X の $\boldsymbol{y}$ 座標である.

点 X を $P(a_x, a_y)$ によって表し, 対応するベクトルを $(a_x, a_y)^{\mathsf{T}}$ で表す.

定義 2.2.1.16 $P(a_1, a_2)$ と $P(b_1, b_2)$ を $\mathbb{R}^2$ の 2 点とする. $P(a_1, a_2)$ と $P(b_1, b_2)$ 間の (ユークリッド) 距離は,

$$\boldsymbol{distance\,(P(a_1, a_2), P(b_1, b_2)) = \sqrt{(a_1 - b_1)^2 + (a_2 - b_2)^2}}$$

で定義される. □

図 2.2 から 2 点間のユークリッド距離はピタゴラスの定理から $P(a_1, a_2)$ と $P(b_1, b_2)$ を結ぶ線分の長さに等しいことがわかる.

演習問題 2.2.1.17 任意の 3 点 $P(a_1, a_2), P(b_1, b_2), P(c_1, c_2)$ に対して以下のことを証明せよ.

(i) $distance(P(a_1, a_2), P(a_1, a_2)) = 0$.

(ii) $distance(P(a_1, a_2), P(b_1, b_2)) = distance(P(b_1, b_2), P(a_1, a_2))$.

(iii) $distance(P(a_1, a_2), P(b_1, b_2)) \le distance(P(a_1, a_2), P(c_1, c_2))$
$\qquad\qquad\qquad\qquad + distance(P(c_1, c_2), P(b_1, b_2))$. □

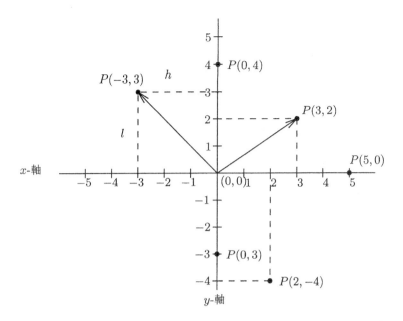

図 2.1

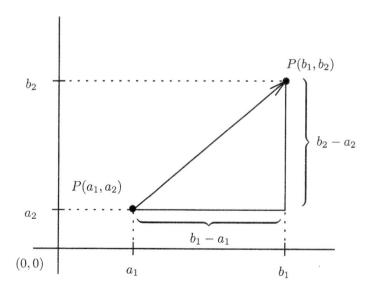

図 2.2

$\mathbb{R}^2$ における2変数に対する線形方程式の自然な解釈を与えることができる. $(a_1, a_2) \neq (0,0)$ なる任意の線形方程式

$$a_1 x_1 + a_2 x_2 = b$$

に $a_1 \neq 0$ なら直線 $x_1 = \frac{b - a_2 x_2}{a_1} = \frac{b}{a_1} - \frac{a_2}{a_1} \cdot x_2$ を, $a_1 = 0$ なら直線 $x_2 = \frac{b}{a_2}$ を対応させる. この直線は与えられた線形方程式を満足する $\mathbb{R}^2$ の全ての点からなる. したがって, 線形方程式系に対する全ての解の集合はそれらの方程式に対応する全ての直線の交点と一致する.

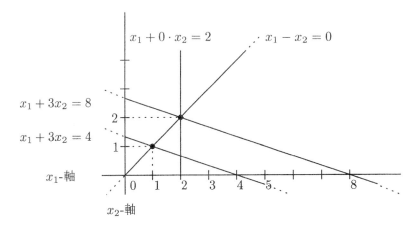

図 2.3

図 2.3 は線形方程式 $x_1 + 3x_2 = 8, x_1 + 3x_2 = 4, x_1 + 0 \cdot x_2 = 2$ と $x_1 - x_2 = 0$ に対応する4本の直線を示している. 線形方程式系

$$\begin{aligned} x_1 + 3x_2 &= 4 \\ x_1 - x_2 &= 0 \end{aligned}$$

は一意解 $P(1,1)$ (すなわち, $x_1 = 1, x_2 = 1$) を持ち, それぞれの方程式に対応する直線の交点である. 線形方程式系

$$\begin{aligned} x_1 + 3x_2 &= 4 \\ x_1 + 3x_2 &= 8 \end{aligned}$$

は対応する直線が交わらないので, 解を持たない[5]. 一方, 線形方程式系

$$\begin{aligned} x_1 + 3x_2 &= 4 \\ 2x_1 + 6x_2 &= 8 \end{aligned}$$

---

[5] これらは平行だからである.

は，無限に多くの解を持つ．なぜなら，2つの線形方程式 $x_1+3x_2=4$ と $2x_1+6x_2=8$ は同じ直線を表しており，この直線の全ての点は解となるからである．最後に，線形方程式系

$$
\begin{aligned}
x_1 + 3x_2 &= 8 \\
x_1 + 0 \cdot x_2 &= 2 \\
x_1 - x_2 &= 0
\end{aligned}
$$

はちょうど1つの解 $P(2,2)$（すなわち，$x_1=2,\ x_2=2$）を持ち，線形方程式の集合

$$
\begin{aligned}
x_1 + 3x_2 &= 4 \\
x_1 + 0 \cdot x_2 &= 2 \\
x_1 - x_2 &= 0
\end{aligned}
$$

は解を持たないことがわかる.

2変数の任意の自明でない線形方程式は $\mathbb{R}^2$ の1次元部分である直線を決定することがわかる．一般に，n 変数の任意の線形方程式は $\mathbb{R}^n$ の $(n-1)$ 次元の部分を決定する[6]．それを幾何学的に理解するために，ベクトル空間の理論における初等的な基礎について述べる.

定義 2.2.1.18 $W \subseteq \mathbb{R}^n$ とし，$n \in \mathbb{N}-\{0\}$ とする．W が以下の条件を満足する時，$\mathbb{R}^n$（線形）ベクトル部分空間という．全ての $r_1, r_2 \in \mathbb{R}$ と全ての $(a_1, a_2, \ldots, a_n)^\mathsf{T}$，$(b_1, b_2, \ldots, b_n)^\mathsf{T} \in W$ に対して，

$$
r_1 \cdot (a_1, a_2, \ldots, a_n)^\mathsf{T} + r_2 \cdot (b_1, b_2, \ldots, b_n)^\mathsf{T} \in W. \qquad \square
$$

$\mathbb{R}^n$ の任意のベクトル部分空間は原点 $0_{n \times 1} = (0, \ldots, 0)^\mathsf{T}$ を含んでいることに注意しよう．なぜならば，$r_1 = r_2 = 0$ とすればよいからである.

$V = \{(a_1, a_2, 0)^\mathsf{T} \mid a_1, a_2 \in \mathbb{R}\}$ とする．全ての実数 $r_1, r_2, b_1, b_2, d_1, d_2$ に対して，

$$
r_1 \cdot (b_1, b_2, 0)^\mathsf{T} + r_2 \cdot (d_1, d_2, 0)^\mathsf{T} = (r_1 b_1 + r_2 d_1, r_1 b_2 + r_2 d_2, 0)^\mathsf{T} \in V
$$

となるので，V は $\mathbb{R}^n$ のベクトル部分空間になることがわかる.

定義 2.2.1.19 $A = [a_{ij}]_{i=1,\ldots,m, j=1,\ldots,n}$ を行列とし，$X = (x_1, x_2, \ldots, x_n)^\mathsf{T}$ とする．任意の斉次線形系 $AX = 0_{m \times 1}$ に対して $A \cdot X = 0_{m \times 1}$ の解の集合を

$$
\boldsymbol{Sol(A)} = \{Y \in \mathbb{R}^n \mid A \cdot Y = 0_{m \times 1}\}
$$

---

[6] 後で，「アフィン部分空間」（「多様体」という言葉を用いる文献もある）によって定義されるものが出てくる.

24　第 2 章　初歩的な基礎

と定義する．同様に，任意の A と任意の $b \in \mathbb{R}^m$ に対して $A \cdot X = b$ の解の集合を

$$Sol(A, b) = \{Y \in \mathbb{R}^n \mid A \cdot Y = b\}$$

と定義する．　　　　　　　　　　　　　　　　　　　　　　　　　　　　　□

補題 2.2.1.20　$A \cdot X = 0_{m \times 1}$ を A が $m \times n$ 行列，$m, n \in \mathbb{N} - \{0\}$ となる線形方程式系とする．線形系 $A \cdot X = 0_{m \times 1}$ の全ての解の集合 $Sol(A)$ は $\mathbb{R}^n$ のベクトル部分空間である．　　　　　　　　　　　　　　　　　　　　　　　　　□

証明　$X = 0_{m \times 1}$ は n 変数の任意の斉次線形方程式系の解となる．よって，$Sol(A)$ は空ではない．X_1 と X_2 を $Sol(A)$ の任意のベクトルとする．また，r_1 と r_2 を任意の実数とする．$r_1 X_1 + r_2 X_2 \in Sol(A)$ を示さなければならないが，これは次のような簡単な計算によって示すことができる．

$$\begin{aligned}
A(r_1 X_1 + r_2 X_2) &= A r_1 X_1 + A r_2 X_2 \\
&= r_1 A X_1 + r_2 A X_2 \\
&= r_1 \cdot 0_{n \times 1} + r_2 \cdot 0_{n \times 1} = 0_{n \times 1}. \qquad \square
\end{aligned}$$

　$\mathbb{R}^n$ の**自明な**ベクトル部分空間は $\{0_{n \times 1}\}$ である．明らかに，有限の濃度を持つ $\mathbb{R}^n$ の自明でないベクトル部分空間は存在しない．なぜなら，各 $X \in W$, $X \neq 0_{n \times 1}$ に対して

$$\{r \cdot X \mid r \in \mathbb{R}\} \subseteq W$$

は無限集合になるからである．

定義 2.2.1.21　$X, X_1, X_2, \ldots, X_k$ を $\mathbb{R}^n$ $(n, k \in \mathbb{N} - \{0\})$ のベクトルとする．

$$X = c_1 X_1 + c_2 X_2 + \cdots + c_k X_k$$

となるような実数 $c_1, c_2, \ldots, c_k$ が存在する時，ベクトル X はベクトル $\boldsymbol{X_1}, \boldsymbol{X_2}, \ldots, \boldsymbol{X_k}$ の**線形結合**と呼ぶ．　　　　　　　　　　　　　　　　　　　□

　例えば，$(4, 2, 10, -10)^\mathsf{T}$ は $(1, 2, 1, -1)^\mathsf{T}$, $(1, 0, 2, -3)^\mathsf{T}$, $(1, 1, 0, -2)^\mathsf{T}$ の線形結合である．なぜなら，

$$(4, 2, 10, -10)^\mathsf{T} = 2 \cdot (1, 2, 1, -1)^\mathsf{T} + 4 \cdot (1, 0, 2, -3)^\mathsf{T} - 2 \cdot (1, 1, 0, -2)^\mathsf{T}.$$

定義 2.2.1.22　$S = \{X_1, X_2, \ldots, X_k\} \subseteq \mathbb{R}^n$ $(k, n \in \mathbb{N} - \{0\})$ を零でないベクトルの集合とする．W を $\mathbb{R}^n$ の部分集合とする．W の任意のベクトルが S のベクトルの線形結合となる時，S は W を**張る**という．自明なベクトル部分空間 $\{0_{n \times 1}\} \subseteq \mathbb{R}^n$

は空集合 S によって張られるものとする.

集合 S は以下の条件を満足する全ては零とはならない実数 $c_1, c_2, \ldots, c_k$ が存在する時，**線形従属**と呼ばれる.

$$c_1 X_1 + c_2 X_2 + \cdots + c_k X_k = 0_{n \times 1}.$$

そうでない時，S は，**線形独立**と呼ばれる（すなわち，等号 $c_1 X_1 + c_2 X_2 + \cdots + c_k X_k = 0_{n \times 1}$ が成り立つのは $c_1 = c_2 = \cdots = c_k = 0$ の時のみである）.

集合 S は

(i) S が U を張り，
(ii) S が線形独立である

が成り立つ時，ベクトル部分空間 $U \subseteq \mathbb{R}^n$ の**基**と呼ばれる. □

任意の部分空間 $V \subseteq \mathbb{R}^n$ に対して，

(i) $|S| = k$，かつ
(ii) S は V の基である

が成り立つようなベクトルの集合 $S \subseteq \mathbb{R}^n$ が存在する時，V の**次元**は $k \in \mathbb{N}$ であるという. または，V は $\mathbb{R}^n$ の k 次元部分空間ともいい，$\boldsymbol{dim(V) = k}$ と書く.

例えば，$(1,0,0,0)^\mathsf{T}$, $(0,1,0,0)^\mathsf{T}$, $(0,0,1,0)^\mathsf{T}$, $(0,0,0,1)^\mathsf{T}$ は $\mathbb{R}^4$ の基である. なぜなら，

(i) 各ベクトル $(a,b,c,d)^\mathsf{T} \in \mathbb{R}^4$ に対して $(a,b,c,d)^\mathsf{T} = a \cdot (1,0,0,0)^\mathsf{T} + b \cdot (0,1,0,0)^\mathsf{T} + c \cdot (0,0,1,0)^\mathsf{T} + d \cdot (0,0,0,1)$，かつ，

(ii) $c_1 \cdot (1,0,0,0)^\mathsf{T} + c_2 \cdot (0,1,0,0)^\mathsf{T} + c_3 \cdot (0,0,1,0)^\mathsf{T} + c_4 \cdot (0,0,0,1)^\mathsf{T} = (0,0,0,0)^\mathsf{T}$ ならば，かつその時に限り $c_1 = c_2 = c_3 = c_4 = 0$.

次のような n 個の変数（未知数）$x_1, x_2, \ldots, x_n$ を持つ線形方程式を考えよう.

$$a_1 x_1 + a_2 x_2 + a_3 x_3 + \cdots + a_n x_n = b. \tag{2.3}$$

この式 (2.3) は，$A = (a_1, a_2, \ldots, a_n)$ とし，$X = (x_1, x_2, \ldots, x_n)^\mathsf{T}$ とした時，$A \cdot X = b$ とも書かれる.

補題 2.2.1.23 $A = (a_1, \ldots, a_n) \neq (0, \ldots, 0)$, $X = (x_1, \ldots, x_n)^\mathsf{T}$ なる任意の線形斉次方程式 $A \cdot X = 0$ に対して，$Sol(A)$ は $\mathbb{R}^n$ の $(n-1)$ 次元部分空間である. □

証明 一般性を失うことなく，$a_1 \neq 0$ と仮定できる. この時

$$x_1 = -\frac{a_2}{a_1} x_2 - \frac{a_3}{a_1} x_3 - \cdots - \frac{a_n}{a_1} x_n$$

26　第 2 章　初歩的な基礎

は $b = 0$ の時の線形方程式 (2.3) の別表現である．したがって，

$$Sol(A) = \left\{ \left(-\frac{a_2}{a_1}y_2 - \frac{a_3}{a_1}y_3 - \cdots - \frac{a_n}{a_1}y_n, y_2, y_3, \ldots, y_n \right)^{\mathsf{T}} \,\middle|\, y_2, y_3, \ldots, y_n \in \mathbb{R} \right\}$$

は $AX = 0$ に対する全ての解の集合である．これは次のような計算で確かめることができる．

$$(a_1, a_2, \ldots, a_n) \cdot \left(-\frac{a_2}{a_1}y_2 - \frac{a_3}{a_1}y_3 - \cdots - \frac{a_n}{a_1}y_n, y_2, y_3, \ldots, y_n \right)^{\mathsf{T}} =$$
$$(-a_2 y_2 - a_3 y_3 - \cdots - a_n y_n) + a_2 y_2 + a_3 y_3 + \cdots + a_n y_n = 0.$$

さて，

$$S = \left\{ \left(-\frac{a_2}{a_1}, 1, 0, \ldots, 0 \right)^{\mathsf{T}}, \left(-\frac{a_3}{a_1}, 0, 1, 0, \ldots, 0 \right)^{\mathsf{T}}, \ldots, \left(-\frac{a_n}{a_1}, 0, \ldots, 0, 1 \right)^{\mathsf{T}} \right\}$$

は $Sol(A)$ の基となる．なぜならば，全ての $y_2, y_3, \ldots, y_n \in \mathbb{R}$ に対して

$$-\left(\frac{a_2}{a_1}y_2 - \frac{a_3}{a_1}y_3 - \cdots - \frac{a_n}{a_1}y_n, y_2, y_3, \ldots, y_n \right)^{\mathsf{T}} =$$
$$y_2 \left(-\frac{a_2}{a_1}, 1, 0, \ldots, 0 \right)^{\mathsf{T}} + y_3 \left(-\frac{a_3}{a_1}, 0, 1, \ldots, 0 \right)^{\mathsf{T}} + \cdots + y_n \left(-\frac{a_n}{a_1}, 0, \ldots, 0, 1 \right)^{\mathsf{T}}$$

であるので，S は $Sol(A)$ を張るからである．

S のベクトルが線形独立であることを示すことが残されている．

$$c_1 \left(-\frac{a_2}{a_1}, 1, 0, \ldots, 0 \right)^{\mathsf{T}} + c_2 \left(-\frac{a_3}{a_1}, 0, 1, \ldots, 0 \right)^{\mathsf{T}} + \cdots + c_{n-1} \left(-\frac{a_n}{a_1}, 0, \ldots, 0, 1 \right)^{\mathsf{T}}$$
$$= 0$$

と仮定すると，特に，

$$
\begin{aligned}
c_1 \cdot 1 &= 0 \\
c_2 \cdot 1 &= 0 \\
&\vdots \\
c_{n-1} \cdot 1 &= 0
\end{aligned}
$$

が成り立つ．よって，$c_1 = c_2 = \cdots = c_{n-1} = 0$ となる．　　　　□

　　ベクトル空間 $\mathbb{R}^2$ を考えるならば，線形方程式 $c_1 x_1 + c_2 x_2 = 0 \; (c_1 \neq 0)$ に対する解の集合は対応する直線 $x_1 = \frac{c_2}{c_1} \cdot x_2$ 上の全ての点の集合である．図 2.3 にその例を示す．$\mathbb{R}^3$ においては斉次線形方程式に対する全ての解の集合は $\mathbb{R}^3$ の 2 次元部分空間となる（図 2.4）．

　　既に見てきたように，$A \cdot Y = 0_{m \times 1}$ に対する解 Y の集合 $Sol(A)$ は，$\mathbb{R}^n$ の部分空

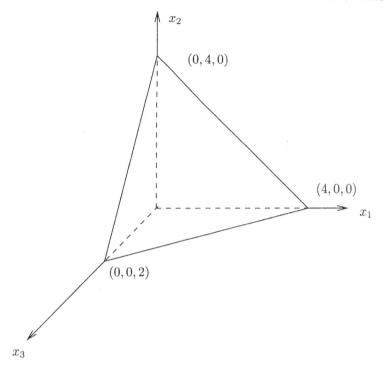

図 2.4

間である．問題は $Sol(A)$ の次元である．明らかに，A が零行列でなければ，$Sol(A)$ の次元は高々 $n-1$ である．

定理 2.2.1.24 U を $\mathbb{R}^n$ の部分集合とし，$n \in \mathbb{N} - \{0\}$ とする．U が $\mathbb{R}^n$ の部分空間であることと $U = Sol(A)$ となる行列 A が存在することは等価である． □

証明 A が $m \times n$ 行列 ($m, n \in \mathbb{N} - \{0\}$) ならば，$Sol(A)$ は $\mathbb{R}^n$ の部分空間であることは既に示した．任意の部分空間 $U \subseteq \mathbb{R}^n$ に対して $U = Sol(A)$ となるような A が存在することを示すことが残されている．

$\mathcal{S} = \{S_1, S_2, \ldots, S_m\}$ を U の基とする．ここで，$i = 1, 2, \ldots, m$ に対して，$S_i = (s_{i1}, \ldots, s_{in})$ とする．任意の $k = 1, 2, \ldots, m$ に対して

$$A \cdot S_k^\mathsf{T} = 0_{m \times 1} \tag{2.4}$$

となるような $m \times n$ 行列 $A = [a_{ij}]$ を構成しよう．$S = [s_{ij}]_{i=1,\ldots,m, j=1,\ldots,n}$ と設定すると，式 (2.4) は

$$A \cdot S^\mathsf{T} = 0_{m \times m} \tag{2.5}$$

と表現できる．しかしながら，式 (2.5) は全ての $l \in \{1, \ldots, m\}$ に対して条件

28 第 2 章 初歩的な基礎

$$(a_{l1}, a_{l2}, \ldots, a_{ln}) \cdot S^{\mathsf{T}} = 0_{1 \times m} \tag{2.6}$$

と等価である. したがって, 式 (2.6) の l 番目の方程式は n 個の未知数 $a_{l1}, a_{l2}, \ldots, a_{ln}$ の線形方程式系と見なすことができる. この線形系を解けば, $a_{l1}, a_{l2}, \ldots, a_{ln}$ の値を決定できる. 全ての l に対してそれを行うと行列 A を決定できる. $U = Sol(A)$ を証明することが残されている. 以下では, $U \subseteq Sol(A)$ を証明する. 逆方向の $Sol(A) \subseteq U$ は読者への演習とする.

$\mathcal{S}$ は U の基なので, 任意の $X \in U$ に対してある定数 $c_1, c_2, \ldots, c_m \in R$ が存在して

$$X = c_1 S_1^{\mathsf{T}} + c_2 S_2^{\mathsf{T}} + \cdots + c_m S_m^{\mathsf{T}}$$

が成り立つ. したがって,

$$
\begin{aligned}
A \cdot X &= A \cdot \left(c_1 S_1^{\mathsf{T}} + c_2 S_2^{\mathsf{T}} + \cdots + c_m S_m^{\mathsf{T}} \right) \\
&= c_1 \cdot A \cdot S_1^{\mathsf{T}} + c_2 \cdot A \cdot S_2^{\mathsf{T}} + \cdots + c_m \cdot A \cdot S_m^{\mathsf{T}} \\
&\underset{(2.4)}{=} c_1 \cdot 0_{m \times 1} + c_2 \cdot 0_{m \times 1} + \cdots + c_m \cdot 0_{m \times 1} \\
&= 0_{m \times 1}
\end{aligned}
$$

となり, $X \in Sol(A)$ が成り立つ. $\qquad\square$

定義 2.2.1.25 A を $n \times m$ 行列 $[a_{ij}]_{i=1,\ldots,n, j=1,\ldots,m}$ とする. $i = 1, \ldots, n$ に対して $A_i = (a_{i1}, a_{i2}, \ldots, a_{im})^{\mathsf{T}}$ とし, U を $\{A_1, A_2, \ldots, A_n\}$ によって張られる $\mathbb{R}^n$ の部分空間とする. 行列 A のランクを

$$\boldsymbol{rank(A)} = dim(U)$$

と定義する. $\qquad\square$

明らかに, 任意の正整数 n に対して $rank(I_n) = n$ となる. 次の行列のランクは 3 である.

$$
M = \begin{pmatrix}
1 & 2 & 0 & 3 \\
2 & 1 & 1 & 0 \\
1 & 0 & 0 & 1 \\
0 & 1 & -1 & 4
\end{pmatrix}
$$

なぜなら,

$$(0, 1, -1, 4) = 1 \cdot (1, 2, 0, 3) - 1 \cdot (2, 1, 1, 0) + 1 \cdot (1, 0, 0, 1)$$

であり, ベクトルの集合 $\{(1,2,0,3), (2,1,1,0), (1,0,0,1)\}$ は線形独立であるからである.

演習問題 2.2.1.26 $A = [a_{ij}]_{i=1,\ldots,n,j=1,\ldots,m}$ とし, $n, m \in \mathbb{N} - \{0\}$ とする. $i = 1, \ldots, n$ に対して $S_i = (a_{i1}, a_{i2}, \ldots, a_{im})^\mathsf{T}$ とし, $j = 1, \ldots, m$ に対して $C_j = (a_{1j}, a_{2j}, \ldots, a_{nj})^\mathsf{T}$ とする. U を $\{S_1, \ldots, S_n\}$ によって張られる $\mathbb{R}^m$ の部分空間とし, V を $\{C_1, \ldots, C_m\}$ によって張られる $\mathbb{R}^n$ の部分空間とする.

$$dim(U) = dim(V)$$

を証明せよ. □

演習問題 2.2.1.27 $B = [b_{ij}]_{i=1,\ldots,m,j=1,\ldots,n}$ を $m \times n$ 行列とし, $n, m \in \mathbb{N} - \{0\}$ とする.

$$dim((B)) = n - rank(B)$$

となることを証明せよ. □

定義 2.2.1.28 U を $\mathbb{R}^n$ の部分空間とし, $n \in \mathbb{N} - \{0\}$ とする. $C \in \mathbb{R}^n$ とする. ベクトル集合

$$V = \{X \in \mathbb{R}^n \mid X = C + Y, Y \in U\}$$

は U から C によって変換された $\mathbb{R}^n$ の**アフィン部分空間**と呼ぶ. □

観察 2.2.1.29 U を $\mathbb{R}^n$ の部分空間とし, $n \in \mathbb{N} - \{0\}$ とする. 各 $C \in \mathbb{R}^n$ に対して, 以下が成り立つ.

$$dim\left(\{X \in \mathbb{R}^n \mid X = C + Y, Y \in U\}\right) = dim(U).$$ □

次の定理は線形方程式系とアフィン部分空間の重要な関係を表している. この証明には本書におけるアルゴリズム設計に対する興味深いアイデアが何も含まれていないので, ここでは省略する.

定理 2.2.1.30 n を正整数とし, U を $\mathbb{R}^n$ の部分集合とする. U が R^n のアフィン部分空間であるならば, かつその時に限り正整数 $m \in \mathbb{N}, m \leq n$, $m \times n$ 行列 A とベクトル $b \, (\in \mathbb{R}^m)$ が存在して, $U = Sol(A, b)$ が成り立つ. □

$\mathbb{R}^3$ においては, 線形方程式に対する全ての解の集合は**平面**とも呼ばれる $\mathbb{R}^3$ の 2 次元部分空間である. 図 2.4 には線形方程式 $x_1 + x_2 + 2x_3 = 4$ に対応する平面を描いてある. この平面は $\mathbb{R}^3$ の軸で交差する 3 点 $(4,0,0), (0,4,0), (0,0,2)$ によって一意に与えられる. 直線 $x_1 + x_2 = 4$ は 2 平面 $x_3 = 0$ と $x_1 + x_2 + 2x_3 = 4$ の交差部分であり, 直線 $x_2 + 2x_3 = 4$ は 2 平面 $x_1 = 0$ と $x_1 + x_2 + 2x_3 = 4$ の交差部分である.

30 第 2 章 初歩的な基礎

ベクトル部分空間を表現するわかり易い方法は，それらを凸集合と見なすことである．

定義 2.2.1.31 X と Y を $\mathbb{R}^n$ の 2 点とする．**X と Y の凸結合**は任意の実数 c $(0 \le c \le 1)$ に対して

$$Z = c \cdot X + (1 - c) \cdot Y$$

となる任意の点である．$c \notin \{0, 1\}$ ならば，Z は X と Y の**真の凸結合**という． □

集合

$$Convex(X, Y) = \{Z \in \mathbb{R}^n \mid Z = c \cdot X + (1 - c) \cdot Y (c \in \mathbb{R}, 0 \le c \le 1)\}$$

は X と Y を結ぶ線分上の点の集合と一致することがわかる．

定義 2.2.1.32 n を正整数とする．集合 $S \subseteq \mathbb{R}^n$ は全ての $X, Y \in S$ に対して S が X と Y の全ての凸結合を含む（すなわち，全ての $X, Y \in S$ に対して $Convex(X, Y) \subseteq S$）ならば，S は**凸**といわれる． □

$\mathbb{R}^n$ における凸集合の自明な例として，$\mathbb{R}^n$ 自身，空集合，任意の 1 点からなる集合がある．$\mathbb{R}^2$ における線形方程式 $a_1 x_1 + a_2 x_2 = b$ の解の集合は凸である．凸集合に対する重要な性質は次の定理で述べられる．

定理 2.2.1.33 任意個の凸集合の共通部分は凸集合である． □

証明 凸集合 S_i $(i \in I)$ の共通部分を $\bigcap_{i \in I} S_i$ とする．もし，$X, Y \in \bigcap_{i \in I} S_i$ ならば，X と Y は全ての S_i に属している．全ての $i \in I$ に対して X と Y の任意の凸結合は S_i に属しているので，$\bigcap_{i \in I} S_i$ に属する． □

n 個の未知数 $x_1, \ldots, x_n$ を持つ任意の線形方程式

$$a_1 x_1 + a_2 x_2 + \cdots + a_n x_x = b$$

が $\mathbb{R}^n$ 内の凸集合になることを示そう．$Y = (y_1, \ldots, y_n)^R$ と $W = (w_1, \ldots, w_n)^R$ をこの方程式に対する任意の解とする．すなわち，

$$\sum_{i=1}^n a_i y_i = b = \sum_{i=1}^n a_i w_i.$$

ここで

$$Z = c \cdot Y + (1 - c) \cdot W = (cy_1 + (1 - c)w_1, \ldots, cy_n + (1 - c)w_n)$$

を Y と W の任意の凸結合とする $(0 \le c \le 1)$．Z も線形方程式

$$\sum_{i=1}^{n} a_i x_i = b$$

の解となることを証明する.

$$
\begin{aligned}
(a_1, \ldots, a_n) \cdot Z &= \sum_{i=1}^{n} a_i(cy_i + (1-c)w_i) \\
&= c \cdot \sum_{i=1}^{n} a_i y_i + (1-c) \cdot \sum_{i=1}^{n} a_i w_i \\
&= c \cdot b + (1-c) \cdot b = b.
\end{aligned}
$$

この事実と定理 2.2.1.33 によって,$Sol(A, b)$ は任意の線形方程式系 $A \cdot X = b$ に対して凸集合であることが示される.

2.2.2 組合せ,数え上げ,グラフ理論

この節の目的は,組合せ理論とグラフ理論のいくつかの基礎的な対象の定義を与え,それらに対するいくつかの初等的な結果を示すことである.この節で導入される用語は以後の章の離散的な対象を表現するだけでなくアルゴリズムの解析に対しても有用である.

節の詳細を述べると,まず順列や組合せのような組合せ理論の基礎的なカテゴリを導入し,それらについて学ぶ.次に関数の漸近的な振舞いを理解するための O, Ω, Θ 記法を定義し,いくつかの基礎的な級数の単純な和と,ある特定の漸化式を解くためのマスター法の簡単化したバージョンを示す.その後,グラフ,多重グラフ,有向グラフ,平面性,連結度,マッチング,カット,といったグラフ理論の基礎的な概念を与える.

まず,順列と組合せの基本的な用語を定義する.最初は互いに区別できる要素の集合である.

定義 2.2.2.1 n を正整数とする.$S = \{a_1, a_2, \ldots, a_n\}$ を n 要素の集合とする.**n 要素 $a_1, \ldots, a_n$ の順列**は,S の要素の順を考慮して並べたものである. □

例えば,$S = \{a_1, a_2, a_3\}$ なら,3 要素を並べるには次の 6 つの異なった方法がある:

$$(a_1, a_2, a_3), (a_1, a_3, a_2), (a_2, a_1, a_3), (a_2, a_3, a_1), (a_3, a_1, a_2), (a_3, a_2, a_1).$$

順列を表現するのに $(a_{i_1}, a_{i_2}, \ldots, a_{i_n})$ の代わりにしばしば,単に $(i_1, i_2, \ldots, i_n)$ と表す.

補題 2.2.2.2 任意の正整数 n に対して,n 要素の異なる順列の個数 **$n!$** は,

$$n! = n \cdot (n-1) \cdot (n-2) \cdot \cdots \cdot 2 \cdot 1 = \prod_{i=1}^{n} i$$

である。 □

証明 任意の順列において，最初の要素は（n 個の異なる要素から）n 通りの異なる選び方がある。最初の要素が選ばれたら，2 番目の要素は（$n-1$ 個の残りの要素から）$n-1$ 通りの異なる選び方がある。以下同様。 □

慣例に従って，**0!** $=1$ とする。

定義 2.2.2.3 k と n を $k \le n$ となる非負の整数とする。**n 個の要素における k 個の要素の組合せ**は，順序を考慮せずに k 個を選んだものである。 □

$\{a_1, a_2, a_3, a_4, a_5\}$ における 4 個の要素の組合せは，次の集合のいずれかである。

$\{a_1, a_2, a_3, a_4\}, \{a_1, a_2, a_3, a_5\}, \{a_1, a_2, a_4, a_5\}, \{a_1, a_3, a_4, a_5\}, \{a_2, a_3, a_4, a_5\}$.

補題 2.2.2.4 n と k を $k \le n$ となる非負整数とする。n 個の要素における k 個の要素の組合せの総数 $\binom{n}{k}$ は

$$\binom{n}{k} = \frac{n \cdot (n-1) \cdot (n-2) \cdot \cdots \cdot (n-k+1)}{k!} = \frac{n!}{k! \cdot (n-k)!}$$

である。 □

証明 補題 2.2.2.2 の証明と同様にして，最初の要素の選択として n 通り，2 番目の要素の選択として $n-1$ 通り，以下同様。したがって，順序を考慮した時の n 個の要素における k 個の要素の選択の総数は

$$n \cdot (n-1) \cdot (n-2) \cdot \cdots \cdot (n-k+1)$$

である。しかし，k 個の要素の順序は考慮しないので，

$$\binom{n}{k} = \frac{n \cdot (n-1) \cdot (n-2) \cdot \cdots \cdot (n-k+1)}{k!}$$

である。 □

$\binom{n}{0} = \binom{n}{n} = 1$ となることに注意しよう。

系 2.2.2.5 $k \le n$ となる全ての非負整数 k と n に対して，

$$\binom{n}{k} = \binom{n}{n-k}.$$

□

補題 2.2.2.6 $k \le n$ となる全ての非負整数 k と n に対して,

$$\binom{n}{k} = \binom{n-1}{k-1} + \binom{n-1}{k}.$$
□

証明

$$\binom{n-1}{k-1} + \binom{n-1}{k} = \frac{(n-1)!}{(k-1)! \cdot (n-k)!} + \frac{(n-1)!}{k! \cdot (n-k-1)!}$$

$$= \frac{k \cdot (n-1)! + (n-k) \cdot (n-1)!}{k! \cdot (n-k)!}$$

$$= \frac{n \cdot (n-1)!}{k! \cdot (n-k)!} = \frac{n!}{k! \cdot (n-k)!} = \binom{n}{k}.$$
□

$\binom{n}{k}$ の値は次の定理によって **2 項係数**としても知られている.

定理 2.2.2.7 (ニュートンの定理)　任意の正整数 n に対して,

$$(1+x)^n = \binom{n}{0} + \binom{n}{1} \cdot x + \binom{n}{2} \cdot x^2 + \cdots + \binom{n}{n-1} \cdot x^{n-1} + \binom{n}{n} \cdot x^n$$

$$= \sum_{i=0}^{n} \binom{n}{i} \cdot x^i.$$
□

演習問題 2.2.2.8　ニュートンの定理を証明せよ.
□

補題 2.2.2.9　任意の正整数 n に対して,

$$\sum_{k=0}^{n} \binom{n}{k} = 2^n.$$
□

証明　補題 2.2.2.9 を証明するためには,ニュートンの定理において $x = 1$ として証明すれば十分である.もう 1 つの証明は,各 $k \in \{0, 1, \ldots, n\}$ に対して,$\binom{n}{k}$ は n 要素集合の k 要素部分集合の個数になることを利用する.$\sum_{k=0}^{n} \binom{n}{k}$ は n 個の要素の集合の全ての部分集合の個数を表すので,n 要素の任意の集合はちょうど 2^n 個の部分集合を持つ.
□

演習問題 2.2.2.10　任意の整数 $n \ge 3$ に対して,

$$\binom{n}{2} = \prod_{l=3}^{n} \frac{l}{l-2}$$

34　第 2 章　初歩的な基礎

を証明せよ. □

　次に初等的関数のいくつかの基礎的な記法を確定し，それらの漸近的振舞いを簡単に見ていこう.

　任意の正の実数 x に対して，x 以下の最大の整数を $\lfloor x \rfloor$ と表し，**x の切捨て**と呼ぶ. $x \in \mathbb{R}^+$ に対して，**x の切上げ**は $\lceil x \rceil$ によって表し，x 以上の最小の整数である. 各 $x \in \mathbb{R}^+$ に対して，

$$x - 1 < \lfloor x \rfloor \le x \le \lceil x \rceil < x + 1$$

となることに注意しよう.

　x を変数とし，d を正整数とする. **次数 d の x の多項式**は，

$$p(x) = \sum_{i=0}^{d} a_i x^i$$

の形をした関数 $p(x)$ である. ここで，定数 $a_0, a_1, \ldots, a_d$ は多項式の**係数**と呼ばれ，$a_d \ne 0$ である.

　$\lim_{n \to \infty} \left(1 + \dfrac{1}{n} \right)^n$ を e で表す. e は自然対数の底である.

演習問題 2.2.2.11　全ての実数 x に対して，

$$e^x = 1 + x + \frac{x^2}{2!} + \frac{x^3}{3!} + \ldots = \sum_{i=0}^{\infty} \frac{x^i}{i!}$$

を証明せよ. □

　演習問題 2.2.2.11 から，任意の $x \in [-1, 1]$ に対して

$$1 + x \le e^x \le 1 + x + x^2$$

が成り立つ. $e = 2.7182 \cdots$ であり，演習問題 2.2.2.11 の式を用いて e を任意の精度で近似できることに注意しよう.

演習問題 2.2.2.12　全ての実数 x に対して，

$$\lim_{n \to \infty} \left(1 + \frac{x}{n} \right)^n = e^x$$

を証明せよ. □

　本書では，底が 2 の対数 $\log_2 n$ を表すのに $\log n$ を用い，自然対数には $\ln n = \log_e n$ を用いる. 対数関数の初歩的な規則が，次の演習問題の等式によって与えられる.

演習問題 2.2.2.13　全ての実数 a, b, c と n に対して，以下の等式を証明せよ.

(i) $\log_c(ab) = \log_c(a) + \log_c(b)$.

(ii) $\log_c a^n = n \cdot \log_c a$.

(iii) $a^{\log_b n} = n^{\log_b a}$.

(iv) $\log_b a = \frac{1}{\log_a b}$. □

アルゴリズム論では入力サイズによって計算量をはかるため，$\mathbb{N}$ から $\mathbb{N}$ への関数を取り扱う．ここでは，(例えば，実行時間のような) 計算量は入力のサイズが制限なく増加した時に極限としてどのように増加するかに興味があることが多い．このような場合，アルゴリズムの**漸近的効率**を求めるという．このように増加度のオーダによって計算量の増加度をはかるという，このかなり荒っぽい特徴付けは，計算量が大きくなり過ぎるがゆえにアルゴリズムが適用できない入力サイズの限界を決定するには通常は十分である．以下では，アルゴリズムで用いられる標準的な漸近的記法を定義する．

定義 2.2.2.14 $f : \mathbb{N} \to \mathbb{R}^{\geq 0}$ を関数とする．以下のように定義する．

$$
\begin{aligned}
O(f(n)) &= \{t : \mathbb{N} \to \mathbb{R}^{\geq 0} \mid \exists c, n_0 \in \mathbb{N}, \forall n \in \mathbb{N}, n \geq n_0 : \\
&\quad t(n) \leq c \cdot f(n)\}. \\
\Omega(f(n)) &= \{g : \mathbb{N} \to \mathbb{R}^{\geq 0} \mid \exists d, n_0 \in \mathbb{N}, \forall n \in \mathbb{N}, n \geq n_0 : \\
&\quad g(n) \geq \frac{1}{d} \cdot f(n)\}. \\
\Theta(f(n)) &= O(f(n)) \cap \Omega(f(n)) \\
&= \{h : \mathbb{N} \to \mathbb{R}^{\geq 0} \mid \exists c_1, c_2, n_0 \in \mathbb{N}, \forall n \in \mathbb{N}, n \geq n_0 : \\
&\quad \frac{1}{c_1} \cdot f(n) \leq h(n) \leq c_2 \cdot f(n)\}.
\end{aligned}
$$

$t(n) \in O(f(n))$ ならば，t は f より漸近的には**速く増加しない**という．$g(n) \in \Omega(f(n))$ ならば，g は漸近的には f **以上の速さで増加する**という．$h(n) \in \Theta(f(n))$ ならば，h と f は漸近的には**等価である**という． □

演習問題 2.2.2.15 $p(n) = a_0 + a_1 n + a_2 n^2 + \cdots + a_d n^d$ をある正整数 d と正の実数 a_d に対する n の多項式とする．

$$p(n) \in \Theta(n^d)$$

を証明せよ． □

他の文献では，$t(n) \in O(f(n))$, $g(n) \in \Omega(f(n))$, $h(n) \in \Theta(f(n))$ の代わりに，それぞれ $t(n) = O(f(n))$, $g(n) = \Omega(f(n))$, $h(n) = \Theta(f(n))$ の記法が通常使われている．

36 第 2 章 初歩的な基礎

演習問題 **2.2.2.16** 以下の命題の真偽を証明せよ.

(i) 任意の正整数（定数）a に対して, $2^n \in \Theta\left(2^{n+a}\right)$.

(ii) 任意の正整数（定数）b に対して, $2^{b \cdot n} \in \Theta\left(2^n\right)$.

(iii) 全ての $b, c \in \mathbb{R}^{>1}$ に対して, $\log_b n \in \Theta\left(\log_c n\right)$.

(iv) $(n+1)! \in O(n!)$.

(v) $\log_2(n!) \in \Theta(n \cdot \log n)$. □

この節では, 次にいくつかの初等的級数とその和を復習する. 任意の関数 $f: \mathbb{N} \to \mathbb{R}$ に対して,

$$Sum_f(n) = \sum_{i=1}^{n} f(i) = f(1) + f(2) + \cdots + f(n)$$

と定義できる. $Sum_f(n)$ は **f の級数**と呼ぶ. 以下では, いくつかの基礎的な種類の級数のみを考える.

定義 **2.2.2.17** a, b, d をある定数とする. $f(n) = a + (n-1) \cdot d$ によって定義される任意の関数 $f: \mathbb{N} \to \mathbb{R}$ に対して, $Sum_f(n)$ を**算術級数**と呼ぶ. $h(n) = a \cdot b^{n-1}$ によって定義される任意の関数 $h: \mathbb{N} \to \mathbb{R}$ に対して, $Sum_h(n)$ を**幾何級数**と呼ぶ. □

補題 **2.2.2.18** a, d をある定数とする. この時,

$$Sum_{a+(n-1)\cdot d}(n) = \sum_{i=1}^{n}(a + (i-1) \cdot d) = an + \frac{d \cdot (n-1) \cdot n}{2}$$

が成り立つ. □

証明

$$
\begin{aligned}
\sum_{i=1}^{n}(a + (i-1) \cdot d) &= \sum_{i=1}^{n} a + d \cdot \sum_{i=1}^{n}(i-1) \\
&= a \cdot n + d \cdot \frac{1}{2}\left(2 \cdot \sum_{i=1}^{n}(i-1)\right) \\
&= a \cdot n + \frac{d}{2}\left(\sum_{i=1}^{n}(i-1) + \sum_{j=n}^{1}(j-1)\right) \\
&= a \cdot n + \frac{d}{2} \cdot \sum_{i=1}^{n}[((n-1)-(i-1)) + (i-1)] \\
&= a \cdot n + \frac{d}{2} \cdot \sum_{i=1}^{n}(n-1) = a \cdot n + \frac{d}{2} \cdot (n-1) \cdot n. \quad \square
\end{aligned}
$$

補題 **2.2.2.19** a, b をある定数とし，$b \in \mathbb{R}^+$, $b \neq 1$ とする．この時，

$$Sum_{a \cdot b^{n-1}}(n) = \sum_{i=1}^{n} a \cdot b^{i-1} = a \cdot \frac{1-b^n}{1-b}$$

が成り立つ． □

証明

$$Sum_{a \cdot b^{n-1}}(n) = \sum_{i=1}^{n} a \cdot b^{i-1} = a\left(1 + b + b^2 + \cdots + b^{n-1}\right). \quad (2.7)$$

したがって，

$$b \cdot Sum_{a \cdot b^{n-1}}(n) = a \cdot \left(b + b^2 + \cdots + b^n\right). \quad (2.8)$$

等式 (2.7) から等式 (2.8) の両辺を引けば，

$$(1-b) \cdot Sum_{a \cdot b^{n-1}}(n) = a\left(1 - b^n\right)$$

が得られる．これは補題 2.2.2.19 そのものである． □

演習問題 **2.2.2.20** 任意の $b \in (0, 1)$ に対して，

$$\lim_{n \to \infty} Sum_{a \cdot b^{n-1}}(n) = \sum_{i=1}^{\infty} a \cdot b^{i-1} = a \cdot \frac{1}{1-b}$$

となることを証明せよ． □

定義 **2.2.2.21** 任意の正整数 n に対して，**n 番目の調和数**は級数

$$\boldsymbol{Har(n)} = \sum_{i=1}^{n} \frac{1}{k} = 1 + \frac{1}{2} + \frac{1}{3} + \cdots + \frac{1}{n}$$

によって定義される． □

まず，$Har(n)$ は n が大きくなった時，無限大に発散することに注意しよう．これを示す最も簡単な方法は，$Har(n)$ の項を以下のように各項を 2^k 個含む無限に多くのグループに分割することである．

$$\underbrace{\frac{1}{1}}_{グループ1} + \underbrace{\frac{1}{2} + \frac{1}{3}}_{グループ2} + \underbrace{\frac{1}{4} + \frac{1}{5} + \frac{1}{6} + \frac{1}{7}}_{グループ3}$$

$$+ \underbrace{\frac{1}{8} + \frac{1}{9} + \frac{1}{10} + \frac{1}{11} + \frac{1}{12} + \frac{1}{13} + \frac{1}{14} + \frac{1}{15}}_{グループ4} + \cdots.$$

グループ 2 の 2 項はいずれも $\frac{1}{4}$ と $\frac{1}{2}$ の間にあり，従ってグループ 2 の和は $2 \cdot \frac{1}{4} = \frac{1}{2}$

と $2 \cdot \frac{1}{2} = 1$ の間にある．グループ 3 の 4 項は全て $\frac{1}{8}$ と $\frac{1}{4}$ の間にあり，したがってグループ 3 の和も同様に $4 \cdot \frac{1}{8} = \frac{1}{2}$ と $4 \cdot \frac{1}{4} = 1$ の間にある．一般に，任意の正整数 k に対して，グループ k の 2^{k-1} 項は全て 2^{-k} と 2^{-k+1} の間にあり，したがってグループ k の k 項の和は $\frac{1}{2} = 2^{k-1} \cdot 2^{-k}$ と $1 = 2^{k-1} \cdot 2^{-k+1}$ の間にある．

このグループ化手順によって，もし n がグループ k にあるならば，$Har(n) > k/2$ かつ $Har(n) \le k$ となることが示される．よって，

$$\frac{\lfloor \log_2 n \rfloor}{2} + \frac{1}{2} < Har(n) \le \lfloor \log_2 n \rfloor + 1.$$

演習問題 2.2.2.22 [*]

$$Har(n) = \ln n + O(1)$$

となることを証明せよ． □

定義 2.2.2.23 任意の数列 $a_0, a_1, \ldots, a_n$ に対して，$\sum_{k=1}^{n} (a_k - a_{k-1})$ と $\sum_{i=0}^{n-1} (a_i - a_{i+1})$ を**階差級数**という． □

明らかに，

$$\sum_{k=1}^{n} (a_k - a_{k-1}) = a_n - a_0$$

が成り立つ．なぜなら，$a_1, a_2, \ldots, a_{n-1}$ の各項はちょうど 1 回ずつ足されて引かれるからである．同様にして，

$$\sum_{i=1}^{n-1} (a_i - a_{i+1}) = a_1 - a_n$$

が成り立つ．階差級数を考える理由は，級数が階差であることがわかると級数を容易に簡単化できるためである．例えば，次の級数を考える．

$$\sum_{k=1}^{n-1} \frac{1}{k(k+1)}.$$

$\frac{1}{k \cdot (k+1)} = \frac{1}{k} - \frac{1}{k+1}$ なので，

$$\sum_{k=1}^{n-1} \frac{1}{k \cdot (k+1)} = \sum_{k=1}^{n-1} \left(\frac{1}{k} - \frac{1}{k+1} \right) = 1 - \frac{1}{n}$$

が得られる．

アルゴリズムの計算量を解析する時，しばしばその解析を特定の漸化式を解くことに帰着することがある．典型的な漸化式は

$$T(n) = a \cdot T\left(\frac{n}{c}\right) + f(n)$$

という形をしている. ここで a と c は正整数で, f は $\mathbb{N}$ から $\mathbb{R}^+$ への関数である. 以下では $f(n) \in \Theta(n)$ の場合のこの漸化式に対する一般解を与える.

定理 2.2.2.24 (マスター定理) a, b, c を正整数とする.

$$
\begin{aligned}
T(1) &= 0, \\
T(n) &= a \cdot T\left(\frac{n}{c}\right) + b \cdot n
\end{aligned}
$$

とすると, 以下が成り立つ.

$$
T(n) \in
\begin{cases}
O(n) & a < c \text{ の場合} \\
O(n \log n) & a = c \text{ の場合} \\
O\left(n^{\log_c a}\right) & c < a \text{ の場合}.
\end{cases}
\qquad \Box
$$

証明 簡単のため, ある正整数 k に対して, $n = c^k$ と仮定する.

$$
\begin{aligned}
T(n) &= a \cdot T\left(\frac{n}{c}\right) + b \cdot n \\
&= a \cdot \left[a \cdot T\left(\frac{n}{c^2}\right) + b \cdot \frac{n}{c}\right] + b \cdot n \\
&= a^2 \cdot T\left(\frac{n}{c^2}\right) + b \cdot \left(\frac{a}{c} \cdot n + n\right) \\
&= a^k \cdot T(1) + b \cdot n \cdot \sum_{i=0}^{k-1} \left(\frac{a}{c}\right)^i \\
&= bn \cdot \left(\sum_{i=0}^{(\log_c n)-1} \left(\frac{a}{c}\right)^i\right).
\end{aligned}
$$

a と c の関係によって 3 つに場合を分ける.

(1) $a < c$ とする. 次の演習問題 2.2.2.20 によって以下を得る.

$$
\sum_{i=0}^{\log_c n - 1} \left(\frac{a}{c}\right)^i \leq \sum_{i=0}^{\infty} \left(\frac{a}{c}\right)^i = \frac{1}{1 - \frac{a}{c}} \in O(1).
$$

よって, $T(n) \in O(n)$.

(2) $a = c$ とする. 明らかに,

$$
\sum_{i=0}^{\log_c n - 1} \left(\frac{a}{c}\right)^i = \log_c n \in O(\log n).
$$

よって, $T(n) \in O(n \log n)$.

(3) $a > c$ とする. 補題 2.2.2.19 から以下を得る.

$$
bn \cdot \sum_{i=0}^{\log_c n - 1} \left(\frac{a}{c}\right)^i = bn \cdot \left(\frac{1 - \left(\frac{a}{c}\right)^{\log_c n}}{1 - \frac{a}{c}}\right)
$$

$$\begin{aligned}
&= \frac{b}{\frac{a}{c}-1} \cdot n \cdot \left(\left(\frac{a}{c}\right)^{\log_c n} - 1\right) \in O\left(n \cdot \frac{a^{\log_c n}}{c^{\log_c n}}\right) \\
&= O\left(a^{\log_c n}\right) = O\left(n^{\log_c a}\right). \qquad \square
\end{aligned}$$

以下では，グラフ理論の基礎的な用語を示す．

定義 2.2.2.25 （無向）グラフ G は，以下の条件を満たす対 (V, E) で定義される．

(i) V は G の**頂点集合**と呼ばれる有限集合である．
(ii) E は G の**辺集合**と呼ばれる $\{\{u, v\} \mid v, u \in V \text{ かつ } v \neq u\}$ の部分集合である．

V の任意の要素は G の**頂点**と呼ばれ，E の任意の要素は G の**辺**と呼ばれる．G は $|V|$ 頂点のグラフと呼ばれる． $\square$

$G' = (V, E)$ がグラフの例である．ここで，

$V = \{v_1, v_2, v_3, v_4, v_5\}$ かつ $E = \{\{v_1, v_3\}, \{v_1, v_4\}, \{v_1, v_5\}, \{v_2, v_4\}, \{v_2, v_5\}\}$.

通常，グラフは平面上に図として表現される．頂点は平面上の点（または小さな円）で，辺 $\{u, v\}$ は 2 点 u と v を結ぶ曲線で表される．グラフ G' は図 2.5 には 2 通りの方法で描いてある．

平面上において辺を表す曲線が平面のどの点でも交差しないような G の図的表現が存在するならば，G は**平面的**であるという．上で定義されたグラフ G' は，図 2.5(b) がその平面的表現になっているので，平面的である．

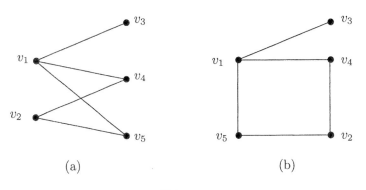

図 2.5

2 頂点 u と v 間には辺が存在するか，そうでないかのいずれかであることに注意すると，n 個の頂点 $v_1, v_2, \ldots, v_n$ を持つグラフのもう 1 つの適切な表現は G の**隣接行列**と呼ばれる対称な $n \times n$ ブール行列 $M_G[a_{ij}]_{i,j=1,\ldots,n}$ によるものである．ここで，

$a_{ij} = 1$ ならば，かつその時に限り $\{v_i, v_j\} \in E$ である．次の行列は図 2.5 のグラフ G' を表している．

$$\begin{pmatrix} 0 & 0 & 1 & 1 & 1 \\ 0 & 0 & 0 & 1 & 1 \\ 1 & 0 & 0 & 0 & 0 \\ 1 & 1 & 0 & 0 & 0 \\ 1 & 1 & 0 & 0 & 0 \end{pmatrix}.$$

グラフ $G = (V, E)$ の任意の辺 $\{u, v\}$ に対して，$\{u, v\}$ は頂点 u と v を**接続**しているという．2 頂点 x と y は，辺 $\{x, y\}$ が E に属している時，**隣接**しているという．G の頂点 v の**次数**，$\boldsymbol{deg_G(v)}$ は，v に接続している辺数である．グラフ $G = (V, E)$ の次数は，

$$\boldsymbol{deg(G)} = \max\{deg_G(v) \,|\, v \in V\}$$

と定義される．

演習問題 2.2.2.26 任意のグラフ $G = (V, E)$ に対して，

$$\sum_{v \in V} deg_G(v) = 2 \cdot |E|$$

となることを証明せよ． $\square$

演習問題 2.2.2.27 n 個の頂点 $v_1, v_2, \ldots, v_n$ のグラフはいくつ存在するか？ $\square$

定義 2.2.2.28 $G = (V, E)$ をグラフとする．G における**路**は，頂点系列 $P = v_1, v_2, \ldots, v_m$ $(v_i \in V, i = 1, \ldots, m)$ で，$\{v_i, v_{i+1}\} \in E$ $(i = 1, \ldots, m-1)$ を満足するものである．$i = 1, \ldots, m$ に対して，v_i は $\boldsymbol{P}$ の**頂点**といい，$j = 1, \ldots, m-1$ に対して，$\{v_j, v_{j+1}\}$ は $\boldsymbol{P}$ の**辺**という．$\boldsymbol{P}$ の**長さ**はその辺数（すなわち，$m-1$）である．

路 $P = v_1, v_2, \ldots, v_m$ は，全ての頂点が異なるか（すなわち，$|\{v_1, v_2, \ldots, v_m\}| = m$），$v_1$ と v_m 以外の全ての頂点が異なる（すなわち，$|\{v_1, \ldots, v_m\}| = m-1$ かつ $v_1 = v_m$）時，**単純**であるという．

路 $P = v_1, v_2, \ldots, v_m$ は，$v_1 = v_m$ ならば**閉路**という．**単純な閉路**は，閉路となる単純な路である．グラフ G の全ての頂点を含む単純な閉路は，G の**ハミルトン閉路**といわれる．G の全ての辺を一度ずつ含む閉路は，G の**オイラー閉路**といわれる．グラフがハミルトン閉路を含むならば，そのグラフは**ハミルトングラフ**という． $\square$

明らかに，任意の路 $P = v_1, v_2, \ldots, v_m$ はグラフ $(\{v_1, \ldots, v_m\}, \{\{v_1, v_2\}, \{v_2, v_3\}, \ldots, \{v_{m-1}, v_m\}\})$ と見なすことができる．

42　第 2 章　初歩的な基礎

図 2.5 より，$P = v_1, v_4, v_2, v_5, v_1, v_4, v_2$ は，グラフ G' の路である．P は単純ではない．路 v_1, v_4, v_2, v_5, v_1 は単純な閉路である．G' はオイラー閉路もハミルトン閉路も含まない．

演習問題 2.2.2.29　グラフが 2 頂点 u と v の間の路を含めば，u と v の間の単純な路を含むことを示せ．　　　　　　　　　　　　　　　　　　　　　　　□

任意の $n \in \mathbb{N}$ に対して，$\boldsymbol{K_n} = (\{v_1, \ldots, v_n\}, \{\{v_i, v_j\} \mid i, j \in \{1, \ldots, n\}, i \neq j\})$ は，n 頂点の**完全**グラフである．M_{K_n} は 0-対角 $n \times n$ ブール行列（すなわち，対角要素が全て 0 で，非対角要素が全て 1 である行列）となることに注意しよう．グラフ $G = (V, E)$ は，全ての $x, y \in V$, $x \neq y$ に対して，G において x と y の間に路が存在する時，**連結**であるという．G は，V を $E \subseteq \{\{u, v\} \mid u \in V_1, v \in V_2\}$ となるように 2 つの集合 V_1 と V_2 ($V_1 \cup V_2 = V$, $V_1 \cap V_2 = \emptyset$) に分割できる時，**2 部**であるという．図 2.5 のグラフ G' は，連結な 2 部グラフである．2 番目の性質は $V_1 = \{v_1, v_2\}$ を左側に，$V_2 = \{v_3, v_4, v_5\}$ を右側に置いた図 2.5(a) によって非常にうまく表現されている．

演習問題 2.2.2.30　任意の連結グラフ $G = (V, E)$ に対して，

$$|E| \geq |V| - 1$$

となることを証明せよ．　　　　　　　　　　　　　　　　　　　　　　　□

演習問題 2.2.2.31　連結グラフ G がオイラー閉路を含むための必要十分条件は，G の全ての頂点の次数が偶数であることを証明せよ．

定義 2.2.2.32　グラフ $G = (V, E)$ の**カット**は，以下の条件を満たす 3 項組 (V_1, V_2, E') で定義される．

(i)　$V_1 \cup V_2 = V$, $V_1 \neq \emptyset$, $V_2 \neq \emptyset$, $V_1 \cap V_2 = \emptyset$,

(ii)　$E' = E \cap \{\{u, v\} \mid u \in V_1, v \in V_2\}$.　　　　　　　　　　□

明らかに，与えられたグラフ $G = (V, E)$ において，カットを定めるには，(V_1, V_2) または E' だけを与えるだけで十分である．例えば，$E' = \{\{v_1, v_5\}, \{v_2, v_4\}\}$ は図 2.5 におけるグラフ G' のカット $(\{v_1, v_3, v_4\}, \{v_2, v_5\}, E')$ を定める．

にならない時，**極大マッチング**という． □

例えば，図 2.5 において，$\{\{v_1, v_3\}\}$, $\{\{v_1, v_3\}, \{v_2, v_5\}\}$ と $\{\{v_1, v_5\}, \{v_2, v_4\}\}$ は G のマッチングである．最後の 2 つは G' の極大マッチングである．

定義 2.2.2.34 グラフ $G = (V, E)$ はどのような閉路も含まない時，**アサイクリック**であるという．アサイクリックな連結グラフを**木**という．**根付き木** T は，頂点の 1 つが他の頂点と区別された木である．この区別された頂点を木の**根**と呼ぶ．

根以外の任意の頂点 u は $deg_T(u) = 1$ の時，根付き木 T の**葉（外部頂点）**という．$deg_T(v) > 1$ となる T の頂点 v は**内部頂点**という． □

木 $T = (\{v_1, v_2, v_3, v_4, v_5, v_6, v_7, v_8, v_9\}, \{\{v_1, v_2\}, \{v_1, v_6\}, \{v_2, v_3\}, \{v_2, v_4\}, \{v_3, v_5\}, \{v_6, v_7\}, \{v_7, v_8\}, \{v_7, v_9\}\})$ を図 2.6 に示す．v_1 を T の根と考えるならば，v_4, v_5, v_8 と v_9 は T の葉である．v_9 を T の根とするなら，v_4, v_5 と v_8 がこの根付き木の葉である．

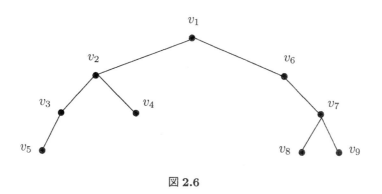

図 2.6

木 T が根 w を持つ根付き木ならば，通常，T は $\boldsymbol{T_w}$ と表される．

定義 2.2.2.35 **多重グラフ** G は以下の条件を満たす対 (V, H) で定義される．

(i) V は G の**頂点の集合**と呼ばれる有限集合である．

(ii) H は G の**多重辺の集合**と呼ばれる $\{\{u, v\} \mid u, v \in V, u \neq v\}$ の要素の多重集合である． □

$G_1 = (V, H)$ が多重グラフの例である．ここで，$V = \{v_1, v_2, v_3, v_4\}$, $H = \{\{v_1, v_2\}, \{v_1, v_2\}, \{v_1, v_2\}, \{v_2, v_3\}, \{v_1, v_3\}, \{v_1, v_3\}, \{v_3, v_4\}\}$．図 2.7 にこの例の図での表現の一例を示す．

n 個の頂点 $v_1, v_2, \ldots, v_n$ の多重グラフは対称な $n \times n$ 行列 $M_G = [b_{ij}]_{i,j=1,\ldots,n}$

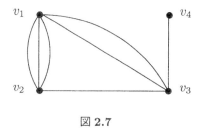

図 2.7

によって表すことができる．ここで，b_{ij} は v_i と v_j 間の辺数である．M_G は G の隣接行列という．次の行列は図 2.7 における多重グラフ G_1 の隣接行列である．

$$\begin{pmatrix} 0 & 3 & 2 & 0 \\ 3 & 0 & 1 & 0 \\ 2 & 1 & 0 & 1 \\ 0 & 0 & 1 & 0 \end{pmatrix}.$$

グラフにおける次数，路，閉路，連結度，マッチングなど全ての概念は多重グラフに対しても同様に定義できるので，それらの形式的定義は省略する．任意の2つのグラフまたは，多重グラフ $G_1 = (V_1, E_1)$ と $G_2 = (V_1, E_2)$ に対して，$V_1 \subseteq V_2$ かつ $E_1 \subseteq E_2$ ならば，G_1 は G_2 の**部分グラフ**という．

以下では，有向グラフとそれに関連したいくつかの基礎的な概念を定義する．直観的には，有向グラフとグラフは（ある頂点からもう1つの頂点への）辺の向きがあるかないかということが異なっている．

定義 2.2.2.36 有向グラフ G は，以下の条件を満たす対 (V, E) である．

(i) V は G の**頂点の集合**と呼ばれる有限集合である．

(ii) $E \subseteq (V \times V) - \{(v,v) \mid v \in V\} = \{(u,v) \mid u \neq v, u, v \in V\}$ は G の（有向）**辺の集合**である．

もし $(u,v) \in E$ ならば，(u,v) は頂点 u から**出て**，(u,v) は頂点 v に**入る**という．また，(u,v) は頂点 u と v に**接続している**ともいう． □

有向グラフ $G_2 = (\{v_1, v_2, v_3, v_4, v_5, v_6\}, \{(v_1, v_2), (v_2, v_1), (v_1, v_3), (v_2, v_4), (v_2, v_5), (v_4, v_2), (v_4, v_5), (v_5, v_3)\})$ を図 2.8 に示す．辺 (v_2, v_4) は頂点 v_2 から出て頂点 v_4 に入る．

有向グラフを表現するためにもう一度隣接行列の概念を用いる．n 個の頂点 $v_1, \ldots, v_n$ を持つ任意の有向グラフ $G = (V, E)$ に対して，**G の隣接行列** $M_G = [c_{ij}]_{i,j=1,\ldots,n}$ は

2.2 数学の基礎　　45

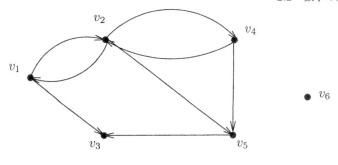

図 2.8

$$c_{ij} = \begin{cases} 1 & (v_i, v_j) \in E \text{ の場合} \\ 0 & (v_i, v_j) \notin E \text{ の場合} \end{cases}$$

によって定義される．次の行列は図 2.8 に示された有向グラフ G_2 の隣接行列である．

$$M_{G_2} = \begin{pmatrix} 0 & 1 & 1 & 0 & 0 & 0 \\ 1 & 0 & 0 & 1 & 1 & 0 \\ 0 & 0 & 0 & 0 & 0 & 0 \\ 0 & 1 & 0 & 0 & 1 & 0 \\ 0 & 0 & 1 & 0 & 0 & 0 \\ 0 & 0 & 0 & 0 & 0 & 0 \end{pmatrix}.$$

演習問題 2.2.2.37 n 個の頂点 $v_1, v_2, \ldots, v_n$ を持つ有向グラフは何個存在するか？
□

$G = (V, E)$ を有向グラフとし，v を G の頂点とする．**v の入次数** $indeg_G(v)$ は，v に入る G の辺数（すなわち，$indeg_G(v) = |E \cap (V \times \{v\})|$）である．**$v$ の出次数** $outdeg_G(v)$ は，v から出る G の辺数（すなわち，$outdeg_G(v) = |E \cap (\{v\} \times V)|$）である．例えば，$indeg_{G_2}(v_5) = 2$, $outdeg_{G_2}(v_5) = 1$, $outdeg_{G_2}(v_2) = 3$ となる．G における v の次数は，

$$deg_G(v) = indeg_G(v) + outdeg_G(v)$$

である．例えば，$deg_{G_2}(v_2) = 5$ であり，$deg_G(v_6) = 0$ となる．$deg_G(u) = 0$ となる頂点 u は G の**孤立頂点**という．有向グラフ $G = (V, E)$ の次数は，

$$deg(G) = \max\{deg_G(v) \,|\, v \in V\}$$

で定義される．

定義 2.2.2.38 $G = (V, E)$ を有向グラフとする．G における（有向）路は，$(v_i, v_{i+1}) \in E$ $(i = 1, \ldots, m - 1)$ となるような頂点の列 $P = v_1, v_2, \ldots, v_m$ $(v_i \in V, i =$

$1,\ldots,m)$ である．この時，P は v_1 から v_m への路であるという．P の長さは $m-1$，すなわち，辺数である．

有向路 $P = v_1,\ldots,v_m$ は，$|\{v_1,\ldots,v_m\}| = m$ または $(v_1 = v_m$，かつ $|\{v_1,\ldots,v_{m-1}\}| = m-1)$ である時，**単純**であるという．路 $P = v_1,\ldots,v_m$ は $v_1 = v_m$ ならば，**閉路**といわれる．閉路 $v_1,\ldots,v_m$ は，$|\{v_1,\ldots,v_{m-1}\}| = m-1$ である時，**単純**であるという．有向グラフ G は閉路を含まない時，**アサイクリック**といわれる．□

$P = v_1, v_2, v_1, v_3$ は図 2.8 における有向グラフ G_2 の有向路である．v_1, v_2, v_1 は単純閉路である．有向グラフ G は，全ての頂点対 $u, v \in V$ $(u \neq v)$ に対して，G において u から v へと v から u への有向路が存在する時，**強連結**であるという．グラフ G_2 は強連結ではない．

多くの現実的な状況がグラフで表現できる．時として，重み付きグラフと呼ばれるより強力な表現形式が必要になる．

定義 2.2.2.39 **重み付き（有向）グラフ** G は以下の条件を満たす3項組 $(V, E, weight)$ で定義される．

(i) (V, E) は（有向）グラフである．
(ii) $weight$ は E から $\mathbb{Q}^+$ への関数である．

重み付きグラフ $G = (V, E, weight)$ の隣接行列は $M_G = [a_{ij}]_{i,j=1,\ldots,|V|}$ である．ここで $\{v_i, v_j\} \in E$ ならば $a_{ij} = weight(\{v_i, v_j\})$ となり，$\{v_i, v_j\} \notin E$ ならば $a_{ij} = 0$ となる．□

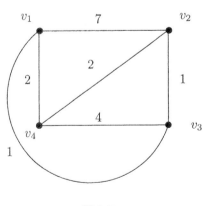

図 **2.9**

図 2.9 に示されるグラフは重み付きグラフ

$$G = (\{v_1, v_2, v_3, v_4\}, \{\{v_i, v_j\} \mid i, j \in \{1,\ldots,4\}, i \neq j\}, weight)$$

である，ここで，$weight(\{v_1, v_2\}) = 7, weight(\{v_1, v_3\}) = 1, weight(\{v_1, v_4\}) = 2, weight(\{v_2, v_3\}) = 1, weight(\{v_2, v_4\}) = 2, weight(\{v_3, v_4\}) = 4$ である．その隣接行列は次のような対称行列である：

$$
\begin{pmatrix}
0 & 7 & 1 & 2 \\
7 & 0 & 1 & 2 \\
1 & 1 & 0 & 4 \\
2 & 2 & 4 & 0
\end{pmatrix}.
$$

ここで，G はハミルトン閉路 v_1, v_4, v_3, v_2, v_1 を含むことに注意しよう．

2.2.2 節で導入されたキーワード

順列，組合せ，2 項係数，多項式，関数の漸近的増加率，算術級数，幾何級数，調和数，階差級数，グラフ，グラフの隣接行列，ハミルトン閉路，オイラー閉路，2 部グラフ，カット，マッチング，木，多重グラフ，有向グラフ，重み付きグラフ

2.2.3 ブール関数とブール式

この節の目的は，ブール論理の初歩的な基礎を与え，ブール式やブランチングプログラムのようなブール関数の基本的な表現を与えることである．式に関しては加法標準形 (DNF) や乗法標準形 (CNF) のようないくつかの特殊な標準形を考える．

ブール論理は 2 値「**真**」と「**偽**」から構成される基礎的な数学の体系である．2 値の真と偽は**ブール値**と呼ばれる．以降では，真，偽に対してそれぞれ値 1 と 0 を用いる．

ブール値は論理（ブール）演算によって操作される．基礎的な演算は否定，乗法，加法，排他的論理和，等価と含意である．**否定**は記号 ¬ によって表される単項演算で，$\neg(0) = 1$ と $\neg(1) = 0$ によって定義される．しばしば $\neg(0)$ と $\neg(1)$ の代わりにそれぞれ $\overline{0}$ と $\overline{1}$ によって表すことがある．**乗法**は記号 ∧ によって表される 2 項演算で，論理 *AND* に対応する．すなわち，結果が 1 になるのは 2 つの引数がともに 1 になる時，かつその時に限られる．**加法**は記号 ∨ によって表される 2 項演算で，論理 *OR* に対応する．すなわち，結果が 1 になるのは 2 つの引数のうち少なくとも 1 つが 1 になる時，かつその時に限られる．これらは論理的な意味に対応して次のように定義される．

$$
\begin{array}{ll}
0 \wedge 0 = 0 & \quad 0 \vee 0 = 0 \\
0 \wedge 1 = 0 & \quad 0 \vee 1 = 1 \\
1 \wedge 0 = 0 & \quad 1 \vee 0 = 1 \\
1 \wedge 1 = 1 & \quad 1 \vee 1 = 1
\end{array}
$$

48 第 2 章 初歩的な基礎

排他的論理和は記号 $\oplus$ によって表される 2 項演算で，**含意**は記号 $\Rightarrow$ によって表される 2 項演算である．**等価**は $\Leftrightarrow$ によって表される．これらは次のように定義される．

$$0 \oplus 0 = 0 \qquad 0 \Rightarrow 0 = 1 \qquad 0 \Leftrightarrow 0 = 1$$
$$0 \oplus 1 = 1 \qquad 0 \Rightarrow 1 = 1 \qquad 0 \Leftrightarrow 1 = 0$$
$$1 \oplus 0 = 1 \qquad 1 \Rightarrow 0 = 0 \qquad 1 \Leftrightarrow 0 = 0$$
$$1 \oplus 1 = 0 \qquad 1 \Rightarrow 1 = 1 \qquad 1 \Leftrightarrow 1 = 1$$

したがって，排他的論理和の結果が 1 になるのは，どちらか一方の引数だけが 1 の時である．含意の結果が 0 になるのは，仮定が真ならば結論が偽は含意できないので，最初の引数が 1 で 2 番目の引数が 0 の時，かつその時に限られる．

演習問題 2.2.3.1 上記のブール演算のうち，結合的で可換的であるものを求めよ．

演習問題 2.2.3.2 任意のブール値 α と β に対して以下を証明せよ．

(i) $\alpha \vee \beta = \neg(\neg(\alpha) \wedge \neg(\beta))$.

(ii) $\alpha \wedge \beta = \neg(\neg(\alpha) \vee \neg(\beta))$.

(iii) $\alpha \oplus \beta = \neg(\alpha \Leftrightarrow \beta)$.

(iv) $\alpha \Rightarrow \beta = \neg(\alpha) \vee \beta$.

(v) $\alpha \Leftrightarrow \beta = (\alpha \Rightarrow \beta) \wedge (\beta \Rightarrow \alpha)$. $\qquad\qquad$ □

定義 2.2.3.3 **ブール変数**は 0 か 1 かの値が与えられる任意の記号である．

$X = \{x_1, \ldots, x_n\}$ をある $n \in \mathbb{N}$ に対するブール変数の集合とする．**X 上のブール関数**は $\{0,1\}^n$ から $\{0,1\}$ への任意の写像 f である．変数の名前を陽に示したい時は f の代わりに $\boldsymbol{f(x_1, x_2, \ldots, x_n)}$ のように表す． $\qquad\qquad$ □

f の任意の引数 $\alpha \in \{0,1\}^n$ は各変数 $x \in X$ にブール値を代入する写像 $\alpha : X \to \{0,1\}$ と見なすこともできる．このため，α を f の**入力への割当**という．

n 変数のブール関数を表現する最も簡単な方法は，全ての 2^n 通りの可能な引数に対して関数値を書き出すこと（入力への割当）である．図 2.10 にその表現法を用いた 3 変数 x_1, x_2, x_3 のブール関数に対する表現を示す．

定義 2.2.3.4 $f(x_1, \ldots, x_n)$ をブール変数の集合 $X = \{x_1, x_2, \ldots, x_n\}$ 上のブール関数とする．$f(\alpha) = f(\alpha_1, \alpha_2, \ldots, \alpha_n) = 1$ となるような任意の引数 $\alpha = (\alpha_1, \alpha_2, \ldots, \alpha_n) \in \{0,1\}^n$ $(\alpha(x_i) = \alpha_i (i = 1, 2, \ldots, n)$ によって入力への割当 α を表す）に対して，$\boldsymbol{\alpha}$ は $\boldsymbol{f}$ を**充足する**という．

x_1	x_2	x_3	$f(x_1, x_2, x_3)$
0	0	0	1
0	0	1	0
0	1	0	0
0	1	1	1
1	0	0	1
1	0	1	0
1	1	0	1
1	1	1	0

図 **2.10**

$$N^1(f) = \{\alpha \in \{0,1\}^n \,|\, f(\alpha) = 1\}$$

は f を充足する全ての入力への割当の集合である.

$$N^0(f) = \{\beta \in \{0,1\}^n \,|\, f(\beta) = 0\}$$

は f を充足しない全ての入力への割当の集合である.

f を充足する入力への割当が存在する（すなわち, $|N^1(f)| \geq 1$）時, f は**充足可能**という. □

図 2.10 の関数 $f(x_1, x_2, x_3)$ は充足可能である. $\alpha(x_1) = \alpha(x_2) = \alpha(x_3) = 0$ となる入力への割当 $\alpha : \{x_1, x_2, x_3\} \to \{0,1\}$（$f$ の引数 $(0,0,0)$）が $f(x_1, x_2, x_3)$ を充足する.

$$
\begin{aligned}
N^1(f(x_1, x_2, x_3)) &= \{(0,0,0), (0,1,1), (1,0,0), (1,1,0)\}, \\
N^0(f(x_1, x_2, x_3)) &= \{(0,0,1), (0,1,0), (1,0,1), (1,1,1)\}.
\end{aligned}
$$

したがって, ブール関数 f を表すもう 1 つの方法は $N^1(f)$ または $N^0(f)$ を与えることであることがわかる.

定義 2.2.3.5 $X = \{x_1, \ldots, x_n\}$ を n $(n \in \mathbb{N} - \{0\})$ 個のブール変数の集合とする. $f(x_1, \ldots, x_n)$ を X 上のブール関数とする. $\boldsymbol{f(x_1, \ldots, x_n)}$ **が変数** $\boldsymbol{x_i}$ **に本質的に依存する**とは, $n-1$ 個のブール値

$$\alpha_1, \alpha_2, \ldots, \alpha_{i-1}, \alpha_{i+1}, \ldots, \alpha_n \in \{0,1\}$$

が存在して,

$$f(\alpha_1, \alpha_2, \ldots, \alpha_{i-1}, 0, \alpha_{i+1}, \ldots, \alpha_n) \neq f(\alpha_1, \alpha_2, \ldots, \alpha_{i-1}, 1, \alpha_{i+1}, \ldots, \alpha_n)$$

50 第 2 章 初歩的な基礎

を満たすことと等価である．もし，$f(x_1,\ldots,x_n)$ がある $j \in \{1,\ldots,n\}$ に対して変数 x_j に本質的に依存しないなら，ブール変数 x_j は f に対して**冗長である**という．　　　　　　　　　　　　　　　　　　　　　　　　　　　　　　　　　　　□

例えば，図 2.10 のブール関数 $f(x_1, x_2, x_3)$ は $x_2 = 1$ かつ $x_3 = 0$ と固定すると

$$f(0,1,0) = 0 \neq 1 = f(1,1,0)$$

となるので，x_1 に本質的に依存する．

演習問題 2.2.3.6　図 2.10 のブール関数 $f(x_1, x_2, x_3)$ は x_2 と x_3 に本質的に依存するかどうかを決定せよ．　　　　　　　　　　　　　　　　　　　　　　　　　□

演習問題 2.2.3.7　$|N^1(f)| = 1$ となる任意のブール関数 f は全ての入力変数に本質的に依存することを証明せよ．　　　　　　　　　　　　　　　　　　　　　　　□

ブール関数を記述する最も一般的な方法は，ブール式を用いることである．

定義 2.2.3.8　X をブール変数の可算集合とし，S を単項ブール演算と 2 項ブール演算の集合とする．X と S **の上のブール式**は以下のように再帰的に定義される．

(i)　ブール値 0 と 1 はブール式である．

(ii)　任意のブール変数 $x \in X$ に対して，x はブール式である．

(iii)　F がブール式で φ が S の単項ブール演算ならば，$\varphi(F)$ はブール式である．

(iv)　F_1 と F_2 がブール式で，$\triangle \in S$ が 2 項演算ならば，$(F_1 \triangle F_2)$ はブール式である．

(v)　(i), (ii), (iii), (iv) のみを使って構成された式のみが X と S 上のブール式である．　　　　　　　　　　　　　　　　　　　　　　　　　　　　　　　　　□

ブール変数の集合 $X = \{x_1, x_2, x_3, \ldots\}$ と $S = \{\vee, \wedge, \Leftrightarrow, \Rightarrow\}$ 上のブール式の例は

$$F = (((x_1 \vee x_2) \wedge x_7) \Rightarrow (x_2 \Leftrightarrow x_3)).$$

演算 $\vee, \wedge, \oplus, \Leftrightarrow$ は可換的で結合的であるので，しばしば括弧を省略してよい．したがって，例えば，次の式 $((x_1 \vee x_2) \vee (x_3 \vee x_4))$, $(((x_1 \vee x_2) \vee x_3) \vee x_4)$, $x_1 \vee x_2 \vee x_3 \vee x_4$ は同じブール式を表している．さらに，$x_1 \vee x_2 \vee \cdots \vee x_n$ [$x_1 \wedge x_2 \wedge \cdots \wedge x_n$, $x_1 \oplus x_2 \oplus \cdots \oplus x_n$] の代わりに，$\bigvee_{i=1}^{n} x_i$ [$\bigwedge_{i=1}^{n} x_i, \bigoplus_{i=1}^{n} x_i$] も使う．

定義 2.2.3.9　S を単項ブール演算と 2 項ブール演算の集合とする．X をブール変数の集合とし，F を X と S 上の式とする．α を X に対する入力への割当とする．

入力への割当 α の下での F の値は次のように定義されたブール値である：

(i) $F(\alpha) = \begin{cases} 0 & (F = 0 \text{ の場合}) \\ 1 & (F = 1 \text{ の場合}) . \end{cases}$

(ii) ある $x \in X$ に対して $F = x$ ならば $F(\alpha) = \alpha(x)$.

(iii) ある単項ブール演算 $\varphi \in S$ に対して，$F = \varphi(F_1)$ ならば $F(\alpha) = \varphi(F_1(\alpha))$.

(iv) ある 2 項ブール演算 $\triangle \in S$ に対して，$F = (F_1 \triangle F_2)$（F_1 と F_2 はある式）ならば，$F(\alpha) = F_1(\alpha) \triangle F_2(\alpha)$.

f を X 上のブール関数とする．X から $\{0,1\}$ への任意の入力の割当 β に対して，$f(\beta) = F(\beta)$ ならば，**F は f を表現している**という．2 つの式 F_1 と F_2 に対して，これらが同じブール関数を表現している（すなわち，任意の α に対して $F_1(\alpha) = F_2(\alpha)$）ならば F_1 と F_2 は**等価**であるといい，$F_1 = F_2$ と表す． □

明らかに，任意の式はちょうど 1 つのブール関数を表現している．しかしながら，1 つのブール関数は無限に多くの式によって表現できる．例えば，3 つの式 $x_1 \lor x_2$，$\neg(\neg(x_1) \land \neg(x_2))$，$(x_1 \lor x_2 \lor x_1 \lor x_2) \land 1$，$\neg(x_1 \Rightarrow x_2) \lor \neg(x_2 \Rightarrow x_1) \lor \neg(x_2 \Rightarrow \neg(x_1))$ は同じブール関数を表現している．

以下では，次のような記法を用いる．$\alpha \in \{0,1\}$ とし，X をブール変数とする時，

$$x^{\alpha} = \begin{cases} \neg(x) & (\alpha = 0 \text{ の場合}) \\ x & (\alpha = 1 \text{ の場合}) . \end{cases}$$

$\{x_1, \ldots, x_n\}$ 上の**節**とは，任意の $(\alpha_1, \ldots, \alpha_m) \in \{0,1\}^m$ と，任意の $\{i_1, i_2, \ldots, i_m\} \subseteq \{1, 2, \ldots, n\}$ に対する式 $x_{i_1}^{\alpha_1} \lor x_{i_2}^{\alpha_2} \lor \cdots \lor x_{i_m}^{\alpha_m}$ である．m は n とは異なってもよいことに注意しよう．例えば，$x_1 \lor x_3$，$\overline{x}_1 \lor x_2 \lor x_3 \lor \overline{x}_1 \lor \overline{x}_2$ は $\{x_1, x_2, x_3\}$ 上の節である．

演習問題 2.2.3.10 次の式の等価性を証明せよ．

(i) $x \lor 0 = x,\ x \land 1 = x,\ x \oplus 0 = x,\ x \oplus 1 = \overline{x}$.

(ii) $x \land (y \oplus z) = (x \land y) \oplus (x \land z)$,
$x \land (y \lor z) = (x \land y) \lor (x \land z)$,
$x \lor (y \land z) = (x \lor y) \land (x \lor z)$.

(iii) $x \lor x = x \land x = x \lor (x \land y) = x \land (x \lor y) = x$.

(iv) $x \lor \overline{x} = x \oplus \overline{x} = 1$.

(v) $x \land \overline{x} = x \oplus x = 0$. □

52 第 2 章 初歩的な基礎

定義 2.2.3.11 n を正整数とし，$X = \{x_1, \ldots, x_n\}$ をブール変数の集合とする．任意の $\alpha = (\alpha_1, \alpha_2, \ldots, \alpha_n) \in \{0,1\}^n$ に対して，**α に対する X 上の最小項**を，ブール式

$$minterm_\alpha(x_1, \ldots, x_n) = x_1^{\alpha_1} \wedge x_2^{\alpha_2} \wedge \cdots \wedge x_n^{\alpha_n}$$

と定義し，**α に対する X 上の最大項**を，ブール式

$$maxterm_\alpha(x_1, \ldots, x_n) = x_1^{\neg(\alpha_1)} \vee x_2^{\neg(\alpha_2)} \vee \cdots \vee x_n^{\neg(\alpha_n)}$$

と定義する． □

例えば，$minterm_{(0,1,0)}(x_1, x_2, x_3) = x_1^0 \wedge x_2^1 \wedge x_3^0 = \overline{x}_1 \wedge x_2 \wedge \overline{x}_3$ であり，$maxterm_{(0,1,0)}(x_1, x_2, x_3) = x_1^1 \vee x_2^0 \vee x_3^1 = x_1 \vee \overline{x}_2 \vee x_3$ となる．

観察 2.2.3.12 各 $\alpha \in \{0,1\}^n$ に対して，$minterm_\alpha(x_1, \ldots, x_n)$ は $x_i = \alpha_i$ $(i = 1, \ldots, n)$ （すなわち，$N^1(minterm_\alpha(x_1, \ldots, x_n)) = \{\alpha\}$）の時，かつその時に限りブール値 1 をとる．また，$maxterm_\alpha(x_1, \ldots, x_n)$ は $x_i = \alpha_i$ $(i = 1, \ldots, n)$ （すなわち，$N^0(maxterm_\alpha(x_1, \ldots, x_n)) = \{\alpha\}$）の時，かつその時に限りブール値 0 をとる． □

証明 明らかに，任意のブール値 β に対して $\beta^\beta = 1$ となるので，任意の $\alpha = (\alpha_1, \alpha_2, \ldots, \alpha_n) \in \{0,1\}^n$ に対して，

$$minterm_\alpha(\alpha_1, \ldots, \alpha_n) = \alpha_1^{\alpha_1} \wedge \alpha_2^{\alpha_2} \wedge \cdots \wedge \alpha_n^{\alpha_n} = 1$$

である．全ての異なるブール値 $\beta \neq \omega$ に対して $\beta^\omega = 0$ であるので，全ての異なるベクトル $(\alpha_1, \alpha_2, \ldots, \alpha_n) \neq (\beta_1, \beta_2, \ldots, \beta_n)$ に対して

$$minterm_\alpha(\beta_1, \ldots, \beta_n) = \alpha_1^{\beta_1} \wedge \alpha_2^{\beta_2} \wedge \cdots \wedge \alpha_n^{\beta_n} = 0$$

である．

同様に，$1^0 = 0^1 = 0$ であり 各 $\beta \in \{0,1\}$ に対して $\beta^{\overline{\beta}} = 0$ であるので，任意の $\gamma = (\gamma_1, \gamma_2, \ldots, \gamma_n) \in \{0,1\}^n$ に対して，

$$maxterm_\gamma(\gamma_1, \gamma_2, \ldots, \gamma_n) = \gamma_1^{\overline{\gamma}_1} \vee \gamma_2^{\overline{\gamma}_2} \vee \cdots \vee \gamma_n^{\overline{\gamma}_n} = 0$$

が成り立つ．$(\gamma_1, \ldots, \gamma_n), (\beta_1, \ldots, \beta_n) \in \{0,1\}^n$ とし，$(\gamma_1, \ldots, \gamma_n) \neq (\beta_1, \ldots, \beta_n)$ とする．この時，$\beta_i \neq \gamma_i$ （すなわち，$\beta_i = \overline{\gamma}_i$）となる $i \in \{1, \ldots, n\}$ が存在する．よって，

$$maxterm_\gamma(\beta_1, \ldots, \beta_n) = \beta_1^{\overline{\gamma}_1} \vee \cdots \vee \beta_n^{\overline{\gamma}_n} = \beta_i^{\overline{\gamma}_i} = \beta_i^{\beta_i} = 1$$

が成り立つ． □

$minterm$ と $maxterm$ の概念を用いると，任意のブール関数に対して特殊な標準形のある一意的な式を対応させることができる.

定理 2.2.3.13 $f : \{0,1\}^n \to \{0,1\}$, $n \in \mathbb{N} - \{0\}$ を $X = \{x_1, \ldots, x_n\}$ 上のブール関数とする．この時，

$$f(x_1, \ldots, x_n) = \bigvee_{\alpha \in N^1(f)} minterm_\alpha(x_1, \ldots, x_n) = \bigvee_{\alpha \in N^1(f)} (x_1^{\alpha_1} \wedge \cdots \wedge x_n^{\alpha_n}). \quad \square$$

証明 $\beta = (\beta_1, \ldots, \beta_n) \in \{0,1\}^n$ を $f(\beta) = 1$, すなわち $\beta \in N^1(f)$ となるベクトルとする．この時，$minterm_\beta(\beta_1, \ldots, \beta_n) = 1$ となり，ゆえに

$$\bigvee_{\alpha \in N^1(f)} minterm_\alpha(x_1, \ldots, x_n) = 1.$$

もし，$\gamma = (\gamma_1, \ldots, \gamma_n) \in \{0,1\}^n$ が，$f(\gamma) = 0$ となるベクトルならば，$\gamma \notin N^1(f)$ である．観察 2.2.3.12 によって，$\alpha \neq \gamma$ であるので各 $\alpha \in N^1(f)$ に対して $minterm_\alpha(\gamma) = 0$ が成り立つ．ゆえに

$$\bigvee_{\alpha \in N^1(f)} minterm_\alpha(\gamma_1, \ldots, \gamma_n) = 0. \qquad \square$$

式 $\bigvee_{\alpha \in N^1(f)} (x_1^{\alpha_1} \wedge \cdots \wedge x_n^{\alpha_n})$ は**完全加法標準形**または**完全 DNF** と呼ばれる．完全乗法標準形は $N^1(f)$ によって曖昧さなく決められるので，任意のブール関数 f に対して一意に決められる.

図 2.10 のブール関数 $f(x_1, x_2, x_3)$ に対する完全 DNF は，$N^1(f) = \{(0,0,0), (0,1,1), (1,0,0), (1,1,0)\}$ であるので

$$(\overline{x}_1 \wedge \overline{x}_2 \wedge \overline{x}_3) \vee (\overline{x}_1 \wedge x_2 \wedge x_3) \vee (x_1 \wedge \overline{x}_2 \wedge \overline{x}_3) \vee (x_1 \wedge x_2 \wedge \overline{x}_3)$$

となる.

次の命題は定理 2.2.3.13 の証明と同様にして証明される.

定理 2.2.3.14 $f : \{0,1\}^n \to \{0,1\}$ ($n \in \mathbb{N} - \{0\}$) を $X = \{x_1, \ldots, x_n\}$ 上のブール関数とする．この時，

$$f(x_1, \ldots, x_n) = \bigwedge_{\alpha \in N^0(f)} maxterm_\alpha(x_1, \ldots, x_n) = \bigwedge_{\alpha \in N^0(f)} \left(x_1^{\overline{\alpha}_1} \vee \cdots \vee x_n^{\overline{\alpha}_n}\right).$$

$$\square$$

演習問題 2.2.3.15 定理 2.2.3.14 を証明せよ. $\qquad \square$

式 $\bigwedge_{\alpha \in N^0(f)} \left(x_1^{\overline{\alpha}_1} \vee \cdots \vee x_n^{\overline{\alpha}_n}\right)$ は f の**完全乗法標準形**または**完全 CNF** と呼ばれ

る．図 2.10 のブール関数 $f(x_1, x_2, x_3)$ の完全 CNF は，$N^0(f) = \{(0,0,1),(0,1,0),(1,0,1),(1,1,1)\}$ であるので，

$$(x_1 \vee x_2 \vee \overline{x}_3) \wedge (x_1 \vee \overline{x}_2 \vee x_3) \wedge (\overline{x}_1 \vee x_2 \vee \overline{x}_3) \wedge (\overline{x}_1 \vee \overline{x}_2 \vee \overline{x}_3)$$

となる．

定義 2.2.3.16 $X = \{x_1, x_2, x_3, \dots\}$ をブール変数の集合とする．$\overline{X} = \{\overline{x} \mid x \in X\} = \{\overline{x}_1, \overline{x}_2, \overline{x}_3, \dots\}$ とする．(X 上の) **リテラル**は $X \cup \overline{X}$ の任意の要素である．

節の乗法からなる (X 上の) 任意のブール式は**乗法標準形**あるいは **CNF** と呼ばれる．

任意の節 $F = x_{i_1}^{\alpha_1} \vee x_{i_2}^{\alpha_2} \vee \cdots \vee x_{i_n}^{\alpha_n}$, $(\alpha_1, \alpha_2, \dots, \alpha_n) \in \{0,1\}^n$ に対して，**F のサイズ**は n，すなわち，リテラルの数である．任意の正整数 k に対して，式 Φ が CNF で Φ における全ての節のサイズが高々 k である時，Φ は **k-乗法標準形**または **kCNF** という． $\square$

式

$$(x_1 \vee \overline{x}_2) \wedge (\overline{x}_1 \vee x_3 \vee \overline{x}_5) \wedge x_2 \wedge (x_4 \vee x_5)$$

は 3CNF である．任意の n 変数ブール関数の完全 CNF は nCNF である．

定理 2.2.3.13（同様に定理 2.2.3.14）から，任意のブール関数はブール演算の集合 $\{\vee, \wedge, \neg\}$ 上の式として表現できることがわかる．

演習問題 2.2.3.17 任意のブール関数は以下の演算上の式として表現できることを証明せよ．

(i) $\{\neg, \vee\}$.

(ii) $\{\neg, \wedge\}$.

(iii) $\{\wedge, \oplus\}$. $\square$

演習問題 2.2.3.18 任意のブール関数が 2 項ブール演算（2 変数ブール関数）$\{\varphi\}$ 上の式として表現できるような 2 項ブール演算 $\{\varphi\}$ を見出せ． $\square$

ブランチングプログラムは，現在ブール関数の計算機表現に対する標準的なモデルである．これは，ブランチングプログラムがしばしばブール値表や式に比べてより簡潔に表現できるからであり，ブランチングプログラムのある特殊な形がいくつかの応用領域において有用となり得るからである．

定義 2.2.3.19 $X = \{x_1, \dots, x_n\}$ $(n \in \mathbb{N} - \{0\})$ をブール変数の集合とする．X

上のブランチングプログラム (**BP**) は次のようにラベル付けされ，以下の性質を持つ有向アサイクリックグラフ $G = (V, E)$ である．

(i) G にはちょうど1つの入次数 0 の頂点があり，この頂点をブランチングプログラムの**ソース**（または**開始頂点**）と呼ぶ．

(ii) G において出次数が 0 でない任意の頂点は X のブール変数でラベル付けられている．

(iii) 出次数が 0 の頂点がちょうど2つ存在する．これらの頂点をブランチングプログラムの**シンク**（または**出力頂点**）と呼ぶ．シンクの1つは 0 でラベル付けられ，もう1つのシンクは 1 でラベル付けられる．

(iv) 出次数が0でない任意の頂点 v の出次数は 2 である．v から出ている2本の辺のうち1つは 1 でラベル付けられ，もう1つは 0 でラベル付けられる．

任意の入力への割当 $\alpha : X \to \{0,1\}$ に対して，X 上のブランチングプログラム A は以下のようにブール値 $A(\alpha)$ を計算する．

(i) A は α に対する計算をソースから開始する．

(ii) A がブール変数 $x \in X$ によってラベル付けられている頂点にいるなら，A は $\alpha(x)$ のラベルが付いた辺に沿って次の頂点に移動する．

(iii) A がシンクに到達したなら，$A(\alpha)$ がそのシンクのラベルである．

$f(x_1, \ldots, x_n) : \{0,1\}^n \to \{0,1\}$ をブール関数とする．BP A が f を**表現する**（あるいは**計算する**）というのは，任意の入力への割当 $\beta : \{x_1, \ldots, x_n\} \to \{0,1\}$ に対して $A(\beta) = f(\beta)$ となることをいう． $\qquad\square$

例えば，図 2.11(a) のブランチングプログラム A は入力 $(0,0,0)$ に対して計算路 $x_1 \xrightarrow{0} x_2 \xrightarrow{0} x_1 \xrightarrow{0} x_3 \xrightarrow{0} 1$ をたどるので，$A(0,0,0) = 1$ となる．入力 $(1,1,0)$ と $(1,0,0)$ に対しては A は同じ計算 $x_1 \xrightarrow{1} x_3 \xrightarrow{0} 1$ をする．A が図 2.10 で与えられたブール関数 $f(x_1, x_2, x_3)$ を計算することは容易にわかる．

任意のブランチングプログラムは曖昧なくそれが表現するブール関数を決定する．一方，異なったブランチングプログラムによって 1 つのブール関数を表現できる．図 2.10 のブール関数 $f(x_1, x_2, x_3)$ は図 2.11 のいずれのブランチングプログラムによっても表現される．

一般のブランチングプログラムはあまり扱い易いものではないので，通常はブランチングプログラムのある制限された標準形を用いる．以降ではそのような形のものを1つだけ取り扱う．その制限はブランチングプログラムの任意の計算において，任意のブール変数が高々1回だけ値が現れるというものである．

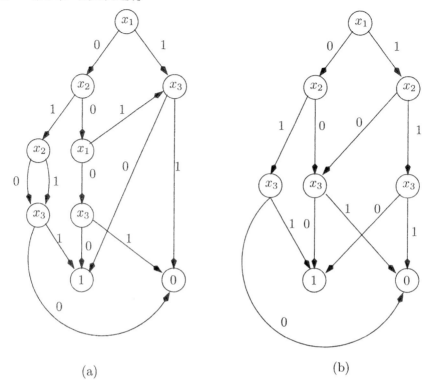

図 2.11

定義 2.2.3.20 X をブール変数の集合とし，A を X 上のブランチングプログラムとする．A において任意の有向路 P に対して P 上の全ての頂点が互いに異なったラベルを持つ時，A は **1 回読みブランチングプログラム**という． □

図 2.11(a) のブランチングプログラムは 1 回読みブランチングプログラムではないことに注意しよう．なぜなら，ブール変数 x_1 が路

$$x_1 \xrightarrow{0} x_2 \xrightarrow{0} x_1 \xrightarrow{0} x_3.$$

上に 2 回現れるからである．一方，図 2.11(b) は 1 回読みブランチングプログラムである．

演習問題 2.2.3.21 以下のブランチングプログラムを構成せよ．

(a) 図 2.10 のブール関数 $f(x_1, x_2, x_3)$ に対して頂点数が最小のブランチングプログラム．

(b) 図 2.10 のブール関数 $f(x_1, x_2, x_3)$ を表現する（頂点数）最小の 1 回読みブランチングプログラム． □

演習問題 2.2.3.22 次のブール関数に対する（1回読み）ブランチングプログラムを構成せよ.

$$x_1 \oplus x_2 \oplus x_3 \oplus \cdots \oplus x_n.$$

□

2.2.3 節で導入されたキーワード

ブール値, ブール演算, 否定, 乗法, 加法, 含意, 排他的論理和, 等価, ブール変数, ブール関数, 入力の割当, 充足可能性, ブール式, 節, 最小項, 最大項, 完全DNF, 完全CNF, リテラル, 乗法標準形 (CNF), kCNF, ブランチングプログラム, 1回読みブランチングプログラム

2.2.4 代数と数論

この節の目的は群, 半群, 環, 体のようないくつかの基本的な代数構造の定義や, 代数の基本定理, 素数定理, フェルマーの定理や中国剰余定理のようないくつかの数論の基礎的な結果を要約することである. これら全ての結果の証明については, 素数定理を除いて初等数学を用いてできるので証明を示す. この節のだた1つのアルゴリズム的な部分は最大公約数を求めるユークリッドの互除法である. 実際, 主な興味は集合 $\{0, 1, 2, \ldots, n-1\}$ 上の代数構造 $\mathbb{Z}_n$ と n を法とする乗算と加算の演算である. 重要な考察としては, $\mathbb{Z}_n$ が体であることと n が素数であることは等価であるという事実である. この事実や上で述べられた基礎的な定理は, 多項式時間決定性アルゴリズムが知られていない数論の問題に対する効率的な乱択アルゴリズムの設計に非常に有用である. これらはアルゴリズム論において「乱択化」の能力と有用性が証明できる最も有名でわかりやすい例である. この節の内容は乱択アルゴリズムの第5章の一部で必要とされるだけなので, 読者はまずはこの節は飛ばして, 第5章の関連する節を読む前に読めばよい.

代数構造または, 単に**代数**とも呼ばれる基礎的な数学的な構造は, 以下の条件を満たす対 (S, F) で定義される.

(i) S は要素の集合.

(ii) F は S の引数を S の要素に写像する関数の集合である. より正確には, F は, S 上の**演算**の集合である. すなわち, 任意の $f \in F$ に対して, f が S^m から S への関数であるような m が存在する. $f : S^m \to S$ ならば, f は, **S 上の m 項演算**と呼ぶ.

ここでは, S の引数を S 以外の要素に移す写像を持つ構造は取り扱わない. 我々の目的のためには次の基礎的な要素（数）の集合と, 加算と乗算に対応する基礎的な

58　第 2 章　初歩的な基礎

2 項演算のみを考える.

$\mathbb{N}$	$= \{0, 1, 2, \ldots\}$ 全ての非負整数の集合
$\mathbb{Z}$	全ての整数の集合
$\mathbb{N}^+$	全ての正整数の集合
$\mathbb{N}^{\geq k}$	$= \mathbb{N} - \{0, 1, \ldots, k-1\}$ （k は正整数）
$\mathbb{Z}_n$	$= \{0, 1, 2, \ldots, n-1\}$
$\mathbb{Q}$	有理数の集合
$\mathbb{Q}^+$	正の有理数の集合
$\mathbb{R}$	実数の集合
$\mathbb{R}^+$	正の実数の集合
$\mathbb{R}^{\geq 0}$	非負の実数の集合

$F = \{f_1, \ldots, f_k\}$ が代数 (S, F) に対する演算の有限集合である時，以下では $(S, \{f_1, f_2, \ldots, f_k\})$ と書く代わりに単に $(S, f_1, f_2, \ldots, f_k)$ と書く．ある 2 項演算 f と g に対して，考えられている代数の中で f を乗算として，また g を加算として解釈する時には[7]，それぞれ記法・と ＋ を使う．したがって，$f(x, y)\ [g(x, y)]$ と書く代わりに単に $x \cdot y\ [x + y]$ と書く.

定義 2.2.4.1　**群**とは以下の条件を満たす代数 $(S, *)$ で定義される.

(i) $*$ は 2 項演算.

(ii) $*$ は結合的，すなわち，$\forall x, y, z \in S : (x * y) * z = x * (y * z)$.

(iii) 任意の $x \in S$ に対して，

$$e * x = x = x * e$$

となるような $e \in S$ （**S における $*$ に関する単位元**と呼ぶ）が存在する.

(iv) 任意の $x \in S$ に対して，

$$i(x) * x = e = x * i(x)$$

となる要素 $i(x) \in S$ が存在する．ここで，$\boldsymbol{i(x)}$ は，$*$ に関する $\boldsymbol{x}$ の逆元と呼ぶ.

群は全ての $x, y \in S$ に対して $x * y = y * x$ が成り立つ時，**可換的**であるという.　　　　　　　　　　　　　　　　　　　　　　　　　　　　　　　□

以降では，$*$ を乗算と考えるならば，単位元は 1 と表す．$*$ を加算と考えるならば，単位元は 0 によって表す.

---

[7] この解釈は演算・と ＋ が可換であることを必ずしも意味しない.

例 2.2.4.2 ＋ を標準的な加算として持つ $(\mathbb{Z}, +)$ は可換群である．単位元は 0 で，任意の $x \in \mathbb{Z}$ に対して，$i(x) = -x$ である． □

演習問題 2.2.4.3 $\mathbb{N}$ 上の標準的な加算＋を用いて $\mathbb{N}$ 上の群を構成できないことを証明せよ． □

既に上で述べたように，我々の主たる興味は $\mathbb{Z}_n = \{0, 1, \ldots, n-1\}$ である．$\mathbb{Z}_n$ 上の「自然な」加算と乗算を定義するためには，「整除」と「除算の余り」の概念が必要である．a, d を非負整数，k を正整数とする．$a = k \cdot d$ ならば，**d は a を割り切る**，または a は d の**倍数**といい，**$d|a$** と書く．慣例として，全ての正整数は 0 を割り切るものとする．明らかに，a と d が正整数で，$d|a$ ならば，$d \le a$ である．

$d|a$ ならば，d は a の**約数**ともいう．任意の正整数 a に対して整数 1 と a は **a の自明な約数**という．a の自明でない約数は**因数**といわれる．例えば，24 の因数は 2, 3, 4, 6, 8, 12 である．

$\mathbb{Z}_n$ 上の演算の定義は $b < a$ なる正整数 b による a の初等的な除算に基づいている．整数除算に対する学校で習う計算方法を用いると，

$$a = q \cdot b + r \tag{2.9}$$

と書ける．ここで，q は除算の商であり，$r < b$ は除算の余りである．任意の整数 a と任意の正整数 b に対して，等式 (2.9) が成り立つような q と r が一意に存在することが容易に証明できる．以下では，q を **a div b** で表し，r を **a mod b** で表す．例えば，21 div 5 = 4, 21 mod 5 = 1．任意の正整数 n に対して，$\mathbb{Z}_n$ 上の演算 $\oplus_n$ と $\odot_n$ を次のように定義する．

全ての $x, y \in \mathbb{Z}_n$ に対して

$$\boldsymbol{x \oplus_n y} = (x + y) \bmod n,$$
$$\boldsymbol{x \odot_n y} = (x \cdot y) \bmod n.$$

例えば，$7 \oplus_{13} 10 = (7+10) \bmod 13 = 17 \bmod 13 = 4, 6 \odot_{11} 7 = (6 \cdot 7) \bmod 11 = 42 \bmod 11 = 9$．

n による除算の余りは n より小さいので，全ての $x, y \in \mathbb{Z}_n$ に対して，$x \oplus_n y$，$x \odot_n y \in \mathbb{Z}_n$ である．したがって，$\odot_n$ と $\oplus_n$ は $\mathbb{Z}_n$ 上の 2 項演算である．

例 2.2.4.4 $\mathbb{Z}_n = \{0, 1, \ldots, n-1\}$ と，上で定義した演算 $\oplus_n$ を考える．

この時，0 は $\oplus_n$ に関する単位元である．任意の $x \in \mathbb{Z}_n$ に対して，$i(x) = (n - x) \bmod n$ と定義する．この時，任意の $x \in \mathbb{Z}_n$ に対して，

$$x \oplus_n i(x) = (x + (n - x) \bmod n) \bmod n = n \bmod n = 0$$

60 第 2 章 初歩的な基礎

が成り立つことがわかる. $\oplus_n$ は結合的かつ可換的であるので, $(\mathbb{Z}_n, \oplus_n)$ は単位元 0 を持つ可換群である. □

重要な点は, 群 $(S, +)$ のような構造 (代数) がある時, 任意の $x \in S$ に対して加算に関する逆元 $i(x)$ が存在するので, この構造には**減算**も存在する[8]ということである. 減算は

$$x - y = x + i(y)$$

と定義される. 以下では, $i(y)$ に対して記法 $-y$ も使うことにする. ここで, $i(y)$ は加算に関する y の逆元である.

同様の状況は, 群 $(S, \cdot)$ を考える時にも起こる. ここで, $\cdot$ は乗算を表す. $i(x)$ が $\cdot$ に関する x の逆元ならば, この群には**除算**も定義できる. 除算は

$$x / y = x \cdot i(y)$$

で定義され, しばしば $i(y)$ と書く代わりに, 記法 y^{-1} を用いる.

集合 $\mathbb{Z}$ とその上の標準的な乗算演算を考えた時, 群を構成できないことは容易にわかる. 乗算に関する単位元は 1 であり, $x \neq 1$ 以外のどの $x \in \mathbb{Z}$ についても $x \cdot y = 1$ となるような y は存在しない. したがって, $\mathbb{Z}$ には乗算に関する逆元は存在せず, この構造では除算は定義できない.

以下では, 単位元 e を持つ群 $(S, *)$ において, 任意の $a \in S$ と任意の $i \in \mathbb{Z}$ に対して次のように帰納的に定義される省略形 a^i も使用する.

(i) $a^0 = e, a^1 = a,$ かつ $a^{-1} = i(a)$. ここで a^0 は a の**自明なべき乗**と呼ばれる.
(ii) 任意の正整数 i に対して $a^{i+1} = a * a^i$. a^i は $i \geq 1$ ならば a の**自明でないべキ乗**と呼ばれる.
(iii) 任意の正整数 j に対して $a^{-j} = (i(a))^j$.

群の要素 $g \in S$ は, $S = \{g^i \mid i \in \mathbb{Z}\}$ である時, 群 $(S, *)$ の**生成元**と呼ばれる. 群が生成元を持つならば, 群は**巡回的**であるという. 例えば, $(\mathbb{Z}_n, \oplus)$ は任意の $n \in \mathbb{N}^+$ に対して巡回群である. なぜなら, 任意の $i \in \{1, 2, \ldots, n-1\}$ に対して $1^i = i$ であり, $1^0 = 0$ となる, すなわち 1 が $(\mathbb{Z}_n, \oplus_n)$ の生成元となるからである. 2 が $(\mathbb{Z}_n, \oplus_n)$ の生成元であることと n が奇整数であることとは同値であることに注意しよう.

定義 2.2.4.5 **半群**は $*$ が S 上の結合的な 2 項演算である任意の代数 $(S, *)$ である.

モノイドは以下の条件を満たす代数 $(M, *)$ で定義される.

---

[8] S^2 から S への関数である減算は結合的でないことに注意しよう. 減算に対して「演算」の概念を用いないのはそのことによる. 除算についても同様.

(i) $*$ は結合的な 2 項演算である.

(ii) $\forall x \in S : e * x = x = x * e$ となる $e \in S$ が存在する.

モノイドは $\forall x, y \in M, x * y = y * x$ である時, 可換的である. □

例 2.2.4.6 単位元 0 を持つ $(\mathbb{N}, +)$ や単位元 1 を持つ $(\mathbb{Z}, \cdot)$ は可換モノイドである. $(\Sigma^*, \cdot)$ は (非可換) モノイドである. ここで, Σ はアルファベット (記号の有限集合) である. Σ^* は Σ の要素上の全ての有限な記号列の集合で $\cdot$ は (非可換) モノイドの 2 つの記号列の連接である. $(\Sigma^*, \cdot)$ の単位元は空系列 λ である. □

ここから, 加算と乗算をともに含む代数系を考えたい.

定義 2.2.4.7 環は以下の条件を満たす代数 $(R, +, \cdot)$ で定義される.

(i) $(R, +)$ は可換群.

(ii) $(R, \cdot)$ は半群.

(iii) 加算と乗算は次の**分配則**によって関連付けられる.

$$
\begin{array}{rcl}
x \cdot (y + z) & = & (x \cdot y) + (x \cdot z) \\
(x + y) \cdot z & = & (x \cdot z) + (y \cdot z).
\end{array}
$$

$+$ に関する単位元 0 を持つ**環**は, $\forall x, y \in R - \{0\}$ に対して, $x \cdot y \neq 0$ となるならば, **零因子を持たない**と呼ばれる. □

例 2.2.4.8 通常の加算と乗算を持つ集合 $\mathbb{Z}, \mathbb{Q}, \mathbb{R}$ のそれぞれは零因子を持たない環である. □

定義 2.2.4.7 の (i) によって, 全ての環で減算が定義できることがわかる. しかしながら, 環においては一般には除算はできない. 環において除算を行うためにはさらにいくつかのの条件が必要である.

定義 2.2.4.9 体は以下の条件を満たす代数 $(R, +, \cdot)$ で定義される.

(i) $+$ に関する単位元 0 をもつ環 $(R, +, \cdot)$ は零因子を持たない.

(ii) 全ての $a, b \in R$ に対して, $a \cdot b = b \cdot a$.

(iii) 全ての $a \in R - \{0\}$ に対して $1 \cdot a = a \cdot 1 = a$ となる要素 $1 \in R$ が存在する.

(iv) 任意の $b \in R - \{0\}$ に対して $b \cdot i(b) = 1$ となる $i(b) \in R$ が存在する. □

通常の加算と乗算に関して $\mathbb{Q}$ と $\mathbb{R}$ は体をなす. しかしながら, $\mathbb{Z}$ に対しては除算は定義できない. 以下では, 全ての n ではないが, ある n に対して $\mathbb{Z}_n$ が体をなす

62 第2章 初歩的な基礎

ことを見ていこう．この理由は後で説明する．

例 2.2.4.10 任意の整数 n に対して演算 $\oplus_n$ と $\odot_n$ を持つ $\mathbb{Z}_n$ を考える．既に示したように $(\mathbb{Z}_n, \oplus_n)$ は可換群である．$\oplus_n$ と $\odot_n$ に対しては分配則も成り立つことは容易に確かめられる．また，明らかに $(\mathbb{Z}_n, \odot_n)$ は半群である．よって，問題となる唯一の性質は零因子を持たないことと $\odot_n$ に関する逆元の存在である．

$n = 12$ ならば $3 \odot_{12} 4 = 3 \cdot 4 \bmod 12 = 0$ である．$3 \neq 0$ かつ $4 \neq 0$ なので環 $(\mathbb{Z}_{12}, \oplus_{12}, \odot_{12})$ は零因子を持つ．明らかに，このことは $n = a \cdot b$, $a, b \in \{2, 3, \ldots, n-1\}$ となる全ての n について成り立つ．

さて，$\odot_{12}$ に関する $\mathbb{Z}_{12}$ の要素の逆元を見てみよう．$1 \odot_{12} 1 = 1 \cdot 1 \bmod 12 = 1$ となるので，1 は常に 1 の逆元，すなわち $1^{-1} = 1/1 = 1$ と考えられる．次に 2 について考えよう．任意の $a \in \mathbb{Z}_n$ に対して $2 \odot_{12} a$ は偶数となるので $2 \cdot a \bmod 12$ もまた偶数で ある．したがって，任意の $a \in \mathbb{Z}_{12}$ に対して $2 \odot a \neq 1$．よって，$\odot_{12}$ に関する 2 の逆元は存在しない．

次に $\mathbb{Z}_5$ を考える．非零要素の全ての 16 個の乗算を考えることにより，$(\mathbb{Z}_5, \oplus_5, \odot_5)$ は零因子を持たないことがわかる．以下のことから任意の非零要素が $\odot_5$ に関して逆元を持つことがわかる．

$$1 \odot_5 1 \;=\; 1 \cdot 1 \bmod 5 = 1,\; \text{すなわち,}\; 1^{-1} = 1$$
$$2 \odot_5 3 \;=\; 2 \cdot 3 \bmod 5 = 1,\; \text{すなわち,}\; 2^{-1} = 3\; \text{かつ}\; 3^{-1} = 2$$
$$(\,2 \odot_5 3 = 3 \odot_5 2\; \text{による}\,)$$
$$4 \odot_5 4 \;=\; 4 \cdot 4 \bmod 5 = 16 \bmod 5 = 1,\; \text{すなわち,}\; 4^{-1} = 4.$$

したがって，$(\mathbb{Z}_5, \oplus_5, \odot_5)$ は体である． $\square$

以下では，代数系を 3 項組では表さないことにする．例えば，単に体 $\mathbb{Q}$, $\mathbb{Z}_5$ や $\mathbb{R}$ といったりする．この時，読者が自らそれらに付随する標準的な演算を考えることを仮定している．

次に，整数，特に素数を取り扱う．

定義 2.2.4.11 素数は因数を持たない（自身と 1 以外に約数を持たない）整数 $p > 1$ である[9]．

素数でない整数 $b\,(> 1)$（すなわち，ある $a, c\,(> 1)$ に対して $b = a \cdot c$）は**合成数**と呼ばれる． $\square$

素数は小さいものから順に $2, 3, 5, 7, 11, 13, 17, 19, 23, \ldots$ である．素数の集合が重

---

[9] 整数 $a \neq 1$ は $b = a \cdot c$ となる整数 $c \neq 1$ が存在する（すなわち，$b \bmod a = 0$）時，整数 b の**因数**または（自明でない約数）ということを覚えておこう．

要であるのは，1より大きい任意の正整数は素数の積として表現できることである（ある数がそれ自身素数でなければ，全ての因数が素数になるまで因数分解できる）.

観察 2.2.4.12 任意の整数 $a \in \mathbb{N}^{\geq 2}$ に対して，整数 $k \geq 1$，素数 $p_1, p_2, \ldots, p_k$，$i_1, i_2, \ldots, i_k \in \mathbb{N}^{\geq 1}$ が存在して，

$$a = p_1^{i_1} \cdot p_2^{i_2} \cdot \cdots \cdot p_k^{i_k}$$

となる. □

例えば，$720 = 5 \cdot 144 = 5 \cdot 2 \cdot 72 = 5 \cdot 2 \cdot 2 \cdot 36 = 5 \cdot 2 \cdot 2 \cdot 3 \cdot 12 = 5 \cdot 2 \cdot 2 \cdot 3 \cdot 3 \cdot 4 = 5 \cdot 2 \cdot 2 \cdot 3 \cdot 3 \cdot 2 \cdot 2 = 2^4 \cdot 3^2 \cdot 5$.

素数の集合に関する最初の質問の1つは素数は無限に存在するか，または有限かどうかというものである. 次の定理がこの質問への答である.

定理 2.2.4.13 無限に多くの素数が存在する. □

証明 ここでは，背理法による古典的なユークリッドの証明を示す. 素数が有限個であると仮定し，それらを $p_1, p_2, \ldots, p_n$ とする. それ以外の任意の数は合成数であり，少なくとも $p_1, p_2, \ldots, p_n$ のいずれかで割り切れる. この時，次のような数を考える.

$$a = p_1 \cdot p_2 \cdot \cdots \cdot p_n + 1.$$

任意の $i \in \{1, 2, \ldots, n\}$ に対して $a > p_i$ であるので，a は合成数でなければならず，p_i が a の因数となる $i \in \{1, 2, \ldots, n\}$ が存在する. しかしながら，全ての $j \in \{1, 2, \ldots, n\}$ に対して $a \bmod p_j = 1$ であるので，最初の仮定である素数が有限個しかないという仮定から矛盾が導け，逆が真でなければならない. □

定理 2.2.4.13 の証明からは素数に対する任意の大きさの列を構成する方法は与えられていないことに注意しよう. $a = p_1 \cdot p_2 \cdot \cdots \cdot p_n + 1$ は素数であるとは限らず（例えば，$2 \cdot 3 \cdot 5 \cdot 7 \cdot 11 \cdot 13 + 1 = 30031 = 59 \cdot 509$ は合成数である），たとえ a が素数であってもそれが $(n+1)$ 番目の素数とも限らない（$2 \cdot 3 + 1 = 7$ であるが，7 は 3 番目の素数ではなく，4 番目の素数である）. 定理 2.2.4.13 の証明から結論できることは，p_n より大きく a 以下の素数 p が存在しなければならないことである. よって，$(n+1)$ 番目の素数を見つけるために区間 $(p_n, a]$ を探せばよいことがわかる[10].

既に述べたように，各整数は素数の積として表現できるので素数は重要である. 代数学の基本定理によって，全ての整数 $a (> 1)$ は素数の積に一意的に分解できる.

---

[10] 現在までのところ，素数の無限列を生成する単純で（効率的に計算できる）方法は知られていないことに注意しよう.

64 第 2 章 初歩的な基礎

定理 2.2.4.14（代数学の基本定理） 任意の整数 $a \in \mathbb{N}^{\geq 2}$ に対して，a は異なる素数の自明でないベキ乗の積として次のように表現でき，この素数の因数分解は因数の並べ替えを除いて一意に決まる[11].

$$a = p_1^{i_1} \cdot p_2^{i_2} \cdot \cdots \cdot p_k^{i_k}. \qquad \square$$

証明 a が素数の積として表現できる事実は既に観察 2.2.4.12 で定式化された．ここでは，a の素数の積への分解が一意的であることを証明しなければならない．いま一度背理法を用いる.

m を

$$m = p_1 \cdot p_2 \cdot \cdots \cdot p_r = q_1 \cdot q_2 \cdot \cdots \cdot q_s \qquad (2.10)$$

となる $\mathbb{N}^{\geq 2}$ の最小の整数とする．ここで，$p_1 \leq p_2 \leq \cdots \leq p_r$ と $q_1 \leq q_2 \leq \cdots \leq q_s$ は $p_i \notin \{q_1, q_2, \ldots, q_s\}$ となる $i \in \{1, \ldots, r\}$ が存在するような素数とする[12].

まず，p_1 と q_1 は等しくなれないことがわかる（もし，$p_1 = q_1$ なら $m/p_1 = p_2 \cdot \cdots \cdot p_r = q_2 \cdot \cdots \cdot q_s$ は 2 つの異なる素因数分解を持つ整数である．$m/p_1 < m$ なので，これは m の最小性に矛盾する）.

一般性を失うことなく，$p_1 < q_1$ と仮定できる．次のような整数

$$m' = m - (p_1 q_2 q_3 \ldots q_s) \qquad (2.11)$$

を考える．m に対して (2.10) における 2 つの式を (2.11) で置き換えることによって，m' は次の 2 つの形で書ける.

$$m' = (p_1 p_2 \ldots p_r) - (p_1 q_2 \ldots q_s) = p_1(p_2 p_3 \ldots p_r - q_2 q_3 \ldots q_s) \quad (2.12)$$
$$m' = (q_1 q_2 \ldots q_s) - (p_1 q_2 \ldots q_s) = (q_1 - p_1)(q_2 q_3 \ldots q_s). \qquad (2.13)$$

$p_1 < q_1$ なので，(2.13) から m' は正整数である．一方，(2.11) から $m' < m$ となる．したがって，m' の素因数分解は一意的でなければならない[13]．等式 (2.12) から p_1 は m' の因数である．したがって，(2.12) と (2.13) は m' に対する一意的な分解であるという事実より，p_1 は $(q_1 - p_1)$ と $(q_2 q_3 \ldots q_s)$ いずれかの因数である．後者は起こり得ない．なぜなら $q_s \geq q_{s-1} \geq \cdots \geq q_3 \geq q_2 \geq q_1 > p_1$ と $q_1, \ldots, q_s$ は素数であるからである．ゆえに p_1 は $q_1 - p_1$ の因数でなければならない，すなわち

$$q_1 - p_1 = p_1 \cdot a \qquad (2.14)$$

となる整数 a が存在する．しかしながら，(2.14) ならば $q_1 = p_1(a+1)$ であり，ゆ

---

[11] $i \neq j$ に対して $p_i \neq p_j$.

[12] $r = s = 1$ という場合は起こらない．なぜなら $m = p_1 = q_1$ は $p_1 \notin \{q_1\}$ に矛盾するからである.

[13] 素因数の順は除いて.

えに p_1 は q_1 の因数である. $p_1 < q_1$ であり, q_1 は素数であるのでこれは不可能である. □

系 2.2.4.15 素数 p が整数 $a \cdot b$ の因数ならば, p は a または b の因数でなければならない. □

証明 p が a, b いずれの因数でもないと仮定する. すると a と b の素因数分解の積には p は含まれない. p は $a \cdot b$ の因数なので, $a \cdot b = p \cdot t$ となる整数 t が存在する. p と t の素因数分解の積は $a \cdot b$ の素因数分解であり, p を含む. したがって, $a \cdot b$ の 2 種類の異なる素因数分解が得られることになり, 代数学の基本定理に矛盾する. □

数論における多大な努力が全ての素数の列を生成する単純な数学公式を見つけるために費やされた. 不幸なことに, これらの試みは現在まで成功しておらず, そのような公式が存在するかどうかも未解決である. 一方, もう 1 つの重要な問題:

$$\text{「}\{1, 2, \ldots, n\} \text{ にはいくつの素数が含まれるか？」}$$

には（少なくとも）近似解は得られている. 次の深遠な結果は数論における最も基礎的な命題の 1 つであり, 多くの応用がある（アルゴリズム論における応用としては 5.2 節を見よ）. この命題の証明の難しさはこの章のレベルを越えるので省略する.

$Prim(n)$ によって $1, 2, 3, \ldots, n$ にある素数の個数を表すとする.

定理 2.2.4.16 （素数定理）

$$\lim_{n \to \infty} \frac{Prim(n)}{n / \ln n} = 1.$$

  □

素数定理を別の言葉で表現すれば, 最初の n 個の整数に存在する素数の密度 $\frac{Prim(n)}{n}$ は, n を増加させた時 $\frac{1}{\ln n}$ に収束するということである. 次の表は（我々が計算機で正確に $Prim(n)$ を計算できる程度の）小さな n に対して既に $\frac{1}{\ln n}$ が $\frac{Prim(n)}{n}$ の良い「近似」であることを示している.

n	$\frac{Prim(n)}{n}$	$\frac{1}{\ln n}$	$\frac{Prim(n)}{n / \ln n}$
10^3	0.168	0.145	1.159
10^6	0.0885	0.0724	1.084
10^9	0.0508	0.0483	1.053

$n \geq 100$ に対しては,

$$1 \leq \frac{Prim(n)}{n / \ln n} \leq 1.23$$

が証明できることに注意し, これだけでも乱択アルゴリズムの設計においては十分有

66 第 2 章 初歩的な基礎

用となる.

以下では,

$$a \bmod d = b \bmod d$$

という事実に対して, ガウスの合同式記法

$$a \equiv b \ (\mathrm{mod}\ d)$$

を用い, a と b は d を法として合同であるという. a と b が d を法として合同でない時,

$$a \not\equiv b \ (\mathrm{mod}\ d)$$

と書く.

演習問題 2.2.4.17 全ての正整数 $a \geq b$ に対して, 以下の 3 つの命題は同値であることを証明せよ.

(i) $a \equiv b \ (\mathrm{mod}\ d)$.

(ii) ある整数 n に対して, $a = b + nd$.

(iii) d は $a - b$ を割り切る. □

定義 2.2.4.18 全ての整数 a と b ($a \neq 0$ または $b \neq 0$) に対して, a と b の最大公約数, $gcd(a, b)$ と a と b の最小公倍数, $lcm(a, b)$ は次のように定義される.

$$gcd(a, b) = \max\{d \,|\, d \text{ は } a \text{ も } b \text{ も割り切る. すなわち, } a \equiv b \equiv 0 \ (\mathrm{mod}\ d)\}$$

$$lcm(a, b) = \frac{a \cdot b}{gcd(a, b)} = \min\{c \,|\, a|c \text{ かつ } b|c\}.$$

通常, $gcd(0, 0) = lcm(0, 0) = 0$. $gcd(a, b) = 1$, すなわち, a と b が共通の因数を持たない時, a と b は互いに素であるという. □

例えば, 24 と 30 の最大公約数は 6 である. 2 つの数が $a = p_1 \cdot \cdots \cdot p_r \cdot q_1 \cdot \cdots \cdot q_s$ かつ $b = p_1 \cdot \cdots \cdot p_r \cdot h_1 \cdot \cdots \cdot h_m$ のように素因数分解される時 (ここで, $\{q_1, \ldots, q_s\} \cap \{h_1, \ldots, h_m\} = \emptyset$), $gcd(a, b) = p_1 \cdot p_2 \cdot \cdots \cdot p_r$ である. 例えば, 60 $= 2 \cdot 2 \cdot 3 \cdot 5, 24 = 2 \cdot 2 \cdot 2 \cdot 3$, ゆえに, $gcd(60, 24) = 2 \cdot 2 \cdot 3 = 12$. 残念なことに, 与えられた整数の素因数分解を計算する効率的な[14]方法は知られていないので, 与えられた 2 つの整数 a, b に対して $gcd(a, b)$ を計算する時でも, この方法は役に立たない. $gcd(a, b)$ の非常に効率的な計算方法は有名なユークリッドの互除法として知ら

---

[14] 多項式時間アルゴリズムが知られていない.

れている[15]. それを説明するためにいくつかの簡単な命題を示す. まず, 公約数の重要な性質を挙げる.

補題 2.2.4.19 $d > 0$ とし, a, b をある整数とする.

(i) $d|a$ かつ $d|b$ ならば, 任意の整数 x と y に対して
$$d|(ax + by)$$
が成り立つ.

(ii) 任意の 2 つの正整数 a, b に対して, $a|b$ かつ $b|a$ ならば $a = b$. □

証明

(i) $d|a$ かつ $d|b$ ならば, ある整数 n と m に対して $a = n \cdot d$ かつ $b = m \cdot d$ が成り立つ. ゆえに,
$$ax + by = n \cdot d \cdot x + m \cdot d \cdot y = d(n \cdot x + m \cdot y).$$

(ii) $a|b$ ならば $a \le b$, また $b|a$ ならば $b \le a$. よって, $a = b$. □

gcd に対する次の性質は自明である.

観察 2.2.4.20 全ての正整数 a, b, k に対して以下が成り立つ.

(i) $gcd(a, b) = gcd(b, a)$.

(ii) $gcd(a, 0) = a$.

(iii) 任意の整数 k に対して $gcd(a, ka) = a$.

(iv) $k|a$ かつ $k|b$ ならば, $k|gcd(a, b)$. □

演習問題 2.2.4.21 演算子 gcd は結合的であることを証明せよ. すなわち, 全ての整数 a, b, c に対して,
$$gcd(a, gcd(b, c)) = gcd(gcd(a, b), c).$$
□

ユークリッドの互除法は次の gcd の再帰的な性質に基づいている.

定理 2.2.4.22 任意の非負整数 a と任意の正整数 b に対して,
$$gcd(a, b) = gcd(b, a \bmod b).$$
□

---

[15] ユークリッドの互除法は最古のアルゴリズムの 1 つである (およそ紀元前 300 年).

68 第 2 章 初歩的な基礎

証明 ここでは $gcd(a,b)$ と $gcd(b, a \bmod b)$ が互いに割り切れることを証明する。すると補題 2.2.4.19 の事実 (ii) によってそれらは等しくなければならない。

(1) まず，$gcd(a,b)$ は $gcd(b, a \bmod b)$ を割り切ることを証明する。gcd の定義によって，$gcd(a,b)|a$ かつ $gcd(a,b)|b$。((2.9) によって) a はある非負整数 $a \text{ div } b$ によって

$$a = (a \text{ div } b) \cdot b + a \bmod b$$

と表すことができる。したがって，

$$a \bmod b = a - (a \text{ div } b) \cdot b.$$

このことは $a \bmod b$ が a と b の線形結合で表せることを意味しているので，a と b の任意の公約数が補題 2.2.4.19 の事実 (i) によって $a \bmod b$ を割り切らなければならない。よって，

$$gcd(a,b)|(a \bmod b).$$

最後に，観察 2.2.4.20 の事実 (iv) によって

$$gcd(a,b)|b \quad \text{かつ} \quad gcd(a,b)|(a \bmod b)$$

ならば

$$gcd(a,b)|gcd(b, a \bmod b).$$

(2) $gcd(b, a \bmod b)$ が $gcd(a,b)$ を割り切ることを証明する。明らかに，

$$gcd(b, a \bmod b)|b \quad \text{かつ} \quad gcd(b, a \bmod b)|(a \bmod b).$$

$$a = (a \text{ div } b) \cdot b + a \bmod b$$

なので，a は b と $a \bmod b$ の線形結合であることがわかる。
補題 2.2.4.19 の命題 (i) によって，

$$gcd(b, a \bmod b)|a.$$

観察 2.2.4.20 の命題 (iv) によって，

$$gcd(b, a \bmod b)|b \quad \text{かつ} \quad gcd(b, a \bmod b)|a$$

と合わせて

$$gcd(b, a \bmod b)|gcd(a,b)$$

が成り立つ。 □

2.2 数学の基礎 **69**

定理 2.2.4.22 によって *gcd* に対する次の再帰的アルゴリズムが正しいことが直ちにわかる.

アルゴリズム 2.2.4.23　(ユークリッドの互除法)

Euclid(*a*, *b*)

入力:　 2 つの正整数 *a*, *b*.

基底ステップ:　 **if** $b = 0$ **then return** (*a*)

再帰ステップ:　　　　　 **else return** *Euclid*(*b*, *a* mod *b*).

例 2.2.4.24　 $a = 12750$ と $b = 136$ に対するユークリッドの互除法の計算過程を考える.

$$
\begin{aligned}
Euclid(12750, 136) &= Euclid(136, 102) \\
&= Euclid(102, 34) \\
&= Euclid(34, 0) \\
&= 34.
\end{aligned}
$$

よって,　$gcd(12750, 136) = 34$.　　　　　　　　　　　　　　　　　□

明らかに, ユークリッドの互除法は, 各再帰呼び出しにおいて第 2 引数が必ず減少するので無限に再帰できない. さらに, 上の例が示しているように, 12750 と 136 に対する *gcd* を計算するのに 3 回の再帰呼び出しで十分である. 明らかに, ユークリッドの互除法の時間計算量は再帰呼び出しの回数に比例する. 次の演習問題における命題は, このアルゴリズムが非常に効率的であることを示している.

演習問題 2.2.4.25　 $a \geq b \geq 0$ を 2 つの整数とする. *Euclid*(*a*, *b*) の再帰呼び出しの回数は $O(\log_2 b)$ であることを証明せよ.

与えられた整数 *p* が素数であるかどうかを調べる時には, 理論的と実際的な興味の両面からいろいろな状況がある. 素数の定義によれば, $2, \ldots, \lfloor \sqrt{p} \rfloor$ の全ての数に対して, そのうちのいずれかが *p* の因数であるかどうかを調べればよい. このようにして, *p* が素数であるかどうかを調べるならば, $\Omega(\sqrt{p})$ 回の除算を実行しなければならばい. しかしながら, *p* が 100 桁の数ならば最速の計算機でさえ, $\sqrt{p}$ 回の除算は実行できないし, 現実的にはその程度の数は取り扱わなければならない. これが素数に対する他の特徴付け[16]を探してきた理由の 1 つである.

────────────

[16] 等価な定義.

70 第 2 章 初歩的な基礎

定理 2.2.4.26 任意の正整数 $p \geq 2$ に対して,

p が素数であることと $\mathbb{Z}_p$ が体であることとは等価である. □

証明 例 2.2.4.10 によって p が合成数 ($a > 1$, $b > 1$ に対して $p = a \cdot b$) ならば, $\oplus_n, \odot_n$ を持つ $\mathbb{Z}_p$ に対して $a \odot_n b = 0$ となるので, $\mathbb{Z}_p$ は体にはならないことを示した.

また, 例 2.2.4.4 では $(\mathbb{Z}_n, \oplus_n)$ が任意の正整数 n に対して可換群になることを既に示した. よって, 任意の $n \in \mathbb{N}$ に対して $(\mathbb{Z}_n, \oplus_n, \odot_n)$ が環になることは容易にわかる. $\odot_n$ は可換的であり, 任意の a ($\in \mathbb{Z}_n$) に対して $1 \odot_n a = a$ となるので, n が素数の時, 任意の $a \in \mathbb{Z}_n - \{0\}$ に対して逆元が存在することを証明すれば十分である.

ここで p を素数とする. 各 $a \in \mathbb{Z}_p - \{0\}$ に対して, 次のような $p-1$ 個の a の倍数を考える.

$$m_0 = 0 \cdot a, \quad m_1 = 1 \cdot a, \quad m_2 = 2 \cdot a, \quad \ldots, \quad m_{p-1} = (p-1) \cdot a.$$

まず, これらの整数に対して, どの 2 つも p を法として合同にならないことを証明する.

$$m_r \equiv m_s (\mathrm{mod} \; p)$$

となる 2 つの異なる $r, s \in \{0, 1, \ldots, p-1\}$ が存在するとする. この時, p は $m_r - m_s = (r-s) \cdot a$ の因数である. しかし, $r - s < p$ (すなわち, p は $r-s$ の因数でない) かつ $a < p$ [17] であるのでこのようなことは起こり得ない. したがって, $m_1, m_2, \ldots, m_{p-1}$ は $\mathbb{Z}_n$ では全て異なる.

よって, 整数 $m_1, m_2, \ldots, m_{p-1}$ はそれぞれ $1, 2, 3, \ldots, p-1$ のある置換に対して合同でなければならない. ゆえに,

$$\{0 \odot_p a, 1 \odot_p a, \ldots, (p-1) \odot_p a\} = \{0, 1, \ldots, p-1\}.$$

このことから $a \cdot b = 1$ となる $b \in \mathbb{Z}_n$ が存在する, すなわち, $\mathbb{Z}_p$ では b が a の逆元であることが示されるので, これで十分である. 任意の $a \in \mathbb{Z}_p - \{0\}$ に対してこれが証明されたので, $\mathbb{Z}_p$ は体である. □

演習問題 2.2.4.27 p が素数である時, $(\{1, 2, \ldots, p-1\}, \odot_p)$ は巡回群になることを証明せよ. □

演習問題 2.2.4.28 [(*)] 任意の正整数 n に対して,

---

[17] この議論は代数学の基本定理より成り立つことに注意しよう.

$$\mathbb{Z}_n^* = \{a \in \mathbb{Z}_n - \{0\} \mid gcd(a,n) = 1\}$$

と定義する. 以下の (i), (ii) を証明せよ.

(i) 各 $* \in \{\oplus_n, \odot_n\}$ に対して $(\mathbb{Z}_n^*, *)$ は群をなす.

(ii) 群 $(\mathbb{Z}_n^*, \odot_n)$ が巡回的であるならば, かつその時に限り, ある非負整数 k と奇素数 p に対して $n = 2, 4, p^k$ または $2p^k$ である.

定理 2.2.4.26 における素数の良い特徴付けから次の数論の重要な結果が直接得られる.

定理 2.2.4.29 （フェルマーの定理） $gcd(a,p) = 1$ となる任意の素数 p と任意の整数 a に対して

$$a^{p-1} \equiv 1 \ (\mathrm{mod}\ p). \qquad\qquad \square$$

証明 もう一度[18]整数

$$m_1 = 1 \cdot a, \quad m_2 = 2 \cdot a, \quad \ldots, \quad m_{p-1} = (p-1) \cdot a$$

を考える.

上の証明とほとんど同様の議論によって, これらのどの 2 つの整数も p を法として合同にならないことが示される.

$$m_r \equiv m_s \ (\mathrm{mod}\ p)$$

となる 2 つの異なる整数 $r, s \in \{1, 2, \ldots, p-1\}$, $r > s$ が存在するする. この時, p は $m_r - m_s = (r-s) \cdot a$ の因数となる. 仮定 $gcd(a,p) = 1$ によって $r - s < p$ かつ p は a の因数でないので, これは起こり得ない. よって,

$$|\{m_1 \ \mathrm{mod}\ p, m_2 \ \mathrm{mod}\ p, \ldots, m_{p-1} \ \mathrm{mod}\ p\}| = p - 1.$$

ここで, 整数 $m_1, m_2, \ldots, m_{p-1}$ のいずれもが $0 \ \mathrm{mod}\ p$ に合同でないことを示す. $\mathbb{Z}_p$ は体なので, $m_r = r \cdot a \equiv 0 \ (\mathrm{mod}\ p)$ ならば $a \equiv 0 \ (\mathrm{mod}\ p)$ または $r \equiv 0 \ (\mathrm{mod}\ p)$ が自動的に成り立つ. しかしながら, 任意の $r \in \{1, 2, \ldots, p-1\}$ に対して, $m_r = r \cdot a$, $r < p$, かつ $gcd(a,p) = 1$ （すなわち, p は r と a のいずれの因数でもない）.

したがって,

$$\{m_1 \ \mathrm{mod}\ p, \ m_2 \ \mathrm{mod}\ p, \ \ldots, \ m_{p-1} \ \mathrm{mod}\ p\} = \{1, 2, \ldots, p-1\}. \qquad (2.15)$$

---

[18] 定理 2.2.4.26 の証明と同じように.

72 第 2 章 初歩的な基礎

最後に, 次の整数を考える.

$$m_1 \cdot m_2 \cdot \cdots \cdot m_{p-1} = 1 \cdot a \cdot 2 \cdot a \cdot \cdots \cdot (p-1) \cdot a = 1 \cdot 2 \cdot \cdots \cdot (p-1) \cdot a^{p-1}. \quad (2.16)$$

(2.15) によって

$$1 \cdot 2 \cdot \cdots \cdot (p-1) \cdot a^{p-1} \equiv 1 \cdot 2 \cdot \cdots \cdot (p-1) \; (\mathrm{mod}\; p),$$

すなわち,

$$1 \cdot 2 \cdot \cdots \cdot (p-1) \cdot \left(a^{p-1} - 1\right) \equiv 0 \; (\mathrm{mod}\; p)$$

を得る. $1 \cdot 2 \cdot \cdots \cdot (p-1) \not\equiv 0 \; (\mathrm{mod}\; p)$ かつ $\mathbb{Z}_p$ は体 (すなわち, $(\mathbb{Z}_p, \oplus_p, \odot_p)$ は零因子を持たない) なので,

$$a^{p-1} - 1 \equiv 0 \; (\mathrm{mod}\; p)$$

を得る. □

演習問題 2.2.4.30 $p = 5$ と $a = 9$ に対してフェルマーの定理を確かめよ. □

フェルマーの定理を用いると乗法の逆元を計算する方法が得られる.

系 2.2.4.31 p を素数とする. この時, 任意の $a \in \mathbb{Z}_p - \{0\}$ に対して,

$$a^{-1} = a^{p-2} \; \mathrm{mod}\; p.$$

□

証明 フェルマーの定理によって $a \cdot a^{p-2} = a^{p-1} \equiv 1 \; (\mathrm{mod}\; p)$. □

以下では, $\mathbb{Z}_p$ における (加法に関する 1 の逆元 $p-1$) に対して記法 -1 をしばしば使用する. 次の定理は素数に対する有用な等価な定義を与える.

定理 2.2.4.32 $p > 2$ を奇整数とする.

p は素数である $\Leftrightarrow$ 全ての $a \in \mathbb{Z}_p - \{0\}$ に対して $a^{(p-1)/2} \; \mathrm{mod}\; p \in \{1, -1\}$. □

証明

(i) $p = 2p' + 1, p' \geq 1$ を素数とする. フェルマーの定理により任意の $a \in \mathbb{Z}_p - \{0\}$ に対して $a^{p-1} \equiv 1 \; (\mathrm{mod}\; p)$.

$$a^{p-1} = a^{2p'} = \left(a^{p'} - 1\right) \cdot \left(a^{p'} + 1\right) + 1$$

が成り立つので

$$\left(a^{p'} - 1\right) \cdot \left(a^{p'} + 1\right) \equiv 0 \; (\mathrm{mod}\; p) \quad (2.17)$$

と書ける．$\mathbb{Z}_p$ は体なので，(2.17) より

$$\left(a^{p'} - 1\right) \equiv 0 \ (\mathrm{mod}\ p) \ \text{または} \ \left(a^{p'} + 1\right) \equiv 0 \ (\mathrm{mod}\ p). \tag{2.18}$$

$p' = (p-1)/2$ を (2.18) に代入すれば最終的に次式を得る．

$$a^{(p-1)/2} \equiv 1 \ (\mathrm{mod}\ p) \ \text{ or } \ a^{(p-1)/2} \equiv -1 \ (\mathrm{mod}\ p).$$

(ii) 全ての $a \in \mathbb{Z}_p - \{0\}$ に対して，$a^{(p-1)/2} \equiv \pm 1 \ (\mathrm{mod}\ p)$ とする．$\mathbb{Z}_p$ が体となることを示せば十分である．明らかに，$a^{p-1} = a^{(p-1)/2} \cdot a^{(p-1)/2}$．
$a^{(p-1)/2} \equiv 1 \ (\mathrm{mod}\ p)$ ならば，$a^{p-1} \equiv 1 \ (\mathrm{mod}\ p)$ である．
$a^{(p-1)/2} \equiv -1 \equiv (p-1) \ (\mathrm{mod}\ p)$ ならば，

$$a^{p-1} \equiv (p-1)^2 \equiv p^2 - 2p + 1 \equiv 1 \ (\mathrm{mod}\ p).$$

したがって，任意の $a \in \mathbb{Z}_p - \{0\}$ に対して，$a^{p-2} \ \mathrm{mod}\ p$ は a の逆元 a^{-1} になる．$\mathbb{Z}_p$ が体であることを証明するためには，ある $a, b \in \mathbb{Z}_p$ に対して $a \cdot b \equiv 0 \ (\mathrm{mod}\ p)$ ならば $a \equiv 0 \ (\mathrm{mod}\ p)$ または $b \equiv 0 \ (\mathrm{mod}\ p)$ となることを示すことが残っている．$a \cdot b \equiv 0 \ (\mathrm{mod}\ p)$ とし，$b \not\equiv 0 \ (\mathrm{mod}\ p)$ とする．この時，$b \cdot b^{-1} \equiv 1 \ (\mathrm{mod}\ p)$ となる $b^{-1} \in \mathbb{Z}_p$ が存在する．よって，

$$a = a \cdot (b \cdot b^{-1}) = (a \cdot b) \cdot b^{-1} \equiv 0 \cdot b^{-1} \equiv 0 \ (\mathrm{mod}\ p).$$

以上から $\mathbb{Z}_p$ には零因子がないことが証明され，よって $\mathbb{Z}_p$ は体である．$\qquad\square$

第 5 章において素数判定に対して定理 2.2.4.32 の拡張を用いるために，n が合成数の時の $\mathbb{Z}_n$ の性質を求める．例えば，2 つの素数 p と q に対して，$n = p \cdot q$ とする．$\mathbb{Z}_p$ と $\mathbb{Z}_q$ は体であることがわかっている．そこで，直積 $\mathbb{Z}_p \times \mathbb{Z}_q$ を考える．$\mathbb{Z}_p \times \mathbb{Z}_q$ の要素は対 (a_1, a_2) である．ここで $a_1 \in \mathbb{Z}_p$ かつ $a_2 \in \mathbb{Z}_q$ である．$\mathbb{Z}_p \times \mathbb{Z}_q$ に対する加法を

$$(a_1, a_2) \oplus_{p,q} (b_1, b_2) = ((a_1 + b_1) \ \mathrm{mod}\ p, \ (a_2 + b_2) \ \mathrm{mod}\ q)$$

と定義し，乗法を

$$(a_1, a_2) \odot_{p,q} (b_1, b_2) = ((a_1 \cdot b_1) \ \mathrm{mod}\ p, \ (a_2 \cdot b_2) \ \mathrm{mod}\ q)$$

と定義する．アイデアは $\mathbb{Z}_n$ と $\mathbb{Z}_p \times \mathbb{Z}_q$ が同型であること，すなわち，全ての $a, b \in \mathbb{Z}_n$ に対して

$$h(a \oplus_n b) = h(a) \oplus_{p,q} h(b) \ \text{かつ} \ h(a \odot_n n) = h(a) \odot_{p,q} h(b)$$

となる全単射 $h : \mathbb{Z}_n \to \mathbb{Z}_p \times \mathbb{Z}_q$ が存在することを示すことである．もしそのよう

74 第 2 章 初歩的な基礎

な h が見つかれば，$\mathbb{Z}_n$ を $\mathbb{Z}_p \times \mathbb{Z}_q$ と見なすことができる．h は単に次のように定義すればよい：

$$全ての\ a \in \mathbb{Z}_n に対して，h(a) = (a \bmod p,\ a \bmod q).$$

h が単射であることは容易に確かめられる[19]．各 $a,b \in \mathbb{Z}_n$ に対して，a と b は

$$
\begin{aligned}
a &= a_1' \cdot p + a_1 = a_2' \cdot q + a_2 \quad (a_1 < p,\ a_2 < q), \\
b &= b_1' \cdot p + b_1 = b_2' \cdot q + b_2 \quad (b_1 < p,\ b_2 < q),
\end{aligned}
$$

すなわち，$h(a) = (a_1, a_2)$ かつ $h(b) = (b_1, b_2)$ と書くことができる．したがって，

$$
\begin{aligned}
h(a \oplus_n b) &= h(a + b \bmod n) = ((a+b) \bmod p,\ (a+b) \bmod q) \\
&= ((a_1 + b_1) \bmod p, (a_2 + b_2) \bmod q) \\
&= (a_1, a_2) \oplus_{p,q} (b_1, b_2) = h(a) \oplus_{p,q} h(b).
\end{aligned}
$$

同様に，

$$
\begin{aligned}
h(a \odot_n b) &= h(a \cdot b \bmod n) = ((a \cdot b) \bmod p,\ (a \cdot b) \bmod q) \\
&= ((a_1' \cdot b_1' \cdot p^2 + (a_1 \cdot b_1' + a_1' \cdot b_1) \cdot p + a_1 \cdot b_1) \bmod p, \\
&\quad\ (a_2' \cdot b_2' \cdot q^2 + (a_2' \cdot b_2 + a_2 \cdot b_2') \cdot q + a_2 \cdot b_2) \bmod q) \\
&= ((a_1 \cdot b_1) \bmod p,\ (a_2 \cdot b_2) \bmod q) \\
&= (a_1, a_2) \odot_{p,q} (b_1, b_2) = h(a) \odot_{p,q} h(b).
\end{aligned}
$$

一般に，素数 $p_1, p_2, \ldots, p_k$ に対して $n = p_1 \cdot p_2 \cdot \cdots \cdot p_k$ とし，$\mathbb{Z}_n$ と $\mathbb{Z}_{p_1} \times \mathbb{Z}_{p_2} \times \cdots \times \mathbb{Z}_{p_n}$ との間の同型写像を考える．この同型写像は中国剰余と呼ばれ次の定理で定式化される．

定理 2.2.4.33（中国剰余定理，第 1 版）　$m = m_1 \cdot m_2 \cdot \cdots \cdot m_k, k \in \mathbb{N}^+$ とする．ここで $m_i \in \mathbb{N}^{\geq 2}$ は互いに素（すなわち，$i \neq j$ に対して $gcd(m_i, m_j) = 1$）とする．この時，任意の整数列 $r_1 \in \mathbb{Z}_{m_1}, r_2 \in \mathbb{Z}_{m_2}, \ldots, r_k \in \mathbb{Z}_{m_k}$ に対して，整数 r が存在して，任意の $i \in \{1, \ldots, k\}$ に対して

$$r \equiv r_i \ (\bmod\ m_i)$$

が成り立ち，この整数 r は $\mathbb{Z}_m$ において一意に決まる．　　　　　　　　　□

証明　まず，少なくとも 1 つそのような r が存在することを示す．$i \neq j$ に対して $gcd(m_i, m_j) = 1$ となるので，任意の $l \in \{1, 2, \ldots, k\}$ に対して $gcd(\frac{m}{m_l}, m_l) = 1$ が

---

[19] 実際には，p と q は素数である必要はない．p と q が互いに素であることを仮定するだけで十分である．

成り立つ. これから, 群 $\mathbb{Z}_{m_i}$ 中の要素 m/m_i に対して乗法に対する逆元 n_i が存在する. $i = 1, \ldots, k$ に対して,

$$e_i = n_i \frac{m}{m_i} = m_1 \cdot m_2 \cdot \cdots \cdot m_{i-1} \cdot n_i \cdot m_{i+1} \cdot m_{i+2} \cdot \cdots \cdot m_k$$

を考える. 各 $j \in \{1, \ldots, k\} - \{i\}$ に対して, $\frac{m}{m_i} \equiv 0 \pmod{m_j}$ であり, ゆえに

$$e_i \bmod m_j = 0.$$

n_i は $\mathbb{Z}_{m_i}$ における m/m_i に対する乗法の逆元であるので,

$$e_i \bmod m_i = n_i \frac{m}{m_i} \bmod m_i = 1.$$

さて,

$$r \equiv \left(\sum_{i=1}^{k} r_i \cdot e_i \right) \pmod{m}$$

と設定すれば, r はここでの性質を満たすことがわかる.

r が m を法として一意に決まることを示すために, 任意の $i \in \{1, \ldots, k\}$ に対して

$$y \equiv x \equiv r_i \pmod{m_i}$$

を満たす 2 つの整数 x と y が存在すると仮定する. この時, $i \neq j$, $x \equiv y \pmod{m}$ に対して $m = m_1 \cdot m_2 \cdot \cdots \cdot m_k$ かつ $gcd(m_i, m_j) = 1$ であるので, 任意の $i \in \{1, \ldots, k\}$ に対して

$$x - y \equiv 0 \pmod{m_i}$$

が成り立つ. □

中国剰余定理の第 1 版はある方程式系の解に関する命題と見なすことができる. 第 2 版は $\mathbb{Z}_n$ の構造に関する定理と見なすことができる. 証明のアイデアは既に $\mathbb{Z}_{p \cdot q}$ と $\mathbb{Z}_p \times \mathbb{Z}_q$ 間の同型写像のところで説明したので, 中国剰余定理の第 2 版の証明は読者への演習問題とする.

定理 2.2.4.34 (中国剰余定理, 第 2 版) $m = m_1 \cdot m_2 \cdot \cdots \cdot m_k, k \in \mathbb{N}^+$ とする. ここで $m_i \in \mathbb{N}^{\geq 2}$ は互いに素 (すなわち, $i \neq j$ に対して $gcd(m_i, m_j) = 1$) とする. この時, $\mathbb{Z}_m$ は $\mathbb{Z}_{m_1} \times \mathbb{Z}_{m_2} \times \cdots \times \mathbb{Z}_{m_k}$ に同型である. □

演習問題 2.2.4.35 中国剰余定理の第 2 版を証明せよ. □

これまでに示された定理は数論からの基礎的な結果であり, これらの結果は, 第 5 章で素数判定に対する効率的な乱択アルゴリズムを設計するために利用される. 数論上に起こり得る問題に対する (乱択) アルゴリズムを開発するためには, (有限) 群,

76 第2章 初歩的な基礎

特に, $\mathbb{Z}_n^*$ における基礎的な結果がしばしば必要となる. 以下では, 基本的な結果のいくつかを紹介する.

$\mathbb{Z}_n^* = \{a \in \mathbb{Z}_n \mid gcd(a, n) = 1\}$ であるので, まず, 最大公約数のいくつかの基本的な性質を見てみよう. 2数の最大公約数の等価な定義から始めよう.

定理 2.2.4.36 $a, b \in \mathbb{N} - \{0\}$ とし,

$$Com(a, b) = \{ax + by \mid x, y \in \mathbb{Z}\}$$

を a と b の線形結合の集合とする. この時,

$$gcd(a, b) = \min\{d \in Com(a, b) \mid d \geq 1\},$$

すなわち, $gcd(a, b)$ は $Com(a, b)$ の最小の整数である, が成り立つ. □

証明 $h = \min\{d \in Com(a, b) \mid d \geq 1\}$ とし, ある $x, y \in \mathbb{Z}$ に対して $h = ax + by$ とする. $h \leq gcd(a, b)$ と $h \geq gcd(a, b)$ を別々に証明することによって, $h = gcd(a, b)$ を証明する.

まず, a と b がいずれも h で割り切れるならば, $gcd(a, b)$ は h で割り切れることを示そう. n を法とする合同の定義より,

$$a \bmod h = a - \lfloor a/h \rfloor \cdot h = a - \lfloor a/h \rfloor \cdot (ax + by) = a \cdot (1 - \lfloor a/h \rfloor x) + b \cdot (-\lfloor a/h \rfloor y)$$

が成り立ち, したがって $a \bmod h$ は a と b の線形結合である. h は最小の正の a と b の線形結合であり, $a \bmod h < h$ であるので,

$$a \bmod h = 0, \text{ すなわち, } h \text{ は } a \text{ を割り切る}$$

を得る. 同じ議論によって, b は h で割り切れることがわかる. よって,

$$h \leq gcd(a, b).$$

a と b はいずれも $gcd(a, b)$ で割り切れるので, 全ての $u, v \in \mathbb{Z}$ に対して, $au + bv$ は $gcd(a, b)$ で割り切れなければならない, すなわち, $Com(a, b)$ の全ての要素は $gcd(a, b)$ で割り切れなければならない. $h \in Com(a, b)$ であるので,

$$gcd(a, b) \text{ は } h \text{ を割り切る, すなわち, } gcd(a, b) \leq h. \qquad \square$$

定理 2.2.4.37 $a, n \in \mathbb{N} - \{0\}, n \geq 2$ とし, $gcd(a, n) = 1$ とする. この時, 合同式

$$ax \equiv 1 \pmod{n}$$

は $x \in \mathbb{Z}_n$ なる解を持つ. □

証明 定理 2.2.4.36 によって,

$$a \cdot u + n \cdot v = 1 = gcd(a, n)$$

となる $u, v \in \mathbb{Z}$ が存在する．各 $k \in \mathbb{Z}$ に対して

$$a \cdot u + n \cdot v = a \cdot (u + kn) + n \cdot (v - ka)$$

となり，ゆえに

$$a \cdot (u + kn) + n \cdot (v - ka) = 1$$

となることがわかる．確かに $a + ln \in \mathbb{Z}_n$ となる $l \in \mathbb{Z}$ が存在する．$x = u + ln$ とする．

$$a(u + ln) + n(v - la) \equiv a(u + ln) \equiv (1 \bmod n)$$

であるので，x は合同式 $ax \equiv 1 \pmod{n}$ の解となる． □

演習問題 2.2.4.38 a, n は定理 2.2.4.37 の仮定を満たすとする．合同式 $ax \equiv 1 \pmod{n}$ の解 x は $\mathbb{Z}_n$ で一意に決まることを証明せよ．

演習問題 2.2.4.39 $a, n \in \mathbb{N} - \{0\}$, $n \geq 2$ とし，$gcd(a, n) = 1$ とする．各 $b \in \mathbb{Z}_n$ に対して，合同式 $ax \equiv b \pmod{n}$ に対して一意解 $x (\in \mathbb{Z}_n)$ が存在することを証明せよ．

　さて，素数判定に対する乱択アルゴリズムを開発するために必要な最も有用な事実の1つを証明しよう．後に次の主張を任意の正整数 n に拡張する．

定理 2.2.4.40 任意の素数 n に対して，$(\mathbb{Z}_n^*, \odot \bmod n)$ は可換群である． □

証明 a, b を $\mathbb{Z}_n^*$ の任意の要素とする．$\mathbb{Z}_n^*$ の定義によって，$gcd(a, n) = gcd(b, n) = 1$ を得る．

$$Com(ab, n) \subseteq Com(a, n) \cap Com(b, n)$$

が成り立つので，定理 2.2.4.36 によって $1 \in Com(ab, n)$ が成り立ち，ゆえに $gcd(ab, n) = 1$ となる．したがって，$ab \in \mathbb{Z}_n^*$，すなわち，$\mathbb{Z}_n^*$ は n を法とする乗算に関して閉じている．このことは $(\mathbb{Z}_n^*, \odot \bmod n)$ が代数であることを示している．

　明らかに，1 は $\odot \bmod n$ に関する単位元であり，$\odot \bmod n$ は結合的で可換的な演算である．

　定理 2.2.4.37 によって各 $a \in \mathbb{Z}_n^*$ に対して逆元 $x = a^{-1}$ が存在する（すなわち，任意の $a (\in \mathbb{Z}_n)$ に対して $gcd(a, n) = 1$ となる）ことが保証される．定義 2.2.4.1 によって，証明が完了する． □

演習問題 2.2.4.41 $(A, *)$ を群とする．次の事実を証明せよ．

78   第 2 章 初歩的な基礎

(i) 任意の $a \in A$ に対して，$a = (a^{-1})^{-1}$.

(ii) 全ての $a, b, c \in A$ に対して，
$a * b = c * b$ ならば $a = c$ である，かつ
$b * a = b * c$ ならば $a = c$ である．

(iii) 全ての $a, b, c \in A$ に対して，

$$a \neq b \Leftrightarrow a * c \neq b * c \Leftrightarrow c * a \neq c * b.$$

定義 2.2.4.42 $(A, \circ)$ を単位元 1 を持つ群とする．任意の $a \in A$ に対して，**a の位数** $order(a)$ は

$$a^r = 1$$

となる r が存在する場合，そのような最小の $r \in \mathbb{N} - \{0\}$ である．全ての $i \in \mathbb{N} - \{0\}$ に対して $a^i \neq 1$ となるならば，$order(a) = \infty$ と定義する． □

定義 2.2.4.42 が妥当な定義であること，すなわち，有限群 $(A, \circ)$ の任意の要素は有限の位数を持つことを示す．A における $|A| + 1$ 個の要素

$$a^0, a^1, a^2, \ldots, a^{|A|}$$

を考えよう．この時，

$$a^i = a^j$$

となる $0 \leq i < j \leq |A|$ が存在しなければならない．これによって

$$1 = a^i \cdot (a^{-1})^i = a^j \cdot (a^{-1})^i = a^{(j-i)}$$

となり，ゆえに $order(a) \leq j - i$，すなわち，$order(a) \in \{1, 2, \ldots, |A|\}$.

定義 2.2.4.43 $(A, \circ)$ を群とする．代数 $(H, \circ)$ は，$(H, \circ)$ が群で $H \subseteq A$ である時，**A の部分群**という． □

例えば，$(\mathbb{Z}, +)$ は $(\mathbb{Q}, +)$ の部分群であり，$(\{1\}, \odot_{\bmod 5})$ は $(\mathbb{Z}_5^*, \odot_{\bmod 5})$ の部分群である．しかしながら $(\mathbb{Z}_5^*, \oplus_{\bmod 5})$ は $(\mathbb{Z}_7^*, \oplus_{\bmod 7})$ の部分群ではない．なぜなら $\oplus_{\bmod 5}$ と $\oplus_{\bmod 7}$ は異なる演算であるからである（$4 \oplus_{\bmod 5} 4 = 3$ だが $4 \oplus_{\bmod 7} 4 = 1$ である）．

補題 2.2.4.44 $(H, \circ)$ を $(A, \circ)$ の部分群とする．この時，両方の群に対する単位元は一致する． □

証明 e_H を $(H, \circ)$ の単位元とし，e_A を $(A, \circ)$ の単位元とする．e_H は $(H, \circ)$ の単

位元であるので,

$$e_H \circ e_H = e_H \tag{2.19}$$

が成り立つ. e_A は $(A, \circ)$ の単位元であり, $e_H \in A$ であるので,

$$e_A \circ e_H = e_H \tag{2.20}$$

が成り立つ. したがって, 等式 (2.19) の左辺と等式 (2.20) の左辺は等しい. すなわち,

$$e_H \circ e_H = e_A \circ e_H. \tag{2.21}$$

e_H^{-1} が $(A, \circ)$ において e_H の逆元ならば, (2.21) の両辺に e_H^{-1} を掛けると

$$e_H = e_H \circ e_H \circ e_H^{-1} = e_A \circ e_H \circ e_H^{-1} = e_A$$

が得られる. □

定理 2.2.4.45 $(A, \circ)$ を有限群とする. $H \subseteq A$ となる任意の代数 $(H, \circ)$ は $(A, \circ)$ の部分群である. □

証明 $H \subseteq A$ とし, $(H, \circ)$ を代数とする. $(H, \circ)$ が $(A, \circ)$ の部分群であることを証明するためには, $(H, \circ)$ が群となること, すなわち, e_A が $(H, \circ)$ の単位元であり, 任意の $b \in H$ が H に逆元 b^{-1} を持つことを示せば十分である.

b を H の任意の要素とする. $b \in A$ であり A は有限であるので, $order(b) \in \mathbb{N} - \{0\}$ である. したがって

$$b^{order(b)} = e_A.$$

全ての正整数 i に対して $b^i \in H$ である (H は $\circ$ に関して閉じていることを思い出そう) ので, $e_A \in H$. 任意の $d \in A$ に対して

$$e_A \circ d = e_A$$

かつ, $H \subseteq A$ であるので, e_A は $(H, \circ)$ の単位元にもなる.

任意の $b \in H$ 対して $b^{order(b)-1} \in H$ であり

$$e_A = b^{order(b)} = b \circ b^{order(b)-1}$$

であるので, $b^{order(b)-1}$ は $(H, \circ)$ において b の逆元である. □

群を議論する時には, 定理 2.2.4.45 は有用な道具になる. なぜなら, $(H, \circ)$ が有限群 $(A, \circ)$ の部分群であることを証明するためには, $H \subseteq A$ と H が $\circ$ に関して閉じていることを示せば十分だからである.

$(\mathbb{N}, +)$ は代数だが, $(\mathbb{N}, +)$ は群 $(\mathbb{Z}, +)$ の部分群にはならないので, 定理 2.2.4.45

80 第 2 章 初歩的な基礎

の仮定である A の有限性は本質的である.

演習問題 2.2.4.46 $(H, \circ)$ と $(G, \circ)$ を群 $(A, \circ)$ に対する 2 つの部分群とする. $(H \cap G, \circ)$ は $(A, \circ)$ の部分群であることを証明せよ.

補題 2.2.4.47 $(A, \circ)$ を単位元 e を持つ群とし, $a \in A$ を有限の位数を持つ要素とする. この時, $H(a) = \{e, a, a^2, \ldots, a^{order(a)-1}\}$ に対して, $(H(a), \circ)$ は a を含む $(A, \circ)$ の最小部分群である. $\qquad\square$

証明 まず, $H(a)$ が $\circ$ に関して閉じていることを証明する. a^i と a^j を $H(a)$ の 2 つの任意の要素とする. $i + j < order(a)$ ならば,

$$a^i \circ a^j = a^{i+j} \in H(a).$$

$i + j > order(a)$ ならば,

$$\begin{aligned} a^i \circ a^j &= a^{i+j} = a^{order(a)} \circ a^{i+j-order(a)} \\ &= e \circ a^{i+j-order(a)} = a^{i+j-order(a)} \in H(a). \end{aligned}$$

$H(a)$ の定義によって, $e \in H(a)$ である. 任意の要素 $a^i \in H(a)$ に対して,

$$e = a^{order(a)} = a^i \circ a^{order(a)-i},$$

すなわち, $a^{order(a)-i}$ は a^i の逆元である.

$a \in G$ を含む任意の代数 $(G, \circ)$ は $H(a)$ を含まなければならないので, $(H(a), \circ)$ は a を含む $(A, \circ)$ の最小の部分群である. $\qquad\square$

定義 2.2.4.48 $(H, \circ)$ を群 $(A, \circ)$ の部分群とする. 任意の $b \in A$ に対して, 集合

$$\boldsymbol{H \circ b} = \{h \circ b \,|\, h \in H\}$$

を $(A, \circ)$ における H の**右剰余類**と呼び, 集合

$$\boldsymbol{b \circ H} = \{b \circ h \,|\, h \in H\}$$

を $(A, \circ)$ における H の**左剰余類**と呼ぶ. $H \circ b = b \circ H$ ならば, $H \circ b$ を $(A, \circ)$ における H の**剰余類**という. $\qquad\square$

例えば, $(\{7 \cdot a \,|\, a \in \mathbb{Z}\}, +)$ は $(\mathbb{Z}, +)$ の部分群である. $B_7 = \{7 \cdot a \,|\, a \in \mathbb{Z}\}$ とする. この時

$$B_7 + i = i + B_7 = \{7 \cdot a + i \,|\, a \in \mathbb{Z}\} = \{b \in \mathbb{Z} \,|\, b \bmod 7 = i\}$$

は $i = 0, 1, \ldots, 6$ に対して $(\mathbb{Z}, +)$ における B_7 の剰余類である. $\{B_7 + i \,|\, i =$

2.2 数学の基礎 **81**

$0, 1, \ldots, 6\}$ は $\mathbb{Z}$ を 7 個の互いに素な類へ分割することに注意しよう.

観察 2.2.4.49 $(H, \circ)$ が可換群 $(A, \circ)$ の部分群ならば, $(A, \circ)$ における全ての右剰余類 (左剰余類) は剰余類である. □

剰余類 $H \circ b$ に関して重要なことは, そのサイズが常に H のサイズに等しくなることである.

定理 2.2.4.50 $(H, \circ)$ を $(A, \circ)$ の部分群とする. この時, 次の命題が成り立つ.

(i) 全ての $h \in H$ に対して, $H \circ h = H$.

(ii) 全ての $b, c \in A$ に対して,

$$H \circ b = H \circ c \ \text{または} \ H \circ b \cap H \circ c = \emptyset.$$

(iii) H が有限ならば, 全ての $b \in A$ に対して

$$|H \circ b| = |H|.$$

□

証明 それぞれの命題を別々に証明する. e を $(A, \circ)$ と $(H, \circ)$ の単位元とする.

(i) $h \in H$ とする. H は $\circ$ に関して閉じているので, 任意の $a \in H$ に対して $a \circ h \in H$, すなわち,

$$H \circ h \subseteq H$$

が得られる. $(H, \circ)$ は群であるので, $h^{-1} \in H$. b を H の任意の元とする. この時,

$$b = b \circ e = b \circ \underbrace{(h^{-1} \circ h)}_{e} = \underbrace{(b \circ h^{-1})}_{\in H} \circ h \in H \circ h, \ \text{すなわち,}$$

$$H \subseteq H \circ h.$$

よって $H \circ h = H$.

(ii) ある $b, c \in A$ に対して $H \circ b \cap H \circ c \neq \emptyset$ とする. この時, $a_1, a_2 \in H$ が存在して,

$$a_1 \circ b = a_2 \circ c$$

を満たす. これから $c = a_2^{-1} \circ a_1 \circ b$ が成り立つ. ここで, $a_2^{-1} \in H$. よって

$$H \circ c = H \circ (a_2^{-1} \circ a_1 \circ b) = H \circ (a_2^{-1} \circ a_1) \circ b. \tag{2.22}$$

$a_2^{-1}, a_1 \in H$ であるので, $a_2^{-1} \circ a_1$ も H に属する.

82   第 2 章　初歩的な基礎

このことから, (i) によって,

$$H \circ (a_2^{-1} \circ a_1) = H. \tag{2.23}$$

したがって, (2.22) と (2.23) によって

$$H \circ c = H \circ (a_2^{-1} \circ a_1) \circ b = H \circ b$$

を得る.

(iii) H を有限とし, $b \in A$ とする. $H \circ b = \{h \circ b \mid h \in H\}$ から, 直ちに

$$|H \circ b| \leq |H|.$$

ある $k \in \mathbb{N}$ に対して $H = \{h_1, h_2, \ldots, h_k\}$ とする.

$$|\{h_1 \circ b, h_2 \circ b, \ldots, h_k \circ b\}| \geq k,$$

すなわち, 全ての $i, j \in \{1, \ldots, k\}$ $(i \neq j)$ に対して $h_i \circ b \neq h_j \circ b$ を示さなければならない. $(A, \circ)$ は群であるので, $b^{-1} \in A$ となる, ゆえに $h_i \circ b = h_j \circ b$ ならば $h_i \circ b \circ b^{-1} = h_j \circ b \circ b^{-1}$ でなければならない. よって,

$$h_i = h_i \circ (b \circ b^{-1}) = h_j \circ (b \circ b^{-1}) = h_j$$

となり, これは仮定 $h_i \neq h_j$ に矛盾する. □

　定理 2.2.4.50 によって, 真部分群 $(H, \circ)$ を持つ任意の群 $(A, \circ)$ の集合 A を, 対ごとに互いに素な A の部分集合に分割でき, それぞれが $(A, \circ)$ において H の左 (右) 剰余類となる.

定理 2.2.4.51　$(H, \circ)$ を群 $(A, \circ)$ の部分群とする. この時, $\{H \circ b \mid b \in A\}$ は A の分割である. □

証明　定理 2.2.4.50 (ii) によって, $H \circ b \cap H \circ c = \emptyset$ または $H \circ b = H \circ c$ が成り立つ. よって, $A \subseteq \bigcup_{b \in A} H \circ b$ を示すことが残っている. しかしこれは自明である. なぜなら, $(A, \circ)$ の単位元 e は $(H, \circ)$ の単位元でもあるので, 任意の $b \ (\in A)$ に対して $b = e \circ b \in H \circ b$ となるからである. □

定義 2.2.4.52　$(H, \circ)$ を群 $(A, \circ)$ の部分群とする. **$(A, \circ)$ における H の指数**を

$$\mathbf{\mathit{Index}_H(A)} = |\{H \circ b \mid b \in A\}|,$$

すなわち, $(A, \circ)$ における異なる H の右剰余類の個数と定義する. □

　次のラグランジェの定理が群論におけるここでの目標である. この定理は, 群 $(A, \circ)$

の中にある特殊な性質を持つ「たちの悪い」要素はそんなに多くは存在しないことを証明するのに強力な道具となる. なぜなら, 全ての「たちの悪い」要素は $(A, \circ)$ の真部分群に存在することを示せば十分だからである. 次の命題は $(A, \circ)$ の任意の真部分群の要素数は高々 $|A|/2$ であることを主張している.

定理 2.2.4.53 （ラグランジェの定理） 有限群 $(A, \circ)$ の任意の部分群 $(H, \circ)$ に対して,

$$|A| = Index_H(A) \cdot |H|.$$

すなわち, $|A|$ は $|H|$ で割り切れる. □

証明 定理 2.2.4.51 によって, A は $Index_H(A)$ 個の右剰余類に分割でき, これらは対ごとに互いに素であり, 全てサイズは $|H|$ である. □

系 2.2.4.54 $(H, \circ)$ を群 $(A, \circ)$ の部分代数とする. $H \subset A$ ならば,

$$|H| \leq |A|/2$$

が成り立つ. □

証明 定理 2.2.4.45 から, $(H, \circ)$ は $(A, \circ)$ の部分群であることが保証される. ラグランジェの定理によって

$$|A| = Index_H(A) \cdot |H|$$

となる. $H \subset A$ であるので, $1 \leq |H| < |A|$, よって

$$Index_H(A) \geq 2. \qquad \qquad \square$$

系 2.2.4.55 $(A, \circ)$ を有限群とする. この時, 任意の要素 $a \in A$ に対して, $|A|$ は a の位数で割り切れる. □

証明 a を A の任意の要素とする. 補題 2.2.4.47 によって $H(a) = \{e, a, a^2, \ldots, a^{order(a)-1}\} = \{a, a^2, \ldots, a^{order(a)}\}$ とすると $(H(a), \circ)$ は $(A, \circ)$ の部分群である.

$|H(a)| = order(a)$ であるので, ラグランジェの定理によって

$$|A| = Index_{H(a)}(A) \cdot order(a)$$

が成り立つ. □

第 5 章では, $n \in \mathbb{N} - \{0\}$ に対する集合

$$\mathbb{Z}_n^* = \{a \in \mathbb{Z}_n \mid gcd(a, n) = 1\}$$

84　第 2 章　初歩的な基礎

をしばしば取り扱う. 定理 2.2.4.40 では, 任意の素数 p に対して $(\mathbb{Z}_p^*, \odot_p)$ は可換群であることを証明した. 各素数 p に対して $\mathbb{Z}_p^* = \mathbb{Z}_p - \{0\} = \{1, 2, \ldots, p-1\}$ であることに注意しよう. ここでは $(\mathbb{Z}_n^*, \odot_n)$ が任意の $n \in \mathbb{N} - \{0\}$ に対して群となることを証明する.

定理 2.2.4.56 任意の $n \in \mathbb{N} - \{0\}$ に対して, $(\mathbb{Z}_n^*, \odot_n)$ は可換群である. □

証明　まず, $\mathbb{Z}_n^*$ は $\odot_n$ に関して閉じていることを示さなければならない. a, b を $\mathbb{Z}_n^* = \{a \in \mathbb{Z}_n \mid gcd(a, n) = 1\}$ の任意の要素とする. $a \odot_n b \in \mathbb{Z}_n^*$, すなわち, $gcd(a \odot_n b, n) = 1$ を示さなければならない. 背理法で証明するためにそうでないと仮定しよう. すなわち, ある $k \geq 2$ に対して $gcd(a \odot_n b, n) = k$ と仮定しよう. するとある $v \in \mathbb{N} - \{0\}$ に対して $n = k \cdot v$ となり, ある $d \in \mathbb{N} - \{0\}$ に対して $a \cdot b \bmod n = k \cdot d$ となる. よって

$$a \cdot b \bmod kv = kd,$$

すなわち, ある $s \in \mathbb{N}$ に対して $a \cdot b = kv \cdot s + kd$ が成り立つ. $kvs + kd = k(vs + d)$ であるので, $a \cdot b$ は k で割り切れる. p をある素数として $k = p \cdot m$ としよう. 明らかに, a は p で割り切れるかまたは b は p で割り切れる. しかしながら, これは $n = p \cdot m \cdot v$, $gcd(a, n) = 1$, $gcd(b, n) = 1$ に矛盾する. したがって, $a \cdot b \bmod p \in \mathbb{Z}_n^*$.

明らかに, 1 は $(\mathbb{Z}_n^*, \odot_n)$ の単位元である. a を $\mathbb{Z}_n^*$ の任意の元とする. $a \odot_n a^{-1} = 1$ となる逆元 a^{-1} の存在を証明するためには,

$$|\{a \odot_n 1, a \odot_n 2, \ldots, a \odot_n (n-1)\}| = n - 1$$

を示せば十分である. これから $1 \in \{a \odot_n 1, \ldots, a \odot_n (n-1)\}$ となるからである. これが成り立たないと仮定しよう.

$$a \odot_n i = a \odot_n j, \ \text{すなわち,} \ a \cdot i \equiv a \cdot j \pmod{n}$$

となるような $i, j \ (i > j)$ が存在すると仮定する. これから, ある $k_1, k_2, z \ (\in \mathbb{N}, z < n)$ に対して

$$a \cdot i = nk_1 + z \quad \text{かつ} \quad a \cdot j = n \cdot k_2 + z$$

が成り立つ. この時,

$$a \cdot i - a \cdot j = nk_1 - nk_2 = n(k_1 - k_2)$$

となり, よって

$$a \cdot (i - j) = n(k_1 - k_2), \ \text{すなわち,} \ a \cdot (i - j) \ \text{は} \ n \ \text{で割り切れる.}$$

$gcd(a, n) = 1$ であるので, $(i - j)$ は n で割り切れなければならない. しかしこれは

$i - j < n$ であるので，不可能である．よって，$(\mathbb{Z}_n^*, \odot_n)$ は群であると推論できる．$\odot_n$ は可換的な演算であるので，$(\mathbb{Z}_n^*, \odot_n)$ は可換群である． $\qquad \square$

次に，$\mathbb{Z}_n^*$ は $\odot_{\bmod n}$ に関する逆元を持つ $\mathbb{Z}_n$ の全ての要素を含むこと，すなわち，

$$
\begin{aligned}
\mathbb{Z}_n^* &= \{a \in \mathbb{Z}_n \mid gcd(a, n) = 1\} \\
&= \{a \in \mathbb{Z}_n \mid a \odot_{\bmod n} a^{-1} = 1 \text{ であるような } a^{-1} \in \mathbb{Z}_n \text{ が存在する}\}
\end{aligned}
\tag{2.24}
$$

を示す．

定理 2.2.4.56 によって，$(\mathbb{Z}_n^*, \odot_{\bmod n})$ は群であるので $\mathbb{Z}_n^* \subseteq \{a \in \mathbb{Z}_n \mid \exists a^{-1} \in \mathbb{Z}_n\}$ が成り立つ．よって，次の補題によって (2.24) の証明が完了する．

補題 2.2.4.57 $a \in \mathbb{Z}_n$ とする．$a \odot_n a^{-1} = 1$ となる $a^{-1} \in \mathbb{Z}_n$ が存在するならば，

$$
gcd(a, n) = 1. \qquad \square
$$

証明 定理 2.2.4.36 によって

$$
gcd(a, n) = \min\{d \in \mathbb{N} - \{0\} \mid d = ax + by(x, y \in \mathbb{Z})\}.
$$

$a \odot_{\bmod n} a^{-1} = 1$ となる要素 a^{-1} が存在するとしよう．すると $a \cdot a^{-1} \equiv 1 \,(\bmod\ n)$，すなわち，

$$
a \cdot a^{-1} = k \cdot n + 1 \qquad (k \in \mathbb{N}).
$$

$x = a^{-1}$, $y = -k$ と選ぶと

$$
a \cdot a^{-1} + n \cdot (-k) = k \cdot n + 1 - k \cdot n = 1 \in Com(a, n)
$$

が得られるので $gcd(a, n) = 1$ が成り立つ． $\qquad \square$

この節を群論の基礎的な結果を証明することで締めくくろう．任意の $n \in \mathbb{N}$ に対して $\varphi(n) = |\mathbb{Z}_n^*|$ （**オイラー数**という）とする．

定理 2.2.4.58 （オイラーの定理） 全ての正整数 $n \geq 1$ と全ての $a \in \mathbb{Z}_n^*$ に対して

$$
a^{\varphi(n)} \equiv 1 \,(\bmod\ n)
$$

が成り立つ． $\qquad \square$

証明 a を $\mathbb{Z}_n^*$ の任意の元とする．系 2.2.4.55 によって $|\mathbb{Z}_n^*| = \varphi(n)$ は $(\mathbb{Z}_n^*, \odot_n)$ における $order(a)$ で割り切れる．$a^{order(a)} \equiv 1 \,(\bmod\ n)$ であるので

$$
\begin{aligned}
a^{\varphi(n)} \bmod n &= (a^{order(a)})^{\varphi(n)/order(a)} \bmod n \\
&= (a^{order(a)} \bmod n)^{\varphi(n)/order(a)} \bmod n \\
&= 1^{\varphi(n)/order(a)} \bmod n = 1
\end{aligned}
$$

86 第 2 章 初歩的な基礎

が得られる. □

演習問題 2.2.4.59 オイラーの定理を適用して，フェルマーの定理に対する別の（代数的な）証明を与えよ.

2.2.4 節で導入されたキーワード

群，半群，環，体，素数，最大公約数，ユークリッドの互除法，群の生成元，巡回群，群の元の位数，剰余類，群の位数

2.2.4 節の要約

2.2.4 節で述べられた主な命題は：

- 素数は無限に存在し，$\{2, 3, 4, \ldots, n\}$ に存在する素数は約 $\frac{n}{\ln n}$ である（素数定理）.

- 1 より大きい任意の整数は異なる素数の自明でないベキの積として表現でき，この素因数分解は一意に決まる（代数学の基本定理）.

- p が素数であることと任意の $a \in \{1, 2, \ldots, p-1\}$ に対して $a^{(p-1)/2} \bmod p \in \{1, -1\}$ となることは等価である.

- 素数 $p_1, \ldots, p_k$ に対して $n = p_1 \cdot p_2 \cdots \cdot p_k$ ならば，$\mathbb{Z}_n$ は $\mathbb{Z}_{p_1} \times \mathbb{Z}_{p_2} \times \cdots \times \mathbb{Z}_{p_k}$ に同型である（中国剰余定理）.

- $(H, \circ)$ が群 $(A, \circ)$ の部分群ならば，$|A|$ は $|H|$ で割り切れる.

- 群 $(A, \circ)$ の任意の要素 a の位数は $|A|$ を割り切る.

- 任意の $\mathbb{Z}_n^* (n \in \mathbb{N})$，および任意の $a(\in \mathbb{Z}_n^*)$ に対して，$a^{\varphi(n)} \bmod n = 1$（オイラーの定理）.

2.2.5 確率論

確率論は不確かな結果が起こる試行を研究するために発展してきた. 確率論の基礎的な概念は「標本空間」と「基本事象」である. **標本空間** S は，ある試行で起こり得る全ての基本的な事象の集合である. S の任意の要素は**基本事象**と呼ばれる. 直観的には，ある試行において，標本空間はその試行の結果として起こり得る全ての事象の集合である. 例えば，硬貨投げを考えると，「head（表）」と「tail（裏）」の 2 つの結果が考えられる. したがって，$\{head, tail\}$ が標本空間で，$head$ と $tail$ が基本事象である. 3 枚の硬貨を（順々にあるいは同時に）投げる場合は標本空間は $\{(x, y, z) \mid x, y, z \in \{head, tail\}\}$ である. 表と裏の列 $(head, head, tail)$, $(tail, head, tail)$ や $(head, head, head)$ は基

本事象の例である．直観的には，基本事象とはそれ以上小さな事象としては表現できない，基礎的な事象，すなわち，考えられる試行の観点からこれ以上分割できない初歩的な事象である．

　試行のもう1つの例は，固定された（乱択）アルゴリズムである．入力 x に対する計算の間，そのような乱択アルゴリズム A はどのようにアルゴリズムを継続するかについていくつかの可能性から選択する．したがって，その選択に依存して異なった計算を実行し得る．このような観点から，標本空間 $S_{A,x}$ は，ランダムな選択の全ての可能な系列の集合である．あるいは，同じことだが，A の x に対する全ての計算（ランダムな選択の各系列に対して1つの計算が決まる）の集合である．よって，A の x に対する各計算は基本事象と考えることができる．

　ここでの目的のためには，S は可算であると考えて十分である．よって，以下の基礎的な概念の全ての定義においては S が可算であることを仮定している．**事象**は標本空間 S の任意の部分集合である．事象 S を**全事象**と呼び，事象 $\emptyset$ を**空事象**と呼ぶ．2つの事象 $S_1, S_2 \subseteq S$ は $S_1 \cap S_2 = \emptyset$ ならば互いに**素**であるという．例えば，$S = \{(x, y, z) \mid x, y, z \in \{head, tail\}\}$ に対して，$S_1 = \{(head, head, head), (tail, head, tail)\}$ と $S_2 = \{(tail, head, head), (head, tail, head), (head, head, tail)\}$ は互いに素な2つの事象である．$S_{A,x}$ を考える時には，正しい出力が計算される A の x に対する計算に興味があるかもしれない．この時，正しい出力を事象と考えるような全ての計算の集合 $Cor(A, x)$ を考える．$Cor(A, x)$ は間違った出力で停止する全ての計算からなる事象とは互いに素である．

　以下では，次のようなシナリオを考える．有限な標本空間 S に対しては，任意の基本事象についてある確率を割り当てたい．この割当が現実，すなわち，試行結果に対応するはずである．公正さをきすために，この割当に対して次の仮定を置く．

(i) 任意の基本事象がある非負の確率を持つ．

(ii) 全ての基本事象の確率の和は全体の確率になる（確率論では1で表される）．

(iii) 任意の事象 $S_1 \subseteq S$ の確率を計算する公正な方法が存在する（特に，S_1 の確率とその補集合 $S - S_1$ との確率の和は1でなければならない）．

　この仮定は次の定義に反映される．

定義 2.2.5.1 ある標本空間 S 上の**確率分布 $Prob$** は，次の確率の公理を満足する S の事象から実数への写像（$Prob : 2^S \rightarrow \mathbb{R}^{\geq 0}$）である．

(1) 任意の基本事象 x に対して，$Prob(\{x\}) \geq 0$.

(2) $Prob(S) = 1$.

(3) 任意の2つの互いに素な事象 X と Y $(X \cap Y = \emptyset)$ に対して $Prob(X \cup Y) =$

88 第 2 章 初歩的な基礎

$Prob(X) + Prob(Y)$.

　（無限集合 S を考える時は，互いに素な事象の任意の可算無限個の列 $X_1, X_2, X_3,$ $\ldots$ に対して $Prob\left(\bigcup_{i=1}^{\infty} X_i\right) = \sum_{i=1}^{\infty} Prob(X_i)$ である必要がある．）

$Prob(X)$ を事象 X の確率と呼ぶ． □

公正な硬貨投げに対して $S = \{head, tail\}$ を考えるならば，$Prob(\{head\}) = Prob(\{tail\}) = 1/2$ である．基本事象の確率によって任意の標本空間の全ての事象の確率が曖昧さなく決定されることが簡単にわかる．次の単純な命題の証明は読者に残しておく：

演習問題 2.2.5.2 標本空間 S の全ての事象 X, Y と S 上の任意の確率分布 $Prob$ に対して，以下の命題を証明せよ．

(i) $Prob(\emptyset) = 0$.
(ii) $X \subseteq Y$ ならば，$Prob(X) \le Prob(Y)$.
(iii) $Prob(S - X) = 1 - Prob(X)$.
(iv) $Prob(X \cup Y) = Prob(X) + Prob(Y) - Prob(X \cap Y) \le Prob(X) + Prob(Y)$.

□

以下では，常に S は有限か可算無限であると考える．このような場合を**離散確率分布**という．もし，有限の S における任意の基本事象 x に対して，

$$Prob(\{x\}) = \frac{1}{|S|}$$

ならば，$Prob$ は **S 上の一様確率分布**と呼ばれる．

例 2.2.5.3 3 枚の硬貨投げの試行に対して，標本空間

$$S = \{(x, y, z) \mid x, y, z \in \{head, tail\}\}$$

を考える．公正な硬貨を考えるならば，任意の基本事象 $a \in S$ に対して $Prob(\{a\}) = \frac{1}{|S|} = \frac{1}{8}$ となる．

　少なくとも 1 枚の硬貨が表になる確率はいくらであろうか？ この事象は $Head = \{(head, head, head), (head, head, tail), (head, tail, head), (head, tail, tail), (tail, head, tail), (tail, tail, head), (tail, head, head)\}$ である．したがって，

$$Prob(Head) = \sum_{a \in Head} Prob(\{a\}) = \frac{7}{8}.$$

$Prob(Head)$ を評価するより簡便な方法は $S - Head = \{(tail, tail, tail)\}$ とすることである．そして，$Prob(S - Head) = \frac{1}{8}$ であるので，直ちに

$$Prob(Head) = 1 - Prob(S - Head) = \frac{7}{8}$$

となる。 □

演習問題 2.2.5.4 $n \geq k \geq 0$ を 2 つの整数とする。n 枚の硬貨投げの試行と対応する標本空間 $S = \{(x_1, x_2, \ldots, x_n) \mid x_i \in \{head, tail\} \ i = 1, \ldots, n\}$ を考える。$Prob$ が S 上の一様な確率分布ならば、ちょうど k 枚表になる確率はいくらか？ □

上で定義した概念は 1 回だけの試行、すなわち一番最後の試行を考える時に適している。しかしながら、しばしばある途中での試行の結果についての部分的な情報が得られることがある。例えば、3 枚の硬貨を次々に投げて、最初の硬貨の結果を知っているとする。この結果を知っている時、全体の試行において少なくとも 2 回表が出る確率はいくらかを問う。あるいは、誰かに試行の結果 (x, y, z) が少なくとも 1 回表であることを言われ、その結果を知っている時に (x, y, z) が少なくとも 2 回表を含む確率を評価しなければならないとしよう。この種の問題を考える時は次のような条件付き確率の定義が必要である。

定義 2.2.5.5 S を確率分布 $Prob$ を持つ標本空間とする。もう 1 つの事象 $Y \subseteq S$ が（間違いなく）起こる時、事象 $X \subseteq S$ の**条件付き確率**は、$Prob(Y) \neq 0$ ならば常に、

$$\boldsymbol{Prob(X|Y)} = \frac{Prob(X \cap Y)}{Prob(Y)}$$

である。さらに、$Prob(X|Y)$ は **Y が与えられた時の X の確率**ともいう。 □

条件付き確率の定義は次のような意味で自然であることがわかる。$X \cap Y$ は、X と Y いずれにも属する基本事象からなる。Y が起こることはわかっているので、$X - Y$ の事象は起こり得ないことは明らかである。$Prob(X \cap Y)$ を $Prob(Y)$ で割れば、

$$\sum_{e \in Y} \frac{Prob(\{e\})}{Prob(Y)} = \frac{1}{Prob(Y)} \cdot \sum_{e \in Y} Prob(\{e\}) = \frac{1}{Prob(Y)} \cdot Prob(Y) = 1$$

であるので、Y の全ての基本事象の確率は正規化される。直観的には、Y が確かに起こるので S と Y を交換することを意味する。したがって、Y が与えられた時の X の条件付き確率は事象 $X \cap Y$ の確率と Y の確率の比である。

例 2.2.5.6 もう一度、3 枚の硬貨投げの試行を考えてみよう。X を少なくとも 2 回表を含む事象とし、Y を少なくとも 1 回表を含む事象とする。$X \cap Y = X$ であるので、

$$Prob(X|Y) \underset{def.}{=} \frac{Prob(X \cap Y)}{Prob(Y)} = \frac{Prob(X)}{Prob(Y)} = \frac{\frac{4}{8}}{\frac{7}{8}} = \frac{4}{7}$$

を得る。 □

90　第 2 章　初歩的な基礎

定義 2.2.5.7 S を確率分布 $Prob$ を持つ標本空間とする．2 つの事象 $X, Y \subseteq S$ は

$$Prob(X \cap Y) = Prob(X) \cdot Prob(Y)$$

を満たす時，**独立**という． □

　次の観察は独立を条件付き確率と結び付けており，2 つの事象の独立性と等価な定義を与える．

観察 2.2.5.8 S を確率分布 $Prob$ を持つ標本空間とする．$X, Y \subseteq S$ とし，$Prob(Y) \neq 0$ と仮定する．この時，X と Y が独立であることと $Prob(X|Y) = Prob(X)$ とは等価である． □

証明

(i) X と Y が独立ならば，$Prob(X \cap Y) = Prob(X) \cdot Prob(Y)$ である．したがって，

$$Prob(X|Y) \underset{def.}{=} \frac{Prob(X \cap Y)}{Prob(Y)} = \frac{Prob(X) \cdot Prob(Y)}{Prob(Y)} = Prob(X).$$

(ii) $Prob(X|Y) = Prob(X)$ かつ $Prob(Y) \neq 0$ とする．この時，

$$Prob(X) = Prob(X|Y) \underset{def.}{=} \frac{Prob(X \cap Y)}{Prob(Y)}.$$

これから直ちに $Prob(X \cap Y) = Prob(X) \cdot Prob(Y)$ が得られる． □

　観察 2.2.5.8 により，もし 2 つの事象 X と Y が独立ならば，X (Y) が確かに起こるという知識によっても確率 $Prob(Y)$ ($Prob(X)$) は変化しないことがわかる．このことは 2 つの事象 X と Y が独立であることの直観的な意味である．事象 X の試行結果を知っていても，この結果と事象 Y の間の相関に関するいかなる部分情報も得られないということに相当する．

例 2.2.5.9 3 枚の硬貨投げの標準的な試行を考えよう．

$$X = \{(head, head, head), (head, head, tail), (head, tail, head), (head, tail, tail)\}$$

を最初の硬貨投げの結果が表である事象とする．明らかに $Prob(X) = \frac{4}{8} = \frac{1}{2}$ である．

$$Y = \{(head, tail, head), (head, tail, tail), (tail, tail, head), (tail, tail, tail)\}$$

を 2 回目の硬貨投げの結果が裏である事象とする．明らかに $Prob(Y) = \frac{1}{2}$ である．$X \cap Y = \{(head, tail, head), (head, tail, tail)\}$ なので，

$$Prob(X \cap Y) = \frac{2}{8} = \frac{1}{4} = \frac{1}{2} \cdot \frac{1}{2} = Prob(X) \cdot Prob(Y).$$

したがって，X と Y は独立であり，このことは最初の硬貨投げの結果は2回目の硬貨投げには影響しないので，我々の直観と一致する． □

演習問題 2.2.5.10 上の例から試行における全ての独立な事象の対を決定せよ． □

演習問題 2.2.5.11 S を確率分布 $Prob$ を持つ標本空間とする．$P(A_1) \neq \emptyset, P(A_1 \cap A_2) \neq \emptyset, \ldots, P(A_1 \cap A_2 \cap \cdots \cap A_{n-1}) \neq \emptyset$ となる全ての事象 $A_1, A_2, \ldots, A_n \subseteq S$ に対して，

$$
\begin{aligned}
Prob(A_1 \cap A_2 \cap \cdots \cap A_n) =\ & Prob(A_1) \cdot Prob(A_2|A_1) \\
& \cdot Prob(A_3|A_1 \cap A_2) \cdots \\
& \cdot Prob(A_n|A_1 \cap A_2 \cap \cdots \cap A_{n-1})
\end{aligned}
$$

□

を証明せよ．

定理 2.2.5.12 （ベイズの定理） S を確率分布 $Prob$ を持つ標本空間とする．確率が0でない任意の2つの事象 $X, Y(\subseteq S)$ に対して以下が成り立つ．

(i) $Prob(X|Y) = \dfrac{Prob(X) \cdot Prob(Y|X)}{Prob(Y)}.$

(ii) $Prob(X|Y) = \dfrac{Prob(X) \cdot Prob(Y|X)}{Prob(X) \cdot Prob(Y|X) + Prob(S-X) \cdot Prob(Y|S-X)}.$ □

証明

(i) 条件付き確率の定義から，

$$Prob(X \cap Y) = Prob(Y) \cdot Prob(X|Y) = Prob(X) \cdot Prob(Y|X)$$

が得られる．最後の等式から直接以下を得る．

$$Prob(X|Y) = \frac{Prob(X) \cdot Prob(Y|X)}{Prob(Y)}.$$

(ii) (i) から (ii) を得るためには，$Prob(Y)$ が

$$Prob(X) \cdot Prob(Y|X) + Prob(S-X) \cdot Prob(Y|S-X)$$

のように表されることを示そう．$Y = (Y \cap X) \cup (Y \cap (S-X))$ かつ $(Y \cap X) \cap (Y \cap (S-X)) = \emptyset$ なので，

92 第 2 章 初歩的な基礎

$$
\begin{aligned}
Prob(Y) &= Prob(Y \cap X) + Prob(Y \cap (S - X)) \\
&= Prob(X) \cdot Prob(Y|X) + Prob(S - X) \cdot Prob(Y|S - X).
\end{aligned}
$$

$\square$

さてここで，乱択アルゴリズムの振舞いを解析するのに必要な概念を定義しよう．S を標本空間とする[20]．S から $\mathbb{R}$ への任意の関数 F は S 上の（**離散**）**確率変数**と呼ばれる．これは S のすべての基本事象（試行の結果）にある実数を対応付けることを意味する．この概念をなぜ定義するかを見るために，固定された入力 x に対する乱択アルゴリズム A の動作を試行として，そして A の 1 回の実行（計算）を基本事象として考えてみることができる．F が A の各実行 C に対して C の長さ（時間計算量）を対応させるならば，$\mathbb{R}$ 上の F から得られる確率分布により，A の「平均」時間計算量を解析できる．この時，A がある与えられた時間 t の間に出力を計算する確率や，逆に A が少なくとも $1/2$ の確率で時間 t' の間に計算を完了するような最小の t' などを議論することができる．F を，A の x に対する特定の実行 C でその出力が正しければ F に 1 を，そうでなければ 0 を割り当てる，と定義することも可能である．この時，F の「平均（期待値）」はアルゴリズム A の実現可能性についての情報を与える．したがって，確率変数を自由に選ぶことは，考えられている確率試行の振舞いの解析に対して強力な道具になる．確率変数を適切に選ぶことは，試行の特性の何を調べるかを決定するだけでなく，この解析の困難さ（効率よさ）と同時に成否にも影響することに注意しよう．

定義 2.2.5.13 S を確率分布 $Prob$ を持つ標本空間とし，F を S 上の確率変数とする．各 $x \in \mathbb{R}$ に対して，事象 $F = x$ を

$$
Event(F = x) = \{s \in S \mid F(s) = x\}
$$

によって定義する．

$$
\boldsymbol{f_F(x)} = Prob(Event(F = x))
$$

によって定義される関数 $f_F : \mathbb{R} \to [0,1]$ を確率変数 F の**確率密度関数**と呼ぶ．
　F の**分布関数**は

$$
\boldsymbol{Dis_F(x)} = Prob(X \le x) = \sum_{y \le x} Prob(Event(X = y))
$$

によって定義される関数 $Dis_F : \mathbb{R} \to [0,1]$ である． $\square$

以下では，$Event(F = x)$ の代わりに記法 $F = x$ を用い，$Prob(Event(F = x))$

---

[20] S は有限または可算無限集合と仮定していることを思い出そう．

の代わりに記法 $Prob(F = x)$ を用いる.

観察 2.2.5.14 $S, Prob$ と F を定義 2.2.5.13 のものとする. この時, 任意の $x \in \mathbb{R}$ に対して,

(i) $f_F(x) = Prob(F = x) = \sum_{\{s \in S \mid F(s) = x\}} Prob(s)$.

(ii) $Prob(F = x) \geq 0$.

(iii) $\sum_{x \in \mathbb{R}} Prob(F = x) = 1$. $\square$

例 2.2.5.15 3 個の 6 面サイコロを振る試行を考えよう. 1 個のサイコロを振る結果は 1, 2, 3, 4, 5, 6 のうちの 1 つで, 確率分布は一様と考える. すると, $S = \{(a, b, c) \mid a, b, c \in \{1, 2, 3, 4, 5, 6\}\}$ であり, 任意の $s \in S$ に対して $Prob(\{s\}) = \frac{1}{6^3} = \frac{1}{216}$ である. 確率変数 F を 3 個のさいころの値の和と定義する. 例えば, $F((3, 1, 5)) = 3 + 1 + 5 = 9$ である. 事象 $F = 5$ の確率は以下のようになる.

$$
\begin{aligned}
Prob(F = 5) &= \sum_{\substack{s \in S \\ F(s) = 5}} Prob(\{s\}) = \sum_{\substack{a+b+c=5 \\ a,b,c \in \{1,2,\ldots,6\}}} Prob((a, b, c)) \\
&= Prob((1, 1, 3)) + Prob(1, 3, 1)) \\
&\quad + Prob((3, 1, 1)) + Prob((1, 2, 2)) \\
&\quad + Prob((2, 1, 2)) + Prob((2, 2, 1)) \\
&= 6 \cdot \frac{1}{216} = \frac{1}{36}.
\end{aligned}
$$

G を任意の基本事象 $(a, b, c) \in S$ に対して $G((a, b, c)) = \max\{a, b, c\}$ によって定義された確率変数とする. この時,

$$
\begin{aligned}
Prob(G = 3) &= \sum_{\substack{s \in S \\ G(s) = 3}} Prob(\{s\}) = \sum_{\substack{\max\{a,b,c\}=3 \\ a,b,c \in \{1,2,\ldots,6\}}} Prob((a, b, c)) \\
&= \sum_{b,c \in \{1,2\}} Prob((3, b, c)) + \sum_{a,c \in \{1,2\}} Prob((a, 3, c)) \\
&\quad + \sum_{a,b \in \{1,2\}} Prob((a, b, 3)) + \sum_{a \in \{1,2\}} Prob((3, 3, a)) \\
&\quad + \sum_{b \in \{1,2\}} Prob((3, b, 3)) + \sum_{a,c \in \{1,2\}} Prob((a, 3, 3)) \\
&\quad + Prob((3, 3, 3)) \\
&= \frac{4}{216} + \frac{4}{216} + \frac{4}{216} + \frac{2}{216} + \frac{2}{216} + \frac{2}{216} + \frac{1}{216} = \frac{19}{216}. \quad \square
\end{aligned}
$$

同じ標本空間に対して複数の確率変数を定義できることを見てきた.

94　第 2 章　初歩的な基礎

定義 2.2.5.16 S を確率分布 $Prob$ を持つ標本空間とし，X と Y を S 上の 2 つの確率変数とする．X と Y の**同時確率密度関数**は

$$f_{X,Y} = Prob(X = x \text{ かつ } Y = y) = Prob(Event(X = x) \cap Event(Y = y))$$

で定義される．全ての $x, y \in \mathbb{R}$ に対して

$$Prob(X = x \text{ かつ } Y = y) = Prob(X = x) \cdot Prob(Y = y)$$

が成り立つ時，X と Y は**独立**であるという．　　　　　　　　　□

この X と Y の独立の定義は 2 つの事象に対する独立の概念の自然な拡張である．明らかに，

$$Prob(X = x) = \sum_{y \in \mathbb{R}} (X = x \text{ かつ } Y = y),$$

かつ

$$Prob(Y = y) = \sum_{x \in \mathbb{R}} Prob(X = x \text{ かつ } Y = y)$$

が成り立つ．

条件付き確率の概念を適用すれば，

$$Prob(X = x | Y = y) = \frac{Prob(X = x \text{ かつ } Y = y)}{Prob(Y = y)}$$

となる．したがって，もし $Event(X = x)$ と $Event(Y = y)$ が独立ならば，$Prob(X = x | Y = y) = Prob(X = x)$ であり，X と Y の独立の定義と一致する．

確率変数の分布に対する最も単純で有用な特徴付けはそれらがとる値の平均である．この平均値は以下では期待値と呼ばれる．アルゴリズムの観点から期待値を研究する主な理由は，それが乱択アルゴリズムの振舞いと時間計算量の解析に関係しているからであろう．

定義 2.2.5.17 S を確率分布 $Prob$ を持つ標本空間とし，X を S 上の確率変数とする．**期待値**（または X の**期待値**）は，

$$\boldsymbol{E}[\boldsymbol{X}] = \sum_{x \in \mathbb{R}} x \cdot Prob(X = x)$$

で定義される．ただし，和は有限か絶対収束するとする．　　　　　　□

例 2.2.5.18　1 個の 6 面サイコロを振る試行を考え，確率変数 F は，$a \in S = \{1, 2, \ldots, 6\}$ に対して $F(a) = a$ で定義されるとする．この時，

$$E[F] = \sum_{a \in S} F(a) \cdot Prob(F = a)$$

$$= \sum_{a \in S} a \cdot \frac{1}{6} = \frac{1}{6} \cdot \sum_{a \in S} a = \frac{1}{6} \cdot \sum_{i=1}^{6} i = \frac{21}{6} = \frac{7}{2}. \qquad \square$$

演習問題 2.2.5.19 S を確率分布 $Prob$ を持つ標本空間とし，X を S 上の確率変数とする．以下の等式を証明せよ．

$$E[X] = \sum_{s \in S} X(s) \cdot Prob(\{s\}). \qquad \square$$

以下では，離散確率変数が 0 と 1 の値しかとらない時，**指示変数**と呼ぶ．指示変数 X は事象 E が起こるか起こらないかを表すのに使われる．ここで，$E = \{s \in S \mid X(s) = 1\}$ かつ $S - E = \{s \in S \mid X(s) = 0\}$ である．乱択アルゴリズムの実行 C が正しい出力を計算する時，$F(C) = 1$ とするのは上記の確率変数 F に対する指示変数の例である．

X が確率変数で，g が $\mathbb{R}$ から $\mathbb{R}$ への関数なら，$g(X)$ もまた確率変数である．$g(X)$ の期待値が定義されるなら，明らかに[21]

$$E[g(X)] = \sum_{x \in \mathbb{R}} g(x) \cdot Prob(X = x).$$

特に，$g(x) = r \cdot X$ ならば，

$$E[g(x)] = E[r \cdot X] = r \cdot E[X].$$

観察 2.2.5.20 S を確率分布 $Prob$ を持つ標本空間とし，X と Y を S 上の 2 つの確率変数とする．この時，

$$E[X + Y] = E[X] + E[Y]. \qquad \square$$

観察 2.2.5.20 で示された期待値の性質は**期待値の線形性**と呼ばれる．

定理 2.2.5.21 S を確率分布 $Prob$ を持つ標本空間とする．任意の 2 つの独立な確率変数 X と Y に対してそれぞれ $E[X]$ と $E[Y]$ が定義されているならば

$$E[X \cdot Y] = E[X] \cdot E[Y]$$

である． $\qquad \square$

証明

$$E[X \cdot Y] = \sum_{z \in \mathbb{R}} z \cdot Prob(X \cdot Y = z)$$

---

[21] 演習問題 2.2.5.19 を見よ．

$$
\begin{aligned}
&= \sum_x \sum_y x \cdot y \cdot Prob(X = x \text{ かつ } Y = y) \\
&= \sum_x \sum_y xy Prob(X = x) \cdot Prob(Y = y) \\
&= \left(\sum_x x Prob(X = x) \right) \cdot \left(\sum_y y Prob(Y = y) \right) \\
&= E[X] \cdot E[Y]. \qquad \square
\end{aligned}
$$

定義 2.2.5.22 S を確率分布 $Prob$ を持つ標本空間とする. $X_1, X_2, \ldots, X_n, n \in \mathbb{N}^+$ を S 上の確率変数とする. $X_1, X_2, \ldots, X_n$ は, 全ての $x_1, x_2, \ldots, x_n \in \mathbb{R}$ に対して,

$$
Prob(X_1 = x_1 \text{ かつ } X_2 = x_2 \text{ かつ } \cdots \text{ かつ } X_n = x_n) =
$$
$$
Prob(X_1 = x_1) \cdot Prob(X_2 = x_2) \cdot \cdots \cdot Prob(X_n = x_n)
$$

が成り立つ時, **相互独立**であるという. $\qquad \square$

演習問題 2.2.5.23 定理 2.2.5.21 に対する次のような一般化を証明せよ. 相互独立な任意の n 個の確率変数 $X_1, X_2, \ldots, X_n$ に対して,

$$
E[X_1 \cdot X_2 \cdot \cdots \cdot X_n] = E[X_1] \cdot E[X_2] \cdot \cdots \cdot E[X_n]
$$

が成り立つ. $\qquad \square$

例 2.2.5.24 3 個の 6 面サイコロを連続して振る試行を考え, 確率変数 F を, 任意の $(a, b, c) \in S$ に対して $F((a, b, c)) = 3a + 2b + c$ によって定義する. ここでは 215 回の加算からなる和 $\sum_x x \cdot Prob(F = x)$ を計算することなく $E[F]$ を求めたい. 3 つの確率変数 F_1, F_2, F_3 を以下のように定義する.

$$
F_1(a, b, c) = a, \ F_2(a, b, c) = b \text{ かつ } F_3(a, b, c) = c.
$$

明らかに, $F = 3F_1 + 2F_2 + F_3$ が成り立つ. 1 つ前の例で計算したように $i \in \{1, 2, 3\}$ に対して $E[F_i] = 7/2$ なので,

$$
E[F] = 3 \cdot E[F_1] + 2 \cdot E[F_2] + E[F_3] = 6 \cdot \frac{7}{2} = 21
$$

となる. $\qquad \square$

次の 2 つの例はアルゴリズム論の現実的な目的に対して, 確率変数と期待値の概念の有用性を示している. 最初の例は確率変数 X の期待値 $E[X]$ をどのように調べれば与えられた問題に対する効率的なアルゴリズムの設計が得られるかを示している. 2 つ目の例は乱択アルゴリズムの計算量を解析するためにこれらの概念をどのように

使うかを示している.

例 2.2.5.25 $F = F(x_1, \ldots, x_n)$ を n 変数の集合 $\{x_1, \ldots, x_n\}$ 上の乗法標準形による式とする.ここでの目標はできるだけ多くの節を充足するような $\{x_1, \ldots, x_n\}$ への割当を見つけることである.簡単な確率論的な考察を用いて,少なくとも半分の節を充足する入力の割当が存在することを示そう.

F が m 個の節からなる,すなわち $F = F_1 \wedge F_2 \wedge \cdots \wedge F_m$ とする.次のような試行を仮定しよう.$x_1, x_2, \ldots, x_n$ の値を $i = 1, 2, \ldots, n$ に対して $Prob(x_i = 1) = Prob(x_i = 0) = 1/2$ となるようランダムに選ぶ.ここで,m 個の確率変数 $Z_1, \ldots, Z_m$ を $i = 1, \ldots, m$ に対して,F_i が充足されるなら $Z_i = 1$,そうでないなら $Z_i = 0$ と定義する.k 個の異なるリテラルからなる任意の節に対して,これらの変数の集合に対するランダムな変数割当が充足されない確率は 2^{-k} である.なぜなら,この事象が起こるのはそれぞれのリテラルが 0 になる時かつその時に限るからであり,どの節においてもブール値が異なるリテラルに独立に割り当てられるからである.このことにより,k 個のリテラルを持つ節が充足される確率は全ての $k \geq 1$ に対して,少なくとも $1 - 2^{-k} \geq 1/2$,すなわち,全ての $i = 1, \ldots, m$ に対して $E[Z_i] \geq 1/2$ であることがわかる.

さて,確率変数 Z を $Z = \sum_{i=1}^{m} Z_i$ と定義する.明らかに Z は充足する節の数を表している.期待値の線形性から,

$$E[Z] = E\left[\sum_{i=1}^{m} Z_i\right] = \sum_{i=1}^{m} E[Z_i] \geq \sum_{i=1}^{m} \frac{1}{2} = \frac{m}{2}$$

が成り立つ.よって,F の節の少なくとも半分以上を充足する割当が存在することが示された.次のアルゴリズムは充足する節の数の期待値が少なくとも $m/2$ となる割当を出力する.

アルゴリズム 2.2.5.26 ランダムな割当

入力: n 変数 $x_1, \ldots, x_n$ 上の CNF 式 $F = F(x_1, \ldots, x_n)$.

Step 1: n 個のブール値 $a_1, \ldots, a_n$ を一様ランダムに選び,$i = 1, \ldots, n$ に対して $x_i = a_i$ とする.

Step 2: F の各節を評価し,Z を充足する節の数とする.

出力: $(a_1, a_2, \ldots, a_n), Z$. □

演習問題 2.2.5.27 F を各節が少なくとも k 個の異なる変数からなる CNF 式とし,$k \geq 2$ とする.この場合,$E[Z]$ に対するどのような下界が証明できるか? □

98　第 2 章　初歩的な基礎

例 2.2.5.28　n 要素の集合 S を昇順にソートする問題[22]を考える．この問題に対するよく知られた再帰的アルゴリズムの 1 つは，次の乱択クイックソート RQS(S) である．

アルゴリズム 2.2.5.29 RQS(S)

　　入力：　　数の集合 S.

　　Step 1：　S から一様ランダムに要素 a を選ぶ．

　　　　　　　$\{S$ の任意の要素は確率 $\frac{1}{|S|}$ で選ばれる．$\}$

　　Step 2：　$S_< := \{b \in S \,|\, b < a\};$

　　　　　　　$S_> := \{c \in S \,|\, c > a\};$

　　Step 3：　**output**$(\mathrm{RQS}(S_<), a, \mathrm{RQS}(S_>)).$

　　出力：　　昇順に並べられた S の要素列．

　この例の目的は，確率変数と期待値の概念がこのアルゴリズムの「平均（期待値）」計算量を評価するのに有用であることを示すことである．通常，ソーティングに対しては計算量は S の要素対の比較回数で測定される．正整数 n に対して $|S| = n$ とする．Step 2 の計算量はちょうど $|S| - 1 = n - 1$ になる．直観的には，S からの要素に対する最良のランダムな選択は，S をほぼ等しいサイズの集合 $S_<$ と $S_>$ に分けるようなものである．再帰の言葉を使えば，サイズ n の元の問題がサイズ $n/2$ の 2 つの問題に帰着されるということを意味する．それゆえ，$T(n)$ がこの種の選択に対する計算量を表すとするならば，

$$T(n) \leq 2 \cdot T(n/2) + n - 1$$

となる．2.2 節によって，この漸化式の解が $T(n) = O(n \cdot \log n)$ となることは既にわかっている．非常に悪いランダムな選択は与えられた集合の最小要素が常に選ばれる時である．この場合，比較回数は

$$T(n) = \sum_{i=1}^{n-1} i \in \Theta(n^2)$$

となる．さらに次の漸化不等式

$$T(n) \leq T\left(\frac{n}{4}\right) + T\left(\frac{3}{4} \cdot n\right) + n - 1$$

に対して，$T(n) = O(n \log n)$ となることも示すことができるので，RQS は $S_<$ の

---

[22] 基本的な計算問題の一つ．

サイズ $|S_<|$ が大ざっぱに $|S_>|$ にほぼ等しい時にはうまく振舞う．しかしながら，このようになるのは要素の半分以上が良い選択をした時で，その確率が $1/2$ 以上の時である．これが，このアルゴリズム RQS が平均的に非常にうまく振舞うことを期待する理由である．以下では，RQS に対する時間計算量の期待値を注意深く解析する．

$s_1, s_2, \ldots, s_n$ をアルゴリズム RQS の出力[23]とする．我々の試行は RQS のランダムな選択列である．確率変数 X_{ij} を，全ての $i, j \in \{1, \ldots, n\}$ $(i < j)$ に対して

$$X_{ij} = \begin{cases} 1 & (s_i \text{ と } s_j \text{ が RQS の実行 } C \text{ で比較される場合}) \\ 0 & (\text{それ以外の場合}) \end{cases}$$

によって定義する．明らかに，確率変数

$$T = \sum_{i=1}^{n} \sum_{j>i} X_{ij}$$

は全体の比較回数を表す．したがって，

$$E[T] = E\left[\sum_{i=1}^{n} \sum_{j>i} X_{ij}\right] = \sum_{i=1}^{n} \sum_{j>i} E[X_{ij}] \tag{2.25}$$

はアルゴリズム RQS に対する時間計算量の期待値である[24]．後は，$E[X_{ij}]$ を評価することが残っている．

p_{ij} をある実行で s_i と s_j が比較される確率とする．X_{ij} は 1 か 0 なので，

$$E[X_{ij}] = p_{ij} \cdot 1 + (1 - p_{ij}) \cdot 0 = p_{ij}$$

が成り立つ．

さて，任意の $i, j \in \{1, \ldots, n\}$ に対して，部分列

$$s_i, s_{i+1}, \ldots, s_{i+j-1}, s_j$$

を考える．$i < d < j$ となるある s_d が，s_i か s_j が選ばれる前に RQS(S) によってランダムに選ばれたなら，s_i と s_j は比較されない[25]．もし，$\{s_{i+1}, s_{i+2}, \ldots, s_{i+j-1}\}$ から任意の要素がランダムに選ばれる前に s_i か s_j が分割の役割を果たすためにランダムに選ばれたなら，s_i と s_j は RQS(S) の対応する実行[26]で比較される．$\{s_i, s_{i+1}, \ldots, s_j\}$ の要素はいずれもランダムな選択列の先頭に等確率で現れるので，

$$p_{ij} = \frac{2}{j - i + 1} \tag{2.26}$$

---

[23] すなわち，$s_1 < s_2 < \cdots < s_n$．

[24] 期待値の線形性から (2.25) が成り立つ．

[25] d に関して $s_i \in S_<$ かつ $s_j \in S_>$ であるからである．

[26] ランダムな選択のこの列に対応する実行．

100 第 2 章 初歩的な基礎

が成り立つ．(2.26) を (2.25) に代入すると，最終的に

$$
\begin{aligned}
E[T] &= \sum_{i=1}^{n} \sum_{j>i} p_{ij} \\
&= \sum_{i=1}^{n} \sum_{j>i} \frac{2}{j-i+1} \\
&\leq \sum_{i=1}^{n} \sum_{k=1}^{n-i+1} \frac{2}{k} \\
&\leq 2 \sum_{i=1}^{n} \sum_{k=1}^{n} \frac{1}{k} \\
&= 2 \sum_{i=1}^{n} Har(n) \\
&= 2n \cdot Har(n) \approx 2 \cdot n \cdot \ln n + \Theta(n)
\end{aligned}
$$

を得る．したがって，RQS に対する時間計算量の期待値は，予想通り $O(n \log n)$ となる． □

2.2.5 節で導入されたキーワード

標本空間，事象，確率分布，条件付き確率，確率変数，確率密度関数，分布関数，期待値，事象の独立性，確率変数の独立性，期待値の線形性

2.3 アルゴリズム論の基礎

2.3.1 アルファベット，語，言語

全てのデータは記号列として表現される．アルゴリズムを効率的に実現するためにはどのようにデータを表現するかはしばしば重要である．ここでは，形式言語理論におけるいくつかの初等的な基礎を示す．本書では，アルゴリズムは抽象的な設計レベルで考え，実現の詳細にはあまり立ち入らないので，データ表現の詳細を深く取り扱う必要はない．この節の目的は，ある入力データの表現を確定するために十分な概念の定義を与え，いくつかの基礎的なアルゴリズムの問題を正確に形式化することである．また，ここで定義される用語は，2.3.3 節の計算量理論を抽象的に考察する時と4.4.2 節で多項式時間近似不可能性に対する下界の証明において必要となる．

定義 2.3.1.1 任意の空でない有限集合を**アルファベット**と呼ぶ．アルファベット Σ の任意の要素は Σ の**シンボル**と呼ばれる． □

2.3 アルゴリズム論の基礎　　**101**

　アルファベットは自然言語と同様，アルゴリズム論に対しても同じ意味を持っている．アルファベットは，情報を，表現したり，お互いに伝達したりするために多くの人間によって多かれ少なかれ一様な形式で用いられる記号やシンボルの集まりである．したがって，アルファベットは人間と機械の間や計算機間やアルゴリズム的な情報処理での情報伝達に使われる．アルファベットのシンボルは，しばしば計算機の語の表現可能な内容と考えることができる．アルファベットを確定することは，全ての可能な計算機の語をある解釈で確定することを意味している．アルファベットの例としては

$$\begin{aligned}
\Sigma_{bool} &= \{0,1\}, \\
\Sigma_{lat} &= \{a,b,c,\ldots,z\}, \\
\Sigma_{logic} &= \{0,1,(,),\wedge,\vee,\neg,x\}
\end{aligned}$$

などがある．

定義 2.3.1.2　Σ をアルファベットとする．Σ **上の語**は，Σ のシンボルの任意の有限列である．**空語 λ** は 0 個のシンボルからなる唯一の語である．アルファベット Σ 上のすべての語の集合を Σ^* で表す．　　　　　　　　　　　　□

　Σ 上の語というのは，ある概念を表す用語というよりも Σ のシンボルからなる文であると解釈した方がよい．したがって，本の内容は空白と Σ_{lat} のシンボルを含むあるアルファベット上の語と考えることができる．

　$w = 0,1,0,0,1,0$ は Σ_{bool} 上の語である．以下では通常，コンマを省略して w を単に 010010 と表す．よって $abcxyzef$ は Σ_{lat} 上の語である．$\Sigma = \{a,b\}$ に対して，$\Sigma^* = \{\lambda, a, b, aa, ab, ba, bb, aaa, \ldots\}$ である．

定義 2.3.1.3　アルファベット Σ 上の**語 w の長さ**は $|w|$ と表され，w に含まれるシンボルの数（すなわち，列としての w の長さ）である．任意の語 $w \in \Sigma^*$ と任意のシンボル $a \in \Sigma$ に対して，$\#_a(w)$ は語 w に現れるシンボル a の数を表す．　　□

　語 $w = 010010$ に対して，$|w| = 6$, $\#_0(w) = 4$, $\#_1(w) = 2$. 任意のアルファベット Σ と任意の語 $w \in \Sigma^*$ に対して，

$$|w| = \sum_{a \in \Sigma} \#_a(w)$$

が成り立つ．

定義 2.3.1.4　Σ をアルファベットとする．この時，任意の $n \in \mathbb{N}$ に対して，

$$\Sigma^n = \{x \in \Sigma^* \,|\, |x| = n\}.$$
　　　　　　　　　　　　　　　　　　　　　　　　　　　　　　　□

102   第 2 章　初歩的な基礎

例えば，$\{a,b\}^3 = \{aaa, aab, aba, baa, abb, bab, bba, bbb\}$．$\boldsymbol{\Sigma^+} = \Sigma^* - \{\lambda\}$ と定義する．

定義 2.3.1.5　アルファベット Σ 上の 2 つの語 v と w が与えられた時，**$\boldsymbol{v}$ と $\boldsymbol{w}$ の連接**を，$\boldsymbol{vw}$（または $v \cdot w$）と表し，v のシンボルをこの順に並べ，その後に w のシンボルをこの順に並べたものと定義する．

任意の語 $w \in \Sigma^*$ に対して，

(i) $w^0 = \lambda$.
(ii) 各正整数 n に対して $w^{n+1} = w \cdot w^n = w w^n$

と定義する．

語 $w \in \Sigma^*$ の**接頭語**は，Σ 上のある語 u に対して $w = vu$ となるような任意の語 v である．語 $w \in \Sigma^*$ の**接尾語**は，ある語 $x \in \Sigma^*$ に対して $w = xu$ となるような任意の語 w である．Σ 上の語 w の**部分語**は，ある語 $u, v \in \Sigma^*$ に対して $w = uzv$ となる任意の語 $z \in \Sigma^*$ である．　　　　□

語 $abbcaa$ は語 ab と $bcaa$ の連接である．語 $abbcaa, a, ab, bca, bbcaa$ は $abbcaa = ab^2ca^2$ の部分語の例である．語 $a, ab, ab^2, ab^2c, ab^2ca, ab^2ca^2$ は全て $abbcaa$ の接頭語である．caa と a^2 は $abbcaa$ の接尾語の例である．

演習問題 2.3.1.6　任意のアルファベット Σ に対して，$\cdot$ を連接演算とする時，$(\Sigma^*, \cdot)$ はモノイドであることを証明せよ．　　　　□

以下では，計算機のメモリの内容を符号化するのと同じように，データを符号化し，したがって入出力データを表すのに語を用いる．アルゴリズムの計算量は入力長によって評価されるので，計算量解析において最初に行うべきことは，アルファベットとこのアルファベットの上のデータの表現を確定することである．これにより全ての入力長が自動的に決定される．通常，整数を符号化するには 2 進数を用いる．任意の $u = u_n u_{n-1} \ldots u_2 u_1 \in \Sigma_{bool}^n$ に対して（$i = 1, \ldots, n$ に対して $u_i \in \Sigma_{bool}$ とする），

$$\boldsymbol{Number(u)} = \sum_{i=1}^{n} u_i \cdot 2^{i-1}$$

は u によって符号化された整数である．したがって，例えば，$Number(000) = Number(0) = 0$ であり，$Number(1101) = 1 \cdot 2^0 + 0 \cdot 2^1 + 1 \cdot 2^2 + 1 \cdot 2^3 = 1 + 0 + 4 + 8 = 13$ である．

グラフを符号化するにはアルファベット $\{0, 1, \#\}$ を用いる．$M_G = [a_{ij}]_{i,j=1,\ldots,n}$ が n 個の頂点のグラフ G の隣接行列ならば，語

$$a_{11}a_{12}\ldots a_{1n}\#a_{21}a_{22}\ldots a_{2n}\#\ldots\#a_{n1}a_{n2}\ldots a_{nn}$$

を用い G が符号化できる.

演習問題 2.3.1.7 Σ_{bool} 上の語によってグラフの表現を設計せよ. □

演習問題 2.3.1.8 アルファベット $\{0,1,\#\}$ を用いて,重み付きグラフの表現を設計せよ. ここで,重みはある正整数で表すものとする. □

変数集合 $X = \{x_1, x_2, x_3, \ldots\}$ と演算 $\vee, \wedge, \neg$ 上の式を表現するのにアルファベット Σ_{logic} を用いることができる. 任意個の変数が存在するので,アルファベットのシンボルとして x_i を用いることはできない. 変数 x_j を $xbin(j)$ によって符号化する. ここで,$bin(j)$ は $Number(bin(j)) = j$ となる Σ_{bool} 上の最短の語[27]であり,x は Σ_{logic} のシンボルである. よって,式 Φ の符号化は Φ における x_i の各出現に対して x_i を $xbin(i)$ に置き換えるだけで得られる. 例えば,式

$$\Phi = (x_1 \vee \overline{x}_4 \vee x_7) \wedge (x_2 \vee \overline{x}_1) \wedge (x_4 \wedge \overline{x}_8)$$

は $\Sigma_{logic} = \{0, 1, (,), \wedge, \vee, \neg, x\}$ 上の語

$$w_\Phi = (x1 \vee \neg(x100) \vee x111) \wedge (x10 \vee \neg(x1)) \wedge (x100 \wedge \neg(x1000))$$

で表される.

定義 2.3.1.9 Σ をアルファベットとする. 任意の集合 $L \subseteq \Sigma^*$ は Σ 上の**言語**という. Σ に関する**言語** L の**補集合**は $L^{\complement} = \Sigma^* - L$ である.

Σ_1 と Σ_2 をアルファベットとし,$L_1 \subseteq \Sigma_1^*$ と $L_2 \subseteq \Sigma_2^*$ を言語とする. L_1 と L_2 の**連接**は

$$\boldsymbol{L_1 L_2 = L_1 \circ L_2} = \{uv \in (\Sigma_1 \cup \Sigma_2)^* \mid u \in L_1 \text{ かつ } v \in L_2\}$$

で定義される. □

$\emptyset, \{\lambda\}, \{a, b\}, \{a, b\}^*, \{ab, bba, b^{10}a^{20}\}, \{a^n b^{2^n} \mid n \in \mathbb{N}\}$ は $\{a, b\}$ 上の言語の例である. $L \cdot \emptyset = \emptyset \cdot L = \emptyset$ や任意の言語 L に対して $L \cdot \{\lambda\} = \{\lambda\} \cdot L = L$ であることに注意しよう. $U = \{1\} \cdot \{0, 1\}^*$ は全ての正整数の 2 進表現の言語である.

言語は問題に対する妥当な入力インスタンスの集合を記述するのに用いることができる. 例えば,Σ_{logic} 上の語の集合としての CNF 式全体からなる式の集合や $\{0, 1, \#\}$ 上の全ての有向グラフの表現の集合としての $\{u_1 \# u_2 \# \ldots \# u_m \mid u_i \in \{0, 1\}^m, m \in \mathbb{N}\}$ はそのような言語の例である. 一方,語はプログラムを符号化するのにも使われ,し

---

[27] したがって,$bin(j)$ の最初の(最上位の)ビットは 1 である.

104 第 2 章 初歩的な基礎

たがって与えられたプログラム言語に対して全ての正しいプログラムに対する符号化の言語を考えることができる．言語はまた，いわゆる決定問題を記述するのにも利用されるが，これは次節の話題である．

この節における最後の定義は，Σ のシンボル上の線形順序を与えた時に，あるアルファベット Σ 上の語の線形順序をどのように定義するかを示している．

定義 2.3.1.10 $\Sigma = \{s_1, s_2, \ldots, s_m\}$ $(m \geq 1)$ をアルファベットとし，$s_1 < s_2 < \cdots < s_m$ を Σ 上の線形順序とする．Σ^* 上の**標準順序**は以下のように定義される．全ての u, v $(\in \Sigma^*)$ に対して，

$$u < v \qquad |u| < |v| \text{ の時}$$
$$\text{または } |u| = |v|, \ u = xs_iu' \quad \text{かつ} \quad v = xs_jv'$$
$$\text{ここで，ある } x, u', v' \in \Sigma^* \text{ であり，かつ } i < j. \qquad \square$$

2.3.1 節で導入されたキーワード

アルファベット，シンボル，語，空語，語の長さ，連接，接頭語，接尾語，部分語，整数の 2 進表現，言語，言語の補集合，語の標準順序

2.3.2 アルゴリズム問題

さまざまな観点から分類された何千という問題がアルゴリズム論の文献において考えられている．本書では困難問題のみを取り扱う．問題を効率良く解く決定性アルゴリズム（計算機プログラム）が知られていない時，その問題は困難であると考える．効率が良いとは低次の多項式時間を意味する．ここでの困難さというのは，考えている問題の未知の実際の難しさというよりはアルゴリズム論における我々の知識に対する現在の状態に関連している．したがって，現時点で現実的なサイズの入力に対して決定性プログラムによって問題を解くのに数年または数千年かかるならば，その問題は困難であるとする．本書は困難問題に取り組むためのアルゴリズム方法論の手引きを提供する．数千の実際の応用と密接に関連する問題がこの観点から非常に困難である．幸運なことに，これらの問題の全てを定義する必要もないし，考える必要もない．巡回セールスマン問題，線形（整数）計画問題，集合被覆問題，ナップサック問題，充足可能性問題や素数判定問題などの重要で模範的な問題が存在する．困難問題を解くことの多くはこれらの問題を解くことに帰着でき，この意味でこれらの問題は模範的である．

この章の目的はこれらの基本的でパターン的な問題のいくつかを定義することである．これらの問題を解くための方法は次章以降のトピックである．任意のアルゴリズム（計算機プログラム）はあるアルファベット Σ_1 と Σ_2 に対して Σ_1^* の部分集合か

ら Σ_2^* への写像の実現と見なすことができる. したがって, (アルゴリズム的) 問題は, あるアルファベット Σ_1 と Σ_2 に対して Σ_1^* から Σ_2^* への関数, または $\Sigma_1^* \times \Sigma_2^*$ 上の関係と考えることができる. 通常はこのような形式化を行なう必要はない. なぜなら, 2 種類の問題のクラス —— (与えられた入力が指定された性質を満たすかどうかを決定する) と最適化問題 (ある制約によって決められた解の集合から「最も良い」解を見つける) —— のみを考えるからである. 以下では, 以降の章でのアルゴリズム設計の対象となる基礎問題を定義する. まず, 決定問題から始めよう. A をアルゴリズムとし, x を入力とする時, $A(x)$ は入力 x に対する A の出力を表す.

定義 2.3.2.1 **決定問題**は, 3 項組 (L, U, Σ) である. ここで, Σ はアルファベットで $L \subseteq U \subseteq \Sigma^*$ である. アルゴリズム A が決定問題 (L, U, Σ) を**解く** (**決定する**) というのは, 任意の $x \in U$ に対して,

(i) $x \in L$ の時, $A(x) = 1$,
(ii) $x \in U - L$ $(x \notin L)$ の時, $A(x) = 0$

となることである. □

決定問題 (L, U, Σ) を解く任意のアルゴリズム A は U から $\{0, 1\}$ への関数を計算することがわかる. 出力「1」は与えられた入力が L に属するかどうか (入力が言語 L の仕様に対する性質を持っているかどうか) の質問に対する答が「はい」であると解釈され, 出力「0」は答「いいえ」であると解釈される.

次の入出力の振舞いを指定する形式は決定問題の記述と等価な形式である.

問題 (L, U, Σ)

入力: $x \in U$.

出力: $x \in L$ なら 「はい」,
　　　　そうでなければ 「いいえ」.

多くの決定問題 (L, U, Σ) に対しては $U = \Sigma^*$ を仮定している. その場合 (L, Σ^*, Σ) の代わりに略記法 (L, Σ) を用いる.

次に第 5 章で取り扱う基礎的な決定問題を示す.

素数判定

直観的には, 素数判定は与えられた正整数に対してそれが素数かどうかを決定する問題である. よって, 素数判定は決定問題 $(\mathbf{PRIM}, \Sigma_{bool})$ である. ここで

$$\mathbf{PRIM} = \{w \in \{0, 1\}^* \mid Number(w) \text{ は素数}\}.$$

106　第 2 章　初歩的な基礎

この問題のもう 1 つの記述としては

素数判定

入力：　ある $x \in \Sigma_{bool}^*$.

出力：　$Number(x)$ が素数なら「はい」，

　　　　そうでなければ「いいえ」．

素数判定は整数表現が異なった場合にも考えることができる．$\Sigma_k = \{0, 1, 2, \ldots, k-1\}$ と，整数の k 進数表現を用いて，$(\mathrm{PRIM}_k, \Sigma_k)$ とする．ここで $\mathrm{PRIM}_k = \{x \in \Sigma_k^* \mid x$ は素数の k 進数表現$\}$．計算困難さの観点から見ると，任意の整数の k 進数表現からその 2 進数表現への変換とその逆に対しては効率的なアルゴリズムがあるので，$(\mathrm{PRIM}, \Sigma_{bool})$ を考えるのとある定数 k に対して $(\mathrm{PRIM}_k, \Sigma_k)$ を考えるのとでは本質的な差はない．しかしながら，このことは整数の表現が素数判定に対して重要でないことを意味しているわけではない．もし，整数 n が $\{0, 1, \#\}$ 上で $\#bin(p_1)\#bin(p_2)\#\cdots\#bin(p_l)$ と表されるなら（ここで $n = p_1 \cdot p_2 \cdot \cdots \cdot p_l$ かつ p_i は n の自明でない素因数とする）この素数判定の問題は易しくなる．このように入力の表現に関して問題の困難さが変化するので，データ表現を確定して問題に対する形式的な記述を行うこともある．素数判定に対しては決定問題の形式的定義としていつも $(\mathrm{PRIM}, \Sigma_{bool})$ を考えることにする．

多項式等価性問題

この問題では与えられた素数 p と体 $\mathbb{Z}_p$ 上の 2 つの多項式 $p_1(x_1, \ldots, x_m)$ と $p_2(x_1, \ldots, x_m)$ に対して，p_1 と p_2 が等価であるか，すなわち，$p_1(x_1, \ldots, x_m) - p_2(x_1, \ldots, x_m)$ が恒等的に 0 になるかを決定する．重要なことは，多項式は必ずしも

$$a_0 + a_1 x_1 + a_2 x_2 + a_{12} x_1 x_2 + a_1^2 x_1^2 + a_2^2 x_2^2 + \cdots$$

のような正規形で与えられるとは限らず，

$$(x_1 + 3x_2)^2 \cdot (2x_1 + 4x_4) \cdot x_3^2$$

のような任意の形で与えられることである．正規形は別の表現の長さに対して指数的に長くなる可能性があり，2 つの多項式を正規形に変換してそれらの係数を比較する明らかな方法は効率的でない．

ここでは，アルファベット $\Sigma_{pol} = \{0, 1, (,), \exp, +, \cdot\}$ 上の任意の形をした多項式の表現に関する形式的定義は，Σ_{logic} 上の式を表現するのと同様にできるので省略する．

多項式に対する等価性問題は次のように定義される．

EQ-POL

入力: 素数 p と，変数 $X = \{x_1, x_2, \ldots\}$ 上の 2 つの多項式 p_1 と p_2.

出力: 体 $\mathbb{Z}_p$ において $p_1 \equiv p_2$ ならば「はい」，
そうでなければ「いいえ」.

1 回読みブランチングプログラムに対する等価性問題

1 回読みブランチングプログラムに対する等価性問題 EQ-1BP は，2 つの与えられた 1 回読みブランチングプログラム B_1 と B_2 に対して，B_1 と B_2 が同じブール関数を表現しているかどうかを決定する問題である．ブランチングプログラムは重み付き有向グラフと同様に表現できるので[28]，ブランチングプログラムの表現に対する形式的な記述については省略する[29].

EQ-1BP

入力: ブール変数の集合 $X = \{x_1, x_2, x_3, \ldots\}$ 上の 1 回読みブランチングプログラム B_1 と B_2.

出力: B_1 と B_2 が等価（同じブール関数を表す）であれば「はい」，
そうでなければ「いいえ」.

充足可能性問題

充足可能性問題は与えられた CNF 式に対してその式が充足するかどうかを決定する．したがって，**充足可能性問題**は決定問題 $(\textsc{Sat}, \Sigma_{logic})$ である．ここで

$$\textsc{Sat} = \{w \in \Sigma_{logic}^{+} \mid w \text{ は充足可能な CNF 式の符号化}\}.$$

さらに，CNF 式の節の長さが制限された SAT の特殊な部分問題を考える．任意の正整数 $k \geq 2$ に対して，**k-充足可能性問題**を決定問題 $(k\textsc{Sat}, \Sigma_{logic})$ と定義する．ここで

$$k\textsc{Sat} = \{w \in \Sigma_{logic}^{+} \mid w \text{ は充足可能な } k\text{CNF 式の符号化}\}.$$

以下では，グラフ理論からいくつかの決定可能問題を定義する．

クリーク問題

クリーク問題は，与えられたグラフ G と正整数 k に対して，G がサイズ k のクリークを含むか（すなわち，k 頂点の完全グラフ K_k が G の部分グラフであるか）ど

---

[28] ここでは，有向辺が同じラベルを持つだけでなく，頂点もラベルが付けられている.

[29] ブランチングプログラムの形式的な定義は 2.3.3 節を見よ（定義 2.2.3.19, 2.2.3.20, 図 2.11）.

108　第 2 章　初歩的な基礎

うかを決定する．形式的には，**クリーク問題**は決定問題 ($\text{Clique}, \{0,1,\#\}$) である．ここで，

$$\text{Clique} = \{x\#w \in \{0,1,\#\}^* \mid x \in \{0,1\}^* \text{ かつ } w \text{ はサイズ } Number(x) \text{ の}$$
$$\text{クリークを含むグラフを表す}.\}$$

クリーク問題と等価な記述は以下のものがある．

クリーク問題

入力：　正整数 k とグラフ G.

出力：　G がサイズ k のクリークを含めば「はい」，
　　　　そうでなければ「いいえ」．

頂点被覆問題

　頂点被覆問題は，与えられたグラフ G と正整数 k に対して，G が要素数 k の頂点被覆を含むかどうかを決定する．$G = (V, E)$ の頂点被覆は，E の各辺が S の少なくとも 1 つの頂点に接続するような G の頂点集合 S であることを思い出そう．

　形式的には，**頂点被覆問題 (VCP)** は決定問題 ($\text{VCP}, \{0,1,\#\}$) である．ここで，

$$\text{VCP} = \{u\#w \in \{0,1,\#\}^+ \mid u \in \{0,1\}^+ \text{ かつ } w \text{ はサイズ } Number(u) \text{ の頂点}$$
$$\text{被覆を含むグラフを表す}\}.$$

ハミルトン閉路問題

　ハミルトン閉路問題は，与えられたグラフ G に対して，G がハミルトン閉路を含むかどうかを決定する．n 個の頂点を持つ G のハミルトン閉路は，G の全ての頂点を含む G における長さ n の閉路であることを思い出そう．

　形式的には，**ハミルトン閉路問題 (HC)** は決定問題 ($\text{HC}, \{0,1,\#\}$) である．ここで

$$\text{HC} = \{w \in \{0,1,\#\} \mid w \text{ はハミルトン閉路を含むグラフを表す}.\}$$

線形計画法における存在性問題

　次に，与えられた線形方程式系が解を持つかどうかを決定する問題を考える．2.2.1 節の記法に従い，線形方程式系は等式

$$A \cdot X = b$$

で与えられる．ここで，$A = [a_{ij}]_{i=1,\ldots,m, j=1,\ldots,n}$ は $m \times n$ 行列であり，$X = (x_1, x_2, \ldots, x_n)^{\mathsf{T}}$, $b = (b_1, \ldots, b_m)^{\mathsf{T}}$ は m 次元列ベクトルである．X の n 個の要素 $x_1, x_2, \ldots, x_n$ は未知数（変数）と呼ばれる．以下では，A の全ての要素と b が整数であるものを考える．

$$Sol(A, b) = \{ X \subseteq \mathbb{R}^n \mid A \cdot X = b \}$$

は線形方程式系 $A \cdot X = b$ の全ての実数解の集合を表す．以下では，与えられた A と b に対して，$Sol(A, b)$ が空かどうか（すなわち，$A \cdot X = b$ の解が存在するかどうか）を決定することに興味がある．より正確には，集合 $Sol(A, b)$ を $\mathbb{Z}^n$ 上または $\{0, 1\}^n$ 上のみの解の部分集合に制限した特殊な問題を考察する．あるいは $\mathbb{R}$ の代わりにある有限体上の線形方程式を考えることもある．$\mathbb{R}$ の任意の部分集合 S に対して

$$\boldsymbol{Sol_S(A, b)} = \{ X \subseteq S^n \mid A \cdot X = b \}$$

とする．

　まず，$Sol(A, b) = \emptyset$ であるかどうかを決定する問題は線形代数の基礎的な問題の1つであり，効率的に解くことができることに注意しよう．整数解やブール値解を求める時，状況が本質的に変化する．$\langle A, b \rangle$ をアルファベット $\{0, 1, \#\}$ 上の行列 A とベクトル b の表現を表すものとする．また，A のすべての要素と b は整数と仮定する．

　線形整数計画法における解の存在性問題は，与えられた A と b に対して，$Sol_{\mathbb{Z}}(A, b) = \emptyset$ かどうかを決定する．形式的にはこの決定問題は $(\textbf{Sol-IP}, \{0, 1, \#\})$ である．ここで

$$\textbf{Sol-IP} = \{ \langle A, b \rangle \in \{0, 1, \#\}^* \mid Sol_{\mathbb{Z}}(A, b) \neq \emptyset \}.$$

　0/1-線形計画法における解の存在性問題は，与えられた A と b に対して，$Sol_{\{0,1\}}(A, b) = \emptyset$ かどうかを決定する．形式的には，この決定問題は $(\textbf{Sol-0/1-IP}, \{0, 1, \#\})$ である．ここで

$$\textbf{Sol-0/1-IP} = \{ \langle A, b \rangle \in \{0, 1, \#\}^* \mid Sol_{\{0,1\}}(A, b) \neq \emptyset \}.$$

　上記で述べられた全ての存在性問題は体 $\mathbb{R}$ 上で計算することを考えている．我々は線形方程式系 $A \cdot X = b$ をある素数 p に対する有限体 $\mathbb{Z}_p$ 上で解くことに興味がある．したがって，全ての A の要素と b は $\mathbb{Z}_p = \{0, 1, \ldots, p-1\}$ の要素であり，全ての解は $(\mathbb{Z}_p)^n$ の要素でなければならず，線形方程式系は p を法として合同である（すなわち，加法は $\oplus \bmod p$ であり，乗法は $\odot \bmod p$ である）．**p を法とする線形計画法における解の存在性問題**は，決定問題 $(\textbf{Sol-IP}_p, \{0, 1, \ldots, p-1, \#\})$ である．ここで

$$\textbf{Sol-IP}_p \quad = \quad \{ \langle A, b \rangle \in \{0, 1, \ldots, p-1, \#\}^* \mid A \text{ が } \mathbb{Z}_p \text{ 上の } m \times n \text{ 行列で}$$

110 第 2 章 初歩的な基礎

$m, n \in \mathbb{N} - \{0\}$, かつ $b \in \mathbb{Z}_p^m$ ならば, $AX \equiv b \pmod p$ となる $X \in (\mathbb{Z}_p)^n$ が存在する $\}$.

以下では, いくつかの基礎的な最適化問題を定義する. まず, 最適化問題の仕様に対する定式化を記述する一般的な枠組から始めよう.

大まかには, 最適化問題の問題インスタンス x は制約の集合を記述している. これらの制約は曖昧なくその問題インスタンス x に対する実行可能解の集合 $\mathcal{M}(x)$ を決定する. $\mathcal{M}(x)$ は空集合かもしれないし, 無限集合かもしれないことに注意しよう. 問題の仕様によって決められる目的関数は, $\mathcal{M}(x)$ における全ての解の中から「最も良い」解を見つけることである. $\mathcal{M}(x)$ における解の中にはいくつかの (時として無限の) 最適解が存在するかもしれないことに注意しよう.

定義 2.3.2.2 最適化問題は以下の条件を満たす 7 項組 $U = (\Sigma_I, \Sigma_O, L, L_I, \mathcal{M}, cost, goal)$ で定義される.

(i) Σ_I はアルファベットで, U の**入力アルファベット**と呼ばれる.

(ii) Σ_O はアルファベットで, U の**出力アルファベット**と呼ばれる.

(iii) $L(\subseteq \Sigma_I^*)$ は**実行可能な問題インスタンスの言語**.

(iv) $L_I \subseteq L$ は U の (**実**) **問題インスタンスの言語**.

(v) $\mathcal{M}$ は L から $Pot(\Sigma_O^*)$ への関数で[30], 任意の $x \in L$ に対して, $\mathcal{M}(x)$ は x に対する**実行可能解の集合**と呼ばれる.

(vi) $cost$ は任意の対 (u, x) に対する**コスト関数**である. ここで, $u \in \mathcal{M}(x)$ であり, ある $x \in L$ に対して, 正の実数 $cost(u, x)$ を割り当てる.

(vii) $goal \in \{minimum, maximum\}$.

任意の $x \in L_I$ に対して,

$$cost(y, x) = goal\{cost(z, x) \mid z \in \mathcal{M}(x)\}$$

の時, 実行可能解 $y \in \mathcal{M}(x)$ は $\boldsymbol{x}$ と $\boldsymbol{U}$ に対して**最適**であるという. ある最適解 $y \in \mathcal{M}(x)$ に対して, $cost(x, y)$ を $\boldsymbol{Opt_U(x)}$ によって表す. $goal = \text{maximum}$ の時, U を**最大化問題**と呼び, $goal = minimum$ の時, U を**最小化問題**と呼ぶ. 以下では, U のインスタンス x に対する全ての最適解の集合を $\boldsymbol{Output_U(x)} \subseteq \mathcal{M}(x)$ で表す.

アルゴリズム A が, 任意の $x \in L_I$ に対して $A(x) \in \mathcal{M}(x)$ を出力する時, U に対して**無矛盾**であるという. アルゴリズム B に対して, 以下を満たす時, B は**最適化問題 U を解く**という.

---

[30] $Pot(S)$ は集合 S の全ての部分集合の集合すなわち, S のベキ集合である.

(i) B が U に対して無矛盾である.

(ii) 任意の $x \in L_I$ に対して,$B(x)$ が x と U に関して最適解である.　　□

　最適化問題の形式的な定義の 7 項組 $(\Sigma_I, \Sigma_O, L, L_I, \mathcal{M}, cost, goal)$ に対する直観的な意味を説明しよう.Σ_I は決定問題のアルファベットと同じ意味を持ち,入力を符号化(表現)するのに使われる.同様に,Σ_O は出力を符号化するのに使われるアルファベットである.ここで使われるアルゴリズム設計のレベルでは,入出力の符号化の詳細は考えられている問題の難しさには本質的な影響を与えないので,通常 Σ_I や Σ_O を指定する必要はなく,入出力の符号化は必要ない.しかしながら,この形式的な仕様は計算量的難しさに関して最適化問題を分類するのに役に立つことがある.特にこれらの問題に対する多項式時間近似可能性における下界を証明するのに利用される.

　言語 L は U がうまく定義できるような全ての問題インスタンス(入力)に対する符号の集合である.L_I は実際の問題インスタンス(入力)の集合であり,L_I の入力に関して,U の計算量的難しさを評価する.一般に,U の定義は L を除くことによって簡略化でき,その簡略化した定義でも定義 2.3.2.2 は整合性を失わない.この付加的な情報を最適化の定義に入れる理由は,多くの最適化問題の難しさが考えている問題インスタンスの集合 (L_I) の仕様に関して大きく変化するからである.定義 2.3.2.2 によって,L を確定した時,L_I の変化に関して最適化問題の難しさの変化度を簡単に評価することができる.

定義 2.3.2.3 $U_1 = (\Sigma_I, \Sigma_O, L, L_{I,1}, \mathcal{M}, cost, goal)$ と $U_2 = (\Sigma_I, \Sigma_O, L, L_{I,2}, \mathcal{M}, cost, goal)$ を 2 つの最適化問題とする.$L_{I,1} \subseteq L_{I,2}$ である時,U_1 は U_2 の**部分問題**という.　　□

　関数 $\mathcal{M}$ は問題インスタンスによって与えられる制約によって決定され,$\mathcal{M}(x)$ は x によって与えられる制約を満足する全ての対象(解)の集合である.コスト関数は $\mathcal{M}(x)$ における全ての解 α にコスト $cost(\alpha, x)$ を割り当てる.もし入力インスタンス x が確定されるなら,$cost(\alpha, x)$ と書く代わりにしばしば短い $\boldsymbol{cost(\alpha)}$ という記法を用いる.もし,$goal = minimum\ [= maximum]$ ならば,最適解は最小(最大)のコストを持つ $\mathcal{M}(x)$ における任意の解である.

　特定の最適化問題の定義をわかりやすくするために,しばしば Σ_I と Σ_O 上のデータの符号化の仕様を省略する.問題の定義は単に以下のことだけを記述することにより行う.

- 実問題インスタンスの集合 L_I.
- 入力インスタンスで与えられた制約と任意の $x \in L_I$ に対する $\mathcal{M}(x)$.

112   第 2 章　初歩的な基礎

- コスト関数.
- ゴール.

巡回セールスマン問題

巡回セールスマン問題は重み付き完全グラフにおける最小コストのハミルトン閉路（ツアー）を見つける問題である．形式的な定義は以下の通りである．

巡回セールスマン問題 (TSP)

入力：　重み付き完全グラフ (G,c). ここで，$G = (V,E)$, $c : E \to \mathbb{N}$, ある $n \in \mathbb{N} - \{0\}$ に対して $V = \{v_1, \ldots, v_n\}$ とする．

制約：　任意の入力インスタンス (G,c) に対して，$\mathcal{M}(G,c) = \{v_{i_1}, v_{i_2}, \ldots, v_{i_n}, v_{i_1} \mid (i_1, i_2, \ldots, i_n)$ は $(1, 2, \ldots, n)$ の順列$\}$，すなわち，G のハミルトン閉路の集合．

コスト：　任意のハミルトン閉路 $H = v_{i_1} v_{i_2} \ldots v_{i_n} v_{i_1} \in \mathcal{M}(G,c)$ に対して，
$cost((v_{i_1}, v_{i_2}, \ldots v_{i_n}, v_{i_1}), (G,c)) = \sum_{j=1}^{n} c(\{v_{i_j}, v_{i_{(j \bmod n)+1}}\}).$
すなわち，任意のハミルトン閉路のコストは H の全ての辺の重みの和．

ゴール：　*minimum*.

もし，Σ_I と Σ_O を指定したいなら，いずれに対しても $\{0, 1, \#\}$ とすればよい．入力は (G,c) の隣接行列を符号化したものが可能であり，ハミルトン閉路は頂点集合の順列として符号化できる．

次の隣接行列は図 2.12 に示された TSP の問題インスタンスを表している．

$$\begin{pmatrix} 0 & 1 & 1 & 3 & 8 \\ 1 & 0 & 2 & 1 & 2 \\ 1 & 2 & 0 & 7 & 1 \\ 3 & 1 & 7 & 0 & 1 \\ 8 & 2 & 1 & 1 & 0 \end{pmatrix}.$$

K_5 には $4!/2 = 12$ 個のハミルトン閉路があることがわかる．ハミルトン閉路 $H = v_1, v_2, v_3, v_4, v_5, v_1$ のコストは

$$\begin{aligned} cost(H) &= c(\{v_1, v_2\}) + c(\{v_2, v_3\}) + c(\{v_3, v_4\}) + c(\{v_4, v_5\}) + c(\{v_5, v_1\}) \\ &= 1 + 2 + 7 + 1 + 8 = 19 \end{aligned}$$

である．唯一の最適なハミルトン閉路は

$$H_{Opt} = v_1, v_2, v_4, v_5, v_3, v_1 (cost(H_{Opt}) = 5)$$

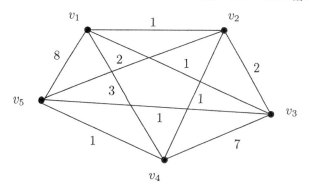

図 2.12

である.

2つの TSP の部分問題を定義する．メトリック巡回セールスマン問題 △-TSP は，△-TSP の任意の問題インスタンス (G,c) が次の三角不等式を満たす TSP の部分問題である．すなわち，G の全ての頂点 u,w,v に対して

$$c(\{u,v\}) \leq c(\{u,w\}) + c(\{w,v\})$$

が成り立つ.

図 2.12 に示される問題インスタンスは

$$7 = c(\{v_3,v_4\}) > c(\{v_3,v_5\}) + c(\{v_5,v_4\}) = 1+1 = 2$$

なので，三角不等式を満たさない．

幾何学的巡回セールスマン問題（ユークリッド TSP）は，TSP の任意の問題インスタンス (G,c) において，G の頂点が全ての u,v に対して $c(\{u,v\})$ が u と v にそれぞれ割り当てられた点間のユークリッド距離となるように2次元ユークリッド平面に埋め込めるような TSP の部分問題である．幾何学的 TSP の入力インスタンスの集合に対する簡略化された仕様は，入力が平面上の点として与えられて，任意の2点間のコストがそのユークリッド距離として与えられるというものである．

2次元ユークリッド空間は距離空間であり，ユークリッド距離は三角不等式を満足するので，幾何学的 TSP は △-TSP の部分問題である．

メイクスパンスケジューリング問題

メイクスパンスケジューリング問題 (MS) は，指定された処理時間を持つ n 個のジョブを m 台の同じ計算機に全体の処理時間が最小になるようにスケジュールする．形式的には，MS は以下のように定義される．

114 第 2 章 初歩的な基礎

メイクスパンスケジューリング問題 (MS)

入力： ある $n \in \mathbb{N} - \{0\}$ に対して正整数 $p_1, p_2, \ldots, p_n$ と整数 $m \geq 2$.
$\{p_i$ は m 台の利用可能な計算機の任意のものにおける i 番目のジョブ
の処理時間 $\}$.

制約： MS の任意の入力インスタンス $(p_1, \ldots, p_n, m)$ に対して,
$\mathcal{M}(p_1, \ldots, p_n, m) = \{S_1, S_2, \ldots, S_m \mid$ 各 $i = 1, \ldots, m$ に対して $S_i \subseteq$
$\{1, 2, \ldots, n\}, \bigcup_{k=1}^{m} S_k = \{1, 2, \ldots, n\}$ かつ $i \neq j$ ならば $S_i \cap S_j = \emptyset.\}$
$\{\mathcal{M}(p_1, \ldots, p_n, m)$ は $\{1, 2, \ldots, n\}$ から m 個の部分集合への全ての分
割を含む. $(S_1, S_2, \ldots, S_m)$ は, 各 $i = 1, \ldots, m$ に対して, S_i のジョ
ブは i 番目の計算機で実行されなければならないことを意味する $\}$.

コスト： 各 $(S_1, S_2, \ldots, S_m) \in \mathcal{M}(p_1, \ldots, p_n, m)$ に対して,
$cost((S_1, \ldots, S_m), p_1, \ldots, p_n, m) = \max \left\{ \sum_{l \in S_i} p_l \mid i = 1, \ldots, m \right\}$.

ゴール： *minimum*.

処理時間がそれぞれ 3, 2, 4, 1, 3, 3, 6 の 7 つのジョブを, 4 台の計算機にスケジュー
ルする問題のインスタンスを 4.2.1 節の図 4.1 に示す.

被覆問題

ここでは, 最小頂点被覆問題 (Min-VCP) [31], その重み付き版, 集合被覆問題 (SCP)
を定義する. 最小頂点被覆問題は, 与えられたグラフ G の全ての辺を最小数の G の
頂点で被覆する.

最小頂点被覆問題 (Min-VCP)

入力： グラフ $G = (V, E)$.

制約： $\mathcal{M}(G) = \{S \subseteq V \mid E$ の任意の辺は S の少なくとも 1 つの頂点に接続
している $\}$.

コスト： 各 $S \in \mathcal{M}(G)$ に対して, $cost(S, G) = |S|$.

ゴール： *minimum*.

図 2.13 のグラフ G を考える.

$$\mathcal{M}(G) = \{\{v_1, v_2, v_3, v_4, v_5\}, \{v_1, v_2, v_3, v_4\}, \{v_1, v_2, v_3, v_5\}, \{v_1, v_2, v_4, v_5\}$$
$$\{v_1, v_3, v_4, v_5\}, \{v_2, v_3, v_4, v_5\}, \{v_1, v_3, v_4\}, \{v_2, v_4, v_5\}, \{v_2, v_3, v_5\}\}.$$

---

[31] 2 種類の頂点被覆問題があることがわかる. 1 つは以前に言語 VCP によって定義された決定問題, も
う 1 つは Min-VCP で, ここで定義されている最小化問題である.

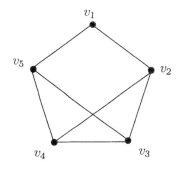

図 2.13

最適解は $\{v_1, v_3, v_4\}$, $\{v_2, v_4, v_5\}$, $\{v_2, v_3, v_5\}$ であり，$Opt_{\text{VCP}}(G) = 3$ となる．閉路 $v_1, v_2, v_3, v_4, v_5, v_1$ の辺を被覆するのに少なくとも 3 つの頂点が必要になるので，要素数 2 の頂点被覆は存在しないことに注意しよう．

集合被覆問題 (SCP)

入力： $(X, \mathcal{F})$. ここで，X は有限集合で $\mathcal{F} \subseteq Pot(X)$ は $X = \bigcup_{S \in \mathcal{F}} S$ を満たす．

制約： 各入力 $(X, \mathcal{F})$ に対して，
$\mathcal{M}(X, \mathcal{F}) = \{C \subseteq \mathcal{F} \mid X = \bigcup_{S \in C} S\}$.

コスト： 任意の $C \in \mathcal{M}(X, \mathcal{F})$ に対して，$cost(C, (X, \mathcal{F})) = |C|$.

ゴール： $minimum$.

与えられたグラフ $G = (V, E)$ に対して，G の各頂点 v に接続する全ての辺を S_v として割り当てることができるので，MIN-VCP は SCP の特別な部分問題と見ることができることが後でわかる．図 2.13 のグラフに対しては SCP の入力インスタンス $(E, \mathcal{F})$ は以下のようになる．

$\mathcal{F} = \{S_{v_1}, S_{v_2}, S_{v_3}, S_{v_4}, S_{v_5}\}$,
$S_{v_1} = \{\{v_1, v_2\}, \{v_1, v_5\}\}$, $S_{v_2} = \{\{v_1, v_2\}, \{v_2, v_3\}, \{v_2, v_4\}\}$,
$S_{v_3} = \{\{v_3, v_2\}, \{v_3, v_5\}, \{v_3, v_4\}\}$, $S_{v_4} = \{\{v_3, v_4\}, \{v_2, v_4\}, \{v_4, v_5\}\}$,
$S_{v_5} = \{\{v_1, v_5\}, \{v_3, v_5\}, \{v_4, v_5\}\}$.

最後に考える被覆問題は，MIN-VCP の重み付きに対する一般化である．

重み付き最小被覆問題(WEIGHT-VCP)

入力： 重み付きグラフ $G = (V, E, c)$, $c : V \to \mathbb{N} - \{0\}$.

116 第 2 章 初歩的な基礎

制約： 各入力インスタンス $G = (V, E, c)$ に対して，

$\mathcal{M}(G) = \{ S \subseteq V \mid S は G の頂点被覆 \}$.

コスト： 各 $S \in \mathcal{M}(G),\ G = (V, E, c)$ に対して，

$cost(S, (V, E, c)) = \sum_{v \in S} c(v)$.

ゴール： $minimum$.

最大クリーク問題

最大クリーク問題 (MAX-CL) は与えられたグラフ G における最大サイズのクリークを見つける．

最大クリーク問題 (MAX-CL)

入力： グラフ $G = (V, E)$

制約： $\mathcal{M}(G) = \{ S \subseteq V \mid \{\{u, v\} \mid u, v \in S, u \neq v\} \subseteq E \}$.

$\{\mathcal{M}(G)$ は G の全ての完全部分グラフ（クリーク）を含む $\}$.

コスト： 任意の $S \in \mathcal{M}(G)$ に対して， $cost(S, G) = |S|$.

ゴール： $maximum$.

具体的な入力インスタンスを表すために，図 2.13 のグラフ G を考えよう．

$$\mathcal{M}(G) \;\; = \;\; \{\{v_1\}, \{v_2\}, \{v_3\}, \{v_4\}, \{v_5\}, \{v_1, v_2\}, \{v_1, v_5\}, \{v_2, v_3\}$$
$$\{v_2, v_4\}, \{v_3, v_4\}, \{v_3, v_5\}, \{v_4, v_5\}, \{v_2, v_3, v_4\}, \{v_3, v_4, v_5\}\}.$$

最適解は $\{v_2, v_3, v_4\}$ と $\{v_3, v_4, v_5\}$ であり，したがって $Opt_{\text{MAX-CL}}(G) = 3$ となる．

カット問題

最大カット問題 (MAX-CUT) と最小カット問題 (MIN-CUT) を導入しよう．グラフ $G = (V, E)$ のカットは，V の (V_1, V_2) への任意の分割で $V_1 \cup V_2 = V$ かつ $V_1 \cap V_2 = \emptyset$ を満たすことを思い出そう．

最大カット問題 (MAX-CUT)

入力： グラフ $G = (V, E)$.

制約： $\mathcal{M}(G) = \{(V_1, V_2) \mid V_1 \cup V_2 = V,\ V_1 \neq \emptyset \neq V_2,\ V_1 \cap V_2 = \emptyset\}$.

コスト： 任意のカット $(V_1, V_2) \in \mathcal{M}(G)$ に対して，

$cost((V_1, V_2), G) = |E \cap \{\{u, v\} \mid u \in V_1, v \in V_2\}|$.

ゴール： $maximum$.

最小カット問題 (**Min-Cut**) も Max-Cut と同様に定義できる．唯一の違いは，Min-Cut のゴールが $minimum$ であることである．

図 2.13 に示されるグラフ G に対する **Min-Cut** の唯一の最適解は $(\{v_1\}, \{v_2, v_3, v_4, v_5\})$ であり，G に対する Max-Cut の最適解は $(\{v_1, v_2, v_3\}, \{v_4, v_5\})$, $(\{v_1, v_2, v_5\}, \{v_3, v_4\})$, $(\{v_1, v_4, v_5\}, \{v_2, v_3\})$ である．よって，$Opt_{\text{Min-Cut}}(G) = 2$ であり $Opt_{\text{Max-Cut}}(G) = 4$ である．

ナップサック問題

まず，単純ナップサック問題 (SKP) を定義しよう．この最適化は次のように行われる．正整数 b で与えられる重量制限（例えば，b ポンド）のあるナップサックと，重さが $w_1, w_2, \ldots, w_n$ である n 個 $(n \in \mathbb{N} - \{0\})$ の荷物がある．目標は，ナップサックに荷物を詰め込み，荷物の重さの合計を b を越えないように最大にすることである．

単純ナップサック問題 (SKP)

入力： 正整数 b とある $n \in \mathbb{N} - \{0\}$ に対して n 個の正整数 $w_1, w_2, \ldots, w_n$.

制約： $\mathcal{M}(b, w_1, w_2, \ldots, w_n) = \{T \subseteq \{1, \ldots, n\} \mid \sum_{i \in T} w_i \le b\}$.
すなわち，問題インスタンス $b, w_1, w_2, \ldots, w_n$ に対する実行可能解は，その重量合計が b を越えない荷物の任意の集合である．

コスト： 各 $T \in \mathcal{M}(b, w_1, w_2, \ldots, w_n)$ に対して，
$cost(T, b, w_1, w_2, \ldots, w_n) = \sum_{i \in T} w_i$.

ゴール： $maximum$.

$b = 29$, $w_1 = 3$, $w_2 = 6$, $w_3 = 8$, $w_4 = 7$, $w_5 = 12$ となる問題インスタンス $I = (b, w_1, \ldots, w_5)$ に対しては，唯一の最適解は $T = \{1, 2, 3, 5\}$ であり，$cost(T, I) = 29$ となる．$b' = 14$ とするならば，問題インスタンス $I' = (b', w_1, \ldots, w_5)$ の最適解は $T' = \{2, 3\}$ で $cost(T', I') = 14$ となる．

一般的なナップサック問題のインスタンスにおいてはさらに各 i 番目の荷物にコスト c_i が定義されている．目標はナップサックの重量制限 b を満たしつつ，ナップサックに詰めた荷物のコストを最大化することである[32].

ナップサック問題 (KP)

入力： 正整数 b とある $n \in \mathbb{N} - \{0\}$ に対して $2n$ 個の正整数 $w_1, w_2, \ldots, w_n$
$c_1, c_2, \ldots, c_n$.

---

[32] 重み合計ではないことに注意.

118　第 2 章　初歩的な基礎

制約：　$\mathcal{M}(b, w_1, \ldots, w_n, c_1, \ldots, c_n) = \{T \subseteq \{1, \ldots, n\} \mid \sum_{i \in T} w_i \leq b\}.$

コスト：　各 $T \in \mathcal{M}(b, w_1, \ldots, w_n, c_1, \ldots, c_n)$ に対して，

　　　　　$cost(T, b, w_1, \ldots, w_n, c_1, \ldots, c_n) = \sum_{i \in T} c_i.$

ゴール：　$maximum.$

$b = 59$, $w_1 = 12$, $c_1 = 9$, $w_2 = 5$, $c_2 = 4$, $w_3 = 13$, $c_3 = 5$, $w_4 = 18$, $c_4 = 9$, $w_5 = 15$, $c_5 = 9$, $w_6 = 29$, $c_6 = 22$ によって与えられる問題インスタンス I を考えよう．その最適解は $T = \{1, 5, 6\}$ である．$w_1 + w_5 + w_6 = 12 + 15 + 29 = 56 < 59 = b$ なので，T は制限を満たし，$Opt_{\mathrm{KP}}(I) = c_1 + c_5 + c_6 = 9 + 9 + 22 = 40$ となることに注意しよう．

箱詰め問題

箱詰め問題 (BIN-P) はナップサック問題とよく似ている．有理数の重み $w_1, \ldots, w_n$ $(\in [0, 1])$ を持つ n 個の荷物がある．ゴールは，これら荷物を単位サイズ 1 のナップサック（箱）に分配して，用いるナップサック（箱）を最小数にすることである．

箱詰め問題 (BIN-P)

入力：　ある正整数 n に対して，n 個の有理数 $w_1, w_2, \ldots, w_n (\in [0, 1])$．

制約：　$\mathcal{M}(w_1, w_2, \ldots, w_n) = \{S \subseteq \{0, 1\}^n \mid$ 任意の $s \in S$ に対して，$s^{\mathsf{T}} \cdot (w_1, w_2, \ldots, w_n) \leq 1$ かつ $\sum_{s \in S} = (1, 1, \ldots, 1)\}.$

　　　　　{ もし $S = \{s_1, s_2, \ldots, s_m\}$ ならば，$s_i = (s_{i1}, s_{i2}, \ldots, s_{in})$ は i 番目の箱に詰められた荷物を指定する．j 番目の荷物が i 番目の箱に詰められることと $s_{ij} = 1$ は同値である．制限

$$s_i^{\mathsf{T}} \cdot (w_1, \ldots, w_n) \leq 1$$

　　　　　は i 番目の箱が重量超過しないことを保証する．制限

$$\sum_{s \in S} s = (1, 1, \ldots, 1)$$

　　　　　はそれぞれの荷物がちょうど 1 つの箱に詰められることを保証している．}

コスト：　各 $S \in \mathcal{M}(w_1, w_2, \ldots, w_n)$ に対して，

　　　　　$cost(S, (w_1, \ldots, w_n)) = |S|.$

ゴール：　$minimum.$

BIN-P の制限は次のようにも書ける．

$$
\begin{aligned}
\mathcal{M}(w_1,\ldots,w_n) \;=\; &\{(T_1,T_2,\ldots,T_m)\,|\,m \in \mathbb{N}-\{0\},\\
&\; T_i \subseteq \{1,2,\ldots,n\}\ (i=1,\ldots,n),\ T_i \cap T_j = \emptyset\ (i \neq j),\\
&\; \bigcup_{i=1}^{m} T_i = \{1,2,\ldots,n\},\ \text{かつ}\\
&\; \sum_{k \in T_j} w_k \leq 1\ (j=1,\ldots,m)\}.
\end{aligned}
$$

最大充足化問題

一般化された最大充足化問題 (MAX-SAT) は，式 Φ において充足する節数を最大にするように Φ の変数への割当を見つける．

最大充足化問題 (MAX-SAT)

入力： CNF で記述された変数 $X = \{x_1, x_2, \ldots\}$ 上の式 $\Phi = F_1 \wedge F_2 \wedge \cdots \wedge F_m$ （あるいは MAX-SAT の等価な入力インスタンスとして，節の集合 $F_1, F_2, \ldots, F_m$ を考えてもよい）．

制約： 集合 $\{x_1, \ldots, x_n\} \subseteq X\ (n \in \mathbb{N}-\{0\})$ 上の任意の式 Φ に対して，$\mathcal{M}(\Phi) = \{0,1\}^n$.
 { 変数集合 $\{x_1, \ldots, x_n\}$ への値の任意の割当が実行可能解である．すなわち，$\mathcal{M}(\Phi)$ は $\{\alpha\,|\,\alpha : X \to \{0,1\}\}$ と書いてもよい． }

コスト： 任意の CNF 式 Φ と任意の $\alpha \in \mathcal{M}(\Phi)$ に対して，$cost(\alpha, \Phi)$ は α によって充足される節数である．

ゴール： $maximum$.

もし，Φ が充足可能な式ならば，その最適解は Φ を充足する任意の割当である（すなわち，Φ が m 節からなるなら $cost(\alpha, \Phi) = m$）ことがわかる．

ここでは，MAX-SAT に対するいくつかの部分問題を考えよう．各整数 $k \geq 2$ に対して，**MAX-kSAT** 問題は MAX-SAT の部分問題として次のように定義される．ここで，その問題インスタンスは kCNF 式である[33]．各整数 $k \geq 2$ に対して，**MAX-EkSAT** は MAX-kSAT の部分問題として次のように定義される．ここで，入力はサイズ k の節のみからなる式である．そのような式における各節 $l_1 \vee l_2 \vee \cdots \vee l_k$ はちょうど k 変数のブール関数である．すなわち，全ての $i, j \in \{1, \ldots, k\}\ (i \neq j)$ に対して $l_i \neq l_j$ かつ $l_i \neq \bar{l}_j$．

---

[33] すなわち，Φ における各節のサイズが高々 k である．

120   第 2 章 初歩的な基礎

線形計画法

まず，線形計画問題の一般化版を定義して，その後いくつかの版を考える．

線形計画法 (LP)

入力： 行列 $A = [a_{ij}]_{i=1,\ldots,m,j=1,\ldots,n}$，ベクトル $b \in \mathbb{R}^m$，ベクトル $c \in \mathbb{R}^n$，$n, m \in \mathbb{N} - \{0\}$.

制約： $\mathcal{M}(A, b, c) = \{X \in \mathbb{R}^n \mid A \cdot X = b,\ X$ の要素は非負実数のみ $\}$.

コスト： 各 $X = (x_1, \ldots, x_n) \in \mathcal{M}(A, b, c)$ と，$c = (c_1, \ldots, c_n)^\mathsf{T}$ に対して，$cost(X, (A, b, c)) = c^\mathsf{T} \cdot X = \sum_{i=1}^n c_i x_i$.

ゴール： *minimum*.

制約 $A \cdot X = b$ および $x_j \geq 0\ (i = 1, \ldots, n)$ は未知数 n の $m + n$ 線形方程式系である．各線形方程式はベクトル空間 $\mathbb{R}^n$ の $(n-1)$ 次アフィン部分空間を決定するので，$\mathcal{M}(A, b, c)$ はそれらの線形方程式 $A \cdot X = b$ [34]によって決定される $m + n$ アフィン部分空間と $X \in (\mathbb{R}^{\geq 0})^n$ の共通部分と考えることができる．

組合せ最適化においては，しばしば整数計画法を考える．整数計画法は実行可能解と問題インスタンスの実数を整数で置き換えることによって定義できる．

線形整数計画法 (IP)

入力： ある $n, m \in \mathbb{N} - \{0\}$ に対して，$m \times n$ 行列 $A = [a_{ij}]_{i=1,\ldots,m,j=1,\ldots,n}$，2 つのベクトル $b = (b_1, \ldots, b_m)^\mathsf{T}$，$c = (c_1, \ldots, c_n)^\mathsf{T}$，$a_{ij}, b_i, c_j\ (i = 1, \ldots, m, j = 1, \ldots, n)$ は整数である．

制約： $\mathcal{M}(A, b, c) = \{X = (x_1, \ldots, x_n) \in \mathbb{Z}^n \mid AX = b$ かつ $x_i \geq 0\ (i = 1, \ldots, n)\}$.

コスト： 各 $X = (x_1, \ldots, x_n) \in \mathcal{M}(A, b, c)$ に対して，$cost(X, (A, b, c)) = \sum_{i=1}^n c_i x_i$.

ゴール： *minimum*.

IP は LP の部分問題ではないことに注意しよう．なぜなら，入力の言語だけでなく，制約も制限していないからである．

0/1-線形計画法 (0/1-LP) は IP と同じ入力インスタンスの言語でさらに $X \in \{0, 1\}^n$ の制限を付け加えた最適化問題である（すなわち，$\mathcal{M}(A, b, c) \subseteq \{0, 1\}^n$）.

---

[34] 線形計画法には他にさまざまな形のものが存在することに注意しよう．例えば，制限 $A \cdot X = b$ は $A \cdot X \geq b$ で置き換えることができる．また，$A \cdot X = b$ の代わりに $A \cdot X \leq b$ を考えく，最小化の代わりに最大化を考えてもよい．

ここで考える最後の問題は，線形方程式系における最大化問題である．目標は与えられた系の線形方程式に対してできるだけ多くの方程式を満たすような未知数の値を見つけることである．$k \geq 2$ を素数とする．

k を法とする最大線形方程式問題 (MAX-LINMODk)

入力： 未知数 n 個の m 個の線形方程式の集合 S $(n, m \in \mathbb{N} - \{0\})$．ただし，係数は $\mathbb{Z}_k$ の要素とする．

（あるいは，$\mathbb{Z}_k$ 上の $m \times n$ 行列とベクトル $b \in \mathbb{Z}_k^m$）．

制約： $\mathcal{M}(S) = \mathbb{Z}_k^n$

{ 実行可能解は $\{0, 1, \ldots, k-1\}$ から n 個の未知数（変数）への割当 }．

コスト： 各 $X \in \mathcal{M}(S)$ に対して，

$cost(X, S)$ は X によって満たされる S の線形方程式の数．

ゴール： $maximum$.

$\mathbb{Z}_2$ 上の次のような入力インスタンスの例を考えよう：

$$
\begin{aligned}
x_1 + x_2 \qquad &= \quad 1 \\
x_1 \qquad + x_3 &= \quad 0 \\
x_2 + x_3 &= \quad 0 \\
x_1 + x_2 + x_3 &= \quad 1.
\end{aligned}
$$

この線形方程式系は $\mathbb{Z}_2$ において解を持たないことに注意しよう．割当 $x_1 = x_2 = x_3 = 0$ は2番目と3番目の方程式を満たす．割当 $x_1 = x_2 = x_3 = 1$ は最後の3つの方程式を満たし，割当 $x_1 = x_3 = 0, x_2 = 1$ は最初の2つと最後の方程式を満たす．後の2つの割当が最適解である．

任意の素数 k と任意の正整数 m に対して，MAX-LINMODk の部分問題として **MAX-EmLINMODk** を定義する．ここで，入力インスタンスは任意の線形方程式が高々 m 個の非零の係数を持つ（高々 m 個の未知数を含む）ような線形方程式の集合である．

例えば，上記では最初の3つの方程式が MAX-E2LINMOD2 の問題インスタンスをなす．

2.3.2 節で導入されたキーワード

決定問題，素数判定，多項式の等価性問題，1回読みブランチングプログラムの等価性問題，充足可能性問題，クリーク問題，頂点被覆問題，ハミルトン閉路問題，線

形方程式系の解の存在性問題, 最適化問題, 問題インスタンス, 実行可能解, 最適解, 最大化問題, 最小化問題, 巡回セールスマン問題 (TSP) メトリック TSP (△-TSP), 幾何学的 TSP, メークスパンスケジューリング問題 (MS), 最小頂点被覆問題 (Min-VCP), 集合被覆問題 (SCP), 最大クリーク問題 (Max-CL), 最小カット問題 (Min-Cut), 最大カット問題 (Max-Cut), ナップサック問題 (KP), 単純ナップサック問題 (SKP), 箱詰め問題 (Bin-P), 最大充足可能性問題 (Max-Sat), 線形計画法 (LP), 整数計画法 (IP), 0/1 線形計画法 (0/1-LP), k を法とする最大線形方程式問題 (Max-LinMod$k$)

2.3.2 節のまとめ

決定問題は, 与えられた入力が要求された性質を持つかどうかを決定する問題である. 要求された性質を持つ全ての入力の集合は言語 $L \subseteq \Sigma^*$ と見なせるので, L に対する決定問題は与えられた入力 $x \in \Sigma^*$ が L に属するかどうかを決定することである.

最適化問題は, 以下によって特定される.

- 問題インスタンスの集合.
- 全ての問題インスタンス（入力）に対して実行可能解の集合を決定する制約.
- 任意の実行可能解にコストを割り当てるコスト関数.
- 最大化あるいは最小化の場合もある得るゴール.

目標は全ての入力インスタンスに対して, 最適解（コストとゴールに関して最も良い実行可能解の 1 つ）を見つけることである.

現在までに, アルゴリズムに関する文献や数多くの実際的な応用において考えられている困難問題は数千に及ぶ. アルゴリズム論の基礎を学習するためには, 数千の問題のうちいわゆるパラダイム的な問題と呼ばれるものを考えれば十分である. パラダイム的な問題は, たいていの困難問題を解くことがパラダイム的な問題のいくつかを解くことに帰着されるという意味において, ある種のパターン問題である. 最も基本的な決定問題は, 充足可能性問題, 素数判定, 多項式の等価性問題, クリーク問題, ハミルトン経路問題などである. パラダイム的最適化問題の代表は最大充足可能性問題, 巡回セールスマン問題, スケジューリング問題, 集合被覆問題, 最大クリーク問題, ナップサック問題, 箱詰め問題, 線形計画法, 整数計画法, 最大線形方程式問題などである.

2.3.3 計算量理論

この節の目的はアルゴリズム（計算機プログラム）の計算量を測定する方法を議論

し，その計算の難しさに関して問題を分類するための主要な枠組を与えることである．この節の前半部分は，以下に続く全ての章に有用である．後半部分は，計算量のクラスと NP 完全性の概念について述べており，（アルゴリズムと計算量の一般的な哲学に加えて）近似不可能性に対する下界（すなわち，多項式時間近似可能性に関する最適化問題の分類）について述べられる 4.4.3 節の基礎を与える．

本書はアルゴリズムレベルのプログラム設計について焦点が当てられているので，特定のプログラム言語におけるアルゴリズムの実現の詳細については述べない．したがって，アルゴリズムを記述するために，「グラフ G から辺を選んで（取り除いて），残りのグラフが連結であるかどうかを確かめる」といったような非形式的な記述を用いたり，**for**, **repeat**, **while**, **if ... then ... else** などの命令を持つ Pascal 的な言語を使用する．このような大まかな記述であっても，その記述部分の実現の複雑さがよくわかっている場合には，十分であることに注意しよう．

計算量解析の目的は，その結果が具体的な逐次計算機やそのシステムソフトウェアの構造的特徴や技術的特徴に依存しないという意味において，ロバストな解析を与えることである．ここでは，計算の時間量に焦点を当て，空間計算量については時々にしか議論しない．2 つの基本的な計算量の尺度である，**一様コスト尺度**と**対数コスト**尺度を区別する．

一様コスト尺度に基づいたアプローチが最も単純である．時間計算量の測定は，考えている計算において実行される初等的[35]命令の全体数を決定することからなる．そして，空間計算量の測定は計算中に使用された変数の数を決定することからなる．この測定法の利点は，それが単純であることである．欠点は，サイズによらず 2 つの整数に関する算術演算に対してコスト 1 を考えるので，いつも適当であるとは限らないことである．被演算数が 2 進表現で数百ビットからなる整数である場合，いずれの数も計算機の 1 語（16 または 32 ビット）には格納できない．この時，これらの被演算数は数語に格納されなければならない（すなわち，それらを保存するためには数個の空間単位（変数）が必要である）．それら 2 つの大きな整数の算術演算を実行することは，計算機が実行できる語サイズの整数同士のいくつかの演算によって大きな整数上の演算を行う特別なプログラムを実行することに相当する．したがって，一様コストによる測定は，全体の計算中に全ての変数のサイズがある固定された定数（想定される計算機の語長）で抑えられる値だけを含むことが仮定できる場合にのみ，適用し得る．これは，ある固定された素数 p に対して $\mathbb{Z}_p$ 上で計算をする場合，あるいは（ブール代数において）論理変数のみを用いて計算する場合に相当する．

一様コストによる測定を用いることによって本当に異常が起こるのは次の例である．k と $a \geq 2$ をサイズが想定される計算機の語長を越えない 2 つの正整数とする．

---

[35] 初等的命令とは，整数上の算術演算，2 つの整数の比較，整数とシンボルの読み書きなどのことである．

124 第 2 章 初歩的な基礎

数 a^{2^k} を計算することを考えてみよう．この計算は次のように，

$$a^2 = a \cdot a, \ a^4 = a^2 \cdot a^2, \ a^8 = a^4 \cdot a^4, \dots, \ a^{2^k} = a^{2^{k-1}} \cdot a^{2^{k-1}}$$

と順に計算していくことで実行できる．この一様コストの空間計算量は 3 である．なぜなら，次の計算をするには，1 つの変数を追加するだけで十分だからである．

$$\textbf{for } i = 1 \textbf{ to } \ k \textbf{ do } \ a := a * a.$$

一様コストの時間計算量は，ちょうど k 回の乗算で実行できるので，$O(k)$ である．これらは次の事実に反している．a^{2^k} の結果を表現するためには少なくとも 2^k ビットが必要であり，2^k ビットを書き込むためにはどのような計算機においてもその語長で $\Omega(2^k)$ 回の演算が必要となる．これらのことは全ての正整数 k について成り立つので，一様コストの時間計算量と任意の現実的な時間計算量との間には指数のギャップが存在し，一様コストの空間計算量と実際の空間計算量との間には有界でない差が存在する．

このように変数の値が無限に大きくなる状況を解決するためには，**対数コスト**で測定すればよい．この測定法によれば，任意の初等演算のコストは被演算数に対する 2 進表現のサイズの和である[36]．明らかに，この計算量測定法によるアプローチを用いると，上記で述べたような異常は回避されるし，通常，これがアルゴリズムの計算量解析に採用されている．時には，異なる演算の計算量を区別することがある．2 つの n ビット整数の乗算に対する最良のアルゴリズムは $\Omega(n \cdot \log n)$ の 2 進演算を必要とするので，乗算と除算の計算量は $O(n \cdot \log n)$ と考える．一方加算，減算や代入のコストは引数の 2 進サイズに関して線形である．

定義 2.3.3.1 Σ_I と Σ_O をアルファベットとする．A を Σ_I^* から Σ_O^* への写像を実現するアルゴリズムとする．任意の $x \in \Sigma_I^*$ に対して，$\boldsymbol{Time_A(x)}$ を（対数コストに関する）入力 x における A の計算に対する時間計算量[37]を表し，$\boldsymbol{Space_A(x)}$ を（対数コストに関する）入力 x における A の計算に対する空間計算量を表す． □

時間計算量 $Time_A$ （空間計算量 $Space_A$ ）を Σ_I^* から $\mathbb{N}$ への関数と決して考えてはいけない．これは通常，任意の入力長に対して指数個の入力があり，全ての $x \in \Sigma_I^*$ に対して $Time_A(x)$ を評価することはしばしば非現実的な仕事になるからである．たとえ，これがうまくいっても $Time_A$ の表現は複雑になり過ぎ，$Time_A$ のある基礎的な特徴を決定するのが困難になる．また，同じ問題に対する 2 つのアルゴリズムの

---

[36] より精密に取り扱いたいならば，メモリ上の変数（これが被算算数に対応する）のアドレスの 2 進サイズを加えればよい．

[37] アルゴリズムは任意の入力 x に対して停止すると仮定し，よって $Time_A(x)$ は常に非負であると仮定する．

計算量の比較も難しくなる．したがって，計算量はいつも**入力サイズの関数**として考え，この関数の漸近的な増加率を考察することにする．

定義 2.3.3.2 Σ_I と Σ_O を 2 つのアルファベットとする．A を Σ_I^* から Σ_O^* への写像を計算するアルゴリズムとする．**A の（最悪）時間計算量**は，任意の正整数 n に対して

$$\boldsymbol{Time_A(n)} = \max\{Time_A(x) \mid x \in \Sigma_I^n\}$$

と定義される関数 $Time_A : (\mathbb{N} - \{0\}) \to \mathbb{N}$ である．**A の（最悪）空間計算量**は

$$\boldsymbol{Space_A(n)} = \max\{Space_A(x) \mid x \in \Sigma_I^n\}$$

によって定義される関数 $Space_A : (\mathbb{N} - \{0\}) \to \mathbb{N}$ である．　　　　　□

$Time_A$ をこのように定義すると，サイズ n の任意の入力（すなわち，Σ_I^n の任意の入力）は A によって高々 $Time_A(n)$ 時間で解くことができ，$Time_A(x) = Time_A(n)$ となるサイズ n の入力 x が存在する．これが，この種の計算量解析は**最悪時解析**といわれる理由である．最悪時解析の欠点は，同じ長さの入力に対して非常に異なる計算量を持つアルゴリズムを利用する時に起こり得る[38]．そのような場合はサイズ n の全てのインスタンスにおける平均計算量を決定することによる平均時解析を考えることができる．このアプローチには 2 つの問題がある．第 1 に，通常は平均計算量を決定することは $Time_A(n)$ を決定するよりもずっと難しい問題であり，多くの場合，平均時解析を実現できない．第 2 に，平均計算量が有用な情報を与えるのは，任意の固定長の入力における現実的な確率分布上で平均がとられる時に限られる．そのような入力分布は問題によって本質的に異なり得る．すなわち，特殊な入力分布に関して平均のコスト解析を行っても，このアルゴリズムに対する全ての可能な応用に関するロバストな答えが得られるわけではない．ある特定の応用の場合でさえ，任意の入力サイズに対する入力分布を推定するのは簡単ではないことが多い．本書では，最悪時解析を考えても，ここで考えるほとんど全てのアルゴリズムの振舞いに対して良い特徴付けを与えることができるという理由によって，最悪時解析のみを考える．

重要なことは，定義 2.3.3.2 において入力長が対数コストで確定されていることである．すなわち，入力の長さは Σ_I 上の符号長として考えられている．ここでは，入力アルファベット Σ_I は全ての計算機に対する許される語の集合であると解釈されることを思い出そう．入力サイズの一様コストでも十分な場合があることに注意しよう．その場合，サイズは入力の要素（例えば，整数）の個数である．入力の全ての要素が同じサイズの場合もこれに当てはまる．例えば，固定された素数 p に対する $\mathbb{Z}_p$ 上の

---

[38] 著名な例は線形計画問題に対するシンプレックス法である．

126 第 2 章 初歩的な基礎

$n \times n$ 行列に対しては，サイズは n^2，あるいは n とすら考え，このパラメータに関して計算量を測定することができる．しかしながら，通常，入力が 1 個または数個程度の，数論の問題の場合に対してはこのアプローチは使わない．このような場合は，入力サイズを厳密に入力の 2 進表現の長さとして考える．

　本書では，設計したアルゴリズムに対して，非常に精密な解析をすることはほとんどしない．理由は 2 つある．第 1 には，精密な解析をするためには本書では通常は省略される実現の詳細を取り扱わなければならないからである．第 2 には，困難問題のみを考えているので，設計されたアルゴリズムの計算量に対する妥当な漸近的上界を与えるだけで十分であるからである．

　問題を計算の困難さに関して分類するのが計算量理論の主な目的である．実行された演算数によって測定する時間計算量がアルゴリズム計算量の中心的な尺度であるので，問題の計算の困難さを時間計算量によって測定する．直観的には，問題 U の時間計算量は，U を解くために $\Theta(T_U(n))$ の演算が必要かつ十分であるような関数 $T_U : \mathbb{N} \to \mathbb{N}$ である．しかしこれはまだ U の計算量の堅実な定義ではない．アルゴリズムとしての解，すなわち時間計算量 $O(T_U(n))$ で U を解くアルゴリズムが必要だからである．したがって，問題 U の時間計算量を定義する自然な方法は，U の時間計算量を U を解く「最も良い」（最適な）アルゴリズムの時間計算量と定義することがよいように思える．残念ながら，計算量理論における次の基礎的な結果によって，T_U を定義するためのこのアプローチは妥当でないことが示される．

定理 2.3.3.3 以下の条件を満足する決定問題 (L, Σ_{bool}) が存在する．L を決定する任意のアルゴリズム A に対して，無限個の正整数 n について，

$$Time_B(n) = \log_2(Time_A(n))$$

を満たす L を決定するもう 1 つのアルゴリズム B が存在する．　　　　　　□

　明らかに，定理 2.3.3.3 によって，L に対する最も良い（最適な）アルゴリズムは存在しないので，L の計算量を上記で述べたような $\mathbb{N}$ から $\mathbb{N}$ への関数として定義できないことがわかる．これが，問題の計算量を定義しようとせず，問題の計算量に対する上界と下界を定義しようとする理由である．

定義 2.3.3.4 U を問題とし，f と g を $\mathbb{N}$ から $\mathbb{R}^+$ への関数とする．U を $Time_A(n) \in O(g(n))$ で解くアルゴリズム A が存在する時，$O(g(n))$ は **U の時間計算量の上界**であるという．

　U を解く任意のアルゴリズム B が $Time_B(n) \in \Omega(f(n))$ となるならば，$\Omega(f(n))$ は **U の時間計算量の下界**であるという．

　$Time_C(n) \in O(g(n))$ が成り立ち，$\Omega(g(n))$ が U の時間計算量の下界である時，

アルゴリズム C は問題 U に対して**最適**であるという.　　　　　□

　問題 U に対する計算量の上界を求めるためには，U を解くアルゴリズムを見つければ十分である．問題 U に対する計算量の自明でない下界を求めるのは非常に難しい．なぜなら，U を解く無限に存在する既知と未知のアルゴリズムの全てについて，ある f に対して時間計算量が $\Omega(f(n))$ とならなければならないことを証明する必要があるからである．これは，時間計算量が漸近的に $f(n)$ より小さくなる U を解く任意のアルゴリズムは存在しないことを証明する必要があるので，非存在性証明に他ならない．問題の計算量の下界を証明することの難しさを最もよく表しているのは，次のような条件を満足する何千もの問題が知られているという事実である．

(i) 知られている最良のアルゴリズムの時間計算量は入力サイズの指数である．
(ii) $\Omega(n \log n)$ のような線形を越える下界は知られていない．

したがって，これらの問題の多くに対しては，それらを解く時間が入力サイズの多項式となるアルゴリズムは存在しないと予想するが，それらを解くには実際に $O(n)$ 以上の時間が必要であるということを証明することはできない．

　問題の計算量の下界の証明に対する能力不足に打ち勝つために（すなわち，いくつかの問題が困難なものであることを証明するために），具体的な問題が困難であることを明らかにするのではなく，それらの問題の困難さに対する妥当な議論を与えるようないくつかの概念が開発された．これらの概念は，チューリング機械 (TM) とその計算量を用いたアルゴリズムと計算量の形式的操作と関係がある．ここでは読者はチューリング機械モデルに精通していることを仮定する．**Church-Turing の提唱**によれば，チューリング機械はアルゴリズムの直観的な概念の形式化である．このことは，問題 U があるアルゴリズム（任意のプログラミング言語の形式で書かれた計算機プログラム）によって解かれることの必要十分条件は U を解くチューリング機械が存在することである，ことを示している．TM の形式性を用いることにより，任意の増加関数 $f : \mathbb{N} \to \mathbb{R}^+$ に対して以下が証明されている．

(i) ある決定問題が存在して，それを解く任意の TM は $\Omega(f(n))$ の時間計算量を持つが，
(ii) その問題を $O(f(n) \cdot \log f(n))$ 時間で解く TM が存在する．

このことは，決定問題の困難さに無限の階層が存在することを意味している．以下では，可能な限りチューリング機械という言葉の代わりにアルゴリズムや計算機プログラムという言葉を用い，したがって不必要な技術的議論を省略する．

　計算量理論の主要な目的は，

128 第2章 初歩的な基礎

　　現実的に解決可能な問題のクラスに対して形式的な記述を見つけること

と

　　そのクラスの要素に関して問題の分類を可能にする方法論を開発すること

ということができる.

　現実的に解決可能な問題に対する直観的な概念の妥当な形式化を見つけるために,
次の定義から始めよう. 任意の TM（アルゴリズム）M に対して, $\boldsymbol{L(M)}$ は M に
よって決定される言語を表すとする.

定義 2.3.3.5　多項式時間で決定可能な言語のクラス P を

$$\mathbf{P} = \{L = L(M) \mid M \text{ はある正整数 } c \text{ に対して } Time_M(n) \in O(n^c)$$
$$\text{時間の TM （アルゴリズム）である}\}$$

によって定義する. 言語（決定問題）L に対して $L \in \mathrm{P}$ の時, **易しい（現実的に解
決可能）**という. 言語 L は $L \notin \mathrm{P}$ の時, **困難**であるという.　　　　　　　□

　定義 2.3.3.5 では, 多項式時間の計算によって決定可能な決定問題のクラス P を導
入し, P が正確に易しい（現実的に解決可能な）問題のクラスを指定していることを
述べている. 易しさの形式的な定義に対する利点と欠点を議論してみよう. 以下のよ
うな2つの主な理由によって, 多項式時間の計算を現実的な決定可能性の直観的概念
に結び付けることができる.

(1) クラス P の定義は, P が全ての妥当な計算モデルに対して不変であるという意
　　味においてロバストである. クラス P は, その定義が多項式時間チューリング
　　機械であろうが, 任意のプログラミング言語による多項式時間計算機プログラ
　　ムであろうが, 任意の妥当な計算の形式化による多項式時間アルゴリズムであ
　　ろうがそれらには依存せず同じままである. このことは, 計算量測定における
　　現実的な全ての計算モデル （アルゴリズムの直観的な概念の形式化）は多項式
　　等価であるという計算量理論のもう1つの基礎的な結果からの帰結である. こ
　　こで**多項式等価**とは, 1つの形式化において, 問題 U に対する多項式時間アル
　　ゴリズムが存在するならば, 別の形式化においても多項式時間アルゴリズムが
　　存在する, またその逆も成り立つことを意味する. チューリング機械や使われ
　　ている全てのプログラミング言語はこのクラスの多項式等価な計算モデルであ
　　る. したがって, C++言語によって U に対する多項式時間のアルゴリズムを
　　設計できるならば, 任意の妥当な計算の形式化において U に対する多項式時間
　　アルゴリズムが存在する. 一方, ある言語 L を決定する多項式時間チューリン

グ機械が存在しないことを証明できるならば，L を決定する多項式時間の計算機プログラムが存在しないことが証明できる．この種のロバスト性は大変有用であり，易しい問題のクラスを指定する任意の妥当な形式化に対して必要であることに注意しよう．

(2) P を指定する最初の理由は理論的なものであるが，2つ目の理由は現実的に問題を解くことに対する直観とアルゴリズムの設計における経験とに関連している．図 2.14 には，入力サイズ 10, 50, 100, 300 に対して，いろいろな関数 $10n$, $2n^2$, n^3, 2^n の増加率を示している．

$f(n)$ ＼ n	10	50	100	300
$10n$	100	500	1000	3000
$2n^2$	200	5000	20000	180000
n^3	1000	125000	1000000	27000000
2^n	1024	(16 桁)	(31 桁)	(91 桁)
$n!$	$\approx 3.6 \cdot 10^6$	(65 桁)	(161 桁)	(623 桁)

図 2.14

$f(n)$ の関数値が大き過ぎる時は，$f(n)$ に対する 10 進表記の桁数のみを示してある．1秒間に $1000000 = 10^6$ 回の演算を実行する計算機があると仮定すると，$Time_A(n) = n^3$ のアルゴリズム A では $n = 300$ に対して，27 秒で計算できる．しかしながら，$Time_A(n) = 2^n$ ならば，A の実行には $n = 50$ の時でさえ 30 年以上を要し，$n = 100$ ならば，$3 \cdot 10^{16}$ 年以上を必要とする．もし，100 から 300 の現実的な入力サイズに対する 2^n と $n!$ の関数値と「ビッグバン」以来経過した推定秒数（10 進 21 桁）を比較したとすると[39]，現実な入力サイズに対する指数計算量のアルゴリズムの実行は物理的な現実の限界をはるかに越えていることが理解できるであろう．さらに，関数 n^3 と 2^n の次の性質にも注意しよう．M を結果がでるまでに待つ時間とするならば，1単位時間に以前の2倍の命令を実行できる計算機を開発すると，以下のようになる．

(i) n^3 アルゴリズムに対しては，解ける問題の入力サイズは $M^{1/3}$ から $\sqrt[3]{2} \cdot M^{1/3}$ に増加する（すなわち，以前の入力インスタンスのサイズの $\sqrt[3]{2}$ 倍のサイズの計算が可能になる）．

---

[39] 知られている全宇宙に存在する陽子の数は 10 進で 79 桁である．

130 第2章 初歩的な基礎

(ii) 2^n アルゴリズムに対しては,解ける問題の入力インスタンスのサイズは
1ビット増加する.

したがって,指数時間計算量のアルゴリズムは現実的とは考えられず,小さい
c に対する多項式時間計算量 $O(n^c)$ のアルゴリズムのみが現実的と考えられ
る.もちろん,実行時間が n^{1000} なら,全ての妥当な入力サイズ n に対して
$n^{1000} > 2^n$ となるので,実際的には用いることはできないであろう.それにも
かかわらず,経験によって,多項式時間の計算が易しいと考えることが妥当で
あることが証明されている.ほとんど全ての場合において,それまで難しいと
思われていた問題に対してひとたび多項式時間アルゴリズムが見つかると,そ
の問題に対してはある洞察力が働き,低い次数[40]の多項式時間の新しいアルゴ
リズムが設計される.自明でない問題に対して最良の多項式時間アルゴリズム
が現実的でないような例外はほとんど知られていない.

これまで,Pは現実的に解決可能な問題のクラスとしてよい標準であることを議論
してきたが,本書全体ではPに属しそうもない問題の解決に専念する.しかしなが
ら,このことは多項式時間を現実的に解決可能であることの限界とする考えを否定す
るものではない.むしろ,Pの外にある問題を解くというここでのアプローチには,
通常は次のように私たちの必要性を変更させるものとなる.

- (常に正しい解を与える)決定性アルゴリズムの代わりに(ある確率で正しい
解を与える)乱択アルゴリズムを用いる.
- 最適解を探索する代わりに最適解の近似解を探索する.

したがって,易しい問題のクラスにおける標準に対する現在の見方は,おおよそ多
項式時間の乱択(近似[41])アルゴリズムと関係している.

クラスPに対して,問題がPに属するかという観点から問題を分類する方法を考
えたい.決定問題 L がPに属することを証明するためには,L に対する多項式時
間アルゴリズムを設計すれば十分である.既に述べたように,我々は興味ある現実的
な問題のほとんどに対してPに属していないこと,すなわち,それらが困難である
ことを証明する方法は持ち合わせていない.この好ましくない状況に打ち勝ちために
NP完全性の概念が導入された.この概念は,特定の問題が難しいことを証明できな
い時,少なくともそのことを信じるのに十分な良い理由を与えてくれる.

NP完全性の概念を導入するために,**非決定性計算**を考えなければならない.非決
定性は,現実の計算機で効率良く実現する方法が知られていないので[42],計算論的な

---

[40] 高々6,しばしば3.

[41] 最適化問題の場合.

[42] 実際,非決定性計算は決定性計算によって効率良くシミュレーションできないと信じられている.

観点から見ると全く自然なものではない．非決定性チューリング機械に精通していない読者のためには，次のようにして非決定性を導入することができる．任意のプログラミング言語に $goto\ a$ または $goto\ b$ を意味する $choice(a,b)$ という操作を付け加える．したがって，1つの計算は2つの計算に分岐できる．このことは，非決定性TM（アルゴリズム）が1つの入力 x に対して多数の計算を可能にし得ることを意味している．一方，任意の決定性TM（アルゴリズム）は任意の入力に対してちょうど1つの計算を持っている．ある入力 x に対する非決定性アルゴリズム A の全ての計算は通常，いわゆる **x における A の計算木**で表される．S<small>AT</small> を受理する（決定問題 (S<small>AT</small>, Σ_{logic}) を解く）非決定性アルゴリズム A に対する計算木を図2.15に示す．

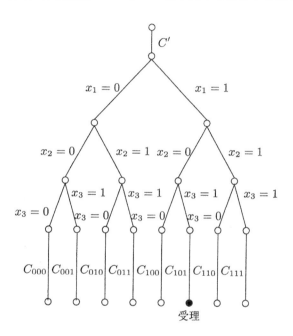

図 2.15

図 2.15 の木 $T_A(x)$ は，3変数 x_1, x_2, x_3 上の式

$$\Phi_x = (x_1 \vee x_2) \wedge (x_1 \vee \overline{x}_2 \vee \overline{x}_3) \wedge (\overline{x}_1 \vee x_3) \wedge \overline{x}_2$$

に対応する入力 x における A の全ての計算を含んでいる．A は次のように動作する．まず，A は計算部 C'（図 2.15）において決定的に（すなわち，計算が分岐することなく）x が Σ_{logic} の式 Φ_x の符号であるかどうかを検証する．そうでなければ，A は入力を棄却する．x が上記の式 Φ_x を符号化すると仮定しよう．A の一般的な戦略は，Φ_x を充足する割当を非決定的に推測することである．これは式に含まれる変数の数だけの分岐ステップによって実現される．この例（図 2.15）では，A はまず，2つの

132　第 2 章　初歩的な基礎

計算に分岐する．左の計算は $x_1 = 0$ を推測することに対応し，右の計算は $x_1 = 1$ を推測することに対応している．これら 2 つの計算のそれぞれは直ちに x_2 のブール値に応じて 2 つの計算に分岐する．したがって，4 つの計算が得られ，それぞれはまた x_3 のブール値に応じて 2 つの計算に分岐する．最終的には，8 個の計算が得られ，それぞれは $\{x_1, x_2, x_3\}$ に対する 8 個の割当のそれぞれに対応している．各割当 α に対して，対応する計算 C_α は決定的に α が Φ_x を充足するかどうかを検証している．α が Φ_x を充足するならば，A は x を受理する．そうでなければ，A は x を棄却する．図 2.15 においては，101 が Φ_x を充足する唯一の割当なので，A は x を計算 C_{101} において受理することがわかる．他の全ての計算 C_α $(\alpha \neq 101)$ は x を棄却する．

非決定性アルゴリズムの受理性と計算量は次のように定義される．

定義 2.3.3.6　M を非決定性 TM（アルゴリズム）とする．**M が言語 L を受理する**，すなわち，**$L = L(M)$** というのは，次のような時である．

(i) 任意の $x \in L$ に対して，x を受理する M の計算が少なくとも 1 つ存在する．

(ii) 任意の $y \notin L$ に対して，M の全ての計算は y を棄却する．

任意の入力 $w \in L$ に対して，**M の w における時間計算量 $Time_M(w)$** は w において M を受理する最短の計算における時間計算量である．**M の時間計算量**は IN から IN への関数 $Time_M$ であり，

$$Time_M(n) = \max\{Time_M(x) \,|\, x \in L(M) \cap \Sigma^n\}$$

によって定義される．

$$\mathbf{NP} = \{L(M) \,|\, M \text{ は多項式時間非決定性 TM}\}$$

を非決定性多項式時間で決定される決定問題のクラスと定義する．　　　　　　□

非決定性アルゴリズムに対しては選択の 1 つが解を与える正しい道（正解）であれば十分であることに注意しよう．決定問題 (L, Σ) に対しては，任意の（決定性）アルゴリズム B は，全ての入力 x に対して $x \in L$ か $x \notin L$ を決定しなければならない．x における B の受理（棄却）計算は $x \in L$ $(x \notin L)$ という事実の証明と考えることができる．したがって，決定問題に対する（決定性）アルゴリズムの計算量は出力の正しさの証明を作成する計算量と考えることができる．Sat（図 2.15）に対する非決定性アルゴリズムの例においては，計算量の観点から見ると，計算の本質的な部分は推測された割当が与えられた式を充足するか否かの検証である．したがって，非決定性アルゴリズム A の計算量は実際は，「与えられた割当 α が Φ_x の充足可能性を満足するかどうか」の検証である．このことから次の仮説が導かれる．

決定性計算の計算量は作成された出力の正しさを証明するのに必要な計

算量である．一方，非決定性計算の計算量は $x \in L$ という事実の与えられた証明（証明書）に対する決定性検証に必要な計算量と等価である．

以下では，この仮説が多項式時間計算を対しては正しいことを示す．決定性計算を作成された出力の正しさの証明と見なすことができるという事実は明らかに正しい．非決定性計算量がその検証の計算量であることを証明するために，次のような形式的概念を必要とする．

定義 2.3.3.7 $L \subseteq \Sigma^*$ を言語とする．$\Sigma^* \times \{0,1\}^*$ からの入力に対して動作するアルゴリズム A が

$$L = \{w \in \Sigma^* \mid A \text{ はある } c \ (\in \{0,1\}^*) \text{ に対して } (w,c) \text{ を受理する}\}$$

を満たす時，A は **L の検証者**であるといい，**$L = V(A)$** と表す．A が $(w,c) \in \Sigma^* \times \{0,1\}^*$ を受理するならば，c は $w \in L$ という事実の**証明（証明書[43]）**であるという．

L の検証者 A は，任意の $w \in L$ に対して，$w \in L$ のある証明 c において $Time_A(w,c) \in O(|w|^d)$ となる正整数 d が存在するとき，**多項式時間検証者**と呼ばれる．

多項式時間検証可能な言語のクラスを次のように定義する．

$$\mathbf{VP} = \{V(A) \mid A \text{ は多項式時間検証者}\}. \qquad \square$$

定義 2.3.3.7 を以下の例で説明する．SAT の検証者は，$(x,c) \in \Sigma_{logic}^* \times \Sigma_{bool}^*$ からの各入力に対して，x を式 Φ_x の表現と解釈し，c を Φ_x における変数に対するブール値の割当と解釈するようなアルゴリズムである．このような解釈が可能（すなわち，x が式 Φ_x の正しい符号化であり，c の長さが Φ_x における変数の個数に等しい）ならば，その検証者は c が Φ_x を充足するかどうかを検証する．明らかに，検証者が (x,c) を受理することと c が Φ_x を充足する割当であることは等価である．この検証者は多項式時間検証者であることがわかる．なぜならば，x の証明書 c は x より常に短く，変数への与えられた割当に対して式の評価を効率良く行うことができるからである．

演習問題 2.3.3.8 次の問題に対する多項式時間検証者を設計せよ．

(i) HC.

---

[43] "$w \in L$" の証明書は必ずしも "$w \in L$" という事実の数学的証明である必要はないことに注意しよう．というよりむしろ証明書は "$w \in L$" という事実の証明を本質的に簡単化するための補助情報と考えた方がよい．

134 第 2 章 初歩的な基礎

(ii) VC.

(iii) CLIQUE. □

次の定理は多項式時間の枠組におけるここでの仮説を証明している.

定理 2.3.3.9

$$NP = VP.$$
□

証明 $NP \subseteq VP$ と $VP \subseteq NP$ を証明することによって $NP = VP$ を証明する.

(i) $NP \subseteq VP$ を証明する. $L \in NP, L \subseteq \Sigma^*$ とする. 仮定から, $L = L(M)$ となる多項式時間非決定性アルゴリズム (TM) が存在する. この時, 次のように動作する多項式時間検証者 A が構成できる.

A: 入力: $(x, c) \in \Sigma^* \times \Sigma_{bool}^*$.

  (1) A は, c を M の非決定的選択のシミュレーションに対するナビゲータと解釈する. A は w における M の動作を (1 ステップずつ) シミュレートする. M において 2 つの選択の可能性があるならば, A は c の次のビットが 0 ならば 最初の選択をし, A は c の次のビットが 1 ならば 2 つ目の選択をする. このようにして, A は x における M の計算のどちらか一方を正しくシミュレートする.

  (2) M がまだ選択を残し, A が c の全てのビットを使い切っているならば, A は停止して, 棄却する.

  (3) A が x における M の計算を完全にシミュレートし終わっているならば, A が (x, c) を受理することと M がこの計算において x を受理することは等価である.

明らかに, $V(A) = L(M)$ が成り立つ. なぜなら, M が x を受理するならば, x における A の計算を受理することを曖昧なく決定できる非決定性選択の列に対応する証明書 c が存在するからである. A は M を 1 ステップずつシミュレートする以外のことは行わず, 任意の $x \in L(M)$ に対して, A も x における M の最短の受理計算をシミュレートするので, V は L に対する多項式時間検証者である.

(ii) $VP \subseteq NP$ を証明する. $L \subseteq \Sigma^*$ を, あるアルファベット Σ に対する, VP に属する言語とする. したがって, $V(A) = L$ となる多項式時間検証者 A が存在する. 次のように A をシミュレートする多項式時間非決定性アルゴリズム M を設計できる.

M：入力：$x \in \Sigma^*$.

(1) M は非決定的に語 $c \in \{0,1\}^*$ を生成する.

(2) M は (x,c) における A の動作を１ステップずつシミュレートする.

(3) A が (x,c) を受理するならば，M は x を受理し，A が (x,c) を棄却するならば，M は x を棄却する.

明らかに $L(M) = V(A)$ であり，M は多項式時間で動作する.　　　□

いまや状況は次のようになっている. 我々は２つの言語のクラス P と NP を定義した. 現実に現れるほとんど全ての興味ある決定問題は NP に属している. したがって，NP は実際的な観点から見て興味深いクラスである. 直接には信じられないにしても P $\subsetneq$ NP であると誰しもが予想している. この予想に対して２つの主要な理由がある.

(i) 理論的な理由
   証明を見つけることは，与えられた証明の正しさを検証するより易しくはないと誰しも思っている. この数学的な直観によって仮説 P $\subsetneq$ NP $=$ VP が有力になる.

(ii) 現実的な理由（経験）
   3000 以上の既知の問題が NP に属しており，それらの多くは 40 年もの間研究され続けてきた. それにもかかわらず，どの問題に対しても決定性多項式時間アルゴリズムは得られていない. このことは，これらの問題に対して効率的なアルゴリズムを見つける能力がないだけであるということは非常に考えにくい. たとえ，そうであったとしても，現状では，NP のたくさんの問題に対して多項式時間アルゴリズムは得られていないので，P と NP は異なっていると言わざるを得ない.

これらのことから，ある問題の難しさをいかに「証明する」かについて，たとえこれに対する数学的な証明が直接得られなくても，新しいアイデアが与えられる. $L \in$ NP に対して，新たに P $\subsetneq$ NP なる仮定をすることによって，$L \notin P$ の証明を試みよう. アイデアは，決定問題 L に対して，$L \in P$ から直接 P $=$ NP が得られるならば，L が NP の中で最も難しいものの１つであることをいうことである. 我々は P $=$ NP とは思っていないので，$L \notin P$，すなわち L が困難であるということを信じることは妥当な議論である. 効率的なアルゴリズムが存在しないことに対する難しい証明を避けたいので，NP の中で最も難しい問題を考える. するとその問題に対して効率的なアルゴリズムがあればそれを NP の中の他の任意の問題に対する効率的なアルゴリズムに変換できる. このアイデアを形式化して次の定義を得る.

136 第 2 章 初歩的な基礎

定義 2.3.3.10 $L_1 \subseteq \Sigma_1^*$ と $L_2 \subseteq \Sigma_2^*$ を言語とする．Σ_1^* から Σ_2^* への写像を計算する多項式時間アルゴリズム A が存在して，任意の $x \in \Sigma_1^*$ に対して，

$$x \in L_1 \Longleftrightarrow A(x) \in L_2$$

が成り立つ時，L_1 は L_2 に**多項式時間帰着可能**[44]であるといい，$\boldsymbol{L_1 \leq_p L_2}$ と表す．A は L_1 から L_2 への**多項式時間帰着**と呼ばれる．

言語 L は，任意の $U \in \mathrm{NP}$ に対して $U \leq_p L$ となる時，**NP 困難**と呼ばれる．

言語 L は，次の 2 つを満たす時，**NP 完全**と呼ばれる．

(i) $L \in \mathrm{NP}$.
(ii) L は NP 困難. □

まず，$L_1 \leq_p L_2$ は L_2 が少なくとも L_1 と同程度に難しいことを意味していることに注意しよう．なぜなら，多項式時間アルゴリズム M によって L_2 が決定できるならば，L_1 を L_2 に帰着する A と M を「合わせる」ことによって L_1 に対する多項式時間アルゴリズムが得られるからである．次の補題は NP 困難性がまさに我々が求めてきたものであることを示している．

補題 2.3.3.11 L が NP 困難，かつ $L \in \mathrm{P}$ ならば，$\mathrm{P} = \mathrm{NP}$ である． □

証明 $L \subseteq \Sigma^*$ をある NP 困難な言語とし，$L \in \mathrm{P}$ とする．この時，$L = L(M)$ となる多項式時間アルゴリズム M が存在する．任意の $U \in \mathrm{NP}$ ($U \in \Sigma_1^*$) に対して，$L(A_U) = U$ となる多項式時間アルゴリズム A_U が存在すること，すなわち，$U \in \mathrm{P}$ を証明する．$U \leq_p L$ であるので，$x \in U$ と $B(x) \in L$ が等価となるような多項式時間アルゴリズム B が存在する．$L(A_U) = U$ となるアルゴリズム A_U は次のように動作できる．

A_U：入力： $x \in \Sigma_1^*$.

Step 1: A_U は x に対して B の動作をシミュレートし，$B(x)$ を計算する．

Step 2: A_U は $B(x) \in \Sigma^*$ に対して M の動作をシミュレートする．A_U が x を受理することと M が $B(x)$ を受理することは等価である．

この時，$x \in U$ と $B(x) \in L$ は等価なので，$L(A_U) = U$. $Time_{A_U}(x) = Time_B(x) + Time_M(B(x))$ であるので，B と M は多項式時間で動作する．そして，$|B(x)|$ は $|x|$ の多項式であるので，A_U は多項式時間アルゴリズムであることがわかる． □

---

[44] 定義 2.3.3.10 の多項式時間帰着可能性は他の文献では，Karp 帰着可能性，または多項式時間多対一帰着可能性と呼ばれている．

2.3 アルゴリズム論の基礎　　**137**

あと証明すべきことは，ある特定の言語 L に対して NP の全ての言語が L に帰着できることである．このいわゆる「万能」帰着は SAT に対して証明された．ここではチューリング機械の形式化に基づいた技術的な詳細を省きたいので，その証明は示さない．

定理 2.3.3.12 （Cook の定理）　　SAT は NP 完全である．　　　　　　　□

実際的な観点からは，対象としている問題 U が NP 困難であることを示す単純な方法に興味がある．それを行うのに，万能帰着の変形版は何も必要ない．次の観察で述べるように，それを証明するには，既にわかっているある NP 困難な問題 L を取り上げ，U から L への多項式時間帰着を見つけさえすれば十分である．

観察 2.3.3.13　L_1 と L_2 を 2 つの言語とする．$L_1 \leq_p L_2$ かつ L_1 が NP 困難ならば，L_2 は NP 困難である．　　　　　　　　　　　　　　　　　　　　　□

演習問題 2.3.3.14　観察 2.3.3.13 を証明せよ．

（ヒント：観察 2.3.3.13 の証明は，補題 2.3.3.11 の証明を真似ればよい．）　　□

歴史的には，観察 2.3.3.13 の主張を用いて，SAT は 3000 を越える決定問題が NP 完全であることを証明するのに用いられている．興味深い点は，NP 完全問題は NP に属するそれ以外の任意の問題を多少なりとも符号化している問題であると見なせるということである．例えば，SAT が NP 完全であることは NP に属する全ての決定問題 (L, Σ) はブール式の言語で表現できるということを意味している．このことは，各入力 $x \in \Sigma^*$ に対して，ブール式 Φ_x が充足可能であることと $x \in L$ が等価となるようなブール式 Φ_x を効率的に構成できることから正しい．同様に，グラフ理論の問題が NP 困難であることを証明することは NP の任意の問題がグラフ理論的言語で表現できることを示している．以下では，異なる形式表現（言語）間の帰着の例をいくつか示す．

補題 2.3.3.15　SAT $\leq_p$ CLIQUE.　　　　　　　　　　　　　　　　　　□

証明　$\Phi = F_1 \wedge F_2 \wedge \cdots \wedge F_m$ を CNF 式とする．ここで，$F_i = (l_{i1} \vee l_{i2} \vee \cdots \vee l_{ik_i})$，$k_i \in \mathbb{N} - \{0\}$ $(i = 1, 2, \ldots, m)$ とする．G が k-クリークを持つことと Φ が充足可能となることが等価であるようにクリーク問題の入力インスタンス (G, k) を以下のように構成する．

$k := m$;

$G = (V, E)$, ここで

$$V := \{[i,j] \mid 1 \leq i \leq m, 1 \leq j \leq k_i\}.$$

すなわち，Φ におけるリテラルのそれぞれに対して，頂点を用意する．

$$E := \{\{[i,j],[r,s]\} \mid i \neq r \text{ かつ } l_{ij} \neq \bar{l}_{rs} \text{ となる全ての } [i,j],[r,s] \in V\}.$$

すなわち，辺は異なる節のみからのリテラルに対応する頂点間を結び，さらに，$\{u,v\} \in E$ ならば，u に対応するリテラルは v に対応するリテラルの否定でない．

上記の Φ から (G,k) の構成は通常の方法で効率的に計算できることがわかる．図 2.16 には，

$$\Phi(x_1 \vee x_2) \wedge (x_1 \vee \bar{x}_2 \vee \bar{x}_3) \wedge (\bar{x}_1 \vee x_3) \wedge \bar{x}_2$$

に対応するグラフ G を示す．

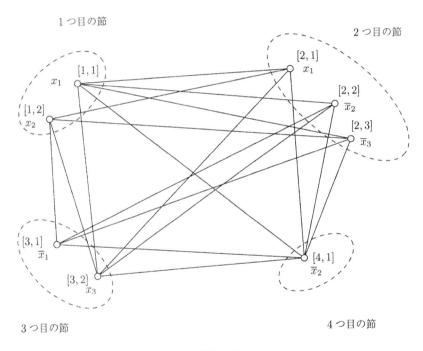

図 **2.16**

$$\Phi \text{ は充足可能} \iff G \text{ はサイズ } k = m \text{ のクリークを含む} \tag{2.27}$$

を示すことが残っている．証明のアイデアは，2 つのリテラル（頂点）l_{ij} と l_{rs} が辺で結ばれていることと，それらが異なる節にあり l_{ij} と l_{rs} の両方の値が 1 であるような割当が存在することが等価であることを示すというものである．したがって，クリークは，クリークの頂点に対応する全てのリテラルを 1 に評価する入力割当を見つ

ける可能性に対応している.

その等価性 (2.27) に対する両方向の矢印を順に証明する.

(i) Φ が充足可能であるとする. この時, $\varphi(\Phi) = 1$ となる割当 φ が存在する. 明らかに, 全ての $i \in \{1, \ldots, m\}$ について $\varphi(F_i) = 1$ が成り立つ. このことは各 $i \in \{1, \ldots, m\}$ に対して, $\varphi(l_{id_i}) = 1$ となるような $d_i \in \{1, \ldots, k_i\}$ が存在することを意味する. この時, 頂点の集合 $\{[i, d_i] \mid 1 \leq i \leq m\}$ は G において m-クリークを構成することを示す. 明らかに, $[1, d_1], [2, d_2], \ldots, [m, d_m]$ は異なる節にある. ある $i \neq j$ に対して $l_{id_i} = \bar{l}_{jd_j}$ が成り立つならば, 任意の入力割当 ω に対して $\omega(l_{id_i}) \neq \omega(l_{jd_j})$ となり, よって $\varphi(l_{id_i}) = \varphi(l_{jd_j})$ は成り立たない. したがって, 全ての $i, j \in \{1, \ldots, m\}$, $i \neq j$ に対して $l_{id_i} \neq \bar{l}_{jd_j}$ となり, 全ての $i, j = 1, \ldots, m, i \neq j$ に対して, $\{[i, d_i], [j, d_j]\} \in E$ である.

(ii) Q を $k = m$ 個の頂点を持つ G の m-クリークとする. G において 2 つの頂点が辺で結ばれているのは対応する 2 つのリテラルが異なる節にある時であるから, $Q = \{[1, d_1], [2, d_2], \ldots, [m, d_m]\}$ となるような $d_1, d_2, \ldots, d_m$ (ただし, $d_p \in \{1, 2, \ldots, k_p\}, p = 1, \ldots, m$) が存在する. グラフの構成法から $\varphi(l_{1d_1}) = \varphi(l_{2d_2}) = \cdots = \varphi(l_{md_m}) = 1$ となる割当 φ が存在する. これから直ちに $\varphi(F_1) = \varphi(F_2) = \cdots = \varphi(F_m) = 1$ が得られ, ゆえに φ は Φ を充足する. □

補題 2.3.3.16 CLIQUE $\leq_p$ VC. □

証明 $G = (V, E), k$ をクリーク問題の入力とする. これから頂点被覆問題の入力 $(\overline{G}, m)$ を以下のように構成する:

$m := |V| - k$,
$\overline{G} = (V, \overline{E})$, ここで $\overline{E} = \{\{v, u\} \mid v, u \in V, u \neq v,$ かつ $\{u, v\} \notin E\}$.
明らかに, この構成は線形時間で実行できる.

図 2.17 は G からのグラフ $\overline{G}$ の構成を示している. 構成のアイデアは以下の通りである. もしクリーク Q が G にあれば, $\overline{G}$ においては Q の任意の 2 頂点の対の間に辺は存在しない. したがって, $V - Q$ は $\overline{G}$ の頂点被覆でなければならない. よって, 図 2.17 における G のクリーク $\{v_1, v_4, v_5\}$ は $\overline{G}$ における頂点被覆 $\{v_2, v_3\}$ に対応する. G のクリーク $\{v_1, v_2, v_5\}$ は $\overline{G}$ の頂点被覆 $\{v_3, v_4\}$ に対応し, G のクリーク $\{v_1, v_2\}$ は $\overline{G}$ の頂点被覆 $\{v_3, v_4, v_5\}$ に対応している.

明らかに,

$$(G, k) \in \text{CLIQUE} \Longleftrightarrow (\overline{G}, |V| - k) \in VC$$

を証明するためには

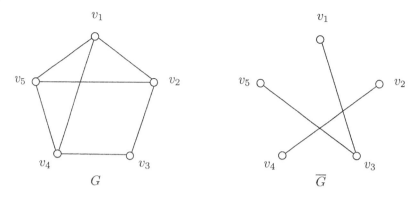

図 2.17

「G において $S\ (\subseteq V)$ がクリーク $\iff V - S$ が $\overline{G}$ の頂点被覆」

を証明すれば十分である．

この等価性に対する両方向の矢印を順に証明する．

(i) S を G のクリークとする．この時，$\overline{G}$ においては S の頂点間を結ぶ辺は存在しない．すなわち，$\overline{G}$ の各辺は $V - S$ の少なくとも 1 つの頂点に隣接している．したがって，$V - S$ は $\overline{G}$ の頂点被覆である．

(ii) $C \subseteq V$ を $\overline{G}$ の頂点被覆とする．頂点被覆の定義によると，$\overline{G}$ の全ての辺は C の頂点の少なくとも 1 つに隣接している．すなわち，u と v いずれもが $V - C$ に属しているような辺 $\{u,v\} \in \overline{E}$ は存在しない．よって，全ての $u,v \in V - C$ ($u \neq v$) に対して，$\{u,v\} \in E$ である．すなわち，$V - C$ は G においてクリークである． □

演習問題 2.3.3.17 VC $\leq_p$ CLIQUE を証明せよ． □

演習問題 2.3.3.18 3SAT $\leq_p$ VC を証明せよ． □

次の帰着においては，ブール式の言語を線形方程式の言語に変換する．

補題 2.3.3.19 3SAT $\leq_p$ SOL-0/1-LP. □

証明 $\Phi = F_1 \wedge F_2 \wedge \cdots \wedge F_m$ を変数 $X = \{x_1, \ldots, x_n\}$ 上の CNF 式とする．$i = 1, \ldots, m$ に対して $F_i = l_{i1} \vee l_{i2} \vee l_{i3}$ とする．まず，X 上の線形不等式系を以下のように構成する．各 F_i $i = 1, \ldots, m$ に対して，線形不等式 LI_i を

$$z_{i1} + z_{i2} + z_{i3} \geq 1$$

ととる．ここで，ある $k \in \{1, \ldots, n\}$ に対して $l_{ir} = x_k$ ならば $z_{ir} = x_k$ であり，ある $q \in \{1, \ldots, n\}$ に対して $l_{ir} = \overline{x}_q$ ならば $z_{ir} = (1 - x_q)$ とする．明らかに，割当 $\varphi : X \to \{0, 1\}$ に対して $\varphi(F_i) = 1$ であることと φ が線形不等式 LI_i の解となることは等価である．したがって，Φ を満たす任意の φ は線形不等式系 $LI_1, LI_2, \ldots, LI_m$ の解であり，逆も成り立つ．

線形方程式系を得るためには新たに $2m$ 個のブール変数（未知数）$y_1, \ldots, y_m$, $w_1, \ldots, w_m$ をとり，各 LI_i を線形方程式

$$z_{i1} + z_{i2} + z_{i3} - y_i - w_i = 1$$

に変換する．明らかに，構成された線形方程式系が解を持つのと線形不等式系 $LI_1, LI_2, \ldots, LI_m$ が解を持つのは等価であることは容易にわかる． □

演習問題 2.3.3.20 $^{(*)}$　次の帰着性を証明せよ．

 (i) $\textsc{Sat} \leq_p \textsc{Sol-0/1-LP}$.
 (ii) 任意の素数 k に対して，$3\textsc{Sat} \leq_p \textsc{Sol-IP}_k$.
 (iii) $\textsc{Sol-0/1-LP} \leq_p \textsc{Sat}$.
 (iv) $\textsc{Sat} \leq_p \textsc{Sol-IP}$.
 (v) $\textsc{Clique} \leq_p \textsc{Sol-0/1-LP}$. □

上記では，$\mathrm{P} \subsetneq \mathrm{NP}$ の仮定の下で決定問題の困難さをうまく証明するための機構を導入した．最適化問題に対する同種の困難さを証明する方法を導入したい．そうするために，まず決定問題に対するクラス P と NP に対応する最適化問題のクラス PO と NPO を導入する．

定義 2.3.3.21　NPO は最適化問題のクラスであり，次の条件が成り立つ時，$U = (\Sigma_I, \Sigma_O, L, L_I, \mathcal{M}, cost, goal) \in \mathrm{NPO}$ である．

 (i) $L_I \in \mathrm{P}$.
 (ii) ある多項式 p_U が存在して，以下を満たす．
　　 (a) 各 $x \in L_I$ と各 $y \in \mathcal{M}(x)$ に対して，$|y| \leq p_U(|x|)$ である．
　　 (b) 各 $y \in \Sigma_O^*$ と $|y| \leq p_U(|x|)$ となる各 $x \in L_I$ に対して，$y \in \mathcal{M}(x)$ かどうかを決定する多項式時間アルゴリズムが存在する．
 (iii) 関数 $cost$ は多項式時間で計算可能である． □

直観的には，最適化問題 U が NPO に属するのは以下の 3 条件を満たす時であることがわかる．

142 第2章 初歩的な基礎

(i) 文字列が U の入力インスタンスであるかどうかが効率的に検証できる.

(ii) 解のサイズは問題インスタンスのサイズの多項式であり,文字列 y が与えられた入力インスタンス x の解であるかどうかが多項式時間で検証できる.

(iii) 任意の実行可能解のコストが効率的に決定できる.

条件 (ii) により,多項式時間検証者によって受理される言語のクラスと見なすことができるので NP との関係がみてとれる.条件 (i) と (iii) は,我々が着目しているのは与えられた入力が無矛盾な入力インスタンスかどうかを決定するのが容易であるか,またはコスト関数の評価が容易であるかということではなく最適化問題であるため,自然な条件である.

MAX-SAT 問題は NPO に属している.なぜなら,

(i) 語 $x \in \Sigma_{logic}^*$ が CNF ブール式 Φ_x を表しているかどうかは多項式時間で検証でき,

(ii) 各 x に対して,Φ_x の変数への任意の割当 $\alpha \in \{0,1\}^*$ は $|\alpha| < |x|$ を満たし,$|\alpha|$ が Φ_x の変数の数と等しいかどうかは線形時間でも検証でき,

(iii) 変数 Φ_x への任意の与えられた割当 α に対して,Φ_x において充足する節の数は線形時間で計算できるからである.

演習問題 2.3.3.22 次の最適化問題が NPO に属することを証明せよ:

(i) MAX-CUT.

(ii) MAX-CL.

(iii) MIN-VCP. □

次の定義は,易しい最適化問題とは何であるかに対する自然な考えに基づいている.

定義 2.3.3.23 **PO** は以下の条件を満たす最適化問題 $U = (\Sigma_I, \Sigma_O, L, L_I, \mathcal{M}, cost, goal)$ のクラスで定義される.

(i) $U \in$ NPO.

(ii) 各 $x \in L_I$ に対する最適解を計算する多項式時間アルゴリズムが存在する. □

以下では,NP 困難な最適化問題が PO に属せば,P と NP が等しくなるという意味において,最適化問題に対する NP 困難性を導入するための単純な方法を示す.

定義 2.3.3.24 $U = (\Sigma_I, \Sigma_O, L, L_I, \mathcal{M}, cost, goal)$ を NPO に属する最適化問題とする.U の閾値言語を以下のように定義する.

$$Lang_U = \{(x,a) \in L_I \times \Sigma_{bool}^* \mid Opt_U(x) \leq Number(a)\}$$

$$(goal = minimum \ \text{の場合}),$$

$$Lang_U = \{(x,a) \in L_I \times \Sigma_{bool}^* \mid Opt_U(x) \geq Number(a)\}$$

$$(goal = maximum \ \text{の場合}).$$

$Lang_U$ が NP 困難である時，**U は NP 困難**であると定義する． □

次の補題は，$Lang_U$ の NP 困難性を証明することは，実際には U が多項式時間計算に対して困難であることを示す 1 つの方法であることを示している．

補題 2.3.3.25 最適化問題 U が PO に属するならば，$Lang_U \in \mathrm{P}$． □

証明 $U \in \mathrm{PO}$ ならば，多項式時間アルゴリズム A が存在して，U の各入力インスタンス x に対して，A は x の最適解を計算し，ゆえに $Opt_U(x)$ の値も計算する．よって，A は $Lang_U$ を決定するのに用いることができる． □

定理 2.3.3.26 U を最適化問題とする．$Lang_U$ が NP 困難で $\mathrm{P} \neq \mathrm{NP}$ ならば，$U \notin \mathrm{PO}$ が成り立つ． □

証明 補題が成り立たない，すなわち，$U \in \mathrm{PO}$ と仮定する．補題 2.3.3.25 によって $Lang_U \in \mathrm{P}$ である．$Lang_U$ は NP 困難であるので，$Lang_U \in \mathrm{P}$ ならば直ちに $\mathrm{P} = \mathrm{NP}$ となり，これは矛盾である． □

最適化問題の NP 困難性を証明するこの方法が簡単であることを示すために次の例を利用する．

補題 2.3.3.27 MAX-SAT は NP 困難である． □

証明 定義 2.3.3.23 によって，$Lang_{\text{MAX-SAT}}$ が NP 困難であることを示さなければならない．SAT が NP 困難であることはわかっているので，SAT $\leq_p Lang_{\text{MAX-SAT}}$ を証明すれば十分である．この帰着は簡単である．x は m 個の節の式 Φ_x を符号化するとする．したがって，(x,m) を $Lang_{\text{MAX-SAT}}$ に対する多項式時間アルゴリズムに対する入力とする．明らかに，$(x,m) \in Lang_{\text{MAX-SAT}}$ と Φ_x が充足可能であることは等価である． □

補題 2.3.3.28 MAX-CL は NP 困難である． □

証明 CLIQUE $= Lang_{\text{MAX-CL}}$ であることに注意しよう．CLIQUE が NP 困難であることを既に示したので，補題は証明された．

144　第 2 章　初歩的な基礎

演習問題 2.3.3.29　次の最適化問題が NP 困難であることを証明せよ.

- (i)　MAX-3SAT.
- (ii)　[*] MAX-2SAT[45].
- (iii)　MIN-VCP.
- (iv)　SCP.
- (v)　SKP.
- (vi)　MAX-CUT.
- (vii)　TSP.
- (viii)　MAX-E3LINMOD2.　　　　　　　　　　　　　　　　　　　□

演習問題 2.3.3.30　$P \neq NP$ ならば $PO \neq NPO$ となることを証明せよ.　　　□

2.3.3 節で導入されたキーワード

　一様コスト尺度, 対数コスト尺度, 最悪計算量, 時間計算量, 空間計算量, 問題計算量に対する下界と上界, 計算量のクラス P, NP, PO, NPO, 検証者, 多項式時間帰着, NP 困難性, NP 完全性, 最適化問題の NP 困難性

2.3.3 節のまとめ

　時間計算量と空間計算量は基礎的な計算量の尺度である. 時間計算量は計算機の語 (定数サイズのオペランド) 上で実行される初等的操作の数で計測される. 制限のない大きなオペランド上で操作が実行されるならば, 対数コスト尺度を用いるべきである. ここで, 対数コストにおける単位操作のコストはオペランドの表現の長さに比例する.

　アルゴリズム A の (最悪) 時間計算量は入力サイズの関数 $Time_A(n)$ である. $Time_A(n)$ の計算量において, A はサイズ n の入力のそれぞれに対して出力を計算し, A がちょうど計算量 $Time_A(n)$ で実行されるサイズ n の入力が存在する.

　クラス P は多項式時間で決定できる全ての言語のクラスである. P に属する任意の決定問題は易しい (実際的に解決可能) と考えられている. クラス P はどのような妥当な計算モデルを選択しても不変である.

　クラス NP は多項式時間非決定性アルゴリズムによって受理される全ての言語のクラスであり, (決定性) 多項式時間検証者によって受理される言語のクラスと一致する. P が NP に等しいならば, 多くの数学的な問題に対して, 解を見つけるのと与えられた解の正しさを検証するのが同じ程度の難しさになるので, $P \subsetneq NP$ であると予

---

[45] 23AT と P であることに注意しよう.

想されている．$P \subsetneq NP$ の証明または反証は現在の計算機科学と数学における最も挑戦的な未解決問題である．

NP 完全性の概念は，$P \neq NP$ の仮定の下で，特定の決定問題の難しさ（困難さ）を証明するための方法を与える．実際，NP 完全問題は NP の任意の他の問題をある意味符号化している．そして NP の任意の決定問題に対して，この符号化は効率的に計算できる．NP 完全問題は解くのは困難であると考えられている．なぜなら，この問題が P に属するならば，P と NP は等しくなるからである．この概念は最適化問題にも拡張できる．

2.3.4　アルゴリズム設計技法

長年にわたって，問題の大きなクラスに対して効率的なアルゴリズムを生み出すいくつかの一般的な技法（概念）が見出されてきた．この節では，最も重要なアルゴリズム設計技法である以下の技法を概説する．

> 分割統治法．
> 動的計画法．
> バックトラッキング法．
> 局所探索法．
> 貪欲アルゴリズム．

読者がこれら全ての技法に習熟しており，これら技法によって設計された多くの特定のアルゴリズムを知っていることを前提とする．したがって，この節ではこれらの技法とそれらの基本的な性質を簡単に述べるにとどめる．これらの技法は，これまで非常に成功してしており，新しい問題が与えられた時，最も合理的なアプローチはこれらの技法のいずれか 1 つを単独で適用して効率的な解が得られるかどうかを見極めるだけでよいという事実がある．それにもかかわらず，これらのどの技法も単独では NP 困難な問題を解決できていない．後で，これらの技法と新しいアイデアやアプローチを組み合わせると困難問題に対する実際的なアルゴリズムの設計の手助けになることがわかる．しかしながら，これらは次章以降の内容である．

以下では，効率的なアルゴリズム設計に対する上で述べた技法を，その一般的な記述をまず述べて，次にその方法を適用した簡単な例を示すという一様な方法で示す．

分割統治法

分割統治法は，直観的には与えられた入力インスタンスをいくつかのより小さな入力インスタンスに分割することに基づいた技法である．この時，分割された入力イン

スタンスに対する解を用いて，元の入力インスタンスの解が容易に計算できるように分割される．分割された問題インスタンスの解は同じように計算できるので，分割統治法の適用は，自然に再帰的な手続きで表現される．以下では，この技法のより詳細な記述を与える．U を任意の問題[46]とする．

U に対する分割統治アルゴリズム

入力： U の入力インスタンス I，ただし，$size(I) = n, n \geq 1$.

Step 1: **if** $n = 1$ **then** 任意の方法で I の出力を計算する

else ステップ 2 へ行く.

Step 2: I を用いて，U の問題インスタンス $I_1, I_2, \ldots, I_k$ $(k \in \mathbb{N} - \{0\})$ を作る．ただし，$size(I_j) = n_j < n$ $(j = 1, 2, \ldots, k)$.

{通常，ステップ 2 は I を $I_1, I_2, \ldots, I_k$ に分割して実行される．$I_1, I_2, \ldots, I_k$ は I の**部分インスタンス**とも呼ばれる．}

Step 3: 入力（部分インスタンス）$I_1, \ldots, I_k$ に対して出力 $U(I_1), \ldots, U(I_k)$ を同じ手続きを用いて再帰的に計算する．

Step 4: 出力 $U(I_1), \ldots, U(I_k)$ から出力 I を計算する．

分割統治法の計算量解析は漸化式を解くのが標準的である．ここでの一般的なスキームによれば，分割統治アルゴリズム A の時間計算量は次のように計算される．

$$Time_A(1) \leq b$$

（サイズ 1 の任意の入力 U に対して

Step 1 は時間計算量 b でできる）

$$Time_A(n) = \sum_{i=1}^{k} Time_A(n_i) + g(n) + f(n).$$

ここで，$g(n)$ はサイズ n の I を部分インスタンス $I_1, \ldots, I_k$ に分割する（Step 2）ための時間計算量で，$f(n)$ は $U(I_1), \ldots, U(I_k)$ から $U(I)$ を計算する（Step 4）ための時間計算量である．

Step 2 では I を同じサイズ $\lceil \frac{n}{m} \rceil$ の k 個の入力部分インスタンスに分割することがほとんどである．よって，典型的な漸化式は

$$Time_A(n) = k \cdot Time_A\left(\left\lceil \frac{n}{m} \right\rceil\right) + h(n)$$

の形になる．ここで，h は非減少関数で k と m はある定数である．このような漸化

---

[46] 決定問題，または最適化問題，あるいはその他の問題.

式の解き方については 2.2 節を見よ.

分割統治法の技法を利用したよく知られたアルゴリズムの例は 2 分探索,ソーティングのマージソート,クイックソート,Strassen の行列積アルゴリズムなどである.この技法の適用例は他にも数多くあり,最も広く適用されているアルゴリズム設計技法の 1 つである.ここでは,大きな桁数の整数乗算の例を示す.

例 (大きな桁数の整数乗算問題)

$$a = a_n a_{n-1} \ldots a_1 \text{ と } b = b_n b_{n-1} \ldots b_1$$

を 2 つの整数 $Number(a)$ と $Number(b)$ の 2 進表現とする.ここで,ある正整数 k に対して $n = 2^k$ とする.目的は $Number(a) \cdot Number(b)$ の 2 進表現を計算することである.筆算アルゴリズムでは,$i = 1, \ldots, n$ に対する $a_n a_{n-1} \ldots a_1$ のそれぞれに b を掛けた n 個の部分積(の和)を計算するものであり,その時間計算量は $O(n^2)$ である.

ナイーブな分割統治法のアプローチは次のように動作する.a と b それぞれを 2 つの $n/2$ ビットの整数に分割する.

$$A = Number(a) = \underbrace{Number(a_n \ldots a_{n/2+1})}_{A_1} \cdot 2^{n/2} + \underbrace{Number(a_{n/2} \ldots a_1)}_{A_2}$$

$$B = Number(b) = \underbrace{Number(b_n \ldots b_{n/2+1})}_{B_1} \cdot 2^{n/2} + \underbrace{Number(b_{n/2} \ldots b_1)}_{B_2}.$$

$Number(a)$ と $Number(b)$ の積は

$$A \cdot B = A_1 \cdot B_1 \cdot 2^n + (A_1 \cdot B_2 + B_1 \cdot A_2) \cdot 2^{n/2} + A_2 \cdot B_2 \tag{2.28}$$

と表せる.等式(2.28)に基づいた分割統治アルゴリズムを設計するために,2 つの n ビット整数の乗算は,以下の 3 つの演算に帰着されたことがわかる.

- 4 つの $\left(\frac{n}{2}\right)$ ビット整数 $(A_1 \cdot B_1, A_1 \cdot B_2, B_1 \cdot A_2, A_2 \cdot B_2)$ の乗算.
- 高々 $2n$ ビットの整数の 3 つの加算.
- 2 回のシフト演算(2^n および $2^{n/2}$ との乗算).

3 つの加算とシフトはある定数 c に対して,cn ステップで実現できるので,このアルゴリズムの時間計算量は次の漸化式で与えられる.

$$\begin{aligned} Time(1) &= 1, \\ Time(n) &= 4 \cdot Time\left(\frac{n}{2}\right) + cn. \end{aligned} \tag{2.29}$$

148　第 2 章　初歩的な基礎

マスター定理を用いれば，(2.29) の解は $Time(n) = O(n^2)$ である．これでは漸近的な観点からは従来の筆算法を改善できていない．これを改良するためには，部分問題の数を減らす必要がある．すなわち，$\left(\frac{n}{2}\right)$ ビット整数の乗算の数を減らさなければならない．これは次の等式を用いて実現される．

$$A \cdot B = A_1 B_1 \cdot 2^n + [A_1 B_1 + A_2 B_2 + (A_1 - A_2) \cdot (B_2 - B_1)] \cdot 2^{n/2} + A_2 B_2. \quad (2.30)$$

この等式が成り立つことは

$$(A_1 - A_2) \cdot (B_2 - B_1) + A_1 B_1 + A_2 B_2$$
$$= A_1 B_2 - A_1 B_1 - A_2 B_2 + A_2 B_1 + A_1 B_1 + A_2 B_2$$
$$= A_1 B_2 + A_2 B_1$$

による．(2.30) は (2.28) よりも複雑に見えるものの，以下の 3 つの演算しか必要としない．

- 3 つの $\left(\frac{n}{2}\right)$ ビット整数の乗算 $(A_1 \cdot B_1, (A_1 - A_2) \cdot (B_2 - B_1), A_2 \cdot B_2)$.
- 高々 $2n$ ビットの整数に対する 4 つの加算と 2 つの減算．
- 2 回のシフト演算　$(2^n$ および $2^{n/2}$ との乗算$)$．

　したがって，(2.30) に基づいた分割統治アルゴリズム C の時間計算量は次の漸化式で与えられる．

$$\begin{aligned} Time_C(1) &= 1 \\ Time_C(n) &= 3 \cdot Time_C\left(\frac{n}{2}\right) + dn. \end{aligned} \quad (2.31)$$

ただし，d は適当な定数とする．マスター定理（2.2.2 節）によれば（2.31）の解は $Time_C(n) \in O\left(n^{\log_2 3}\right)$，ここで $\log_2 3 \approx 1.59$．よって，C は漸近的に筆算法より速い[47]．　　　　　　　　　　　　　　　　　　　　　　　　　　　　　　□

動的計画法

　分割統治法と動的計画法はよく似ており，いずれのアプローチも問題の部分インスタンスに対する解を結合して問題を解く．違いは分割統治法が問題インスタンスを部分問題に分割して，それらの部分インスタンスを自分自身で呼び出して再帰的に解くのに対して[48]，動的計画法は次のようにボトムアップ的に動作する．まず，最も小さ

---

[47] 定数 d はかなり大きいので，500 ビット未満の整数に対しては筆算法が C より優れていることに注意しよう．

[48] したがって，分割統治法はトップダウン法である．

な（簡単な）部分インスタンスに対する解を計算し，次に元々の問題インスタンスを解くことができるまで，解くべき部分インスタンスを順に大きくしていく．この過程を通して動的計画法に基づいた任意のアルゴリズムは部分問題インスタンスに対する全ての解を表に格納する．したがって，動的計画法アルゴリズムは，解を表に保存し，部分問題が必要になった時に再利用するので，全ての部分問題インスタンスはちょうど1回だけ解けばよい．このことが分割統治法より動的計画法が優れている主要な点である．分割統治法ではたとえ，異なる部分問題インスタンスが多項式個しかない場合でさえ，指数個の部分問題インスタンスを解く場合がある．これは，分割統治法アルゴリズムは同じ部分問題インスタンスを複数回解くことにより生じる[49]．

おそらく動的計画法と分割統治法の違いが最もよくわかるのは，n 番目のフィボナッチ数 $F(n)$ を計算する例であろう．フィボナッチ数 $F(n)$ は

$$F(1) = F(2) = 1 \text{ かつ } F(n) = F(n-1) + F(n-2)(n \geq 3)$$

を満たすことを思い出そう．フィボナッチ数は次の動的計画法アルゴリズム A によって逐次計算される．

"$F(1), F(2), F(3) = F(1) + F(2), \ldots, F(n) = F(n-1) + F(n-2)$".

明らかに，$Time_A$ は n の値に線形である．入力 n に対する分割統治法アルゴリズム DCF は再帰的に DCF$(n-1)$ と DCF$(n-2)$ を呼び出す．DCF$(n-1)$ はさらに再帰的に DCF$(n-2)$ と DCF$(n-3)$ を呼び出す．これを繰り返す．図 2.18 の木は DCF の再帰呼び出しの一部分を表している．容易にわかるように，部分問題に対する再帰呼び出しの数は n の指数であり，ゆえに $Time_{\text{DCF}}$ は n の指数になる．

演習問題 2.3.4.1 各 $i \in \{1, 2, \ldots, n-1\}$ に対して，DCF によって $F(n-i)$ が何回解かれるかを評価せよ． □

演習問題 2.3.4.2 次の公式を用いて $\binom{n}{k}$ を計算する問題を考える．

$$\binom{n}{k} = \binom{n-1}{k} + \binom{n-1}{k-1}. \tag{2.32}$$

式（2.32）を用いて，分割統治法と動的計画法で結果を計算する時，それらの時間計算量の違いはなにか？（計算量は入力パラメータ n と k の両方で評価しなければならないことに注意しよう．） □

動的計画法のよく知られた適用例としては，最短経路問題に対する Floyd のアル

---

[49] 入力インスタンスの自然な分割によって，部分問題が重なり，ゆえに異なる部分問題インスタンスの個数が指数個になる場合もある．

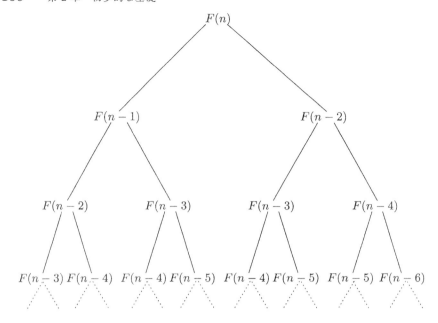

図 **2.18**

ゴリズム，最小三角形分割問題に対するアルゴリズム，最適なマージパターンアルゴリズム，ナップサック問題に対する擬多項式時間アルゴリズム（第 3 章で示される）などがある．Floyd のアルゴリズムでの動的計画法の手法を示す．

例 全対最短経路問題は，与えられた重み付きグラフ (G, c) の全ての頂点対に対して最短経路のコストを見つける問題である．ここで $G = (V, E)$ かつ $c : E \to \mathbb{N} - \{0\}$ である．$V = \{v_1, v_2, \ldots, v_n\}$ とする．

アイデアは順々に次の値を計算することである．

$$Cost_k(i, j) = \{v_1, v_2, \ldots, v_k\} \text{ のみの内部頂点を用いた}$$
$$v_i \text{ と } v_j \text{ 間の最短経路のコスト}$$

ただし，$k = 0, 1, \ldots, n$ である．最初に，

$$Cost_0(i, j) = \begin{cases} c(\{v_i, v_j\}) & (\{v_i, v_j\} \in E \text{ の場合}) \\ \infty & (\{v_i, v_j\} \notin E \text{ かつ } i \neq j \text{ の場合}) \\ 0 & (i = j \text{ のとき}) \end{cases}$$

とする．$r, s \in \{1, \ldots, n\}$ に対する $Cost_{k-1}(r, s)$ を用いて，$Cost_k(i, j)$ を計算するために，次の公式

$$Cost_k(i, j) = \min\{Cost_{k-1}(i, j), Cost_{k-1}(i, k) + Cost_{k-1}(k, j)\}$$

$(i, j \in \{1, 2, \ldots, n\})$ を用いることができる．これは，$\{v_1, \ldots, v_k\}$ にある頂点のみを経由する v_i と v_j の最短経路は，頂点 v_k を経由しないか，もしくは v_k を経由するならば v_k をちょうど 1 回だけ経由するかのいずれかであることによる[50].

次のアルゴリズムはこの戦略を直接実現したものである．

FLOYD のアルゴリズム

入力： グラフ $G = (V, E)$, $V = \{v_1, \ldots, v_n\}$, $n \in \mathbb{N} - \{0\}$ かつコスト関数 $c : E \to \mathbb{N} - \{0\}$.

Step 1: **for** $i = 1$ **to** n **do**

   do begin $Cost[i, i] := 0$;

   for $j := 1$ **to** n **do**

   if $\{v_i, v_j\} \in E$ **then** $Cost[i, j] := c(\{v_i, v_j\})$

   else if $i \neq j$ **then** $Cost[i, j] := \infty$

   end

Step 2: **for** $k := 1$ **to** n **do**

   for $i := 1$ **to** n **do**

   for $j := 1$ **to** n **do**

   $Cost[i, j] := \min\{Cost[i, j], Cost[i, k] + Cost[k, j]\}$.

明らかに，FLOYD のアルゴリズムの計算量は $O(n^3)$ である． □

バックトラッキング

バックトラッキングは，最適化問題を全ての実行可能解の集合をしらみつぶし探索によって解いたり，有限ゲームにおいてゲームの全ての状況の探索によって最適戦略を決定する時に用いる方法である．ここでは，最適化問題に対するバックトラッキングの適用にのみ着目する．

最適化問題にバックトラック法を適用できるようにするために，全ての実行可能解の集合にある構造を導入する必要がある．任意の実行可能解の仕様を n 項組 $(p_1, p_2, \ldots, p_n)$ と見なすならば（ただし，各 p_i はある有限集合 P_i からとることができるものとする），次のようにして全ての実行可能解の集合にある構造を導入できる．

$\mathcal{M}(x)$ を最適化問題の入力インスタンス x に対する全ての実行可能解の集合とする．$T_{\mathcal{M}(x)}$ を次のような性質を持つラベル付根付き木と定義する．

(i) $T_{\mathcal{M}(x)}$ の任意の頂点 v は集合 $S_v \subseteq \mathcal{M}(x)$ によってラベル付けられている．

---

[50] 辺の全てのコストは正なので，最短経路は閉路を含まない．

152 第 2 章 初歩的な基礎

(ii) $T_{\mathcal{M}(x)}$ の根は $\mathcal{M}(x)$ によってラベル付けられている.

(iii) $T_{\mathcal{M}(x)}$ において $v_1, \ldots, v_m$ が v の親の全ての子であるならば,
$i \neq j$ に対して $S_v = \bigcup_{i=1}^{m} S_{v_i}$ かつ $S_{v_i} \cap S_{v_j} = \emptyset$ が成り立つ.
{対応する子の集合は親の集合の分割になる. }

(iv) $T_{\mathcal{M}(x)}$ の各葉 u に対して, $|S_u| \leq 1$.
{葉が $\mathcal{M}(x)$ の実行可能解に対応している. }

各実行可能解が上記で記述されたように指定されるならば, まず $p_1 = a$ と設定することによって, $T_{\mathcal{M}(x)}$ を構成し始めることができる. この時, その根の左の子[51]が $p_1 = a$ の実行可能解の集合に対応し, 右の子が $p_1 \neq a$ の実行可能解の集合に対応する. この戦略を続けて用いると, 木 $T_{\mathcal{M}(x)}$ が直接的に構成できる[52]. $T_{\mathcal{M}(x)}$ を構成すると, バックトラック法は $T_{\mathcal{M}(x)}$ の探索 (深さ優先探索または幅優先探索) に他ならない. 実際, バックトラッキングは 2 フェーズアルゴリズムとして実現される, フェーズ 1 で $T_{\mathcal{M}(x)}$ が作られ, フェーズ 2 で $T_{\mathcal{M}(x)}$ が深さ優先探索される. この方法はあまりに大量のメモリを必要とするので, 実際には, 木 $T_{\mathcal{M}(x)}$ は単に仮想的に考えるだけであり, 深さ優先探索を始める. したがって, 根から考慮されている頂点までの経路のみを保存すれば十分である.

次の例で TSP 問題に対するバックトラック法を示す.

例 2.3.4.3 (TSP に対するバックトラック) $x = (G, c), G = (V, E), V = \{v_1, v_2, \ldots, v_n\}, E = \{e_{ij} \mid i, j \in \{1, \ldots, n\}, i \neq j\}$ を TSP の入力インスタンスとする. (G, c) に対する任意の実行可能解 (ハミルトン閉路) は一意的に $(n-1)$ 項組 $(\{v_1, v_{i_1}\}, \{v_{i_1}, v_{i_2}\}, \ldots, \{v_{i_{n-2}}, v_{i_{n-1}}\}) \in E^{n-1}$ で表現できる. ここで, $\{1, i_1, i_2, \ldots, i_{n-1}\} = \{1, 2, \ldots, n\}$ (すなわち, $v_1, v_{i_1}, v_{i_2}, \ldots, v_{i_{n-1}}, v_1$ は辺 e_{1i_1}, $e_{i_1 i_2}, \ldots, e_{i_{n-2} i_{n-1}}, e_{i_{n-1} 1}$ からなるハミルトン閉路である). 以下では, $S_x(h_1, \ldots, h_r, \overline{k}_1, \ldots, \overline{k}_s)$ を辺 $h_1, \ldots, h_r$ を含み, $k_1, \ldots, k_s$ のどの辺も含まない $(r, s \in \mathbb{N})$ 実行可能解の部分集合を表すとする. $T_{\mathcal{M}(x)}$ は, $\mathcal{M}(x)$ を辺 e_{12} を含む全ての実行可能解からなる $S_x(e_{12}) \subseteq \mathcal{M}(x)$ と辺 e_{12} を含まない全てのハミルトン閉路からなる $S_x(\overline{e}_{12})$ などに分割することにより得られる. 次に入力インスタンス $x = (G, c)$ に対する $T_{\mathcal{M}(x)}$ を構成する. $T_{\mathcal{M}(x)}$ を図 2.20 に示す. $S_x(\emptyset) = \mathcal{M}(x)$ と設定する.

$T_{\mathcal{M}(x)}$ における全ての葉は $\mathcal{M}(x)$ に対する 1 要素からなる部分集合であることを示そう. v_1, v_2, v_3 で始まるハミルトン閉路が終わる可能性は, v_4 と続き, 次に v_1 が続くものだけなので, $S_x(e_{12}, e_{23}) = \{(e_{12}, e_{23}, e_{34}, e_{41})\}$ である. この閉路のコストは 12 である. e_{12} を含み e_{23} を含まない任意のハミルトン閉路は e_{24} を

---

[51] $T_{\mathcal{M}(x)}$ は必ずしも 2 分木である必要はない. すなわち, 木を作る時にさらなる戦略を用いてもよい.
[52] 次の例では具体的な木が構成される.

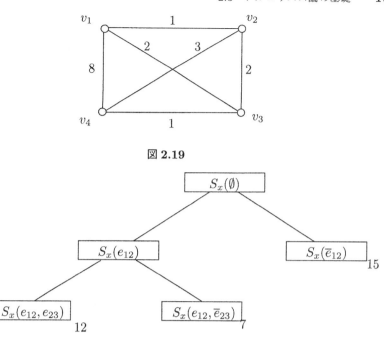

図 2.19

図 2.20

含まなければならない．よって，$S_x(e_{12}, \bar{e}_{23}) = \{e_{12}, e_{24}, e_{43}, e_{31}\}$ となり，対応するハミルトン閉路は v_1, v_2, v_4, v_3, v_1 でコストは 7 である．また，ハミルトン閉路が e_{12} を含まなければ，e_{13} と e_{14} は含まれていなければならないので，$S_x(\bar{e}_{12}) = \{(e_{13}, e_{23}, e_{24}, e_{14})\} = S_x\{e_{13}, e_{14}\}$ でなければならない[53]．したがって，v_4, v_1, v_3（または v_3, v_1, v_4）はハミルトン閉路の一部にならなければならない．頂点 v_2 のみが抜けているので，辺 e_{24} と e_{23} を選択しなければならず，構成されるハミルトン閉路は $v_4, v_1, v_3, v_2, v_4 = v_1, v_3, v_2, v_4, v_1$ となる．そのコストは 15 である． □

もう少し複雑な例が 3.4 節で示される．そこではバックトラック法を利用した困難問題を解くための方法が議論される．

なぜ全ての $|P_1|\cdot|P_2|\cdot\cdots\cdot|P_{n-1}|$ 個 [TSP の場合 $(n-1)^{n-1}$ 個] の組 $(p_1, \ldots, p_{n-1})$ を数え上げ，ハミルトン閉路になる組のコストを調べるという力づくの方法を単純に利用しないのだろうかと疑問に思うかもしれない．バックトラッキングが力づくの方法に比べて有利な点は少なくとも 2 つある．まず第 1 には，バックトラッキングを用いると実行可能解のみを生成するので，$|P_1|\cdot\cdots\cdot|P_{n-1}|$ に比べると本質的に少なくなっている．例えば，n 個の頂点を持つグラフには高々 $(n-1)!/2$ 個のハミルト

---

[53] G の各頂点 v に対して，G の任意のハミルトン閉路においては v にちょうど 2 つの辺が隣接していることに注意しよう．

156　第 2 章　初歩的な基礎

$\{v_2, v_4\}$ を取り除くとコストが 4 の最適な全域木が得られる（図 2.21(e)）．この解は最初の繰り返しにおいて，辺 $\{v_2, v_3\}$ を加えて，辺 $\{v_1, v_4\}$ を取り除くという 1 回の繰り返しステップでも得られる（図 2.21(f)）．　　　　　　　　　　　□

演習問題 2.3.4.5　最小全域木問題に対する局所探索アルゴリズムは常に最適解を $O\left(|E|^2\right)$ 時間で計算することを証明せよ．　　　　　　　　　　　　　　□

貪欲アルゴリズム

貪欲法はおそらく最適化問題に対する最も直接的なアルゴリズム設計技法であろう．バックトラッキングや局所探索法との類似点は，実行可能解の仕様 $(p_1, p_2, \ldots, p_n)$ $(p_i \in P_i,\ i = 1, \ldots, n)$ が必要であり，任意の貪欲アルゴリズムは局所ステップの系列と見ることができる点である．しかしながら，貪欲アルゴリズムは 1 つの実行可能解からもう 1 つの実行可能解には遷移しない．まず，空の状態から始まり，仕様における 1 つの局所パラメータ（例えば，p_2）を永久に確定する．第 2 ステップでは，局所アルゴリズムは仕様における第 2 のパラメータ（例えば，p_1）を確定する．この操作が実行可能解の完全な仕様に到達するまで繰り返される．貪欲の名前の由来は，局所仕様における決定がなされる方法から来ている．貪欲アルゴリズムは次の局所仕様を生成するために全ての可能性の中から最も有望と思われるパラメータを選択する．後でどのような状況が起ころうと，この決定は決して変えられることはない．例えば，TSP に対する貪欲アルゴリズムは解の中に最もコストの安い辺があるに違いないと決定がなされることから始まる．実行可能解の 1 つの辺のみを選択しなければならないとき，これは局所的には最良の選択である．次のステップでも，既に確定された辺に加えて，仕様に対してハミルトン閉路になれるような最もコストの安い新たな辺が常に加えられる．

貪欲アルゴリズムについてもう 1 つ注意すべき点は，貪欲アルゴリズムはバックトラッキングで生成される木 $T_{\mathcal{M}(x)}$ における根から葉までのちょうど 1 つの路を実現しているということである．実際，空仕様は全ての実行可能解の集合 $\mathcal{M}(x)$ を考えており，$\mathcal{M}(x)$ が木 $T_{\mathcal{M}(x)}$ における根のラベルであることを意味している．第 1 のパラメータ p_1 を指定することは，$\mathcal{M}$ を集合 $S(p_1) = \{\alpha \in \mathcal{M}(x) \mid \alpha$ の仕様の第 1 パラメータは $p_1\}$ に制限することに対応する．この手続きを繰り返すと，実行可能解の集合の系列

$$\mathcal{M}(x) \supseteq S(p_1) \supseteq S(p_1, p_2) \supseteq S(p_1, p_2, p_3) \supseteq \cdots \supseteq S(p_1, p_2, \ldots, p_n)$$

を得る．ここで，$|S(p_1, p_2, \ldots, p_n)| = 1$ である．

上記のやり方に従うと，貪欲アルゴリズムは通常，特にバックトラッキングに比べると非常に効率が良いことがわかる．貪欲法のもう 1 つの利点は，簡単に作成で

き，実現も易しいということである．貪欲法の欠点は，非常に多くの最適化問題が複雑過ぎて，このようなナイーブな戦略では解けないということである．一方，この単純なアプローチでも困難問題を取り扱う時に有用となり得る．このことを表す例は第4章で示される．次の2つの例では，貪欲法は最小全域木問題を効率良く解くことができるが，TSP に対しては余りうまくいかないことを示している．

例 2.3.4.6 （最小全域木問題に対する貪欲法） 最小全域木問題に対する貪欲アルゴリズムは次のように簡単に記述できる．

GREEDY-MST

入力：　重み付き連結グラフ $G = (V, E, c), c : E \rightarrow \mathbb{N} - \{0\}$.

Step 1：　辺をコストにしたがってソートする．$e_1, e_2, \ldots, e_m$ を $c(e_1) \leq c(e_2)$ $\leq \cdots \leq c(e_m)$ を満たす E の全ての辺列とする．

Step 2：　$E' := \{e_1, e_2\}; I := 3$ とする;

Step 3：　**while** $|E'| < |V| - 1$ **do**

　　　　begin $(V, E' \cup \{e_I\})$ が閉路を含まなければ e_I を E' に加える;

　　　　　$I := I + 1;$

　　　　end

出力：　(V, E').

$|E'| = |V| - 1$ かつ (V, E') は閉路を含まないので，(V, E') は G の全域木であることは明らかである．(V, E') が最適な全域木であることの証明が読者に残されている．
図 2.19 の入力インスタンス G に対する GREEDY-MST の動作を示す．$\{v_1, v_2\}$, $\{v_3, v_4\}$, $\{v_1, v_3\}$, $\{v_2, v_3\}$, $\{v_2, v_4\}$, $\{v_1, v_4\}$ を Step 1 のソート終了後の辺列とする．この時，図 2.22 は最適解 $(V, \{\{v_1, v_2\}, \{v_3, v_4\}, \{v_1, v_3\}\})$ の仕様を示している． □

演習問題 2.3.4.7 GREEDY-MST は常に最適解を計算することを証明せよ． □

例 2.3.4.8 （TSP に対する貪欲法） TSP に対する貪欲アルゴリズムは次のようになる．

GREEDY-TSP

入力：　コスト $c : E \rightarrow \mathbb{N} - \{0\}$ を持つ重み付き完全グラフ $G = (V, E, c)$, ただし，ある正整数 n に対して $|V| = n$ とする．

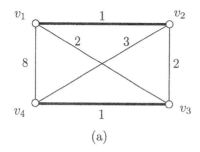
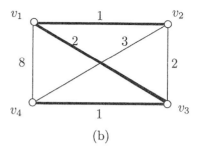

図 2.22

Step 1: 辺のコストをソートする. $e_1, e_2, \ldots, e_{\binom{n}{2}}$ を $c(e_1) \leq c(e_2) \leq \cdots \leq c(e_{\binom{n}{2}})$ を満たす G の全ての辺列とする.

Step 2: $E' = \{e_1, e_2\}$, $I := 3$ とする;

Step 3: **while** $|E'| < n$ **do**
  begin $(V, E' \cup \{e_I\})$ が 2 を越える次数を持つ頂点を含まず, n より短い閉路を含まないならば, $\{e_I\}$ を E' に加える;
  $I := I + 1$;
  end

出力: (V, E').

$|E'| = n$ であり, 2 を越える次数を持つ頂点は存在しないので, (V, E') はハミルトン閉路である. 図 2.23 に部分的に示されるグラフを考えると GREEDY-TSP はコストが最適解からいくらでも大きくなる解を生成し得ることがわかる.

辺 $\{v_i, v_{i+1}\}$ ($i = 1, 2, \ldots, 5$) と $\{v_1, v_6\}$ は図 2.23 に示されるコストを持つものとし, 他の示されていない辺はコスト 2 とする. a は任意に大きな数とする. 明らかに, GREEDY-TSP はまずコスト 1 の全ての辺を選ぶ. 次にハミルトン閉路 $v_1, v_2, v_3, v_4, v_5, v_6, v_1$ が一意に決定され, そのコストは $a + 5$ となる. 図 2.24 はコストが 8 である最適解 $v_1, v_4, v_3, v_2, v_5, v_6, v_1$ を示している.

a は任意に大きく選べるので, $a + 5$ と 8 の差はいくらでも大きくできる. □

2.3.4 節で導入されたキーワード

分割統治, 動的計画法, バックトラッキング, 局所探索, 貪欲アルゴリズム

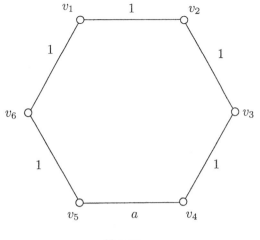

図 2.23

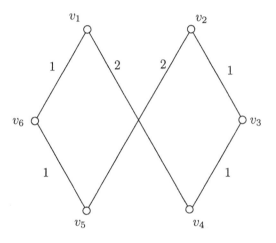

図 2.24

2.3.4 節のまとめ

　分割統治，動的計画法，バックトラッキング，局所探索，貪欲アルゴリズムは基礎的なアルゴリズム設計技法である．新しいアルゴリズム問題が得られた時，これらの技法のいずれか1つが単独で効率的な解を与えられるかどうかを確かめることが最も合理的なアプローチであるという意味において，これらの技法はロバストであり，パラダイム的である．

　分割統治は，与えられた問題インスタンスをいくつかの部分問題インスタンスに分割することに基づいた再帰的技法であり，より小さな問題インスタンスの解から元々の問題インスタンスの解を容易に計算することができるようになっている．

160   第 2 章　初歩的な基礎

　動的計画法と分割統治法は，いずれの技法も部分問題の解を結合することにより問題を解決するという意味で似ている．その違いは，分割統治法は問題インスタンスを部分問題インスタンスに分割し，その部分問題インスタンスに対して自分自身を呼び出すことによって再帰的に解くのに対して，動的計画法はボトムアップ的に動作し，まず最も小さい部分問題インスタンスを計算することから始め，元々の問題インスタンスが解けるまで順次解くべき問題インスタンスを大きくしていくことによって解くことである．動的計画法の主な利点は各部分問題インスタンスをちょうど 1 回しか解かないことである．それに対して，分割統治法は同じ部分問題インスタンスに対する解を何度も計算する場合がある．

　バックトラッキングは，最適化問題を全ての実行可能解の集合に対して，同じ実行可能解を 2 度以上計算することがないような系統的なやり方で全解探索を行うことによって解く技法である．

　局所探索は最適化問題に対するアルゴリズム設計技法である．そのアイデアは，全ての実行可能解の集合 $\mathcal{M}(x)$ の中に隣接点を定義し，隣接点の解がそれまでの解より良いものであればそれまでの実行可能解から隣接点にある実行可能解へ移動することである．局所探索アルゴリズムは定義された隣接性に関して局所的に最適である実行可能解で停止する．

　貪欲法は，各ステップにおいて，アルゴリズムが実行可能解の 1 つのパラメータを指定するような，ステップの繰り返しに基づいている．貪欲という言葉はパラメータを選択する方法に由来している．次のパラメータを指定する際には，全ての可能性の中から常に最も有望な選択を行い，その決定は後に 2 度と変更されることはない．

第3章　決定性アプローチ

重力がものごとの本質的な根源であるように，
自由は精神の基本的な根源である．人間の自由
は，まず第一に創作活動を行なう自由である．
G.W.F. ヘーゲル

3.1　序論

2.3.3 節では，サイズの大きな入力インスタンスに対して指数時間計算量のアルゴ
リズムは，例えば 2^{100} 程度の初等演算の実行は物理的な限界を越えているので，利
用できないことを学んだ．P $\neq$ NP を仮定すれば，NP 困難問題を解く多項式時間の
（決定性）アルゴリズムを設計できる可能性はない．問題は，実際に決定性アルゴリ
ズムで NP 困難問題を解きたいときに何ができるかである．この章では，次の3つの
アプローチを考える．

- **第1のアプローチ**
  困難問題を解くためのアルゴリズムを設計しようと試みるが，そのアルゴリズ
  ムが考えている特定の応用に現れるほとんどの問題インスタンスに対して十分
  効率的で速く動作するならば，（最悪の場合に）指数時間計算量になることは
  容認する．ここで，このアプローチがうまくいくのは，時間計算量が最悪の場
  合で定義されており，与えられた困難問題に対する入力インスタンスの多くは
  適当なアルゴリズムで高速に解け得るからであることに注意しよう．このアプ
  ローチは，大ざっぱに困難問題に対する全ての入力インスタンスの集合を，易
  しい入力インスタンスを含む集合と困難な入力インスタンスを含む集合の2つ
  の部分集合に分割する努力と見なすことができる[1]．特定の応用に現れる問題
  インスタンスが典型的に（あるいは，常に）易しい問題インスタンスであるな
  らば，特定の現実問題を解くことには成功していることになる．

---

[1] 実際には，問題の入力インスタンスに対して易しいものと困難なものとの間の明確な境界を見つけるの
は現実的ではない．現実的には易しい問題インスタンスの大きな部分集合のみを見つけ，考えられてい
る応用における典型的な問題インスタンスがこの簡単な入力インスタンスの部分集合に入るかどうかを
調べる．

162 第3章 決定性アプローチ

- **第2のアプローチ**

  困難問題に対して指数時間アルゴリズムを設計し，それらの平均時間計算量[2]ですら指数時間であってもよいとする．非常に重要なことは，「増加率が非常に遅い」最悪指数時間計算量を持つアルゴリズムを設計しようとすることである．例えば，時間計算量 2^n の直接的なアルゴリズムの代わりに，$Time_A(n) = (1.2)^n$ や $Time_A(n) = 2^{\sqrt{n}}$ となるアルゴリズム A を設計するのである．明らかに，このアプローチでは，2^n アルゴリズムが実用的な時間で解が求まる見込みがないサイズの問題インスタンスに対して，$2^{\sqrt{n}}$ や $(1.2)^n$ アルゴリズムを使うことができるので，取り扱うことができるサイズの範囲を大きくできる．

- **第3のアプローチ**

  設計するアルゴリズムに対して，与えられた問題を解かなければならないという条件を取り除く．最適化問題の場合には，最適にはならない実行可能解がある種の他の良い性質を持っているならば（例えば，コストがある閾値を越えている場合や最適コストからそれほど離れていないなど）それで満足できる．このアプローチにおける典型的なアルゴリズムの例は，最適解のコストに「近い」コストを持つ解を与える近似アルゴリズムである．困難な最適化問題を解く近似アルゴリズムが大成功を収めているので，近似アルゴリズムについては第4章で述べ，ここでは議論しない[3]．しばしば，必要条件を本質的に緩めたり，解について実際的な条件のみを満足する場合を考えることがある．最適解を求める代わりに，最適解のコストの上下界を求めるのがその例である．そのような情報は他のアプローチを使って特定の問題インスタンスを解こうとする時に非常に有用になる場合があり，したがって，このアプローチに基づいたアルゴリズムはしばしば他のアルゴリズムに対する前処理計算として利用される．

与えられた困難問題に対するアルゴリズムを設計するためにいくつかの異なったアプローチを組み合わせることもあることに注意しよう．上で述べられたアイデアから，困難問題に対するアルゴリズムの設計においていくつかの概念や方法論が得られる．この章では，以下の概念について述べる．

- (i) 擬多項式時間アルゴリズム．
- (ii) パラメータ化計算量．
- (iii) 分枝限定法．
- (iv) 指数時間の最悪計算量の低減化．
- (v) 局所探索．

---

[2] 平均はすべての入力に対して考える．

[3] 近似アルゴリズムは困難問題を解くための決定性アプローチではあるが．

(vi) 線形計画法への緩和.

これら全ての概念と設計法は，2.3.4 節で説明されたアルゴリズム設計技法と同様に基本的に重要である．特定の応用における困難問題を考える時には，まず，上で述べられた概念や方法論を用いて実用的な解が得られるかどうかを考えることから始めるとよい．

ここで述べられる概念とアルゴリズム設計技法とを区別する時には注意が必要である．分枝限定法，局所探索，線形計画法への緩和は，分割統治法，動的計画法などと同様にロバストなアルゴリズム設計技法である．一方，擬多項式時間アルゴリズム，パラメータ化計算量，指数時間の最悪計算量の低減化は困難問題を取り扱うためのアイデアや枠組を与える概念である[4]．これらの概念を使う時には，通常 2.3.4 節で述べられたアルゴリズム設計技法のいくつかを（単独でまたは組み合わせて）適用する必要がある．

この章は，以下のように構成される．3.2 節では第 1 のアプローチに基づく概念である擬多項式時間アルゴリズムを説明する．ここでは，入力インスタンスが整数の集合で与えられる問題を考える．擬多項式時間アルゴリズムは，時間計算量が入力整数の個数 n と入力整数値の多項式となる（一般には指数時間の）アルゴリズムである．整数値がその 2 進表現に対して指数となるので，擬多項式時間アルゴリズムは一般には入力サイズの指数時間となる．しかしながら，擬多項式時間アルゴリズムは入力整数の値が入力整数の個数に対して多項式であるような問題インスタンスに対しては多項式時間で動作する．したがって，そのような問題インスタンスは易しい問題インスタンスと考えることができる．

3.3 節では，パラメータ化計算量の概念について述べる．これは，擬多項式時間アルゴリズムの場合よりも第 1 のアプローチのアイデアをより一般的に適用したものである．ここでは，全ての問題インスタンスの集合をある入力パラメータ（指標）の値にしたがって，無限個ともなる部分集合に分割し，時間計算量が入力長の多項式とはなるが，このパラメータ値に関してはそうではないアルゴリズムを設計しようとする．例えば，あるアルゴリズムは $2^k \cdot n$ の時間計算量を持ち得る．ここで，n は入力サイズで k はパラメータ値である．明らかに，このアルゴリズムは小さい k に対しては非常に効率がよいが，$k = n$ の時指数時間となる．このようなアルゴリズムは特定の応用に現れる問題インスタンスに対して k を妥当な値に抑えることができるならば，非常にうまくいく．

最適化問題に対する分枝限定法は 3.4 節で述べられる．これは第 1 のアプローチと第 3 のアプローチの組合せと見なすことができ，最適解のコストに関するある付加的な情報によってより効率的にバックトラックできるようにしようとするものである．

---

[4] すなわち，設計技法ではない．

164 第 3 章　決定性アプローチ

この付加的な情報は第 3 のアプローチに基づいた前処理計算によって得ることができる．

3.5 節で示される指数時間の最悪計算量低減化の概念は，第 2 のアプローチをそのまま適用したものである．したがって，困難問題の形式化のどの必要条件も緩和していない．大き過ぎない入力サイズに対して大き過ぎない値の指数時間計算量を持つアルゴリズムを設計することによって，問題インスタンスに対して取り扱い可能なサイズを増加させることが可能となる．

3.6 節では，最適化問題を解くための局所探索アルゴリズムについて述べられる．局所探索アルゴリズムは局所最適値を常に生成するので，これは第 3 のアプローチの特殊な場合を適用したものである．2.3.4 節では局所探索法の初歩的な基礎を示したが，この節では，これについて我々の知識をより深くすることを目的とする．

3.7 節では，線形計画法への緩和法について述べる．基本的なアイデアは以下の通りである．多くの最適化問題は 0/1-線形計画法または整数計画法に効率良く帰着できる．これらは NP 困難であるが，線形計画法は効率良く解ける．しかしながら，整数計画法と線形計画法とはその定義域が異なるだけであるので，整数計画法のインスタンスを解く問題を線形計画法のインスタンスとして解くように緩和することができる．明らかに，結果として得られる解は元々の問題の実行可能解にはならないが，元々の問題に対する最適解についての情報，例えば，最適解のコストに関する上下界を与える．この緩和法によって得られる情報は他のアプローチを用いて元々の問題を解くために利用することができる．

3.2, 3.3, 3.4, 3.5, 3.6, 3.7 節ではそれぞれ，節の最初で，対応するあるアルゴリズム設計手法の基本概念が説明され，必要なら形式化される．その次に，具体的な困難問題に対するアルゴリズムを設計することによって概念が提示される．節の最後では，対応する概念の適用可能性の限界がもしあれば議論される．

この章の最後の 3.8 節では，関連する文献について述べる．この節の主な目的はここで示した概念に対する発展の歴史を概観するだけでなく，ここで示した知識をより深めるための題材に関する情報を提供することである．この入門的な本では，基本となる概念に基づく最もよく知られた技術的なアルゴリズムよりむしろ基礎となる概念やアイデアを明確に示している単純な例を挙げている，ということをもう一度強調しておこう．したがって，ここで示された概念の応用において専門家になるためにはさらに追加的な題材を読むことが必要条件になるであろう．

3.2 擬多項式時間アルゴリズム

3.2.1 基本概念

　この節では，入力が整数の集合と見なすことができる問題を考える．そのような問題は**整数値問題**と呼ばれる．以下では，入力の符号化を $\{0, 1, \#\}$ 上の語に固定する．ここで，$x = x_1 \# x_2 \# \cdots \# x_n \ (x_i \in \{0, 1\}^* (i = 1, 2, \ldots, n))$ は

$$Int(x) = (Number(x_1), Number(x_2), \ldots, Number(x_n))$$

なる n 次元の整数ベクトルと解釈する．明らかに，TSP，ナップサック問題，整数計画法や頂点被覆問題などは整数値問題と見なすことができる[5]．任意の入力 $x \in \{0, 1, \#\}^*$ のサイズは x の語としての長さ $|x|$ と考える[6]．明らかに，$Int(x)$ が n 次元の整数ベクトルならば，$n \leq |x|$ である．ここでは，次に示すような入力サイズの特徴付けを考えよう．

　任意の $x \in \{0, 1, \#\}^* \ (x = x_1 \# \cdots \# x_n, i = 1, \ldots, n$ に対して，$x_i \in \{0, 1\}^*)$ に対して，

$$Max\text{-}Int(x) = \max\{Number(x_i) \,|\, i = 1, 2, \ldots, n\}$$

と定義する．

　擬多項式時間アルゴリズムの概念の主要なアイデアは，$|x|$ に関してそれほど大きくならない $Max\text{-}Int(x)$ を持つ入力インスタンス x に対して効率の良いアルゴリズムを設計することである．

定義 3.2.1.1 U を整数値問題とし，U を解くアルゴリズムを A とする．A が **U に対する擬多項式時間アルゴリズム**であるというのは，U の任意の入力インスタンス x に対して，

$$Time_A(x) = O(p(|x|, Max\text{-}Int(x)))$$

となる 2 変数多項式 p が存在することである． $\qquad\qquad \square$

　この定義から直ちに次のことがわかる．ある多項式 h に対する $Max\text{-}Int(x) \leq h(|x|)$ となる入力インスタンス x について，擬多項式時間アルゴリズム A の $Time_A(x)$ は多項式で抑えることができる．これを形式的に表現すると次のようになる．

定義 3.2.1.2 U を整数値問題とし，h を $\mathbb{N}$ から $\mathbb{N}$ への非減少関数とする．**U の h-値限定部分問題**は，U の全ての入力インスタンスの集合を $Max\text{-}Int(x) \leq h(|x|)$

---

[5] 実際，入力インスタンスが（重み付き）グラフで表される全ての問題は整数値問題である．

[6] ここでは入力サイズの正確な尺度を用いる．

166 第 3 章 決定性アプローチ

となる入力インスタンス x の集合に制限することにより U から得られる問題である. □

定理 3.2.1.3 U を整数値問題とし,A を U に対する擬多項式時間アルゴリズムとする.この時,任意の多項式 h に対して,$Value(h)$-U の多項式時間アルゴリズムが存在する(すなわち,U が決定問題ならば,$Value(h)$-$U \in$ P であり,U が最適化問題ならば,$Value(h)$-$U \in$ PO である). □

証明 A は U に対する擬多項式時間アルゴリズムであるので,U の各入力インスタンス x に対して,

$$Time_A(x) \leq O(p(|x|, Max\text{-}Int(x)))$$

となる 2 変数多項式 p が存在する.ある正の整数定数 c に対して $h(n) \in O(n^c)$ となるような $Value(h)$-U の各入力インスタンス x に対して $Max\text{-}Int(x) \in O(|x|^c)$ となるので,A は $Value(h)$-U に対する多項式時間アルゴリズムである. □

擬多項式時間アルゴリズムの概念は,易しい問題インスタンスの大きな部分クラスを探索することによって困難問題を取り扱うための第 1 のアプローチになる.擬多項式時間アルゴリズムは多くの応用において実際的となり得ることに注意しよう.例えば,入力インスタンスが重み付きグラフである最適化問題に対しては,重みがある固定された値の範囲内から選ばれる(すなわち,重みの値は入力サイズに依存しない)ことはよくあることである.このような場合は擬多項式時間アルゴリズムは非常に高速で動作し得る.

次の 3.2.2 節では,ナップサック問題に対して擬多項式時間アルゴリズムを設計するために動的計画法を用いる.3.2.4 節では,擬多項式時間アルゴリズムの概念に対してその適用可能限界を議論する.そこでは,P = NP でない限り,いくつかの困難問題に対して擬多項式時間アルゴリズムが存在しないことを証明することを可能にする簡単な方法を示す.

3.2.2 動的計画法とナップサック問題

ナップサック問題 (KP) の問題インスタンスは,$2n + 1$ 個からなる整数列 $(w_1, w_2, \ldots, w_n, c_1, c_2, \ldots, c_n, b)$ $(n \in \mathbb{N} - \{0\})$ である.ここで,b はナップサックの重さの容量,$i = 1, 2, \ldots, n$ に対して,w_i は i 番目の荷物の重さで,c_i は i 番目の荷物のコストである.目標はナップサックに詰め込まれる荷物の重さが b を越えないという制限の下で,荷物の総コスト(**価値**)を最大化することである.KP の入力インスタンス $I = (w_1, \ldots, w_n, c_1, \ldots, c_n, b)$ に対する任意の解は $\sum_{i \subset T} w_i < b$ となるような荷物

の添字の集合 $T \subseteq \{1, 2, \ldots, n\}$ で表せる. 以下では, この表現を用いる. $cost(T, I) = \sum_{i \in T} c_i$ となることに注意しよう. 我々の目標は動的計画法を用いて KP を解くことである. このために, 問題インスタンス $I = (w_1, \ldots, w_n, c_1, \ldots, c_n, b)$ に対する 2^n 個の全ての部分問題インスタンス[7]を考慮する必要はなく, $i = 1, 2, \ldots, n$ に対する問題の部分インスタンス $I_i = (w_1, \ldots, w_i, c_1, \ldots, c_i, b)$ のみを考慮するだけでよい. より正確には, アイデアは, 各 I_i $(i = 1, 2, \ldots, n)$ と各整数 $k \in \{0, 1, 2, \ldots, \sum_{j=1}^n c_j\}$ に対して, (もし, 存在するならば) 3 項組

$$(k, W_{i,k}, T_{i,k}) \in \left\{0, 1, 2, \ldots, \sum_{j=1}^i c_j\right\} \times \{0, 1, 2, \ldots, b\} \times Pot(\{1, \ldots, i\})$$

を計算する. ここで, 入力インスタンス I_i に対して, $W_{i,k} \leq b$ は価値がちょうど k となる最小の重みであり, $T_{i,k} \subseteq \{1, 2, \ldots, i\}$ は重みが $W_{i,k}$ の時の価値 k を与える荷物の添字の集合である. すなわち,

$$\sum_{j \in T_{i,k}} c_j = k \quad \text{かつ} \quad \sum_{j \in T_{i,k}} w_j = W_{i,k}.$$

上記の条件を満足する添字の集合は複数存在する場合があることに注意しよう. その場合はどれを選んでもよい. 一方, I_i に対して価値が k とならない場合もある. そのような k に対しては 3 項組を作らない. 以下では, $TRIPLE_i$ を I_i に対して生成された全ての 3 項組の集合を表すものとする. $|TRIPLE_i| \leq \sum_{j=1}^i c_j + 1$ であり, $|TRIPLE_i|$ は I_i を実現する価値の個数に一致することに注意しよう.

例 3.2.2.1 次のような問題インスタンス $I = (w_1, \ldots, w_5, c_1, \ldots, c_5, b)$ を考えよう. ここで, $w_1 = 23, c_1 = 33, w_2 = 15, c_2 = 23, w_3 = 15, c_3 = 11, w_4 = 33, c_4 = 35, w_5 = 32, c_5 = 11, b = 65$ とする. よって, $I_1 = (w_1 = 23, c_1 = 33, b = 65)$ である. これを実現する価値は $0, 33$ だけであり, よって,

$$TRIPLE_1 = \{(0, 0, \emptyset), (33, 23, \{1\})\}.$$

次に, $I_2 = (w_1 = 23, w_2 = 15, c_1 = 33, c_2 = 23, b = 65)$ である. これを実現する価値は $0, 23, 33, 56$ であり, よって

$$TRIPLE_2 = \{(0, 0, \emptyset), (23, 15, \{2\}), (33, 23, \{1\}), (56, 38, \{1, 2\})\}.$$

また, $I_3 = (23, 15, 15, 33, 23, 11, 65)$ である. これを実現する価値は $0, 11, 23, 33, 34, 44, 56, 67$ であるので,

---

[7] 動的計画法を適用する際に要となるのは, 元々の問題インスタンスの解を十分に効率よく計算できるような小さな入力部分インスタンスの部分集合を見付けることである.

$$
\begin{aligned}
TRIPLE_3 \quad = \quad & \{(0,0,\emptyset),(11,15,\{3\}),(23,15,\{2\}),(33,23,\{1\}), \\
& (34,30,\{2,3\}),(44,38,\{1,3\}),(56,38,\{1,2\}), \\
& (67,53,\{1,2,3\})\}.
\end{aligned}
$$

$I_4 = (23,15,15,33,33,23,11,35,65)$ に対して，

$$
\begin{aligned}
TRIPLE_4 \quad = \quad & \{(0,0,\emptyset),(11,15,\{3\}),(23,15,\{2\}),(33,23,\{1\}), \\
& (34,30,\{2,3\}),(35,33,\{4\}),(44,38,\{1,3\}),(46,48,\{3,4\}), \\
& (56,38,\{1,2\}),(58,48,\{2,4\}),(67,53,\{1,2,3\}), \\
& (68,56,\{1,4\}),(69,63,\{2,3,4\})\}.
\end{aligned}
$$

最後に，$I = I_5$ に対しては次のようになる．

$$
\begin{aligned}
TRIPLE_5 \quad = \quad & \{(0,0,\emptyset),(11,15,\{3\}),(22,47,\{3,5\}),(23,15,\{2\}), \\
& (33,23,\{1\}),(34,30,\{2,3\}),(35,33,\{4\}),(44,38,\{1,3\}), \\
& (45,62,\{2,3,5\}),(46,48,\{3,4\}),(56,38,\{1,2\}),(58,48,\{2,4\}), \\
& (67,53,\{1,2,3\})\},(68,56,\{1,4\}),(69,63,\{2,3,4\})\}.
\end{aligned}
$$

明らかに，$TRIPLE_5$ には，最大価値 69 を持つ 3 項組 $(69,63,\{2,3,4\})$ があり，$TRIPLE_5$ は全ての価値が重み制限 b を満たす 3 項組を含むので，$\{2,3,4\}$ は最適解である． $\square$

元々の入力インスタンス $I = I_n$ に対しては，集合 $TRIPLE_n$ を計算することによって，I に対する最適解を得ることができる．最適なコスト $Opt_{\mathrm{KP}}(I)$ は $TRIPLE_n$ において実現される最大の価値であるので，それに対応する $T_{n,Opt_{\mathrm{KP}}(I)}$ が最適解である．

重要な点は $TRIPLE_i$ から $TRIPLE_{i+1}$ を $O(|TRIPLE_i|)$ 時間で計算できるということである．まず，集合 $TRIPLE_i$ に対して，元々の集合をとりナップサックの各 3 項組に可能ならば $(i+1)$ 番目の荷物を加えることによって

$$
\begin{aligned}
SET_{i+1} \quad := \quad & TRIPLE_i \cup \{(k+c_{i+1}, W_{i,k}+w_{i+1}, T_{i,k} \cup \{i+1\}) \mid \\
& (k, W_{i,k}, T_{i,k}) \in TRIPLE_i \ \text{かつ}\ W_{i,k}+w_{i+1} \leq b\}
\end{aligned}
$$

を計算する．このようにして，同じ価値を持つ複数の異なる 3 項組を得ることができる．各実現可能な価値 k に対して，最小重みを持つ価値 k を与える 3 項組を SET_{i+1} からちょうど 1 つ選択し，$TRIPLE_{i+1}$ に入れる．複数の 3 項組が同じ価値 k と重みを持つならば SET_{i+1} からどの 3 項組を選んでもよい．

ナップサック問題に対するアルゴリズムは次のようになる．

アルゴリズム 3.2.2.2 (DPKP)

入力： $I = (w_1, w_2, \ldots, w_n, c_1, c_2, \ldots, c_n, b) \in (\mathbb{N} - \{0\})^{2n+1}$. ただし，$n$ は正整数.

Step 1: $TRIPLE(1) := \{(0, 0, \emptyset)\} \cup \{(c_1, w_1, \{1\}) \,|\, (w_1 \leq b)\}$.

Step 2: **for** $i = 1$ **to** $n - 1$ **do**

    begin $SET(i+1) := TRIPLE(i)$;

        for 各 $(k, w, T) \in TRIPLE(i)$ に対して **do**

        if $w + w_{i+1} \leq b$ **then**

        $SET(i+1) := SET(i+1) \cup \{(k + c_{i+1}, w + w_{i+1}, T \cup \{i+1\})\}$;

        $TRIPLE(i+1)$ を，$SET(i+1)$ において実現可能なそれぞれの価値 m に対して最小重みを持つ 3 項組 (m, w', T') をちょうど 1 つ含む $SET(i+1)$ の部分集合とする.

    end

Step 3: $c := \max\{k \in \{1, \ldots, \sum_{i=1}^n c_i\} \,|\,$ ある w とある T に対して $(k, w, T) \in TRIPLE(n)\}$.

出力： $(c, w, T) \in TRIPLE(n)$ を満たす添字集合 T.

例 3.2.2.1 にアルゴリズム DPKP の動作の大まかな振舞いを示す. 明らかに, DPKP はナップサック問題を解いている.

定理 3.2.2.3 KP の各入力インスタンス I に対して,

$$Time_{\text{DPKP}}(I) \in O\left(|I|^2 \cdot Max\text{-}Int(I)\right)$$

が成り立つ. すなわち, DPKP は KP に対する擬多項式時間アルゴリズムである. □

証明 Step 1 の計算時間は明らかに $O(1)$ 時間である. $I = (w_1, w_2, \ldots, w_n, c_1, \ldots, c_n, b)$ に対して, Step 2 で $n - 1$ 個の集合 $TRIPLE(i)$ を計算しなければならない. $TRIPLE(i)$ から $TRIPLE(i+1)$ を計算するのは $O(|TRIPLE(i)|)$ 時間でできる. 各 $i \in \{1, 2, \ldots, n\}$ に対して $|TRIPLE(i)| \leq \sum_{i=1}^n c_i \leq n \cdot Max\text{-}Int(I)$ となるので, Step 2 の計算時間は $O(n^2 \cdot Max\text{-}Int(I))$ である. Step 3 の計算時間は, 要素数が $|TRIPLE(n)|$ の集合の最大値を計算すればよいので, $O(n \cdot Max\text{-}Int(I))$ 時間である.

$n \leq |I|$ であるので, I に対する DPKP の時間計算量は $O(|I|^2 \cdot Max\text{-}Int(I))$ となる.

□

170 第 3 章 決定性アプローチ

入力の整数値が入力インスタンスの整数の個数に対してそれほど大きくなければ，DPKP は KP に対して効率的なアルゴリズムであることがわかる．それらの値が（入力インスタンスのサイズには依存しない）ある固定された区間からとられるならば，DPKP は KP に対する 2 乗のアルゴリズムである．このアルゴリズムにはいくつかの応用がある．もし，入力インスタンスの値のいくつかが非常に大きい時，全ての値を同じ大きな整数で割ることで大きな値を小さくしようとすることができる．そのようにするにはある丸めが必要になるので，このアイデアを適用すると最適解を計算することが保証できなくなる．しかしながら，第 4 章の近似アルゴリズムのところで示すが，この方法によって最適解に対する妥当な良い近似を保証することができる．

3.2.3 最大フロー問題と Ford-Fulkerson 法

この節では，多項式時間で解くことができる最適化問題である最大フロー問題を考える．実際には困難でない（少なくとも NP 困難でない）問題に対して擬多項式時間アルゴリズムを示す理由は，その解法にある．最大フロー問題を解くのにここで用いる Ford-Fulkerson 法は NP 困難な最適化問題を取り扱うための強力な方法の基礎を与える．Ford-Fulkerson 法の一般化を，困難問題の線形計画法と LP 双対への緩和が扱われている 3.7 節で述べる．

最大フロー問題では，2 つの特別な頂点，**ソース** s と**シンク** t を持つ有向グラフ（図 3.1）によってモデル化される**ネットワーク**を考える．目的は，ネットワークを通してソースからシンクまでできるだけ多くのものを流すことである．制限はネットワークの各有向辺の容量（単位時間にその辺を通して流すことが可能な最大容量）と，ソースとシンク以外の全ての頂点の容量は 0 であることである．頂点の容量が 0 というのは，頂点には何も格納できないことを意味しており，したがって，頂点では何も回収できない．したがって，辺から頂点に入ってくる全てのものは，直ちにその頂点から出ていく辺へ流さなければならない．最大フロー問題は実生活に現れるさまざまな異なる最適化の仕事をモデル化しているので，基礎的な問題である．例えば，通信網において情報（メッセージ）を 1 人の人間（1 台の計算機）から別の人間（計算機）へ伝達する問題，発電所からユーザへ電力を配送する問題，異なった種類の液体を配達する問題や工場から店に製品を配送する問題などが含まれる．

次の定義は，最大フロー問題の形式的な仕様を与えている．

定義 3.2.3.1 **ネットワーク**は，以下の条件を満たす 5 項組 $H = (G, c, A, s, t)$ で定義される．

(i) $G = (V, E)$ は有向グラフ．

(ii) c は E から A への**容量関数**であり，各 $e \in E$ に対して，$c(e)$ は e の容量と

呼ばれる.

(iii) A は $\mathbb{R}^+$ の部分集合.

(iv) $s \in V$ はネットワークの**ソース**.

(v) $t \in V$ はネットワークの**シンク**.

各 $v \in V$ に対して, 集合

$$In_H(v) = \{(u,v) \mid (u,v) \in E\}$$

は v への**流入辺**の集合であり, 集合

$$Out_H(v) = \{(v,u) \mid (v,u) \in E\}$$

は v からの**流出辺**の集合である.

H の**フロー関数**は, 以下の条件を満たす任意の関数 $f : E \to A$ である.

(1) 全ての辺 $e \in E$ に対して, $0 \le f(e) \le c(e)$.
  {各辺 e のフロー $f(e)$ は非負で e の容量以下である.}

(2) 全ての $v \in V - \{s,t\}$ に対して

$$\sum_{e \in In_H(v)} f(e) - \sum_{h \in Out_H(v)} f(h) = 0.$$

  {ソースとシンク以外の全ての頂点 v に対しては, v への流入量と v からの流出量は一致する.}

フロー関数 f に関する H のフロー F_f は,

$$F_f = \sum_{h \in Out_H(s)} f(h) - \sum_{e \in In_H(s)} f(e)$$

と定義される. すなわち, H のフローはソースから出ていく量で測定される.　□

図 3.2 は図 3.1 のネットワークを示している. ここで, 各辺におけるラベル $f(e)/c(e)$ によってフロー関数 f を示している. 対応するフロー F_f は $6 + 10 - 2 = 14$ で, これは最適ではない.

演習問題 3.2.3.2 任意のネットワーク H と H の任意のフロー関数 f に対して

$$F_f = \sum_{e \in In_H(t)} f(e) - \sum_{h \in Out_H(t)} f(h)$$

となること, すなわち, F_f はシンクに到着してそこにとどまる量で測定できることを証明せよ.

最大フロー問題は, 与えられたネットワーク $H = ((V,E),c,A,s,t)$ に対して, フ

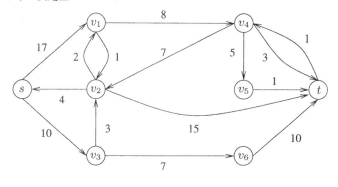

図 3.1

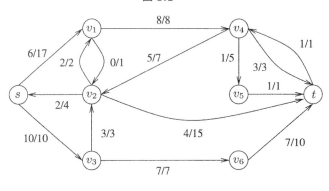

図 3.2

ロー F_f が最大となるようなフロー関数 $f : E \to A$ を見つける問題である.

必要となる最初の有用な観察は，ネットワーク H のフローはソース（またはシンク）だけでなく，頂点 t と s を分離する H の任意のカット辺で測定することができるということである.

定義 3.2.3.3 $H = ((V,E), c, A, s, t)$ をネットワークとする．$S \subseteq V$ を $s \in S$ かつ $t \notin S$ となるような頂点の集合と定義し，$\overline{S} = V - S$ と表す．

$$E(S, \overline{S}) = \{(x, y) \mid x \in S \text{ かつ } y \in \overline{S}\} \cap E$$

とし,

$$E(\overline{S}, S) = \{(u, v) \mid u \in \overline{S} \text{ かつ } v \in S\} \cap E$$

とする. S に関する H のカット $H(S)$ は

$$H(S) = E(\overline{S}, S) \cup E(S, \overline{S})$$

である. □

補題 3.2.3.4 $H = ((V, E), c, A, s, t)$ $(A \subseteq \mathbb{R}^+)$ をネットワークとし, f を H のフロー関数とする. この時, $s \in S$ となる全ての S $(\subseteq V - \{t\})$ に対して,

$$F_f = \sum_{e \in E(S, \overline{S})} f(e) - \sum_{e \in E(\overline{S}, S)} f(e). \tag{3.1}$$

□

証明 この補題を $|S|$ に関する帰納法で証明する.

(i) $|S| = 1$ とする. すなわち, $S = \{s\}$. この時, $Out_H(s) = E(S, \overline{S})$ かつ $In_H(s) = E(\overline{S}, S)$ であり, よって (3.1) は F_f の定義そのものである.

(ii) (3.1) が $|S| \leq k \leq |V| - 2$ となる全ての S に対して成り立つと仮定する. $|S'| = k+1, s \in S', t \notin S'$ となる任意の S' に対して (3.1) を証明する. 明らかに, $S' = S \cup \{v\}$ と書ける. ここで, $|S| = k$ かつ $v \in \overline{S} - \{t\}$ である. フロー関数の定義 (性質 (2)) より, v への流入量は v からの流出量に等しい. このことは v を $\overline{S}$ から S へ移しても S と $\overline{S}$ 間のフローは変化しないことを意味している (図 3.3). この明白なアイデアを形式的に述べるためには, まず $\overline{S}$ に対して $S \cup \{v\}$ か

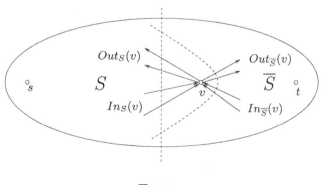

図 3.3

ら出るフローと $S \cup \{v\}$ に対して $\overline{S} - \{v\}$ から出るフローを S と $\overline{S}$ 間のフローを用いて表現する. $In_S(v) = In_H(v) \cap E(S, \overline{S})$, $Out_S(v) = Out_H(v) \cap E(\overline{S}, S)$, $In_{\overline{S}}(v) = In_H(v) - In_S(v)$, $Out_{\overline{S}} = Out_H(v) - Out_S(v)$ とする. この時,

$$\sum_{e \in E(S \cup \{v\}, \overline{S} - \{v\})} f(e) = \sum_{e \in E(S, \overline{S})} f(e) - \sum_{e \in In_S(v)} f(e) + \sum_{e \in Out_{\overline{S}}(v)} f(e) \tag{3.2}$$

かつ

$$\sum_{e \in E(\overline{S} - \{v\}, S \cup \{v\})} f(e) = \sum_{e \in E(\overline{S}, S)} f(e) - \sum_{e \in Out_S(v)} f(e) + \sum_{e \in In_{\overline{S}}(v)} f(e) \tag{3.3}$$

が成り立つ. $Out_H(v) = Out_S(v) \cup Out_{\overline{S}}(v)$ かつ $In_H(v) = In_S(v) \cup In_{\overline{S}}(v)$ であるので,

$$\sum_{e \in Out_{\overline{S}}(v)} f(e) + \sum_{e \in Out_S(v)} f(e) = \sum_{e \in Out_H(v)} f(e) \tag{3.4}$$

かつ

$$\sum_{e \in In_S(v)} f(e) + \sum_{e \in In_{\overline{S}}(v)} f(e) = \sum_{e \in In_H(v)} f(e) \tag{3.5}$$

を得る. $v \in V - \{s, t\}$ であるので,

$$\sum_{e \in Out_H(v)} f(e) - \sum_{e \in In_H(v)} f(e) = 0. \tag{3.6}$$

(3.4) と (3.5) を (3.2)–(3.3) に代入すると

$$\sum_{e \in E(S \cup \{v\}, \overline{S} - \{v\})} f(e) - \sum_{e \in E(\overline{S} - \{v\}, S \cup \{v\})} f(e) =$$

$$\sum_{e \in E(S, \overline{S})} f(e) - \sum_{e \in E(\overline{S}, S)} f(e) + \sum_{e \in Out_H(v)} f(e) - \sum_{e \in In_H(v)} f(e) \underset{(3.6)}{=}$$

$$\sum_{e \in E(S, \overline{S})} f(e) - \sum_{e \in E(\overline{S}, S)} f(e) \underset{\text{帰納法の仮定}}{=} F_f. \qquad \square$$

さて, 最大フロー問題に強く関連した最小ネットワークカット問題[8]を定義する. この問題は, 両方の問題に対する擬多項式時間アルゴリズムを設計する過程で有用になる.

定義 3.2.3.5 $H = ((V, E), c, A, s, t)$ をネットワーク, $H(S)$ を $S \subseteq V$ に関する H のカットとする. **カット $H(S)$ の容量**を

$$c(S) = \sum_{e \in E(S, \overline{S})} c(e)$$

と定義する. $\qquad \square$

したがって, カットの容量は S から $\overline{S}$ への全ての辺の容量の和である. 図 3.1 のネットワークを考えると, S が 4 つの左の頂点を含むならば $c(S) = 8 + 15 + 7 = 30$ である. $S = \{s\}$ の場合は, $c(S) = 10 + 17 = 27$ となる.

最小ネットワークカット問題は, 与えられたネットワーク H に対して, 最小容量

---

[8] 3.7 節では, この問題を最大フロー問題の双対問題と呼ぶ.

の H のカットを見つける問題である.

演習問題 3.2.3.6 図 3.1 のネットワークに対する最大フローと最小カットを見つけよ. □

次の結果はネットワークに対するこれら 2 つの最適化問題が互いに強く関連していることを示している.

補題 3.2.3.7 $H = ((V, E), c, A, s, t)$ $(A \subseteq \mathbb{R}^+)$ をネットワークとする. H の任意のフロー関数 f と H の任意のカット $H(S)$ に対して,

$$F_f \leq c(S).$$ □

証明 補題 3.2.3.4 と関係 $f(e) \leq c(e)$ $(e \in E)$ によって, 任意のカット $H(S)$ に対して,

$$F_f = \sum_{e \in E(S, \overline{S})} f(e) - \sum_{e \in E(\overline{S}, S)} f(e) \leq \sum_{e \in E(S, \overline{S})} f(e) \leq \sum_{e \in E(S, \overline{S})} c(e) = c(S)$$

が成り立つ. □

補題 3.2.3.8 $H = ((V, E), c, A, s, t)$ $(A \subseteq \mathbb{R}^+)$ をネットワークとする. f を H のフロー関数, $H(S)$ を H のカットとする.

$$F_f = c(S)$$

ならば, 以下が成り立つ.

(i) F_f は H の最大フローである.
(ii) $H(S)$ は H の最小カットである. □

証明 これは補題 3.2.3.7 から直接得られる. □

最大フロー問題を解くために, Ford と Fulkerson の方法を示す. アイデアは非常に単純である. ある初期設定したフロー (例えば, 全ての $e \in E$ に対して $f(e) = 0$) から始めて, それを順々に改良しようと試みる. Ford-Fulkerson アルゴリズムでは, 最適フローの改善を探索して, H の最小カットを見つける. そうして, このアルゴリズムは現時点でのフローは既に最適であることを認識する. このアルゴリズムの核心部は, 改善の可能性を探索する方法である. これは拡大路と呼ばれる方法に基づいている.

ネットワーク H の**擬路** (図 3.4) とは, 列

$$v_0, e_0, v_1, e_1, \ldots, e_k, v_{k+1} \ (v_0, v_1, \ldots, v_{k+1} \in V, s = v_0, t = v_{k+1})$$

であり，$e_0, e_1, \ldots, e_k \in E$ を満たし，この列は s で始まり，t で終わりどの頂点も 2 回以上含まず ($|\{v_0, v_1, \ldots, v_{k+1}\}| = k+2$)，$e_i = (v_i, v_{i+1})$ または $e_i = (v_{i+1}, v_i)$ が成り立つ．

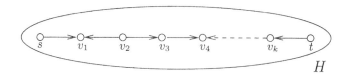

図 **3.4**

擬路と有向路の主な違いは，擬路の辺は同じ方向を向いている必要がない点である．例えば，図 3.1 において s, v_1, v_2, v_3, v_6, t と s, v_2, v_1, v_4, v_5, t はネットワークの擬路を決定するが，どちらも有向路ではない．

ネットワーク H とフロー関数 f に関する**拡大路**とは

(i) s から t へ向かう各辺 $e_i = (v_i, v_{i+1})$ に対して，$f(v_i, v_{i+1}) < c(v_i, v_{i+1})$

(ii) t から s へ向かう各辺 $e_j = (v_{j+1}, v_j)$ に対して，$f(v_{j+1}, v_j) > 0$

となる擬路 $v_0, e_0, v_1, e_1, \ldots, v_k, e_k, v_{k+1}$ である．

もし，$e_i = (v_i, v_{i+1})$ が s から t への向きの辺ならば，e_i の残容量は

$$\boldsymbol{res(e_i)} = c(v_i, v_{i+1}) - f(v_i, v_{i+1})$$

である．もし，$e_j = (v_{j+1}, v_j)$ が t から s への向きの辺ならば，e_j の残容量は

$$\boldsymbol{res(e_j)} = f(v_{j+1}, v_j)$$

である．拡大路 $P = v_0, e_0, v_1, e_1, \ldots, v_k, e_k, v_{k+1}$ の残容量は

$$\boldsymbol{res(P)} = \min\{res(e_i) \mid i = 0, \ldots, k\}$$

で定義される．フロー関数 f を持つ H の拡大路 P が見つかるならば，F_f は値 $res(P)$ だけ増加する可能性がある．

補題 3.2.3.9 $H = ((V, E), c, \mathbb{R}^+, s, t)$ をネットワーク，f を H のフロー関数とする．P を H と f に関する拡大路とする．この時，

$$\begin{array}{rll} f'(e) & = & f(e) \quad \text{(e が P にない場合)} \\ f'(e) & = & f(e) + res(P) \quad \text{(e が P にあり，e は s から t へ向かう辺の場合)} \\ f'(e) & = & f(e) - res(P) \quad \text{(e が P にあり，e は t から s へ向かう辺の場合)} \end{array}$$

で定義される関数 $f': E \to \mathbb{R}^+$ は $F_{f'} = F_f + res(P)$ となるフロー関数である. $\square$

証明 f' と P の各辺に対する $res(e)$ の定義から, 各辺 $e \in E$ に対して

$$0 \leq f'(e) \leq c(e)$$

が成り立つのは明らかである. 各頂点 $v \in V$ に対して

$$\sum_{e \in In_H(v)} f'(e) - \sum_{e \in Out_H(v)} f'(e) = 0$$

が成り立つかどうかを確かめなければならない. v が P になければ, 明らかに成り立つ. v が P 上にあれば, 図 3.5 に示すような 4 つの可能性を考える.

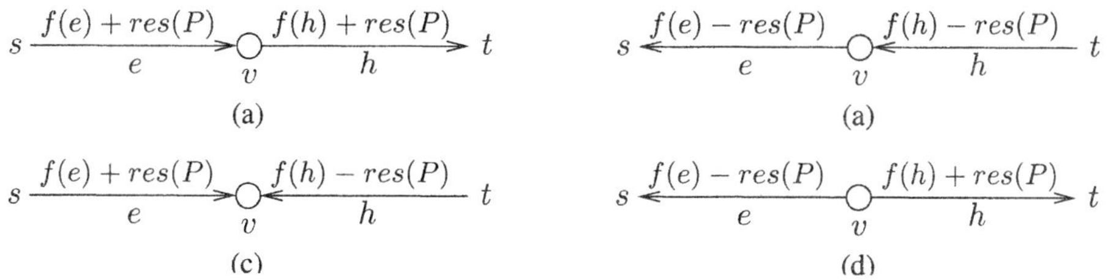

図 **3.5**

場合 (a) では, 拡大路は $P = s, \ldots, e, v, h, \ldots, t$ となる. ここで, e と h は s から t への向きである. $f'(e) = f(e) + res(P)$ であるので, v に流入するフローが $res(P)$ だけ増加する. $f'(h) = f(h) + res(P)$ であるので, v から出るフローも $res(P)$ だけ増加する. v に隣接する他の辺のフローは変化しないので, v への流入量と v からの流出量のバランスは同じままである.

場合 (b) では, v の流入量の辺と流出量の辺がどちらも t から s へ向いているので, v への流入量と v からの流出量は同じ値 $res(P)$ だけ減らされ, フローのバランスは変化しない.

場合 (c) では, 辺 e は s から t へ向いており, 辺 h は t から s へ向いている. したがって, 流出量は変化しない. しかしながら, $e, h \in In_H(v)$ であり, e のフローが $res(P)$ だけ増え, h のフローが同じだけ減るので, 流入量も変化しない.

場合 (d) では, $e, h \in Out_H(v)$ である. 場合 (c) と同様にして, v の流入量と流出量はいずれも変化しない.

よって, f' は H のフロー関数である. わかったことは

$$F_{f'} = \sum_{e \in Out_H(s)} f'(e) - \sum_{h \in In_H(s)} f'(h)$$

178 第 3 章 決定性アプローチ

であり, P の最初の辺 g は $Out_H(s) \cup In_H(s)$ でなければならないということである. $g \in Out_H(s)$ ならば, $f'(g) = f(g) + res(P)$ であり, よって $F_{f'} = F_f + res(P)$ となる. $g \in In_H(s)$ ならば, $f'(g) = f(g) - res(P)$ でありこの場合も $F_{f'} = F_f + res(P)$ となる. □

残された問題は拡大路が存在する時, それを効率良く見つけることができるかどうかだけである. 次のアルゴリズムはこれが可能であることを示している.

アルゴリズム 3.2.3.10 (Ford-Fulkerson アルゴリズム)

入力: ネットワーク $H = ((V, E), c, \mathbb{Q}^+, s, t)$ の $(V, E), c, s, t$.

Step 1: H の初期フロー関数 f を決定する (例えば, 任意の $e(\in E)$ に対して $f(e) = 0$) ; $HALT := 0$;

Step 2: $S := \{s\}$; $\overline{S} := V - S$;

Step 3: **while** $t \notin S$ かつ $HALT = 0$ **do**

    begin 以下の条件を満たす辺 $e = (u, v) \in E(S, \overline{S}) \cup E(\overline{S}, S)$ を見つける;

        $res(e) > 0$ かつ

        $e \in E(S, \overline{S})$ の場合, $c(e) - f(e) > 0$,

        $e \in E(\overline{S}, S)$ の場合, $f(e) > 0$;

        if そのような辺が存在しない **then** $HALT := 1$

        else if $e \in E(S, \overline{S})$ **then** $S := S \cup \{v\}$

                           else $S := S \cup \{u\}$;

        $\overline{S} := V - S$;

    end

Step 4: **if** $HALT = 1$ **then return** (f, S)

    else begin S の頂点のみからなる s から t への拡大路 P を見つける;

                $\{s$ と t ともに S に入るので, これは可能である$\}$

                $res(P)$ を計算する;

                補題 3.2.3.9 で示したように f から f' を決定する;

    end

    goto Step 2

図 3.6 は, 各 $e \in E$ に対して, $f(e) = 0$ (図 3.6(a)) としたフロー関数 f から

始めた Ford-Fulkerson アルゴリズムの動作を示している．アルゴリズムが計算する最初の拡大路 P_1 は辺列 $(s,c),(c,d),(d,t)$ によって決定される．$res(P_1) = 4$ であるので，図 3.6(b) で示されるフロー関数 f_1 に対して $F_{f_1} = 4$ を得る．次の拡大路は $(s,a),(a,b),(b,c),(c,d),(d,t)$ によって定義される P_2（図 3.6(b)）である．$res(P_2) = 3$ であるので，図 3.6(c) で示されるフロー関数 f_2 が得られ，$F_{f_2} = 7$ である．ここで $(s,a),(a,b),(b,t)$ によって決まる拡大路 P_3（図 3.6(c)）を見つけることができる．$res(P_3) = 7$ であるので，フロー関数 f_3（図 3.6(d)）が得られ，$F_{f_3} = 14$ である．フロー関数 f_3 は，$S = \{s,a,b\}$ に到達し，S を拡大できる可能性はないので，最適解であり，よって $H(S)$ は H の最小カットになる．

定理 3.2.3.11 Ford-Fulkerson アルゴリズムは最大フロー問題と最小ネットワークカット問題を解き，容量関数が E から $\mathbb{N}$ であるような入力インスタンスに対しては擬多項式時間アルゴリズムである． $\square$

証明 Ford-Fulkerson アルゴリズムは，次の条件を満たすフロー関数 f と集合 S で停止する．

(i) 全ての $e \in E(S, \overline{S})$ に対して，$f(e) = c(e)$．
(ii) 全ての $h(\in E(\overline{S}, S))$ に対して，$f(h) = 0$．

よって，

$$F_f = \sum_{e \in H(S, \overline{S})} f(e) - \sum_{h \in E(\overline{S}, S)} f(h) = \sum_{e \in H(S, \overline{S})} c(e) = c(S).$$

補題 3.2.3.8 によって，f は最大フロー関数であり，S は H の最小カットをもたらす．

さて，Ford-Fulkerson アルゴリズムの計算量を解析してみよう．Step 1 は時間 $O(|E|)$ で実行でき，Step 2 は $O(1)$ 時間で実行できる．Step 3 の 1 回の実行は，任意の辺を高々 1 回しか見ないので高々 $O(|E|)$ 時間である．Step 4 は，拡大路を t から始めて s に到達するように探索すれば $O(|V|)$ 時間で実行できる．アルゴリズムの繰り返し回数は高々 $F_f = c(S)$ である．ところが，

$$c(S) \le \sum_{e \in E} c(e) \le |E| \cdot \max\{c(e) \mid e \in E\} = |E| \cdot Max\text{-}Int(H).$$

よって，このアルゴリズムは $O(|E|^2 \cdot Max\text{-}Int(H))$ 時間で動作する． $\square$

定理 3.2.3.11 によって，線形計画双対の重要な概念（3.7.4 節）のポイントとなる次の定理が成り立つ．

定理 3.2.3.12 （**最大フロー最小カット定理**） 最大フロー問題（MAX-FP）と最

180　第3章　決定性アプローチ

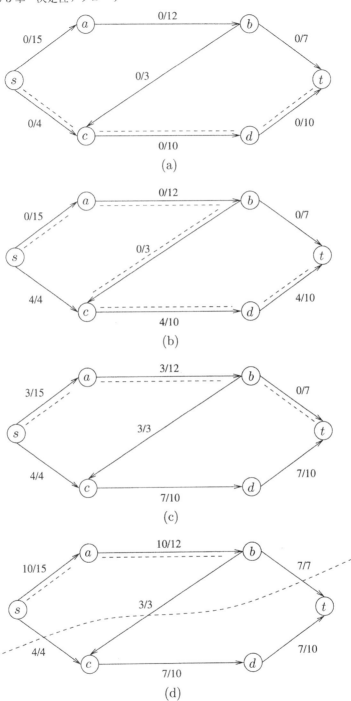

図 3.6

小ネットワークカット問題 (MIN-NCP) の任意の入力 $I = (G, c, \mathbb{R}^+, s, t)$ に対して以下の関係が成り立つ.

$$Opt_{\text{MAX-FP}}(I) = Opt_{\text{MIN-NCP}}(I).$$
□

3.2.4 適用可能性の限界

この節では，整数値問題を，それに対する擬多項式時間アルゴリズムの存在性に関して分類する．NP 困難性の概念を適用することによって，もし P $\neq$ NP ならば，ある整数値問題に対して擬多項式時間アルゴリズムが存在しないことを証明する技法が容易に導出される.

定義 3.2.4.1 整数値問題 U は，問題 $Value(p)$-U が NP 困難となるような多項式 p が存在するならば，**強 NP 困難**という. □

次の主張は，強 NP 困難性がまさに我々が求めていた概念であることを示している.

定理 3.2.4.2 P $\neq$ NP とし，U を強 NP 困難な整数値問題とする．この時，U を解く擬多項式時間アルゴリズムは存在しない. □

証明 U は強 NP 困難であるので，$Value(p)$-U が NP 困難となるような多項式 p が存在する．定理 3.2.1.3 によって，U に対する擬多項式時間アルゴリズムが存在するならば，全ての多項式 h に対して（ゆえに，$Value(p)$-U に対しても）多項式アルゴリズムが存在する．しかしながら，NP 困難問題 $Value(p)$-U に対して多項式アルゴリズムが存在するならば，直ちに P = NP が成り立つ. □

したがって，整数値問題 U に対して擬多項式アルゴリズムが存在しないことを証明するには，ある多項式 h に対して $Value(h)$-U が NP 困難であることを示せば十分である．このアプローチを用いて，TSP が強 NP 困難であることを示そう．明らかに，TSP は，その任意の入力インスタンスが完全グラフの辺のコストに対応する整数値の集合と見なすことができるので，整数値問題と考えることができる.

補題 3.2.4.3 TSP は強 NP 困難である. □

証明 ハミルトン閉路問題 HC は NP 困難であるので，多項式 $p(n) = n$ に対して，HC $\leq_p Lang_{Value(p)\text{-TSP}}$ を証明すれば十分である.

G をハミルトン閉路問題の入力とする．G がハミルトン閉路を含むかどうかを決定するのが問題である．$G = (V, E)$ とし，ある正整数 n に対して $|V| = n$ とする.

重み付き完全グラフ (K_n, c) を構成する．ここで，$K_n = (V, E_{com})$，$E_{com} = \{\{u, v\} \mid u, v \in V, u \neq v\}$ とし，E_{com} から $\{1, 2\}$ への関数 c を

$$c(e) \quad = \quad 1 \ (e \in E \text{ の場合})$$
$$c(e) \quad = \quad 2 \ (e \notin E \text{ の場合})$$

と定義する．

G がハミルトン閉路を含むことと $Opt_{\text{TSP}}(K_n, c) = n$，すなわち，$((K_n, c), n) \in Lang_{Value(p)\text{-TSP}}$ は等価である．したがって，入力インスタンス (K_n, c) に対して TSP を解けば，入力 G に対するハミルトン閉路問題を決定できる． $\square$

補題 3.2.4.3 の証明では，辺のコストを 1 と 2 の 2 値に制限しても，TSP は NP 困難であることを示した．そのような入力インスタンスは三角不等式 を満足するので，△-TSP も強 NP 困難である．

重み付き頂点被覆問題 (WEIGHT-VCP) は，重みなし版 MIN-VCP が NP 困難なので，強 NP 困難であることがわかる．一般に，全ての最適化グラフ問題の重み付き版は，元々の「重みなし」版が NP 困難ならば，強 NP 困難である．

3.2 節で導入されたキーワード

整数値問題，擬多項式時間アルゴリズム，p 値限定部分問題，強 NP 困難問題，Ford-Fulkerson アルゴリズム

3.2 節のまとめ

整数値問題は，入力が整数の集合と見なされる問題である．整数値問題に対する擬多項式時間アルゴリズムは，実行時間が入力整数の個数と入力整数値の多項式となるアルゴリズムである．したがって，擬多項式時間アルゴリズムは入力値が全体のサイズの多項式となる入力インスタンスに対しては多項式時間で動作する．

ナップサック問題に対して擬多項式時間アルゴリズムを設計するために動的計画法を用いることができる．そのアイデアは，実現されるそれぞれの価値に対して最小の重みを持つ解をボトムアップ的に順に計算していくというものである．もう 1 つの擬多項式時間アルゴリズムの格好の例は双対性の概念に基づいた，ネットワークの最大フローを求める Ford-Fulkerson アルゴリズムである．

整数値問題は，小さな整数値を持つ入力インスタンスに対して NP 困難ならば，強 NP 困難となる．したがって，強 NP 困難な整数値問題は擬多項式時間アルゴリズムを持たない問題である．TSP は，重みを 1 と 2 に限定した入力インスタンスに対してすら NP 困難となるので，強 NP 困難問題の代表例である．

3.3 パラメータ化計算量

3.3.1 基本概念

パラメータ化計算量の概念は擬多項式時間アルゴリズムの概念と類似している．いずれの概念も 3.1 節の最初のアプローチに基づいている．与えられた困難問題に対して，最悪計算量を考慮するだけでなく，より詳細な解析を試みる場合がある．パラメータ化計算量の概念では，全ての入力インスタンスの集合を可能であれば無限個の部分集合に分割するようなパラメータを探索することに焦点を当てて研究が行われる．アイデアは，入力長に対しては多項式であるが，ある選ばれたパラメータの値に対してはそうでないかもしれないアルゴリズムを設計することである．例えば，あるアルゴリズムの時間計算量を $2^{k^2} \cdot n^2$ とする．ここで，n は入力サイズで k は与えられた入力のパラメータの値である．したがって，小さな k に対しては，このアルゴリズムは効率が良いと考えることができるが，$k = \sqrt{n}$ に対しては，$n^2 \cdot 2^n$ 指数時間アルゴリズムである．この概念で重要なことは，結果として全ての入力インスタンスの集合を特定の入力インスタンスの難しさに関して部分クラスの集合に分割することになることである．このように，どの入力インスタンスが問題を難しくしているか，またはどの入力インスタンスに対して問題を効率良く解けるかを見極めることによって，問題に対して新しい知見を得る．これによって，問題の易しさについて考えることが，難しさに関して問題を分類すること（これは 2.3 節で議論された）から，計算量的な難しさに関して特定の問題に対する入力インスタンスを分類することへ移る．これは具体的な応用においてはしばしば困難問題を取り扱う最も良い方法である．

以下では，上で述べた概念を形式化する．

定義 3.3.1.1 U を問題とし，L を U の全ての入力インスタンスの言語とする．U のパラメータ化とは，以下の条件を満たすような任意の関数 $\boldsymbol{Par} : L \to \mathbb{N}$ のことである．

(i) Par は多項式時間で計算可能である．
(ii) 無限個の $k \in \mathbb{N}$ に対して，**k-固定パラメータ集合**

$$\boldsymbol{Set_U(k)} = \{x \in L \mid Par(x) = k\}$$

は無限集合である．

以下の場合，A を U に対する **$\boldsymbol{Par}$-パラメータ化多項式時間アルゴリズム**という．

(i) A が U を計算する．
(ii) 任意の $x \in L$ に対して，

$$Time_A(x) \leq f(Par(x)) \cdot p(|x|)$$

を満たす多項式 p と関数 $f: \mathbb{N} \to \mathbb{N}$ が存在する.

U に対する Par-パラメータ化多項式時間アルゴリズムが存在するならば, U は **Par** に関して固定パラメータにおいて易しい問題という.   □

まず最初に, U のパラメータ化の定義の条件 (ii) は必ずしも必要でないが, パラメータ化計算量の概念に対して有用であることに注意しよう. その条件は $Par(x)$ が x のサイズ $|x|$ に等しいというような意味のないパラメータ化を取り除くために利用される. そのような場合, $f(n) = 2^n$ とするならば, 任意の 2^n 指数時間アルゴリズムは U に対する Par パラメータ化多項式時間アルゴリズムになる. これは明らかに我々が意図していることではない. 集合 $Set_U(k)$ を無限にすることは, 任意に大きなサイズの入力インスタンスがパラメータ k を持つことができるという意味で, Par によって与えられたパラメータが入力インスタンスのサイズに依存しないことを意味している. 例えば, 入力インスタンスがグラフならば, パラメータはグラフの次数, または切断幅 (帯域幅) となり得る. 確かに, 固定された次数 $k \geq 2$ を持つグラフは無限に存在する. Par を選ぶ時に, 定義 3.3.1.1 で示された必要条件 (i) と (ii) のみに従うだけでは十分ではないことは明らかである. Par をうまく選ぶことによって, 特定の入力インスタンス固有の難しさをとらえることができなければならないし, Par を見つけることで考えている問題を難しくしているのが何かを問わなければならない.

選んだパラメータ Par が入力インスタンスの難しさについて, 我々の直観と相応すると考えるならば, 次に行うべきことは $f(Par(x)) \cdot p(|x|)$ の計算量を持つアルゴリズムを設計することである. 目的は p を低次数の多項式にし, f をできる限りゆっくり増加するような超多項式関数にすることである. 明らかに, p がまず固定されたパラメータに対してアルゴリズムの効率を決定し, f はどのようなパラメータが問題を易しくするかを決定する. したがって, パラメータ化計算量の概念は, 全ての入力インスタンスの集合 L を $\bigcup_{i=1}^{m} Set_U(i)$ と交換することによって得られた U の部分問題が易しくなるような, 集合 $\bigcup_{i=1}^{m} Set_U(i)$ を探索することと見なすことができる. 調査により, 多くの問題の困難さは入力インスタンスの集合 (への制限) の選択に極端に依存するということがわかっているので, このアプローチを用いた研究は非常に有効となり得る. 次の節では, ある NP 困難問題に対して単純なパラメータ化多項式時間アルゴリズムを設計することによって, パラメータ化計算量の概念を示す. 3.3.3 節ではこの概念の適用可能性について議論する.

3.3.2 パラメータ化計算量の適用可能性

まず，擬多項式時間アルゴリズムの概念はパラメータ化計算量の概念の特殊な場合と見なせることに注意しよう[9]．整数値問題 U における任意の入力インスタンス $x = x_1 \# x_2 \# \cdots \# x_n$ $(x_i \in \{0,1\}^*$ $(i = 1, \ldots, n))$ に対して，

$$Val(x) = \max\{|x_i| \mid i = 1, \ldots, n\} \qquad (3.7)$$

と定義する．明らかに，$Max\text{-}Int(x) \le 2^{Val(x)}$ であり，Val は U のパラメータ化である．もし A が U に対する擬多項式時間アルゴリズムであるならば，2変数の多項式 p が存在して，U の任意の入力インスタンス x に対して

$$Time_A(x) \in O\left(p(|x|, Max\text{-}Int(x))\right) = O\left(p\left(|x|, 2^{Val(x)}\right)\right)$$

を満足する．したがって，適当な定数 c と d に対して，確かに $Time_A(x)$ は $2^{d \cdot Val(x)} \cdot |x|^c$ で抑えることができる．しかし，これから，A は U に対する Val-パラメータ化多項式時間アルゴリズムである．よって，次の結果が証明される．

定理 3.3.2.1 U を整数値問題とし，Val を (3.7) で定義される U のパラメータ化とする．この時，U に対する任意の擬多項式時間アルゴリズムは U に対する Val-パラメータ化多項式時間アルゴリズムである． $\square$

ある多項式 p に対して計算量 $2^{2^{Val(x)}} \cdot p(|x|)$ の Val-パラメータ化アルゴリズムは擬多項式時間アルゴリズムではないので，この定理の逆（任意の Val-パラメータ化多項式時間アルゴリズムは擬多項式時間アルゴリズムである）は一般には成り立たない．

アルゴリズム 3.2.2.2 はナップサック問題に対する擬多項式時間アルゴリズムである．定理 3.2.2.3 で示したように，その時間計算量は，任意の入力 x に対して $O\left(n^2 \cdot Max\text{-}Int(x)\right)$ である．したがって，$Set_{KP}(k) = \{x \in \{0,1,\#\}^* \mid Val(x) = k\}$ の任意の入力に対しては $O\left(2^k \cdot n^2\right)$ となる．すなわち，アルゴリズム 3.2.2.2 はナップサック問題に対する効率の良い Val-パラメータ化多項式時間アルゴリズムである．

次にパラメータが単に入力の1つであるようなパラメータ化多項式時間アルゴリズムの簡単な例を示す．頂点被覆問題を考える．ここで，入力 (G, k) に対して，G にサイズが高々 k の頂点被覆が存在するかどうかを決定しなければならない．全ての入力 (G, k) に対して $Par(G, k) = k$ と定義する．明らかに，Par は頂点被覆問題に対するパラメータ化になっている．VC に対する Par パラメータ化多項式時間アルゴ

---

[9] パラメータ化計算量の元々の概念では，擬多項式時間アルゴリズムのそれを含んでいなかった．ここでは，入力インスタンスの難しさを分類するアプローチの威力を追求することを可能にするために，パラメータ化計算量の概念を一般化してある．この一般化についてのより詳細な議論は 3.4 節で述べる．

186 第 3 章 決定性アプローチ

リズムを設計するために，次の 2 つの観察を利用する．

観察 3.3.2.2 要素数 k 以下の頂点被覆 $S \subseteq V$ を持つ任意のグラフ $G = (V, E)$ に対して，S は次数が k より大きい V の頂点をすべて含まなければならない． □

証明 u を $a > k$ 本の辺に隣接する頂点とする．u を被覆集合に入れずにこれらの a 本の辺を被覆するためには，u の $a > k$ 個の隣接点全てを被覆集合に入れなければならない． □

観察 3.3.2.3 G が高々 m のサイズを持つ頂点被覆とし，G の最大次数を k 以下とする．この時，G は高々 $m \cdot (k+1)$ 個の頂点しか持たない． □

　次のアルゴリズムは，次数が大きいために頂点被覆に入っていなければならないすべての頂点をまず（被覆集合に）入れ，残りのグラフに対して被覆のしらみつぶし探索を行うというアイデアに基づいている．

アルゴリズム 3.3.2.4

入力： (G, k). ここで，$G = (V, E)$ はグラフで k は正整数である．

Step 1: H に次数が k を越える G の頂点をすべて入れる．

　　　　if $|H| > k$ **then output**(「棄却」) {観察 3.3.2.2};

　　　　if $|H| \leq k$ **then** $m := k - |H|$ とし，G' を H の頂点とそれに接続する全ての辺を取り除いて得られる G の部分グラフとする．

Step 2: **if** G' が $m(k+1)$ を越える頂点を持つ $[|V - H| > m(k+1)]$ **then output**(「棄却」) {観察 3.3.2.3}.

Step 3: G' においてサイズが高々 m の頂点被覆に対して（バックトラッキングによる）しらみつぶし探索を適用する．

　　　　if G' がサイズ高々 m の頂点被覆を持つ

　　　　then output(「受理」) **else output**(「棄却」)

定理 3.3.2.5 アルゴリズム 3.3.2.4 は VC に対する *Par*-パラメータ化多項式時間アルゴリズムである． □

証明 まず，アルゴリズム 3.3.2.4 は頂点被覆問題を解いていることに注意しよう．$|H| > k$ ならば，Step 1 で入力を棄却する．これは観察 3.3.2.2 により正しい．$|H| \leq k$ ならば，H の全ての頂点はサイズが高々 k の任意の頂点被覆の中になければならない（これも観察 3.3.2.2 による）ので，それらを頂点被覆の候補とする．したがって，

G がサイズ k の頂点被覆を持つかどうかという質問は，それと等価な，ある残りのグラフ G' がサイズが高々 $m = k - |H|$ の頂点被覆を持つかどうかという質問に帰着される．観察 3.3.2.3 と G' の次数は高々 k であるということから，アルゴリズム 3.3.2.4 は，G' が ($m(k+1)$ を越える) 多くの頂点を含むならば，サイズ m の頂点被覆は持ちえないので，Step 2 で入力を棄却する．最後に，Step 3 では，アルゴリズム 3.3.2.4 は G' がサイズ m の頂点被覆を持つかどうかをしらみつぶし探索によって調べている．

このアルゴリズムの時間計算量を解析する．Step 1 は $O(n)$ 時間で実現でき，Step 2 は $O(1)$ 時間かかる．G' の頂点の集合における要素数 m の異なった部分集合は高々 $\binom{m \cdot (k+1)}{m}$ であり，G' の辺数は高々 $k \cdot m \cdot (k+1)$ であるので，高々 $m(k+1) \le k \cdot (k+1)$ 個の頂点のグラフにおけるサイズ m の頂点被覆のしらみつぶし探索は，

$$O\left((k \cdot m \cdot (k+1)) \cdot \binom{m \cdot (k+1)}{m}\right) \subseteq O\left(k^3 \cdot \binom{k \cdot (k+1)}{k}\right) \subseteq O\left(k^{2k}\right)$$

時間で実行できる．したがって，アルゴリズム 3.3.2.4 の時間計算量は $O(n + k^{2k})$ となり，$O(k^{2k} \cdot n)$ である． $\square$

パラメータ k が小さくても，k^{2k} は既に十分大きいので，VC に対してもう 1 つの *Par*-パラメータ化多項式時間アルゴリズムを示す．このアルゴリズムは次の単純な事実に基づいている．

観察 3.3.2.6 G をグラフとする．各辺 $e = \{u, v\}$ に対して，G の任意の頂点被覆は u または v の少なくとも 1 つの頂点を含んでいる． $\square$

次のような分割統治戦略を考えよう．(G, k) を頂点被覆問題の入力インスタンスとする．G の任意の辺 $\{v_1, v_2\}$ をとる．G_i を G から v_i ($i = 1, 2$) とそれに隣接する全ての辺を取り除いた部分グラフとする．

$$(G, k) \in \text{VC} \Longleftrightarrow [(G_1, k-1) \in \text{VC} \text{ または } (G_2, k-1) \in \text{VC}]$$

が成り立つことに注意しよう．明らかに，$(G_i, k-1)$ は G から $O(|V|)$ 時間で構成できる．任意のグラフ H に対して，$(H, 1)$ は $O(|V|)$ 時間で決定できる自明な問題であり，(G, k) から (G, k) の部分インスタンスへ再帰的に帰着するには，(G, k) の高々 2^k 個の部分インスタンスを解けばよいので，この分割統治アルゴリズムの時間計算量は $O\left(2^k \cdot n\right)$ である．したがって，このアルゴリズムは VC に対する *Par*-パラメータ化多項式時間アルゴリズムであり，小さな値の k に対しては確かに実用的である．

演習問題 3.3.2.7 アルゴリズム 3.3.2.4 と上記の分割統治法を組み合わせて，ここ

188 第3章 決定性アプローチ

で示されたものより速くなる VC に対するアルゴリズムを設計せよ. □

演習問題 3.3.2.8 任意の CNF で与えられたブール関数 Φ に対して, $Var(\Phi)$ を Φ に現れる変数の数とする. MAX-SAT は Var に関して固定パラメータにおいて易しい問題であることを証明せよ. □

演習問題 3.3.2.9 $((X, \mathcal{F}), k)$ $(\mathcal{F} \subseteq Pot(X))$ を決定問題 $Lang_{SC}$[10]のインスタンスとする. 任意の $x \in X$ に対して, $num_{\mathcal{F}}(x)$ を $\mathcal{F}$ において x を含む集合の数とする. 次の式を定義する.

$$Pat((X, \mathcal{F}), k) = \max\{k, \max\{num_{\mathcal{F}}(x) \mid x \in X\}\}$$

これは $Lang_{SC}$ のパラメータ化である. $Lang_{SC}$ に対する Pat-パラメータ化多項式時間アルゴリズムを求めよ. □

3.3.3 関連する話題

ここでは, パラメータ化計算量の概念の適用可能性を簡単に議論しよう. まず, パラメータ化に関して固定パラメータにおける易しさはその問題が実用的に解ける（容易に解ける）ことを必ずしも意味していない. 例えば, このアプローチは計算量がある定数 c に対して $2^{2^{2^k}} \cdot n^c$ に近い時, うまく動作しない. このようなパラメータ化多項式時間アルゴリズムは小さな k でさえ実用的にはほど遠く, もっと良いものを見つけなければならない. ある適用においてこのアプローチがうまくいかない別の可能性としては, 扱われるほとんどの問題インスタンスに対して, 通常入力サイズに比較して小さくならないパラメータが選択される場合である. そのような例は演習問題 3.3.2.8 に示した. そこでは, パラメータ $Var(\Phi)$ は Φ に現れるブール変数の個数である. 通常, $Var(\Phi)$ は Φ に含まれるリテラルの個数に関係している. したがって, MAX-SAT は Var に関して固定パラメータにおける易しさの条件が満たされているにもかかわらず, 依然として非常に困難な最適化問題である. パラメータ化の選択の要領は, 以下をを満たすような F を見つけることである.

(i) 実用的な F-パラメータ化多項式時間アルゴリズムを設計でき, しかも

(ii) 考えられる応用に現れる問題インスタンスのほとんどに対してこのパラメータが比較的小さくなる.

もし, 否定的な結果を証明したいならば, 擬多項式時間アルゴリズムに対する証明と同様の方法を用いることができる. ある固定された定数 k に対する入力インスタ

---

[10] $Lang_{SC}$ は集合被覆問題の閾値言語であることを思い出そう. $(X, \mathcal{F})$ のサイズが高々 k の集合被覆が存在するならば, $((X, \mathcal{F}), k)$ は $Lang_{SC}$ に属する.

ンスの集合 $Set_U(k)$ によって与えられる U の部分問題が NP 困難であることを証明
できるならば，考えられるパラメータ化に関して U は固定パラメータにおいて易し
くないことは明らかである．

この否定的結果の導出を例で見てみよう．TSP 問題を考え，パラメータ化を
$Par(G,c) = Max\text{-}Int(G,c)$ とする．補題 3.2.4.3 で示したように，TSP は強 NP 困
難であるので，TSP は小さな $Max\text{-}Int(G,c)$ に対してさえ NP 困難である．実際，
TSP は $c: E \to \{1,2\}$ となる問題インスタンスに対しても NP 困難であることを証
明した．よって，TSP に対しては Par-パラメータ化多項式時間アルゴリズムは存在
しない．

もう 1 つの例は集合被覆問題であり，SC の任意の入力インスタンス $(X,\mathcal{F})$ に対し
て $Card(X,\mathcal{F}) = \max\{num_{\mathcal{F}}(x) \mid x \in X\}$[11]によって定義されるパラメータ化 $Card$
である．入力インスタンスの集合を $Set_{\mathrm{SC}}(2) = \{(X,\mathcal{F}) \mid Card(X,\mathcal{F}) = 2\}$ に制限
した SC は最小頂点被覆問題と一致し，Min-VC は NP 困難であるので，SC に対し
ては $Card$ パラメータ化多項式時間アルゴリズムは存在しない．

3.3 節で導入されたキーワード

問題のパラメータ化，パラメータ化多項式時間アルゴリズム，固定パラメータにお
ける易しさ

3.3 節のまとめ

パラメータ化計算量の概念は擬多項式時間アルゴリズムの概念の一般化である．あ
る困難問題の全ての入力インスタンスの集合を，入力インスタンスのサイズに関して
は多項式時間で，パラメータに対しては多項式にはならないように動作するアルゴリ
ズムを設計できるように，入力インスタンスによって定まるパラメータに関して分割
したい．この時，そのようなアルゴリズムはパラメータが比較的小さくなるような入
力インスタンスに対しては効率の良い解を与え得る．これによって，与えられた問題
に対して易しい問題インスタンスと難しい問題インスタンスの境界を見つけることに
貢献できる．

このアプローチを適用する時の主に難しいところは，問題インスタンスの難しさを
現実的にとらえ，同時に制限されたパラメータサイズのインスタンスに対して効率良
く動作するアルゴリズムを設計できるようなパラメータを見つけるところである．

---

[11] $num_{\mathcal{F}}(x)$ の定義に関しては演習問題 3.3.2.9 を見よ．

190　第3章　決定性アプローチ

3.4　分枝限定法

3.4.1　基本概念

　分枝限定法は最適化問題に対するアルゴリズムを設計するための方法である．この方法は，計算時間がどうであろうと（実行可能性がどうであろうと），無条件で最適解を見つけたい時に用いる．分枝限定法は，全ての実行可能解の空間をしらみつぶし探索する手法のバックトラッキングに基づいている．主な問題は，実行可能解の集合の要素数が入力のサイズ n に対して，通常 2^n や $n!$，あるいは n^n になることである．分枝限定法の大まかなアイデアは，しらみつぶし探索において（解を生成する）ある部分に達した時，その部分には最適解が含まれないことがわかった時には，実行可能解の空間のその部分の探索を省略することによってバックトラッキングを速くすることである．

　（2.3.4 節で述べた）バックトラッキングは，ラベルの付いた根付き木 $T_{\mathcal{M}(x)}$ に対する深さ優先探索，あるいは幅優先探索と見なすことができる．ここで，葉は $\mathcal{M}(x)$ からの実行可能解でラベル付けされており，$T_{\mathcal{M}(x)}$ のすべての内部頂点 v には，v を根とする部分木 T_v の葉のラベルが付いた全ての実行可能解を含む $S_v \subseteq \mathcal{M}(x)$ でラベル付けされている．分枝限定法は，アルゴリズムが v を訪れた（生成した）時点で，T_v が最適解を持たないことを決定できる時に，$T_{\mathcal{M}(x)}$ から T_v を切り取ることに他ならない．このアプローチの効率はアルゴリズムの実行中に切断され得る $T_{\mathcal{M}(x)}$ の部分木の量とサイズに依存する．

　分枝限定法の最も単純な版は既に 2.3.4 節で示した．頂点 v に到達した時，それまでに見つかった最良の解のコストと T_v の S_v における実行可能解の最小または最大のコストを比較する．通常，S_v の仕様によって S_v 内の実行可能解のコストの範囲が効率良く評価できるので，これらの比較は容易に行える．それまでの最良の解のコストが評価された範囲のどのコストよりも明らかに良ければ，T_v を切り取る（すなわち，T_v の探索は省略する）．このナイーブな分枝限定のアプローチの効率は入力インスタンスに大きく依存するだけでなく，木 $T_{\mathcal{M}(x)}$ の作り方にも大きく依存する[12]．この単純なアプローチだけでは実際の困難な最適化問題を解決するにはうまくいかないことが多い．

　標準版の分枝限定法では，最適解のコストの限界を前もって計算しておく．より正確には，最大化問題に対しては最適解の下界を，最小化問題に対しては最適解の上界を前もって計算しておく．そのような限界を計算する標準的な技法としては[13]，以下のようなものが挙げられる．

---

[12] すなわち，$\mathcal{M}(x)$ をどの仕様によって分岐させるかに依存する．

[13] このリストが全てではなく，最適解に対するコストの妥当な限界を求めるために，いくつかの技法の組合せを利用できることに注意しよう．

(i) 近似アルゴリズム（第 4 章）．

(ii) 線形計画法への帰着による緩和（3.7 節）．

(iii) ランダムサンプリング（第 5 章）．

(iv) 局所探索（3.6 節）．

(v) 焼きなまし法や遺伝アルゴリズムのようなヒューリスティックな方法（第 6 章）．

　前もって計算される限界は，解がこの限界のコストに達しない $T_{\mathcal{M}(x)}$ の全ての部分木を切断するために使用される．良い限界が計算できたならば，分枝限定手続きの時間計算量は本質的に減らすことができる場合もあり，このアプローチは考えている問題インスタンスに対して実用的になる．

　この節の残りの部分は次の通りである．次の節では，MAX-SAT と TSP に対して分枝限定法の適用例を示す．3.4.3 節では分枝限定法の長所と短所について議論する．

3.4.2　MAX-SAT と TSP に対する適用例

　この節では，MAX-SAT と TSP のいくつかの問題インスタンスにおける分枝限定法の動作を示す．まず，MAX-SAT に対して，前処理を行わない，分枝限定法の直接的版を考える．したがって，最適コストの限界を持たないでバックトラッキングを始め，実行可能解を見つけた後，それまでに見つかった最良の解に比べ良い実行可能解を含まない探索部分木を切断できる．MAX-SAT に対しては，入力式 Φ の変数へのブール値の割当は全て Φ の実行可能解になるので，バックトラッキングは非常に単純である．したがって，探索木の任意の内部頂点において，変数 x_i に対して $x_i = 1$ と $x_i = 0$ という 2 つの可能性に関して分岐する．図 3.7 は式

$$
\begin{aligned}
\Phi(x_1, x_2, x_3, x_4) = &\ (x_1 \vee \overline{x}_2) \wedge (x_1 \vee x_3 \vee \overline{x}_4) \wedge (\overline{x}_1 \vee x_2) \\
&\wedge (x_1 \vee \overline{x}_3 \vee x_4) \wedge (x_2 \vee x_3 \vee \overline{x}_4) \wedge (x_1 \vee \overline{x}_3 \vee \overline{x}_4) \\
&\wedge x_3 \wedge (x_1 \vee x_4) \wedge (\overline{x}_1 \vee \overline{x}_3) \wedge x_1
\end{aligned}
$$

に対する完全な探索木 $T_{\mathcal{M}(\Phi)}$ を示している．

　Φ は 10 節からなり，充足可能ではないことに注意しよう．割当 $1111, 1110, 1101,$ 1100 のいずれもが 9 節を充足し，これら全ての割当は Φ に対して最適解である．

　図 3.8 は深さ優先探索による分枝限定の実現に対応する木 $T_{\mathcal{M}(\Phi)}$ を示している．ただし，各内部頂点 v に対して，v の左の子は常に v の右の子より前に訪問される．最初の実行可能解は 1111（$x_1 = 1, x_2 = 1, x_3 = 1, x_4 = 1$）でコストは 9 である．$\Phi$ の全ての節数は 10 なので，ある部分割当 α に対して，少なくとも 1 つの節が充足可能でないならば，α を拡張した任意の割当に対しては，考慮する必要はない．した

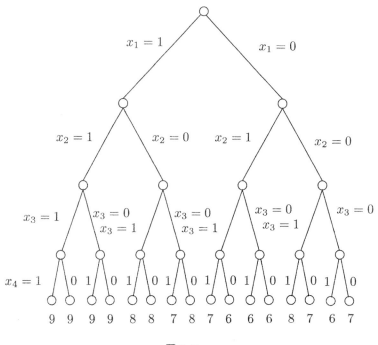

図 3.7

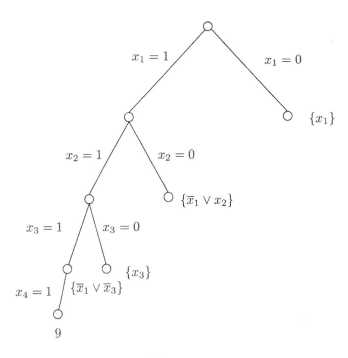

図 3.8

がって，部分割当 $x_1 = 1, x_2 = 1, x_3 = 1$ に対応する頂点においては，節 $\overline{x}_1 \vee \overline{x}_3$ は残りの自由変数 x_4 にどのように割り当てても充足できないので，この頂点の右の部分木は切断する．同様にして，以下が成り立つ．

- 部分割当 $x_1 = 1, x_2 = 1, x_3 = 0$ に対して，節 x_3 は充足できない．
- 部分割当 $x_1 = 1, x_2 = 0$ に対して，節 $\overline{x}_1 \vee x_2$ は充足できない．
- 部分割当 $x_1 = 0$ に対して，節 x_1 は充足できない．

よって，示されたような深さ優先探索による分枝限定法によって，バックトラックの回数を $T_{\mathcal{M}(\Phi)}$ の 31 頂点から 8 頂点の訪問（生成）に減らした．

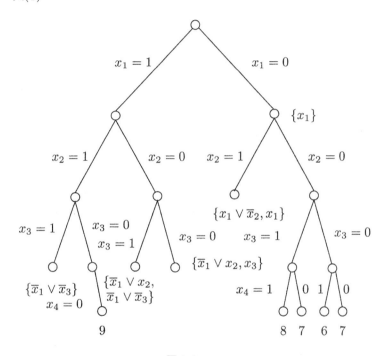

図 **3.9**

図 3.9 から，$T_{\mathcal{M}(\Phi)}$ の任意の内部節点に対して右の子を先に訪問する（$x = 0$ を選択する方から始める）場合の深さ優先探索によって，$T_{\mathcal{M}(\Phi)}$ の 18 頂点を訪問（生成）したことがわかる．この探索では，最初コストが 7 の実行可能解 0000 を見つけ，次にコスト 8 の解 0011 に改良し，最後に最適コスト 9 の解 1100 を見つけて終了する．例えば，部分割当 $x_1 = 0, x_2 = 1$ に対応する内部頂点の部分木は以下により訪問されない．

(i) 節 $x_1 \vee \overline{x}_2$ と x_1 はこの部分割当をどのように拡張した割当を考えても充足できない．

194　第3章　決定性アプローチ

(ii) これまでに見つかった最良の実行可能解は Φ の 10 節中 8 節を充足する.

図 3.8 と図 3.9 を比較すると，分枝限定法の効率は $T_{\mathcal{M}(\Phi)}$ の探索の仕方に依存することがわかる．幅優先探索を用いると，図 3.8 や図 3.9 とも異なる $T_{\mathcal{M}(\Phi)}$ の探索部分木が得られる．Φ に対するバックトラック木を構成する時，変数の順を変えれば，分枝限定法の計算量効率も変わる．したがって，**分枝限定法の効率は本質的に次の2つに依存し得る**ことがわかる.

- 木 $T_{\mathcal{M}(x)}$ の探索戦略.
- バックトラッキングによる $T_{\mathcal{M}(x)}$ の構成の種類.

さらに，異なる問題インスタンスでは効率的に解くためには異なった探索やバックトラッキングが必要になるかも知れない．それゆえに，難しい問題に対する分枝限定法の実現はある入力インスタンスに対しては適当かもしれないが，他の例に対してはそれほど良くないかもしれない.

演習問題 3.4.2.1　幅優先探索によって図 3.7 の $T_{\mathcal{M}(x)}$ における分枝限定法を実行し，その時間計算量（生成される頂点の数）を図 3.8 と図 3.9 に示された深さ優先探索戦略の場合と比較せよ．　　　　　　　　　　　　　　　　　　　　　　　□

演習問題 3.4.2.2　式 $\Phi(x_1, x_2, x_3, x_4)$ における入力変数の順を x_4, x_3, x_1, x_2 とし，この変数の並びに従ってバックトラック木 $T_{\mathcal{M}(\Phi)}$ を構成せよ．分枝限定法に対する基底としてこの $T_{\mathcal{M}(\Phi)}$ を利用せよ．異なった探索戦略を考え，訪問される頂点数を図 3.8 と図 3.9 に示される分枝限定法の実装と比較せよ．　　　　　　　　　　□

次に，TSP において前処理を施した分枝限定法の動作例を示そう．ある頂点 v において $T_{\mathcal{M}(x)}$ の部分木を切断するかどうかを決めるためには，直接的な戦略を用いる．2.3.4 節で示された TSP に対するバックトラッキングを考えよう．T_v における実行可能解のコストの下界は，S_v における全ての辺のコストの和にハミルトン閉路を構成する残りの辺数に全ての辺における最小のコストを掛けたものを加えることにより計算できる.

図 3.11 は図 3.10 に示された TSP のインスタンス I に対してこの分枝限定戦略を適用したものを示している．前処理で計算される最適コストの上界は最初 10 である．2.3.4 節で導入したように，$S_I(h_1, \ldots, h_r, \bar{e}_1, \ldots, \bar{e}_s)$ は $h_1, \ldots, h_r$ の全ての辺を含み，$e_1, \ldots, e_s$ のどの辺も含まないような全てのハミルトン閉路を含む $\mathcal{M}(I)$ の部分集合を示している．対応する部分木 $T_{\mathcal{M}(I)}$ を生成する際，次の2つの観察を用いる.

観察 3.4.2.3　図 3.10 の問題インスタンス I に対する実行可能解の集合 S が同じ頂点 v に隣接する2つの与えられた辺を含む解を1つも含まないならば，S の任意

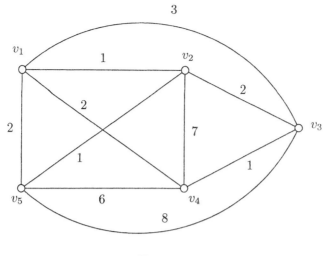

図 3.10

の解は v に隣接する他の 2 つの辺を含まなければならない. □

証明 K_5 の次数は 4 であり，K_5 の任意の頂点 v に対して任意のハミルトン閉路は v に隣接する 2 つの辺を含む. □

観察 3.4.2.4 K_5 における長さ 3 の路を決定する任意の 3 本の辺 e, h, l に対して，$|S(e, h, l)| \leq 1$ が成り立つ（すなわち，任意のハミルトン閉路は任意の長さ 3 の部分路によって一意に決定できる）. □

図 3.11 の最初の分岐は解の中に e_{12} があるかどうかによってなされる．$S(e_{12})$ は解の中に e_{23} があるかどうかに応じて分岐し，$S(e_{12}, e_{23})$ は解の中に e_{34} があるかどうかに応じてなされる．$v_1, v_2, v_3, v_4, v_5, v_1$ は部分路 v_1, v_2, v_3, v_4 を持つただ 1 つのハミルトン閉路なので，$|S(e_{12}, e_{23}, e_{34})| = 1$ である．よって，最初の実行可能解のコストは 12 である．次の実行可能解 $v_1, v_2, v_3, v_5, v_4, v_1$ は $S(e_{12}, e_{23}, \overline{e}_{34})$ の唯一の要素であり，そのコストは 19 である．コストの上界 10 は，集合 $S(e_{12}, e_{24}, \overline{e}_{23})$ に到達した時に初めて利用される．$c(e_{12}) + c(e_{24}) = 1 + 7 = 8$ であり，したがって，これら 2 つの辺を含む任意のハミルトン閉路のコストは 11 以上でなければならない．$S(e_{12}, \overline{e}_{23}, \overline{e}_{24}) = S(e_{12}, e_{25})$ なので，次の分岐は e_{35} に関してなされる．$c(e_{35}) = 8$ で，e_{35} を含むハミルトン閉路は 12 より小さいコストを持てないので，$S(e_{12}, \overline{e}_{23}, \overline{e}_{24}, e_{35})$ より以降を行う必要はない．集合 $S(e_{12}, \overline{e}_{23}, \overline{e}_{34}, \overline{e}_{35}) = S(e_{12}, e_{25}, e_{45})$ はコスト 12 の唯一の解 $v_1, v_2, v_5, v_4, v_3, v_1$ を含む．ここで，$T_{\mathcal{M}(I)}$ の右の部分木 $T_{S(\overline{e}_{12})}$ の葉を簡単に見てみよう．$c(e_{13}) + c(e_{35}) = 3 + 8 = 11$ であるので，$S(\overline{e}_{12}, e_{13}, e_{35})$ のコストは再び限定することができ，$S(\overline{e}_{12}, e_{13}, e_{35})$ の任意の解のコストは 14 以上である．

第3章 決定性アプローチ

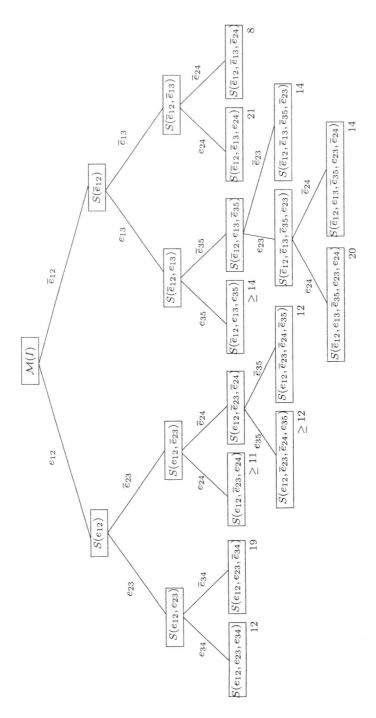

図 3.11

$S(\overline{e}_{12}, e_{13}, \overline{e}_{35}, e_{23}, e_{24}) = S(e_{13}, e_{23}, e_{24}) = \{(v_1, v_3, v_5, v_4, v_1)\}$ でありそのコスト
は 20 である．$S(\overline{e}_{12}, e_{13}, \overline{e}_{35}, e_{23}, \overline{e}_{24}) = S(e_{13}, e_{23}, e_{25}) = \{(v_1, v_3, v_2, v_5, v_4, v_1)\}$
はコスト 14 である．観察 3.4.2.3 によって，$S(\overline{e}_{12}, e_{13}, \overline{e}_{35}, \overline{e}_{23}) = S(e_{13}, e_{34}, \overline{e}_{12}) =$
$S(e_{13}, e_{34}, e_{15}) = \{(v_1, v_3, v_4, v_2, v_5, v_1)\}$ であり，そのコストは 14 である．観察
3.4.2.3 を適用すると $S(\overline{e}_{12}, \overline{e}_{13}) = S(e_{14}, e_{15})$ が得られ，ここでこの集合は e_{24} によっ
て分岐する．$S(\overline{e}_{12}, \overline{e}_{13}, e_{24}) = S(e_{14}, e_{15}, e_{24})$ のただ 1 つの解は $v_1, v_4, v_2, v_3, v_5, v_1$
であり，そのコストは 21 である．一方，$S(\overline{e}_{12}, \overline{e}_{13}, \overline{e}_{24}) = S(e_{14}, e_{15}, \overline{e}_{24}) = S(e_{14},$
$e_{15}, e_{34}) = \{(v_1, v_4, v_3, v_2, v_5, v_1)\}$ となり，これがコスト 8 の最適解である．

最適解 $v_1, v_4, v_3, v_2, v_5, v_1$ が $T_{\mathcal{M}(I)}$ の深さ優先探索において訪問される最後の葉
に対応しており，コストの下界 10 を前処理で計算していなければ，バックトラッキ
ングによって $T_{\mathcal{M}(I)}$ を全て生成することに注意しよう．明らかに，分岐手続きに対
して辺の順序を変えたり，$T_{\mathcal{M}(I)}$ の探索の戦略を変えれば，訪問される頂点数が異な
る（計算量が異なる）．

3.4.3 関連する話題

$P \neq NP$ である限り，どんなにすぐれた多項式時間アルゴリズムによる前処理計算
で求めた最適解のコストの限界を持つ分枝限定法を用いても与えられた NP 困難問題
に対して多項式時間の分枝限定アルゴリズムにはなり得ない．この方法から期待でき
る唯一の利点は，具体的な応用に現れるいくつかの問題インスタンスに対して妥当な
時間で動作するということである．

また，ある近似アルゴリズムによって非常に良い限界を前処理で計算できていたと
しても，最適コストと前処理で計算された限界との間にあるコストを持つ指数個の実
行可能解を与える入力インスタンスが存在し得る．明らかに，このことは分枝限定法
が高い指数時間計算量になり得ることを意味している．

困難問題の任意の入力インスタンスにおいて最良の戦略になるような $T_{\mathcal{M}(x)}$ に対
する探索の一般的な戦略は存在しないので，分枝限定法の効率を上げるためには次の
2 つの部分に着目しなければならない．

(i) 最適化問題 U の任意の入力インスタンス I に対して，できる限り $Opt_U(I)$ に
    近い限界を得るための良いアルゴリズムを探索する．
(ii) $T_{\mathcal{M}(I)}$ の頂点に割り当てられる解の集合において，それらの解のコストの限界
    を計算するための巧妙な効率的戦略を見つける．

最適解 $Opt_U(I)$ に対する良い限界を探索するためにより時間をかける方がよいと
思うかもしれない（得られた限界が最も複雑な部分（$T_{\mathcal{M}(I)}$ の探索）の実行時間に大
きく依存し得るので）．一方，解の与えられた集合における限界の評価手続きは，そ

198　第 3 章　決定性アプローチ

れぞれ生成された頂点で用いられ，生成される頂点数は通常大きくなるので，相当に効率が良くなければならない．

　ここで最後に議論したいことは，分枝限定において，結果が待てないほど時間がかかるある問題インスタンスの実行に対してどのように対処すべきかということである．1 つの可能性は，単に探索を途中で打ちきり，それまでに見つかった最良の実行可能解を出力することである．もう 1 つの可能性は，最適解を見つけるという厳しい要求をコストが最適解の $t\%$ しか異ならない解を見つけるという要求に変えることによって，最初から時間がかかることを避けるようにすることである[14]．この場合，S_v の限界が，それまでに見つかった最良の実行可能解よりも $t\%$ より良い S_v の解がないと言えるならば，$T_{M(I)}$ から任意の部分木 T_v を切断できる．

3.4 節のまとめ

　分枝限定法は最適化問題を解くためのアルゴリズム設計技法である．この方法はバックトラック木のある部分木の生成が，この部分は最適解を含まないか，それまでに得られた最良の解より良い実行可能解を含まないことがわかった段階で，省略することによってバックトラッキングをより効率的にするものである．通常，分枝限定アルゴリズムは次の 2 つの部分からなっている：

(i)　最適コストの限界を計算する．

(ii)　バックトラック木からある部分木を切断するために，(i) で計算した限界を利用する．

　前処理の計算部 (i) は通常別のアルゴリズム設計技法（近似アルゴリズム，線形計画法への緩和，局所探索など）でなされ，前処理で計算される限界の精度は分枝限定法の効率に本質的に影響する．

3.5　指数時間の最悪計算量の低減

3.5.1　基本概念

　この概念は，与えられた問題を解き指数時間計算量すら許容するようなアルゴリズムを設計するという意味において，分枝限定法のアイデアと類似している．しかしながら，分枝限定法の時間計算量が入力によってかなり変化するのに比べると，ここでの概念では，設計されたアルゴリズムの最悪計算量が任意のナイーブなアプローチの計算量よりかなり小さいことが必要とされる．例えば，サイズ n の問題インスタン

---

[14] この性質を持つ出力を生成するアルゴリズムは $(1 + t/100)$ 近似アルゴリズムと呼ばれ，このようなアルゴリズムは第 4 章で議論される．

スに対して，実行可能解の集合の要素数が 2^n となる最適化問題を考えるならば，c^n となる最悪計算量は全ての $c < 2$ に対して，本質的な改善になっている．したがって，このアプローチにおいては，ある指数時間アルゴリズムが直接的な指数時間アルゴリズムがもはや実際的でないような入力サイズに対して実際的ならば，それを容認する．

図 3.12 はこのアプローチの利用可能性を示している．もし，10^{16} の計算量が現時点での易しいものとそうでないものとの境界であると考えるならば，計算量 $(1.2)^n$ のアルゴリズムは $n = 100$ に対しては数秒で実行でき，計算量 $n^2 \cdot 2^{\sqrt{n}}$ のアルゴリズムも $n = 300$ に対しては易しい[15]．一方，計算量 2^n のアルゴリズムへの適用においては入力サイズが 50 のときに既に易しいものとそうでないものとの境界になっている．したがって，指数部の計算量を改善すれば，困難問題が実際的に解けるようになり得るのである．

計算量	$n = 10$	$n = 50$	$n = 100$	$n = 300$
2^n	1024	(16 桁)	(31 桁)	(91 桁)
$2^{n/2}$	32	$\sim 33 \cdot 10^6$	(16 桁)	(46 桁)
$(1.2)^n$	7	9100	$\sim 29 \cdot 10^6$	(24 桁)
$10 \cdot 2^{\sqrt{n}}$	89	1350	10240	$\sim 1.64 \cdot 10^6$
$n^2 \cdot 2^{\sqrt{n}}$	894	~ 336000	$\sim 10.24 \cdot 10^6$	$\sim 14.8 \cdot 10^9$

図 3.12

このアプローチはどのような種類の問題に対しても適用できる．通常は，このアプローチが成功するためには，考えている特定の問題を解析し，基礎的なアルゴリズム設計技法と組み合わせることによって得られた知識を利用する必要がある．現状では，問題の大きなクラスに対して現実的な指数時間アルゴリズムを設計するための一般的な戦略を与えるような概念は存在せず，どの困難問題がある多項式 p と定数 $c\,(< 2)$ に対して，計算量 $p(n) \cdot c^n$ のアルゴリズムを持てるかを説明するようなロバストな理論は存在しない．

次節では，決定問題 3SAT に対して，このアプローチを単純に適用した例を示す．

3.5.2 計算量が 2^n より小さい 3SAT の解法の解法

決定問題 $(\text{3SAT}, \Sigma_{logic})$，すなわち，与えられた 3CNF 式 F が充足可能であるかどうかを決定する問題を考える．F が n 変数を持つならば，F の変数における全て

---

[15] $n = 300$ でさえ，$10 \cdot 2^{\sqrt{n}}$ はたった 10 進 11 桁である．

200 第3章 決定性アプローチ

の割当 α に対する値 $F(\alpha)$ を見つけるというナイーブなアプローチを用いると，(最悪) 計算量 $O(|F| \cdot 2^n)^{16}$ のアルゴリズムが得られる．明らかに，この単純なアルゴリズムは一般の SAT 問題に対して動作する．以下では，このようなしらみつぶし探索ではなく，分割統治法を巧妙に利用して， 3SAT が $O(|F| \cdot 1.84^n)$ 時間で決定できることを示す．

F を CNF 式とし，l を F に現れるリテラルとする．**$F(l = 1)$** を F から次の規則を順次適用して得られる式とする：

(i) リテラル l を含む全ての節を F から取り除く．

(ii) F の節がリテラル $\bar{l}$ を含み，さらに $\bar{l}$ と異なるリテラルを少なくとも 1 つ含むならば，$\bar{l}$ をその節から取り除く．

(iii) F の節がリテラル $\bar{l}$ のみからなっているならば，$F(l = 1)$ は式 0（すなわち，充足しない式）となる．

同様に，**$F(l = 0)$** は次のようにして F から得られる式とする：

(i) リテラル $\bar{l}$ を含む全ての節は F から取り除く．

(ii) 節が 2 種類以上の異なるリテラルからなり，そのうちの 1 つが l ならば，l をその節から取り除く．

(iii) 節がリテラル l のみからなっているならば，$F(l = 0)$ は式 0 である．

一般に，リテラル $l_1, \ldots, l_c, h_1, \ldots, h_d$ に対して，式

$$F(l_1 = 1, l_2 = 1, \ldots, l_c = 1, h_1 = 0, h_2 = 0, \ldots, h_d = 0)$$

は F から $F(l_1 = 1)$, $F(l_1 = 1)(l_2 = 1)$, ... を順に適用して得られるものとする．明らかに，$l_1 = 1, l_2 = 1, \ldots, l_c = 1, h_1 = 0, \ldots, h_d = 0$ によって F の変数への部分的な割当が決まる．したがって，$F(l_1 = 1, l_2 = 1, \ldots, l_c = 1, h_1 = 0, \ldots, h_d = 0)$ が充足可能かどうかは，$l_1 = 1, \ldots, l_c = 1, h_1 = 0, \ldots, h_d = 0$ かつ F を満たす割当が存在するかどうかと等価になる．

次の式を考えよう．

$$F = (x_1 \vee \bar{x}_2 \vee x_4) \wedge (\bar{x}_2) \wedge (\bar{x}_2 \vee \bar{x}_3 \vee x_5) \wedge (x_1 \vee \bar{x}_5) \wedge (\bar{x}_1 \vee x_2 \vee x_3)$$

は 5 変数 x_1, x_2, x_3, x_4, x_5 の 3CNF 式である．定義から以下が成り立つ．

$$
\begin{aligned}
F(x_1 = 1) &= (\bar{x}_2) \wedge (\bar{x}_2 \vee \bar{x}_3 \vee x_5) \wedge (x_2 \vee x_3), \\
F(\bar{x}_2 = 1) &= (x_1 \vee \bar{x}_5) \wedge (\bar{x}_1 \vee x_3), \\
F(\bar{x}_3 = 0) &= (x_1 \vee \bar{x}_2 \vee x_4) \wedge (\bar{x}_2) \wedge (\bar{x}_2 \vee x_5) \wedge (x_1 \vee \bar{x}_5).
\end{aligned}
$$

---

16 変数への与えられた割当に対して CNF 式 F を評価するのは $O(|F|)$ 時間で行え，F の n 変数への異なる割当はちょうど 2^n 個あることに注意しよう．

$F(\overline{x}_3 = 0)$ における第 2 番目の節はリテラル $\overline{x}_2$ のみからなるので, $F(\overline{x}_2 = 0) \equiv 0$ かつ $F(x_2 = 1) \equiv 0$ が成り立つ. 重要なことは, F の任意のリテラル l と $a \in \{0,1\}$ に対して, $F(l = a)$ では F より含まれる変数が少なくなっていることである. 以下では, 全ての正整数 n と r に対して,

$$3\mathrm{CNF}(n, r) \quad = \quad \{\Phi \,|\, \Phi は高々 n 変数の 3\mathrm{CNF} 式であり,$$
$$\Phi は高々 r 節を含む \}$$

と定義する.

3SAT に対して次のような分割統治戦略を考えよう. ある正整数 n と r に対して $F \in 3\mathrm{CNF}(n, r)$ とし, $(l_1 \vee l_2 \vee l_3)$ を F のある節とする. この時, 次の関係が成り立つ.

$$F が充足する \quad \Longleftrightarrow \quad F(l_1 = 1),$$
$$F(l_1 = 0, l_2 = 1), F(l_1 = 0, l_2 = 0, l_3 = 1) \quad (3.8)$$
$$の少なくとも 1 つが充足する.$$

上記の規則 (i), (ii), (iii) により,

$$F(l_1 = 1) \in 3\mathrm{CNF}(n - 1, r - 1),$$
$$F(l_1 = 0, l_2 = 1) \in 3\mathrm{CNF}(n - 2, r - 1),$$
$$F(l_1 = 0, l_2 = 0, l_3 = 1) \in 3\mathrm{CNF}(n - 3, r - 1)$$

が明らかに成り立つ. このように, $3\mathrm{CNF}(n, r)$ の式 F が充足可能かどうかは, $3\mathrm{CNF}(n - 1, r - 1)$, $3\mathrm{CNF}(n - 2, r - 1)$, $3\mathrm{CNF}(n - 3, r - 1)$ における F の 3 つの部分インスタンスに対する充足可能性問題に帰着される. したがって, 3SAT に対して次の再帰的なアルゴリズムが得られる.

アルゴリズム 3.5.2.1 D&C-3SAT(F)

入力: 3CNF の式 F.

Step 1: **if** ある $m, k \in \mathbb{N} - \{0\}$ に対して $F \in 3\mathrm{CNF}(3, k)$ または $F \in 3\mathrm{CNF}(m, 2)$,

then $F \in 3\mathrm{SAT}$ かどうかを F の変数への全ての割当をテストすることにより決定する;

if $F \in 3\mathrm{SAT}$ **output**(1) **else** **output**(0).

Step 2: H を F の中で最も短い節の 1 つとする.

if $H = (l)$ **then** **output**(D&C-3SAT($F(l = 1)$));

if $H = (l_1 \vee l_2)$

then output(D&C-3SAT($F(l_1 = 1)$)

　　　　　　$\vee$D&C-3SAT($F(l_1 = 0, l_2 = 1)$));

if $H = (l_1 \vee l_2 \vee l_3)$

then output(D&C-3SAT($F(l_1 = 1)$)

　　　　　　$\vee$D&C-3SAT($F(l_1 = 0, l_2 = 1)$)

　　　　　　$\vee$D&C-3SAT($F(l_1 = 0, l_2 = 0, l_3 = 1)$)).

定理 3.5.2.2 アルゴリズム D&C-3SAT は 3SAT を正しく解き，各 $F \in 3\mathrm{CNF}(n, r)$ に対して

$$Time_{\text{D\&C-3SAT}}(F) = O(r \cdot 1.84^n)$$

が成り立つ. □

証明 D&C-3SAT が 3SAT を正しく解くことは明らかである. F が 1 個のリテラル l のみからなる節を含むならば，F が充足可能であることと $F(l = 1)$ が充足可能であることは等価であるのは明らかである. F が節 $(l_1 \vee l_2)$ を含めば，F が充足可能であることと $F(l_1 = 1)$ または $F(l_1 = 0, l_2 = 1)$ が充足可能であることは等価である. さらに，F が長さ 3 の節のみからなる時は，(3.8) の等価性によって D&C-3SAT が正しく動作することが保証される.

さて，アルゴリズム D&C-3SAT の計算量 $T(n, r) = Time_{\text{D\&C-3SAT}}(n, r)$ を以下に関して解析しよう.

- 変数の個数 n.

- 節の個数 r.

明らかに，n 変数で，r 節[17]からなる 3CNF に属する任意の式 F に対して，$|F|/3 \leq r \leq |F|, n \leq |F|$ が成り立つ. Step 1 によって，

$$\text{全ての整数 } n, r \text{ について} \quad T(n, r) \leq 8 \cdot |F| \leq 24r, \tag{3.9}$$

$$\text{ここで } n \leq 3 \text{ または } r \leq 2 \text{ とする.}$$

$n \in \{1, 2\}$ に対しては，$T(2, r) \leq 12r$ かつ $T(1, r) \leq 3r$ と仮定できる.

$F(l = a)$ は F から時間 $3 \cdot |F| \leq 9r$ で構成できるので，Step 2 の解析は以下のようになる. 全ての $n (> 3), r (> 2)$ に対して，

$$T(n, r) \leq 54r + T(n-1, r-1) + T(n-2, r-1) + T(n-3, r-1). \tag{3.10}$$

---

[17] 簡単のため，$|F|$ を F に含まれるリテラルの個数と考える.

n に関する帰納法によって

$$T(n,r) = 27r \cdot (1.84^n - 1) \tag{3.11}$$

は (3.10) で与えられる漸化式を満たし, 小さな n と r に対しては (3.9) が成り立つことを証明する.

まず最初に, $n = 3$ で任意の $r \ (\geq 1)$ に対して,

$$T(n,r) = T(3,r) = 27r \cdot (1.84^3 - 1) \geq 100r$$

が成り立つ. これは確かに $24r$ 以上なので, $n = 3$ に対してはアルゴリズム 3.5.2.1 は $T(n,r)$ を越えない. $n = 1, 2$ の場合も同様に示すことができる. 従って, $T(n,r)$ は (3.9) を満たす.

$n = 4$ から始めて, n に関する帰納法によって (3.11) によって与えられる $T(n,r)$ が漸化式 (3.10) を満たすことを証明する.

(1) 各 $r \geq 2$ に対して,

$$
\begin{aligned}
T(n,r) &\underset{(3.10)}{\leq} 54 \cdot r + T(3, r-1) + T(2, r-1) + T(1, r-1) \\
&\leq 54r + 24(r-1) + 12(r-1) + 3(r-1) \\
&\leq 93r \leq 27r \cdot (1.84^4 - 1).
\end{aligned}
$$

(2) 全ての $m < n$ に対して, $T(m,r) \leq 27r \cdot (1.84^m - 1)$ が漸化式 (3.10) を満たすとする. n に対して (3.11) を証明する. 各正整数 $r \geq 2$ に対して,

$$
\begin{aligned}
T(n,r) &\underset{(3.10)}{=} 54 \cdot r + T(n-1, r-1) + T(n-2, r-1) + T(n-3, r-1) \\
&\underset{\text{帰納法の仮定}}{\leq} 54r + 27(r-1) \cdot (1.84^{n-1} - 1) \\
&\qquad\qquad + 27(r-1) \cdot (1.84^{n-2} - 1) + 27(r-1) \cdot (1.84^{n-3} - 1) \\
&\leq 54r + 27 \cdot r \cdot (1.84^{n-1} + 1.84^{n-2} + 1.84^{n-3} - 3) \\
&= 27r \cdot 1.84^{n-1} \left(1 + \frac{1}{1.84} + \frac{1}{1.84^2} \right) - 3 \cdot 27r + 54r \\
&\leq 27r \cdot 1.84^n - 27r = 27r \cdot (1.84^n - 1).
\end{aligned}
$$

よって, $T(n,r) \in O(r \cdot 1.84^n)$ となり, これは漸化式 (3.10) を満たす. □

演習問題 3.5.2.3 任意の $k \geq 3$ に対して, アルゴリズム 3.5.2.1 のアイデアを, kSAT の場合に拡張して, 計算量 $O((c_k)^n)$ のアルゴリズムを与えよ. ただし, 任意の $k \geq 3$ に対して, $c_k < c_{k+1} < 2$ とする. □

演習問題 3.5.2.4 [*] アルゴリズム D&C-3SAT を改良して, 3SAT に対する $O(r \cdot$

204　第 3 章　決定性アプローチ

$1.64^n)$ 時間のアルゴリズムを与えよ.　　　　　　　　　　　　　　　　□

5.3.7 節では,3SAT に対して $O(r \cdot (1.334)^n)$ 時間の乱択アルゴリズムを設計するために,ここで用いた指数時間アルゴリズムの最悪計算量の低減化の概念とランダム化の概念を結合させる.

3.5 節のまとめ

指数時間アルゴリズムの最悪時間計算量低減化の概念は,平均的にでさえ指数時間計算量になるアルゴリズムの設計に焦点を当てる.しかし,これらのアルゴリズムの最悪計算量はある定数 $c\ (< 2)$ に対して,$O(c^n)$ に入る指数関数で抑えられなければならない.そのようなアルゴリズムは,多くの特定の応用に対する実際的な入力サイズに対して高速に動作するので,現実的となり得る(図 3.12).そのようなアルゴリズムの設計の裏にひそむ典型的なアイデアは,指数サイズの空間内の解を探索するが,その空間が任意のナイーブなアプローチによる探索の場合と比べてかなり小さくなるべきであるということである.

この概念は充足化可能問題に対しては特にうまく働くようになった.与えられた式 Φ の n 変数への 2^n 個の全ての割当を探索する代わりに,高々 $O(c^n)\ (c < 2)$ の割当を探索することによって,Φ の充足可能性を決定する.アルゴリズム D&C-3SAT はこの概念の適用例としては知られているものの中で最も単純なものである.

3.6　局所探索

3.6.1　序論と基本概念

局所探索は最適化問題に対するアルゴリズム設計技法である.3.6 節の主要な目的は,2.3.4 節における局所探索の基本的なアイデアの大まかな説明よりもより詳細で形式的な表現を与えることである.このことは以下の理由により重要である.

(i) ここで示される古典的な局所探索の基礎的な枠組は,焼きなまし法(第 6 章)やタブーサーチのようなより高級な局所探索戦略の基礎となる.

(ii) 局所探索アルゴリズムの研究に対する形式的な枠組によって,最適化問題の局所最適解における探索の易しさと困難さの境界を与える計算量を考えることができるようになる.

既に 2.3.4 節で述べたように,局所探索アルゴリズムは,与えられた問題インスタンス I に対する全ての実行可能解 $\mathcal{M}(I)$ の集合に対する探索を制限することにより実現される.「探索を制限する」というのが何を意味するかを決定するために,実行可

能解 $\mathcal{M}(I)$ の集合内のある構造を導入する必要がある．それは $\mathcal{M}(I)$ のすべての各実行可能解の近傍を定義することによってなされる．

定義 3.6.1.1 $U = (\Sigma_I, \Sigma_O, L, L_I, \mathcal{M}, cost, goal)$ を最適化問題とする．各 $x \in L_I$ に対して，$\mathcal{M}(x)$ の近傍は，以下の条件が成り立つような任意の写像 $f_x : \mathcal{M}(x) \rightarrow Pot(\mathcal{M}(x))$ である．

 (i) 各 $\alpha \in \mathcal{M}(x)$ に対して，$\alpha \in f_x(\alpha)$．
 (ii) ある $\alpha\,(\in \mathcal{M}(x))$ に対して $\beta \in f_x(\alpha)$ ならば，$\alpha \in f_x(\beta)$ である．
 (iii) 全ての $\alpha, \beta \in \mathcal{M}(x)$ に対して，正整数 k と $\gamma_1, \ldots, \gamma_k\,(\in \mathcal{M}(x))$ が存在して，各 $i = 1, \ldots, k-1$ について $\gamma_1 \in f_x(\alpha)$，$\gamma_{i+1} \in f_x(\gamma_i)$，かつ $\beta \in f_x(\gamma_k)$．

　ある $\alpha, \beta \in \mathcal{M}(x)$ に対して，$\alpha \in f_x(\beta)$ が成り立つ時，α と β は $\mathcal{M}(x)$ において**隣接している**という．集合 $\boldsymbol{f_x(\alpha)}$ を **$\mathcal{M}(x)$ における実行可能解 α の近傍**という．（無向）グラフ

$$G_{\mathcal{M}(x), f_x} = (\mathcal{M}(x), \{\{\alpha, \beta\} \,|\, \alpha \in f_x(\beta), \alpha \neq \beta, \alpha, \beta \in \mathcal{M}(x)\})$$

を近傍 f_x に関する $\mathcal{M}(x)$ の**近傍グラフ**と呼ぶ．

　各 $x \in L_I$ に対して，f_x を $\mathcal{M}(x)$ の近傍とする．任意の $x \in L_I$ と任意の $\alpha \in \mathcal{M}(x)$ に対して $f(x, \alpha) = f_x(\alpha)$ という性質を持つ関数 $f : \bigcup_{x \in L_I}(\{x\} \times \mathcal{M}(x)) \rightarrow \bigcup_{x \in L_I} Pot(\mathcal{M}(x))$ を U に対する**近傍**という． □

　$\mathcal{M}(x)$ の局所探索は $\mathcal{M}$ の中をある実行可能解から隣接する実行可能解へ繰り返し移動する．したがって，定義 3.6.1.1 の条件 (iii) は近傍グラフ $G_{\mathcal{M}(x), f}$ が連結であること，すなわち，全ての実行可能解 $\beta \in \mathcal{M}(x)$ は任意の解 $\alpha \in \mathcal{M}(x)$ から隣接関係で繰り返し移動することによって到達可能であることを示しており，この条件は重要であることがわかる．次の演習問題は，近傍に対する関数の条件 (i), (ii), (iii) が $\mathcal{M}(x)$ のある距離を決定すること，そして，対 $(\mathcal{M}(x), f_x)$ は距離空間になることを示している．

演習問題 3.6.1.2 $U = (\Sigma_I, \Sigma_O, L, L_I, \mathcal{M}, cost, goal)$ を最適化問題とし，ある $x \in L_I$ に対して $Neigh_x$ を $\mathcal{M}(x)$ の近傍とする．全ての $\alpha, \beta \in \mathcal{M}(x)$ に対して，$distance_{Neigh_x}(\boldsymbol{\alpha, \beta})$ を $G_{\mathcal{M}(x), Neigh_x}$ における α と β 間の最短経路の長さと定義する．$distance_{Neigh_x}$ が $\mathcal{M}(x)$ 上の距離となることを証明せよ． □

　定義 3.6.1.1 の条件 (ii) によって，$\mathcal{M}(x)$ の任意の近傍は $\mathcal{M}(x)$ 上の対称的な関係であると見なすことができる．実際の応用で $\mathcal{M}(x)$ の近傍を定義したい時，通常は関数や関係を定式化することはしない．$\mathcal{M}(x)$ 上の近傍を導入する一般的な方法は，

206 第3章 決定性アプローチ

いわゆる $\mathcal{M}(x)$ 上の**局所変換**を用いるものである．直観的には，局所変換は実行可能解 α から α の仕様を局所的に変更して別の実行可能解 β に α を変換する．例えば，局所探索変換の例としては，例 2.3.4.6 における最小全域木に対する局所探索アルゴリズムの中での2つの辺の交換がある．変数に割り当てられたブール値の入れ替えは MAX-SAT 問題に対する局所変換の例である．妥当な変換の集合 T が存在する時，α を β に変換する局所変換 $t \in T$ が存在するならば，α と β が隣接しているということによって，T に関する近傍を定義できる．典型的には，局所変換は $\mathcal{M}(x)$ 上の対称的な関係を定義するのに用いられるので，定義 3.6.1.1 における到達可能条件 (iii) のみを考慮すればよい．

定義 3.6.1.1 の全ての条件 (i), (ii), (iii) は満たさない近傍を用いることがあることに注意しよう．もし条件 (ii) が成り立たないならば，近傍グラフは有向グラフとして定義しなければならない．

演習問題 3.6.1.3 変数の値の入れ替えを与える変換は MAX-SAT の任意の入力インスタンス Φ に対して $\mathcal{M}(I)$ 上の近傍を定義することを証明せよ．　　　　□

$\mathcal{M}(x)$ 上の近傍を導入することによって，$\mathcal{M}(x)$ の局所最適解が議論できるようになる．これは x に対する全ての実行可能解の集合 $\mathcal{M}(x)$ 上にある何らかの構造を決定することなしにはできないことに注意しよう．

定義 3.6.1.4 $U = (\Sigma_I, \Sigma_O, L, L_I, \mathcal{M}, cost, goal)$ を最適化問題とし，各 $x \in L_I$ に対して，関数 f_x を $\mathcal{M}(x)$ の近傍とする．実行可能解 $\alpha \in \mathcal{M}(x)$ は

$$cost(\alpha) = goal\{cost(\beta) \mid \beta \in f_x(\alpha)\}$$

を満たす時，f_x に関して U の入力インスタンス x に対する**局所最適解**であるという．f_x に関して x に対する全ての局所最適解の集合を $\boldsymbol{LocOPT_U(x, f_x)}$ で表す．　　　　□

任意の $x \in L_I$ に対する近傍 $Neigh_x$ によって決定される $\mathcal{M}(x)$ 上の構造が存在する時，局所探索の一般的なスキームは次のように記述できる．大まかにいえば，局所探索アルゴリズムはある初期解から始めて，近傍を探索することによってより良い解を繰り返し見つけようとする．近傍の中により良い解がなければ，そこで停止する．

LSS(*Neigh*) 近傍 *Neigh* に関する局所探索スキーム

入力：　　最適化問題 U の入力インスタンス x．

Step 1:　ある実行可能解 $\alpha \in \mathcal{M}(x)$ を見つける．

Step 2:　**while** $\alpha \notin LocOPT_U(x, Neigh_x)$ **do**

$$\textbf{begin} \quad U \text{ が最小化問題ならば } cost(\beta) < cost(\alpha) \text{ となり}$$

U が最大化問題ならば $cost(\beta) > cost(\alpha)$ となる

$\beta \in Neigh_x(\alpha)$ を見つける;

$\alpha := \beta$

end

出力:　**output**(α).

LSS の動作の仕方から,次の定理が直接得られる.

定理 3.6.1.5 最適化問題 U に対する LSS($Neigh$) に基づいた任意の局所探索アルゴリズムは,U の任意の入力インスタンス x に対して,近傍 $Neigh$ に関して x に対する局所最適解を出力する. □

ほとんどの場合,局所探索アルゴリズムがうまく動作するかは,近傍をどのように選ぶかに依存している.近傍 $Neigh$ において,$Neigh(\alpha)$ が任意の $\alpha \in \mathcal{M}(x)$ に関して要素数が少ないという性質を持てば,LSS($Neigh$) の Step 2 の改善の繰り返しは効率良く実行できるが,多くの($Opt_U(x)$ とはかけ離れたコストを持つ可能性があるような)局所最適解に陥る危険もかなり増加する.一方,要素数の大きい $|Neigh_x(\alpha)|$ は小さい近傍に比べて $Opt_U(x)$ に近いコストを持つ実行可能解を得ることが可能になるが,Step 2 の while ループの 1 回の実行時間が大きくなり過ぎることもある.よって,近傍をどのように選ぶかは常に時間計算量と解の精度との間のトレードオフになる.通常の応用においては小さな近傍を選ぶことが多い.しかしながら,局所探索スキームにおける while ループの実行回数が入力サイズの指数になり得るので,近傍を小さくするだけでは,局所探索アルゴリズムの効率を良くする保証は得られない.実行可能解のコストがある多項式 p に対して $p(Max\text{-}Int(x))$ で抑えられる整数となる最適化問題の局所最適解を見つけるための擬多項式時間アルゴリズムが保証されるだけである.このことは次のことから明らかである.

(i) コストが整数ならば,while ループの各実行によって,それまでの最良の解のコストを少なくとも 1 は改善できる.

(ii) コストが正整数の集合 $\{1, 2, \ldots, p(Max\text{-}Int(x))\}$ に入っているならば,while ループの繰り返しが高々 $p(Max\text{-}Int(x))$ になる.

定理 3.6.1.6 $U = (\Sigma_O, \Sigma_I, L, L_I, \mathcal{M}, cost, goal)$ を実行可能解に対するコスト関数 $cost$ が正整数となる整数値最適化問題とする.各 $x \in L_I$ と各 $\alpha \in \mathcal{M}(x)$ に対して $cost(\alpha, x) \leq p(Max\text{-}Int(x))$ となる多項式 p が存在するとする.任意の $x \in L_I$ と任意の $\alpha \in \mathcal{M}(x)$ に対して,任意の近傍 $Neigh$ は,α と x から $Neigh_x(\alpha)$ が $|x|$

208 第 3 章 決定性アプローチ

の多項式時間で生成できるとする. この時, $LSS(Neigh)$ は近傍 $Neigh$ に関して局所最適解を見つける擬多項式時間アルゴリズムである. □

近傍をどのように選ぶかに加えて, $LSS(Neigh)$ に対して局所探索をうまく行うことに影響を及ぼし得る次の 2 つのパラメータがある.

(1) $LSS(Neigh)$ の Step1 では, 初期実行可能解を計算する. これにはいろいろな方法がある. 例えば, 初期解はランダムに選択することもできるし, 他のアルゴリズム手法を用いて前処理計算することも可能である. 初期解の選択は最終的な局所最適解に本質的に影響を与える. これが異なる初期実行可能解から始めて $LSS(Neigh)$ を時には何度も実行する理由である. 初期実行可能解を選択するための一般的な理論は存在しない. それゆえ, 通常はそれらをランダムに選ぶことも多い. ランダムに選択された初期実行可能解から $LSS(Neigh)$ を何度も実行することは**多スタート局所探索**と呼ばれる.

(2) ステップ 2 においてコストを改善する実行可能解を選択する方法がいくつかある. 基本的な 2 つの方法は**最初の改良**戦略と**最善の改良**戦略である. 最初の改良戦略は, 現在の実行可能解を近傍探索によって見つかった最初にコストを改良した実行可能解に置き換えるという意味である. 最善の改良戦略は, 現在の実行可能解を近傍の中で最善の実行可能解で置き換えるという意味である. 明らかに, 最初の改良戦略は最善の改良戦略に比べて, **while** ループの 1 回の実行は速くできるが, 最善の改良戦略は最初の改良戦略に比べて, **while** ループの実行回数が少なくなり得る. これら 2 つの戦略は同じ初期実行可能解に対しても異なる結果になることに注意しよう.

この節の残りの部分の構成は, 以下の通りである. 3.6.2 節では, いくつかの異なる最適化問題に対して近傍の例をいくつか示し, 局所探索を発展させた形と見なせる Kernighan-Lin の深さ可変探索と呼ばれる方法を導入する. 3.6.3 節では, 最適化問題に対して最適解を探索するための局所探索スキームに対する適用可能性の限界を議論する.

3.6.2 近傍と Kernighan-Lin の深さ可変探索の例

局所探索アルゴリズムは近傍の定義と 3.6.1 節で示された局所探索スキームによって決定される. よって, 近傍が決まると局所探索アルゴリズムはとりあえず決定される. この理由によりこの節ではいくつかの最適化問題に対するアルゴリズムの例は示さずに, 適当な近傍の例を示すことにする.

TSP に対して最もよく知られた近傍は **2-Exchange** と **3-Exchange** である[18]．これらを定義する最も簡単な方法は対応する局所変換を記述することである．局所変換 2-Exchange は，与えられたハミルトン閉路 α から $|\{a,b,c,d\}| = 4$ となる2つの辺 $\{a,b\}$ と $\{c,d\}$ を取り除き，2つの辺 $\{a,d\}$ と $\{b,c\}$ を α に付け加えることからなる．この変換によってできる路は再びハミルトン閉路になる（図 3.13）．

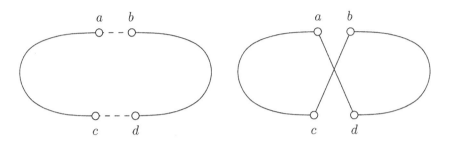

図 3.13 局所変換 2-Exchange．辺 $\{a,b\}$ と $\{c,d\}$ が辺 $\{a,d\}$ と $\{b,c\}$ に置き換えられる．

TSP の任意の入力インスタンス (K_n, c) $(n \in \mathbb{N} - \{0\})$，および任意の $\alpha \in \mathcal{M}(K_n, c)$ に対して，近傍 2-Exchange(α) のサイズは $\frac{n \cdot (n-3)}{2}$ であり，これは $\Omega(n^2)$ である．

同様に，局所変換 3-Exchange は，まずハミルトン閉路 α から $|\{a,b,c,d,e,f\}| = 6$ となる3辺 $\{a,b\}, \{c,d\}, \{e,f\}$ を取り除く．次に，ハミルトン閉路を構成するために3辺を付け加える．これにはいくつかの可能性があるが，そのうちのいくつかを図 3.14 に示す．

任意のハミルトン閉路 α に対して，取り除いた3辺のうち，同じものを戻すことは禁じられていないので（図 3.14 の最後の例を見よ．取り除かれた辺 (a,b) はもとに戻されている）2-Exchange(α) $\subseteq$ 3-Exchange(α) である．したがって，任意の 2-Exchange はある局所変換 3-Exchange によって実現できる．3-Exchange(α) の要素数は $\Omega(n^3)$ である．k 辺の交換に基づく近傍 k-Exchange(α) も考えることができる．しかしながら近傍 k-Exchange は $k > 3$ に対しては実際の応用ではほとんど用いられない．なぜなら，近傍 k-Exchange(α) は要素数が多くなり過ぎるからである．k 辺を選ぶ組合せの数は $\Omega(n^k)$ であり，さらにはハミルトン閉路を構成するために付け加える新しい辺の組合せの数は k の指数で増加することに注意しよう．近傍 2-Exchange と 3-Exchange を用いた局所探索スキームを適用した実験が第7章で示される．

最大充足化問題に対する最も自然な近傍は，入力割当の1ビットを交換することに

---

[18] 他の文献では 2-Exchange と 3-Exchange の代わりに 2-Opt と 3-Opt がしばしば使われる．これらが最適コストに対する記法 $Opt_U(x)$ と類似するため，本書ではこれらの記法は使用しない．

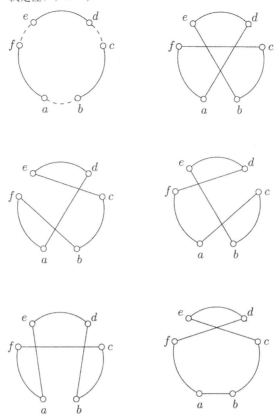

図 3.14 局所変換 3-*Exchange* の例. 辺 $\{a,b\}$, $\{c,d\}$, $\{e,f\}$ が他の 3 辺と交換される. 最後の図は 2 辺のみの交換も許していることを示している. この場合, 辺 $\{e,f\}$ と $\{c,d\}$ が辺 $\{e,c\}$ と $\{d,f\}$ に交換される.

基づくものである. n 変数の式 Φ に対して, この近傍 *Flip* の要素数はちょうど n である. 近傍グラフ $G_{\mathcal{M}(\Phi),Flip}$ がよく知られた超立方体になることは容易にわかる.

カット問題に対しては, 近傍を定義する非常に単純な方法がある. 与えられた $cut(V_1, V_2)$ に対して単に 1 つの頂点を V_1 (ここでは, V_1 が 2 頂点以上含んでいると仮定している) から V_2 へ, あるいは V_2 から V_1 へ移動させればよい. この近傍は線形のサイズであり, いくつかの頂点を V_1 と V_2 の間で移動させることによって, 大きな近傍に拡張できる.

局所探索の致命的な欠点は, LSS(*Neigh*) が非常に悪い局所最適解に陥る可能性があるということである[19]. 高い精度を持つ実行可能解を生み出すためには大きな近傍を求めなければならないことは明らかであるが, 局所最適性を検証するための時間計

---

[10] すなわち, コストが本質的に最適解と異なるコストを持つ局所最適解に陥る.

算量が大きくなり過ぎてしまう[20]. 時間計算量と解の精度の間のトレードオフの難しさに打ち勝つために，**深さ可変探索**と呼ばれるアルゴリズムを導入する．このアルゴリズムは，$G_{\mathcal{M}(I), Neigh}$ におけるより大きな距離にある改善解を見つけるために，いくつかの局所変換を用いるが，現在の解から任意の距離にある全ての実行可能解をしらみつぶし探索することはしない．

最適化問題 U に対してこの概念の詳細を説明しよう．局所探索を動作させる時，U の実行可能解は n 個の局所仕様のリスト $(p_1, \ldots, p_n)$ として指定され，局所変換はそれらの 1 つまたはいくつかを変更し得ることを仮定していることを思い出そう．$Neigh$ を局所変換によって決定できる U の近傍とする．各正整数 k と U の入力インスタンス I に対する任意の $\alpha \in \mathcal{M}(I)$ に対して，

$$Neigh_I^k(\alpha) = \{\beta \in \mathcal{M}(I) \mid distance_{Neigh_I}(\alpha, \beta) \leq k\}$$

を α から局所変換を高々 k 回適用して得られる実行可能解の集合と定義するならば，各 $\alpha \in \mathcal{M}(I)$ に対して

$$Neigh_I^m(\alpha) = \mathcal{M}(I)$$

となるような m は明らかに存在する．通常，m は n にほぼ等しい．ここで，n は仕様の長さである．例えば，MAX-SAT に対しては $Flip_\Phi^n(\alpha) = \mathcal{M}(\Phi)$ であり，この性質はこの節で導入される他の全ての近傍についても成り立つ．この深さ可変探索アルゴリズムを用いると，現在の実行可能解 α の次の繰り返しでの改良解として，$Neigh_I^n(\alpha)$ のしらみつぶし探索を用いることなく，$Neigh_I^n(\alpha)$ から解 β を効率良く求めることができる．これは次の貪欲戦略によってなされる．

任意の最小化（最大化）問題 U と，U の任意のインスタンス I に対する全ての実行可能解 $\alpha, \beta \in \mathcal{M}(I)$ に対して，

$$gain(\alpha, \beta) = cost(\alpha) - cost(\beta) \quad [cost(\beta) - cost(\alpha)]$$

とする．

β が α の改善解でなければ，$gain(\alpha, \beta)$ は負になり得ることに注意しよう．$Neigh$ の局所最適解に陥ることを避けるためのアイデアは，局所変換を高々 n 回，次のように適用することである．

(i) 実行可能解が $\alpha = (p_1, p_2, \ldots, p_n)$ から始まるならば，得られる実行可能解 $\gamma = (q_1, q_2, \ldots, q_n)$ は全ての $i = 1, \ldots, n$ に対して $q_i \neq p_i$ が成り立つという性質を持つ．

(ii) $\alpha_0, \alpha_1, \alpha_2, \ldots, \alpha_m$ $(\alpha = \alpha_0, \alpha_m = \gamma)$ を生成される実行可能解の列（ここで 1 回の局所変換によって α_{i+1} が α_i から得られる）とすると，

---

[20] より良い解を得るための努力が精度改善のサイズに比較して大きくなり過ぎる．

212 第3章 決定性アプローチ

(a) $gain(\alpha_i, \alpha_{i+1}) = \max\{gain(\alpha_i, \delta) \mid \delta \in Neigh(\alpha_i)\}$

(すなわち，α_i から α_{i+1} を得るには貪欲戦略を用いる)．

(b) α_i から α_{i+1} を得るステップにおいて，初期実行可能解 α のパラメータ p_j がある q_j に変更されるならば，それ以降 q_j は変更されない（すなわち，q_j は γ のパラメータである）．

実行可能解の列 $\alpha_0, \alpha_1, \ldots, \alpha_m$ が生成された後，アルゴリズムは α を

$$gain(\alpha, \alpha_l) = \max\{gain(\alpha, \alpha_i) \mid i = 1, \ldots, m\}$$

（ただし，$gain(\alpha, \alpha_l) > 0$ の時）となる α_l に置き換える．$gain(\alpha, \alpha_l) \leq 0$ の時は，アルゴリズムは α を出力して停止する．このアプローチの主要なアイデアは，たとえ，数ステップ誤った方向に進んでも（例えば，$gain(\alpha, \alpha_1), gain(\alpha_1, \alpha_2), \ldots,$ $gain(\alpha_r, \alpha_{r+1})$ が全て負になる場合でも）最終的には多くの正しい方向へのステップによって回復できる（例えば，$gain(\alpha_r, \alpha_{r+1}) \gg |\sum_{i=0}^{r} gain(\alpha_i, \alpha_{i+1})|$）というものである．

KL($Neigh$) 近傍 $Neigh$ に関する Kernighan-Lin の深さ可変探索アルゴリズム

入力： 最適化問題 U の入力インスタンス I.

Step 1: 実行可能解 $\alpha = (p_1, p_2, \ldots, p_n) \in \mathcal{M}(I)$ を生成する．ここで，$(p_1, p_2, \ldots, p_n)$ は $Neigh$ を定義する局所変換をこれらのパラメータのいくつかの交換と見なせるような α のパラメータ表現である．

Step 2: $IMPROVEMENT := TRUE;$

$EXCHANGE := \{1, 2, \ldots, n\}; J := 0; \alpha_J := \alpha;$

while $IMPROVEMENT = TRUE$ **do begin**

  while $EXCHANGE \neq \emptyset$ **do**

    begin $J := J + 1;$

      $\alpha_J := Neigh(\alpha_{J-1})$ からの解，ただし，$gain(\alpha_{J-1}, \alpha_J)$は
      $\{gain(\alpha_{J-1}, \delta) \mid \delta \in Neigh(\alpha_{J-1}), \delta$ は $EXCHANGE$ の
      パラメータでのみ α_{J-1} と異なる $\}$ の最大値である：

      $EXCHANGE :=$
        $EXCHANGE - \{\alpha_J$ と α_{J-1} が異なるようなパラメータ$\}$

  end;

  各 $i = 1, \ldots, J$ に対して，$gain(\alpha, \alpha_i)$ を計算する；

$$gain(\alpha, \alpha_l) = \max\{gain(\alpha, \alpha_i) \mid i \in \{1, 2, \ldots, J\}\}$$

を満たす $l \in \{1, \ldots, J\}$ を計算する;

    if $gain(\alpha, \alpha_l) > 0$ **then**

      begin $\alpha := \alpha_l$;

        $EXCHANGE := \{1, 2, \ldots, n\}$

      end

    else $IMPROVEMENT := FALSE$

    end

  Step 3: **output**(α).

　重要な点は，現在の実行可能解 α のある $l \in \{1, \ldots, n\}$ に対して $Neigh^l(\alpha)$ における改善解を見つけるために，KL($Neigh$) は貪欲戦略を用いていることであり，それによって，実行時間 $|Neigh^l(\alpha)|$ が $|\alpha|$ の指数になり得ることを回避している．実際，KL($Neigh$) における α の 1 回の繰り返しによる改善解に対して探索に要する時間計算量は高々

$$n \cdot f(|\alpha|) \cdot |Neigh(\alpha)|$$

である．ここで，f は 1 回の局所変換の実行に要する時間計算量である．

　問題 Min-Cut と Max-Cut における V_1 から V_2 への（または逆の）1 つの頂点の移動からなる近傍に対しては，局所変換に要する時間計算量は $O(1)$ であるので，KL の 1 回の繰り返しによる改善には $O(n)$ のコストしかかからない．Max-Sat における KL($Flip$) の場合も同様の状況である．

　応用によっては，Kernighan-Lin の深さ可変探索アルゴリズムの変形を考えることができることに注意しよう．例えば，既に変更したパラメータをさらに交換する場合や，パラメータを元々の値に戻すような場合もある状況下では許容され得る．$Neigh(\alpha)$ が大き過ぎる場合（例えば，2-$Exchange$ や 3-$Exchange$ の場合のように線形を越える場合），適当に改良された候補 $\beta \in Neigh(\alpha)$ を見つけるために，効率的な貪欲アプローチを用いて $Neigh(\alpha)$ のしらみつぶし探索を避けることができる．

3.6.3　解の精度と計算量のトレードオフ

　既に述べたように，局所探索は近傍が小さい場合は効率的となり得るが，任意に小さい近傍に対して局所探索がどのような時も悪い解を与えるか，または少なくとも局所最適解を求めるのに指数時間を必要とするような難しい入力インスタンスを持つ最適化問題が存在する[21]．局所探索が良い解を与えるのは，与えられた近傍に関する局所最適解が最適解に近いコストを持つ場合に限られる．第 4 章ではある種の最適化問

---

[21] そのような例はこの節の最後で示される．

214　第3章　決定性アプローチ

題に対してはこのアイデアによって良い近似アルゴリズムが設計できることを示す.

　$P \neq NP$ を仮定すると,任意の NP 困難問題に対しては多項式時間アルゴリズムは存在しないので,任意の NP 困難な最適化問題に対して多項式時間局所探索アルゴリズムは存在しない.したがって,ある最適化問題が局所探索によって多項式時間で解けないことを証明する特別な方法を開発する必要はない.しかしながら,困難な最適化問題に対する局所探索を用いて,その難しさが局所探索の観点から見てどこにあるかを問うことは少なくとも可能である.任意の局所探索アルゴリズムの時間計算量は大まかには

$$(局所近傍を探索する時間) \cdot (改善の回数)$$

で抑えられることが既にわかっている.

　次の質問を考えてみよう.

> どのような NP 困難な最適化問題に対して LSS($Neigh$) が常に最適解を
> 出力するような多項式サイズの近傍 $Neigh$ を見つけることができるか?

　このような近傍は困難問題に対しても存在する可能性があることに注意しよう.なぜなら,最悪の場合必要な改善の繰り返し回数が大きくなるため小さな近傍を持つ局所探索アルゴリズムが指数時間になり得るからである.この質問をもっと詳細に形式化するためには,次の定義が必要である.

定義 3.6.3.1　$U = (\Sigma_I, \Sigma_O, L, L_I, \mathcal{M}, cost, goal)$ を最適化問題とし,f を U に対する近傍とする.f が**正確な**近傍であるというのは,各 $x \in L_I$ に対して,f_x に関する x に対する全ての局所最適解が x の最適解となる時である(すなわち,$LocOPT_U(x, f_x)$ が x の最適解の集合と一致する).

　近傍 f が**多項式時間探索可能**であるというのは[22],任意の $x \in L_I$ と任意の $\alpha \in \mathcal{M}(x)$ に対して,$f_x(\alpha)$ における最良の実行可能解の 1 つを見つける多項式時間アルゴリズムが存在することである.　　　　　　　　　　□

　近傍が多項式時間探索可能であるからといって,この近傍のサイズが多項式とは限らないことに注意しよう.線形時間で探索可能な指数サイズの近傍さえ存在するのである.

　よって,与えられた最適化問題 $U \in NPO$ に対して,ここでの質問は定義 3.6.3.1 で導入された用語を使うと次のように形式化できる:

> **U に対して正確で多項式時間探索可能な近傍は存在するか?**

---

[22] ここでは NPO の最適化問題のみを考えているので,$|x|$ に関して多項式時間で動作する任意のアルゴリズムは $|\alpha|$ に関する多項式時間アルゴリズムである.

この質問に対して肯定的な答は，局所探索の観点からの問題の難しさは最適解に到達するために必要な改善に対する繰り返しの回数にあるということを意味する．多くの場合，このことは U に対して局所探索が適しているだろうということを意味している．例えば，U が整数値最適化問題ならば，U に対して正確で多項式時間探索可能な近傍 $Neigh$ が存在することは $LSS(Neigh)$ が U に対する擬多項式時間アルゴリズム[23]であることを意味している．

この質問に対する否定的な答は，いかなる多項式時間探索可能な近傍も最適解の探索において局所探索の成功を保証できないことを意味している．したがって，そのような場合は多項式時間で局所最適解を得ようとすることができるだけである．

ここで，最適化問題が上記の意味において局所探索に対して困難であることを証明するための 2 つの技法を示す．いずれの方法もある多項式帰着に基づいている．

定義 3.6.3.2 $U = (\Sigma_I, \Sigma_O, L, L_I, \mathcal{M}, cost, goal)$ を整数値最適化問題とする．U の各入力インスタンス $I \in L_I$ に対して，$Int(I) = (i_1, i_2, \ldots, i_n)$ $(i_j \in \mathbb{N}, j = 1, \ldots, n)$ であり，任意の $\alpha \in \mathcal{M}(I)$ に対して

$$cost(\alpha) \leq \sum_{j=1}^{n} i_j$$

である時，U は**コスト有界**であるという． □

条件 $cost(\alpha) \leq \sum_{j=1}^{n} i_j$ は本書で考えられている全ての整数値最適化問題に対しては満たされるので，自然な条件である．実行可能解のコストは通常，和 $\sum_{j=1}^{n} i_j$ に関するある部分和で決定される．

定理 3.6.3.3 $U \in NPO$ をコスト有界な整数値最適化問題とする．$P \neq NP$ かつ U が強 NP 困難ならば，U は正確で多項式時間探索可能な近傍を持たない． □

証明 逆に，$U = (\Sigma_I, \Sigma_O, L, L_I, \mathcal{M}, cost, goal)$ が強 NP 困難でかつ正確で多項式時間探索可能な近傍 $Neigh$ を持つと仮定する．この時，U に対する擬多項式時間アルゴリズム A_U を設計し，U の強 NP 困難性と合わせて $P \neq NP$ に矛盾することを示す．

一般性を失うことなく，$goal = minimum$ と仮定してよい．U に対しては正確で多項式時間探索可能な近傍 $Neigh$ が存在するので，任意の実行可能解 $\alpha \in \mathcal{M}(x)$ $(x \in L_I)$ に対して $cost(\alpha, x) > cost(\beta, x)$ となる実行可能解 $\beta \in Neigh_x(\alpha)$ が見つかるか，または，α が $Neigh_x$ に関して局所最適解であることを検証するような多項式時間アルゴリズム A が存在する．$U \in NPO$ であるので，任意の $x \in L_I$ に対して

---

[23] 定理 3.6.1.6 を見よ．

$\alpha_0 \in \mathcal{M}(x)$ を出力する多項式時間アルゴリズム B が存在する．よって，U に対する擬多項式時間アルゴリズム A_U は次のように動作する．

アルゴリズム A_U

入力： $x \in L_I$.

Step 1: B を用いて実行可能解 $\alpha_0 \in \mathcal{M}(x)$ を計算する．

Step 2: A を用いて α_0 を繰り返し改良し，$Neigh_x$ に関する局所最適解を求める．

上で述べたように，A も B もそれぞれの入力サイズに関して多項式時間で動作する．$U \in \mathrm{NPO}$ であるので，$|\alpha|$ は任意の $x \in L_I$ と任意の $\alpha \in \mathcal{M}(x)$ に対して $|x|$ の多項式であるので，A も $|x|$ に関して多項式時間で動作する．$Int(x) = (i_1, \ldots, i_n)$ とする．U はコスト有界な整数値問題であるので，$\mathcal{M}(x)$ の全ての実行可能解のコストは $\{1, 2, \ldots, \sum_{j=1}^{n} i_j\} \subseteq \{1, 2, \ldots, n \cdot Max\text{-}Int(x)\}$ にある．任意の繰り返しにおいて，コストは少なくとも 1 は改善するので，アルゴリズム A の実行回数は $n \cdot Max\text{-}Int(x) \le |x| \cdot Max\text{-}Int(x)$ で抑えられる．よって，A_U は U に対する擬多項式時間アルゴリズムである． $\square$

系 3.6.3.4 $\mathrm{P} \ne \mathrm{NP}$ ならば，TSP，$\triangle$-TSP，Weight-VCP に対して正確で多項式時間探索可能な近傍は存在しない． $\square$

証明 3.2.3 節でコスト有界な整数値最適化問題である TSP，$\triangle$-TSP，Weight-VCP は強 NP 困難であることを証明した． $\square$

正確で多項式時間探索可能な近傍が存在しないことを証明する 2 つ目の方法は擬多項式時間アルゴリズムの概念とは独立なものである．アイデアは，入力インスタンス x に対して与えられた解 α の最適性を決定することが NP 困難となることを証明することである．

定義 3.6.3.5 $U = (\Sigma_I, \Sigma_O, L, L_I, \mathcal{M}, cost, goal)$ を NPO に属する最適化問題とする．U に対する**非最適性決定問題**を決定問題 $(SUBOPT_U, \Sigma_I \cup \Sigma_O)$ と定義する．ここで，

$$SUBOPT_U = \{(x, \alpha) \in L_I \times \Sigma_O^* \,|\, \alpha \in \mathcal{M}(x) \text{ かつ } \alpha \text{ は最適でない}\}. \quad \square$$

定理 3.6.3.6 $U \in \mathrm{NPO}$ とする．$\mathrm{P} \ne \mathrm{NP}$，かつ $SUBOPT_U$ が NP 困難ならば，U には正確で多項式時間探索可能な近傍は存在しない． $\square$

証明 U が正確で多項式時間探索可能な近傍 $Neigh$ を持つならば，$(SUBOPT_U,$

$\Sigma_I \cup \Sigma_O$) を決定する多項式時間アルゴリズムが存在する，すなわち，$SUBOPT_U \in \mathrm{P}$ であることを示せば十分である．

$(x, \alpha) \in L_I \times \mathcal{M}(x)$ を A の入力とする．A は多項式時間で $Neigh_x(\alpha)$ を探索することから始まる．A が α より良い解を見つけるならば，A は (x, α) を受理する．A が $Neigh_x(\alpha)$ において α より良い実行可能解を見つけないならば，$Neigh$ は正確な近傍なので，α は x に対する最適解である．この場合，A は (x, α) を棄却する． $\square$

このアプローチの適用可能性を見るために，再び TSP を用いる．ここでの目標は $SUBOPT_{\mathrm{TSP}}$ が NP 困難であることを証明することである．それを証明するためには，まず次の決定問題が NP 困難であることを証明する必要がある．**制限されたハミルトン閉路問題 (RHC)** は，与えられたグラフ $G = (V, E)$ と G のハミルトン路 P に対して，G にハミルトン閉路が存在するかどうかを決定する問題である．形式的には，

$$\mathbf{RHC} \quad = \quad \{(G, P) \,|\, P \text{ は } G \text{ におけるハミルトン路であるが，}$$
$$\text{どのハミルトン閉路にも拡張できない，かつ，}$$
$$G \text{ はハミルトン閉路を含む．}\}.$$

HC の入力と比べると，RHC には付加情報，すなわち G におけるハミルトン路が与えられていることがわかる．問題はこの付加情報によって決定問題が簡単になるかどうかである．答はノーである．このことを NP 完全問題 HC を RHC に帰着することによって示す．

補題 3.6.3.7

$$\mathrm{HC} \leq_p \mathrm{RHC}.$$
  $\square$

証明 HC から RHC への多項式時間の帰着を見つけるために，図 3.15 に示すようなダイヤモンドと呼ばれる特別な部分グラフが必要である．

このグラフをもっと複雑なグラフ G の部分グラフとすると，このときダイヤモンドは 4 つの**角の頂点** N（北），E（東），S（南），W（西）でのみ G の残りの部分と接続できるようにする．この仮定によって，G がハミルトン閉路を持つならばダイヤモンドを図 3.16 に示す 2 つのやり方のいずれかでのみたどることができるという事実に注意しよう．図 3.16(a) に示される路は南北にダイヤモンドをたどるといい，図 3.16(b) に示される経路は東西にダイヤモンドをたどるという．

このことを確認しよう．G のハミルトン閉路 C が頂点 N からダイヤモンドに入ったとしよう．x を訪問する唯一の可能性は x から直ちに W に入るしかない．C はダイヤモンドを頂点 W から出ることはできない．なぜならば，もしそうなら，v も u

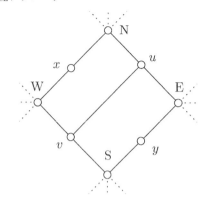

図 3.15

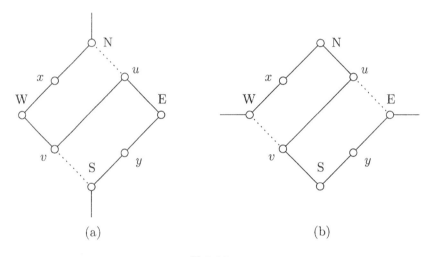

図 3.16

も後でたどることができないか，または y が訪問できなくなるからである．よって，C は次に v へ行かなければならない．v からは，C は次に u へ行かなければならない，そうでなければ C は u を訪問しないからである．u にいる時，残りのダイヤモンドを訪問するためには E, y, S の順で訪問して，S からダイヤモンドを出なければならない．このようにして，ダイヤモンドを南北にたどることができる．C がダイヤモンドの頂点 W, E, または S のどこから入る場合も同様である．

さて，HC から RHC への多項式時間帰着を説明しよう．$G = (V, E)$ を HC のインスタンスとする．G がハミルトン閉路を持つことと G' がハミルトン閉路を持つことが等価になるようにハミルトン路 P を持つグラフ G' を構成する．

G' を構成するアイデアは，G の頂点をダイヤモンドで置き換え，G の辺を対応するダイヤモンドの東と西頂点を接続するように G' に埋め込むというものである．ハ

ミルトン路 P は全てのダイヤモンドを南北にたどるやり方を用いて連結することによって得られる.

詳細は以下の通りである. $V = \{w_1, w_2, \ldots, w_n\}$ とし, $G' = (V', E')$ とする, ただし, $V' = \bigcup_{i=1}^{n} \{N_i, W_i, E_i, S_i, x_i, u_i, v_i, y_i\}$ かつ E' は次のような辺集合を含む.

(i) n 個のダイヤモンドの全ての辺, すなわち, $i = 1, 2, \ldots, n$ に対して, $\{\{N_i, x_i\},$ $\{N_i, u_i\}, \{W_i, x_i\}, \{W_i, v_i\}, \{v_i, u_i\}, \{E_i, u_i\}, \{E_i, y_i\}, \{S_i, v_i\}, \{S_i, y_i\}\}$.

(ii) $\{\{S_i, N_{i+1}\} \,|\, i = 1, 2, \ldots, n-1\}$ (図 3.17(a)).

(iii) $\{\{W_i, E_j\}, \{E_i, W_j\} \,|\, \{w_i, w_j\} \in E$ となる全ての $i, j \in \{1, \ldots, n\}\}$ (図 3.17(b)).

図 3.17(a) から, (ii) の辺によって N_1 で始まり, S_n で終わり, 全てのダイヤモンドを $N_1, S_1, N_2, S_2, \ldots, N_{n-1}, S_{n-1}, N_n, S_n$ の順に南北にたどるようなハミルトン路が一意的に決定される. N_1 と S_n は G' では接続されていないので, P はハミルトン閉路にはできない.

P を含む G' は G から線形時間で構成できることは明らかである.

G' がハミルトン閉路を含むことと G がハミルトン閉路を含むことが等価であることの証明が残されている. $H = v_1, v_{i_1}, v_{i_2}, \ldots, v_{i_{n-1}}, v_1$ を G におけるハミルトン閉路とする. この時,

$$W_1, \ldots, E_1, W_{i_1}, \ldots, E_{i_1}, W_{i_2}, \ldots, E_{i_2}, \ldots W_{i_{n-1}}, \ldots, E_{i_{n-1}}, W_1$$

は G' のダイヤモンドを H と同じ順でたどり, ダイヤモンドは東西にたどることによって, H と同じハミルトン閉路になる.

逆に, H' を G' におけるハミルトン閉路とする. まず始めに, H' はどのダイヤモンドも南北から入ることはできないことに注意しよう. もし, そうならばこのダイヤモンドは南北にたどられなければならない. しかし, このことから全てのダイヤモンドは南北にたどられなければならない. 内部のダイヤモンドの辺以外に N_1 や S_n に接続する辺は存在しないので, これは不可能である. よって, H' は全てのダイヤモンドを東西にたどらなければならない. 明らかに, ダイヤモンドの訪問順によって G の頂点の訪問順が決まり, それが G のハミルトン閉路になる. $\square$

さて, $SUBOPT_{\text{TSP}}$ が NP 困難であることを示すために RHC の NP 困難性を利用する.

補題 3.6.3.8

$$\text{RHC} \leq_p SUBOPT_{\text{TSP}}. \qquad \square$$

証明 (G, P) を RHC の問題インスタンスとする. ここで, $G = (V, E)$ はグラフで

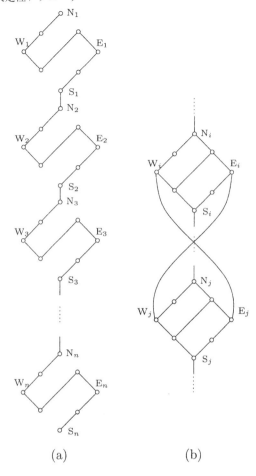

図 3.17

P は G におけるハミルトン路とする. G は n 個の頂点 $v_1, \ldots, v_n$ を持つとする. TSP の問題インスタンス (K_n, c) と実行可能解 $\alpha \in \mathcal{M}(K_n, c)$ を次のように構成する.

(i) $K_n = (V, E_{com})$ は n 個の頂点の完全グラフである.
(ii) $c(\{v_i, v_j\}) = \begin{cases} 1 & \{v_i, v_j\} \in E \text{ の場合} \\ 2 & \{v_i, v_j\} \notin E \text{ の場合} \end{cases}$
(iii) α は K_n の頂点を P の順に訪問する.

$(G, P) \in \mathrm{RHC}$ と α が (K_n, c) に対する最適解でないことが等価であることを証明しなければならない.

$(G, P) \in \mathrm{RHC}$ とする. K_n におけるハミルトン閉路のコスト α (これは P によって決まる) はちょうど $(n-1) + 2 = n+1$ である. なぜなら, P はハミルトン閉路に拡張できないからである. G はハミルトン閉路 β を含むので, K_n における β の

コストはちょうど n であり，ゆえに実行可能解 α は最適ではない．

α を (K_n, c) に対する最適解でないとする．この時，$cost(\alpha) = n+1$ である．（ハミルトン閉路の可能な最小コストは n であり，α は最適解ではないので，$cost(\alpha) \geq n+1$. α はコスト 1 である P の $n-1$ 本の辺を含むので，$cost(\alpha) \leq n+1$.）α は最適解ではないので，K_n には $cost(\beta) = n$ となるハミルトン閉路 β が存在する．明らかに，β は G におけるハミルトン閉路であり，ゆえに $(G, P) \in \text{RHC}$ である． $\square$

系 3.6.3.9 $SUBOPT_{\text{TSP}}$ は NP 困難であり，ゆえに，P $\neq$ NP ならば，TSP は正確で多項式時間探索可能な近傍は持たない． $\square$

証明 この命題は補題 3.6.3.8 と定理 3.6.3.6 から直接得られる． $\square$

大きな k-Exchange 近傍に対する TSP の病的な問題インスタンスが存在することを示すために，ダイヤモンドの構造を利用する．ここで，「病的」というのは，問題インスタンスがちょうど 1 つの最適解を持ち，次に良い（局所）最適解は指数個あり，それらのコストは最適コストの指数になるということを意味している．したがって，ランダムな初期解から始めると，スキーム LSS($n/3$-Exchange) が非常に悪い実行可能解を出力する確率が高くなる．

定理 3.6.3.10 任意の正整数 $k \geq 2$ と，任意に大きな数 $M \geq 2^{8k}$ に対して，

(i) (K_{8k}, c_M) の最適解がただ 1 つでそのコストは $Opt_{\text{TSP}}(K_{8k}, c_M) = 8k$ であり，

(ii) 2 番目に良い実行可能解（ハミルトン閉路）のコストは $M + 5k$ であり，

(iii) (K_{8k}, c_M) に対する 2 番目に良い最適解が $2^{k-1}(k-1)!$ 個存在し，

(iv) 任意の 2 番目に良い最適解とただ 1 つの最適解とは辺数がちょうど $3k$ 本だけ異なる（すなわち，任意の 2 番目に良い最適解が $(3k-1)$-Exchange 近傍に関する局所最適解である），

となるような TSP の入力インスタンス (K_{8k}, c_M) が存在する． $\square$

証明 各 k に対して (K_{8k}, c_M) を構成するために，$8k$ 個の頂点の完全グラフの辺集合から非負整数の集合への関数 c_M を決定しなければならない．裏に隠れているアイデアを明らかにするために，次の 4 ステップを考える．

(1) まず，K_{8k} を k 個のダイヤモンド $D_i = (V_i, F_i) = (\{\text{N}_i, \text{W}_i, \text{E}_i, \text{S}_i, x_i, u_i, v_i, y_i\}, \{\{\text{N}_i, u_i\}, \{\text{N}_i, x_i\}, \{\text{W}_i, x_i\}, \{\text{W}_i, v_i\}, \{v_i, u_i\}, \{\text{E}_i, y_i\}, \{\text{E}_i, u_i\}, \{\text{S}_i, v_i\}, \{\text{S}_i, y_i\}\})$ $(i = 1, 2, \ldots, k)$ からなるグラフと見なす（図 3.15）．補題 3.6.3.7 の証明によって，グラフ G は，G において頂点 x_i, u_i, v_i, y_i の次数が 2 であるダイヤモンド D_i を含み（すなわち，ダイヤモンドの頂点 x, u, v, y と残り

のグラフとを結ぶ辺は存在しない），G が V_i を結ぶ F_i 以外の辺は1つも含まないならば，任意の G におけるハミルトン閉路は D_i を南北または東西にたどる（図 3.16）．もちろん，K_{8k} からいくつかの辺を強制的に外すことはできないが，最適解と2番目の最適解がこれらの辺を1つも含まないことを確実なものとするために非常に多くのコストを費やすことは可能である．

ダイヤモンド D_i の辺以外の x_i, u_i, v_i, y_i $(i = 1, 2, \ldots, k)$ に接続する全ての辺のコストは，$2 \cdot M$ とする．$\{\{r, s\} \mid r, s \in V_i, r \neq s\} - F_i$ $(i = 1, 2, \ldots k)$ の全ての辺のコストも $2 \cdot M$ とする．

(2) $8k$ 個のダイヤモンド D_i を辺 $\{E_i, W_{(i \bmod k)+1}\}$ で接続する．この結果，ちょうど1つのハミルトン閉路[24]を持つグラフが得られる．そのハミルトン閉路は

$$H_{E-W} = W_1, \ldots, E_1, W_2, \ldots, E_2, W_3, \ldots, W_k, \ldots, E_k, W_1$$

であり，すべてのダイヤモンドを東西にたどる（図 3.18 を見よ）．H_{E-W} の各辺にはコスト1を与える．したがって，$cost(H_{E-W}) = 8k$．このようにして辺 $\{W_i, v_i\}, \{u_i, E_i\}$ 以外のダイヤモンド D_i の全ての辺にコスト1を割り当てる．そして $c_M(\{W_i, v_i\}) = c_M(\{u_i, E_i\}) = 0$ とする．集合

$$W\text{-}E = \{W_1, \ldots, W_k, E_1, \ldots, E_k\}$$

の頂点間の全ての残りの辺には値 $2M$ を割り当てるので，H_{W-E} 以外でダイヤモンドを東西にたどる全てのハミルトン閉路も $2 \cdot M \geq 2^{8k+1}$ 以上のコストを持つ．

(3)
$$N\text{-}S = \{N_1, N_2, \ldots, N_k, S_1, S_2, \ldots, S_k\}$$

とする．$N\text{-}S - \{N_1\}$ の頂点間の全ての辺にコスト0を割り当てる（すなわち，$N\text{-}S - \{N_1\}$ の頂点は K_{8k} においてコスト0の辺のクリークを構成する）．全ての $i \in \{2, 3, \ldots, k\}$ と $j \in \{1, 2, \ldots, k\}$ に対して $c_M(\{N_1, N_i\}) = c_M(\{N_1, S_j\}) = M$ とする．これによって全てのダイヤモンドを南北にたどる任意のハミルトン閉路のコストはちょうど $M + 5k$ となる（ダイヤモンドを南北にたどるとコスト1の5本の辺とコスト0の2本の辺をたどることに注意しよう）．

(4) (1), (2), (3) で考えられた以外の辺には値 $2 \cdot M$ をコストに与える．

さて，このように構成された問題インスタンスが所望の性質を持っていることを示そう．

---

[24] コスト $2M$ の辺を用いないと仮定すれば．

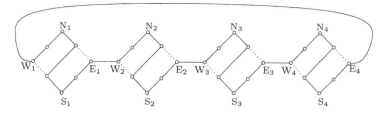

図 3.18

(i) K_{8k} からコスト M と $2M$ を持つ辺を全て取り除いた部分グラフ G' を考える. G' はコスト $8k$ のハミルトン閉路 H_{E-W} をちょうど 1 個含む. なぜならば, G' は点 N_i, W_i, E_i, S_i のみを接続したダイヤモンドからなり, G' の任意のハミルトン閉路は全てのダイヤモンドを南北にまたは東西にたどらなければならないからである. $c_M(\{E_i, W_j\}) = 2M$ $(i, j \in \{1, \ldots, k\}, j \neq (i \bmod k) + 1)$ (図 3.18 を見よ) なので, H_{E-W} がダイヤモンドを東西にたどる唯一のハミルトン閉路である. $c_M(\{N_1, S_j\}) = c_M(\{N_1, N_j\}) = M$ $(j \in \{2, \ldots, n\})$ であるので, ダイヤモンドを南北にたどるハミルトン閉路は存在しない.

よって, (K_{8k}, c_M) に対する H_{E-W} が唯一の最適解である. なぜなら, 他の任意のハミルトン閉路はコストが少なくとも $M \geq 2^{8k} > 8k$ $(k \geq 2)$ の辺を少なくとも 1 つ含まなければならないからである.

(ii) K_{8k} からコスト $2M$ の全ての辺を取り除いた (すなわち, $0, 1, M$ の辺のみからなる) 部分グラフ G'' を考える. G'' においても任意のハミルトン閉路は全てのダイヤモンドを南北にまたは東西にたどるという性質を持つ. 既に (i) で述べたように, H_{E-W} 以外でダイヤモンドを全て東西にたどる全てのハミルトン閉路はコスト $2M$ の辺を少なくとも 1 つ含まなければならないので, そのようなハミルトン閉路は G'' には存在しない. そこで, ダイヤモンドを南北にたどる場合を考えよう. ダイヤモンドを南北にたどるとコストはちょうど 5 (コスト 1 の辺 5 個とコスト 0 の辺 2 個) になり, よって, 全てのダイヤモンドをたどるとコストはちょうど $5k$ になる. ダイヤモンド間の辺 $\{N_i, S_j\}$ $(i \neq 1)$ はコスト 0 である. ハミルトン閉路は N_1 とある S_j, または $N_j (j \in \{2, 3, \ldots, k\})$ を結ぶ辺を用いなければならないので, コスト M の 1 つの辺を用いなければならない. よって, G'' における南北にたどる任意のハミルトン路のコストは $M + 5k$ 以上であり,

$$N_1, S_2, \ldots, N_2, S_3, \ldots, N_3, S_4, \ldots, S_k, \ldots, N_k, S_1, \ldots, N_1$$

はコスト $M + 5k$ のハミルトン閉路である. G'' のハミルトン閉路ではない K_{8k} の任意のハミルトン閉路は, コスト $2M > M + 5k$ の辺を少なくとも 1 つ含ま

なければならないので，入力インスタンス (K_{8k}, c_M) に対する 2 番目の最適解のコストは $M + 5k$ である．

(iii) 全てのダイヤモンドを南北にたどり，コスト M の辺をちょうど 1 個含むような G'' のハミルトン閉路（すなわち，コスト $M + 5k$ の閉路）の個数を数える．$N\text{-}S - \{N_1\}$ の頂点は G'' においてコスト 0 の辺からなるクリークを構成するので，ダイヤモンド $D_1, D_2, \ldots, D_k$ をたどることができる $(k-1)!$ 個の順列がある．さらに，k 個のダイヤモンドのそれぞれに対して南北の 2 方向の 1 つを選択できる（N_i から S_i または S_i から N_i）．よって，合わせて

$$2^{k-1}(k-1)!$$

個の異なるコスト $M + 5k$ のハミルトン閉路がある．

(iv) 最後に，最適解 H_{E-W} と 2 番目に良い任意のハミルトン閉路はちょうど $5k$ 個の辺（コスト 1 のダイヤモンドの内部辺）を共有することに注意しよう．したがって，それらはちょうど $3k$ 個の辺が異なっている．2 番目に良い解より良い解は最適解 H_{E-W} しかないので，すべての 2 番目に良い解は，2 番目に良い解 α についての $Neigh(\alpha)$ 内には最適解が存在しないような任意の近傍 $Neigh$ に関する 1 つの局所最適解である．任意の 2 番目に良い解 α に対して $(3k-1)\text{-}Exchange(\alpha)$ は H_{E-W} を含まないので，(K_{8k}, c_M) の 2 番目に良い解の全ては $(3k-1)\text{-}Exchange$ に関する局所最適解である．　　　□

3.6 節で導入されたキーワード

実行可能解集合の近傍，局所変換，近傍に関する局所最適解，局所探索スキーム，TSP に対する $k\text{-}Exchange$ 近傍，Lin-Kernighan の深さ可変近傍，正確な近傍，多項式時間探索可能な近傍，コスト有界な整数値問題，部分最適性決定問題，制限されたハミルトン閉路問題

3.6 節のまとめ

局所探索は最適化問題に対するアルゴリズム設計技法である．この技法の最初のステップは実行可能解の集合に対する近傍を定義することである．通常，近傍はいわゆる局所変換を用いて定義される．2 つの実行可能解 α と β に対して，β（または α）の仕様を局所的に変換することによって β から α（またはその逆）が得られる時，α と β は隣接しているという．近傍を定義すると，局所探索はある初期実行可能解から始めて，繰り返し現在の解の近傍を探索することによってより良い解を見つけようとする．局所探索アルゴリズムは解 α の近傍により良い実行可能解を含まなくなっ

た解 α で停止する．よって，α は考えている近傍に関して局所最適解である．

任意の局所探索アルゴリズムは局所最適解で終了する．一般に，局所最適解のコストは最適解のコストとそれほど遠くないという保証はなく，局所探索アルゴリズムが多項式時間で動作する保証もない．TSP に対しては，唯一の最適解を持ち，非常に悪いが 2 番目に良い解が指数個ありそれら全てが $(n/3)$-*Exchange* の近傍に関して局所最適解となるような入力インスタンスが存在する．

時間計算量と局所最適解の間には次のようなトレードオフが存在する．要素数が少ない近傍は通常 1 回の解の改善は効率良く実行されるが，この近傍はしばしば局所最適解の数を増加させる（すなわち，非常に弱い局所最適解に陥ってしまう確率が高い）．一方，要素数の大きな近傍は精度の高い実行可能解を生成する可能性は期待できるが，局所最適性を検証するための時間計算量が大きくなり過ぎ有利にはならない．この困難さを克服するための 1 つの方法が Kernighan-Lin の深さ可変探索であり，これは小さな近傍の選択と大きな近傍の選択との妥協の産物である．非常に大まかには，小さな近傍をしらみつぶし探索する代わりに，大きな近傍に対して改善のための探索をする時に貪欲法を用いるというものである．

近傍は，その近傍に関して全ての局所最適解が最も良い解になるならば，正確であるといわれる．近傍は，任意の実行可能解の近傍における最適解を見つける多項式時間アルゴリズムが存在する時，多項式時間探索可能といわれる．整数値最適化問題 U に対して正確で多項式時間探索可能な近傍が存在するならば，通常この近傍に関する局所探索アルゴリズムは U に対する擬多項式時間アルゴリズムである．

最適化問題が強 NP 困難ならば，そのような最適化問題は正確で多項式時間探索可能な近傍は持たない．TSP，$\triangle$-TSP，WEIGHT-VCP はそのような問題の例である．

TSP には大きな $n/3$-*Exchange* の近傍を持つ局所探索に対して，病的な入力インスタンスが存在する．これらの病的な例は唯一の最適解を持ち，2 番目に良い局所最適解を指数個持ち，それらのコストが最適解コストに対して指数となる．

3.7 線形計画法への緩和

3.7.1 基本概念

線形計画法 (LP) は多項式時間で解ける最適化問題であるが，0/1 線形計画法 (0/1-LP) と整数（線形）計画法 (IP) は NP 困難である．これらの最適化問題は全て行列 A とベクトル b に対する共通の制約 $A \cdot X = b$ を持ち，与えられたベクトル c に対して $X \cdot c^{\mathsf{T}}$ を最小化することを同一の目的としている．唯一の違いは LP では実数上で最小化するのに対して，0/1-LP に対しては実行可能解を $\{0, 1\}$ 上で，IP では整数上で求めるところである．この差はこれらの問題の難しさを決定するので，本質的

である.

もう1つの重要な点は，多くの困難問題が0/1-LPまたはIPに容易に帰着できることである．さらに言うと，多くの困難問題が線形計画法の形で自然に表現できるという点である．したがって，線形計画問題は組合せ最適化問題やオペレーションズリサーチに対するパラダイム的問題になる.

LPは多項式時間で解決可能であり，0/1-LPとIPはNP困難なので，ごく自然なアイデアは0/1-LPとIPの問題インスタンスを効率的に解けるLPの入力インスタンスとして解くことである．このアプローチは，$\{0,1\}$上や正整数上の最適解を見つける条件を実数上の最適解を探索することに条件を緩和しているので，**緩和**と呼ばれている．明らかに，LPに対して計算された最適解αは0/1-LPやIPの実行可能解にはならない．よって，このアプローチによって何が得られるかを考えなければならない．まず初めに，$cost(\alpha)$は0/1-LPとIPに関する最適解のコストの下界になる．したがって，$cost(\alpha)$は元々の問題に対する最適解のコストの良い近似になり得るので，3.4節で説明した分枝限定法によって元々の問題を解く時にはこの解は非常に役に立つ．もう1つの可能性は0/1-LPやIPに対する実行可能解βを計算する時にこのαを利用することである．これは，例えば，実数値を0と1，あるいは正整数に（確率的に）丸めることによってなされる．いくつかの問題に対しては，そのような実行可能解βが最適解にかなり近いという意味において，精度が高い．うまくいく応用例が第4章と第5章で示される.

これまでの議論をまとめると，線形計画法への緩和というアルゴリズム設計技法は次の3ステップからなる.

(1) **帰着**
   最適化問題Uの与えられたインスタンスxを0/1-LPまたはIPの入力インスタンス$I(x)$として表現する.

(2) **緩和**
   $I(x)$をLPの入力インスタンスと考えて，線形計画法のアルゴリズムによって$I(x)$に対する最適解αを計算する.

(3) **元々の問題を解く**
   αを利用して，元々の問題の最適解を計算する，あるいは元々の問題に対する精度の高い実行可能解を見つける.

このスキームの最初の2ステップは多項式時間で実行できるが，第3ステップが効率的に実行できるかどうかは保証されない．元々の最適化問題がNP困難ならば，ステップ3の最適解を求める部分もNP困難である．しかしながら，多くの問題に対しては$cost(\alpha)$の値で与えられる限界値が分枝限定法をスピードアップするのに役立つので，このアプローチは非常に実際的な方法である．特に，このアプローチは最適解

を求めるという条件をかなり良い解を計算するという条件に緩和することによって，非常にうまくいくことがある．いくつかの問題に対しては，このスキームにおいて出力解の精度を保証できる場合さえもある．これらの例が次の2つの章で示される．

3.7 節は次のような構成である．3.7.2 節では，0/1-LP と IP へのいくつかの「自然な」帰着を与えることによって上記スキームの第1ステップを示す.「自然な」というのは，元々の最適化問題の実行可能解と帰着される 0/1 線形計画法（整数計画法）問題の実行可能解との間に1対1対応が存在することを意味している．IP が別の最適化問題 U を表現していると言う時は，U と IP それぞれにおける解の形式的な表現が全く一致していることも意味しており[25]，（対応する入力インスタンスの x と y の全ての対に対して，$\mathcal{M}_U(x) = \mathcal{M}_{\mathrm{IP}}(y)$）同じ表現 α によって指定される IP と U の対応する解がまた同じコストを持つことを意味している．線形計画法をどのように解くかについての少なくともアウトラインを与えるために，3.7.3 節で単純な局所探索アルゴリズムであるシンプレックス法を簡単に示す．

3.7.2 　線形計画法による問題の記述

2.3.2 節では実数上の任意の入力インスタンス $A = [a_{ji}]_{j=1,\ldots,m,i=1,\ldots,n}$，$b = (b_1,\ldots,b_m)$，$c = (c_1,\ldots,c_n)$ に対して，制約

$$A \cdot X = b, \qquad \text{すなわち,} \quad \sum_{i=1}^{n} a_{ji}x_i = b_j \ (j=1,\ldots,m)$$
$$x_i \geq 0 \qquad (i=1,\ldots,n) \quad (\text{すなわち,} \ X \in (\mathbb{R}^{\geq 0})^n)$$

の下で，

$$X \cdot c^{\mathsf{T}} = \sum_{i=1}^{n} c_i x_i$$

を最小化する問題として線形計画問題を導入した．以下では，この形のものを LP の（等式）標準形とよぶ．整数計画問題は全く同じ形で定義され，全ての係数が整数であり解が $X \in \mathbb{Z}^n$ となるところのみが異なっている．

LP にはいくつかの形がある．まず最初にこれら全ての形が標準形で表現できることを示す．LP の正規形は，任意の入力インスタンス (A,b,c) に対して

$$AX \geq b, \qquad \text{すなわち,} \quad \sum_{i=1}^{n} a_{ji}x_i \geq b_j \ (j=1,\ldots,m)$$
$$x_i \geq 0 \qquad (i=1,\ldots,n)$$

の制約の下で，

---

[25] 例えば，$\{0,1\}^n$ 上のベクトル.

228　第 3 章　決定性アプローチ

$$X \cdot c^{\mathsf{T}} = \sum_{i=1}^{n} c_i \cdot x_i$$

を最小化するものである.

　さて，正規形を（等式）標準形に変換しよう．このことは，不等式制約 $AX \geq b$ を
ある等式制約 $B \cdot Y = d$ に変換しなければならないことを意味する．それぞれの不等
式制約

$$\sum_{i=1}^{n} a_{ji} x_i \geq b_j$$

に対して，新しい変数 s_j（余剰 (**surplus**) 変数と呼ぶ）を付加し，

$$\sum_{i=1}^{n} a_{ji} x_i - s_j = b_j, \ s_j \geq 0$$

とする．したがって，$A = [a_{ji}]_{j=1,\ldots,m, \, i=1,\ldots,n}, b = (b_1,\ldots,b_m)^{\mathsf{T}} c = (c_1,\ldots,c_n)^{\mathsf{T}}$
が実行可能解の集合 $\{X \in (\mathbb{R}^{\geq 0})^n \mid AX \geq b\}$ における正規形で表された問題インス
タンスならば，対応するインスタンスは等式標準形 (B, b, d) で表現される．ここで，

$$B = \begin{pmatrix} a_{11} & a_{12} & \ldots & a_{1n} & -1 & 0 & \ldots & 0 \\ a_{21} & a_{22} & \ldots & a_{2n} & 0 & -1 & \ldots & 0 \\ \vdots & \vdots & \vdots & \vdots & \vdots & \vdots & \ddots & \vdots \\ a_{m1} & a_{m2} & \ldots & a_{mn} & 0 & 0 & \ldots & -1 \end{pmatrix},$$

$$d = (c_1,\ldots,c_n,0,\ldots,0) \in \mathbb{R}^{m+n}.$$

(B, b, d) の解集合は以下の通りである.

$$Sol(B, b, d) = \{Y = (x_1,\ldots,x_n,s_1,\ldots,s_m)^{\mathsf{T}} \in (\mathbb{R}^{\geq 0})^{m+n} \mid B \cdot Y = b\}.$$

この時，

(i) LP の正規形における (A, b, c) の各実行可能解 $\alpha = (\alpha_1,\ldots,\alpha_n)^{\mathsf{T}}$ に対して，

$$(\alpha_1,\ldots,\alpha_n,\beta_1\ldots,\beta_m)^{\mathsf{T}} \in Sol(B, b, d)$$

　　を満たす $(\beta_1,\ldots,\beta_m)^{\mathsf{T}} \in (\mathbb{R}^{\geq 0})^m$ が存在し，また 逆も成り立つ.

(ii) 各実行可能解 $(\delta_1,\ldots,\delta_n,\gamma_1,\ldots,\gamma_m)^{\mathsf{T}} \in Sol(B, b, d)$ に対して，ベクトル $(\delta_1,$
　　$\ldots,\delta_n)^{\mathsf{T}}$ は LP の正規形における入力インスタンス (A, b, c) に対する実行可
　　能解である.

　$d = (c_1,\ldots,c_n,0,\ldots,0)^{\mathsf{T}}$ であるので，$Sol(B, b, d)$ における最小化は $\{X \in (\mathbb{R}^{\geq 0})^n \mid AX \geq b\}$ における $\sum_{i=1}^{n} c_i x_i$ の最小化と等価である．(B, b, d) のサイ
ズは (A, b, c) のサイズに線形であることがわかるので，上記の変換は効率的に行える.

次に，LP の**不等式標準形**について考えよう．与えられた入力インスタンス A, b, c に対して，

$$AX \leq b, \quad \text{すなわち，} \sum_{i=1}^{n} a_{ji} x_i \leq b_j (j = 1, \dots, m), \text{ かつ}$$

$$x_i \geq 0 \quad (i = 1, \dots, n)$$

の制約の下で

$$X \cdot c^{\mathsf{T}} = \sum_{i=1}^{n} c_i x_i$$

を最小化しなければならないとする．$\sum_{i=1}^{n} a_{ji} x_j \leq b_j$ を等価な等式に変換するために新しい変数 s_j（**余裕 (slack) 変数**と呼ぶ）を導入し，

$$\sum_{i=1}^{n} a_{ji} x_i + s_j = b_j \quad \text{かつ} \quad s_j \geq 0$$

とする．正規形から標準形への変換と同様にして，導出された等式標準形が与えられた標準形と等価であることは容易にわかる．

演習問題 3.7.2.1 次のように定義される LP の**一般形**を考えよう．入力インスタンス $A = [a_{ji}]_{j=1,\dots,m,\, i=1,\dots,n}$, $b = (b_1, \dots, b_m)^{\mathsf{T}}$, $c = (c_1, \dots, c_n)^{\mathsf{T}}$ ($M \subseteq \{1, \dots, m\}$, $Q \subseteq \{1, \dots, n\}$) に対して，

$$\sum_{i=1}^{n} a_{ji} x_i = b_j \qquad (j \in M)$$

$$\sum_{i=1}^{n} a_{ri} x_i \geq b_r \qquad (r \in \{1, \dots, m\} - M)$$

$$x_i \geq 0 \qquad (i \in Q)$$

の制約の下で

$$\sum_{i=1}^{n} c_i x_i$$

を最小化しなければならないとする．この一般形を以下の形に変換せよ．

(i) 標準形．
(ii) 不等式標準形．
(iii) 正規形． □

　LP のこれら全ての形式を考える理由は，組合せ問題から LP への変換を容易にするためである．したがって，元々の最適化問題を自然に表現できる形式を選択するこ

とができる．上記で導入した LP の全ての形式が最小化問題であるので，最大化問題を線形計画問題としてどのように表現するか疑問に思うかもしれない．答えは非常に簡単である．入力インスタンス A, b, c に対して，A と b によって与えられるある線形制約の下で

$$X \cdot c^\mathsf{T} = \sum_{i=1}^{n} c_i x_i$$

を最大化することを考えよう．これは同じ制約の下で，

$$X \cdot [(-1) \cdot c^\mathsf{T}] = \sum_{i=1}^{n} (-c_i) \cdot x_i$$

を最小化することと等価である．

以下では，いくつかの最適化問題を LP 問題として表現する．

最小重み頂点被覆

WEIGHT-VCP の入力インスタンスは重み付きグラフ $G = (V, E, c)$ $(c : V \to \mathbb{N} - \{0\})$ であることを思い出そう．目的は最小のコスト $\sum_{v \in S} c(v)$ を持つ頂点被覆 S を見つけることである．$V = \{v_1, \ldots, v_n\}$ とする．

この WEIGHT-VCP 問題のインスタンスを LP（実際には 0/1-LP）のインスタンスとして表現するために，集合 $S \subseteq V$ をその特徴ベクトル $X_S = (x_1, \ldots, x_n) \in \{0,1\}^n$ によって表す．ただし，

$$x_i = 1 \Leftrightarrow v_i \in S.$$

E の全ての辺を被覆するという制約は，任意の辺 $\{v_i, v_j\}$ に対してそれに隣接する頂点のいずれかは頂点被覆になければならないということなので，

$$x_i + x_j \geq 1(\{v_i, v_j\} \in E)$$

によって表現できる．目的は

$$\sum_{i=1}^{n} c(v_i) \cdot x_i$$

を最小化することである．$x_i \in \{0,1\}$ を $x_i \geq 0$ $(i = 1, \ldots, n)$ に緩和することによって LP の正規形が得られる．

ナップサック問題

$w_1, w_2, \ldots, w_n, c_1, c_2, \ldots, c_n, b$ をナップサック問題のインスタンスとする．n 個のブール変数 $x_1, x_2, \ldots, x_n$ を考える．ただし，$x_i = 1$ は i 番目の荷物がナップサックに詰められることを表すものとする．したがって，目的は，

$$\sum_{i=1}^{n} w_i x_i \le b, \text{ かつ}$$

$$x_i \in \{0, 1\} \ (i = 1, \ldots, n)$$

の制約の下で

$$\sum_{i=1}^{n} c_i x_i$$

を最大化することである. $\sum_{i=1}^{n} c_i x_i$ の最大化を

$$\sum_{i=1}^{n} (-c_i) \cdot x_i$$

の最小化に変えれば, 0/1-LP の標準形に対する入力インスタンスが得られる. $x_j \in \{0, 1\}$ を $x_i \ge 0 \ (i = 1, \ldots, n)$ に緩和すれば LP の不等式標準形が得られる.

最大マッチング問題

最大マッチング問題は, 与えられた $G = (V, E)$ に対する要素数最大のマッチングを見つける問題である. 任意の G のマッチングは辺集合 $H \subseteq E$ で, 任意の辺 $\{u, v\}, \{x, y\} \in H, \{u, v\} \ne \{x, y\}$ に対して $|\{u, v, x, y\}| = 4$ (すなわち, マッチングの 2 つの辺は共通の頂点を持たない) という性質を持つ.

この問題のインスタンスを 0/1-LP のインスタンスとして表現するために, 各 $e \in E$ に対して

$$x_e = 1 \Leftrightarrow e \in H$$

となるようなブール変数 x_e を考える. 各頂点 $v \in V$ に対して, $E(v) = \{\{v, u\} \in E \mid u \in V\}$ を v に接続する全ての辺集合とする. 問題は, $|V|$ 個の制約

$$\sum_{e \in E(v)} x_e \le 1 \ (v \in V)$$

と次の $|E|$ 個の制約

$$x_e \in \{0, 1\} \ (e \in E)$$

の下で

$$\sum_{e \in E} x_e$$

を最大化することである. $x_e \in \{0, 1\}$ を $x_e \ge 0$ に緩和すると, LP のインスタンスを得る.

演習問題 3.7.2.2 最大マッチング問題のインスタンスを正規形の LP のインスタンスとして表現せよ.

232   第 3 章　決定性アプローチ

演習問題 3.7.2.3 [(*)]　2 部グラフに対する最大マッチング問題を考えよう. LP に緩和した時の任意の最適解はまた最大マッチング問題の元々のインスタンスに対する実行可能（ブール）解となること（すなわち, この問題は P に属すること）を証明せよ. □

演習問題 3.7.2.4　次のような最大マッチング問題の一般化を考えよう. 重み付きグラフ (G, c) $(G = (V, E)$, $c : E \to \mathbb{N})$ が与えられた時, 最小コストの完全マッチングを求めよ. ここで, マッチング H のコストは $cost(H) = \sum_{e \in H} c(e)$ とする.

　完全マッチングは, マッチング H で, E の任意の辺 e は H に属するかまたは H に属する辺と 1 つの頂点を共有するという条件を満たす. この最小化問題の入力インスタンスを 0/1-LP の入力インスタンスとして表現せよ. □

演習問題 3.7.2.5　最小全域木問題を 0/1-LP 問題として表現せよ. □

演習問題 3.7.2.6　グラフ $G = (V, E)$ の閉路被覆とは, 全ての頂点の次数がちょうど 2 であるような G の任意の部分グラフ $C = (V, E_C)$ である. 最小閉路被覆問題は, 任意の重み付き完全グラフ (G, c) に対して, c に関して最小コストを持つ G の閉路被覆を求める問題である. この問題を LP の標準形に緩和せよ. □

メイクスパンスケジューリング問題

　$(p_1, p_2, \ldots, p_n, m)$ を MS のインスタンスとする. $p_i \in \mathbb{N} - \{0\}$ $(i = 1, \ldots, n)$ は m 台の同じ機械のいずれかで動作する i 番目のジョブの処理時間である. 問題は, n 個のジョブを m 台の機械に全体の処理時間（メイクスパン, 全ての機械が割り当てられた全てのジョブを処理する時間）が最小になるように振り分けることである.

　次のような意味を持つブール変数 $x_{ij} \in \{0, 1\}$ $(i = 1, \ldots, n, j = 1, \ldots, m)$ を考える.

$$x_{ij} = 1 \Leftrightarrow i \text{ 番目のジョブが } j \text{ 番目の機械に割り当てられる.}$$

n 個の線形等式

$$\sum_{j=1}^{m} x_{ij} = 1 \ (i \in \{1, \ldots, n\})$$

は, 各ジョブはちょうど 1 つの機械に割り当てられる, すなわち, 各ジョブはちょうど 1 回だけ処理されることを保証する. メイクスパンに対して整数変数 t を用意する. したがって目的は, 上記の n 個の線形等式と任意の機械が高々時間 t の間に処理を終えることを保証する

$$t - \sum_{i=1}^{n} p_i \cdot x_{ij} < 0 \ (j \in \{1, \ldots, m\})$$

という制約の下で

$$t \text{ を最小化}$$

することである.

　整数変数 t を用いる代わりに，もう少し自然に思える 0/1-LP の問題インスタンスとして $(p_1, p_2, \ldots, p_n, m)$ を表現する方法もある．m 台の機械は全て同じなので，一般性を失うことなく，最初の機械が常に最大の負荷を持つものと仮定できる．すると，最初の機械のメイクスパンである

$$\sum_{i=1}^{n} p_i \cdot x_{i1}$$

を最小化すればよい．制約

$$\sum_{j=1}^{m} x_{ij} \geq 1 \ (i \in \{1, \ldots, n\})$$

は各ジョブが少なくとも 1 台の機械に割り当てられることを保証しており，制約

$$\sum_{i=1}^{n} p_i \cdot x_{ij} \leq \sum_{i=1}^{n} p_i \cdot x_{i1} \ (j \in \{2, \ldots, m\})$$

は最初の機械のメイクスパンが他の機械のメイクスパン以上であることを保証している．

最大充足化問題

　$F = F_1 \wedge F_2 \wedge \ldots \wedge F_m$ をブール変数の集合 $X = \{x_1, x_2, \ldots, x_n\}$ 上の CNF 式とする．緩和するために同じブール変数 $x_1, x_2, \ldots, x_n$ を用い，新たに変数 $z_1, z_2, \ldots, z_m$ を

$$z_i = 1 \Leftrightarrow \text{節 } F_i \text{が充足される}$$

の意味で用いる．各 $i \in \{1, \ldots, m\}$ に対して，$\mathrm{In}^+(F_i)$ を F_i の正のリテラルとして現れる変数 X の添字集合とし，$\mathrm{In}^-(F_i)$ を F_i にリテラルとして現れる負の変数の添字集合とする．例えば，節 $C = x_1 \vee \overline{x}_3 \vee x_7 \vee \overline{x}_9$ に対しては，$\mathrm{In}^+(C) = \{1, 7\}$ および $\mathrm{In}^-(C) = \{3, 9\}$ である．F を表現する IP の問題インスタンス LP(F) は次の $2m + n$ 個の制約

$$z_j - \sum_{i \in \mathrm{In}^+(F_j)} x_i - \sum_{l \in \mathrm{In}^-(F_j)} (1 - x_l) \leq 0 \quad (j = 1, \ldots, m)$$
$$x_i \in \{0, 1\} \ (i = 1, \ldots, n)$$
$$z_j \in \{0, 1\} \ (j = 1, \ldots, m)$$

234 第3章 決定性アプローチ

に対して

$$\sum_{j=1}^{m} z_j \text{ を最大化}$$

する．この制約の線形不等式

$$z_j \leq \sum_{i \in \text{In}^+(F_j)} x_i + \sum_{l \in \text{In}^-(F_j)} (1 - x_l)$$

は F 中の1個以上のリテラルが1となる時のみ z_j が1をとることを保証している．$x_i \in \{0, 1\}$ $(i = 1, \ldots, n)$ を

$$x_i \geq 0 \quad \text{かつ} \quad x_i \leq 1$$

に緩和し，$z_j \in \{0, 1\}$ $(j = 1, \ldots, m)$ を

$$z_j \geq 0$$

に緩和すると，LP の標準形や正規形にならない．新たな変数を導入することにより標準形に変換することができる．

集合被覆問題

$(X, \mathcal{F})$ を集合被覆問題 (SCP) のインスタンスとする．ここで，$X = \{a_1, \ldots a_n\}$，$\mathcal{F} = \{S_1, S_2, \ldots, S_m\}$，$S_i \subseteq X$ $(i = 1, \ldots, m)$ である．各 $i = 1, \ldots, m$ に対して，ブール変数 x_i を考え，

$$x_i = 1 \Leftrightarrow S_i \text{が集合被覆に選ばれる}$$

という意味を持たせる．$\text{Index}(k) = \{d \in \{1, \ldots, m\} \mid a_k \in S_d\}$ $(k = 1, \ldots, n)$ とする．この時，次の n 個の線形制約

$$\sum_{j \in \text{Index}(k)} x_j \geq 1 \ (k = 1, \ldots, n)$$

の下で，

$$\sum_{i=1}^{m} x_i \text{ を最小化}$$

しなければならない．

演習問題 3.7.2.7 集合多重被覆問題を次のような最小化問題として考える．$(X, \mathcal{F})$ を SCP のインスタンスとし，$r \in \mathbb{N} - \{0\}$ とする時，与えられたインスタンス $(X, \mathcal{F}, r)$ に対して，$(X, \mathcal{F}, r)$ の実行可能解は X の各要素を r 回以上被覆する X の r 多重被覆である．多重被覆においては，同じ集合 $S \subset \mathcal{F}$ を何度も使うことができる．集合

多重被覆問題の LP への緩和を求めよ. □

演習問題 3.7.2.8 次のように定義される**集合ヒット問題** (HSP) を考える.

入力: $(X, \mathcal{S}, c)$. ここで, X は有限集合, $\mathcal{S} \subseteq Pot(X)$, c は X から $\mathbb{N} - \{0\}$ への関数である.

制約: 各入力 $(X, \mathcal{S}, c)$ に対して,

$$\mathcal{M}(X, \mathcal{S}, c) = \{Y \subseteq X \mid 各 S \in \mathcal{S} に対して, \ Y \cap S \neq \emptyset\}.$$

コスト: 各 $Y \in \mathcal{M}(X, \mathcal{S}, c)$ に対して $cost(Y, (X, \mathcal{S}, c)) = \sum_{x \in Y} c(x)$.

目的: 最小化.

以下を示せ.

(i) 集合ヒット問題 (HSP) は LP 問題に緩和できる.
(ii)[*] 集合被覆問題は HSP に多項式時間で帰着できる. □

3.7.3 シンプレックスアルゴリズム

線形計画法の問題を解くための方法に関しては多くの文献があり, シンプレックス法に関しては異なるバージョンに対する研究のみを集めた分厚い本も出版されている. ここではその詳細には立ち入らない. この節の目的は, シンプレックスアルゴリズムを概説し, このアルゴリズムがある幾何学的な解釈における局所探索アルゴリズムと見なすことができることを理解することである. 線形計画法の問題を解くために上のような意味で制限をする理由は, それがオペレーションズリサーチのトピックであるからであり, 組合せ最適化の観点からの主な興味が (組合せ) 最適化問題を線形計画法の問題として[26]表現できるかどうか (よって, 元々の組合せ最適化問題を解くためにアルゴリズムの部分としてオペレーションズリサーチのアルゴリズムを利用できるか) に焦点を当てているからである.

線形計画法の標準形を考えよう. すなわち, 与えられた $A = [a_{ji}]_{j=1,\ldots,m, i=1,\ldots,n}$, $b = (b_1, \ldots, b_m)^{\mathsf{T}}$, $c = (c_1, \ldots, c_n)^{\mathsf{T}}$ に対して

$$\sum_{i=1}^{n} a_{ji} x_i = b_j \quad (j = 1, \ldots, m) \ \text{かつ}$$

$$x_i \geq 0 \quad (i = 1, \ldots, n)$$

---

[26] 最近は, 半正値計画法や多項式時間で解ける他の線形計画法の一般化としても.

の制約の下で

$$\sum_{i=1}^{n} c_i x_i を最大化$$

する問題を考える.

2.2.1 節では,斉次線形方程式系 $AX = 0$ の解の集合 $Sol(A)$ は $\mathbb{R}^n$ の部分空間であること,および線形方程式系 $AX = b$ の解の集合 $Sol(A, b)$ は $\mathbb{R}^n$ のアフィン部分空間であることを示した.$\mathbb{R}^n$ の部分空間は,常に原点 $(0, 0, \ldots, 0)^\mathsf{T}$ を含み,任意のアフィン部分空間は $\mathbb{R}^n$ からあるベクトルでシフト(変換)された部分空間と見なすことができる.したがって,$Sol(A, b)$ の次元は $Sol(A)$ の次元と一致する.1 つの線形方程式 $(m = 1)$ に対する $Sol(A, b)$ の次元はちょうど $n - 1$ である.一般には,$\dim(Sol(A, b)) = n - \mathrm{rank}(A)$ が成り立つ.

定義 3.7.3.1 n を正整数とする.次元 $n - 1$ の $\mathbb{R}^n$ のアフィン部分空間は**超平面**と呼ばれる.逆に,$\mathbb{R}^n$ における超平面は全ての a は 0 とはならないようなある $a_1, a_2, \ldots, a_n, b$ が存在して

$$a_1 x_1 + a_2 x_2 + \ldots + a_n x_n = b$$

を満たす全ての $X = (x_1, \ldots, x_n)^\mathsf{T} \in \mathbb{R}^n$ の集合である.集合

$$\mathrm{HS}_{\geq}(a_1, \ldots, a_n, b) = \left\{ X = (x_1, \ldots, x_n)^\mathsf{T} \in \mathbb{R}^n \,\middle|\, \sum_{i=1}^{n} a_i x_i \geq b \right\},$$

$$\mathrm{HS}_{\leq}(a_1, \ldots, a_n, b) = \left\{ X = (x_1, \ldots, x_n)^\mathsf{T} \in \mathbb{R}^n \,\middle|\, \sum_{i=1}^{n} a_i x_i \leq b \right\}$$

は**半空間**と呼ばれる.　　　　　　　　　　　　　　　　　　　　　　　　　□

明らかに,$\mathbb{R}^n$ における任意の半空間は $\mathbb{R}^n$ と同じ次元 n を持ち,凸集合である.凸集合の有限個の共通部分は凸集合になるので(2.2.1 節を見よ),集合

$$\{X \in \mathbb{R}^n \,|\, A \cdot X \leq b\} = \bigcap_{j=1}^{m} \mathrm{HS}_{\leq}(a_{j1}, \ldots, a_{jn}, b_j)$$

$$= \bigcap_{j=1}^{m} \{X = (x_1, \ldots, x_n)^\mathsf{T} \in \mathbb{R}^n \,|\, \sum_{i=1}^{n} a_{ji} x_i \leq b_j\}$$

は凸集合であり,***Polytope***$(AX \leq b)$ と表す.

定義 3.7.3.2 n を正整数とする.$\mathbb{R}^n$ における有限個の半空間の共通部分は $\mathbb{R}^n$ の(凸)ポリトープである.与えられた制約 $\sum_{j=1}^{n} a_{ji} x_i \leq b_j$ $(j = 1 \ldots, m)$, $x_i \geq 0$ $(i - 1, \ldots, n)$ に対して,

$$Polytope(AX \leq b, X \geq 0_{n \times 1}) = \{X \in (\mathbb{R}^{\geq 0})^n \mid A \cdot X \leq b\}$$

である. □

$$Polytope(AX \leq b, X \geq 0_{n \times 1}) =$$
$$\bigcap_{j=1}^{m} \text{HS}_{\leq}(a_{j1}, \ldots, a_{jn}, b_j) \cap \left(\bigcap_{j=1}^{n} \{(x_1, \ldots, x_n)^{\mathsf{T}} \in \mathbb{R}^n \,\middle|\, x_j \geq 0 \right)$$

は $m+n$ 個の半空間の共通部分であることに注意しよう.

$\mathbb{R}^2$ における次のような制約を考える.

$$\begin{aligned} x_1 + x_2 &\leq 8 \\ x_2 &\leq 6 \\ x_1 - x_2 &\leq 4 \\ x_1 &\geq 0 \\ x_2 &\geq 0. \end{aligned}$$

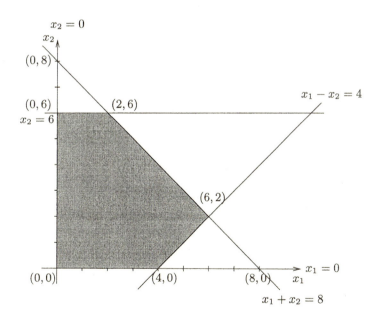

図 **3.19**

図 3.19 に示されたポリトープはこれらの制約にちょうど対応したポリトープである. これらの制約に対して $x_1 - x_2$ を最小化, および最大化することを考えよう. 幾

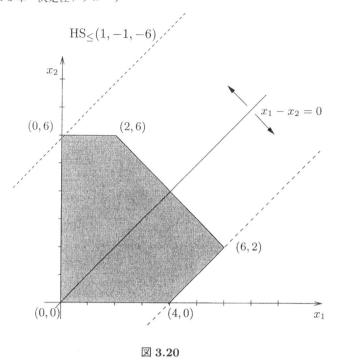

図 3.20

幾何学的にはこの問題は次のように解くことができる．直線 $x_1 - x_2 = 0$ (図 3.20 を見よ) をとり，ポリトープに沿ってこの直線を垂直に両方向に向かって移動させる．「上」方向 (すなわち，$x_1 - x_2 \leq 0$ の半平面の方向) では，この直線は点 $(0,6)$ でポリトープを抜け出し，この点 $(x_1 = 0, x_2 = 6)$ はこの最小化問題に対する最適解で一意に決まる．「下」方向 (すなわち，半平面 $x_1 - x_2 \geq 0$ の方向) ではこの直線は点 $(4,0)$ と $(6,2)$ を結ぶ線分上の点でポリトープを抜け出す．よって，

$$\{(x_1, x_2)^\mathsf{T} \in \mathbb{R}^2 \mid (4,0) \leq (x_1, x_2) \leq (6,2), x_1 - x_2 = 4\}$$

がこの最大化問題に対する全ての最適解で無限集合になる．

同じポリトープ (制約) を考え，$3x_1 - 2x_2$ を最小化，および最大化する問題を考えよう．この時，直線 $3x_1 - 2x_2 = 0$ をとり，図 3.21 に示すようにこの直線を垂直に両方向に移動させる．$3x_1 - 2x_2 \leq 0$ の半平面の方向に移動させると，この直線は点 $(0,6)$ でポリトープを抜け出し，$x_1 = 0, x_2 = 6$ が最小化問題の唯一の解になる．$3x_1 - 2x_2 \geq 0$ の半平面の方に移動させると，この直線は点 $(6,2)$ でポリトープを抜け出し，$x_1 = 6, x_2 = 2$ が最大化問題の唯一の解となる．

線形計画問題を視覚的にわかりやすくするために，$\mathbb{R}^3$ におけるもう 1 つの例を考えよう．図 3.22 は次の制約に対応するポリトープを表している．

$$x_1 + x_2 + x_3 \leq 8$$

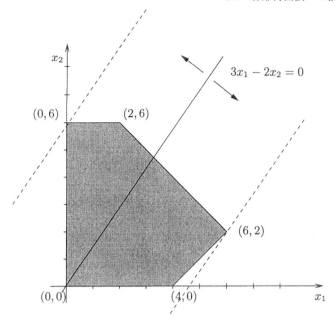

図 3.21

$$
\begin{array}{rcl}
x_1 & \leq & 4 \\
3x_2 + x_3 & \leq & 12 \\
x_3 & \leq & 6 \\
x_1 & \geq & 0 \\
x_2 & \geq & 0 \\
x_3 & \geq & 0.
\end{array}
$$

$2x_1 + x_2 + x_3$ を最小化, および最大化する問題を考えよう. $2x_1 + x_2 + x_3 = 0$ の超平面をとる. $2x_1 + x_2 + x_3$ を最小化するために, この超平面をポリトープに沿って, $2x_1 + x_2 + x_3 \leq 0$ によって与えられる半空間の方向に移動させる. 明らかに, この超平面は直ちに原点でポリトープを抜け出すので, $(0,0,0)^\mathsf{T}$ がこの最適化問題に対する唯一の解である. $2x_1 + x_2 + x_3$ を最大化するために, 超平面 $2x_1 + x_2 + x_3 = 0$ を半空間 $2x_1 + x_2 + x_3 \geq 0$ の方向に移動させる. この超平面は集合 $S = \{(x_1, x_2, x_3)^\mathsf{T} \in \mathbb{R}^3 \,|\, (4,4,0) \leq (x_1, x_2, x_3) \leq (4,0,4) \text{ かつ } x_1 + x_2 + x_3 = 8\}$ においてポリトープを抜け出す. この集合は $\mathbb{R}^3$ において $(4,4,0)^\mathsf{T}$ と $(4,0,4)^\mathsf{T}$ を結ぶ直線である. よって, S がこの最大化問題の最適解の集合である.

演習問題 3.7.3.3 上で説明したような幾何学ゲームをすることによって, 図 3.19

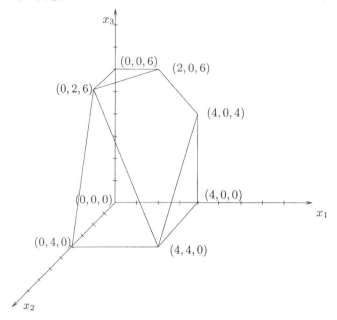

図 3.22

で示された制約（ポリトープ）に対する次の最適化問題を解け.

(i) $-3x_1 + 7x_2$ を最小化.
(ii) x_2 を最大化.
(iii) $10x_1 + x_2$ を最大化.
(iv) $-x_1 - 2x_2$ を最小化. □

演習問題 3.7.3.4 図 3.22 のポリトープで示される制約に対する次の最適化問題を解け

(i) $-x_1 + 2x_2 - x_3$ を最小化.
(ii) x_3 を最大化.
(iii) $x_1 + x_2 + x_3$ を最大化.
(iv) $7x_1 - 13x_2 + 5x_3$ を最小化. □

線形計画問題は，与えられたポリトープと与えられた超平面に対して超平面をポリトープに沿って移動した時，ポリトープと超平面との最後の共通点（集合）となるポリトープの表面上の点を見つける問題と見なせることがわかった．$\mathbb{R}^3$ におけるそのような一般的な状況を図 3.23 に示す．次の定義は「超平面がポリトープを抜け出る」

という直観的な表現を形式化するものである.

定義 3.7.3.5 d と n を正整数とする. A を $\mathbb{R}^n$ における次元 d の凸ポリトープとする. H を $\mathbb{R}^n$ の超平面とし, HS を H によって定義される半空間とする. $A \cap \mathrm{HS} \subseteq H$ (すなわち, A と HS がちょうど「それらの外面が接触している」) ならば, $A \cap \mathrm{HS}$ は **A の面** と呼ばれ, H は **$A \cap \mathrm{HS}$ を定義する支持超平面** という.

ここで, 次の 3 種類の面を区別する.

A のファセット は次元 $n-1$ の面である.

A の辺 は次元 1 の面 (すなわち, 線分) である.

A の頂点 は次元 0 の面 (すなわち, 点) である. □

A を図 3.19 に示されたポリトープとする. この時

$$A \cap \mathrm{HS}_{\geq}(0,1,6) \subseteq \{(x_1,x_2)^{\mathsf{T}} \in \mathbb{R}^2 \,|\, x_2 = 6\}$$

は点 $(0,6)$ と $(2,6)$ を結ぶ線分に対応する A の辺である.

$$A \cap \mathrm{HS}_{\geq}(1,1,8) \subseteq \{(x_1,x_2)^{\mathsf{T}} \in \mathbb{R}^2 \,|\, x_1 + x_2 = 8\}$$

は点 $(2,6)$ と $(6,2)$ を結ぶ線分に対応する辺である.

$$A \cap \mathrm{HS}_{\leq}(1,-1,-6) \subseteq \{(x_1,x_2)^{\mathsf{T}} \in \mathbb{R}^2 \,|\, x_1 - x_2 = -6\}$$

は点 $(0,6)$ である P の頂点 (図 3.20 を見よ) である.

演習問題 3.7.3.6 次に示す A の面のそれぞれについて, 少なくとも 1 つの支持超平面を決定せよ.

(i) 頂点 $(6,2)$.

(ii) 点 $(4,0)$ と $(6,2)$ を結ぶ線分に対応する辺. □

B を図 3.22 に示すポリトープとする. この時,

$$B \cap \mathrm{HS}_{\geq}(1,1,1,8) \subseteq \{(x_1,x_2,x_3)^{\mathsf{T}} \in \mathbb{R}^3 \,|\, x_1 + x_2 + x_3 = 8\}$$

は点集合 $(0,2,6)$, $(2,0,6)$, $(4,0,4)$, $(4,4,0)$ の凸包となる B のファセットである.

$$B \cap \mathrm{HS}_{\geq}(0,1,0,4) \subseteq \{(x_1,x_2,x_3)^{\mathsf{T}} \in \mathbb{R}^3 \,|\, x_2 = 4\}$$

は点 $(0,4,0)$ と $(4,4,0)$ を結ぶ線分に対応する B の辺である.

$$B \cap \mathrm{HS}_{\leq}(1,1,1,0) \subseteq \{(x_1,x_2,x_3)^{\mathsf{T}} \in \mathbb{R}^3 \,|\, x_1 + x_2 + x_3 = 0\}$$

は B の頂点であり, 原点 $(0,0,0)$ である.

図 **3.23**

演習問題 3.7.3.7 次の B の面のそれぞれに対して，少なくとも1つの支持超平面を決定せよ．

(i) 点 $(2, 0, 6)$ と $(4, 0, 4)$ を結ぶ線分である辺．
(ii) 点 $(0, 0, 0)$ と $(4, 0, 0)$ を結ぶ線分である辺．
(iii) 点 $(0, 2, 6)$ と $(4, 4, 0)$ を結ぶ線分である辺．
(iv) 頂点 $(4, 4, 0)$． □

制約 $A \cdot X \leq b$ と $X \geq 0_{n \times 1}$ を仮定した時，この線形計画問題に対する全ての実行可能解の集合はポリトープ $Polytope(AX \leq b, X \geq 0)$ の全ての点の集合である．超平面を移動させるという幾何学的ゲームを行うことによって，全ての最適解は $Polytope(AX \leq b, X \geq 0)$ の境界になければならないことがわかる．より正確には，任意の線形計画問題に対する最適解の集合は対応するポリトープの面である[27]．これによって次の重要な観察が直接得られる．

観察 3.7.3.8 (A, b, c) を充足可能な制約を持つ不等式標準形における線形計画法問題のインスタンスとする．この時，(A, b, c) に対する最適解の集合は $Polytope(AX \leq b, X \geq 0)$ の頂点となるような解を少なくとも1つ含む． □

この観察 3.7.3.8 の重要な点は，LP を解くためには全ての最適解の集合を決定す

---

[27] 上記で説明された幾何学的直観によってこの主張は十分受け入れられることを期待して，この事実に対する形式的証明は省略する．

る必要はなく，ある最適解を 1 つ見つければ十分であるということである．したがって，実行可能解の集合をポリトープの頂点の集合に制限することができ，その集合のみを探索すればよい．（有限個の制約によって与えられる）ポリトープの頂点の集合は常に有限であることに注意しよう．よって，最適解を見つけるためにはポリトープの全ての頂点を探せばよい．しかしながら，ポリトープの頂点数は制約の数，すなわち，入力インスタンスのサイズの指数になり得るので，このアイデアは必ずしもうまくいかない．

シンプレックスアルゴリズムは局所探索アルゴリズムである．近傍 $Neigh$ は次のように単純に定義される．ポリトープの 2 つの頂点が隣接しているのは，それらがポリトープの辺で結ばれている時である．明らかに，この近傍はポリトープの頂点上の対称的な関係になる．シンプレックスアルゴリズムを幾何学的に記述すると次のようになる．

シンプレックスアルゴリズム

入力： 不等式標準形における LP の入力インスタンス (A, b, c).

Step 1: $Polytope(AX \leq b, X \geq 0)$ の頂点 X を見つける．

Step 2: **while** X が $Neigh$ に関して局所最適解でない

do $c^\mathsf{T} \cdot X > c^\mathsf{T} \cdot Y$ ならば，X を（近傍）の頂点 $Y \in Neigh_{(A,b,c)}(X)$ で置き換える

Step 3: **output**(X).

したがって，ポリトープの頂点 X にいる時，シンプレックスアルゴリズムは X から（ポリトープの）辺に沿って解のコストを改善しながら別の解 Y へ移動することを繰り返す．（X から始めて）コストを減らせる辺が複数あるならば，シンプレックスアルゴリズムはできる限り下方向の勾配が大きい辺を選ぶ（すなわち，単位長当たりのコストが最も改善される）戦略をとる．そのようにして選択された辺の列を図 3.23 に示す．

図 3.21 に示されるようなポリトープに対して $3x_1 - 2x_2$ を最小化することを考える．シンプレックスアルゴリズムを頂点 $(6, 2)$ から始めるならば，まず頂点 $(2, 6)$ に移動し，最終的に最適解 $(0, 6)$ に移動する．もし，$(4, 0)$ が最初の実行可能解ならば，$(0, 0)$ にまず移動し，次に $(0, 6)$ へ移動する．

図 3.22 に示されるポリトープに対して，頂点 $(0, 0, 6)$ から始めて，$-2x_1 - x_2 - x_3$ を最小化することを考えよう．$cost(0, 0, 6) = -6$ を最も減らせる可能性があるのはコスト -10 の頂点 $(2, 0, 6)$ に移動することである．次にコストを減らせる唯一の可能性はコスト -12 の頂点 $(4, 0, 4)$ に移動することである．これ以上改善の可能性はないので，シンプレックスアルゴリズムは $(4, 0, 4)$ を出力する．

244　第 3 章　決定性アプローチ

　ここでは上記の近傍におけるより良い解の探索が非常に効率的にできるような実現の詳細には立ち入らない．代わりに 2 つの重要な観察を形式化しよう．

観察 3.7.3.9　ポリトープの頂点に対する上記で定義された近傍は LP の正確な近傍である．よって，シンプレックスアルゴリズムは常に最適解を計算する．　　　□

　観察 3.7.3.9 は視覚的な（幾何学的な）観点からは直観的には明らかであろう．局所最適解がポリトープ A の頂点で，X が最適解でないならば，$cost(Y) < cost(X)$ となる頂点 Y が存在することになる．X と Y を線分 L で結んでみよう．すると X の近い近傍にある L の一部はポリトープ内にはあり得ない．なぜなら，X の近傍には X よりも良い解はなく，L 上の解は X から Y へ移動するならば連続的に改善するからである．よって，L はポリトープには含まれないことになり，これはポリトープが凸であることに矛盾する．

観察 3.7.3.10　シンプレックスアルゴリズムが局所最適解に到達するまでに，指数回[28]の改善を連続的に実行するような LP の入力インスタンスが存在する．　　　□

　したがって，シンプレックスアルゴリズムの最悪時間計算量は指数時間である．しかしながら，シンプレックスアルゴリズムは最悪時間計算量が指数時間であるが，実際的には非常に効率的なアルゴリズムの最も有名な例である．なぜなら，シンプレックスアルゴリズムが十分に速くならない状況は非常に稀であるからである．LP には多項式時間アルゴリズムが存在するにもかかわらず，平均時間計算量が非常に優れているので，シンプレックスアルゴリズムの方が好んで用いられることが多い．

3.7.4　丸め，LP-双対法，プライマルデュアル法

　線形計画法への緩和は，緩和されていない元々の最適化問題を効率的に取り扱うために有用となり得るある情報を得るために導入されてきた．元々の問題インスタンスの無矛盾な実行可能解 β（整数またはブール値）を得るために，緩和された問題インスタンスの最適解 α をどのように用いるかについてはいくつかの可能性がある．成功することが多い試みの 1 つは，解 α を（できるならばランダムに）丸めることである．この方法は**丸め**あるいは **LP 丸め**と呼ばれる．目的は，得られる丸め整数解が元々の入力インスタンスの実行可能解になり，この丸めの過程でコストがそれほど変わらないように丸めを実行することである．ここでは，決定性丸めの例を示そう．このアプローチをさらに進めた応用は近似アルゴリズムと乱択アルゴリズムについての第 4 章と第 5 章で示される．

---

[28] 制約の数に対して．

各整数 $k \geq 2$ に対して，集合被覆問題 (SCP) の特別版 SCP(k) を考えよう．最小化問題 **SCP(k)** は SCP の部分問題である．ここで，各入力インスタンス $(X, \mathcal{F})$ に対して，X の各要素は $\mathcal{F}$ の高々 k 個の集合に含まれる．

演習問題 3.7.4.1 任意の $k \geq 2$ に対して SCP(k) は NP 困難であることを証明せよ．

　$(X, \mathcal{F})$ $(X = \{a_1, \ldots, a_n\}, \mathcal{F} = \{S_1, S_2, \ldots S_m\})$ を SCP(k) $(k \geq 2$ の整数$)$ のインスタンスとする．$j = 1, \ldots, n$ に対して，$Index(a_j) = \{d \in \{1, \ldots, m\} \mid a_j \in S_d\}$ と定義するならば，$|Index(a_j)| \leq k$ $(j = 1, \ldots, n)$ となることはわかっている．対応する 0/1-LP の入力インスタンスは

$$\sum_{h \in Index(a_j)} x_h \geq 1 \ (j = 1, \ldots, n),$$

$$x_i \in \{0, 1\} \ (i = 1, \ldots, m)$$

という制約の下で

$$\sum_{i=1}^{m} x_i \text{を最小化}$$

することである．ここで，x_i の意味は

$$x_i = 1 \Leftrightarrow S_i \text{ が集合被覆に選ばれる}$$

である．

　線形計画法への緩和法のスキームを用いると，任意の $k \in \mathbb{N} - \{0\}$ における SCP(k) に対する次のアルゴリズムが得られる．

アルゴリズム 3.7.4.2

入力： SCP(k) のインスタンス $(X, \mathcal{F})$, $X = \{a_1, \ldots, a_n\}$, $\mathcal{F} = \{S_1, \ldots, S_m\}$.

Step 1: {帰着}

$(X, \mathcal{F})$ を上記で述べたように 0/1-LP の入力インスタンス $I(X, \mathcal{F})$ として表現する．

Step 2: {緩和}

$I(X, \mathcal{F})$ を $x_i \in \{0, 1\}$ を $0 \leq x_i \leq 1$ $(i = 1, \ldots, m)$ に緩和することによって LP のインスタンス $LP(X, \mathcal{F})$ に緩和する．

$LP(X, \mathcal{F})$ を線形計画法のアルゴリズムによって解く．

$\alpha = (\alpha_1, \alpha_2, \ldots, \alpha_m)$ [すなわち，$x_i = \alpha_i$] を $LP(X, \mathcal{F})$ に対する最適解とする．

246 第 3 章 決定性アプローチ

Step 3: {元々の問題を解く}

$\alpha_i \geq 1/k$ の時，かつその時に限り $\beta_i = 1$ とする.

出力： $\beta = (\beta_1, \ldots, \beta_m)$.

まず $\beta \in \mathcal{M}(X, \mathcal{F})$ に注意しよう．各 $j \in \{1, \ldots, m\}$ に対して，$|Index(a_j)| \leq k$ であるので，制約

$$\sum_{h \in Index(a_j)} x_h \geq 1$$

によって，$\alpha_r \geq 1/k$ となる $r \in Index(a_j)$ が存在する（すなわち，この不等式の中で $|Index(a_j)| \leq k$ を満たす少なくとも 1 つの変数は $1/|Index(a_j)|$ 以上でなければならないことを保証する）．アルゴリズム 3.7.4.2 の Step 3 によって，$\beta_r = 1$ であり，よって a_j は解 $\beta = (\beta_1, \ldots, \beta_m)$ で被覆される．このことは全ての $j = 1, \ldots, m$ について成り立つので，β は LP$(X, \mathcal{F})$ の実行可能解である.

ここでの丸め手続きでは，$\alpha_i \geq 1/k$ の時，$\beta_i = 1$ とし，$\alpha_i < 1/k$ の時，$\beta_i = 0$ とする．これから全ての $i = 1, \ldots, m$ に対して $\beta_i \leq k \cdot \alpha_i$ が成り立ち，よって

$$cost(\beta) \leq k \cdot cost(\alpha)$$

である．したがって，次の補題が証明される.

補題 3.7.4.3 アルゴリズム 3.7.4.2 は SCP(k) に対して，無矛盾である．すなわち，このアルゴリズムは SCP(k) の任意のインスタンス $(X, \mathcal{F})$ に対して，実行可能解 β を計算する．また，

$$cost(\beta) \leq k \cdot Opt_{SCP(k)}(X, \mathcal{F}). \qquad \square$$

線形計画法への緩和法の主な長所の 1 つは，設計されたアルゴリズムは解かれる問題が考えられている対象に重み（コスト）を割り当てるように一般化されても正しく動作することである.

演習問題 3.7.4.4 各集合 $S \in \mathcal{F}$ に $\mathbb{N} - \{0\}$ の重みが割り当てられるような SCP(k) の重み付き一般化を考えよう．解（集合被覆）のコストは解に含まれる集合の重みの和である.

アルゴリズム 3.7.4.2 を（丸め戦略は何も変更せずに）この一般化問題に適用しても，補題 3.7.4.3 の主張が成り立つことを証明せよ.

線形計画法への緩和法に関するもう 1 つの強力な概念は，いわゆる**線形計画双対性**（**LP 双対性**）に基づくものである．元々，双対性は最適化アルゴリズムの結果が確

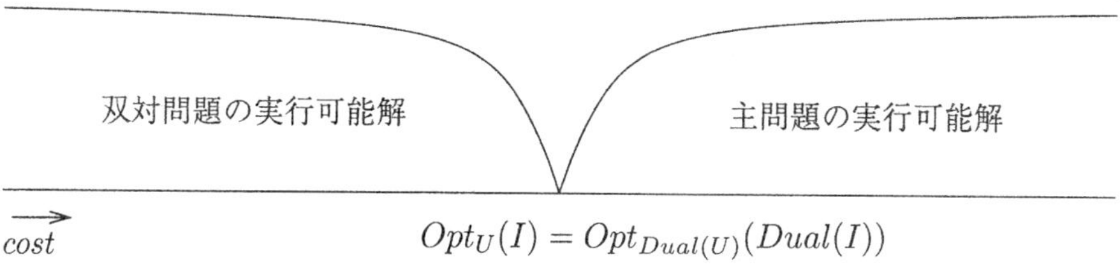

$$Opt_U(I) = Opt_{Dual(U)}(Dual(I))$$

図 **3.24**

かに最適解であり，問題と双対問題を同一視することで多項式時間アルゴリズムが得られることを証明するために用いられた．

LP 双対性の概念の主要なアイデアは，与えられた最適化問題 U の**双対**問題 ***Dual(U)*** を探索することである．(U はその双対問題が指定できる時には**主問題**と呼ばれる．) U が最小化（最大化）問題ならば，$Dual(U)$ は次の性質を持たなければならない．

(i) $Dual(U)$ は，U の各インスタンス I を $Dual(U)$ のインスタンス $Dual(I)$ に変換して得られる最大化（最小化）問題である．I に対して $Dual(I)$ を計算するための効率的なアルゴリズムが存在するはずである．

(ii) U の各インスタンス I に対して，U の任意の実行可能解のコストは $Dual(U)$ に対する任意の実行可能解のコストより小さく（大きく）はない，すなわち，

$$全ての\alpha \in \mathcal{M}(I) と全ての\beta \in \mathcal{M}(Dual(I)) に対して$$
$$cost(\alpha) \geq cost(\beta) \ [cost(\alpha) \leq cost(\beta)].$$

(iii) U の任意のインスタンス I に対して，

$$Opt_U(I) = Opt_{Dual(U)}(Dual(I)).$$

図 3.24 によって，双対問題が主問題に対する精度の高い実行可能解を探索するためにどれだけ有用であるかがわかるであろう．I に対する実行可能解 α と $Dual(I)$ に対する実行可能解 β から始めて，α と β を交互に改善することを試みる．$cost(\alpha) = cost(\beta)$ となった時，α は主問題インスタンスに対する最適解であり，β が双対問題インスタンスに対する最適解であることがわかる．

$$|cost(\alpha) - Opt_U(I)| \leq |cost(\alpha) - cost(\beta)|$$

より，$|cost(\alpha) - cost(\beta)|$ や $|cost(\alpha) - cost(\beta)|/cost(\alpha)$ が十分小さく，計算された解 α が最適解とほぼ同じくらいに良くなった時にも計算を終えてよい．

LP 双対性の概念を示したものとしては 3.2 節で示した最大フロー問題に対する Ford-Fulkerson アルゴリズムがある．主問題は最大フロー問題でありその双対問題は最小ネットワークカット問題である．いずれの問題に対しても，ネットワークが入力イ

248   第3章　決定性アプローチ

ンスタンスであるので，双対問題に対する要請 (i) は明らかに満たされる．補題 3.2.3.7 によって双対問題の性質 (ii) も満たされることが保証され，**最大フロー最小カット定理**（定理 3.2.3.12）は性質 (iii) も成り立つことを示している．Ford-Fulkerson アルゴリズムがいずれの最適化問題に対しても最適解を計算することを証明するために性質 (ii) と (iii) を使用したことを思い出そう．なぜなら Ford-Fulkerson アルゴリズムはフローとカットのコストが等しい時に停止するからである．

　次に我々が関心を持つ問題は

「どのような最適化問題がその双対問題を有効にするか？」

である．以下では，任意の線形計画問題に対して，常に双対問題が存在し，その双対問題もまた線形計画問題になることを示す．この事実は，多くの最適化問題は（緩和された）線形計画問題として表現できるので，重要である．

　まず最初に，正規形で与えられた LP の任意のインスタンス I に対して $Dual(I)$ を次の特定の形をしたインスタンス I' によって構成するアイデアを説明する．I' を

$$2x_1 - x_2 + 3x_3 \geq 7$$
$$3x_1 + x_2 - x_3 \geq 4$$
$$x_1, x_2, x_3 \geq 0$$

の制約の下で

$$f(x_1, x_2, x_3) = 13x_1 + 2x_2 + 3x_3 を最小化$$

するインスタンスとする．ここでの目的は $\mathcal{M}(I')$ における任意の実行可能解のコスト，すなわち，$Opt_{LP}(I')$ の下界を証明する方法を形式化することである．I' の制約に対して次の記法を使用する：

$$lrow_1 = 2x_1 - x_2 + 3x_3, \quad rrow_1 = 7,$$
$$lrow_2 = 3x_1 + x_2 - x_3, \quad rrow_2 = 4.$$

$2 \cdot lrow_1 + 3 \cdot lrow_2 = 13x_1 + x_2 + 3x_3$ を考えよう．

$$13x_1 + x_2 + 3x_3 \leq 13x_1 + 2x_2 + 3x_3$$

であるので，次式を得る．

$$2lrow_1 + 3lrow_2 \leq f(x_1, x_2, x_3). \tag{3.12}$$

制約は $lrow_1 \geq rrow_1$ かつ $lrow_2 \geq rrow_2$ であるので，(3.12) から

$$f(x_1, x_2, x_3) \geq 2lrow_1 + 3lrow_2 \geq 2rrow_1 + 3rrow_2 = 2 \cdot 7 + 3 \cdot 4 = 26$$

が得られる．したがって，制約を満たす x_1, x_2, x_3 の全ての値に対して $f(x_1, x_2, x_3) \geq$

26 であるので，$Opt_{LP}(I') \geq 26$ が成り立つ．

次にすべきことは何か？

$$f(x_1, x_2, x_3) \geq y_1 \cdot lrow_1 + y_2 \cdot lrow_2 \tag{3.13}$$

となるような y_1 と y_2 の値を探索し，

$$f(x_1, x_2, x_3) \geq y_1 \cdot rrow_1 + y_2 \cdot rrow_2 = 7y_1 + 4y_2$$

となることはわかっているので，

$$7y_1 + 4y_2 \tag{3.14}$$

を最大化しようとする．制約 (3.13) は（係数のレベルで）

$$\begin{array}{rcrcl}
2y_1 & + & 3y_2 & \leq & 13 \\
-y_1 & + & y_2 & \leq & 2 \\
3y_1 & - & y_2 & \leq & 3 \\
\multicolumn{5}{c}{y_1, y_2, y_3 \geq 0}
\end{array} \tag{3.15}$$

と表現できる．したがって，(3.14) と (3.15) によって指定される $Dual(I')$ は I' から効率的に導出でき，$Opt_{LP}(Dual(I')) \leq Opt_{LP}(I')$ を満足する．

明らかに，I から $Dual(I)$ の構成は LP の正規形の任意のインスタンス I に対して制約

$$\begin{aligned}
\sum_{i=1}^{n} a_{ji} x_i &\geq b_j \quad (j = 1, \ldots, m) \\
x_i &\geq 0 \quad (i = 1, \ldots, n)
\end{aligned} \tag{3.16}$$

の下で

$$\sum_{i=1}^{n} c_i x_i \text{を最小化} \tag{3.17}$$

するものである．$\boldsymbol{Dual(I)}$ を制約

$$\begin{aligned}
\sum_{j=1}^{m} a_{ji} y_j &\leq c_i \quad (i = 1, \ldots, n) \\
y_j &\geq 0 \quad (j = 1, \ldots, m)
\end{aligned} \tag{3.18}$$

の下で

$$\sum_{j=1}^{m} b_j y_j \text{を最大化} \tag{3.19}$$

すると定義する．

演習問題 3.7.4.5 LP の次のインスタンス I に対する $Dual(I)$ を構成せよ．制約

250 第 3 章 決定性アプローチ

$$x_1 - \ x_2 \geq 4$$
$$x_1 + \ x_2 \geq 8$$
$$x_1 + 2x_2 \geq 6$$
$$x_1, x_2 \geq 0$$

の下で

$$3x_1 + 7x_2 を最小化$$

する.

与えられた入力インスタンス I から $Dual(I)$ は直接に構成できるので制約 (i) は満たされることがわかる. 構成法から, 制約 (ii) も満たされる. 次の定理はその事実の形式的な証明を与えている.

定理 3.7.4.6 (**弱 LP 双対定理**)　I を (3.16) と (3.17) で与えられる正規形の LP のインスタンスとする. $Dual(I)$ を (3.18) と (3.19) で与えられる双対なインスタンスとする. その時, 任意の実行可能解 $\alpha = (\alpha_1, \ldots, \alpha_n) \in \mathcal{M}(I)$ と任意の実行可能解 $\beta = (\beta_1, \ldots, \beta_m) \in \mathcal{M}(Dual(I))$ に対して,

$$cost(\alpha) = \sum_{i=1}^{n} c_i \alpha_i \geq \sum_{j=1}^{m} b_j \beta_j = cost(\beta),$$
$$すなわち, Opt_{\mathrm{LP}}(I) \geq Opt_{\mathrm{LP}}(Dual(I)). \qquad \square$$

証明　$\beta \in \mathcal{M}(Dual(I))$ は $Dual(I)$ に対する実行可能解なので,

$$\sum_{j=1}^{m} a_{ji} \beta_j \leq c_i \qquad (i = 1, \ldots, n) \tag{3.20}$$

が成り立つ. $\alpha_i \geq 0$ $(i = 1, \ldots, n)$ であるので, 制約 (3.20) から

$$cost(\alpha) = \sum_{i=1}^{n} c_i \alpha_i \geq \sum_{i=1}^{n} \left(\sum_{j=1}^{m} a_{ji} \beta_j \right) \alpha_i \tag{3.21}$$

が成り立つ. 同様にして, $\alpha \in \mathcal{M}(I)$ であるので,

$$\sum_{i=1}^{n} a_{ji} \alpha_i \geq b_j \qquad (j = 1, \ldots, m)$$

であり, よって[29]

$$cost(\beta) = \sum_{j=1}^{m} b_j \beta_j \leq \sum_{j=1}^{m} \left(\sum_{i=1}^{n} a_{ji} \alpha_i \right) \beta_j \tag{3.22}$$

---

[20] $\beta_j \geq 0$ $(j = 1, \ldots, m)$ であることに注意しよう.

が成り立つ.

$$\sum_{i=1}^{n} \left(\sum_{j=1}^{m} a_{ji}\beta_j \right) \alpha_i = \sum_{j=1}^{m} \left(\sum_{i=1}^{n} a_{ji}\alpha_i \right) \beta_j$$

となるので不等式 (3.21) と (3.22) から

$$cost(\alpha) \ge cost(\beta)$$

が成り立つ. □

系 3.7.4.7 I と $Dual(I)$ を定理 3.7.4.6 で与えられた LP のインスタンスとする. $\alpha \in \mathcal{M}(I), \beta \in \mathcal{M}(Dual(I))$ が成り立ち, かつ $cost(\alpha) = cost(\beta)$ ならば, α は I の最適解であり, β は $Dual(I)$ の最適解である. □

次の定理は, I の双対問題に対して $Dual(I)$ が制約 (iii) をも満たすことを示している. この定理の証明は技巧的でアルゴリズム設計の観点からは重要でないので省略する.

定理 3.7.4.8 (LP 双対定理) I と $Dual(I)$ を定理 3.7.4.6 で与えられた LP のインスタンスとする. この時,

$$Opt_{\mathrm{LP}}(I) = Opt_{\mathrm{LP}}(Dual(I)).$$ □

LP の任意のインスタンス I は正規形に変換できるので, ここでの $Dual(I)$ の構成法は LP の任意の形に適用できる. しかしながら, 制約

$$\begin{aligned}
\sum_{i=1}^{n} a_{ji}x_i &\le b_j \qquad (j = 1, \ldots, m) \\
x_i &\ge 0 \qquad (i = 1, \ldots, n)
\end{aligned} \tag{3.23}$$

の下で

$$f(x_1, \ldots, x_n) = c_1 x_1 + c_2 x_2 + \ldots + c_n x_n \text{ を最大化} \tag{3.24}$$

する**標準最大形**の場合は正規形と同様の戦略で双対インスタンスを直接構成できる. 双対となる問題は目的関数 $f(x_1, \ldots, x_n)$ の上界を証明することである.

$$lrow_k = \sum_{i=1}^{n} a_{ki}x_i \quad \text{かつ} \quad rrow_k = b_k$$

ならば

$$y_1 \cdot lrow_1 + y_2 \cdot lrow_2 + \ldots + y_m \cdot lrow_m \ge f(x_1, \ldots x_n) = \sum_{i=1}^{n} c_i x_i \tag{3.25}$$

となる $y_1, y_2, \ldots, y_m$ を探索する. 明らかに, (3.25) が成り立つならば, 制約 (3.23) を

252　第 3 章　決定性アプローチ

満足する $x_1, \ldots, x_n$ の全ての値に対して，$\sum_{j=1}^{m} y_j \cdot rrow_j = \sum_{j=1}^{m} y_j b_j$ は $f(x_1, \ldots, x_n)$ の上界になる．

したがって，(3.23) と (3.24) によって定義される標準最大形における LP の任意のインスタンス I に対して，I の双対インスタンス $Dual(I)$ は

$$\begin{aligned} \sum_{j=1}^{m} a_{ji} y_j \geq c_i \quad & (i = 1, \ldots, n) \\ y_j \geq 0 \quad & (j = 1, \ldots, m) \end{aligned} \tag{3.26}$$

の制約の下で

$$b_1 y_1 + b_2 y_2 + \ldots + b_m y_m \text{ を最小化} \tag{3.27}$$

する問題と定義できる．

演習問題 3.7.4.9　I が (3.23) と (3.24) によって与えられる標準最大形で，$Dual(I)$ が (3.26) と (3.27) で与えられる時，弱 LP 双対定理のもう 1 つの版を証明せよ．

演習問題 3.7.4.10　I を正規形（標準最大形）における LP の入力インスタンスとする．以下の式を証明せよ．

$$I = Dual(Dual(I)).$$

演習問題 3.7.4.11 [*]　最大フロー問題を考えよう．$H = ((V, E), c, A, s, t)$ をネットワークとする．各 $e \in H$ に対して，x_e を $x_e = f(e)$ となる実数値変数とする．すなわち，x_e の値は e のフローとする．最大フロー問題のインスタンス H を全ての $e \in E$ に対する変数 x_e 上の LP のインスタンス I として表現せよ．$Dual(I)$ を決定し，最小ネットワークカット問題との関係を説明せよ．

組合せ最適化問題に対する LP 双対性の概念の有用性を示すために，最大マッチング問題 (MMP) を考えよう．MMP は与えられたグラフ G における最大サイズのマッチングを求める問題である．$G = (V, E)$ をこの問題のインスタンスとする．各 $v \in V$ に対して，

$$Inc(v) = \{e \in E \mid \text{ある } u \in V \text{ に対して } e = \{v, u\}\}$$

とし，各 $e \in E$ に対して，次の意味を持つブール変数 x_e

$$x_e = 1 \Leftrightarrow e \text{ はマッチングの辺}$$

を考える．

最大マッチング問題のインスタンス G の緩和した版 $I(G)$ を

$$\sum_{e \in Inc(v)} x_e \leq 1 \quad (v \in V) \tag{3.28}$$

$$x_e \geq 0 \tag{3.29}$$

の制約の下で

$$\sum_{e \in E} x_e \,を最大化 \tag{3.30}$$

する問題として表現できる．明らかに，(3.28), (3.29), (3.30) は標準最大形における LP のインスタンス $I(G)$ を記述している．よって，ここでの $Dual(I(G))$ の構成法によって，各 $v \in V$ に対して $|V|$ 個の変数 y_v をとり，$Dual(I(G))$ は

$$y_u + y_w \geq 1 \quad (\{u, w\} \in E) \tag{3.31}$$
$$y_v \geq 0 \tag{3.32}$$

の制約の下で

$$\sum_{v \in V} y_v \,を最小化 \tag{3.33}$$

する，となる．

ここで，(3.32) の代わりに各 $v \in V$ について $y_v \in \{0, 1\}$ を要請すれば，これらの制約と (3.31), (3.33) は最小頂点被覆問題のインスタンス G を表現する IP のインスタンスを表す[30]．よって，緩和された最大マッチング問題は緩和された頂点被覆問題の双対問題である．

演習問題 3.7.4.12 G が 2 部グラフならば，

(i) $I(G)$ の任意の最適解はブール値解であること，すなわち，
$Opt_{\mathrm{LP}}(I(G)) = Opt_{\mathrm{MMP}}(G)$，かつ

(ii) $Dual(I(G))$ の任意の最適解もブール値解であること，すなわち，
$Opt_{\mathrm{LP}}(Dual(I(G))) = Opt_{\mathrm{VCP}}(G)$

を証明せよ．

最大フロー最小カット定理（定理 3.2.3.12）と演習問題 3.7.4.12 によって，LP 双対性の概念が PO の問題に対する効率的なアルゴリズムを設計するのに役立つ，あるいは，ある（PO に属していることが知られていない）最適化問題が PO に属することを証明するのに役立つことが示される．NP 困難な最適化問題についてはどうだろうか？LP 双対性の概念がまた手助けになるだろうか？答は，丸めと同様に LP 双対性が精度の高い実行可能解を計算する効率的なアルゴリズムの設計に役立つという意

---

[30] $y_v \in \{0, 1\}$ の意味は，$y_v = 1$ と v が頂点被覆に選ばれることと同値であることに注意しよう．

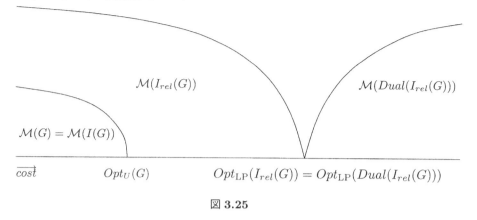

図 3.25

味において，イエスである．ここでは，いわゆる**プライマルデュアル法**と呼ばれる，LP 双対法に基づき，既に多くの応用が知られている方法の基本的なアイデアを説明しよう．

プライマルデュアルスキーム

入力： 最適化問題 U の入力インスタンス G.

Step 1: G を IP のインスタンス $I(G)$ として表現し，$I(G)$ を LP のインスタンス $I_{rel}(G)$ に緩和する．

Step 2: LP のインスタンスとして $Dual(I_{rel}(G))$ を構成する．

Step 3: LP のインスタンスとして $Dual(I_{rel}(G))$ を解き，IP のインスタンスとして $I(G)$ を解くことを一度に試みる．

出力： $I(G)$ に対する実行可能解 α と $Opt_{\mathrm{LP}}(Dual(I_{rel}(G)))$.

この状況を図 3.25 に示す．元々の（NP 困難な）最適化問題 U に対する良い解を得ようとする一方，U の緩和版に対する双対問題を解く．この時，その差

$$|cost(\alpha) - Opt_{\mathrm{LP}}(Dual(I_{rel}(G)))|$$

は

$$|cost(\alpha) - Opt_U(G)|$$

の上界になる．

プライマルデュアルスキームの Step 1 と Step 2 をどのように実行するかについては既に説明した．しかしながら，プライマルデュアル法の核となる部分は Step 3 の実行である．LP のインスタンスとして $Dual(I_{rel}(G))$ が多項式時間で解けることはわかっている．アイデアは，「対応する」実行可能解 $\alpha_\beta \in \mathcal{M}(I(G)) = \mathcal{M}(G)$ を決

定するために実行可能解 $\beta \in \mathcal{M}(Dual(I_{rel}(G)))$ をどのように利用するかに対する妥当なメカニズムを見つけることである.

$cost(\alpha_\beta)$ と $cost(\beta)$ が妥当に関連付けられるようにできるならば, プライマルデュアル法によって困難問題 U の元々のインスタンスに対する精度の高い解が保証できる. 次の定理は $I_{rel}(G)$ と $Dual(I_{rel}(G))$ の最適解の間の関係を示している. この関係は β から α_β を決定するための基底としての役割を果たすことになる.

定理 3.7.4.13 (相補的な余裕変数条件) I を (3.16) と (3.17) で与えられる正規形における LP のインスタンスとする. $Dual(I)$ を (3.18) と (3.19) で与えられる I の双対インスタンスとする. $\alpha = \{\alpha_1, \ldots, \alpha_n\}$ を I に対する実行可能解とし, $\beta = \{\beta_1, \ldots, \beta_m\}$ を $Dual(I)$ に対する実行可能解とする. この時, α と β がともに最適であることと次の条件が成り立つこととは等価である.

主問題の相補的余裕変数条件:
各 $i \in \{1, 2, \ldots, n\}$ に対して, $\alpha_i = 0$ または $\sum_{j=1}^{m} a_{ji}\beta_j = c_i$ が成り立つ

双対問題の相補的余裕変数条件:
各 $i \in \{1, 2, \ldots, m\}$ に対して, $\beta_j = 0$ または $\sum_{i=1}^{n} a_{ji}\alpha_i = b_j$ が成り立つ. $\square$

証明 α を I に対する最適解とし, β を $Dual(I)$ に対する最適解とする, すなわち,

$$cost(\alpha) = \sum_{i=1}^{n} c_i\alpha_i = \sum_{j=1}^{m} b_j\beta_j = cost(\beta).$$

弱 LP 双対定理の証明によって, 不等式 (3.21) は等式になる, すなわち,

$$cost(\alpha) = \sum_{i=1}^{n} c_i\alpha_i = \sum_{i=1}^{n} \left(\sum_{j=1}^{m} a_{ji}\beta_j \right) \alpha_i. \tag{3.34}$$

制約 (3.20) によって,

$$\sum_{j=1}^{m} a_{ji}\beta_j < c_i$$

と等式 (3.34) によって $\alpha_i = 0$ が成り立つ.

同様にして, 不等式 (3.22) も等式になり, したがって, 制約

$$\sum_{i=1}^{n} a_{ji}\alpha_i \geq b_j \quad (j = 1, \ldots, m)$$

によって双対問題の相補的余裕変数条件が成り立つ.

逆はほぼ自明である. もし

$$\sum_{j=1}^{m} a_{ji}\beta_j = c_i \quad (i \in \{1,\ldots,n\}, \alpha_i \neq 0)$$

ならば等式 (3.34) が成り立つ. 同様にして, 双対問題の相補的条件によって,

$$cost(\beta) = \sum_{j=1}^{m} b_j\beta_j = \sum_{j=1}^{m} \left(\sum_{i=1}^{n} a_{ji}\alpha_i\right)\beta_j. \tag{3.35}$$

等式 (3.34) と (3.35) によって $cost(\alpha) = cost(\beta)$ となり, よって弱 LP 双対定理によって, α と β はいずれも最適解である. $\qquad\square$

定理 3.7.4.13 から得られる次の事実はアルゴリズム設計において有用である. α を I に対する最適解とし, β を $Dual(I)$ に対する最適解とする. この時, 各 $i \in \{1,\ldots,n\}$ に対して,

$$\begin{aligned}
&\alpha_i > 0 \text{ ならば } \textstyle\sum_{j=1}^{m} a_{ji}\beta_j = c_i, \text{ かつ}\\
&\textstyle\sum_{j=1}^{m} a_{ji}\beta_j < c_i \text{ ならば } \alpha_i = 0.
\end{aligned} \tag{3.36}$$

また, 各 $j \in \{1, 2, \ldots, m\}$ に対して,

$$\begin{aligned}
&\beta_j > 0 \text{ ならば } \textstyle\sum_{i=1}^{n} a_{ji}\alpha_i = b_j, \text{ かつ}\\
&\textstyle\sum_{i=1}^{n} a_{ji}\alpha_i < b_j \text{ ならば } \beta_j = 0.
\end{aligned} \tag{3.37}$$

最小頂点被覆問題に対するアルゴリズムを設計することによって, 条件 (3.34) と (3.35) の有効性を示そう. 与えられたグラフ $G = (V, E)$ に対して, 対応する緩和された LP のインスタンス $I_{rel}(G)$ は (3.31), (3.32), (3.33) によって与えられる. 対応する双対なインスタンス $Dual(I_{rel}(G))$ は (3.28), (3.29), (3.30) によって与えられる. $V = \{v_1,\ldots,v_n\}$ ならば, $I_{rel}(G)$ の変数は $y_{v_1}, y_{v_2}, \ldots, y_{v_n}$ であり, 次のような意味を持っている.

$$y_{v_i} = 1 \Leftrightarrow v_i \text{が頂点被覆に入っている}.$$

$E = \{e_1,\ldots,e_m\}$ ならば, $Dual(I_{rel}(G))$ の変数は $x_{e_1}, x_{e_2}, \ldots, x_{e_m}$ である. それらの意味は

$$x_{e_j} = 1 \Leftrightarrow e_j \text{がマッチングの要素である}.$$

Min-VCP に対して次のアルゴリズムを設計できる.

アルゴリズム 3.7.4.14 プライマルデュアル (Min-VCP)

入力: ある$n \in \mathbb{N} - \{0\}$ と $m \in \mathbb{N}$ に対して, グラフ $G = (V, E)$, $V = \{v_1,\ldots,v_n\}$, $E = \{e_1,\ldots,e_m\}$.

Step 1: G を (3.31), (3.32), (3.33) によって与えられた LP のインスタンス $I_{rel}(G)$ に緩和する.

Step 2: 主問題インスタンス $I_{rel}(G)$ に対する双対インスタンス $Dual(I_{rel}(G))$ を構成する.

Step 3: $Dual(I_{rel}(G))$ を解く.
$\beta = (\beta_1, \beta_2, \ldots, \beta_m)$ を $Dual(I_{rel}(G))$ の最適解とする.

Step 4: **for** $i := 1$ **to** n **do**

if $\sum\limits_{e_r \in Inc(v_i)} \beta_r < 1$ (すなわち, (3.28) の i 番目の制約が等号でなければ)

then $\alpha_i := 0$

else $\alpha_i := 1$

出力: $\alpha = (\alpha_1, \alpha_2, \ldots, \alpha_n)$.

補題 3.7.4.15 プライマルデュアル (MIN-VCP) の出力 α は G の実行可能解であり,

$$cost(\alpha) \le 2 \cdot Opt_{\text{MIN-VCP}}(G). \qquad \square$$

証明 まず, $\alpha \in \mathcal{M}(G)$ を証明する. α によって被覆していない辺 $e_j = \{v_r, v_s\}$ が存在すると仮定しよう, すなわち, $\alpha_r = \alpha_s = 0$. アルゴリズム 3.7.4.14 の Step 4 から, そのようになるのは

$$\sum_{e_k \in Inc(v_r)} \beta_k < 1 \quad \text{かつ} \quad \sum_{e_h \in Inc(v_s)} \beta_h < 1 \tag{3.38}$$

の時に限られる. ここで, $e_j \in Inc(v_r) \cap Inc(v_s)$ である. β_j は (3.28) の r 番目の制約と s 番目の制約にのみ現れるので, (3.38) ならば (3.28) の制約を満たしたまま, β_j を増やせる可能性がある. しかしながら, これは β が $Dual(I_{rel}(G))$ の最適 (極大) である仮定に矛盾する. よって, α は MIN-VCP のインスタンス G に対する実行可能解である.

$cost(\alpha) \le 2 \cdot Opt_{\text{MIN-VCP}}(G)$ を示すには $cost(\alpha) \le 2 \cdot cost(\beta)$ を証明すれば十分である[31].

$\alpha_i = 1$ と $\sum\limits_{e_r \in Inc(v_i)} \beta_r = 1$ は等価であるから, $\alpha_i = 1$ となる全ての i に対して

$$\alpha_i = \sum_{e_r \in Inc(v_i)} \beta_r. \tag{3.39}$$

よって,

---

[31] 弱 LP 双対定理 (図 3.25 も見よ) より.

258   第3章 決定性アプローチ

$$cost(\alpha) = \sum_{i=1}^{n} \alpha_i = \sum_{\substack{i \\ \alpha_i=1}} \alpha_i \underset{(3.39)}{=} \sum_{\substack{i \\ \alpha_i=1}} \left(\sum_{e_r \in Inc(v_i)} \beta_r \right). \qquad (3.40)$$

任意の x_{e_r} は高々2つの制約に現れるので,各 β_r は高々2回

$$\sum_{i=1}^{n} \left(\sum_{e_r \in Inc(v_i)} \beta_r \right)$$

に現れる.したがって,

$$\sum_{\substack{i \\ \alpha_i=1}} \left(\sum_{e_r \in Inc(v_i)} \beta_r \right) \le 2 \cdot \sum_{j=1}^{m} \beta_j. \qquad (3.41)$$

等式 (3.40) と不等式 (3.41) によって

$$cost(\alpha) \le 2 \cdot \sum_{j=1}^{m} \beta_j = cost(\beta). \qquad \square$$

演習問題 3.7.4.16 アルゴリズム 3.7.4.14 のアイデアを用いて任意の $k \ge 3$ に対する SCP(k) のアルゴリズムを設計せよ.

アルゴリズム 3.7.4.14 の時間計算量は $Dual(I_{rel}(G))$ を解くための時間計算量に関係し,これは非常に時間がかかることもある.以下では,全ての計算された解の精度が上のものと同じであることが保証できるより高速の $O(n+m)$ 時間のアルゴリズムを与える.そのアイデアは $Dual(I_{rel}(G))$ に対する実行可能解 $\beta = (0,\ldots,0)$ とある $\alpha = (0,\ldots,0) \notin \mathcal{M}(I(G))$ から開始するというものである.高々n回の繰り返しステップによって β を改善することと α を変更することを交互に繰り返し,α が $\mathcal{M}(I(G)) = \mathcal{M}(G)$ における実行可能解となるまで行う.各繰り返しステップにおいて α と β を更新するために,余裕変数条件 (3.36) と (3.37) の形の余裕変数条件を利用する.

アルゴリズム 3.7.4.17 プライマルデュアル (MIN-VCP)-2

入力: ある $n \in \mathbb{N} - \{0\}$ と $m \in \mathbb{N}$ に対して,グラフ $G = (V,E)$, $V = \{v_1,\ldots,v_n\}$, $E = \{e_1,\ldots,e_m\}$.

Step 1: G を 0/1-LP のインスタンス $I(G)$ として表現する.

Step 2: $I(G)$ の緩和された LP のインスタンスとして $I_{rel}(G)$ をとり $Dual(I_{rel}(G))$ を構成する.

Step 3: **for** $j = 1$ **to** m **do** $\beta_i := 0$;

$$\textbf{for} \quad i = 1 \textbf{ to } n \textbf{ do}$$

begin $\alpha_i := 0$;

$gap[i] := 1$ $\{gap[i]$ は全体の計算において $1 - \sum\limits_{e_d \in Inc(v_i)} \beta_d$
の意味を持つ.$\}$

end

Step 4: **while** (3.31) に満たされない制約がある，

すなわち，ある $e_j = \{v_r, v_s\} \in E$ に対して $\alpha_r + \alpha_s = 0 < 1$

do

  if $gap[r] \leq gap[s]$ **then**

  begin $\alpha_r := 1$;

    $\beta_j := \beta_j + gap[r]$;

    $gap[s] := gap[s] - gap[r]$

    $\{\beta_j$ は $\sum\limits_{e_d \in Inc(v_s)} \beta_d$ かつ $gap[s] = 1 - \sum\limits_{e_d \in Inc(v_s)} \beta_d$ であるので$\}$;

    $gap[r] := 0$

    $\{gap[r]$ は $1 - \sum\limits_{e_c \in Inc(v_r)} \beta_c, e_j \in Inc(v_r)$ であり， かつ

    β_j はちょうど $gap[r]$ だけ増加し，したがって (3.28) の
    r 番目の制約が満たされるので$\}$

  end

  else begin $\alpha_s := 1$;

    $\beta_j := \beta_j + gap[s]$;

    $gap[r] := gap[r] - gap[s]$;

    $gap[s] := 0$

    $\{(3.28)$ の s 番目の制約が満たされる$\}$

  end

出力： $\alpha = (\alpha_1, \ldots, \alpha_n)$

補題 3.7.4.18 プライマルデュアル (MIN-VCP)-2 の出力 α は

$$cost(\alpha) \leq 2 \cdot Opt_{\text{MIN-VCP}}(G)$$

なるコストを持つ G の実行可能解であり，プライマルデュアル (MIN-VCP)-2 は n 個の頂点と m 個の辺をもつ任意のグラフ G に対して $O(n+m)$ 時間で動作する． $\square$

証明 まず，α が G の実行可能解であることを示す．Step 4 における while ループの条件によって，このアルゴリズムが停止するのは α が (3.31) の全ての制約を満足する時に限られる．よって，プライマルデュアル (MIN-VCP)-2 が停止するならば，

260 第 3 章 決定性アプローチ

α は実行可能解である．一方，このアルゴリズムは，while ループの各実行において (3.31) の満たされている制約の個数を少なくとも 1 つ増加させるので必ず停止しなければならない．$\alpha \in \{0,1\}^n$ であるので，α は G の実行可能解である．

$cost(\alpha) \leq 2 \cdot Opt_{\text{MIN-VCP}}(G)$ を証明するためには $cost(\alpha) \leq 2 \cdot cost(\beta)$ を示せば十分である．$\alpha_i = 1$ ならば $\displaystyle\sum_{e_d \in Inc(v_i)} \beta_d = 1$ であるので，再び $\alpha_i = 1$ となる全ての i に対して

$$\alpha_i = \sum_{e_d \in Inc(v_i)} \beta_i$$

が成り立ち，以下補題 3.7.4.15 の証明と全く同様にして $cost(\alpha) \leq 2 \cdot cost(\beta)$ が証明される．

プライマルデュアル (MIN-VCP)-2 の時間計算量を解析しよう．Step 1, 2, 3 は $O(n+m)$ 時間で実行できる．while ループは高々 m 回 ((3.31) の制約の個数) 実行される．適当なデータ構造を用いると，各実行を $O(1)$ 時間にでき，よって Step 4 は $O(m)$ ステップで実行できる．したがって，プライマルデュアル (MIN-VCP)-2 の時間計算量は $O(n+m)$ である．   □

演習問題 3.7.4.19 プライマルデュアル (MIN-VCP)-2 の概念を用いて任意の $k \geq 3$ に対する SCP(k) のアルゴリズムを設計せよ．

3.7 節で導入されたキーワード

線形計画法の標準形，LP の正規形，剰余変数，LP の標準不等式形，余裕変数，LP の一般形，ヒット集合問題，超平面，半空間，ポリトープ，ポリトープの面，ポリトープのファセット，ポリトープの辺と頂点，シンプレックスアルゴリズム，丸め，LP 双対，双対問題，主問題，プライマルデュアル法，主問題の相補的余裕変数条件，双対問題の相補的余裕変数条件

3.7 節のまとめ

線形計画問題は多項式時間で解ける．一方，0/1 線形計画問題 (0/1-LP) と整数線形計画問題 (IP) は NP 困難である．これらの難しさの違いは 0/1-LP と IP がそれらの実行可能解の集合が定義される領域を制限することにある．線形計画法への緩和法は次の 3 つのステップからなる．

1. **帰着**
   与えられた最適化問題のインスタンスを 0/1-LP や IP のインスタンスとして表現する．

2. **緩和**

   0/1-LP や IP に対する最適解を見つける条件を，LP に対する最適解を見つける条件に緩和し，この LP 問題インスタンスを解く．

3. **元々の問題を解く**

   元々の問題に対する高精度の解を探索するために LP に対する最適解を利用する．

多くの最適化問題（例えば，KP，WEIGHT-VCP）は 0/1-LP (IP) 問題として「自然に」表現できる．自然に表現できるとは，元々の最適化問題と帰着される 0/1-LP または IP 問題の実行可能解の間に 1 対 1 対応が存在することを意味している．

LP は効率的に解くことができる．LP に対する最も有名なアルゴリズムはシンプレックスアルゴリズムである．これは実行可能解の集合を（制約によって決まる）ポリトープの頂点に制限し，2 つの頂点がポリトープの辺で結ばれる時にそれら 2 頂点を隣接と考えて定義した近傍を持つ局所探索アルゴリズムである．したがって，シンプレックスアルゴリズムはポリトープのある頂点からポリトープの辺で結ばれた別の頂点へ移動を繰り返すアルゴリズムと見なすことができる．ポリトープは凸であるので，考えられる近傍は正確であり，よってシンプレックスアルゴリズムは常に最適解を計算する．ポリトープのある頂点から最適の頂点までの改良の繰り返しの路が指数長になるような LP の入力インスタンスが存在するので，シンプレックスアルゴリズムの最悪時間計算量は指数時間である．しかしながら，そのような極端な状況は非常に稀にしか起こらないので，シンプレックスアルゴリズムは実際上の応用においては通常非常に高速である．

元々の問題インスタンスを解くために，緩和された入力インスタンスの最適解を利用する基本的な技法が 2 つある．1 つは丸めの方法で，単に緩和された問題インスタンスの最適解をとり，求められた解が元々の問題の実行可能解となり，そのコストが緩和された問題インスタンスの最適解のコストとそれほど違わないように，整数やブール値に丸めるというものである．より洗練された方法は LP 双対性に基づくプライマルデュアル法である．LP の各インスタンス（主問題インスタンスと呼ばれる）に対して次の性質を持つ双対問題インスタンスが存在する．

(i) 主問題インスタンスが最大化（最小化）問題ならば，その双対問題インスタンスは最小化（最大化）問題であり，

(ii) 主問題に対する最適解のコストとその双対問題の最適解のコストが等しい．

プライマルデュアル法において，主問題の整数解と緩和した双対問題の実行可能解が順次構成できる．これらの繰り返し計算される 2 つの解のコストの間の差は元々の問題の整数解のコストとその最適解のコストの差の上界になる．

262 第 3 章 決定性アプローチ

3.8 文献と関連する話題

整数値問題に対する擬多項式時間アルゴリズムの概念は NP 困難問題を取り扱うための第 1 のアプローチの 1 つである．3.2 節で示されたアイデアは（強 NP 困難性の概念を含む）Garey, Johnson [GJ78] による．ナップサック問題に対する擬多項式時間動的計画法のアルゴリズムは Ibarra, Kim [IK75] によって KP に対する任意の精度の実行可能解を出力する多項式時間アルゴリズム（そのようなアルゴリズムは多項式時間近似スキームと呼ばれ，第 4 章で導入され議論される）を設計するために用いられた．動的計画法を用いたナップサック問題のより詳細な例については Hu [Hu82] を見よ．最大フロー問題に対する擬多項式時間アルゴリズムは Ford, Fulkerson [FF62] による．パラメータ化計算量の概念に対する優れた網羅的な解説は Downey, Fellows [DF99] によって与えられ，彼らは [DF92, DF95a, DF95b] においてこの概念に対する計算量理論を導入した．彼らは問題の入力を 2 つの部分に分割できるならばその問題を**パラメータ化可能**と呼び，最初の入力部分のサイズの多項式時間のアルゴリズムで解けるならば**固定パラメータについて易しい**と呼んだ．入力の第 2 の部分はパラメータと呼ばれ，このパラメータに対しては計算量の増加率に関して制限は置かれない．3.3 節では，効率的に計算可能な任意の入力の特徴量や入力の局所的でない部分をパラメータとすることを許すことによりこの概念を一般化した．このようにすると，擬多項式時間アルゴリズムの概念は $Val(x)$（または $Max\text{-}Int(x)$）をパラメータ（本書の用語に従うならば，パラメータ化）と見なすことができるので，パラメータ化計算量の概念の特別な場合になる．

おそらく，問題に対するパラメータ化多項式時間アルゴリズムの開発の歴史を最もよく表しているのが頂点被覆問題であろう．(G, k) はこの決定問題の入力インスタンスであり，k はパラメータと考えられることを思い出そう．まず，VC に対して，Fellows, Langston [FL88] は $O(f(k) \cdot n^3)$ 時間のアルゴリズムを設計し，Johnson [Joh87] は $O(f(k) \cdot n^2)$ 時間のアルゴリズムを設計した．1988 年に Fellows [Fel88] は $O(2^k \cdot n)$ 時間のアルゴリズムを与えた．このアルゴリズムは 3.3.2 節の VC に対する 2 番目のアルゴリズムとして示したものである．1989 年に Buss [Bu89] は $O(kn + 2^k \cdot k^{2k+2})$ 時間のアルゴリズムを示した．[Fel88, Bu89] のアイデアを合わせて，Balasubramanian, Downey, Fellows, Raman [BDF+92] は VC に対する $O(kn + 2^k \cdot k^2)$ 時間アルゴリズムを開発した．1993 年に Papadimitriou, Yannakakis [PY93] は k が $O(\log n)$ の時に常に多項式時間で動作する VC に対するアルゴリズムを示した．同じ結果が Bonet, Steel, Warnow, Yooseph [BSW+98] によって再発見された．最後に，従来の技法を組み合わせてうまく利用して，Balasubramanian, Fellows, Raman は VC に対する $O(kn + (4/3)^k k^2)$ 時間アルゴリズムを与えた．

バックトラッキングと分枝限定法は最も古い基礎的なアルゴリズム設計技法に属す

る．バックトラッキングにおける初期の文献に対しては Walker [Wal60], Golomb, Baumert [GB65] を見よ．バックトラックプログラムの計算量を解析する技法は Hall, Knuth [HK65] によって初めて提案され，後に Knuth [Knu75] によって詳細が示された．分枝限定法における初期の文献としては Eastman [Eas58], Little, Murtly, Sweeny, Karel [LMS+63], Ignall, Schrage [IS65], Lawler, Wood [LW66] などがある．TSP に対する分枝限定アルゴリズムは多くの研究者によって提案されている．例えば，Bellmore, Nemhauser [BN68] による初期のいくつかの文献，Garfinkel [Gar73], Held, Karp [HK70, HK71] などを見よ．分枝限定法に関連した議論が Horowitz, Sahni [HS78] にある．

Monien, Speckenmeyer [MS79, MS85] は充足化問題に対してナイーブな $O(|F| \cdot 2^n)$ アルゴリズムを最初に改良した．彼らは任意の $k \, (\geq 3)$ に対する kSAT に対して最悪時間計算量 $O(2^{(1-\varepsilon_k)n})$ $(\varepsilon_k > 0)$ のアルゴリズムを設計した．3.5.2 節で示した 3SAT に対する $O(|F| \cdot 1.84^n)$ 時間アルゴリズムは [MS79] のアルゴリズムの簡易版であり，彼らは 3SAT に対して $O(|F| \cdot 1.62^n)$ 時間アルゴリズムを与えている．この結果は Dantsin [Dan82] によっても独立に発見された．これらの初期の結果を改良した文献がいくつかある．例えば，Kullman [Kul99] は 3SAT に対し $O(2^{0.589n})$ 時間アルゴリズムを設計し，Paturi, Pudlák, Zane [PPZ97] は kSAT に対して $O(2^{(1-1/k)n})$ 時間の乱択アルゴリズムを提唱し，Schöning [Schö99] は kSAT に対し $O((\frac{2k}{k+1}))^n$ 時間の乱択アルゴリズムを開発した．Paturi, Pudlák, Saks, Zane [PPSZ98] は SAT に対する乱択アルゴリズムを示し，このアルゴリズムは 3SAT に対して $O(2^{0.448n})$ 時間で動作する．以上の結果においては n は与えられた式に含まれる変数の個数である．式の長さや節の個数で計算量を評価している論文もいくつかある（例えば，Hirsch [Hir98, Hir00], Niedermeier, Rossmanith [NR99], Gramm, Niedermeier [GN00] を見よ）．最悪の指数時間計算量の減少化という概念は充足可能性問題以外にも利用されている．そのような例は Beigel, Eppstein [BE95], Bach, Condon, Glaser, Tangway [BCG+98] や Gramm, Niedermeier [GN00] などに見られる．

バックトラッキングや分枝限定法と同様に，局所探索は NP 困難問題を取り扱うための最も古い方法の１つである．局所探索の初期の記述は Dunham, Fridshal, Fridshal, North [DFF+61] に見られる．局所探索の研究における優れた文献としては Aarts, Lenstra [AL97] によって編集された著書「組合せ最適化における局所探索」がある．この本の少なくともいくつかの章について述べるためには，Aarts, Lenstra [AL97a] のこの分野における優れた基本概念の概説 [AL97] が役に立つ．Yannakakis [Yan97] は局所探索における計算量理論を表しており，Johnson, McGeoch [JG97] は TSP に対して局所探索を応用した実験例を示した．次章以降では局所探索に基づいたヒューリスティクスが示される．それらのうちのいくつかは第 6 章で説明される．

Bock [Boc58a], Croes [Cro58], Lin [Lin65], Reiter, Sherman [RS65] によって

264 第 3 章 決定性アプローチ

最初に導入された辺交換近傍のいくつかはこの章で示した. 深さ可変探索アルゴリズムの概念 (3.6.2 節) は Kernighan, Lin [KL70, LK73] によって初めて与えられた. Papadimitriou, Steiglitz [PS77] (主に [PS82] で述べられている) の論文によって TSP に対して正確で多項式時間探索可能な近傍が存在しないことに関連した計算量的な考察が行われた. Papadimitriou, Steiglitz [PS78] は最適解が一意に決まり, $k < \frac{3}{8} \cdot n$ に対する k 交換近傍に関して局所最適になる 2 番目に良い解を指数個持つような TSP のインスタンスの例も構成した. この時, 2 番目に良い解のコストは最適解のコストより任意に大きくなる (3.6.3 節を見よ).

局所探索に関連するもう 1 つの基礎的な計算量の問題は, 最適化問題 U と U の与えられた近傍に対して, 改良の繰り返しを多項式回行うことは, この近傍に関する局所最適解に達するのに常に十分かどうかを評価することである. このことは, 最適解を見つけるという条件をある与えられた近傍に関する局所最適解を少なくとも見つけるという条件に緩和することと見なすことができる. Lueker [Lue75] は単純な 2-*Exchange* に対して指数回の改良が必要となる初期実行可能解を持つような TSP のインスタンスを構成した. このような悪い振舞いをする近傍を持つ問題が他にも存在する (例えば, Rödl, Tovey [RT87] を見よ). 1988 年に, Johnson, Papadimitriou, Yannakakis [JPY88] は多項式時間局所探索問題のクラスとこのクラスに関するある種の完全性を定義することによって, 局所最適化問題に対する局所探索の計算量理論を構築した. この理論の関連したサーベイとわかりやすい説明が Yannakakis [Yan97] によって与えられた.

線形計画法への緩和は近似アルゴリズムの設計に対して最も成功した方法の 1 つである. 3.7 節では最適解のコストの限界を得るためにこの方法を利用することに焦点を当てた. シンプレックスアルゴリズムは 1947 年に Dantzig [Dan49] によって発明された. 彼の著した教科書 [Dan63] は非常にわかりやすく推奨できる. 線形計画法のみを表したモノグラフや教科書もたくさんある. 本書は, Papadimitriou, Steiglitz [PS82] の優れた教科書によっている. シンプレックス法が指数時間計算量となり得る LP の入力インスタンス (すなわち, シンプレックス法が多項式時間アルゴリズムでないことの証明) の例は Klee, Minty [KM72] に示されている. (多項式時間計算と指数時間計算との分離は John, Neumann [vNe53] によって最初に考えられ, 多項式時間という用語は Cobham [Cob64] と Edmonds [Edm65] によって初めて陽に用いられた.) その他の指数個のピボットをもつ病的な入力インスタンスは Jeroslow [Jer73] や Zadeh [Zad73, Zad73a] によって与えられた. LP が多項式時間で解けるかどうかという長い間の未解決問題は 1979 年に, いわゆるエリプソイドアルゴリズムを開発した Chachian [Cha79] によって解決された. 線形計画法に対する多項式時間アルゴリズムの存在が組合せ最適化の発展に本質的な影響を与えた (例えば, Grötschel, Lovász, Schrijver [GLS81], Karp, Papadimitriou [KP80], Lovász [Lov79, Lov80],

Nešetřil, Poljak [NP80] などを見よ).

3.7.4 節では組合せ最適化における線形計画法のいくつかの基本的な応用のみを考えた. ここでは最適化問題が LP の基礎的な形に帰着され, 緩和された. 丸めの方法も示された. これは, 元々の問題インスタンスに対する「高精度の」実行可能解を得るために, 緩和された問題インスタンスに対する最適解を丸めることに基づいている. ここで示されたより洗練されたアプローチがプライマルデュアル法であり, これは LP 双対性に基づいている. プライマルデュアル法は Dantzig, Ford, Fulkerson [DFF56] (元々は Kuhn [Kuh55] による) によって開発された. この方法の利点は, 重み付きの最適化問題を重みなしの最適化問題に帰着させることを許容している. このように, この方法は最適化問題を解くための一般的な方法論を与えている (例えば, NP 困難問題に対する近似アルゴリズムや最短経路問題 (Dijkstra [Dij59]) や最大フロー問題 (Ford, Fulkerson [FF62]) に対する多項式時間アルゴリズムの設計). 線形計画法への帰着と緩和の方法で非常にうまくいった一般化は, 半定値計画法への緩和である. この方法の威力は Goemans, Williamson [GW95] によって発見され, 彼らはこの方法をいくつかの NP 困難問題に適用した. この方法のよいサーベイが Hofmeister, Hühne [HH98] によって [MPS98] で示されている.

第4章　近似アルゴリズム

> 秩序だっていないものをいつでも変える勇気を
> 持つ者によって，進歩はもたらされる.
>
> B. ボルツァーノ

4.1　序論

現在，近似アルゴリズムは，難しい最適化問題を解くのに最も成功を収めている手法であろう．計算問題が手に負えないことを証明する概念として，NP 困難性（完全性）が導入されたが，その後すぐに次の疑問が生じた.

> 「もし最適化問題に対し，最適解を計算する効率的な[1]アルゴリズムが存
> 在しないなら，少なくとも最適解の近似を効率的に計算できる可能性は
> あるだろうか？」

1970 年代半ばには既に，多くの最適化問題に対して肯定的な結果が得られた．正確な最適解を求める代わりに，ある $\varepsilon > 0$ に対して最適解より高々 ε ％だけコストの悪い解を許すように要求を少しだけ変えることによって，指数的計算量（現実的なサイズの入力に対して，巨大で手に負えない物理的仕事量）を多項式計算量（手に負える物理的仕事量）に変えることができれば，それは非常に魅力的なことである．特に，これらの近似アルゴリズムが実用上とても重要な問題を扱う時，この効果は非常に強力である．妥当な相対的誤差で問題を解く多項式時間の近似アルゴリズムが存在すれば，その最適化問題を手に負える問題と考えることもできる.

この章の目的は以下の通りである.

(i) 最適化問題に対する近似の概念の基礎を与えること．多項式時間近似可能性に関する最適化問題のクラス分けにも触れる.

(ii) 効率的な近似アルゴリズムを設計することに成功した技法を紹介するために，近似アルゴリズムのいくつかのわかりやすい例を示すこと.

(iii) 多項式時間近似不可能性に関する下界を証明する方法のいくつかの基本アイデアを紹介すること.

---

[1] 多項式時間の.

268 第 4 章 近似アルゴリズム

これらの目的を達成するために，この章を次のように構成する．4.2 節では，δ-近似アルゴリズム，多項式時間近似スキーム，双対近似アルゴリズム，近似の安定性，多項式時間近似可能性（近似不可能性）に関する難しい最適化問題の基礎的なクラス分けなどの基礎的な概念を導入する．

4.3 節では，多項式時間近似アルゴリズムのいくつかの例を示す．そこでは，基礎的な最適化問題に対する近似アルゴリズムのサーベイは目指しておらず，むしろ近似アルゴリズム設計のいくつかの基礎的なアイデアを説明するためにアルゴリズムを例示する．貪欲アルゴリズム，局所探索アルゴリズム，動的計画法のような古典的なアルゴリズム設計法は，近似アルゴリズム設計においても効果的であることを示す．一方，効率的な近似アルゴリズムの設計に特有な新たな手法と概念も示す．それらのうちの主要なものは，双対近似の方法と近似の安定の概念である．

4.4 節は理論にも興味を持つ読者のためのもので，アルゴリズム設計だけに興味のある読者は，この節を読まなくてもよい．ここでは，（P $\neq$ NP という仮定，あるいは，類似の仮定の下で）最適化問題の多項式時間近似不可能性の下界を証明するための概念を紹介する．ここで考えられているアプローチは，近似解を得ることの困難さに関する最適化問題のクラス分けに役立つ．このトピックは，実際の応用において，与えられた問題を解くのに適したアルゴリズムのアプローチの選択に非常に役立つので，実用の面からも重要である．

4.2 基礎

4.2.1 近似アルゴリズムの概念

近似アルゴリズムの基礎的な定義から始めよう．直観的に大ざっぱに言うと，最適化問題に対する近似アルゴリズムとは，最適解とそれほど違わない精度の実行可能解を求めるアルゴリズムのことである．

定義 4.2.1.1 $U = (\Sigma_I, \Sigma_O, L, L_I, \mathcal{M}, cost, goal)$ を最適化問題とし，A を U に対する無矛盾なアルゴリズムとする．任意の $x \in L_I$ に対し，**x に対する A の相対誤差** $\varepsilon_A(x)$ を

$$\varepsilon_A(x) = \frac{|cost(A(x)) - Opt_U(x)|}{Opt_U(x)}$$

と定義する．

これにより，任意の $n \in \mathbb{N}$ に対し，**A の相対誤差**を

$$\varepsilon_A(n) = \max\left\{\varepsilon_A(x) \,|\, x \in L_I \cap (\Sigma_I)^n\right\}$$

と定義する．

任意の $x \in L_I$ に対し，x に対する A の近似比 $R_A(x)$ を次式で定義する．

$$R_A(x) = \max \left\{ \frac{cost(A(x))}{Opt_U(x)}, \frac{Opt_U(x)}{cost(A(x))} \right\}.$$

これにより，任意の $n \in \mathbb{N}$ に対し，A の近似比を次式で定義する．

$$R_A(n) = \max \left\{ R_A(x) \,|\, x \in L_I \cap (\Sigma_I)^n \right\}.$$

また，任意の正実数 $\delta > 1$ について，任意の $x \in L_I$ に対し $R_A(x) \le \delta$ が成り立つ時，A を U に対する δ-近似アルゴリズムと呼ぶ．

同様に，関数 $f : \mathbb{N} \to \mathbb{R}^+$ について，任意の $n \in \mathbb{N}$ に対し $R_A(n) \le f(n)$ が成り立つとき，A を U に対する $f(n)$-近似アルゴリズムとよぶ． □

U が最小化問題の場合，

$$R_A(x) = \frac{cost(A(x))}{Opt_U(x)} = 1 + \epsilon_A(x)$$

となり，U が最大化問題の場合，

$$R_A(x) = \frac{Opt_U(x)}{cost(A(x))}$$

となる．残念ながら，R_A を表すのに，書籍によって多くの異なる用語が用いられている．近似比以外でよく使用されるものには，最悪時パフォーマンス，近似ファクタ，パフォーマンス上界，パフォーマンス比，誤差比などがある．

定義 4.2.1.1 を説明するために，2-近似アルゴリズムの例を示す．

例 4.2.1.2 メイクスパンスケジューリング問題 (MS) について考える．入力は処理時間 $p_1, p_2, \ldots, p_n$ が定められた n 個のジョブと正整数 $m \ge 2$ である．これら n 個のジョブを m 台の同一な機械で実行するためにスケジュールするのが問題である．ここでジョブのスケジュールとは，ジョブを機械に割り当てることである．全てのジョブを終えるのに要する時間の最小化が目的である．すなわち，m 台の機械の最大動作時間の最小化が目的である．

例として，処理時間が $3, 2, 4, 1, 3, 3, 6$ の 7 個のジョブと 4 台の機械に対する最適スケジューリングを図 4.1 に示す．この解のコストは 6 である．

ここで，MS に対する単純な貪欲アルゴリズムを与え，それが 2-近似アルゴリズムであることを示す．そのアイデアは，まず処理時間 $p_1, p_2, \ldots, p_n$ を降順にソートし，処理時間が最も大きいジョブから順に，最初にフリーになる機械に割り当てていくというものである．

アルゴリズム 4.2.1.3 GMS（貪欲メイクスパンスケジューリング）

入力： $I = (p_1, \ldots, p_n, m)$．ここで，$n, m, p_1, \ldots, p_n$ は正整数で $m \ge 2$ が

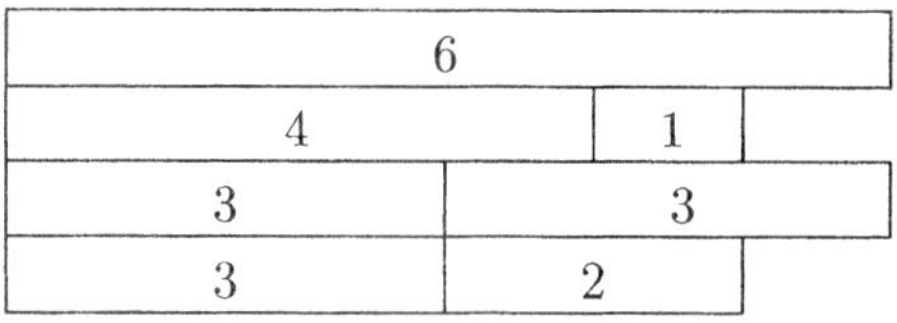

270　第4章　近似アルゴリズム

		6		
	4		1	
	3		3	
	3		2	

図 4.1

成り立つ.

Step 1:　$p_1, \ldots, p_n$ をソートする.

　　　　表記を簡単にするため, 以下では, $p_1 \geq p_2 \geq \cdots \geq p_n$ と仮定する.

Step 2:　**for** $i = 1$ **to** m **do**

　　　　　　begin　$T_i := \{i\}$;

　　　　　　　　　$Time(T_i) := p_i$

　　　　　　end

　　　　{初期化ステップとして, 大きい方から m 個のジョブを m 台の機械に
　　　　割り当てる. アルゴリズム終了時には, T_i $(i = 1, \ldots, m)$ は i 番目の
　　　　機械に割り当てられた全てのジョブのインデックスを含む}

Step 3:　**for** $i = m + 1$ **to** n **do**

　　　　　　begin

　　　　　　　　$Time(T_l) := \min\{Time(T_j)|1 \leq j \leq m\}$ を満たす l を求める;

　　　　　　　　$T_l := T_l \cup \{i\}$;

　　　　　　　　$Time(T_l) := Time(T_l) + p_i$

　　　　　　end

出力:　　$(T_1, T_2, \ldots, T_m)$.

GMS が MS に対する 2-近似アルゴリズムであることを証明しよう. $I = (p_1, p_2, \ldots, p_n, m)$ (ただし, $p_1 \geq p_2 \geq \cdots \geq p_n$) を入力とする. 次式は明らかに成り立つことがわかる.

$$Opt_{\text{MS}}(I) \geq p_1 \geq p_2 \geq \cdots \geq p_n. \tag{4.1}$$

また, $\left(\sum_{i=1}^{n} p_i\right)/m$ が全 m 台の機械の平均動作時間であるので, 明らかに次式が成り立つ.

$$Opt_{\text{MS}}(I) \geq \frac{\sum_{i=1}^{n} p_i}{m}. \tag{4.2}$$

p_k は $p_1, p_2, \ldots, p_k$ の中で最小の値であり, $\frac{1}{k}\sum_{i=1}^{k} p_i$ が $p_1, p_2, \ldots, p_k$ の平均であ

ることから，各 $k = 1, 2, \ldots, n$ に対して次式が成り立つ．

$$p_k \leq \frac{\sum_{i=1}^{k} p_i}{k}. \tag{4.3}$$

n と m の関係に関して，次の 2 つに場合分けをする．

(1) $n \leq m$ の場合．
$Opt_{\mathrm{MS}}(I) \geq p_1$ (4.1) と $cost(\{1\}, \{2\}, \ldots, \{n\}, \emptyset, \ldots, \emptyset) = p_1$ より，GMS は最適解を求める．したがって，近似比は 1 である．

(2) $n > m$ の場合．
$cost(T_l) = \sum_{r \in T_l} p_r = cost(\mathrm{GMS}(I))$ となる T_l を考え，k を T_l に属するジョブの最大インデックスとする．$k \leq m$ ならば，$|T_l| = 1$ であり，$Opt_{\mathrm{MS}}(I) = p_1 = p_k$ となり，$\mathrm{GMS}(I)$ は最適解となる．

ここで，$m < k$ と仮定する．$\sum_{i=1}^{k-1} p_i \geq m \cdot [cost(\mathrm{GMS}(I)) - p_k]$ と式 (4.2) が成立することから，図 4.2 より次式が成立する．

$$Opt_{\mathrm{MS}}(I) \geq cost(\mathrm{GMS}(I)) - p_k. \tag{4.4}$$

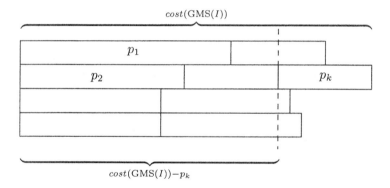

図 4.2

不等式 (4.3), (4.4) より次式が得られる．

$$cost(\mathrm{GMS}(I)) - Opt_{\mathrm{MS}}(I) \underset{(4.4)}{\leq} p_k \underset{(4.3)}{\leq} \left(\sum_{i=1}^{k} p_i\right) \Big/ k. \tag{4.5}$$

最終的に，次式に示す相対誤差の上界が得られる．

$$\frac{cost(\mathrm{GMS}(I)) - Opt_{\mathrm{MS}}(I)}{Opt_{\mathrm{MS}}(I)} \underset{\substack{(4.5)\\(4.2)}}{\leq} \frac{\left(\sum_{i=1}^{k} p_i\right)/k}{\left(\sum_{i=1}^{n} p_i\right)/m} \leq \frac{m}{k} < 1. \qquad \square$$

272 第 4 章 近似アルゴリズム

演習問題 4.2.1.4 アルゴリズム GMS の貪欲戦略を，任意のジョブを選択するように変更する．すなわち，$p_1, p_2, \ldots, p_n$ をソートせずに（GMS の Step 1 を取り除いて），GMS の Step 2, Step 3 に示した方法でオンラインにジョブを割り当てる[2]．この単純なアルゴリズムは **Graham のアルゴリズム**と呼ばれるが，このアルゴリズムも MS に対する 2-近似アルゴリズムであることを証明せよ． □

演習問題 4.2.1.5 任意の整数 $m \geq 2$ に対し，$R_{\mathrm{GMS}}(I) = \frac{cost(\mathrm{GMS}(I))}{Opt_{\mathrm{MS}}(I)}$ がなるべく大きくなるような MS の入力インスタンス I_m を求めよ． □

4.3 節では，さらにいくつかの近似アルゴリズムを示す．定義 4.2.1.1 を説明する最も単純な例は，最小頂点被覆問題に対する 2-近似アルゴリズム（アルゴリズム 4.3.2.1）と，単純ナップサック問題に対する 2-近似アルゴリズム（アルゴリズム 4.3.4.1）である．

最適化問題が与えられた時，通常，十分に小さい δ に対して，δ-近似アルゴリズムを見つければ十分である．しかし，より優れた近似が可能な最適化問題も存在する．どのような入力インスタンス x に対しても，任意に小さい相対誤差 ε を選び，相対誤差が ε 以下の x の実行可能解を求めることができることがある．このような場合，近似スキームと呼ぶ．

定義 4.2.1.6 $U = (\Sigma_I, \Sigma_O, L, L_I, \mathcal{M}, cost, goal)$ を最適化問題とする．任意の入力の対 $(x, \varepsilon) \in L_I \times \mathbb{R}^+$ に対し，アルゴリズム A が相対誤差が ε 以下の実行可能解を求め，$Time_A(x, \varepsilon^{-1})$ が $|x|$ の多項式関数で抑えられる時[3]，アルゴリズム A を U に対する**多項式時間近似スキーム (PTAS)** と呼ぶ．$Time_A(x, \varepsilon^{-1})$ が $|x|$ と ε^{-1} の両方に関して多項式関数で抑えられる時，アルゴリズム A を U に対する**完全多項式時間近似スキーム (FPTAS)** と呼ぶ． □

PTAS の単純な例は，単純ナップサック問題に対するアルゴリズム 4.3.4.2 である．また，ナップサック問題に対するアルゴリズム 4.3.4.11 は FPTAS である．

多くの場合，関数 $Time_A(x, \varepsilon^{-1})$ は $|x|$ と ε^{-1} の両方に関して増加する．このことは，相対誤差を小さくする（出力の精度を向上させる）ためには，時間計算量（つまり，計算機の仕事量）を増大させなければならないことを意味する．PTAS の利点は，出力の精度と計算機の仕事量 $Time_A(x, \varepsilon^{-1})$ の間のトレードオフを考慮して，利用者が ε を選べることである．$Time_A(x, \varepsilon^{-1})$ が ε^{-1} に関して急激に増大するこ

---

[2] 機械が利用可能（フリー）になった時に，リスト上の次のジョブをその機械に割り当てて処理を始める．
[3] $Time_A(x, \varepsilon^{-1})$ は入力 (x, ε) に対するアルゴリズム A の時間計算量を表す．

とはないので，FPTAS は非常に有用である[4].

4.2.2　最適化問題のクラス分け

近似可能性の概念に従い，最適化問題のクラス NPO を以下の 5 つの部分クラスに分類する．

NPO(I)：　NPO に属する最適化問題のうち，FPTAS が存在する最適化問題全てを含む．

　　{4.3 節で，ナップサック問題がこのクラスに属することを示す．}

NPO(II)：　NPO に属する最適化問題のうち，PTAS が存在する最適化問題全てを含む．

　　{4.3.4 節で，メイクスパンスケジューリング問題がこのクラスに属することを示す．}

NPO(III)：　以下の 2 条件を満たす最適化問題 $U \in$ NPO 全てを含む．

　　(i) ある $\delta > 1$ に対して，多項式時間 δ-近似アルゴリズムが存在する．

　　(ii) （P $\neq$ NP のような妥当な仮定の下で）U に対する多項式時間 d-近似アルゴリズムが存在しないような $d < \delta$ が存在する．すなわち，U に対する PTAS が存在しない．

　　{最小頂点被覆問題，MAX-SAT，$\triangle$-TSP はこのクラスの問題の例である．}

NPO(IV)：　以下の 2 条件を満たす最適化問題 $U \in$ NPO 全てを含む．

　　(i) ある $f : \mathbb{N} \rightarrow \mathbb{R}^+$（ただし，$f$ は対数多項式関数で抑えられる）に対して，U に対する多項式時間 $f(n)$-近似アルゴリズムが存在する．

　　(ii) P $\neq$ NP のようなある妥当な仮定の下で，どのような $\delta \in \mathbb{R}^+$ に対しても，U に対する多項式時間 δ-近似アルゴリズムが存在しない．

　　{集合被覆問題はこのクラスに属する．}

NPO(V)：　以下の条件を満たす最適化問題 $U \in$ NPO 全てを含む．

　　U に対する多項式時間 $f(n)$-近似アルゴリズムが存在するならば，（P $\neq$ NP のようなある妥当な仮定の下で）$f(n)$ を抑える対数多項式関数は

---

[4] FPTAS は NP 困難な問題に対する最良の解法であるといえるだろう．

274 第4章 近似アルゴリズム

存在しない.

{TSP と最大クリーク問題はこのクラスに属する, よく知られた問題である.}

$P \neq NP$ を仮定すれば, NPO(I), NPO(II), NPO(III), NPO(IV), NPO(V) のどのクラスも空にならない. したがって, NPO に属する問題の近似可能性に関して, これら5つ全ての困難さのクラスを扱わなければならない.

4.2.3 近似の安定性

手に負える最適化問題と手に負えない最適化問題の間の仮想的な境界を求めようとすると, 曖昧さのない答えを得ることはそれほど易しくない. FPTAS と PTAS は通常, 非常に実用的であるが, 入力長 n に対し, PTAS の時間計算量がおよそ $n^{40 \cdot \varepsilon^{-1}}$ となる例[5]もあり, これは明らかに実用的でない. 一方, 応用によっては, ある $(\log_2 n)$-近似アルゴリズムでも実用的と見なせる. 通常, 我々が手に負えないと考える問題は NPO(V) に属する問題である. しかし, これにも注意する必要がある. 我々は最悪時間計算量を考慮しているが, 近似アルゴリズムの相対誤差と近似比も最悪時評価で定義されている. 実際のアプリケーションでの問題インスタンスは, 最も難しいものに比べて非常に簡単である可能性もある. あるいは, 平均的なものに比べてさえ, ずっと簡単かもしれない. $U \in NPO(V)$ の入力インスタンスの集合 L_I を, 多項式時間近似可能性に関していくつかの(場合によっては無限に多くの)部分クラスに分割することや, 任意の入力インスタンスが考えている部分クラスのどれに属するかを決定する効率的なアルゴリズムを持つことは有用なことかもしれない. この目標を達するために, 近似の安定性という概念を利用できる.

直観的に, 安定性の概念を次のシナリオで説明できる. 2つの入力インスタンスの集合 L_1, L_2(ただし, $L_1 \subsetneq L_2$)に対する最適化問題を考える. L_1 に関しては, ある $\delta > 1$ に対して多項式時間 δ-近似アルゴリズム A が存在するが, L_2 に関しては, どのような $\gamma > 1$ に対しても($P \neq NP$ である限り)多項式時間 γ-近似アルゴリズムが存在しないとする. この時, 「アルゴリズム A は, 本当に L_1 の入力にしか適用できないのだろうか?」という疑問が生じるかもしれない. ここで, L_1 と与えられた任意の入力 $x \in L_2 - L_1$ の間の距離 $d(x)$ を決定する L_2 に対する距離尺度 d を考えよう. この時, アルゴリズム A が入力 $x \in L_2 - L_1$ に対して, どの程度「優れている」かを考えることができる. 任意の $k > 0$ と $d(x) \leq k$ なる任意の x に対して, A が x の最適解の $\gamma_{k,\delta}$-近似(ただし, $\gamma_{k,\delta}$ は k と δ だけに依存する定数とする)を求めるならば, A が距離尺度 d に関して「(近似)安定」であるということができる.

---
[5] 幾何学的(ユークリッド)TSP に対する PTAS を考える.

明らかに，この概念のアイデアは数値アルゴリズムの安定性に類似している．しかし，入力の小変化に関する出力値の変化量に着目するのではなく，考えている問題インスタンスの集合の仕様（あるパラメータ，特性など）の小変化に関する近似比の変化量に着目している．問題インスタンスの集合の仕様のどのような小変化に対しても近似比の変化が小さい時，そのアルゴリズムが安定であると考える．一方，問題インスタンスの集合の仕様の小変化が，相対誤差の（入力インスタンスのサイズに依存する）本質的な増大をもらたす時，アルゴリズムは不安定であると考える．

安定性の概念を用いれば，既知の近似アルゴリズムの適用範囲の拡張可能性に対する肯定的な結果を示すことができる．後に示すように，この概念から，不安定なアルゴリズム A を変更して，元々の入力インスタンスの集合に対しては A と同じ近似比を達成し，それら以外の入力インスタンスに対してもうまく動作する安定なアルゴリズム B を得ることを考えることができる．入力インスタンスの「パラメータ」に関する仮定を付加することで問題の難しさを本質的に低減できる問題が多数あるため，この概念は有用である．このような効果が，入力インスタンスの集合全体を近似可能性に関するクラスのスペクトルに分割しようという試みの出発点となっている．

定義 4.2.3.1 $U = (\Sigma_I, \Sigma_O, L, L_I, \mathcal{M}, cost, goal)$ と $\overline{U} = (\Sigma_I, \Sigma_O, L, L, \mathcal{M}, cost, goal)$ を $L_I \subsetneq L$ なる 2 つの最適化問題とする．**L_I に関する $\overline{U}$ の距離関数**とは，次の 2 つの性質を満たす任意の関数 $h : L \to \mathrm{I\!R}^{\geq 0}$ である．

(i) 任意の $x \in L_I$ に対して，$h(x) = 0$.
(ii) h は多項式時間計算可能である．

h を L_I に関する $\overline{U}$ の距離関数とする．任意の $r \in \mathrm{I\!R}^+$ に対して，

$$\boldsymbol{Ball_{r,h}(L_I)} = \{w \in L \mid h(w) \leq r\}$$

と定義する[6]．A を $\overline{U}$ に対する無矛盾なアルゴリズムであり，U に対する ε-近似アルゴリズム（$\varepsilon \in R^{>1}$）とする．p を正の実数とする．任意の実数 $0 < r \leq p$ について，A が $U_r = (\Sigma_I, \Sigma_O, L, Ball_{r,h}(L_I), \mathcal{M}, cost, goal)$ に対する $\delta_{r,\varepsilon}$-近似アルゴリズムとなるようなある $\delta_{r,\varepsilon} \in \mathrm{I\!R}^{>1}$ が存在する時，A は **h に関して p-安定**であるという．

A が任意の $p \in R^+$ について，h に関して p-安定である時，A は h に関して**安定**であるという．A がどのような $p \in R^+$ に対しても p-安定でない時，A は h に関して**不安定**であるという．

r を任意の正整数，$f_r : \mathrm{I\!N} \to \mathrm{I\!R}^{>1}$ を任意の関数とする．A が $U_r = (\Sigma_I, \Sigma_O, L, Ball_{r,h}(L_I), \mathcal{M}, cost, goal)$ に対する $f_r(n)$-近似アルゴリズムならば，A は h に関し

---

[6] $Ball_{r,h}(L_I)$ は，L_I の入力インスタンスの仕様と高々 r だけ仕様が「離れた」全ての入力インスタンスを含む．

276　第4章　近似アルゴリズム

て $(r, f_r(n))$-準安定であるという.　　　　　　　　　　　　　　　　　　□

例 4.2.3.2　2.3 節で定義した TSP $= (\Sigma_I, \Sigma_O, L, L, \mathcal{M}, cost, minimum)$ と △-TSP $= (\Sigma_I, \Sigma_O, L, L_\triangle, \mathcal{M}, cost, minimum)$ について考える.　L は全ての重み付き完全グラフを含み, $L_\triangle$ は重み関数 c が三角不等式を満たす全ての重み付き完全グラフだけを含む.　$L_\triangle$ に関する TSP に対する距離関数 h を定義する自然な方法は, 任意の入力インスタンスの三角不等式からの「距離」を測ることである.　例えば, これは以下のように行える.

任意の入力インスタンス (G, c) に対して,

$$dist(G, c) = \max\left\{0, \max\left\{\frac{c(\{u, v\})}{c(\{u, p\}) + c(\{p, v\})} - 1 \,\middle|\, u, v, p \in V(G),\right.\right.$$
$$\left.\left. u \neq v, u \neq p, v \neq p\right\}\right\}$$

と定義する.　また, 任意の整数 $k \geq 2$ に対して,

$$dist_k(G, c) = \max\left\{0, \max\left\{\frac{c(\{u, v\})}{\sum_{i=1}^m c(\{p_i, p_{i+1}\})} - 1 \,\middle|\, u, v \in V(G) \text{ かつ}\right.\right.$$

$$u = p_1, p_2, \ldots, p_m = v \text{ が } u, v \text{ 間の長さ } k \text{ 以下 (すなわち,}$$

$$\left.\left. m - 1 \leq k \right) \text{ の単純な路である}\right\}\right\}$$

と定義し,

$$distance(G, c) = \max\{dist_k(G, c) \,|\, 2 \leq k \leq |V(G)| - 1\}$$

と定義する.　$Ball_{r, dist}(L_\triangle)$ は, 全ての相異なる頂点の組 u, v, p に対して

$$c(\{u, v\}) \leq (1 + r)(c(\{u, p\}) + c(\{p, v\}))$$

を満たす重み付きグラフだけからなる.　これは, 三角不等式の自然な拡張である.　距離関数 $dist_k$ は, $dist_k(G, c) \leq r$ ならば, 任意の 2 頂点 u, v に対し, u と v を直接連結する辺 (u, v) のコストが, u と v の間の長さが k 以下の任意の路のコストの $(1 + r)$ 倍以下であることを意味する.　　　　　　　　　　　　　　　　　　□

演習問題 4.2.3.3　（例 4.2.3.2 で定義した）関数 $dist, dist_k, distance$ が $L_\triangle$ に関して TSP に対する距離関数になっていることを証明せよ.　　　　　　　　　□

4.3.5 節で, TSP に対する距離関数 $dist, distance$ に関する安定なアルゴリズムと不安定なアルゴリズムの例をいくつか示す.

定義 4.2.3.1 では, 距離関数を非常に一般的な形で定義した.　距離関数 h に関する安定性について考えることは, h が問題インスタンスの集合を妥当に「分割する」時

のみ興味深いことは明らかであろう．次の演習問題は，どのような問題の近似可能性の解明にも役立たない距離関数の例を示している．

演習問題 4.2.3.4 $U = (\Sigma_I, \Sigma_O, L, L_I, \mathcal{M}, cost, goal)$, $\overline{U} = (\Sigma_I, \Sigma_O, L, L, \mathcal{M}, cost, goal) \in \text{NPO}$ とする．h_{index} を次のように定義する．

(i) 任意の $w \in L_I$ に対して，$h_{index}(w) = 0$.

(ii) $h_{index}(u)$ は，Σ_I^* の語の標準順序による u の順序とする．

この時，以下を証明せよ．

(a) h_{index} は L_I に関する $\overline{U}$ の距離関数である．

(b) A を U に対する任意の δ-近似アルゴリズムとする．この時，A が $\overline{U}$ に対して無矛盾なら，A は h_{index} に関して安定である． $\square$

演習問題 4.2.3.4 は，任意の r, q $(r > q)$ に対して，$|Ball_{r,h}(L_I) - Ball_{q,h}(L_I)|$ が有限であるような距離関数 h を考えることは意味がないことを示している．以下では，次の性質（**無限ジャンプの性質**と呼ぶ）を持つ距離関数 h' のみを対象とする．

> 「ある q, r $(q < r)$ に対して $Ball_{q,h'}(L_I) \subsetneq Ball_{r,h'}(L_I)$ ならば，
> $|Ball_{r,h'}(L_I) - Ball_{q,h'}(L_I)|$ が無限である．」

しかし h' のこの性質も，必ずしも，近似可能性の安定性の研究に対して，何らかの「妥当性」を保証するわけではない．距離関数を定義する最も良いアプローチは，入力インスタンスの集合 L_I の仕様に関して「自然な」関数をとることである．

演習問題 4.2.3.5 $|L - L_I|$ が無限となる，NPO に属する 2 つの最適化問題 $U = (\Sigma_I, \Sigma_O, L, L_I, \mathcal{M}, cost, goal)$, $\overline{U} = (\Sigma_I, \Sigma_O, L, L, \mathcal{M}, cost, goal)$ と，以下の 2 条件を満たす L_I に関する $\overline{U}$ の距離関数 h を定義せよ．

(i) h は無限ジャンプの性質を持つ．

(ii) U に対する任意の δ-近似アルゴリズム A について，A が $\overline{U}$ に対して無矛盾なら，A は h に関して安定である． $\square$

U に対する安定な c-近似アルゴリズムが存在すれば，任意の $r > 0$ について，U_r に対する $\delta_{r,c}$-近似アルゴリズムが存在することが直ちにわかる．安定性の概念を PTAS に適用することにより，2 つの異なる結果が得られることに注意しよう．PTAS A を，全ての $\varepsilon \in \mathbb{R}^+$ に対して，多項式時間 $(1+\varepsilon)$-近似アルゴリズム A_ε の集合とする．もし A_ε が任意の $\varepsilon > 0$ に対して，距離尺度 h に関して安定ならば，次のいずれかが

278　第4章　近似アルゴリズム

得られる.

(i) 任意の $r \in R^+$ について, $U_r = (\Sigma_I, \Sigma_O, L, Ball_{r,h}(L_I), \mathcal{M}, cost, goal)$ に対する PTAS (例えば, 任意の関数 f に対して $\delta_{r,\varepsilon} = 1 + \varepsilon \cdot f(r)$ の時, これが得られる).

(ii) 任意の $r \in R^+$ について, U_r に対する $\delta_{r,\varepsilon}$-近似アルゴリズム. ただし, どのような $r \in R^+$ についても, U_r に対する PTAS ではない (例えば, $\delta_{r,\varepsilon} = 1+r+\varepsilon$ の時, これが得られる).

これら2つの異なる状況を区別するために,「超安定」の概念を導入する.

定義 4.2.3.6 $U = (\Sigma_I, \Sigma_O, L, L_I, \mathcal{M}, cost, goal)$, $\overline{U} = (\Sigma_I, \Sigma_O, L, L, \mathcal{M}, cost, goal)$ を $L_I \subsetneq L$ なる2つの最適化問題とする. h を L_I に関する $\overline{U}$ の距離関数とし, 任意の $r \in \mathbb{R}^+$ に対し, $U_r = (\Sigma_I, \Sigma_O, L, Ball_{r,h}(L_I), \mathcal{M}, cost, goal)$ とする. また, $A = \{A_\varepsilon\}_{\varepsilon > 0}$ を U に対する PTAS とする.

任意の $r > 0$ と任意の $\varepsilon > 0$ に対し, A_ε が U_r に対する $\delta_{r,\varepsilon}$-近似アルゴリズムなら, PTAS A は **h に関して安定である**という.

(i) f, g は $\mathbb{R}^{\geq 0}$ から $\mathbb{R}^+$ への関数であり,

(ii) $\lim_{\varepsilon \to 0} f(\varepsilon) = 0$

となるような f, g, ε に対して $\delta_{r,\varepsilon} \leq 1 + f(\varepsilon) \cdot g(r)$ であるならば, PTAS A は **h に関して超安定である**という. □

観察 4.2.3.7 A が最適化問題 $U = (\Sigma_I, \Sigma_O, L, L_I, \mathcal{M}, cost, goal)$ に対する, (距離関数 h に関して) 超安定な PTAS ならば, A は任意の $r \in \mathbb{R}^+$ について, 最適化問題 $U_r = (\Sigma_I, \Sigma_O, L, Ball_{r,h}(L_I), \mathcal{M}, cost, goal)$ に対する PTAS である. □

4.3.5節に, ナップサック問題に対する距離関数 h に関して超安定な PTAS の例を示す.

4.2.4 双対近似アルゴリズム

これまでに見てきた近似の概念では, 最適解のコストをよく近似するコストを有する実行可能解を探索することに焦点を当ててきた. しかし, これとは異なるシナリオを考えた方がよい場合もある. 最適化問題 $U = (\Sigma_I, \Sigma_O, L, L, \mathcal{M}, cost, goal)$ を考えよう. ただし, 任意の入力インスタンス $x \in L$ に対して $\mathcal{M}(x)$ を定める制約が正確にわかっていない (すなわち, 制約の近似のみがわかっている) か, 制約が厳格でなく, 制約に少し違反しても自然な実行可能性が得られる場合について考える. 単純

ナップサック問題 (SKP) が例となり得る．ここで，任意の入力 $I = (a_1, \ldots, a_n, b)$ に対して，

$$\mathcal{M}(I) = \left\{ (x_1, \ldots, x_n) \in \{0,1\}^n \mid \sum_{i=1}^n x_i a_i \leq b \right\}$$

である．この時，$a_1, \ldots, a_n, b$ のいくつかの値（特に，b）が正確には定まっておらず，制約 $\sum_{i=1}^n x_i a_i \leq b$ に少し違反して，小さな ε に対して $\sum_{i=1}^n x_i a_i \leq b + \varepsilon$ となることが許される可能性もある．このような場合，S が $\mathcal{M}(I)$ の要素の仕様から「それほど離れておらず」そのコストが $Opt_U(I)$ よりも優れた[7]解 $S \notin \mathcal{M}(I)$ を求めてもよい．

このアイデアを形式的にするために，再び，距離関数が必要となる．しかし，この距離関数は，近似の安定性の概念において入力インスタンスの間の距離を測ったものではなく，解 S と実行可能解の集合 $\mathcal{M}(I)$ との間の距離を測るものでなければならない．

定義 4.2.4.1 $U = (\Sigma_I, \Sigma_O, L, L_I, \mathcal{M}, cost, goal)$ を最適化問題とする．U に対する**制約距離関数**は，以下の条件を満たす任意の関数 $h : L_I \times \Sigma_O^* \to \mathbb{R}^{\geq 0}$ である．

(i) 任意の $S \in \mathcal{M}(x)$ に対して，$h(x, S) = 0$．
(ii) 任意の $S \notin \mathcal{M}(x)$ に対して，$h(x, S) > 0$．
(iii) h は多項式時間計算可能である．

任意の $\varepsilon \in \mathbb{R}^+$ と任意の $x \in L_I$ に対して，$\mathcal{M}_\varepsilon^h(x) = \{ S \in \Sigma_O^* \mid h(x, S) \leq \varepsilon \}$ を h に関する $\mathcal{M}(x)$ の ε-**ball** と表す． $\qquad \square$

定義 4.2.4.1 の説明のために，箱詰め問題 (BIN-P) を考える．BIN-P の入力インスタンスは $I = (p_1, p_2, \ldots, p_n)$ であり，目的は使用するビンの数が最小になるように，品物 p_i $(i = 1, \ldots, n)$ を単位サイズ 1 のビンに詰めることである．ここで，$i = 1, \ldots, n$ に対して $p_i \in [0, 1]$ である．任意の解 $T = T_1, T_2, \ldots, T_m$ $(i = 1, \ldots, m$ に対して $T_i \subseteq \{1, \ldots, n\})$ に対して，制約距離関数を

$$h(I, T) = \max \left\{ 0, \max \left\{ \sum_{l \in T_i} p_l \mid i = 1, 2, \ldots, m \right\} - 1 \right\}$$

と定義できる．任意の i $(i = 1, \ldots, m)$ に対して

$$\sum_{l \in T_i} p_l \leq 1 + \varepsilon$$

---

[7] $goal = maximum$ ならば $cost(S) \geq Opt_U(I)$ であり，$goal = minimum$ ならば $cost(S) \leq Opt_U(I)$ である．

280　第 4 章　近似アルゴリズム

となる ε が存在すれば, $T \in \mathcal{M}_\varepsilon^h(I)$ となる.

定義 4.2.4.2　$U = (\Sigma_I, \Sigma_O, L, L_I, \mathcal{M}, cost, goal)$ を最適化問題とし, h を U に対する制約距離関数とする. U に対する最適化アルゴリズム A が, 任意の $x \in L_I$ に対して次の 2 条件を満たす時, A を U に対する **h-双対 ε-近似アルゴリズム** と呼ぶ.

(i)　$A(x) \in \mathcal{M}_\varepsilon^h(x)$.

(ii)　$cost(A(x)) \geq Opt_U(x)$（$goal = maximum$ の場合）.

　　　$cost(A(x)) \leq Opt_U(x)$（$goal = minimum$ の場合）.　　　　　□

定義 4.2.4.3　$U = (\Sigma_I, \Sigma_O, L, L_I, \mathcal{M}, cost, goal)$ を最適化問題とし, h を U に対する制約距離関数とする. 次の 3 条件が成り立つ時, アルゴリズム A を **h-双対多項式時間近似スキーム（U に対する h-双対 PTAS）** と呼ぶ.

(i)　任意の入力 $(x, \varepsilon) \in L_I \times \mathbb{R}^+$ に対し, $A(x, \varepsilon) \in \mathcal{M}_\varepsilon^h(x)$.

(ii)　$cost(A(x, \varepsilon)) \geq Opt_U(x)$　（$goal = maximum$ の場合）.

　　　$cost(A(x, \varepsilon)) \leq Opt_U(x)$　（$goal = minimum$ の場合）.

(iii)　$Time_A(x, \varepsilon^{-1})$ が $|x|$ の多項式関数で抑えられる.

$Time_A(x, \varepsilon^{-1})$ が $|x|$ と ε^{-1} の両方に関して多項式の関数で抑えられる時, A を U に対する **h-双対完全多項式時間近似スキーム（h-双対 FPTAS）** と呼ぶ.　　□

　4.3.6 節で双対近似アルゴリズムの例を示し, さらに双対近似アルゴリズムを利用して通常の近似アルゴリズムを設計する方法を与える.

　以下, この章では, これまでに定義した用語やクラス分けが, 困難な最適化問題に対する近似アルゴリズムの設計開発に役立つことを示す.

4.2 節で導入されたキーワード

　δ-近似アルゴリズム, PTAS, FPTAS, 近似アルゴリズムの安定性, 双対近似アルゴリズム

4.2 節のまとめ

　最適化問題の仕様を少し変更することが, 問題の困難さに本質的な影響を与えることがある. 例えば, 問題の仕様を次のように変更することにより, NP 困難な問題が決定性多項式時間で解けるようになることがある.

(i)　正確な最適解の代わりに, 与えられた近似率内の実行可能解を要求する.

(ii) 問題インスタンスに「妥当な」性質（実際のアプリケーションに現れる入力にとっては典型的となるようなもの）を追加することを要求する.

考えている最適化問題の困難さの詳細な解析をするために, 数値アルゴリズムの安定性の概念を近似アルゴリズムの近似安定性に拡張できる. この解析は, 入力インスタンスの集合を多項式時間近似可能性に関する部分クラスに分割することにより, 最悪計算量を扱うアプローチの欠点を部分的に補うことができる.

双対近似アルゴリズムは最適性ではなく, むしろ実行可能解の集合（実行可能性）を近似する. 解の実行可能性に対する（見積もりのみがわかり）正確な制約がわからない場合に, 特に, 実用の点から興味深いものである.

4.3 アルゴリズムの設計

4.3.1 序論

この節は, 近似アルゴリズム設計の序論である. 主な目的は, 近似アルゴリズムの設計で成功している方法とアイデアを紹介し, 説明することである. 近似アルゴリズムの広大な領域をサーベイすることは目指さない. 込み入った数学やあまりに多くの技術的な詳細を扱うことなく目的を達成するために, 最も知られている近似アルゴリズムではなく, 近似アルゴリズムのわかりやすい例を示す. 貪欲アルゴリズム（SCPに対するアルゴリズム 4.3.2.11, SKP に対するアルゴリズム 4.3.4.1 を見よ）, 局所探索アルゴリズム（MAX-CUT に対するアルゴリズム 4.3.3.1 を見よ）, 動的計画法（KP に対するアルゴリズム 4.3.4.11 を見よ）, バックトラッキング法（4.3.4 節のKP に対する PTAS を見よ）, 線形計画法への緩和法（WEIGHT-VCP に対するアルゴリズム 4.3.2.19 を見よ）などの基礎的で一般的なアルゴリズム設計法を示し, これらの手法の組合せや変更も近似アルゴリズムの設計で成功していることを示したい. 一方, 組合せ最適化における近似アルゴリズムの設計に特有な手法をいかに開発し, 適用するかについて説明する.

4.3 節の構成は以下の通りである. 4.3.2 節では, 集合被覆問題とその特殊な部分問題である頂点被覆問題を扱う. 頂点被覆問題に対しては, 非常に簡単で効率的なヒューリスティックを用いれば, 2-近似アルゴリズムが得られることを示す. また, 貪欲法を用いれば, 集合被覆問題に対して, $(\ln n)$-近似アルゴリズムが得られることを示す[8]. さらに, 重み付き最小頂点被覆問題に対する 2-近似アルゴリズムを得るために, 線形計画法への帰着による緩和法も適用する.

---

[8] P ≠ NP を仮定すれば, 集合被覆問題に対し, 多項式時間 $((1 - \varepsilon) \cdot \ln n)$-近似アルゴリズムが存在しないことを証明できることがわかる. このことから, この効率的な貪欲法は, この問題に対する可能な最良の近似アプローチである.

282　第4章　近似アルゴリズム

　4.3.3 節では，良い近似を導くもう1つの単純なアプローチの例を示す．局所的改善（局所探索）の単純な戦略により，最大カット問題 (MAX-CUT) に対する多項式時間 2-近似アルゴリズムが得られる．このことは，局所的改善を適切に定義すれば，全ての局所最適解が全域最適解の良い近似になるように実行可能解の集合に構造を決定できることを意味する．

　4.3.4 節では，ナップサック問題と PTAS を扱う．まず，貪欲アプローチで単純ナップサック問題に対する効率的な 2-近似アルゴリズムが得られることを示す．貪欲アプローチと全探索の間のある妥協を見つけることにより，単純ナップサック問題に対する PTAS を導く．そして，近似の安定性の概念を適用することにより，単純ナップサック問題に対する PTAS に自然な変更を加えれば，一般ナップサック問題の PTAS が得られることを示す．最後に，ナップサック問題に対する FPTAS を得るために，動的計画法と入力値の近似を組み合わせる．

　4.3.5 節では，最も近似が困難な問題の1つである巡回セールスマン問題について考察する[9]．まず，△-TSP，すなわち，入力インスタンスが三角不等式を満たす TSP に対して，定数近似比を達成する2つの特別な効率的な近似アルゴリズムを示す．そして，近似の安定性の概念を用いて，達成可能な多項式時間近似可能性に関する，一般 TSP の入力インスタンスの集合のクラスの無限なスペクトラムへの分割を得る．4.3.6 節では，双対近似アルゴリズムの概念の有用性を示す．まず，箱詰め問題に対する双対 PTAS を設計し，この双対 PTAS をメイクスパンスケジューリング問題に対する PTAS の開発に使用する．この設計法がうまく働くのは，箱詰め問題の厳格でない制約をメイクスパンスケジューリング問題の目的と見なすことができるからである．すなわち，ある意味では，箱詰め問題は，メイクスパンスケジューリング問題の「双対」になっている．

4.3.2　被覆問題，貪欲法，線形計画法への緩和

　この節では，最小頂点被覆問題 (MIN-VCP)，集合被覆問題 (SCP)，重み付き最小頂点被覆問題 (WEIGHT-VCP) について考える．最初に示すアルゴリズムは，MIN-VCP に対する 2-近似アルゴリズムである．このアルゴリズムのアイデアは，非常に単純である．実際，与えられたグラフの極大マッチングを素早く見つけ，このマッチングの辺に接続する全ての頂点を頂点被覆と考えるだけである．任意の極大マッチングのサイズは，任意の頂点被覆のサイズの下界になるので，このアルゴリズムは高々1の相対誤差を持つ．

---

[9] この問題は NPO(V) に属する．

4.3 アルゴリズムの設計　**283**

アルゴリズム **4.3.2.1**

入力：　グラフ $G = (V, E)$.

Step 1:　$C := \emptyset$　{計算中は常に $C \subseteq V$ が成り立ち，終了時には C が頂点被覆を含む};

　　　　$A := \emptyset$　{計算中は常に $A \subseteq E$ はマッチングであり，終了時には A は極大マッチングとなる};

　　　　$E' := E$　{計算中は常に $E' \subseteq E$ が成り立ち，E' はその時点の C で被覆されない辺の集合と一致する．終了時には $E' = \emptyset$ が成り立つ}.

Step 2:　**while**　$E' \neq \emptyset$

　　　　do begin E' から任意の辺 $\{u, v\}$ を選ぶ;

　　　　　　　$C := C \cup \{u, v\}$;

　　　　　　　$A := A \cup \{\{u, v\}\}$;

　　　　　　　$E' := E' - \{u$ または v に接続する全ての辺$\}$

　　　　end

出力：　C.

例 **4.3.2.2**　図 4.3(a) に示す入力 $G = (\{a, b, c, d, e, f, g, h\}, \{\{a, b\}, \{b, c\}, \{c, e\}, \{c, d\}, \{d, e\}, \{d, f\}, \{d, g\}, \{d, h\}, \{e, f\}, \{h, g\}\})$ に対するアルゴリズム 4.3.2.1 の動作を説明する．最適な頂点被覆は，サイズ 4 の $\{b, e, d, g\}$ である．しかし，アルゴリズム 4.3.2.1 で辺をどのように選択しても，この出力を得ることはできない．

　ここで，次のような選択を考える．まず，$\{b, c\}$ が A に移され，$C := \{b, c\}$ が実行される．この時，残ったグラフは図 4.3(b) のようになる．次に，辺 $\{e, f\}$ が選択される（図 4.3(c) を見よ）．その結果，$C = \{b, c, e, f\}$, $A = \{\{b, c\}, \{e, f\}\}$ となる．最後に辺 $\{d, g\}$ が選ばれる（図 4.3(d) を見よ）．この結果，頂点被覆 $\{b, c, e, f, d, g\}$ が得られる．　　　　　　　　　　　　　　　　　　　　　　　　　　　　　□

演習問題 **4.3.2.3**

(a) 図 4.3 のグラフ G の部分グラフ G' で，G' の最適頂点被覆のサイズが 3 であるが，アルゴリズム 4.3.2.1 がサイズ 6 の頂点被覆を出力することがある G' を求めよ．

(b) 任意の正整数 n に対し，頂点被覆のサイズが n であるが，アルゴリズム 4.3.2.1 がサイズ $2n$ の頂点被覆を求めることがあるグラフ G_n を求めよ．　　　□

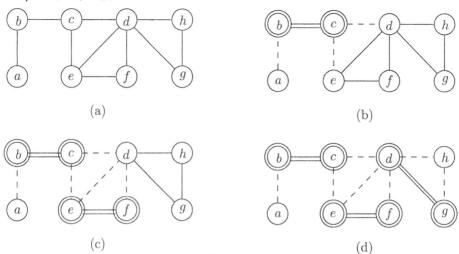

図 4.3

以下では,アルゴリズム 4.3.2.1 の計算量と近似比を解析しよう.

補題 4.3.2.4 アルゴリズム 4.3.2.1 の時間計算量は $O(|E|)$ である. □

証明 アルゴリズムで入力グラフの各辺は正確に 1 度だけ処理されるので,適切なデータ構造を用いれば,明らかに補題が成り立つ. □

補題 4.3.2.5 アルゴリズム 4.3.2.1 は,常に近似比が 2 以下の頂点被覆を計算する. □

証明 アルゴリズム 4.3.2.1 の終了時に $E' = \emptyset$ (すなわち,全ての辺が C の頂点に被覆されている) が成り立つことより,アルゴリズムが頂点被覆を出力することは明らかである.

近似比が 2 以下であることを証明するために,$|C| = 2 \cdot |A|$ で,A が入力グラフ $G = (V, E)$ のマッチングであることに注意しよう.マッチング A の $|A|$ 個の辺を被覆するには,少なくとも $|A|$ 個の頂点が必要である.$A \subseteq E$ より,全ての頂点被覆のサイズは $|A|$ 以上である.すなわち,$Opt_{\text{MIN-VCP}}(G) \geq |A|$ が成り立つ.したがって,$|C| = 2 \cdot |A| \leq 2 \cdot Opt_{\text{MIN-VCP}}(G)$ が成り立つ. □

演習問題 4.3.2.6 アルゴリズム 4.3.2.1 が,(E からどの辺を選択するかにかかわらず) 常に最適な頂点被覆を計算するような無限のグラフ族を構成せよ. □

アルゴリズム 4.3.2.1 は非常にナイーブなヒューリスティックであり,頂点被覆の

ためのより複雑な頂点選択法を提案できると考えるかもしれない. 最も自然なアイデアは, 残っているグラフで次数最大の頂点を常に選択するという貪欲戦略を用いることであろう. しかし, 次の演習問題に示すように, (少し驚くかもしれないが) この貪欲戦略を用いても, アルゴリズム 4.3.2.1 よりも優れた近似比を達成できるわけではない.

演習問題 4.3.2.7 (*)   VCP に対する以下の貪欲アルゴリズムについて考える.

アルゴリズム 4.3.2.8

入力: グラフ $G = (V, E)$.

Step 1: $C := \emptyset$ {終了時には, C は頂点被覆を含む}

$E' := E$ {計算中は常に $E' \subseteq E$ が成り立ち, E' はその時点の C で被覆されない辺の集合に一致する. 終了時には $E' = \emptyset$ が成り立つ}.

Step 2:   **while** $E' \neq \emptyset$

do begin (V, E') で次数最大の頂点 v を選ぶ;

$C := C \cup \{v\}$;

$E' := E' - \{v$ に接続する全ての辺$\}$

end

出力: C.

アルゴリズム 4.3.2.8 の近似比が 2 より大きいことを証明せよ.   □

MIN-VCP は, ($P \neq NP$ の仮定の下で) PTAS が存在しない問題の 1 つである. しかし, このような全ての問題と同様に, MIN-VCP に対してそれほど難しくはない問題インスタンスの部分クラスを見つけることができる. そのような例の 1 つを次の演習問題として与える.

演習問題 4.3.2.9

(a) 入力グラフを木に制限した MIN-VCP に対する多項式時間のアルゴリズムを設計せよ.

(b) 入力グラフを次数 3 以下のグラフに制限した MIN-VCP に対する多項式時間 d-近似アルゴリズム (ただし, $d < 2$) を設計せよ.   □

286 第 4 章 近似アルゴリズム

演習問題 4.3.2.10 $C \subseteq V$ がグラフ $G = (V, E)$ の頂点被覆ならば，$V - C$ は $\overline{G} = (V, \overline{E})$ のクリークである．ただし，$\overline{E} = \{\{u, v\} \mid u, v \in V, u \neq v\} - E$ とする．アルゴリズム 4.3.2.1 を用いて，ある $\delta \in \mathbb{R}^{>1}$ について，最大クリーク問題に対する δ-近似アルゴリズムを得ることができるか？ □

以下では，集合被覆問題 (SCP) について考える．この問題はクラス NPO(IV) に属する．驚くべきことに，ナイーブな貪欲法により，可能な最良の近似比を得ることができる．

アルゴリズム 4.3.2.11

入力： $(X, \mathcal{F})$.

ただし，X は有限集合，$\mathcal{F} \subseteq \mathcal{P}ot(X)$ であり，$X = \bigcup_{Q \in \mathcal{F}} Q$ を満たす．

Step 1: $C := \emptyset$ {計算中は常に $C \subseteq \mathcal{F}$ が成り立ち，終了時には C は $(X, \mathcal{F})$ の集合被覆となる．}

$U := X$ {計算中は常に $U \subseteq X$ が成り立ち，その時点の C に対して $U = X - \bigcup_{Q \in C} Q$ が成り立つ．終了時には，$U = \emptyset$ が成り立つ}.

Step 2: **while** $U \neq \emptyset$

do begin $|S \cap U|$ が最大となる $S \in \mathcal{F}$ を選ぶ;

$U := U - S$;

$C := C \cup \{S\}$

end

出力： C.

補題 4.3.2.12 アルゴリズム 4.3.2.11 は SCP に対する $Har(\max \{|S| \mid S \in \mathcal{F}\})$-近似アルゴリズムである． □

証明 アルゴリズム 4.3.2.11 の出力を $C = \{S_1, S_2, \ldots, S_r\}$ とする．ここで，S_i をアルゴリズム 4.3.2.11 の Step 2 で i 番目に選択された集合とする．$U = \emptyset$ より，C が入力 $(X, \mathcal{F})$ の集合被覆であることは明らかである．

任意の $x \in X$ に対し，C に関する x の重みを次のように定義する．$x \in S_i - \bigcup_{j=1}^{i-1} S_j$ ならば，

$$Weight_C(x) = \frac{1}{|S_i - (S_1 \cup S_2 \cup \cdots \cup S_{i-1})|}.$$

つまり，x がアルゴリズム 4.3.2.11 で最初に被覆された時に，$Weight_C(x)$ が決まる．

$$Weight_C(C) = \sum_{x \in X} Weight_C(x)$$

と定義すれば，明らかに，$Weight_C(C) = |C| = cost(C)$ が成り立つ．ここで，$C_{Opt} \in Output_{SCP}(X, \mathcal{F})$ を $cost(C_{Opt}) = Opt_{SCP}(X, \mathcal{F})$ となる最適解とする．$|C_{Opt}| = cost(C_{Opt})$ に比べて，$Weight_C(C)$ と $|C_{Opt}|$ の差が相対的にそれほど大きくないことを示せばよい．このために，任意の $S \in \mathcal{F}$ について次式を証明する．

$$\sum_{x \in S} Weight_C(x) \le Har(|S|). \tag{4.6}$$

任意の $S \in \mathcal{F}$ と任意の $i \in \{0, 1, \ldots, |C|\}$ に対して，

$$cov_i(S) = |S - (S_1 \cup S_2 \cup \cdots \cup S_i)|$$

とする．明らかに，任意の $S \in \mathcal{F}$ に対して，$cov_0(S) = |S|$，$cov_{|C|}(S) = 0$ であり，各 $i = 1, \ldots, |C|$ に対し，$cov_{i-1}(S) \ge cov_i(S)$ が成り立つ．k を $cov_k(S) = 0$ が成り立つ最小の k とする．Step 2 の i 番目の実行時に，S の $cov_{i-1}(S) - cov_i(S)$ 個の要素が被覆されるので，次式が成り立つ．

$$\sum_{x \in S} Weight_C(x) = \sum_{i=1}^{k} \left[(cov_{i-1}(S) - cov_i(S)) \cdot \frac{1}{\left| S_i - \bigcup_{j=1}^{i-1} S_j \right|} \right]. \tag{4.7}$$

また，

$$\left| S_i - \bigcup_{j=1}^{i-1} S_j \right| \ge \left| S - \bigcup_{j=1}^{i-1} S_j \right| = cov_{i-1}(S) \tag{4.8}$$

が成り立つことがわかる．なぜならば，この式が成り立たない場合，アルゴリズム 4.3.2.11 の Step 2 の i 番目の実行時に S_i の代わりに S が選択されるからである．(4.7) と (4.8) から，次式を得る．

$$\sum_{x \in S} Weight_C(x) \le \sum_{i=1}^{k} (cov_{i-1}(S) - cov_i(S)) \cdot \frac{1}{cov_{i-1}(S)}. \tag{4.9}$$

$$Har(b) - Har(a) = \sum_{i=a+1}^{b} \frac{1}{i} \ge (b-a) \cdot \frac{1}{b}$$

より，各 $i = 1, \ldots, k$ に対し，

$$(cov_{i-1}(S) - cov_i(S)) \cdot \frac{1}{cov_{i-1}(S)} \le Har(cov_{i-1}(S)) - Har(cov_i(S)) \tag{4.10}$$

が成り立つ．

288 第 4 章 近似アルゴリズム

(4.10) を (4.9) に代入することにより，次のように，目的とする関係 (4.6) を得る．

$$
\begin{aligned}
\sum_{x \in S} Weight_C(x) &\leq \sum_{i=1}^{k} \left(Har(cov_{i-1}(S)) - Har(cov_i(S)) \right) \\
&= Har(cov_0(S)) - Har(cov_k(S)) = Har(|S|) - Har(0) \\
&= Har(|S|).
\end{aligned}
$$

これで，$|C| = cost(C) = Weight_C(C)$ と C_{Opt} の関係を示す用意が整った．C_{Opt} も X の集合被覆であることより，

$$
|C| = \sum_{x \in X} Weight_C(x) \leq \sum_{S \in C_{Opt}} \sum_{x \in S} Weight_C(x) \tag{4.11}
$$

となる．(4.6) を (4.11) に代入することにより，最終的に，次式を得る．

$$
\begin{aligned}
|C| &\leq \sum_{S \in C_{Opt}} \sum_{x \in S} Weight_C(x) \leq \sum_{S \in C_{Opt}} Har(|S|) \\
&\leq |C_{Opt}| \cdot Har(\max\{|S| \mid S \in \mathcal{F}\}). \qquad \square
\end{aligned}
$$

系 4.3.2.13 アルゴリズム 4.3.2.11 は SCP に対する $(\ln(|X|)+1)$-近似アルゴリズムである． $\qquad \square$

証明 $\max\{|S| \mid S \in \mathcal{F}\} \leq |X|$，および $Har(d) \leq \ln d + 1$ から直ちに証明される． $\qquad \square$

演習問題 4.3.2.14 [*] アルゴリズム 4.3.2.11 が近似比 $\Omega(\ln n)$ の解を出力するような入力インスタンス $(X, \mathcal{F})$ を求めよ． $\qquad \square$

補題 4.3.2.15 アルゴリズム 4.3.2.11 の時間計算量は $O(n^{3/2})$ である． $\qquad \square$

証明 入力インスタンス $(X, \mathcal{F})$ の入力サイズが $|X| \cdot |\mathcal{F}|$ となるように，入力を符号化しよう．Step 2 の 1 回の実行時間は $O(|X| \cdot |\mathcal{F}|)$ である．Step 2 の実行回数は $\min\{|X|, |\mathcal{F}|\} \leq (|X| \cdot |\mathcal{F}|)^{1/2}$ 以下である．したがって，アルゴリズム 4.3.2.11 の時間計算量は $O(n^{3/2})$ である． $\qquad \square$

系 4.3.2.13 と補題 4.3.2.15 より，次の主定理を得る．

定理 4.3.2.16 アルゴリズム 4.3.2.11 は，SCP に対する多項式時間 $(\ln n + 1)$-近似アルゴリズムである[10]． $\qquad \square$

---

[10] $P \neq NP$ と仮定すれば，近似比 $\ln n + 1$ はこれ以上改良できないことに注意しよう．つまり，このナイーブな貪欲戦略は SCP に対して最良なものである．

演習問題 4.3.2.17 時間計算量が $\sum_{S \in \mathcal{F}} |S|$ の線形となるように,アルゴリズム 4.3.2.11 を実現することは可能か. □

MIN-VCP が SCP の特別な場合であることは容易にわかる.グラフ $G = (V, E)$ (ただし,$V = \{v_1, \ldots, v_n\}$) に対して,SCP の対応する入力インスタンスは $(E, \{E_1, \ldots, E_n\})$ である.ただし,$E_i \subseteq E$ $(i = 1, \ldots, n)$ は v_i に接続する全ての辺を含む.この時,アルゴリズム 4.3.2.11 は,MIN-VCP に対する $(\ln n + 1)$-近似アルゴリズムでもある.

演習問題 4.3.2.18 $\mathcal{G}_d$ を次数が d 以下のグラフの集合とする.アルゴリズム 4.3.2.11 の近似比がアルゴリズム 4.3.2.1 よりも良くなることが保証されるのは,どのような d に対してか. □

MIN-VCP に対するアルゴリズム 4.3.2.1 は,WEIGHT-VCP に対しては定数近似比を保証しない.WEIGHT-VCP に対する 2-近似アルゴリズムを設計するために,線形計画法への帰着による緩和法を用いる.問題は,与えられたグラフ $G = (V, E)$ と関数 $c : V \to \mathbb{N} - \{0\}$ に対し,最小コスト $\sum_{v \in S} c(v)$ の頂点被覆 S を求めることである.3.7 節で既に示したように,WEIGHT-VCP の問題インスタンス (G, c) は,次のように 0/1-線形計画として表すことができる.

最小化: $\sum c(v_i) \cdot x_i.$

制約: $x_r + x_s \geq 1$ (各 $\{v_r, v_s\} \in E$ に対して),かつ

$x_j \in \{0, 1\}$ $(j = 1, \ldots, n).$

ただし,$V = \{v_1, v_2, \ldots, v_n\}$, $X = (x_1, x_2, \ldots, x_n) \in \{0, 1\}^n$ は,$x_i = 1$ の時,かつその時に限り,頂点集合 S_X が v_i を含むことを表している.制約 $x_j \in \{0, 1\}$ $(j = 1, \ldots, n)$ を $x_j \geq 0$ $(j = 1, 2, \ldots, n)$ に緩和することにより,LP の問題インスタンスが得られる.次のアルゴリズムは LP のこの問題インスタンスを解き,その解を丸めることによって WEIGHT-VCP の元の問題インスタンスの実行可能解を得ている.

アルゴリズム 4.3.2.19

入力: グラフ $G = (V, E)$,および,関数 $c : V \to \mathbb{N} - \{0\}$.ただし,$V = \{v_1, v_2, \ldots, v_n\}$ とする.

Step 1: 問題インスタンス (G, c) を 0/1-線形計画の問題インスタンス $I_{0/1\text{-}LP}(G, c)$ として表し,これを対応する線形計画の問題インスタンス $I_{LP}(G, c)$ に緩和する.

Step 2: $I_{LP}(G, c)$ を解く.

$$X = (x_1, x_2, \ldots, x_n) \in (\mathbb{R}^{\geq 0})^n \text{ を得られた最適解とする.}$$

Step 3: $S_X := \{v_i \mid x_i \geq 1/2\}$ とする.

出力: S_X.

定理 4.3.2.20 アルゴリズム 4.3.2.19 は WEIGHT-VCP に対する 2-近似アルゴリズムである. □

証明 まず, S_X が問題インスタンス (G, c) の実行可能解であることを示す. X は各 $\{v_r, v_s\} \in E$ に対して $x_r + x_s \geq 1$ を満たすので,

$$x_r \geq 1/2 \text{ または } x_s \geq 1/2$$

が成り立つ. したがって, 頂点 v_r と v_s の少なくとも一方は S_X に含まれ, 辺 $\{v_r, v_s\}$ は S_X に被覆される.

次に, $cost(S_X) \leq 2 \cdot Opt_{\text{WEIGHT-VCP}}(G, c)$ を証明する. まず,

$$Opt_{\text{WEIGHT-VCP}}(G, c) = Opt_{0/1\text{-LP}}(I_{0/1\text{-LP}}(G, c)) \geq Opt_{\text{LP}}(I_{\text{LP}}(G, c)) \quad (4.12)$$

が成り立つことがわかる. したがって,

$$\begin{aligned}
cost(S_X) &= \sum_{v \in S_X} c(v) = \sum_{x_i \geq 1/2} c(v_i) \leq \sum_{x_i \geq 1/2} 2 \cdot x_i \cdot c(v_i) \leq 2 \cdot \sum_{i=1}^{n} x_i \cdot c(v_i) \\
&= 2 \cdot Opt_{\text{LP}}(I_{\text{LP}}(G, c)) \underset{(4.12)}{\leq} 2 \cdot Opt_{\text{WEIGHT-VCP}}(G, c)
\end{aligned}$$

より, アルゴリズム 4.3.2.19 の近似比は 2 以下である. □

線形計画法への緩和法は, 特に重み付きの最適化問題に適していることに注意しよう. この理由は, 重みが制約の数や形に何も影響しない (すなわち, 重み付き最適化問題は対応する重みなしの問題と同じ制約を持つ) ため, 通常, 重み付き最適化問題と単純な重みなし最適化問題それぞれに対する, 線形計画法への緩和法によるアルゴリズムの計算量に本質的な差はないことによる.

4.3.2 節のまとめ

貪欲法や「任意の選択」のような非常に単純な「ヒューリスティク」なアプローチから良い (時には最良の) 近似比の効率的な近似アルゴリズムの設計が可能となることがある.

MIN-VCP はクラス NPO(III) の代表例であり, SCP はクラス NPO(IV) の代表例である.

線形計画への帰着による緩和法は，重み付き最適化問題に適していることが多い．この手法を丸め法と組み合わせることにより，WEIGHT-VCP に対する 2-近似アルゴリズムを設計できる．

4.3.3 最大カット問題と局所探索

最大カット問題 (MAX-CUT) は，単純な局所探索アルゴリズムにより定数近似比の解が求まる問題の 1 つである．これは任意の局所最適解の値が全体の最適解の値とそれほど違わないためである．明らかにこの性質は実現可能解空間の「局所性」の定義に依存する．MAX-CUT に対しては，非常に小さな局所性で十分である．この局所性は，1 つの頂点をカットの一方から他方に移動するという単純な変換のみを許すことである．

アルゴリズム 4.3.3.1

入力： グラフ $G = (V, E)$.

Step 1： $S = \emptyset$

{カットを $(S, V - S)$ と考える; 実際には，このステップでは，S は任意に選択してよい};

Step 2： **while** 頂点 $v \in V$ をカット $(S, V - S)$ の一方から他方へ移動することによりカットのコストが増加するような $v \in V$ が存在する．

do begin カット $(S, V - S)$ の一方から他方へ移動することによりカットのコストが増加する頂点 $u \in V$ を選び，この頂点 u を移動する．

end

出力： $(S, V - S)$.

補題 4.3.3.2 アルゴリズム 4.3.3.1 の時間計算量は $O(|E| \cdot |V|)$ である． □

証明 Step 2 の 1 回の実行時間は $O(|V|)$ である．Step 2 を 1 回実行するとその時点のカットのコストが少なくとも 1 は増加し，コストは高々 $|E|$ なので，Step 2 は高々 $|E|$ 回繰り返される． □

定理 4.3.3.3 アルゴリズム 4.3.3.1 は MAX-CUT に対する多項式時間 2-近似アルゴリズムである． □

証明 任意の与えられた入力に対し，アルゴリズム 4.3.3.1 が実行可能解を求めるの

は明らかであり，補題 4.3.3.2 より，解は多項式時間で求まることが証明される．

後は，近似比が 2 以下であることを証明することが残っている．近似比が 2 以下であることは，非常に単純な方法で示すことができる．(Y_1, Y_2) をアルゴリズム 4.3.3.1 の出力とする．Y_1 (Y_2) の各頂点は，Y_2 (Y_1) の頂点への辺を，Y_1 (Y_2) の頂点への辺数以上は持つ．したがって，グラフの辺の半数以上は，$cut(Y_1, Y_2)$ に属する．最適カットのコストは $|E|$ 以下であるので，証明が完了する．

以下では，別の証明を示す．別の証明を示す理由は，多くの入力インスタンスに対して，明らかに近似比が 2 よりも良いことを示すためである．入力 $G = (V, E)$ の最適カットを (X_1, X_2) とし，アルゴリズム 4.3.3.1 が求めるカットを (Y_1, Y_2) とする．すなわち，(Y_1, Y_2) は，アルゴリズム 4.3.3.1 が使用する変換法に関して，局所的に最大である．ここで，$V_1 = Y_1 \cap X_1, V_2 = Y_1 \cap X_2, V_3 = Y_2 \cap X_1, V_4 = Y_2 \cap X_2$ とする（図 4.4 を見よ）．

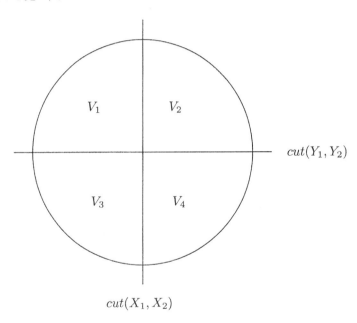

図 4.4

したがって，$X_1 \cup X_2 = Y_1 \cup Y_2 = V$ より，$(X_1, X_2) = (V_1 \cup V_3, V_2 \cup V_4)$ であり，また，$(Y_1, Y_2) = (V_1 \cup V_2, V_3 \cup V_4)$ である．ここで，$e_{ij} = |E \cap \{\{x, y\} \mid x \in V_i, y \in V_j\}|$ $(1 \leq i \leq j \leq 4)$ を V_i と V_j の間の辺の数とする．したがって，

$$cost(X_1, X_2) = e_{12} + e_{14} + e_{23} + e_{34}$$

および，

$$cost(Y_1, Y_2) = e_{13} + e_{14} + e_{23} + e_{24}$$

が成り立つ. 我々の目標は,

$$cost(X_1, X_2) \leq 2 \cdot cost(Y_1, Y_2) - \left(\sum_{i=1}^{4} e_{ii} + e_{13} + e_{24} \right)$$

を示すことである.

V_1 の任意の頂点 x に対し, x と $V_1 \cup V_2$ の頂点の間の辺の数は, x と $V_3 \cup V_4$ の頂点の間の辺の数以下である. (そうでなければ, アルゴリズム 4.3.3.1 は, x を $Y_1 = V_1 \cup V_2$ から $Y_2 = V_3 \cup V_4$ へ移す.) V_1 の全ての頂点に関して和を取ることにより,

$$2e_{11} + e_{12} \leq e_{13} + e_{14} \tag{4.13}$$

が得られる. カット (X_1, X_2) と (Y_1, Y_2) はいずれも, アルゴリズム 4.3.3.1 の局所変換で改善されないので, V_1 の頂点に対する前述の性質と同様の性質が, V_2, V_3, V_4 の各頂点に対しても成り立つ. つまり, 次の不等式が得られる.

$$2e_{22} + e_{12} \leq e_{23} + e_{24}. \tag{4.14}$$
$$2e_{33} + e_{34} \leq e_{23} + e_{13}. \tag{4.15}$$
$$2e_{44} + e_{34} \leq e_{14} + e_{24}. \tag{4.16}$$

$((4.13) + (4.14) + (4.15) + (4.16))/2$ より, 次式が得られる.

$$\sum_{i=1}^{4} e_{ii} + e_{12} + e_{34} \leq e_{13} + e_{14} + e_{23} + e_{24}. \tag{4.17}$$

式 (4.17) の両辺に $e_{14} + e_{23}$ を加えれば,

$$\sum_{i=1}^{4} e_{ii} + e_{12} + e_{34} + e_{14} + e_{23} \leq 2e_{23} + 2e_{14} + e_{13} + e_{24} \tag{4.18}$$

となる. したがって, 次式が成り立つ.

$$
\begin{aligned}
cost(X_1, X_2) &= e_{12} + e_{34} + e_{14} + e_{23} \\
&\leq \sum_{i=1}^{4} e_{ii} + e_{12} + e_{14} + e_{34} + e_{23} \\
&\underset{(4.18)}{\leq} 2e_{23} + 2e_{14} + e_{13} + e_{24} \\
&\leq 2(e_{23} + e_{14} + e_{13} + e_{24}) = 2 \cdot cost(Y_1, Y_2).
\end{aligned}
$$

上の計算式より, 次式が直ちに得られる.

$$cost(X_1, X_2) \leq 2 \cdot cost(Y_1, Y_2) - \sum_{i=1}^{4} e_{ii} - e_{13} - e_{24}. \qquad \square$$

演習問題 4.3.3.4 定理 4.3.3.3 の証明において, $cost(X_1, X_2) < 2 \cdot cost(Y_1, Y_2)$ す

294 第 4 章 近似アルゴリズム

ら証明できることを示せ. □

演習問題 4.3.3.5 アルゴリズム 4.3.3.1 で得られる解の近似比がほぼ 2 となる入力インスタンスを示せ. □

演習問題 4.3.3.6 k-最大カット問題 (k-MAX-CUT) を，MAX-CUT において入力グラフの次数を $k \geq 3$ に制限した問題とする. 各 $k \geq 3$ について，k-MAX-CUT に対する δ_k-近似アルゴリズムを設計せよ. ただし，各 $k \geq 3$ について $\delta_k < \delta_{k+1} < 2$ とする. □

4.3.3 節のまとめ

（実現可能解の空間の妥当な構造に関する）局所最適解のコストが全体の最適解のコストの良い近似となる困難な最適化問題が存在する. このような最適化問題に対しては，局所探索アルゴリズムによって，非常に効率的な解が得られることがある.

4.3.4 ナップサック問題と PTAS

ナップサック問題 (KP) はクラス NPO(I) の代表例であり，したがって NP 困難な最適化問題の中で，KP は多項式時間近似可能性に関して最も易しい問題の 1 つである. この問題を例として，近似アルゴリズムを設計するためのいくつかの概念を説明する. まず，単純ナップサック問題 (SKP) に対する PTAS を設計するために，全探索と貪欲アルゴリズムの間の妥協を用いる. この PTAS はある妥当な距離尺度に関して安定であるが，この安定性は KP に対する PTAS を得るには十分でないことを示す. そして，SKP に対する PTAS に単純に変更を加えることにより，SKP に対する新たな超安定な PTAS を得ることができ，この PTAS から一般の KP に対する PTAS を得ることができる. 最後に，KP に対する FPTAS を得るために，動的計画法と入力インスタンスのある種の近似を「併合」する.

SKP の任意の入力インスタンス $w_1, \ldots, w_n, b$ と任意の $T \subseteq \{1, \ldots, n\}$ に対し，$cost(T) = \sum_{i \in T} w_i$ であることを思い出そう. もし $cost(T) \leq b$ ならば，T は $\mathcal{M}(w_1, w_2, \ldots, w_n, b)$ に属する実行可能解である.

まず，SKP に対する単純な貪欲アルゴリズムが，SKP に対する 2-近似アルゴリズムであることを示す.

アルゴリズム 4.3.4.1 Greedy-SKP

入力： 正整数 $w_1, w_2, \ldots, w_n, b$ $(n \in \mathbb{N})$.

Step 1: $w_1, w_2, \ldots, w_n$ をソートする. 簡単のため，$w_1 \geq w_2 \geq \cdots \geq w_n$ と仮

定する.

Step 2: $T := \emptyset$; $cost(T) := 0$;

Step 3: **for** $i = 1$ **to** n **do**

        if $cost(T) + w_i \le b$ **then**

            do begin $T := T \cup \{i\}$; $cost(T) := cost(T) + w_i$

        end

出力:　T.

Step 1 は $O(n \log n)$ 時間, Step 2 は $O(1)$ 時間, Step 3 は $O(n)$ 時間で実行できるので, アルゴリズム 4.3.4.1 の時間計算量が $O(n \log n)$ であるのは明らかである.

アルゴリズム 4.3.4.1 が SKP に対する 2-近似アルゴリズムであることを示すには, $cost(T) \ge b/2$, あるいは, T が最適解であることを示せば十分である. 一般性を失うことなく, $b \ge w_1 \ge w_2 \ge \cdots \ge w_n$ と仮定できる. $j+1$ を T に属さない最小の整数とする (すなわち, $\{1, 2, \ldots, j\} \subseteq T$). この時, $w_1 \le b$ より, $T \ne \emptyset$ (すなわち, $j \ge 1$) である. $j = 1$ ならば $w_1 + w_2 > b$ であり, $w_1 \ge w_2$ より, $cost(T) \ge w_1 > \frac{b}{2}$ が明らかに成り立つ. したがって, $j \ge 2$ と仮定してよい. 一般に,

$$cost(T) + w_{j+1} > b \ge Opt_{\mathrm{SKP}}(w_1, \ldots, w_n, b)$$

が成り立つ. $w_1 \ge w_2 \ge \cdots \ge w_n$ より,

$$w_{j+1} \le w_j \le \frac{w_1 + w_2 + \cdots + w_j}{j} \le \frac{b}{j} \tag{4.19}$$

が成り立つ. したがって, 任意の整数 $j \ge 2$ に対して, $cost(T) > b - w_{j+1} \ge b - \frac{b}{j} \ge b/2$ である.

不等式 (4.19) は, SKP に対する以下の PTAS の設計アイデアの中核をなす. もし $T_{Opt} = \{i_1, i_2, \ldots, i_r\}$ (ただし, $w_{i_1} \ge w_{i_2} \ge \cdots \ge w_{i_r}$ とする) が最適解であり, T_{Opt} の大きい方から j 個の重み $w_{i_1}, w_{i_2}, \ldots, w_{i_j}$ を含み, $cost(T) + w_{i_{j+1}} > b$ となる解 T を計算できるならば, 最適解との差

$$cost(T_{Opt}) - cost(T) \le w_{i_{j+1}} \le \frac{b}{i_{j+1} - 1} \le \frac{b}{j}$$

は $cost(T_{Opt})$ に対して相対的に小さい. この精度以上の出力 T を得るために, $\{1, \ldots, n\}$ の要素数 j 以下の全ての部分集合を考え, それらを貪欲アプローチで拡張し, それらの中で最良のものを出力する. 明らかに, j の増大とともに作業量は増加するが, 相対誤差は減少する.

296 第 4 章 近似アルゴリズム

アルゴリズム 4.3.4.2

入力： 正整数 $w_1, w_2, \ldots, w_n, b$ $(n \in \mathbb{N})$, および, 正実数 ε $(0 < \varepsilon < 1)$.

Step 1: $w_1, w_2, \ldots, w_n$ をソートする. 簡単のため, $b \geq w_1 \geq w_2 \geq \cdots \geq w_n$ と仮定する.

Step 2: $k := \lceil 1/\varepsilon \rceil$.

Step 3: $|S| \leq k$ かつ $\sum_{i \in S} w_i \leq b$ を満たす各集合 $S \subseteq \{1, 2, \ldots, n\}$ に対し, アルゴリズム 4.3.4.1 の Step 3 の貪欲アプローチを用いて S を S^* に拡張する.

{集合 S はバックトラッキングによって, 辞書式順に 1 つずつ生成され, それまでに得られた S^* 中で最良のものを常に保持しておく.}

出力： Step 3 で生成された全ての集合 S^* の中で, $cost(S^*)$ が最大となる集合 S^*.

定理 4.3.4.3 アルゴリズム 4.3.4.2 は SKP に対する PTAS である. □

証明 まず, 入力 (I, ε) (ただし, $I = w_1, \ldots, w_n, b$ とする) に対するアルゴリズム 4.3.4.2 の時間計算量 $Time(n)$ について考える. Step 1 は $O(n \log n)$ 時間で実行でき, Step 2 は $O(1)$ 時間で実行できる. $|S| \leq k$ となる集合 $S \subseteq \{1, \ldots, n\}$ の数は

$$\sum_{0 \leq i \leq k} \binom{n}{i} \leq \sum_{0 \leq i \leq k} n^i = \frac{n^{k+1} - 1}{n - 1} = O(n^k)$$

である. これらの集合が辞書式順に「生成」できれば, 現在の集合から次の集合を $O(1)$ 時間で構成できる. 貪欲アプローチを用いて, 集合 S を S^* に拡張するのは, $O(n)$ 時間でできる. したがって,

$$Time(n) \leq \left[\sum_{0 \leq i \leq k} \binom{n}{i} \right] \cdot O(n) = O(n^{k+1}) = O(n^{\lceil 1/\varepsilon \rceil + 1})$$

となる.

次に, SKP の任意の入力 $I = w_1, w_2, \ldots, w_n, b$ に対して, 近似比が

$$R_{\text{Algorithm } 4.3.4.2}(I, \varepsilon) \leq 1 + \frac{1}{k} \leq 1 + \varepsilon$$

となることを示す. $M = \{i_1, i_2, \ldots, i_p\}$ $(i_1 < i_2 < \cdots < i_p)$ を I に対する最適解とする. すなわち, $cost(M) = Opt_{\text{SKP}}(I)$ である. p と $k = \lceil 1/\varepsilon \rceil$ の関係に関して 2 つの場合分けをする.

$p \leq k$ ならば, アルゴリズム 4.3.4.2 は Step 3 で集合 M を対象に拡張を試みるの

で, S^* は最適解である (すなわち, 相対誤差は 0).

$p > k$ とする. アルゴリズム 4.3.4.2 は, M (この時, $cost(M) = w_{i_1} + \cdots + w_{i_p}$ となる) に含まれるもののうち, 大きい方から順に k 個の重み $w_{i_1}, w_{i_2}, \ldots, w_{i_k}$ のインデックスを含む集合 $P = \{i_1, i_2, \ldots, i_k\}$ を拡張する. $P^* = M$ ならば, 最適解を得られる. $P^* \neq M$ ならば, $i_q > i_k \geq k$ かつ

$$cost(P^*) + w_{i_q} > b \geq cost(M) \tag{4.20}$$

となる $i_q \in M - P^*$ が存在する.

$$w_{i_q} \leq \frac{w_{i_1} + w_{i_2} + \cdots + w_{i_k} + w_{i_q}}{k+1} \leq \frac{cost(M)}{k+1} \tag{4.21}$$

より,

$$
\begin{aligned}
R(I, \varepsilon) &= \frac{cost(M)}{cost(S^*)} \leq \frac{cost(M)}{cost(P^*)} \underset{(4.20)}{\leq} \frac{cost(M)}{cost(M) - w_{i_q}} \\
&\underset{(4.21)}{\leq} \frac{cost(M)}{cost(M) - \frac{cost(M)}{k+1}} = \frac{1}{1 - \frac{1}{k+1}} = \frac{k+1}{k} \\
&= 1 + \frac{1}{k} \leq 1 + \varepsilon
\end{aligned}
$$

となる. □

アルゴリズム 4.3.4.2 が KP に対して無矛盾であることを示す. KP の入力 $w_1, \ldots,$ $w_n, b, c_1, \ldots, c_n$ は, 各 i ($i = 1, \ldots, n$) に対して $w_i = c_i$ ならば, SKP の入力でもある. したがって, w_i と c_i の相対的な差は, 仕様 $w_i = c_i$ からの自然な距離尺度であるように思える. この理由から, KP の任意の入力 $w_1, w_2, \ldots, w_n, b, c_1, \ldots, c_n$ に対し, 距離関数 $DIST$ を次のように定義する.

$$
\begin{aligned}
&DIST(w_1, \ldots, w_n, b, c_1, \ldots, c_n) = \\
&\quad \max\left\{ \max\left\{ \frac{c_i - w_i}{w_i} \,\middle|\, c_i \geq w_i,\ i \in \{1, \ldots, n\} \right\}, \right.\\
&\quad \left. \max\left\{ \frac{w_i - c_i}{c_i} \,\middle|\, w_i \geq c_i,\ i \in \{1, \ldots, n\} \right\} \right\}.
\end{aligned}
$$

任意の $\delta \in \mathbb{R}^+$ に対して, $KP_\delta = (\Sigma_I, \Sigma_O, L, Ball_{\delta, DIST}(L_I), \mathcal{M}, cost, maximum)$ とする. 次に, アルゴリズム 4.3.4.2 は $DIST$ に関して安定であることを示すが, このことから任意の $\delta > 0$ について, KP_δ に対する PTAS が存在すると言えるわけではない.

アルゴリズム 4.3.4.2 の $(1+\varepsilon)$-近似アルゴリズムを集めた $\{ASKP_\varepsilon\}_{\varepsilon > 0}$ を考えよう.

補題 4.3.4.4 任意の $\varepsilon > 0$ と任意の $\delta > 0$ に対し, アルゴリズム $ASKP_\varepsilon$ は, 相

298 第4章 近似アルゴリズム

対誤差

$$\varepsilon_A(n) \leq \varepsilon + \delta(2+\delta)(1+\varepsilon)$$

の KP_δ に対する近似アルゴリズムである. $\qquad\qquad\square$

証明 入力 $I = w_1, \ldots, w_n, b, c_1, \ldots, c_n$ に対し, $w_1 \geq w_2 \geq \cdots \geq w_n$ とする. また, $k = \lceil 1/\varepsilon \rceil$ とする. さらに, $U = \{i_1, i_2, \ldots, i_l\} \subseteq \{1, 2, \ldots, n\}$ を I の最適解とする. $l \leq k$ ならば, $\mathrm{ASKP}_\varepsilon$ は Step 3 の出力の候補として U を考えているので, $\mathrm{ASKP}_\varepsilon$ は $cost(U)$ の最適解を出力する.

$l > k$ の場合を考える. $\mathrm{ASKP}_\varepsilon$ は, Step 3 で $T = \{i_1, i_2, \ldots, i_k\}$ を貪欲法で拡張する. T を貪欲法によって拡張したものを $T^* = \{i_1, i_2, \ldots, i_k, j_{k+1}, \ldots, j_{k+r}\}$ とする. $\mathrm{ASKP}_\varepsilon$ の出力のコストは $cost(T^*)$ 以上なので, $cost(U) - cost(T^*)$ が $cost(U)$ に対して小さいことを示せば十分である. 実行可能解 U と T^* の重みに関して, 2つに場合分けする.

(i) $\sum_{i \in U} w_i - \sum_{j \in T^*} w_j \leq 0$ の場合.

明らかに, 各 i に対して, $(1+\delta)^{-1} \leq \frac{c_i}{w_i} \leq 1 + \delta$ が成り立つ. したがって,

$$cost(U) = \sum_{i \in U} c_i \leq (1+\delta) \cdot \sum_{i \in U} w_i,$$

$$cost(T^*) = \sum_{j \in T^*} c_j \geq (1+\delta)^{-1} \cdot \sum_{j \in T^*} w_j$$

が成り立つ. これより, 次式が得られる.

$$
\begin{aligned}
cost(U) - cost(T^*) &\leq (1+\delta) \cdot \sum_{i \in U} w_i - (1+\delta)^{-1} \cdot \sum_{j \in T^*} w_j \\
&\leq (1+\delta) \cdot \sum_{i \in U} w_i - (1+\delta)^{-1} \cdot \sum_{i \in U} w_i \\
&= \frac{\delta \cdot (2+\delta)}{1+\delta} \cdot \sum_{i \in U} w_i \\
&\leq \frac{\delta \cdot (2+\delta)}{1+\delta} \cdot \sum_{i \in U} (1+\delta) \cdot c_i \\
&= \delta \cdot (2+\delta) \cdot \sum_{i \in U} c_i \\
&= \delta \cdot (2+\delta) \cdot cost(U).
\end{aligned}
$$

つまり,

$$\frac{cost(U) - cost(T^*)}{cost(U)} \leq \frac{\delta \cdot (2+\delta) \cdot cost(U)}{cost(U)} = \delta \cdot (2+\delta)$$

となる.

(ii) $d = \sum_{i \in U} w_i - \sum_{j \in T^*} w_j > 0$ の場合.

c を重みが $\sum_{j \in T^*} w_j$ となる U の前半部分のコストとする. このとき, (i) と同様に, 次式が成り立つ.

$$\frac{c - cost(T^*)}{c} \leq \delta \cdot (2 + \delta). \tag{4.22}$$

後は $cost(U) - c$, すなわち, 重みが d となる U の後半部分のコストを抑えることが残っている. 明らかに, ある $r > k, i_r \in U$ に対して, $d \leq b - \sum_{j \in T^*} w_j \leq w_{i_r}$ となる (そうでなければ, 貪欲法による拡張で, ASKP$_\varepsilon$ は i_r を T^* に加える). $w_{i_1} \geq w_{i_2} \geq \cdots \geq w_{i_l}$ より,

$$d \leq w_{i_r} \leq \frac{w_{i_1} + w_{i_2} + \cdots + w_{i_r}}{r} \leq \frac{\sum_{i \in U} w_i}{k+1} \leq \varepsilon \cdot \sum_{i \in U} w_i \tag{4.23}$$

となる. $cost(U) \leq c + d \cdot (1 + \delta)$ より, 次式が得られる.

$$
\begin{aligned}
\frac{cost(U) - cost(T^*)}{cost(U)} \quad &\leq \quad \frac{c + d \cdot (1 + \delta) - cost(T^*)}{cost(U)} \\
&\underset{(4.23)}{=} \quad \frac{c - cost(T^*)}{cost(U)} + \frac{(1 + \delta) \cdot \varepsilon \cdot \sum_{i \in U} w_i}{cost(U)} \\
&\underset{(4.22)}{\leq} \quad \delta \cdot (2 + \delta) + (1 + \delta) \cdot \varepsilon \cdot (1 + \delta) \\
&= \quad 2\delta + \delta^2 + \varepsilon \cdot (1 + \delta)^2 \\
&= \quad \varepsilon + \delta \cdot (2 + \delta) \cdot (1 + \varepsilon). \qquad \square
\end{aligned}
$$

KP は最大化問題なので, 補題 4.3.4.4 は, KP_δ に対するアルゴリズム ASKP$_\varepsilon$ の定数近似比を保証するものではない. 次の補題は, アルゴリズム ASKP$_\varepsilon$ が KP_δ に対する定数近似アルゴリズムであることを示している[11].

補題 4.3.4.5 任意の $\varepsilon > 0$ と任意の $\delta > 0$ に対し, アルゴリズム ASKP$_\varepsilon$ は, KP_δ に対する $(1 + \delta)^2 \cdot (1 + \varepsilon)$-近似アルゴリズムである. $\qquad \square$

証明 $I = (w_1, w_2, \ldots, w_n, b, c_1, c_2, \ldots, c_n)$ を KP_δ の入力インスタンスとする. すなわち, 各 $i = 1, 2, \ldots, n$ に対して,

$$(1 + \delta)^{-1} \leq \frac{w_i}{c_i} \leq 1 + \delta \tag{4.24}$$

が成り立つ.

---

[11] 補題 4.3.4.4 を示す主な理由は, その証明での議論が, 後の ASKP$_\varepsilon$ の改良に必要であるからである.

300 第 4 章　近似アルゴリズム

I に対する最適解を U とし，ASKP_ε の出力を T^* とする．ASKP_ε は，SKP の入力インスタンス $I' = (w_1, w_2, \ldots, w_n, b)$ に対する $(1+\varepsilon)$-近似アルゴリズムなので，

$$\frac{\sum_{i \in U} w_i}{\sum_{j \in T^*} w_j} \leq 1 + \varepsilon \tag{4.25}$$

が成り立つ．

入力 I に対する ASKP_ε の近似率は，次のように評価できる．

$$
\begin{aligned}
R(I, \varepsilon) &= \frac{cost(U)}{cost(T^*)} \underset{(4.24)}{\leq} \frac{\sum_{i \in U} w_i \cdot (1 + \delta)}{\sum_{j \in T^*} w_j \cdot (1 + \delta)^{-1}} \\
&= (1 + \delta)^2 \cdot \frac{\sum_{i \in U} w_i}{\sum_{j \in T^*} w_j} \underset{(4.25)}{\leq} (1 + \delta)^2 \cdot (1 + \varepsilon).
\end{aligned}
$$

系 4.3.4.6 PTAS アルゴリズム 4.3.4.2 は $DIST$ に関して安定であるが，$DIST$ に関して超安定ではない． □

証明 $DIST$ に関して安定であることは，補題 4.3.4.4 から直ちに明らかである．SKP が $DIST$ に関して超安定でないことを示すには，入力

$$w_1, w_2, \ldots, w_m, u_1, u_2, \ldots, u_m, b, c_1, c_2, \ldots, c_{2m}$$

を考えれば十分である[12]．ただし，$w_1 = w_2 = \cdots = w_m$，$u_1 = u_2 = \cdots = u_m$ とし，$w_i = u_i + 1$ $(i = 1, \ldots, m)$ とする．また，$b = \sum_{i=1}^{m} w_i$，$c_1 = c_2 = \cdots = c_m = (1 - \delta) w_1$，$c_{m+1} = c_{m+2} = \cdots = c_{2m} = (1 + \delta) u_1$ とする． □

PTAS アルゴリズム 4.3.4.2 は $DIST$ に関して安定であるが，任意の $\delta > 0$ について，KP_δ に対する PTAS を得るには十分でない．これは，近似比が，ε に独立な加算項 $2\delta + \delta^2$ を含むからである．以下では，任意の KP_δ $(\delta > 0)$ に対する PTAS が得られるようにアルゴリズム 4.3.4.2 を少し変更する．この変更のアイデアは非常に自然で，入力値を単位重み当たりのコストによってソートすることである．

アルゴリズム 4.3.4.7 PTAS MOD-SKP

入力：　正整数 $w_1, w_2, \ldots, w_n, b, c_1, \ldots, c_n$ $(n \in \mathbb{N})$，および，ある正実数 ε $(1 > \varepsilon > 0)$．

Step 1:　$\frac{c_1}{w_1}, \frac{c_2}{w_2}, \ldots, \frac{c_n}{w_n}$ をソートする．簡単のため，$\frac{c_i}{w_i} \geq \frac{c_{i+1}}{w_{i+1}}$ $(i = 1, \ldots, n-1)$ としてよい．

---

[12] 与えられた ε に対して，m は ε^{-1} より十分に大きくなるように選ばなければならないことに注意しよう．

Step 2: $k = \lceil 1/\varepsilon \rceil$ とする.

Step 3: アルゴリズム 4.3.4.2 の Step 3 と同じ. ただし, 貪欲法で拡張を行う部分は, Step 1 のソート後の w_i の順に選択する.

出力: Step 3 で構成された最良の T^*.

任意の定数 $\varepsilon > 0$ に対し, PTAS MOD-SKP で示したアルゴリズムを MOD-SKP$_\varepsilon$ と表す.

補題 4.3.4.8 任意の ε $(1 > \varepsilon > 0)$, および任意の $\delta \geq 0$ に対し, MOD-SKP$_\varepsilon$ は KP$_\delta$ に対する $(1 + \varepsilon \cdot (1 + \delta) \cdot (1 + \varepsilon))$-近似アルゴリズムである. □

証明 入力 $I = w_1, \ldots, w_n, b, c_1, \ldots, c_n$ に対する最適解を $U = \{i_1, i_2, \ldots, i_l\} \subseteq \{1, 2, \ldots, n\}$ (ただし, $w_{i_1} \geq w_{i_2} \geq \cdots \geq w_{i_l}$)[13] とする.

$l \leq k$ の場合, MOD-SKP$_\varepsilon$ で最適解を得られる.

$l > k$ の場合, $T = \{i_1, i_2, \ldots, i_k\}$ を貪欲法で拡張して得られる $T^* = \{i_1, i_2, \ldots, i_k, j_{k+1}, \ldots, j_{k+r}\}$ を考える. ここで, 再び $\sum_{i \in U} w_i$ と $\sum_{j \in T^*} w_j$ に関して, 2 つの場合に場合分けする.

(i) $\sum_{i \in U} w_i - \sum_{j \in T^*} w_j < 0$ の場合.

U の最適性に矛盾するため, このような場合は起こり得ないことを示す. $cost(U)$ と $cost(T^*)$ はともに, $\sum_{s=1}^{k} c_{i_s}$ 以上である. T^* の残りは, 単位重み当たりのコストの高い順に w_i を選択する. 単位重み当たりのコストに関して, U の選択の方が良いことはない. したがって, $cost(U) < cost(T^*)$ である.

(ii) $d = \sum_{i \in U} w_i - \sum_{j \in T^*} w_j \geq 0$ の場合.

単位重み当たりのコストの高い順の選択で T^* を得ているので, U の前半部で重みが $\sum_{j \in T^*} w_j$ となる部分のコスト c は $cost(T^*)$ 以下である. すなわち,

$$c - cost(T^*) \leq 0 \tag{4.26}$$

である. U と T^* は同じ k 個のインデックス $i_1, i_2, \ldots, i_k$ を含み, $w_{i_1}, \ldots, w_{i_k}$ が U と T^* 両方の最大の k 個の重みであるので, 補題 4.3.4.4 と同様の議論によって,

$$d \leq \varepsilon \cdot \sum_{i \in U} w_i \ \text{かつ} \ cost(U) \leq c + d \cdot (1 + \delta) \tag{4.27}$$

が成り立つ ((4.23) を見よ).

---

[13] ここでは, 単位重み当たりのコストではなく, 重みに関する順序を考えていることに注意しよう.

302　第 4 章　近似アルゴリズム

したがって，U と T^* が異なれば，

$$i_m \in U - T^* \text{ かつ } \sum_{j \in T^*} w_j + w_{i_m} > b \geq \sum_{i \in U} w_i$$

となる $m \in \{k+1, \ldots, l\}$ が存在する．したがって，MOD-SKP$_\varepsilon$ は SKP に対する ε-近似アルゴリズムであり[14]，

$$\frac{\sum_{i \in U} w_i}{\sum_{j \in T^*} w_j} \leq 1 + \varepsilon \tag{4.28}$$

が成り立つ．

以上から，次式を導ける．

$$
\begin{aligned}
R(I, \varepsilon) \quad &= \quad \frac{cost(U)}{cost(T^*)} \\[2mm]
&\underset{(4.27)}{\leq} \quad \frac{c + d \cdot (1 + \delta)}{cost(T^*)} \\[2mm]
&= \quad \frac{cost(T^*) + c - cost(T^*) + d \cdot (1 + \delta)}{cost(T^*)} \\[2mm]
&= \quad 1 + \frac{c - cost(T^*) + d \cdot (1 + \delta)}{cost(T^*)} \\[2mm]
&\underset{(4.26)}{\leq} \quad 1 + \frac{d \cdot (1 + \delta)}{cost(T^*)} \\[2mm]
&\underset{(4.27)}{\leq} \quad 1 + \varepsilon \cdot (1 + \delta) \cdot \frac{\sum_{i \in U} w_i}{\sum_{j \in T^*} w_j} \\[2mm]
&\underset{(4.28)}{\leq} \quad 1 + \varepsilon \cdot (1 + \delta) \cdot (1 + \varepsilon). \qquad \square
\end{aligned}
$$

演習問題 4.3.4.9　任意の $\varepsilon \geq 0$，任意の $\delta \geq 0$ について，KP$_\varepsilon$ に対する MOD-SKP$_\varepsilon$ の相対誤差は $\varepsilon \cdot (1 + \delta)^2$ 以下であることを示せ．

アルゴリズム MOD-SKP$_\varepsilon$ の集まりが，（入力のサイズ $2n + 1$ に独立な）任意の定数 $\delta \geq 0$ について，KP_δ に対する PTAS である．

定理 4.3.4.10　MOD-SKP は，*DIST* に関して超安定であり，アルゴリズム 4.3.4.7 は KP に対する PTAS である．　　　　　　　　　　　　　　　　　　　　　$\square$

KP に対する FPTAS を得るために，全く新しいアプローチを考える．3.2 節で

---

[14] 詳細については定理 4.3.4.3 の証明を見よ．

は，KP に対して，任意の入力 $I = w_1, \ldots, w_n, b, c_1, \ldots, c_n$ に対する時間計算量が $O(n \cdot Opt_{\mathrm{KP}}(I))$ の（動的計画法に基づく）アルゴリズム 3.2.2.2 を示した．問題は，$Opt_{\mathrm{KP}}(I)$ が入力長に関して指数的になることがあり，アルゴリズム 3.2.2.2 の時間計算量を指数的と見なさなければならないことである．KP に対する FPTAS のアイデアは，任意の入力 $I = w_1, \ldots, w_n, b, c_1, \ldots, c_n$ を $\sum_{i=1}^{n} c_i'$ が n の多項式となるもう 1 つの入力 $I' = w_1, w_2, \ldots, w_n, b, c_1', \ldots, c_n'$ で「近似」し，I に対する実行可能解を得るために，入力 I' に対してアルゴリズム 3.2.2.2 を適用することである．$Opt_{\mathrm{KP}}(I')$ を n に関して小さくするためには，入力値 $c_1, \ldots, c_n$ をある大きな同じ数 d で割らなければならない．明らかに，d を大きくするほど効率は上がるが，近似比も大きくなってしまう．したがって，d は利用者の要求に応じて選べばよい．

アルゴリズム 4.3.4.11 KP に対する FPTAS

入力：　$w_1, \ldots, w_n, b, c_1, \ldots, c_n \in \mathbb{N}$, $n \in \mathbb{N}$, $\varepsilon \in \mathbb{R}^+$.

Step 1:　$c_{max} := \max\{c_1, \ldots, c_n\}$;

　　　　　$t := \left\lfloor \log_2 \frac{\varepsilon \cdot c_{max}}{(1+\varepsilon) \cdot n} \right\rfloor$;

Step 2:　**for** $i = 1$ **to** n

　　　　　　　do $c_i' := \lfloor c_i \cdot 2^{-t} \rfloor$.

Step 3:　アルゴリズム 3.2.2.2 を用いて，入力 $I' = w_1, \ldots, w_n, b, c_1', \ldots, c_n'$ に対する最適解 T' を求める．

出力：　T'.

定理 4.3.4.12　アルゴリズム 4.3.4.11 は，KP に対する FPTAS である．　　□

証明　まず，アルゴリズム 4.3.4.11 が近似スキームであることを示す．出力 T'（I' に対する最適解）は I' に対する実行可能解であり，I と I' は重み $w_1, \ldots, w_n, b$ が同じであるので，T' は I の実行可能解でもある．T を元の入力 I に対する最適解とする．目的は，

$$R(I) = \frac{cost(T, I)}{cost(T', I)} \leq 1 + \varepsilon$$

を示すことである．

　まず，次式が成り立つ．

$$
\begin{aligned}
cost(T, I) &= \sum_{j \in T} c_j \\
&\geq \sum_{j \in T'} c_j = cost(T', I) \quad \{T \text{ が } I \text{ に対して最適であり，} T' \text{ が } I \text{ に対して実行可能解であることより}\}
\end{aligned}
$$

$$
\begin{aligned}
&\geq\quad 2^t \cdot \sum_{j \in T'} c'_j \quad \{c'_j = \lfloor c_j \cdot 2^{-t} \rfloor \text{ より}\} \\
&\geq\quad 2^t \sum_{j \in T} c'_j \quad \{T' \text{ が } I' \text{ に対して最適であることより}\} \\
&=\quad \sum_{j \in T} 2^t \cdot \lfloor c_j \cdot 2^{-t} \rfloor \quad \{c'_j = \lfloor c_j \cdot 2^{-t} \rfloor \text{ より}\} \\
&\geq\quad \sum_{j \in T} 2^t \left(c_j \cdot 2^{-t} - 1\right) \geq \left(\sum_{j \in T} c_j\right) - n \cdot 2^t = cost(T, I) - n \cdot 2^t.
\end{aligned}
$$

つまり, 以下が証明される.

$$
cost(T, I) \quad \geq \quad cost(T', I) \geq cost(T, I) - n \cdot 2^t. \tag{4.29}
$$

つまり,

$$
\begin{aligned}
0 \quad &\leq \quad cost(T, I) - cost(T', I) \leq n \cdot 2^t \\
&\leq \quad n \cdot \frac{\varepsilon \cdot c_{max}}{(1 + \varepsilon) \cdot n} = \varepsilon \cdot \frac{c_{max}}{1 + \varepsilon}.
\end{aligned} \tag{4.30}
$$

$cost(T, I) \geq c_{max}$ (すなわち, $w_i \leq b$ $(i = 1, \ldots, n)$) と仮定できるので, (4.29) と (4.30) より,

$$
cost(T', I) \geq c_{max} - \varepsilon \cdot \frac{c_{max}}{1 + \varepsilon} \tag{4.31}
$$

が得られる.

したがって,

$$
\begin{aligned}
R(I) \quad &= \quad \frac{cost(T, I)}{cost(T', I)} = \frac{cost(T', I) + cost(T, I) - cost(T', I)}{cost(T', I)} \\
&\leq \quad 1 + \frac{\varepsilon \cdot \frac{c_{max}}{1+\varepsilon}}{cost(T', I)} \quad \{(4.30) \text{ より}\} \\
&\leq \quad 1 + \frac{\varepsilon \cdot \frac{c_{max}}{1+\varepsilon}}{c_{max} - \varepsilon \cdot \frac{c_{max}}{1+\varepsilon}} \quad \{(4.31) \text{ より}\} \\
&= \quad 1 + \frac{\varepsilon}{1 + \varepsilon} \cdot \frac{1}{1 - \frac{\varepsilon}{1+\varepsilon}} = 1 + \frac{\varepsilon}{1 + \varepsilon} \cdot (1 + \varepsilon) = 1 + \varepsilon
\end{aligned}
$$

となる.

次に, アルゴリズム 4.3.4.11 の時間計算量が n と ε^{-1} に関して多項式であることを証明しなければならない. Step 1 および Step 2 は $O(n)$ 時間で実行できる. Step 3 は, 入力 I' に対するアルゴリズム 3.2.2.2 の実行であり, $O(n \cdot Opt_{\mathrm{KP}}(I'))$ 時間で実行できる. ここで, $Opt_{\mathrm{KP}}(I')$ に対して

$$
Opt_{\mathrm{KP}}(I') \quad \leq \quad \sum_{i=1}^{n} c'_i = \sum_{i=1}^{n} \left\lfloor c_i \cdot 2^{-\left\lfloor \log_2 \frac{\varepsilon \cdot c_{max}}{(1+\varepsilon) \cdot n} \right\rfloor} \right\rfloor
$$

$$
\leq \quad \sum_{i=1}^{n} \left(c_i \cdot 2 \cdot \frac{(1+\varepsilon) \cdot n}{\varepsilon \cdot c_{max}} \right)
$$

$$
= \quad 2 \cdot (1+\varepsilon) \cdot \varepsilon^{-1} \cdot \frac{n}{c_{max}} \cdot \sum_{i=1}^{n} c_i
$$

$$
\leq \quad 2 \cdot (1+\varepsilon) \cdot \varepsilon^{-1} \cdot n^2 \in O\left(\varepsilon^{-1} \cdot n^2\right)
$$

が成り立つ.

したがって，アルゴリズム 4.3.4.11 の時間計算量は $O\left(\varepsilon^{-1} \cdot n^3\right)$ である． □

演習問題 4.3.4.13 $d = 2^{-t}$ 以外のパラメータに対して，アルゴリズム 4.3.4.11 を考える． d を適切に選択することにより，KP に対する時間計算量が n^2 の FPTAS を見つけよ． □

演習問題 4.3.4.14 [*] 以下の時間計算量を持つ，KP に対する新たな FPTAS を設計せよ．

(i) $O\left(n \cdot \log n + n \cdot \varepsilon^{-2}\right)$.

(ii) $O\left(n \cdot \log_2\left(\varepsilon^{-1}\right) + \varepsilon^{-4}\right)$. □

4.3.4 節のまとめ

多項式時間近似アルゴリズムを設計するための，次の 2 つの方法を示した.

(i) PTAS を得るための，貪欲アプローチと全探索の組合せ.
(ii) 時間計算量 $O(p(n) \cdot F)$ の擬多項式時間最適化アルゴリズム A の応用．ここで，p は入力変数の数 n に関して多項式であり，F は入力変数の値に関して線形である．入力変数の値はその表現サイズに対して指数的であるので，F は入力長に関して指数的になり得る． A を効率的に適用できるためには，n に関して指数的な F を持つ入力を n に関して多項式の F を持つ入力に「帰着」する．この方法によって，任意の入力インスタンスに対する良い近似比を得られる可能性がある.

SKP に対する PTAS を得るために (i) を適用し，KP に対する FPTAS を設計するために (ii) を適用した．さらに，近似の超安定性の概念を考えることによって，元のクラスよりも本質的に大きな問題インスタンスのクラスに PTAS の利用を拡張する自然な方法を見つけることができることを示した.

306 第 4 章 近似アルゴリズム

4.3.5 巡回セールスマン問題と近似の安定性

巡回セールスマン問題（TSP）は，クラス NPO(V) の代表的な問題である．すなわち，多項式時間近似可能性に関して最も困難な最適化問題の 1 つである[15]．このため，TSP に対して近似解を求めるというアプローチはふさわしくないと考えるかもしれない．ここでは，NPO(V) に属する最も困難問題に対してさえ，それは必ずしも正しくないことを示す．まず，次の 2 つの条件を満たす入力インスタンスの部分集合 $L_\triangle$ が存在することを示す．

(i) $L_\triangle$ に属する入力に対しては，効率的な近似アルゴリズムを設計できる．

(ii) いくつかのアプリケーションにおいて，その入力は $L_\triangle$ に属するか，あるいは，$L_\triangle$ の仕様に大きくは違反しないという性質を持つ．

このこと自体が，既に，いくつかのアプリケーションに対して有用であるが，ここでは，それをさらに改良する．上記のアルゴリズムを安定なアルゴリズムに改良できることを示す．この方法によって，これらのアルゴリズムを $L_\triangle$ に属さない入力に対して適用でき，任意の入力に対する近似比の上界を効率良く計算できる．

まず，$\triangle$-TSP，すなわち，入力が三角不等式を満たす TSP に対して，2 つのアルゴリズムを示す．

アルゴリズム 4.3.5.1

入力： 完全グラフ $G = (V, E)$，および，コスト関数 $c : E \to \mathbb{N}^+$. ただし，コスト関数 c は任意の異なる $u, v, w \in V$ に対し，三角不等式

$$c(\{u, v\}) \leq c(\{u, w\}) + c(\{w, v\})$$

を満たす（すなわち，$(G, c) \in L_\triangle$）．

Step 1: G の c に関する最小全域木 T を構成する．

Step 2: 任意の頂点 $v \in V$ を選択する．v から T の深さ優先探索を行い，頂点を訪問順に並べたリスト H を生成する．

出力： ハミルトン閉路 $\overline{H} = H, v$．

例 図 4.5 の重み付き完全グラフ (K_5, c) に対する，アルゴリズム 4.3.5.1 の動作を説明する．このグラフの重み c が三角不等式を満たしていることは，容易に確認できる．図 4.6 は，貪欲法で (K_5, c) の最小全域木を構成する過程を示している．図 4.6 では，最小全域木の辺を太線で示している．

---

[15] TSP の近似不可能性に関する詳しい議論は，4.4 節で行う．

4.3 アルゴリズムの設計　307

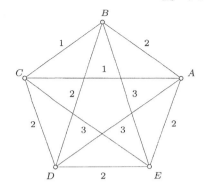

図 **4.5**

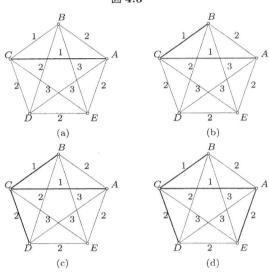

図 **4.6**

　図 4.7 は，アルゴリズム 4.3.5.1 の Step 2 の動作を示している．図 4.6(d) の全域木 T の深さ優先探索は頂点 C から始めている．図 4.7(a) で最初に選択された T の辺は $\{C, D\}$ である．D はこの時初めて訪問されるので，辺 $\{C, D\}$ がハミルトン閉路の辺となる．この様子を図 4.7(b) に示す．以下でも，ハミルトン閉路の辺を太線で示す．T において，D からはそれ以上先に進めないので，C に戻り，深さ優先探索で辺 $\{C, A\}$ を選択する（図 4.7(c)）．C は既に訪問済で，A が未訪問なので，辺 $\{D, A\}$ をハミルトン閉路の辺とする（図 4.7(d)）．この時点で，ハミルトン閉路の最初の部分として C, D, A が確定し，深さ優先探索では C, D, A が訪問済である．T の深さ優先探索で，A から選択できる唯一の辺は $\{A, E\}$ である（図 4.7(e)）．

　頂点 E は未訪問なので，辺 $\{A, E\}$ がハミルトン閉路の辺となる．T では E より先に進めないので，A に戻る．A からも未訪問の頂点に進めないので，深さ優先探索

308 第 4 章 近似アルゴリズム

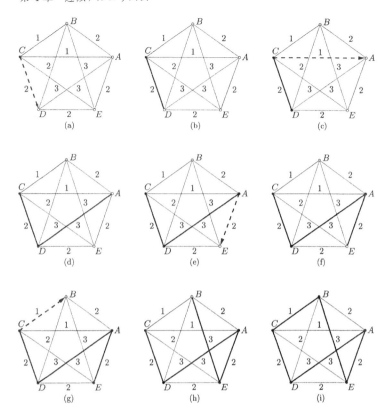

図 4.7 入力インスタンス (K_5, c) と図 4.6(d) の木 T に対するアルゴリズム 4.3.5.1 の Step 2 のシミュレーション．太線はハミルトン閉路の辺として選ばれた辺を示す．破線は，深さ優先探索でその時点でたどっている辺を示す．

は頂点 C に戻る．C から進める唯一の辺は $\{C, B\}$（図 4.7(f)）であり，この辺を選択する（図 4.7(g)）．B が深さ優先探索で次に訪問される頂点なので，ハミルトン閉路の辺として，辺 $\{E, B\}$ を確定する（図 4.7(h)）．この時点で T の深さ優先探索が完了し，辺 $\{B, C\}$ を選択することにより，ハミルトン閉路が完成する（図 4.7(i)）．得られたハミルトン閉路は C, D, A, E, B, C であり，そのコストは $2+3+2+3+1 = 11$ である．

実際には，この例の場合，最適なハミルトン閉路は C, B, D, E, A, C であり，そのコストは 8 であることに注意しよう（図 4.13 を見よ）．　□

定理 4.3.5.2 アルゴリズム 4.3.5.1 は，△-TSP に対する多項式時間 2-近似アルゴリズムである．　□

証明 まず，アルゴリズム 4.3.5.1 の時間計算量について解析しよう．Step 1 と Step

2 は，それぞれ，よく知られた $O(|E|)$-時間アルゴリズムに相当する．したがって，$Time_A(n) \in O(|E|) \subseteq O(n^2)$ である．

入力インスタンス $I = ((V, E), c)$ に対する最適ハミルトン閉路を H_{Opt} とする．すなわち，$cost(H_{Opt}) = Opt_{\triangle\text{-TSP}}(I)$ である．$\overline{H}$ をアルゴリズム 4.3.5.1 の出力とする．H は V の頂点の順列であるので，明らかに，$\overline{H} = H, v$ は実行可能解である．

まず，H_{Opt} から任意の 1 辺を除去すると全域木が得られ，T は最小全域木であることから，

$$cost(T) = \sum_{e \in E(T)} c(e) \leq cost(H_{Opt}) \tag{4.32}$$

が成り立つことがわかる．

T の深さ優先探索に対応する路を W とする．W は T の各辺を 2 回たどる（各方向に 1 回ずつ[16]）．したがって，$cost(W)$ を W の全ての辺のコストの総和とすると，

$$cost(W) = 2 \cdot cost(T) \tag{4.33}$$

となる．(4.32) と (4.33) より，

$$cost(W) \leq 2 \cdot cost(H_{Opt}) \tag{4.34}$$

が得られる．

$\overline{H}$ は，W に対して，いくつかの部分路 $u, v_1, \ldots, v_k, v$ それぞれを辺 $\{u, v\}$ に置き換える[17]ことで得られる．実際，この置換は，W の 3 頂点からなる部分列 u, w, v を直接接続 u, v に置き換えるという単純な操作を繰り返し適用することで実現できる（この置換は，頂点 w が W の接頭部で既に現れている時に行われる）．三角不等式 $(c\{u, v\} \leq c\{u, w\} + c\{w, v\})$ より，この単純な操作は路のコストを増加させない．したがって，

$$cost(\overline{H}) \leq cost(W) \tag{4.35}$$

が成り立つ．

(4.34) と (4.35) より，次式を得る．

$$cost(\overline{H}) \leq cost(W) \leq 2 \cdot cost(H_{Opt}). \qquad \square$$

例 アルゴリズム 4.3.5.1 の近似比の上界 2 はタイトであることを示す．n を正の奇数とする．$\triangle$-TSP の次の入力インスタンスを考える．完全グラフを $G = (V, E)$ $(V = \{v_1, \ldots, v_n\})$ とし，コスト関数 $c : E \to \{1, 2\}$ を

$$c(\{v_2, v_3\}) = c(\{v_3, v_4\}) = \cdots = c(\{v_{n-1}, v_n\}) = 2$$

---

[16] W は，T の各辺を二重化して構成される多重グラフ T_2 のオイラー閉路と見なせることに注意しよう．
[17] u と v を直接に接続する．

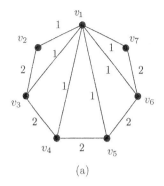
(a)

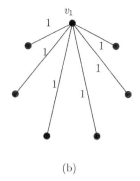
(b)

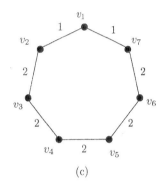
(c)

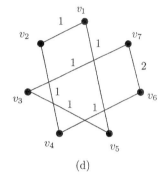
(d)

図 4.8

とし，E の上記以外の任意の辺 e については

$$c(e) = 1$$

とする（図 4.8(a)）．図 4.8(a) では，重み 2 の全ての辺と，重み 1 の辺の一部を示している．明らかに，$(V, \{\{v_1, v_i\} \mid i = 1, \ldots, n\})$ は，G の c に関する唯一の最小全域木であり，$cost(T) = n - 1$ である（図 4.8(b)）．従って，アルゴリズム 4.3.5.1 の出力は，ハミルトン閉路 $\overline{H} = v_1, v_2, v_3, \ldots, v_n, v_1$ である可能性があり[18]，この時 $cost(\overline{H}) = 2n - 2$ となる（図 4.8(c)）[19]．しかし，最適ハミルトン閉路 H_{Opt} は

$$v_1, v_2, v_4, v_6, \ldots, v_{2i}, v_{2i+2}, \ldots, v_{n-1}, v_n, v_3, v_5, v_7, \ldots, v_{2j-1}, v_{2j+1}, \ldots, v_{n-2}, v_1$$

である（図 4.8(d)）．

H_{Opt} においては，辺 $\{v_{n-1}, v_n\}$ が唯一の重み 2 の辺であり，$cost(H_{Opt}) = n + 1$ であることがわかる．この時，

---
[18] G には複数の最小全域木があるが，アルゴリズム 4.3.5.1 が図 4.8(a) の木を求める可能性もある．
[19] $\overline{H}$ は，重み 2 の辺全てを含んでいる．

$$\frac{cost(\overline{H})}{cost(H_{Opt})} = \frac{2n-2}{n+1}$$

となり，これは n が大きくなるにつれて 2 に収束する． $\qquad\square$

アルゴリズム 4.3.5.1 を見れば，このアルゴリズムが次の戦略に基づいていることがわかる．

(i) コストが $Opt_{\triangle\text{-TSP}}(I)$ 以下の全域木 T を構成する．

(ii) T^* がオイラー閉路 W を含み，$cost(T^*) = cost(W)$ ができるだけ小さくなるように，T を多重グラフ T^* に拡張する．

(iii) オイラー閉路 W を短絡させて，ハミルトン閉路 H を得る．この時，三角不等式より，$cost(H) \le cost(W)$ が成り立つ．

この戦略に従う限り，アルゴリズム 4.3.5.1 に比べてコストを節約できる唯一の部分は (ii) である．アルゴリズム 4.3.5.1 では，各辺を二重化することにより T^* を得ている．しかし，そのコストが大きくなり過ぎることもある．実際，全ての頂点の次数を偶数にするだけでよい[20]．これは，次数が奇数の T の頂点の「コストの小さい」マッチングを利用することで実現できる．どのようなグラフでも，次数が奇数の頂点は偶数個存在するので，このアイデアでうまくいく．

補題 4.3.5.3 任意のグラフ T において，次数が奇数の頂点は偶数個存在する． $\quad\square$

証明 $T = (V, E)$ の全ての頂点の次数の総和はちょうど $2 \cdot |E|$ となる．$2 \cdot |E|$ は偶数なので，次数が奇数の頂点の数は偶数である． $\qquad\square$

補題 4.3.5.3 は，最小全域木にマッチングを追加することによって，すべての頂点の次数が偶数である多重グラフを構成するというアイデアを適用できることを示している．この方法により，次のアルゴリズムを得る．

アルゴリズム 4.3.5.4 CHRISTOFIDES のアルゴリズム

入力： 完全グラフ $G = (V, E)$ と三角不等式を満たすコスト関数 $c : E \to \mathbb{N}^+$．

Step 1: G の c に関する最小全域木 T を構成する．

Step 2: $S := \{v \in V \mid deg_T(v)$ が奇数$\}$．

Step 3: G における S の最小重み[21]完全[22]マッチング M を求める．

---

[20] これは，オイラー閉路が存在するための必要十分条件である．

[21] c に関する．

[22] 頂点集合 S のマッチング M が完全であるとは，グラフ (S, M) のすべての頂点の次数が 1 である，すなわち，全ての頂点がマッチングに「含まれる」ということである．

Step 4: 多重グラフ $G' = (V, E(T) \cup M)$ を生成し，G' のオイラー閉路 ω を構成する．

Step 5: ω を短絡することにより，G のハミルトン閉路 H を構成する（すなわち，ω を左から右に1度だけ走査し，各頂点に対し，2回目以降に現れる頂点を削除する）．

出力： H．

例 アルゴリズム 4.3.5.1 の説明で考えたものと同じ重み関数 c を持つ K_5 に対する，CHRISTOFIDES アルゴリズムの動作を説明する．Step 1 では，最小全域木 T を構成する（図 4.9(a)）．頂点 B, C, D, E は，いずれも T において次数が奇数である（図 4.9(b)）．そこで，K_5 における B, C, D, E に対する最小完全マッチング M を求める．得られる最小完全マッチング $\{\{C, B\}, \{D, E\}\}$ を図 4.10(b) に示す．Step 4 では，図 4.11 に示すような，多重グラフ $G' = (\{A, B, C, D, E\}, \{\{C, D\}, \{D, E\}, \{E, A\}, \{A, C\}, \{C, B\}, \{B, C\}\})$ のオイラー閉路 $\omega = C, D, E, A, C, B, C$ を構成する．

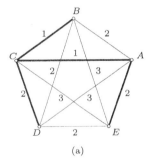
(a)

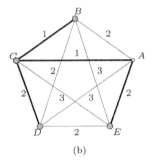
(b)

図 4.9

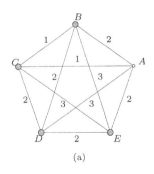
(a)

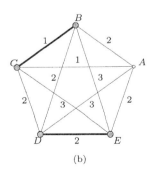
(b)

図 4.10

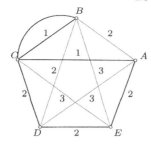

図 4.11

図 4.12 に，Step 5 での $\omega = C, D, E, A, C, B, C$ から C, D, E, A, B, C への短絡を示す．頂点 C から開始し，ω の最初の辺 $\{C, D\}$ （図 4.12(a)）をハミルトン閉路 H の辺とする（図 4.12(b)）．以下，図 4.12 では，ハミルトン閉路の辺として確定した辺を太線で示す．ω の次の辺は $\{D, E\}$ （図 4.12(c)）であり，E は ω で初めて訪問されるので，この辺を H の辺とする（図 4.12(d)）．ω の 3 番目の辺は $\{E, A\}$ （図 4.12(e)）であり，A は ω で初めて訪問されるので，$\{E, A\}$ を H の辺とする．ω の次の辺は $\{A, C\}$ （図 4.12(g)）である．頂点 C は ω で既に現れており，ω にはまだ現れていない頂点 B が存在するので（図 4.12(h)），この辺は H の辺として選択しない．ω の次の辺は $\{C, B\}$ である（図 4.12(i)）．B はまだ H に含まれていないので，頂点 A （これまでの H で最後の頂点）と B を辺 $\{A, B\}$ で接続する（図 4.12(j)）．辺 $\{B, C\}$ でコスト 9 のハミルトン閉路 $H = C, D, E, A, B, C$ （図 4.12(k)）が完成する．

H は最適ではない．しかし，アルゴリズム 4.3.5.1 で生成されたハミルトン閉路 C, D, A, E, B, C よりコストが小さいことがわかる．最適ハミルトン閉路のコストは 8 であり，それを図 4.13 に示す． □

定理 4.3.5.5 CHRISTOFIDES アルゴリズムは，△-TSP に対する多項式時間 1.5-近似アルゴリズムである． □

証明 まず，CHRISTOFIDES アルゴリズムの時間計算量 $Time_{Ch}(n)$ について解析する．Step 1 は最小全域木を $O(|E|) = O(n^2)$ 時間で構成する標準的なアルゴリズムを用いて実行できる．Step 2 は $O(n^2)$ ステップで実行できる．三角不等式を満たすグラフでの最小重み完全マッチングは $O(n^2 \cdot |E|)$ 時間で求めることができる．多重グラフ G' は $O(n^2)$ 時間で生成でき[23]，G' のオイラー閉路は $O(|V(T)| + |M|) = O(n)$ 時間で構成できる．最後に，Step 5 は $O(|V(T)| + |M|) = O(n)$ 時間で実行できる．

---

[23] T と M を適切に表現すれば，これは $O(n)$ 時間で実行できる．しかし，このようにしても全体の時間計算量の評価に影響を与えない．

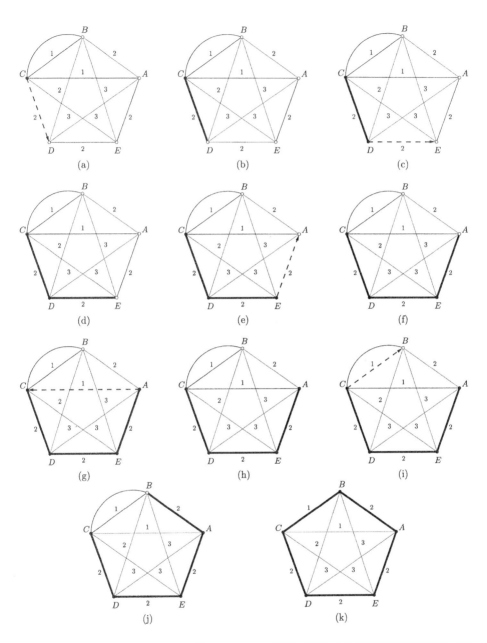

図 4.12 CHRISTOFIDES アルゴリズムの Step 5 の説明. 図 4.11 の多重グラフにおける, 頂点 C から始まる深さ優先探索を示す.

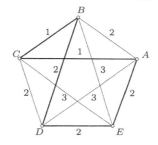

図 4.13

したがって，$Time_{Ch}(n) = O(n^2 \cdot |E|) = O(n^4)$ となる．

△-TSP の入力インスタンスを $I = (G, c)$ とし，$G = (V, E)$ の最適ハミルトン閉路を H_{Opt} とする．すなわち，$cost(H_{Opt}) = Opt_{\triangle\text{-}TSP}(I)$ である．H を CHRISTOFIDES アルゴリズムの出力とし，ω を CHRISTOFIDES アルゴリズムの Step 4 で構成されるオイラー閉路とする．明らかに，次式が成り立つ．

$$cost(\omega) = cost(G') = \sum_{e \in E(T) \cup M} c(e) = cost(T) + cost(M). \tag{4.36}$$

三角不等式と (4.36) より，

$$cost(H) \leq cost(\omega) \underset{(4.36)}{\leq} cost(T) + cost(M) \tag{4.37}$$

となる．

次に，$cost(T)$ と $cost(M)$ を $cost(H_{Opt})$ に関して抑える．H_{Opt} からどの辺を取り除いても全域木が得られること，および T が最小全域木であることより，

$$cost(T) \leq cost(H_{Opt}) \tag{4.38}$$

が成り立つ．

$S = \{v_1, \ldots, v_{2m}\}$ (m は正整数) を T における次数が奇数の頂点全ての集合[24]とする．一般性を失うことなく，

$$H_{Opt} = v_1, \alpha_1, v_2, \alpha_2, \ldots, \alpha_{2m-1}, v_{2m}, \alpha_{2m}, v_1$$

と書ける．ここで，α_i ($i = 1, \ldots, 2m$) は (空かもしれない) 路である (図 4.14)．G における次の 2 種類のマッチングを考える (図 4.14)．

$$M_1 := \{\{v_1, v_2\}, \{v_3, v_4\}, \ldots, \{v_{2m-1}, v_{2m}\}\},$$
$$M_2 := \{\{v_2, v_3\}, \{v_4, v_5\}, \ldots, \{v_{2m-2}, v_{2m-1}\}, \{v_{2m}, v_1\}\}.$$

三角不等式より，各 $i = 1, \ldots, 2m$ に対して，

---

[24] CHRISTOFIDES アルゴリズムの Step 2 で構成される．

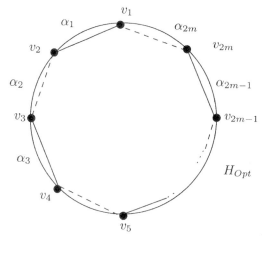

図 4.14

$$cost(v_i, \alpha_i, v_{i+1}) \geq c(\{v_i, v_{i+1}\}) \tag{4.39}$$

である[25]．不等式 (4.39) より，

$$cost(H_{Opt}) \geq \sum_{i=1}^{2m} c(\{v_i, v_{i+1}\}) = cost(M_1) + cost(M_2) \tag{4.40}$$

が成り立つ．

M_1 と M_2 は S の完全マッチングなので，

$$cost(M_1) \geq cost(M) \text{ かつ } cost(M_2) \geq cost(M) \tag{4.41}$$

となる．不等式 (4.40) と (4.41) より，

$$cost(M) \leq \min\{cost(M_1), cost(M_2)\} \leq \frac{1}{2} cost(H_{Opt}) \tag{4.42}$$

が成り立つ．(4.38) と (4.42) を (4.37) に代入することにより，

$$cost(H) \underset{(4.37)}{\leq} cost(T) + cost(M) \leq cost(H_{Opt}) + \frac{1}{2} cost(H_{Opt}) = \frac{3}{2} cost(H_{Opt})$$

となる． □

例 この例では，定理 4.3.5.2 の CHRISTOFIDES アルゴリズムの近似比の解析が，タイトな近似比を与えていることを示す．図 4.15(a) を部分構造に持つ完全グラフ G_{2t} を考える．図中の全ての辺はそれぞれコスト 1 である．ただし，$c(\{v_1, v_{2t}\}) = t$ である．これら以外の全ての辺は，図 4.15(a) におけるユークリッド距離をコストとして持つ．

---

[25] $v_{2m+1} = v_1$ とする．

4.3 アルゴリズムの設計 317

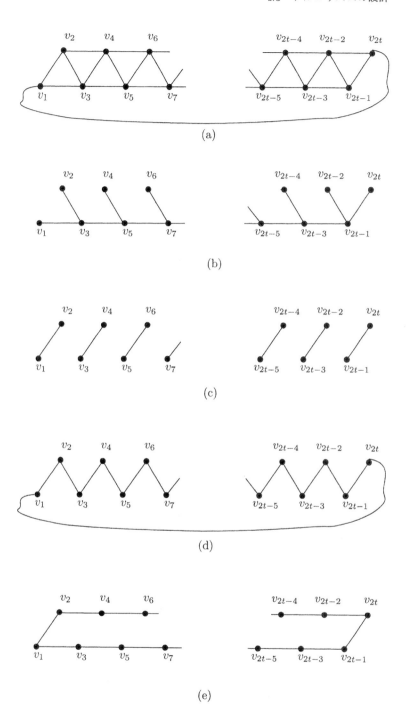

図 4.15

318 第 4 章 近似アルゴリズム

図 4.15(b) に $cost(T) = 2t-1$ の最小全域木 T を示す．T の全ての頂点の次数は奇数であることがわかる．$V(T)$ の最小重み完全マッチングは，図 4.15(c) に示すように，$M = \{\{v_1, v_2\}, \{v_3, v_4\}, \ldots, \{v_{2t-1}, v_{2t}\}\}$ である．ここで，$cost(M) = t$ となることに注意しよう．CHRISTOFIDES アルゴリズムが $H = v_1, v_2, v_3, v_4, \ldots, v_{2t-1}, v_{2t}, \ldots$ で始まるオイラー閉路 ω を構成する場合，CHRISTOFIDES アルゴリズムの出力は

$$H = v_1, v_2, v_3, v_4, \ldots, v_{2t-2}, v_{2t-1}, v_{2t}, v_1$$

であり（図 4.15(d)），$cost(H) = 2t-1+t = 3t-1$ である．唯一の最適ハミルトン閉路は

$$H_{Opt} = v_1, v_2, v_4, v_6, \ldots, v_{2t-4}, v_{2t-2}, v_{2t}, v_{2t-1}, v_{2t-3}, \ldots, v_5, v_3, v_1$$

であり（図 4.15(e)），そのコストは $2t$ である．したがって，

$$\frac{cost(H)}{cost(H_{Opt})} = \frac{3t-1}{2t}$$

となり，t が増加するにつれて，近似比は $\frac{3}{2}$ に収束する．　　　　□

△-TSP に対して，多項式時間 1.5-近似アルゴリズムが存在することを示した．一方，一般の TSP に対しては，どのような多項式 p についても，（P $\neq$ NP である限り）多項式時間 $p(n)$-近似アルゴリズムが存在しない．このことは，次節で証明する．次の演習問題は，△-TSP を幾何的 TSP（*Euc*-TSP）に制限すれば，PTAS の設計さえできることを示している．

演習問題 4.3.5.6 △-TSP の以下の変形について考えよ．問題インスタンス I は，重み付きグラフ $((V, E), c)$ と V の 2 頂点 q, s である．ただし，c は三角不等式を満たす．実行可能解を V の全ての頂点をちょうど 1 回だけ通る q から s への路（すなわち，同じ頂点が 2 回以上現れない，q から s への長さ $n-1$ の路）とし，目的はコスト最小の実行可能解を求めることである．

(a) この最小化問題に対する 2-近似アルゴリズムを設計せよ．

(b) CHRISTOFIDES アルゴリズムを変更することによって，この最小化問題に対する 5/3-近似アルゴリズムを設計せよ．　　　　□

演習問題 4.3.5.7 △-TSP に対する以下のアルゴリズムについて考えよ．このアルゴリズムが △-TSP に対する 2-近似アルゴリズムであることを示せ．

入力： 完全グラフ $G = (V, E)$ と三角不等式を満たすコスト関数 $c : E \to \mathbb{N}^+$.

Step 1: E のコスト最小の辺 $\{u, v\}$ を求め，$\omega = u, v, u$ とする．

Step 2: **while** $\omega = v_1, v_2, \ldots, v_k, v_1$ がすべての頂点を訪問していない **do**

$\quad$ **begin** $cost(\{w, v_j\}) = min\{cost(\{r, s\}) \mid r \in V - \{v_1, \ldots, v_k\}$, かつ,

$\quad s \in \{v_1, \ldots, v_k\}\}$ となる頂点 $w \in V - \{v_1, \ldots, v_k\}$ とインデックス

$\quad j \in \{1, \ldots, k\}$ を求める;

$\quad \omega = v_1, v_2, \ldots, v_j, w, v_{j+1}, \ldots, v_k, v_1$ とする

$\quad$ **end**

出力: ω. $\qquad\qquad\qquad\qquad\qquad\qquad\qquad\qquad\qquad\qquad$ □

演習問題 4.3.5.8 [**] $\quad$ *Euc*-TSP に対する PTAS を設計せよ. $\qquad\qquad$ □

TSP の困難さは,問題インスタンスの集合によって異なることを示した.しかし,実用的な目的に対しては,3 種類の問題 *Euc*-TSP,△-TSP,TSP を考えるだけではあまりにも不十分である.実際には,$L_\triangle$ に属さない(三角不等式を満たさない)が,三角不等式に大きく違反するわけではない,多くの実問題インスタンスがある.そのような入力に対して,良い近似解を効率良く計算することは可能であろうか? 入力インスタンスの三角不等式からの「距離」に応じて,近似比はどのように増加するのだろうか? これらの問題に答えるために,近似の安定性の概念を用いる.以下では,TSP に対する 2 つの自然な距離尺度を考える.TSP $= (\Sigma_I, \Sigma_O, L, L, \mathcal{M}, cost, minimum)$ とし,△-TSP $= (\Sigma_I, \Sigma_O, L, L_\triangle, \mathcal{M}, cost, minimum)$ とする.アルゴリズム 4.3.5.1 と CHRISTOFIDES アルゴリズムは,一般の TSP に対して無矛盾であることがわかる.

任意の $x = (G, c) \in L$ に対して,以下のように定義する.

$$dist(x) = \max\left\{0, \max\left\{\frac{c(\{u, v\})}{c(\{u, p\}) + c(\{p, v\})} - 1 \,\middle|\, u, v, p \in V(G)\right\}\right\}.$$

$$distance(x) = \max\left\{0, \max\left\{\frac{c(\{u, v\})}{\sum_{i=1}^m c(\{p_i, p_{i+1}\})} - 1 \,\middle|\, u, v \in V(G),\right.\right.$$

$\qquad\qquad$ かつ $u = p_1, p_2, \ldots, p_{m+1} = v$ は G における u と v の間の

$\qquad\qquad$ 単純路 $\Big\}\Big\}.$

簡単のため,$x = (G, c)$ のサイズを,x の Σ_I 上の符号の実際の長さではなく,G の頂点数と考える[26].

$dist(G, c) \le r$ ならば,全ての異なる 3 頂点 $u, v, w \in V(G)$ に対し,いわゆる **(1 + r)-緩和三角不等式**

---

[26] $c(e)$ の値の符号化に $\lceil \log_2 c(e) \rceil$ ビットを要するので,実際の入力長は $\sum_{e \in E(G)} \lceil \log_2 c(e) \rceil$ のようになることに注意しよう.

320 第4章 近似アルゴリズム

$$c(\{u, v\}) \leq (1 + r)[c(\{u, w\}) + c(\{w, v\})]$$

が成り立つ. 尺度 $distance$ は, 尺度 $dist$ よりずっと厳しい要求である. つまり, $c(\{u, v\})$ は, u と v の間の任意の路のコストの $(1 + r)$ 倍以下でなければならない. 次の結果は, これら2つの距離尺度が本質的に異なることを示している. これは, $\triangle$-TSP に対する前述の近似アルゴリズムが, $distance$ に関しては安定であるが, $dist$ に関しては安定でないからである.

任意の正の実数 r に対して,

$$\triangle\text{-TSP}_r = (\Sigma_I, \Sigma_O, L, Ball_{r,dist}(L_\triangle), \mathcal{M}, cost, minimum)$$

とする.

補題 4.3.5.9 CHRISTOFIDES アルゴリズムは $distance$ に関して安定である. □

証明 $r \in \mathbb{R}^+$ に対して, $I = (G, c) \in Ball_{r,distance}$ とする. Step 4で構成されるオイラー閉路を ω_I とし, Step 5で ω_I を短絡することにより構成されるハミルトン閉路を $H_I = v_1, v_2, v_3, \ldots, v_n, v_{n+1}$ (ただし, $v_{n+1} = v_1$) とする. P_i $(i = 1, 2, \ldots, n)$ を v_i と v_{i+1} の間の路とする時, 明らかに,

$$\omega_I = v_1, P_1, v_2, P_2, v_3, \ldots, v_n, P_n, v_{n+1}$$

である. 各 $i \in \{1, 2, \ldots, n\}$ に対して, $c(\{v_i, v_{i+1}\})$ は v_i, P_i, v_{i+1} のコストの $(1+r)$ 倍以下なので,

$$cost(H_I) \leq (1 + r) \cdot cost(\omega_I) \tag{4.43}$$

が成立する.

(4.37) より,

$$cost(\omega_I) = cost(T_I) + cost(M_I) \tag{4.44}$$

であることがわかる. ここで, T_I は Step 1で構成される最小全域木であり, M_I は Step 3で計算されるマッチングである. $L_\triangle$ の入力に対し, (4.42) は $cost(M) \leq \frac{1}{2}cost(H_{Opt})$ を意味している. ここで, H_{Opt} は最小ハミルトン閉路である. H_{Opt} に対しては, $distance(I) \leq r$ なる入力 I に対する定理 4.3.5.5 の証明の議論により, 定理 4.3.5.5 の証明のマッチング M_1, M_2 に対する (4.40) の代わりに, 次式が成り立つ.

$$cost(H_{Opt}) \geq (1 + r) \cdot [cost(M_1) + cost(M_2)]. \tag{4.45}$$

M_I は S の最小完全マッチングなので, (4.45) より

$$cost(M_I) \leq \frac{1}{2}(1 + r) \cdot cost(H_{Opt}) \tag{4.46}$$

となる.

(4.44), (4.46), (4.38) より[27],

$$cost(\omega_I) \underset{(4.44)}{=} cost(T_I) + cost(M_I) \underset{\substack{(4.38)\\(4.46)}}{\leq} cost(H_{Opt}) + (1+r) \cdot cost(H_{Opt})$$
$$= (2+r) \cdot cost(H_{Opt}) \qquad (4.47)$$

が得られる.

したがって,

$$cost(H_I) \underset{(4.43)}{\leq} (1+r) \cdot cost(\omega_I) \underset{(4.47)}{\leq} (1+r) \cdot (2+r) \cdot cost(H_{Opt})$$

となる. □

系 4.3.5.10 任意の正の実数 r に対して,CHRISTOFIDES アルゴリズムは $(\Sigma_I, \Sigma_O, L, Ball_{r,distance}(L_\triangle), \mathcal{M}, cost, minimum)$ に対する多項式時間 $(1+r) \cdot (2+r)$-近似アルゴリズムである. □

演習問題 4.3.5.11 アルゴリズム 4.3.5.1 が $(\Sigma_I, \Sigma_O, L, Ball_{r,distance}(L_\triangle), \mathcal{M}, cost, minimum)$ に対する多項式時間 $2 \cdot (1+r)$-近似アルゴリズムであることを証明せよ.また,アルゴリズム 4.3.5.1 が CHRISTOFIDES アルゴリズムより優れているのは,L のどのような入力インスタンスに対してか?

次の結果は,アルゴリズム 4.3.5.1 と CHRISTOFIDES アルゴリズムは,任意の $r \in \mathbb{R}^+$ について,$\triangle$-TSP$_r$ の入力インスタンスに対する非常に弱い近似アルゴリズムであることを示している.まず,部分的に肯定的な結果を示し,それが本質的に改良できないことを証明する.

補題 4.3.5.12 任意の正の実数 r に対して,CHRISTOFIDES アルゴリズムは $dist$ に関して,$(r, O(n^{\log_2((1+r)^2)}))$-準安定である. □

証明 $r \in \mathbb{R}^+$ に対して,$I = (G, c) \in Ball_{r,dist}(L_\triangle)$ とする.T_I, ω_I, M_I, H_I は,補題 4.3.5.9 と同じとする.長さ m ($m \in \mathbb{N}^+$) の路 v, P, u を辺 $\{v, u\}$ と交換するために,次のように処理する.任意の $p, s, t \in V(G)$ に対して,コストの増加が $(1+r)$ 倍以下になるように路 p, s, t を辺 $\{p, t\}$ に交換する.これにより,路の長さ m を長さ $\lceil m/2 \rceil$ に減らす際に,u と v を接続するコストの増加を $(1+r)$ 倍以下にできる.このような短絡ステップを高々 $\lceil \log_2 m \rceil$ 回繰り返せば,長さ m の路 v, P, u を路 v, u に短絡でき,

---

[27] これは TSP の任意の入力インスタンスについて成立する.

$$cost(u,v) = c(\{v,u\}) \leq (1+r)^{\lceil \log_2 m \rceil} \cdot cost(v,P,u) \tag{4.48}$$

となる．定理 4.3.5.5 の証明と同様の議論により，(4.48) より，(4.42) の代わりに

$$cost(M_I) \leq \frac{1}{2} \cdot (1+r)^{\lceil \log_2 n \rceil} \cdot cost(H_{Opt}) \tag{4.49}$$

を，また，(4.37) の代わりに

$$cost(H_I) \leq (1+r)^{\lceil \log_2 n \rceil} cost(\omega_I) \tag{4.50}$$

を得る．したがって，次式が成り立つ．

$$
\begin{aligned}
cost(H_I) &\underset{(4.50)}{\leq} (1+r)^{\lceil \log_2 n \rceil} cost(\omega_I) \underset{(4.36)}{=} (1+r)^{\lceil \log_2 \rceil} \left[cost(T_I) + cost(M_I) \right] \\
&\underset{\substack{(4.38)\\(4.49)}}{\leq} (1+r)^{\lceil \log_2 n \rceil} \left[cost(H_{Opt}) + \frac{1}{2}(1+r)^{\lceil \log_2 n \rceil} \cdot cost(H_{Opt}) \right] \\
&= (1+r)^{\lceil \log_2 n \rceil} \left(1 + \frac{1}{2}(1+r)^{\lceil \log_2 n \rceil} \right) \cdot cost(H_{Opt}) \\
&= O\left(n^{\log_2((1+r)^2)} \cdot cost(H_{Opt}) \right). \qquad \Box
\end{aligned}
$$

演習問題 4.3.5.13 アルゴリズム 4.3.5.1 の $dist$ に関する準安定性を解析せよ． $\Box$

ここで，補題 4.3.5.12 の結果は，本質的には改善できないことを示す．このために，CHRISTOFIDES アルゴリズムが非常に悪い近似を求める入力を構成する．

$Ball_{r,dist}(L_\triangle)$ に属する重み付き完全グラフを次のように構成する（図 4.16）．路 $p_0, p_1, \ldots, p_n$（ただし，$n = 2^k$，$k \in \mathbb{N}$）から開始する．ただし，各辺 $\{p_i, p_{i+1}\}$ の重みは 1 とする．次に，各 $i = 0, 1, \ldots, n-2$ に対し，重み $2 \cdot (1+r)$ の辺 $\{p_i, p_{i+2}\}$ を付加する．一般に，各 $m \in \{1, \ldots, \log_2 n\}$ に対し，$weight(\{p_i, p_{i+2^m}\}) = 2^m \cdot (1+r)^m$ $(i = 0, \ldots, n - 2^m)$ と定義する．他の全ての辺に対しては，構成された入力が $Ball_{r,dist}(L_I)$ に属するように，なるべく大きな重みを与える．

CHRISTOFIDES アルゴリズムの入力 $(G, weight)$ に対する動作を見てみよう．最小全域木はただ 1 つしか存在せず，それは重み 1 の辺すべてを含む路である（図 4.16）．全ての路は次数が奇数の頂点をちょうど 2 つ含むので，Step 4 で構成されるオイラーグラフは，n 個の重み 1 の辺と最大重み $n \cdot (1+r)^{\log_2 n} = n^{1+\log_2(1+r)}$ の辺 1 つから構成される閉路 $D = p_0, p_1, p_2, \ldots, p_n, p_0$ である．このオイラー閉路はハミルトン閉路であるから（図 4.16），CHRISTOFIDES アルゴリズムの出力は確かにコスト $n + n(1+r)^{\log_2 n}$ の閉路 $p_0, p_1, \ldots, p_n, p_0$ である．同様に，アルゴリズム 4.3.5.1 もハミルトン閉路 D を出力する．この入力に対する最適ハミルトン閉路は

4.3 アルゴリズムの設計   323

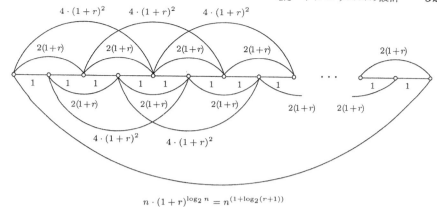

図 4.16

H_{Opt}
$= p_0, p_2, p_4, \ldots, p_{2i}, p_{2(i+1)}, \ldots, p_n, p_{n-1}, p_{n-3}, \ldots, p_{2i+1}, p_{2i-1}, \ldots, p_3, p_1, p_0$

である．この閉路は重み 1 の 2 つの辺 $\{p_0, p_1\}$, $\{p_{n-1}, p_n\}$ と重み $2 \cdot (1+r)$ の $n-2$ 本の辺からなる．したがって，$cost(H_{Opt}) = 2 + 2 \cdot (1+r) \cdot (n-2)$ であり，

$$\frac{cost(D)}{cost(H_{Opt})} = \frac{n + n \cdot (1+r)^{\log_2 n}}{2 + 2 \cdot (1+r) \cdot (n-2)} \geq \frac{n^{1+\log_2(1+r)}}{2n \cdot (1+r)} = \frac{n^{\log_2(1+r)}}{2(1+r)}$$

が成り立つ．このことから，次の結果が証明されたことになる．

補題 4.3.5.14 任意の $r \in \mathbb{R}^+$ について，CHRISTOFIDES アルゴリズム，あるいは，アルゴリズム 4.3.5.1 が $dist$ に対して $(r, f_r(n))$-準安定ならば，

$$f_r(n) \geq n^{\log_2(1+r)}/(2 \cdot (1+r))$$

が成り立つ． □

系 4.3.5.15 アルゴリズム 4.3.5.1 と CHRISTOFIDES アルゴリズムは $dist$ に関して不安定である． □

アルゴリズム 4.3.5.1 と CHRISTOFIDES アルゴリズムの $distance$ に関する安定性についての肯定的な結果は，これらのアルゴリズムがともに，△-TSP の入力インスタンスの元の集合 $L_\triangle$ よりもずっと大きな入力集合に対して有用となり得ることを示している．しかし，$dist$ に関する安定性は入力インスタンスの本質的により大きなクラスに対して，悪い近似比を与えてしまうかもしれない．重要で興味深い疑問は，上記のアルゴリズムを改良することによって，$dist$ に関して安定なアルゴリズムを得

324 第4章 近似アルゴリズム

られるかどうかである. 以下では, この問いに対して肯定的な答えを与える.

アルゴリズム 4.3.5.1 と CHRISTOFIDES アルゴリズムの $dist$ に関する不安定性を証明することによって示したように, 主要な問題は路 $u_1, u_2, \ldots, u_{m+1}$ を辺 u_1, u_{m+1} に短絡することによって

$$cost(\{u_1, u_{m+1}\}) = (1+r)^{\lceil \log_2 m \rceil} \cdot cost(u_1, u_2, \ldots, u_{m+1})$$

となることである. このため, 構成されたハミルトン閉路のコストがオイラー閉路のコストの $(1+r)^{\lceil \log_2 n \rceil}$ 倍に増加してしまう. これを解決するための大まかなアイデアは, 両方のアルゴリズムの Step 1 で構成された最小全域木の短い路のみを短絡することにより, ハミルトン閉路を構成することである.

このアイデアを実現するために, 任意の木 $T = (V, E)$ に対して, グラフ $T^3 = (V, \{\{x, y\} \mid x, y \in V, T$ において, 長さ 3 以下の路 x, P, y が存在する$\})$ がハミルトン閉路 H を含むことを証明する. このことは, H の各辺 $\{u, v\}$ が, T において対応する長さ 3 以下の一意に定まる路 $u, P_{u,v}, v$ を持つことを意味する. これは肯定的な前進であるが, これだけでは我々の目的には十分でない. 残された問題は, T^3 のハミルトン閉路 $u_1, u_2, \ldots, u_n, u_1$ に対応する (T の) 路 $P(H) = u_1, P_{u_1,u_2}, u_2, P_{u_2,u_3}, u_3, \ldots, u_{n-1} P_{u_{n-1},u_n}, u_n, P_{u_n,u_1}, u_1$ のコストの良い上界を推定する必要があることである. アルゴリズム 4.3.5.1 では, 結果として得られたハミルトン閉路は, T のコストの高々2倍のコストを持つオイラー閉路[28]の短絡と見なせることに注意しよう. しかし, $P(H)$ において, T の特定の辺の出現頻度がわからない. 例えば, $P(H)$ において, T のコスト最大の辺がコストが小さい辺よりもより頻繁に出現するかもしれない. また, T に独立な, どのような定数 c に対しても, $cost(T^3)$ が $c \cdot cost(T)$ 以下になることを保証できないことがわかる. なぜならば, ある木 T に対して, T^3 は完全グラフになる場合すらあるからである. したがって, T の各辺が $P(H)$ に高々2回出現するようなハミルトン閉路 H を T^3 が含むことを証明する次の技巧的な補題が必要である.

定義 4.3.5.16 T を木とし, k を正整数とする. 各辺 $\{u, v\} \in E(T^k)$ に対し, T における u, v 間の一意に定まる単純路を $u, P_{u,v}, v$ とする.

$U = u_1, u_2, \ldots, u_m$ を T^k における任意の単純路とする. この時, **T における U-路**を次のように定義する.

$$\boldsymbol{P_T(U)} = u_1, P_{u_1,u_2}, u_2, P_{u_2,u_3}, \ldots, u_{m-1}, P_{u_{m-1},u_m}, u_m. \qquad \square$$

補題 4.3.5.17 T を n 個 (ただし, $n \geq 3$) の頂点の木とし, $\{p, q\}$ を T の辺とする. この時, T^3 は, $E(T)$ の各辺が $P_T(H)$ にちょうど 2 回現われるようなハミル

---

[28] このオイラー閉路は, T の各辺をちょうど 2 回ずつ使用する.

トン路 $U = v_1, v_2, \ldots, v_n$（ただし，$p = v_1, v_n = q$）を含む．ただし，$H = U, p$ は T^3 のハミルトン閉路となる． $\square$

証明 T の頂点数に関する帰納法で証明する．

(1) $n = 3$ の時．3 個の頂点の木は

$$T = (\{v_1, v_2, v_3\}, \{\{v_1, v_2\}, \{v_2, v_3\}\})$$

だけであり，対応する T^3 は 3 個の頂点の完全グラフ

$$(\{v_1, v_2, v_3\}, \{\{v_1, v_2\}, \{v_2, v_3\}, \{v_1, v_3\}\})$$

である．したがって，T^3 の唯一のハミルトン閉路は v_1, v_2, v_3, v_1 である．$P_T(v_1, v_2, v_3, v_1) = v_1, v_2, v_3, v_2, v_1$ より，補題 4.3.5.17 は成り立つ．

(2) $n \geq 4$ とし，頂点数 n 未満の木に対して補題 4.3.5.17 が成り立つと仮定する．$T = (V, E)$ を $|V| = n$ となる木とする．また，$\{p, q\}$ を T の任意の辺とする．2 つの木 T_p, T_q からなるグラフ $T' = (V, E - \{\{p, q\}\})$ を考える．ここで，T_p (T_q) は，頂点 p (q) を含む T' の成分とする．明らかに，$|V(T_p)| \leq n - 1$，$|V(T_q)| \leq n - 1$ が成り立つ．p', q' を，それぞれ，T_p, T_q における p, q の隣接頂点（存在すれば）とする．ここで，それぞれ T_p^3, T_q^3 のあるハミルトン路 U_p, U_q を考える．そのために，T_p, T_q の頂点数に関して，3 つに場合分けする．

  (i) $|V(T_p)| = 1$ の場合，$U_p = p = p'$ とする．

  (ii) $|V(T_p)| = 2$ の場合，$U_p = p, p'$ とする．

  (iii) $3 \leq |V(T_p)| \leq n - 1$ の場合，帰納法の仮定より，U_p を $P(U_p, p)$ が T_p の各辺をちょうど 2 回含むような T_p^3 における p から p' へのハミルトン路とする．

T_q^3 におけるハミルトン路 U_q も，U_p と同様に決める（図 4.17）．

ここで，U_p と U_q の反転を辺 $\{p', q'\}$ で接続して得られる路 U_p, U_q^R を考える．この時，p', p, q, q' が T の路であることより，$\{p', q'\} \in T^3$ であることがわかる．図 4.17 より，U_p, U_q^R が T^3 のハミルトン路であること，および，U_p, U_q^R, p が T^3 のハミルトン閉路であることは明らかである．

（帰納法の仮定より，あるいは，$|V(T_p)| \leq 2$ の場合は自明）T_p^3 のハミルトン閉路 U_p, p に対して，$P_{T_p}(U_p, p')$ は T_p の各辺をちょうど 2 回ずつ含むことがわかる．したがって，$P_{T_p}(U_p)$ は T_p の $\{p, p'\}$ 以外の各辺をちょうど 2 回ずつ含む．辺 $\{p, p'\}$ は $P_{T_p}(U_p)$ に 1 回だけ含まれる．同様に，$P_{T_q}(U_q)$ は T_q の $\{q, q'\}$ 以外の各辺をちょうど 2 回ずつ含み，辺 $\{q, q'\}$ を 1 回含む．したがって，以下の理由により，$P_T(U_p, U_q^R, p)$ は T の各辺をちょうど 2 回ずつ含む．

  (i) $E - \{\{p, q\}, \{p, p'\}, \{q, q'\}\}$ の各辺に対しては，U_p と U_q^R の性質より明

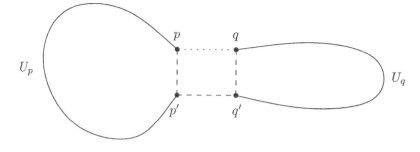

図 4.17

らか.

(ii) U_p と U_q を接続する辺 $\{p', q'\} \in T^3$ (図 4.17) は, E の辺 $\{p, p'\}$, $\{p, q\}$, $\{q, q'\}$ から構成される路 p', p, q, q' で実現される.

(iii) U_p, U_q^R と p との接続は, 辺 $\{p, q\}$ を用いて直接実現される. □

アルゴリズム 4.3.5.18 SEKANINA のアルゴリズム

入力: 完全グラフ $G = (V, E)$, および, コスト関数 $c: E \to \mathbb{N}^+$.

Step 1: G の c に関する最小全域木 T を構成する.

Step 2: T^3 を構成する.

Step 3: $P_T(H)$ が T の各辺をちょうど 2 回含むような T^3 のハミルトン閉路 H を求める.

出力: H.

定理 4.3.5.19 SEKANINA のアルゴリズムは △-TSP に対する多項式時間 2-近似アルゴリズムである. □

証明 明らかに, SEKANINA のアルゴリズムの Step 1, 2 は $O(n^2)$ 時間で実行できる. 補題 4.3.5.17 を用いて, Step 3 は $O(n)$ 時間で実現できる. したがって, SEKANINA のアルゴリズムの時間計算量は $O(n^2)$ である.

H_{Opt} を △-TSP の入力インスタンス (G, c) に対する最適解とする. 不等式 (4.32) より, $cost(T) \leq cost(H_{Opt})$ である. SEKANINA のアルゴリズムの出力 H は, $P_T(H)$ の頂点の重複を削除することによる, 路 $P_T(H)$ の短絡と見なすことができる. $P_T(H)$ は T の各辺をちょうど 2 回ずつ含んでいるので,

$$cost(P_T(H)) = 2 \cdot cost(T) \underset{(4.32)}{\leq} 2 \cdot cost(H_{Opt}) \qquad (4.51)$$

が成り立つ. $P_T(H)$ の単純部分路を辺に交換することで H は得られ, c は三角不等式を満たすので

$$cost(H) \leq cost(P_T(H)) \tag{4.52}$$

が成り立つ. (4.51) と (4.52) から, $cost(H) \leq 2 \cdot cost(H_{Opt})$ が得られる. □

定理 4.3.5.20 任意の正実数 r に対し, SEKANINA のアルゴリズムは $\triangle$-TSP$_r$ に対する多項式時間 $2(1+r)^2$-近似アルゴリズムである. □

証明 SEKANINA のアルゴリズムは常にハミルトン閉路を出力するので, TSP に対して無矛盾である. 明らかに, 不等式 (4.51) は一般 TSP の任意の入力インスタンスに対しても成り立つ.

(G,c) を $\triangle$-TSP$_r$ の入力インスタンスとする. $(G,c) \in Ball_{r,dist}(L_\triangle)$ より, 任意の辺 $\{u_1,u_3\}, \{v_1,v_4\} \in E(G)$, v_1 と v_4 の間の任意の路 v_1,v_2,v_3,v_4, および, u_1 と u_3 の間の任意の路 u_1,u_2,u_3 に対して,

$$c(\{v_1,v_4\}) \leq (1+r)^2 \cdot cost(v_1,v_2,v_3,v_4),$$
$$c(\{u_1,u_3\}) \leq (1+r) \cdot cost(u_1,u_2,u_3)$$

が成り立つ. $P_T(H)$ の長さ 3 以下の単純部分路を辺に交換することによって H は得られるので,

$$cost(H) \leq (1+r)^2 \cdot cost(P_T(H)) \tag{4.53}$$

が成り立つ. (4.51) と (4.53) より, 最終的に次式を得る.

$$cost(H) \leq 2 \cdot (1+r)^2 \cdot cost(H_{Opt}). \qquad \square$$

系 4.3.5.21 SEKANINA のアルゴリズムは $dist$ に関して安定である. □

演習問題 4.3.5.22 [(*)] SEKANINA のアルゴリズムが $\triangle$-TSP$_r$ に対する $(\frac{3}{2} \cdot (1+r)^2 + \frac{1}{2}(1+r))$-近似アルゴリズムであることを証明せよ. □

演習問題 4.3.5.23 [(*)] CHRISTOFIDES アルゴリズムを, $dist$ に関して安定なアルゴリズムになるように改良せよ. □

これで, TSP の入力インスタンス全ての集合を, スペクトルの各集合がその入力インスタンスに対する多項式時間近似可能性の上界を持つように, 無限スペクトルに分割するという我々の最終目的に到達できた. TSP に関する上記の解析により, TSP の問題インスタンスの困難さを距離関数 $dist$ (すなわち, 三角不等式違反の程度) で評価するのは妥当であることが示される.

328　第4章　近似アルゴリズム

　ここで，自然な疑問を提示する．(TSP の) 全ての問題インスタンスの集合に対する我々の分割は，△-TSP の問題インスタンスの集合を核としており，△-TSP に対する知られている最良の近似比は CHRISTOFIDES アルゴリズムによる 3/2 である．その核が △-TSP よりも良い近似比を持つように，全ての問題インスタンスの集合を分割できるだろうか？　この疑問に対する答えは，肯定的なものである．なぜならば，多項式時間で解ける（すなわち，可能な最良の近似比 1 の）核から始めることさえできるからである．そのアイデアは，△-TSP の全ての問題インスタンスの集合を，その困難さに応じてスペクトルに単純に分割するだけであり，したがって，△-TSP の外にある TSP の問題インスタンスの上記の分割を変更する必要はない．この時，これらの 2 つの分割を一緒にすると，多項式時間で解ける核から始まる TSP の全ての入力インスタンスの分割を得ることができる．重要な点は，△-TSP のこの新たな分割もまた三角不等式に基づいていることである．

定義 4.3.5.24　(G, c) を TSP の問題インスタンスとし，$1 > p \geq 1/2$ を実数とする．G の任意の異なる 3 頂点 u, v, w に対し，

$$c(\{u, v\}) \leq p \cdot [c(\{u, w\}) + c(\{w, v\})]$$

が成り立つ時，(G, c) がいわゆる **p-強三角不等式**を満たすという．　　　　□

　$p = 1/2$ とすれば，G の全ての辺が同じ重みを持つことになり，従って，全てのハミルトン閉路が同じコストを持つことがわかる[29]．$p = 1$ とすれば，通常の三角不等式が得られる．ここで，△-TSP$_r$ を負の r に対して拡張することができる．任意の実数 p $(1/2 \leq p < 1)$ に対し，p-強三角不等式を満たす TSP の全ての問題インスタンスの集合を $L_{str(p)}$ とする．任意の p $(1/2 \leq p < 1)$ に対し，

$$\triangle\text{-TSP}_{p-1} = (\Sigma_I, \Sigma_O, L, L_{str(p)}, \mathcal{M}, cost, minimum)$$

と定義する．△-TSP$_{-1/2}$ を △-TSP の核とすることにより，各 $(G, c) \in L_\triangle$ に対し，(G, c) と $L_{str(1/2)}$ の間の距離を $p - 1/2$ と定義できる．ここで，p は $(G, c) \in L_{str(p)}$ となる最小の実数とする．この時，近似の安定性の概念を考えることにより，$p - 1/2$ に関する △-TSP$_{p-1}$ の近似可能性を調べることができる．p に関する近似比を評価することは，$p - 1/2$ に関する近似比を評価することよりもわかりやすいので，最初の近似可能性に関する結果をここで使用する．我々の目標は，△-TSP のすべての問題インスタンスに対して，CHRISTOFIDES アルゴリズムが p に依存して，1 から 3/2 の間の近似比を保証することを示すことである．次の簡単な観察から開始する[30]．ここで，TSP

---

[29] $q < 1/2$ に対して q-強三角不等式を定義することは無意味であることに注意しよう．なぜならば，これを満たす TSP の問題インスタンスは存在しないからである．

[30] これは △-TSP に対しては成り立たない．

の任意の問題インスタンス (G, c) に対し, $G = (V, E)$, $c_{min}(G) = \min\{c(e) \,|\, e \in E\}$, $c_{max}(G) = \max\{c(e) \,|\, e \in E\}$ とする.

補題 4.3.5.25 $1/2 \leq p < 1$ とし, (G, c) を $\triangle\text{-TSP}_{p-1}$ の問題インスタンスとする.

(i) 端点を共有する G の任意の 2 辺 e_1, e_2 に対し,
$$cost(e_1) \leq \frac{p}{1-p} \cdot cost(e_2)$$
が成り立つ.

(ii) $c_{max}(G) \leq \dfrac{2p^2}{1-p} \cdot c_{min}(G)$ が成り立つ. □

証明

(i) 辺 e_1, e_2, e_3 からなる任意の三角形に対し, p-強三角不等式から,
$$c(e_1) \leq p \cdot (c(e_2) + c(e_3)) \quad \text{かつ} \quad c(e_3) \leq p \cdot (c(e_1) + c(e_2)) \qquad (4.54)$$
を導ける. (4.54) から,
$$c(e_1) \leq p \cdot [c(e_2) + p(c(e_1) + c(e_2))] = pc(e_2) + p^2 c(e_2) + p^2 c(e_1)$$
が直ちに成立し, したがって,
$$c(e_1) \leq \frac{p + p^2}{1 - p^2} \cdot c(e_2) = \frac{p}{1-p} \cdot c(e_2)$$
となる.

(ii) $\{a, b\}$ を $c(\{a, b\}) = c_{min}(G)$ なる辺とし, $\{c, d\}$ を $c(\{c, d\}) = c_{max}(G)$ なる辺とする. これらの辺が端点を共有する (すなわち, $|\{a, b, c, d\}| < 4$) なら, (i) より
$$c_{max}(G) \leq \frac{p}{1-p} \cdot c_{min}(G) \leq \frac{2p^2}{1-p} \cdot c_{min}(G)$$
となる. 以下では, $|\{a, b, c, d\}| = 4$ とする. この時, $\{a, b\}$ と端点 a を共有する辺 $\{a, c\}, \{a, d\}$ について考える. (i) を適用することにより, 次式を得る.
$$c(\{a, c\}) \leq \frac{p}{1-p} \cdot c(\{a, b\}) = \frac{p}{1-p} \cdot c_{min}(G), \qquad (4.55)$$
$$c(\{a, d\}) \leq \frac{p}{1-p} \cdot c_{min}(G).$$
$\{a, c\}, \{a, d\}, \{c, d\}$ は三角形を構成するので, (4.55) と p-強三角不等式より,
$$
\begin{aligned}
c_{max}(G) &= c(\{c, d\}) \leq p(c(\{a, c\}) + c(\{a, d\})) \\
&\underset{(4.55)}{\leq} p \cdot 2 \cdot \frac{p}{1-p} \cdot c_{min}(G) = \frac{2p^2}{1-p} \cdot c_{min}(G)
\end{aligned}
$$

330 第 4 章 近似アルゴリズム

が成り立つ. □

補題 4.3.5.25 の (ii) より, $\triangle$-TSP_{p-1} の問題インスタンス (G,c) の任意のハミルトン閉路 H に対して,

$$\frac{cost(H)}{Opt_{\mathrm{TSP}}(G,c)} \leq \frac{2p^2}{1-p}$$

が直ちに成り立ち, したがって, $\triangle$-TSP に対する任意の無矛盾なアルゴリズムは $\triangle$-TSP_{p-1} に対する $(2p^2/(1-p))$-近似アルゴリズムである. 以下では, この自明な近似比を改善する.

定理 4.3.5.26 任意の $p \in [1/2, 1)$ に対し, CHRISTOFIDES アルゴリズムは $\triangle$-TSP_{p-1} に対する $\left(1 + \frac{2p-1}{3p^2-2p+1}\right)$-近似アルゴリズムである. □

証明 CHRISTOFIDES アルゴリズムは $\triangle$-TSP に対する 3/2-近似アルゴリズムである. 証明の大まかなアイデアは p-強三角不等式を用いて, 路の短絡[31]が近似比を 3/2 から $\delta(p) = 1 + (2p-1)/(3p^2 - 2p + 1)$ に改善することを示すことである. 重要な点は, CHRISTOFIDES アルゴリズムの異なる 2 箇所で短絡が実行されることである. 明らかな部分は Step 5 で, Step 4 で生成されたオイラー閉路 ω を短絡することによってハミルトン閉路を構成する部分である. 少し見つけにくい短絡は Step 3 の最小重み完全マッチング M を求める部分にある. ある意味では[32], M を最適ハミルトン閉路のいくつかの部分路を短絡したものと見なすことができる (図 4.14). したがって, M が少数の辺を含み, そのため, Step 5 のオイラー閉路 ω の短絡によって, コストの取るに足らない節約しかできない時には, マッチング M を構成する時に, 比較的大きなコストを節約したことになる. 一方, $|M|$ が大きい場合, M の構成によって本質的なコスト節約ができることを保証できないが, Step 5 で ω を短絡することによって大きなコスト節約ができる. 以下の形式的な証明は, これらの 2 つの短絡の可能性によって節約されるコストの間のトレードオフを計算することに他ならない. 以下の計算の重要な点は, p-強三角不等式より, 路 v, w, u を路 v, u に短絡することで, 少なくとも

$$(1-p) \cdot (c(\{v,w\}) + c(\{w,u\})) \geq (1-p) \cdot 2 \cdot c_{min}(G)$$

のコストを節約することである.

(G,c) を $\triangle$-TSP_{p-1} の任意の問題インスタンスとする. H を入力 (G,c) に対する CHRISTOFIDES アルゴリズムの出力とし, H_{Opt} を (G,c) に対する最適ハミル

---

[31] 短絡は路を辺に置き換えることを意味する.

[32] 定理 4.3.5.5 の CHRISTOFIDES アルゴリズムの解析を参照.

トン閉路とする．T を CHRISTOFIDES アルゴリズムの Step 1 で構成される (G, c) の最小全域木とし，T の次数が奇数の頂点を H_{Opt} に現われる順に並べたものを $v_1, v_2, \ldots, v_k$ $(k = 2m, m \in \mathbb{N} - \{0\})$ とする．定理 4.3.5.5 の証明（図 4.14）と同様に，2 つのマッチング $M_1 = \{\{v_1, v_2\}, \{v_3, v_4\}, \ldots, \{v_{k-1}, v_k\}\}$ と $M_2 = \{\{v_2, v_3\}, \{v_4, v_5\}, \ldots, \{v_{k-2}, v_{k-1}\}, \{v_k, v_1\}\}$ を考える．p-強三角不等式より，

$$cost(H_{Opt}) \geq cost(M_1) + cost(M_2) + (n - k) \cdot (1 - p) \cdot 2 c_{min}(G) \qquad (4.56)$$

が成り立つ[33]．一方，M は最適マッチングなので，

$$
\begin{aligned}
cost(M) &\leq \frac{1}{2} \left(cost(M_1) + cost(M_2) \right) \\
&\leq \frac{1}{2} cost(H_{Opt}) - (n - k) \cdot (1 - p) \cdot c_{min}(G) \qquad (4.57)
\end{aligned}
$$

が成り立つ．H_{Opt} の任意の辺を削除することによって，H_{Opt} から全域木を構成できるので，

$$
\begin{aligned}
cost(T) &\leq cost(H_{Opt}) - c_{min}(G) \\
&\leq cost(H_{Opt}) - (1 - p) \cdot 2 \cdot c_{min}(G) \qquad (4.58)
\end{aligned}
$$

が成り立つ．

ここで，ω を CHRISTOFIDES アルゴリズムの Step 4 で構成されるオイラー閉路とする．この時，明らかに，

$$cost(\omega) = cost(T) + cost(M) \qquad (4.59)$$

が成り立つ．(4.57) と (4.58) を (4.59) に代入することにより，

$$cost(\omega) \leq \frac{3}{2} cost(H_{Opt}) - (n - k) \cdot (1 - p) \cdot c_{min}(G) - (1 - p) \cdot 2 c_{min}(G) \qquad (4.60)$$

を得る．ω は $n - 1 + (k/2)$ 個の辺から構成され，H は n 個の辺を持つので，p-強三角不等式を適用することにより，次式が成り立つ．

$$
\begin{aligned}
cost(H) &\leq cost(\omega) - \left(\frac{k}{2} - 1 \right) \cdot (1 - p) \cdot 2 \cdot c_{min}(G) \\
&\underset{(4.60)}{\leq} \frac{3}{2} cost(H_{Opt}) - (n - k) \cdot (1 - p) \cdot c_{min}(G) \\
&\qquad - \frac{k}{2} (1 - p) \cdot 2 \cdot c_{min}(G) \\
&= \frac{3}{2} cost(H_{Opt}) - n \cdot (1 - p) \cdot c_{min}(G) \\
&\underset{補題.4.3.5.25}{\leq} \frac{3}{2} cost(H_{Opt}) - \frac{(1 - p)^2}{2 p^2} \cdot n \cdot c_{max}(G).
\end{aligned}
$$

---

[33] n 辺の H_{Opt} から，k 辺の $M_1 \cup M_2$ の構成は，2 辺を 1 辺で短絡するというステップを $(n - k)$ 回繰り返すことで実行できる．

ここで, $\Gamma = \{\gamma \geq 1 \mid cost(H) \leq \gamma cost(H_{Opt}) \leq n \cdot c_{max}(G)\}$ とする. この時, 任意の $\gamma \in \Gamma$ に対して,

$$
\begin{aligned}
cost(H) &\leq \frac{3}{2} cost(H_{Opt}) - \frac{(1-p)^2}{2p^2} \cdot \gamma cost(H_{Opt}) \\
&= \left(\frac{3}{2} - \gamma \cdot \frac{(1-p)^2}{2p^2} \right) \cdot cost(H_{Opt})
\end{aligned}
$$

が成り立つ. したがって,

$$
cost(H) \leq \min \left\{ \max \left\{ \gamma, \frac{3}{2} - \gamma \cdot \frac{(1-p)^2}{2p^2} \right\} \,\middle|\, \gamma \in \Gamma \right\} \cdot cost(H_{Opt})
$$

が成り立つ. これが最小となるのは $\gamma = \frac{3}{2} - \gamma \cdot \frac{(1-p)^2}{2p^2}$ の時であり, この時,

$$
\gamma = \frac{3p^2}{3p^2 - 2p + 1} = 1 + \frac{2p-1}{3p^2 - 2p + 1}
$$

が成り立ち, 定理が証明される. $\qquad \square$

$p = 1/2$ の時
$$
\delta(p) = 1 + (2p-1)/(3p^2 - 2p + 1)
$$

は 1 になることに注意しよう. また, $p = 1$ の時 $\delta(p) = \frac{3}{2}$ となる. したがって, 近似比 $\delta(p)$ は $\triangle$-TSP の問題インスタンスに対する $\frac{3}{2}$ から始まり, 三角不等式の強化に応じて, 連続的に 1 に収束する.

演習問題 4.3.5.27 A を $\triangle$-TSP に対する α-近似アルゴリズムとする. $\triangle_\beta$-TSP (ただし, $1/2 < \beta < 1$) に対する以下のアルゴリズム $\mathrm{Red}(A)_\beta$ を考える.

$\mathrm{Red}(A)_\beta$

入力: 完全グラフ $G = (V, E)$, および, β-強三角不等式を満たすコスト関数 $c : E \to \mathbb{N}^+$.

Step 1: 各 $e \in E$ に対し, $c'(e) := c(e) - (1 - \beta) \cdot 2c_{min}$ とする.

Step 2: 問題インスタンス $((V, E), c')$ に対して, アルゴリズム A を実行する.

出力: $A((V, E), c')$.

アルゴリズム $\mathrm{Red}(A)_\beta$ の近似比を α と β を用いて表せ. β を $1/2$ に近づける時, また, β を 1 に近づける時, $\mathrm{Red}(A)_\beta$ の近似比はどのような値に収束するか. $\qquad \square$

4.3.5 節のまとめ

TSP はクラス NPO(V) に属する. すなわち, 多項式時間近似可能性に関して NPO の最も困難な問題の 1 つである. しかし, 尺度に関連した入力インスタンスの集合の

ある制約に関して非常に敏感である．入力 (G, c) をユークリッド空間の点集合と見なせるなら，そのような入力に対しては PTAS すら存在する．三角不等式を満たす問題インスタンスに対しては，定数近似比のアルゴリズムがある．

重要な点は，TSP の全ての問題インスタンスの集合を，三角不等式に違反する程度に関して，無限個の部分クラスに分割できることである．そして，各部分クラスに対して，近似比の上界を保証できることである．近似比のこれらの上界は，三角不等式に違反する程度（△-TSP からの距離）の増加に伴い，緩やかに増加する．そして，これらの上界は問題インスタンスのサイズに独立である．この分割は近似の安定性の概念を用いて得られた．したがって，一般の TSP 全ての問題インスタンスに対して動作し，その近似比が問題インスタンスの部分クラスに対する上界以下となるようなアルゴリズムが存在する．

同様のアプローチが △-TSP の全ての問題インスタンスの集合の強三角不等式に関して無限個の部分クラスへの分割に利用される．これらの部分クラスの近似比の上界は，1 と 3/2 の範囲にある．

4.3.6 箱詰め問題，スケジューリング，双対近似アルゴリズム

本節では，以下のことを目指す．

(i) 箱詰め問題 (Bin-P) に対する双対多項式時間近似スキーム[34]（双対 PTAS）を設計すること．

(ii) メイクスパンスケジューリング問題 (MS) に対する PTAS を設計するために，Bin-P に対する双対 PTAS を利用すること．

つまり，双対近似アルゴリズムの概念を説明するだけでなく，通常の近似アルゴリズムを設計するための方法として，双対近似アルゴリズムを設計することも示す．

Bin-P の入力インスタンスは，$[0, 1]$ から選んだ有理数のベクトル $I = (r_1, r_2, \ldots, r_n)$ である．I の実行可能解は，$\{0, 1\}^n$ のベクトルの任意の集合 S であり，各 $Y \in S$ が

$$Y^T \cdot (r_1, r_2, \ldots, r_n) \leq 1$$

を満たし，

$$\sum_{Y \in S} Y = (1, 1, \ldots, 1)$$

が成り立つものである．そして，最適化の目的は S の要素数の最小化である．

関数 $h : L_I \times \Sigma_O^* \to \mathbb{R}^{\geq 0}$ を次のように定義する．任意の入力インスタンス $I = (r_1, r_2, \ldots, r_n)$，および $\sum_{Y \in S} Y = (1, 1, \ldots, 1)$ を満たす任意の集合 $S \subseteq \{0, 1\}^n$

---

[34] 双対近似アルゴリズムの概念や，本節で必要となる定義は全て 4.2.4 節で既に示した．

334　第4章　近似アルゴリズム

に対し,

$$h(I,S) = \max\left\{\max\left\{Y^T \cdot (r_1, r_2, \ldots, r_n) \mid Y \in S\right\} - 1, 0\right\}$$

と定義する. 明らかに, h は BIN-P に対する制約距離関数である.

BIN-P に対する h-双対 PTAS の設計は, 以下の3ステップで実現される.

Step 1:　動的計画法を用いて, 値 r_i の種類の数が定数の BIN-P の入力インスタンス (すなわち, 入力にはある値 r_i が重複して多数現れる) に対する多項式時間アルゴリズム DPB-P を設計する.

Step 2:　(4.3.4節のナップサック問題の場合と同様に) DPB-P を適用して,「非常に小さい」r_i を含まない BIN-P の入力インスタンスに対する h-双対 PTAS を得る.

Step 3:　上記の h-双対 PTAS を用いて, 一般の BIN-P に対する h-双対 PTAS を設計する.

まず, Step 1について考える. 任意の正整数 s に対し, s-箱詰め問題 (s-BIN-P) とは, 入力値 $r_1, \ldots, r_n$ ($n \in \mathbb{N}$) が高々 s 個の異なる値を持つように BIN-P を制限した問題である. 簡単のために, s-BIN-P の入力インスタンスを $I = (q_1, \ldots, q_s, n_1, \ldots, n_s)$ と考える. ここで, 各 $i = 1, \ldots, s$ に対し $q_i \in (0,1]$ であり, $n = \sum_{i=1}^{s} n_i$, $n_i \in \mathbb{N}$ ($i = 1, \ldots, n$) である. これは, 各 $i = 1, 2, \ldots, s$ に対し, 入力中に値 q_i が n_i 個含まれていることを意味する. s-BIN-P を n に関する多項式時間で解くために, 動的計画法を用いる. 各 m_i ($0 \le m_i \le n_i, i = 1, \ldots, m$) に対し, $Opt_{s\text{-}\mathrm{BIN}\text{-}P}(q_1, \ldots, q_s, m_1, \ldots, m_s)$ を BIN-P$(m_1, m_2, \ldots, m_s)$ と表す. 動的計画法によるアプローチは, 漸化式

$$\begin{aligned}
&\mathrm{BIN}\text{-}P(m_1, \ldots, m_s) = \\
&1 + \min_{x_1, \ldots, x_s}\left\{\mathrm{BIN}\text{-}P(m_1 - x_1, \ldots, m_s - x_s) \,\middle|\, \sum_{i=1}^{s} x_i q_i \le 1\right\}
\end{aligned} \tag{4.61}$$

に基づいて全ての $(m_1, \ldots, m_s) \in \{0, 1, \ldots, n_1\} \times \cdots \times \{0, 1, \ldots, n_s\}$ に対して BIN-P$(m_1, \ldots, m_s)$ を計算することを意味する.

アルゴリズム 4.3.6.1 DPB-P$_s$

入力:　$q_1, \ldots, q_s$, $n_1, \ldots, n_s$. ただし, $q_i \in (0,1]$ ($i = 1, \ldots, s$) であり, $n_1, \ldots, n_s$ は正整数である.

Step 1:　BIN-P$(0, \ldots, 0) := 0$;
$\sum_{i=1}^{s} h_i q_i \le 1$ かつ $\sum_{i=1}^{s} h_i \ge 1$ なる全ての $(h_1, \ldots, h_s) \in \{0, \ldots, n_1\} \times \cdots \times \{0, \ldots, n_s\}$ に対し, BIN-P$(h_1, \ldots, h_s) := 1$

Step 2: 全ての $(m_1, \ldots, m_s) \in \{0, \ldots, n_1\} \times \cdots \times \{0, \ldots, n_s\}$ に対し, 漸化式 (4.61) によって, BIN-P$(m_1, \ldots, m_s)$ と対応する最適解 $T(m_1, \ldots, m_s)$ を求める.

出力: BIN-P$(n_1, \ldots, n_s)$, $T(m_1, \ldots, m_s)$.

BIN-P$(n_1, \ldots, n_s)$ の異なる部分問題 BIN-P$(m_1, \ldots, m_s)$ の数が

$$n_1 \cdot n_2 \cdots \cdot n_s \leq \left(\frac{\sum_{i=1}^{s} n_i}{s} \right)^s = \left(\frac{n}{s} \right)^s$$

であることが直ちにわかる. したがって, アルゴリズム 4.3.6.1 (DPB-P) の時間計算量は, $O((\frac{n}{s})^{2s})$, すなわち, n に関する多項式である.

次に, BIN-P に対する h-双対 PTAS の設計の第 2 ステップを実現させよう. 任意の ε $(0 < \varepsilon < 1)$ に対し, BIN-P$_\varepsilon$ を, 各入力値が ε より大きい, BIN-P の部分問題とする. アイデアは, 任意の入力インスタンス $I = (q_1, \ldots, q_n)$ を, その全ての値 $q_1, \ldots, q_n$ をある $s = \frac{\log_2(1/\varepsilon)}{\varepsilon}$ 個の固定値に丸める (近似する) ことで近似し, この丸めた入力に対し DPB-P$_s$ を適用することである.

アルゴリズム 4.3.6.2 BP-PTA$_\varepsilon$

入力: $(q_1, q_2, \ldots, q_n)$. ただし, $\varepsilon < q_1 \leq \cdots \leq q_n \leq 1$.

Step 1: $s := \lceil \log_2(1/\varepsilon)/\varepsilon \rceil$;

$l_1 := \varepsilon$;

$l_j := l_{j-1} \cdot (1 + \varepsilon)$ $(j = 2, 3, \ldots, s)$;

$l_{s+1} = 1$.

{これは, 区間 $(\varepsilon, 1]$ を s 個の部分区間 $(l_1, l_2], (l_2, l_3], \ldots, (l_s, l_{s+1}]$ に分割することに相当する.}

Step 2: **for** $i = 1$ **to** s **do**

    do begin $L_i := \{q_1, \ldots, q_n\} \cap (l_i, l_{i+1}]$;

    $n_i := |L_i|$

    end

{以下では, L_i の全ての値が値 l_i に丸められたものとする.}

Step 3: 入力 $(l_1, l_2, \ldots, l_s, n_1, n_2, \ldots, n_s)$ に DPB-P$_s$ を適用する.

補題 4.3.6.3 任意の $\varepsilon \in (0, 1)$ に対し, BP-PTA$_\varepsilon$ は BIN-P$_\varepsilon$ に対する h-双対 ε-近似アルゴリズムであり,

$$Time_{\text{BP-PTA}_\varepsilon}(n) = O\left(\left(\frac{\varepsilon \cdot n}{\log_2(1/\varepsilon)}\right)^{\frac{2}{\varepsilon} \cdot \log_2\left(\frac{1}{\varepsilon}\right)}\right)$$

が成り立つ. □

証明 まず, BP-PTA$_\varepsilon$ の時間計算量を解析する. $s \le n$ より, Step 1 と Step 2 を $O(n^2)$ 時間で実行できるのは明らかである. DPB-P$_s$ の時間計算量が $O((\frac{n}{s})^{2s})$ であることと $s = \frac{1}{\varepsilon} \cdot \log_2\left(\frac{1}{\varepsilon}\right)$ より, 証明は完了する.

BP-PTA$_\varepsilon$ が BIN-P$_\varepsilon$ に対する h-双対 ε-近似アルゴリズムであることを証明するために, 任意の入力 $I = (q_1, q_2, \ldots, q_n)$ $(\varepsilon < q_1 \le \cdots \le q_n \le 1)$ に対して, 次の 2 つのことが成り立つことを証明しなければならない.

(i) $r = cost(T_1, \ldots, T_r) = \text{BIN-P}(n_1, \ldots, n_s) \le Opt_{\text{BIN-}P}(I)$ が成り立つ. ただし, $(T_1, \ldots, T_r)$ を入力 $Round(I) = (l_1, \ldots, l_s, n_1, \ldots, n_s)$ に対する BP-PTA$_\varepsilon$ で計算された最適解とする. [T_i は i 番目の箱に詰められた値のインデックスの集合.]

(ii) 各 $j = 1, \ldots, r$ に対し, $\sum_{a \in T_j} q_a \le 1 + \varepsilon$ が成り立つ.

(i) は, $p_i \le q_i$ $(i \in \{1, \ldots, n\})$ に対し, $Round(I)$ を $(p_1, \ldots, p_n)$ と見なせることより明らかである. DPB-P$_s(Round(I)) \le Opt_{\text{BIN-}P}(I)$ より,

$$\text{BIN-P}(n_1, \ldots, n_s) = Opt_{\text{BIN-}P}(Round(I)) \le Opt_{\text{BIN-}P}(I)$$

が成り立つ.

(ii) を証明するために, インデックスの任意の集合 $T \in \{T_1, T_2, \ldots, T_r\}$ を考える. $x_T = (x_1, \ldots, x_s)$ を $Round(I)$ に対して, この箱に割り当てられたインデックスの集合の対応する記述とする. この時, $\sum_{j \in T} q_j$ を次のように抑えることができる.

$$\sum_{j \in T} q_j \le \sum_{i=1}^{s} x_i l_{i+1} = \sum_{i=1}^{s} x_i l_i + \sum_{i=1}^{s} x_i(l_{i+1} - l_i) \le 1 + \sum_{i=1}^{s} x_i(l_{i+1} - l_i). \quad (4.62)$$

各 $i \in \{1, \ldots, s\}$ に対し $l_i \ge \varepsilon$ であることより, 1 つの箱の中の要素数は高々 $\lfloor \frac{1}{\varepsilon} \rfloor$ である. すなわち,

$$\sum_{i=1}^{s} x_i \le \left\lfloor \frac{1}{\varepsilon} \right\rfloor \quad (4.63)$$

が成り立つ. 各 $i = 1, \ldots, s$ に対し, a_i をサイズ l_i の要素で満たされた箱 T の割合とする. 明らかに, 各 $i \in \{1, 2, \ldots, s\}$ に対して,

$$x_i \le \frac{a_i}{l_i} \quad (4.64)$$

が成り立つ. (4.64) を (4.62) に代入することにより, 次式を得る.

$$
\begin{aligned}
\sum_{j \in T} q_j &\underset{(4.62)}{\leq} 1 + \sum_{i=1}^{s} x_i (l_{i+1} - l_i) \\
&\underset{(4.64)}{\leq} 1 + \sum_{i=1}^{s} \frac{a_i}{l_i}(l_{i+1} - l_i) \\
&= 1 + \sum_{i=1}^{s} \left[a_i \cdot \frac{l_{i+1}}{l_i} - a_i \right] \\
&= 1 + \sum_{i=1}^{s} a_i \cdot \left(\frac{l_{i+1}}{l_i} - 1 \right) \\
&= 1 + \sum_{i=1}^{s} a_i \cdot \varepsilon = 1 + \varepsilon \cdot \sum_{i=1}^{s} a_i = 1 + \varepsilon. \qquad \square
\end{aligned}
$$

これで, 一般の Bin-P に対する双対 PTAS を示す用意が整った. そのアイデアは, 与えられた ε に対し, 入力の中で ε より大きい値で構成された部分に対し, アルゴリズム BP-PTA$_\varepsilon$ を用いることである. そして, 可能ならば残った小さな要素を, その内容量が 1 以下の箱に詰めることである. もし全ての箱が一杯なら, その残りの小さな要素に対して新たな箱を用意する.

アルゴリズム 4.3.6.4 Bin-PTAS

入力: (I, ε). ここで, $I = (q_1, q_2, \ldots, q_n)$ $(0 \leq q_1 \leq q_2 \leq \cdots \leq q_n \leq 1)$, $\varepsilon \in (0, 1)$.

Step 1: $q_1 \leq q_2 \leq \ldots \leq q_i \leq \varepsilon < q_{i+1} \leq q_{i+2} \leq \cdots \leq q_n$ を満たす i を求める.

Step 2: 入力 $(q_{i+1}, \ldots, q_n)$ に BP-PTA$_\varepsilon$ を適用する. $T = (T_1, \ldots, T_m)$ を BP-PTA$_\varepsilon(q_{i+1}, \ldots, q_n)$ の出力とする.

Step 3: $\sum_{j \in T_i} q_j \leq 1$ を満たす各 i について, $\sum_{j \in T_i} q_j > 1$ となるまで, $\{q_1, \ldots, q_i\}$ から小さな要素を T_i に詰めていく.

まだ箱に詰められていない小さな要素があるなら, 新たな箱を用意し, これらの要素をこの箱が一杯になるまで詰める. 必要なら, この最後のステップを何度か繰り返す.

定理 4.3.6.5 Bin-PTAS は Bin-P に対する h-双対多項式時間近似スキームである.

$\square$

338 第 4 章 近似アルゴリズム

証明 まず，BIN-PTAS の時間計算量を解析する．Step 1 は線形時間で実行できる（もし入力値をソートする必要があるなら，$O(n \log n)$ 時間かかる）．補題 4.3.6.3 より，ε より大きい入力値に対する BP-PTA$_\varepsilon$ の適用は n に関する多項式時間でできる．Step 3 は線形時間で実現できる．

ここで，任意の入力 (I, ε) $(I = (q_1, \dots, q_n), \varepsilon \in (0, 1))$ に対し，

(i) $cost(\text{BIN-}PTAS(I, \varepsilon)) \leq Opt_{\text{BIN-}P}(I)$ が成立すること，

(ii) $\text{BIN-}PTAS(I, \varepsilon)$ の全ての箱のサイズが $1 + \varepsilon$ 以下であること

を証明しなければならない．

BP-PTA$_\varepsilon$ が h-双対 ε-近似アルゴリズムである（すなわち，BP-PTA$_\varepsilon(q_{i+1}, \dots, q_n)$ の箱のサイズが $1 + \varepsilon$ 以下である）ことより，条件 (ii) は明らかに成り立つ．Step 3 で，小さな要素 $q_1, \dots, q_i$ が箱のサイズが $1 + \varepsilon$ を超えないように，BP-PTA$_\varepsilon(q_{i+1}, \dots, q_n)$ に加えられるのは明らかである．

(i) を証明するために，まず，次式が成り立つことを確認する（補題 4.3.6.3）．

$$Opt_{\text{BIN-}P}(q_{i+1}, \dots, q_n) \geq cost(\text{BP-PTA}_\varepsilon(q_{i+1}, \dots, q_n)).$$

ここで，BIN-PTAS の Step 3 で新たな箱を加える場合，全ての箱が 1 より大きいサイズを持つことを意味する．したがって，これらの箱の容量（サイズ）の和は箱の数より大きく，最適解は少なくとも 1 つ多くの箱を必要とする． □

演習問題 4.3.6.6 ナップサック問題に対する双対 PTAS を設計せよ． □

以下では，BIN-PTAS を利用することによって，メイクスパンスケジューリング問題 (MS) に対する多項式時間近似スキームを設計できることを示す．定数 $\varepsilon > 0$ に対する BIN-PTAS を BIN-$PTAS_\varepsilon$ と表す．アイデアは，BIN-P と MS が，BIN-P の制約が MS の目的関数と見なせるという意味で双対であるということである．より正確には，MS の任意の入力インスタンス (I, m) $(I = (p_1, \dots, p_n))$ に対し，

$$Opt_{\text{BIN-}P}\left(\frac{p_1}{d}, \frac{p_2}{d}, \dots, \frac{p_n}{d}\right) \leq m \Leftrightarrow Opt_{\text{MS}}(I, m) \leq d \qquad (4.65)$$

が成り立つ．

(4.65) の等価性は明らかである．ジョブ $p_1, \dots, p_n$ を m 台の機械で d 時間で実行できるようにスケジュールできるなら，要素 $\frac{p_1}{d}, \frac{p_2}{d}, \dots, \frac{p_n}{d}$ を単位サイズ 1 の m 個の箱に詰められる．逆に，要素 $\frac{p_1}{d}, \frac{p_2}{d}, \dots, \frac{p_n}{d}$ を m 個の単位サイズの箱に詰められるならば，ジョブ $p_1, \dots, p_n$ を m 台の機械で d 時間で実行できるようにスケジュールできる．

値 $Opt_{\text{MS}}(I, m)$ を知っているなら（しかし，必ずしも (I, m) に対する最適解を知っているとは限らない），MS の (I, m) に対する近似比 $1 + \varepsilon$ の実行可能解を得る

ために

$$\text{BIN-}PTAS_\varepsilon \left(\frac{p_1}{Opt_{\text{MS}}(I,m)}, \dots, \frac{p_n}{Opt_{\text{MS}}(I,m)} \right)$$

を適用できる. 定理 4.3.6.5 と等価関係 (4.65) より,

$$cost \left(\text{BIN-}PTAS_\varepsilon \left(\frac{p_1}{d^*}, \dots, \frac{p_n}{d^*} \right) \right) \leq Opt_{\text{BIN-}P} \left(\frac{p_1}{d^*}, \dots, \frac{p_n}{d^*} \right) \underset{(4.65)}{\leq} m$$

が成り立つので, $d^* = Opt_{\text{MS}}(I,m)$ に対する解 $\text{BIN-}PTAS_\varepsilon \left(\frac{p_1}{d^*}, \dots, \frac{p_n}{d^*} \right)$ は MS に対する実行可能解である. 定理 4.3.6.5 は, $\text{BIN-}PTAS_\varepsilon \left(\frac{p_1}{d^*}, \dots, \frac{p_n}{d^*} \right)$ の全ての箱が $1+\varepsilon$ 以下のサイズを持つことを示している. したがって, 対応するスケジューリングの時間は, 高々

$$(1+\varepsilon) \cdot d^* = (1+\varepsilon) \cdot Opt_{\text{MS}}(I,m)$$

である.

残された問題は, $Opt_{\text{MS}}(I,m)$ を評価することである. これは, 2分探索 (2分探索アルゴリズムの各ステップで, BIN-PTAS を繰り返し用いる) で解くことができる. ここで, (4.65) から2分探索を続けなければならない方向が示される. 2分探索を開始できるために, $Opt_{\text{MS}}(I,m)$ の上界と下界のある初期値が必要である. MS の任意の入力インスタンス (I,m) $(I=(p_1,\dots,p_n))$ に対し, 値

$$ATLEAST(I,m) = \max \left\{ \frac{1}{m} \sum_{i=1}^n p_i, \max\{p_1,\dots,p_n\} \right\}$$

を考える. $Opt_{\text{MS}}(I,m) \geq \max\{p_1,\dots,p_n\}$, および, m 台の機械の最適スケジューリング時間が $\frac{1}{m} \cdot \sum_{i=1}^n p_i$ 以上であることより,

$$Opt_{\text{MS}}(I,m) \geq ATLEAST(I,m) \tag{4.66}$$

が成り立つ. 例 4.2.1.2 の, MS の貪欲アプローチの近似比が2以下であるということの証明と同様にして,

$$Opt_{\text{MS}}(I,m) \leq \frac{1}{m} \sum_{i=1}^n p_i + \max\{p_1,\dots,p_n\} \leq 2 \cdot ATLEAST(I,m) \tag{4.67}$$

が直ちに成り立つ.

結果として得られる, MS に対する PTAS を示すことができる.

アルゴリズム 4.3.6.7

入力: $((I,m),\varepsilon)$. ここで, $I=(p_1,\dots,p_n)$ $(n \in \mathbb{N})$ であり, $p_1,\dots,p_n,m$ は正整数, $\varepsilon > 0$ である.

Step 1: $ATLEAST := \max \left\{ \frac{1}{m} \sum_{i=1}^n p_i, \max\{p_1,\dots,p_n\} \right\}$;

340 第 4 章　近似アルゴリズム

$$LOWER := ATLEAST;$$
$$UPPER := 2 \cdot ATLEAST;$$
$$k := \lceil \log_2(4/\varepsilon) \rceil.$$

Step 2:　**for** $i = 1$ **to** k **do**

　　　　do begin $d := \frac{1}{2}(UPPER + LOWER)$;

　　　　　　入力 $\left(\frac{p_1}{d}, \frac{p_2}{d}, \ldots, \frac{p_n}{d}\right)$ に対し，BIN-$PTAS_{\varepsilon/2}$ を呼び出す;

　　　　　　$c := cost\left(\text{BIN-}PTAS_{\varepsilon/2}\left(\frac{p_1}{d}, \ldots, \frac{p_n}{d}\right)\right)$

　　　　　　if $c > m$ **then** $LOWER := d$

　　　　　　　　　else $UPPER := d$

　　　　end

Step 3:　$d^* := UPPER$;

　　　　入力 $\left(\frac{p_1}{d^*}, \ldots, \frac{p_n}{d^*}\right)$ に対し，BIN-$PTAS_{\varepsilon/2}$ を呼び出す.

出力：　　BIN-$PTAS_{\varepsilon/2}\left(\frac{p_1}{d^*}, \ldots, \frac{p_n}{d^*}\right)$.

定理 4.3.6.8　アルゴリズム 4.3.6.7 は MS に対する PTAS である.　　　　□

証明　まず，アルゴリズム 4.3.6.7 の時間計算量を解析する. Step 1 は線形時間で実行できる. Step 2 では BIN-$PTAS_{\varepsilon/2}$ を k 回呼び出す. ここで，k は (I, m) のサイズに関しては定数である. Step 3 では BIN-$PTAS_{\varepsilon/2}$ を 1 回呼び出す. BIN-$PTAS_{\varepsilon/2}$ の時間計算量は n に関して多項式時間であるので，アルゴリズム 4.3.6.7 も多項式時間アルゴリズムである.

　ここで，BIN-$PTAS_{\varepsilon/2}\left(\frac{p_1}{d^*}, \ldots, \frac{p_n}{d^*}\right)$ が MS の入力インスタンス $(p_1, \ldots, p_n), m$ に対する実行可能解である（すなわち，ジョブ $p_1, \ldots, p_n$ は高々 m 台の機械に割り当てられる）ことを証明する. 同値関係 (4.65) と不等式 (4.67) より，Step 1 で $UPPER$ を調整した後,

$$\text{BIN-}PTAS_{\varepsilon/2}\left(\frac{p_1}{UPPER}, \ldots, \frac{p_n}{UPPER}\right)$$

が $(p_1, \ldots, p_n), m$ に対する実行可能解であることがわかる.

　$cost\left(\text{BIN-}PTAS_{\varepsilon/2}\left(\frac{p_1}{d}, \ldots, \frac{p_n}{d}\right)\right) \leq m$ の時のみ，$UPPER$ を

$$d = \frac{1}{2}(UPPER + LOWER)$$

に変更するので，Step 2 の実行中において変数 $UPPER$ に割り当てられる全ての値に対して，BIN-$PTAS_{\varepsilon/2}\left(\frac{p_1}{UPPER}, \ldots, \frac{p_n}{UPPER}\right)$ は MS の問題インスタンス I, m に対する実行可能解である. したがって，BIN-$PTAS_{\varepsilon/2}\left(\frac{p_1}{d^*}, \ldots, \frac{p_n}{d^*}\right)$ もまた，MS の

入力インスタンス I, m に対する実行可能解でなければならない.

BIN-P の入力 $\frac{p_1}{d^*}, \ldots, \frac{p_n}{d^*}$ に対する解 $S = \text{BIN-}PTAS_{\varepsilon/2}\left(\frac{p_1}{d^*}, \ldots, \frac{p_n}{d^*}\right)$ の全ての箱のサイズは $1 + \varepsilon/2$ 以下なので,S を MS の入力インスタンス (I, m) に対する実行可能解と見なすと,

$$cost_{\text{MS}}\left(\text{BIN-}PTAS_{\varepsilon/2}\left(\frac{p_1}{d^*}, \ldots, \frac{p_n}{d^*}\right)\right) \leq \left(1 + \frac{\varepsilon}{2}\right) \cdot d^* \tag{4.68}$$

となる.残された疑問は「$Opt_{\text{MS}}(I, m)$ が d^* を近似する精度はどれくらいか?」である.アルゴリズム実行開始時に,

$$LOWER = ATLEAST \leq Opt_{\text{MS}}(I, m) \leq 2 \cdot ATLEAST = UPPER$$

が成り立つことがわかっている.Step 2 の各サイクルの実行において,$UPPER$ と $LOWER$ の差は半分になる.$k = \lceil \log_2(4/\varepsilon) \rceil$ 回の繰り返しの後,

$$UPPER - LOWER \leq \frac{1}{2^k} \cdot ATLEAST$$

が成り立つ.アルゴリズム 4.3.6.7 の実行の間,$Opt_{\text{MS}}(I, m) \in [LOWER, UPPER]$ が常に成り立つので,

$$d^* - Opt_{\text{MS}}(I, m) \leq \frac{1}{2^k} \cdot ATLEAST \leq \frac{1}{2^k} Opt_{\text{MS}}(I, m)$$

が成り立つ.したがって,

$$\frac{d^* - Opt_{\text{MS}}(I, m)}{Opt_{\text{MS}}(I, m)} \leq \frac{1}{2^k} \leq \frac{\varepsilon}{4} \tag{4.69}$$

となる.不等式 (4.68) と (4.69) より,任意の $\varepsilon \in (0, 1]$ に対して,

$$\begin{aligned}
cost\left(\text{BIN-}PTAS_{\varepsilon/2}\left(\frac{p_1}{d^*}, \ldots, \frac{p_n}{d^*}\right)\right) &\underset{(4.68)}{\leq} \left(1 + \frac{\varepsilon}{2}\right) \cdot d^* \\
&\underset{(4.69)}{\leq} \left(1 + \frac{\varepsilon}{2}\right) \cdot \left(1 + \frac{\varepsilon}{4}\right) \cdot Opt_{\text{MS}}(I, m) \\
&\leq (1 + \varepsilon) \cdot Opt_{\text{MS}}(I, m)
\end{aligned}$$

が成り立つ. $\qquad\qquad\square$

4.3.6 節のまとめ

双対近似アルゴリズムは,最適性の代わりに,問題の実行可能性を近似する.このアプローチは,実行可能性の制約を厳密に定められない,あるいは,単に制約が絶対的でなく,制約に少しだけ違反する自然な実行可能解が存在する時,実用的であり興味深い.

箱詰め問題に対しては双対 PTAS が存在する.この双対 PTAS は S の BIN-P の

342 第4章 近似アルゴリズム

入力インスタンスのある部分クラスに対する動的計画法を用い，また，BIN-P の任意の入力インスタンスを S の入力インスタンスとして近似することによって，設計できる．

双対近似アルゴリズムは，絶対的でない制約を持つ最適化問題を解くためのアプローチであるだけでなく，通常の近似アルゴリズムを設計するためのツールでもある．これは，最適化問題の絶対的でない制約を他の（「双対」）最適化問題の目的関数と見なせる時，特にうまく適用できる．箱詰め問題とメイクスパンスケジューリング問題の間にはそのような関係がある．したがって，BIN-P に対する双対 PTAS は，MS に対する PTAS に「変換」できる．

4.4 近似不可能性

4.4.1 序論

本節の目的は，P $\neq$ NP の仮定（あるいは，同様の仮定）の下で，具体的な問題の多項式時間近似可能性の下界を証明するためのいくつかのテクニックを示すことである．これらの下界は，与えられた問題に対する PTAS が存在しないというものから，与えられた問題に対する多項式時間近似アルゴリズムの近似比の下界が n^a $(a > 0)$ であるというものまで，多様である．ここでは，多項式時間近似可能性の下界を証明するための次の3つの方法を示す．

(i) **NP 困難な決定問題の帰着**

これは NP 完全性の理論で使われる古典的な帰着法である．まず，最適化問題 U を近似問題と見なす．すなわち，近似比が固定値 d 以下となる実行可能解を見つける問題と見なす．そして，NP 困難な問題をこの近似問題に帰着する．この方法で直ちに得られる結論は，P $\neq$ NP である限り，U に対する多項式時間 d-近似アルゴリズムが存在しないということである．

4.4.2 節で，このアプローチを用いて，P $\neq$ NP である限り，どのような多項式 p についても，TSP に対する多項式時間 $p(n)$-近似アルゴリズムが存在しないことを証明する．

(ii) **近似保存帰着**

ある定数 d について，（P $\neq$ NP の仮定の下で）最適化問題 U に対する多項式時間 d-近似アルゴリズムが存在しないことが既に証明されていると仮定する．このことは，明らかに，U に対する PTAS が存在しないことを意味する．他の最適化問題 W に対しても PTAS が存在しないことを証明するには，近似比をある程度保存する帰着法によって，U を W に帰着すれば十分である．

4.4.3 節では，近似比を保存する2つの帰着法と，いわゆる，APX 完全性を

示す.

(iii) **PCP 定理の適用**

この方法は，計算機科学の最も深遠で難しい結果 —— いわゆる PCP 定理（確率的検査可能証明）に基づいている．この定理は，クラス NP の全く新しい驚くべき特徴づけを与え，その結果，NP に属する言語の新しい表現を与えている．この表現から始めて，NP に属する任意の決定問題（言語）をいくつかの近似問題に帰着できる．この方法で，$P \neq NP$ を仮定する限り，近似問題の困難性の証拠が得られる.

4.4.4 節では，Max-Sat に対する PTAS が存在しないことを示すために，この概念を用いる[35].

以下の節で上記の 3 つの方法を示す前に，まず有用な定義を示す.

定義 4.4.1.1 $U = (\Sigma_I, \Sigma_O, L, L_I, \mathcal{M}, cost, goal)$ を最適化問題とする．任意の $c \in \mathbb{R}^{>1}$ に対し，U の c-**近似問題**（c-**App**(U)）を次のように定義する．任意の $x \in L_I$ に対し，

$$\max\left\{\frac{cost(S(x))}{Opt_U(x)}, \frac{Opt_U(x)}{cost(S(x))}\right\} \leq c$$

を満たす実行可能解 $S(x) \in \mathcal{M}(x)$ を求める問題．任意の関数 $f : \mathbb{N} \to \mathbb{N}$ に対し，U の $f(n)$-**近似問題**（$f(n)$-**App**(U)）を次のように定義する．任意の $x \in L_I$ に対し，

$$\max\left\{\frac{cost(S(x))}{Opt_U(x)}, \frac{Opt_U(x)}{cost(S(x))}\right\} \leq f(|x|)$$

を満たす実行可能解 $S(x) \in \mathcal{M}(x)$ を求める問題． □

最適化問題 U に対する c-近似アルゴリズムが存在すれば，c-App(U) が多項式時間で解けることは簡単にわかる．一方，c-App(U) に対する多項式時間アルゴリズムが存在するならば，このアルゴリズムは U に対する多項式時間 c-近似アルゴリズムである．定義 4.4.1.1 を示す唯一の理由は，近似解を求めるという目的を計算問題として表現することである.

4.4.2 NP 困難問題の帰着

この節では，ある最適化問題に対する近似問題の困難性を証明するための最も古典的で単純な技法を示す．そのアイデアは，NP 困難な問題（言語）を近似問題 c-App(U) に帰着することにより，$P \neq NP$ である限り，c-App(U) に対する多項式時間アルゴ

---

[35] この重要な結果は，近似を保存する帰着の利用を可能にした出発点であったことに注意しよう.

344 第4章 近似アルゴリズム

リズムが存在しないことを示すというものである. このことは, P $\neq$ NP という仮定の下で, U に対する多項式時間 c-近似アルゴリズムが存在しないことを直ちに意味する.

このような古典的な帰着の一般的なアイデアは次の通りである. $L \subseteq \Sigma^*$ を NP 困難な問題とし, c-App(U) ($c \in \mathbb{R}^{>1}$) を最小化問題 $U = (\Sigma_I, \Sigma_O, L, L_I, \mathcal{M}, cost, goal)$ $\in$ NPO に対する近似問題とする. 次の性質を満たし, 効率的に計算可能な関数 $f_F : \mathbb{N} \to \mathbb{N}$ が存在するような Σ^* から L_I への多項式時間変換 F を求めなければならない.

(i) 任意の $x \in L$ に対して, $\mathcal{M}(F(x))$ は $cost(y) \leq f_F(|x|)$ となる解 y を含む.

(ii) 任意の $x \in \Sigma^* - L$ に対して, 全ての解 $z \in \mathcal{M}(F(x))$ が $cost(z) > c \cdot f_F(|x|)$ を満たす.

ここで, U に対する多項式時間 c-近似アルゴリズム A が存在すれば, 変換 F を利用して, 与えられた $x \in \Sigma^*$ が L に所属するかをどのように決定するかは, x を $F(x)$ に変換し, $A(F(x))$ を求め, $cost(A(F(x)))$ を見ればよいことがわかる.

つまり, $cost(A(F(x)) \leq c \cdot f_F(|x|)$ なら $x \in L$ と判定し[36], $cost(A(F(x)) > c \cdot f_F(|x|)$ なら $x \notin L$ と判定する. これは, $x \in L$ ならば,

$$Opt_U(F(x)) \underset{(i)}{\leq} f_F(|x|) < \frac{1}{c} cost(A(F(x))) \tag{4.70}$$

となり, A が U に対する c-近似アルゴリズムであることに (4.70) が矛盾するからである.

以下では, この技法を巡回セールスマン問題 (TSP) を例にして説明する.

補題 4.4.2.1 任意の正整数 d に対し, ハミルトン閉路 (HT) 問題は d-App(TSP) に多項式時間で帰着できる. □

証明 $G = (V, E)$ を HT 問題の入力インスタンスとする. G がハミルトン閉路を含む時, かつその時に限り, $G \in L_{HT}$ となることを思い出そう. 多項式時間変換 F が, G を完全 (無向) グラフ $K_{|V|} = (V, E')$ とコスト関数 $c : E' \to \mathbb{N}^+$ に次のように変換すると考える.

$$c(e) = \begin{cases} 1 & (e \in E \text{ の場合}) \\ (d-1)|V| + 2 & (e \notin E \text{ (すなわち, } e \in E' - E) \text{ の場合}) \end{cases}$$

また, $f_F(|G|) = |V|$ とする. この時, 次のことが成り立つ.

(i) G がハミルトン閉路を含むなら, $K_{|V|}$ はコスト $|V|$ のハミルトン閉路を含む.

---

[36] (ii) による.

すなわち，$Opt_{\mathrm{TSP}}(K_{|V|}, c) = |V| = f_F(|G|)$ となる．

(ii) G がハミルトン閉路を含まないなら，$K_{|V|}$ の各ハミルトン閉路は $E' - E$ の辺を少なくとも1つは含む．したがって，$K_{|V|}$ の任意のハミルトン閉路のコストは

$$|V| - 1 + (d-1)|V| + 2 = d \cdot |V| + 1 > d \cdot |V| = d \cdot f_F(|G|)$$

以上である．

明らかに，d-App(TSP) が多項式時間で解ければ，HT 問題も多項式時間で解ける．
□

系 4.4.2.2 P $\neq$ NP である限り，どのような定数 d についても，TSP に対する多項式時間 d-近似アルゴリズムは存在しない． □

補題 4.4.2.1 の証明は，$x \in L_{\mathrm{HT}}, y \notin L_{\mathrm{HT}}$ $(|x| = |y|)$ の時，$Opt_{\mathrm{TSP}}(F(x))$ と $Opt_{\mathrm{TSP}}(F(y))$ の差がいくらでも大きくなるようにコスト関数 c を選べることを示している．さらに，どのような多項式 p に対しても，多項式時間 $p(n)$-近似アルゴリズムが存在しないので，TSP 問題が NPO(V) に属することすら証明できる．

定理 4.4.2.3 P $\neq$ NP である限り，どのような多項式 p についても，TSP に対する多項式時間 $p(n)$-近似アルゴリズムは存在しない． □

証明 補題 4.4.2.1 の証明で示した，HT 問題の TSP への帰着について考える．E' の辺のコストの定義を次のように変更する．

$$c(e) = \begin{cases} 1 & (e \in E \text{ の場合}) \\ |V| \cdot 2^{|V|} + 1 & (e \notin E \text{ の場合}) \end{cases}$$

コスト $|V| \cdot 2^{|V|}$ は空間 $|V| + \lceil \log_2 |V| \rceil$ で表すことができるので，$(K_{|V|}, c)$ の表現は高々長さ $O(|V|^3)$ である．したがって，F は多項式時間で計算可能である．$F((V, E))$ を $O(|V|^3)$ 時間で容易に構成できることも明らかである．

$G = (V, E)$ がハミルトン閉路を含むなら，$Opt_{\mathrm{TSP}}(F(G)) = |V|$ が成り立つ．ところが，G がハミルトン閉路を含まないなら，$F(G) = (K_{|V|}, c)$ の任意のハミルトン閉路のコストは

$$|V| - 1 + 2^{|V|} \cdot |V| + 1 > 2^{|V|}|V| = 2^{|V|} \cdot f_F(|G|)$$

以上となる．したがって，$L_{\mathrm{HT}} \notin$ P ならば，TSP 問題に対する多項式時間 $2^{\Omega(\sqrt[3]{n})}$-近似アルゴリズムは存在しない[37]． □

---

[37] $F(G)$ のサイズは $|V|^3 + |V|^2 \cdot \lceil \log_2 |V| \rceil$ であり，$|V|$ は漸近的には TSP の入力インスタンス $F(G)$

346 第 4 章 近似アルゴリズム

演習問題 4.4.2.4 TSP 問題の多項式時間近似不可能性の下界が g であることを証明できるのは，g がどのような指数関数である時か？ □

4.4.3 近似保存帰着

近似保存帰着の概念は，NP 完全性の概念に似ている．NP 完全性の概念は，P $\neq$ NP である限り，与えられた問題が P に属さないことを示す[38]のに利用するが，近似保存帰着の概念は主として，P $\neq$ NP の仮定の下で，最適化問題が PTAS を持たないことを証明する方法を与える．この目的のために，NP 完全性の概念におけるクラス NP の類似として，次のクラス APX を導入する．

$$\text{APX} \;=\; \{U \in \text{NPO} \,|\, U \text{ に対する多項式時間}$$
$$c\text{-近似アルゴリズムが存在する } (c \in R^{>1})\}.$$

我々の目的は APX に属するある特定の問題が PTAS を持たないこと，あるいは，特定の定数 d に対して，多項式時間 d-近似アルゴリズムすら持たないことを証明することである．NP 完全の場合と同様，APX の中で最も難しい最適化問題を含む，APX の部分クラスの定義を試みる．ここでは，問題の難しさは，与えられた問題に対する PTAS が存在するか否かで評価されなければならない．

我々が必要とするのは，次の性質を持つ帰着 R である．もし R によって最適化問題 U_1 が最適化問題 U_2 に帰着でき，U_1 が PTAS を持たないなら，U_2 も PTAS を持たない．この性質を持つ帰着を定義するには，いくつかの方法がある．ここでは，2 種類の異なる帰着を示す．

いわゆる近似保存帰着（AP 帰着）から始める．

定義 4.4.3.1 $U_1 = (\Sigma_{I,1}, \Sigma_{O,1}, L_1, L_{I,1}, \mathcal{M}_1, cost_1, goal_1)$ と $U_2 = (\Sigma_{I,2}, \Sigma_{O,2}, L_2, L_{I,2}, \mathcal{M}_2, cost_2, goal_2)$ をそれぞれ最適化問題とする．以下の 5 つの条件を満たす関数

$$F : \Sigma_{I,1}^* \times \mathbb{Q}^+ \to \Sigma_{I,2}^*,$$
$$H : \Sigma_{I,1}^* \times \mathbb{Q}^+ \times \Sigma_{O,2}^* \to \Sigma_{O,1}^*$$

と定数 $\alpha > 0$ が存在する時，U_1 が U_2 に **AP 帰着可能**といい，$\boldsymbol{U_1 \leq_{\text{AP}} U_2}$ と表す．

(i) $\mathcal{M}_1(x) \neq \emptyset$ を満たす任意の $x \in L_{I,1}$ と任意の $\varepsilon \in \mathbb{Q}^+$ に対し，

$$F(x, \varepsilon) \in L_{I,2} \text{ かつ } \mathcal{M}_2(F(x, \varepsilon)) \neq \emptyset.$$

のサイズの 3 乗根であるので，多項式時間 2^n-近似アルゴリズムが存在しないことを示したことにはならないことに注意しよう．

[38] 証明の方法として．

(ii) 任意の $x \in L_{I,1}$, $\varepsilon \in \mathbb{Q}^+$, $y \in \mathcal{M}_2(F(x,\varepsilon))$ に対して,

$$H(x,\varepsilon,y) \in \mathcal{M}_1(x).$$

(iii) 任意の定数 ε に対し, F と H はともに $|x|$ と $|y|$ に関する多項式時間で計算可能.

(iv) 任意の固定した入力サイズ $|x|$, $|y|$ に対し, F と H の時間計算量は ε に関して非増加である.

(v) 任意の $x \in L_{I,1}$, $\varepsilon \in \mathbb{Q}^+$, $y \in \mathcal{M}_2(F(x,\varepsilon))$ に対し, 以下が成り立つ.

$$\max\left\{\frac{Opt_{U_2}(F(x,\varepsilon))}{cost_2(y)}, \frac{cost_2(y)}{Opt_{U_2}(F(x,\varepsilon))}\right\} \le 1 + \varepsilon \ \text{ならば}$$

$$\max\left\{\frac{cost_1(H(x,\varepsilon,y))}{Opt_{U_1}(x)}, \frac{Opt_{U_1}(x)}{cost_1(H(x,\varepsilon,y))}\right\} \le 1 + \alpha \cdot \varepsilon. \qquad \square$$

定義 4.4.3.1 が我々の要求を満たしているかどうかを確認しよう. 我々が必要とするのは, U_2 に対する PTAS が存在し, $U_1 \le_{AP} U_2$ ならば, U_1 に対する PTAS が存在するような U_1 から U_2 への帰着である. 逆に言えば, U_1 に対する PTAS が存在しなければ, U_2 に対する PTAS も存在しないというものである.

補題 4.4.3.2 U_1 と U_2 を定義 4.4.3.1 で述べた最適化問題とする. U_2 に対する PTAS が存在し, $U_1 \le_{AP} U_2$ ならば, U_1 に対する PTAS が存在する. $\qquad \square$

証明 $U_1 \le_{AP} U_2$ とする. すなわち, 定義 4.4.3.1 の性質 (i), (ii), (iii), (iv), (v) を満たす関数 F, H と定数 $\alpha > 0$ が存在するものとする. U_2 に対する PTAS A_2 が存在するという仮定の下で, U_1 に対する PTAS A_1 を構成する. PTAS A_1 の入力は $(x, \delta) \in L_{I,1} \times Q^+$ である. ただし, x は U_1 の入力インスタンスであり, δ は許された最大相対誤差である. ここで, (x, δ) に変換 (関数) F を適用し, U_2 の入力インスタンス $F(x, \delta)$ を得る.

$\varepsilon = \frac{\delta}{\alpha}$ として選び, 入力 $(F(x,\delta), \varepsilon) \in L_{I,2} \times Q^+$ に対して PTAS A_2 を実行する. A_2 の出力は

$$\max\left\{\frac{Opt_{U_2}(F(x,\varepsilon))}{cost_2(y)}, \frac{cost_2(y)}{Opt_{U_2}(F(x,\varepsilon))}\right\} \le 1 + \varepsilon$$

を満たす $y \in \mathcal{M}_2(F(x,\delta))$ である. (ii) と (v) より, 変換 H は入力 (x, δ, y) を実行可能解 $H(x, \varepsilon, y) \in \mathcal{M}_1(x)$ に変換し,

$$\max\left\{\frac{cost_1(H(x,\varepsilon,y))}{Opt_{U_1}(x)}, \frac{Opt_{U_1}(x)}{cost_1(H(x,\varepsilon,y))}\right\} \le 1 + \alpha \cdot \varepsilon = 1 + \alpha \cdot \frac{\delta}{\alpha} = 1 + \delta$$

が成り立つ. したがって, A_1 は x に対する相対誤差が高々 δ の実行可能解を計算する.

A_1 が PTAS であることを示すために，後は，A_1 の時間計算量が，任意の定数 δ に対して，入力サイズ $|x|$ の多項式であることを示せばよい．任意の定数 δ に対して，F が $|x|$ に関する多項式時間で計算可能（定義 4.4.3.1 の条件 (iii)）なので，$|F(x,\delta)|$ は $|x|$ の多項式である．任意の定数 ε に対して，PTAS A_2 は $|(F(x,\delta))|$ に関する多項式時間で $(F(x,\delta),\varepsilon)$ に対する解を求める．この時，結果 $y = A_2(F(x,\delta),\varepsilon)$ の長さは $|F(x,\delta)|$ に対して多項式であり，したがって，$|x|$ に関しても多項式である．

A_1 の最後のステップは，$H(x,\delta,y) \in \mathcal{M}_1(x)$ を計算することである．(iii) より，任意の定数 δ に対して，これは $|x|$ と $|y|$ に関する多項式時間で実行できる．したがって，任意の相対誤差 δ に対して，A_2 の時間計算量は $|x|$ に関する多項式である．すなわち，A_2 は U_1 に対する PTAS である． □

補題 4.4.3.2 の証明には，定義 4.4.3.1 の条件 (iv) を必要としなかったことに注意しよう．この条件は，小さな相対誤差の実行可能解を見つけるよりも，大きな相対誤差の実行可能解を見つけるためにより多くの時間を費やすことは妥当でないことを述べているだけである．図 4.18 に，定義 4.4.3.1 と補題 4.4.3.2 を説明するスキームを示す．

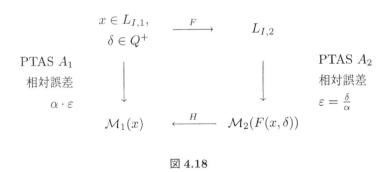

図 4.18

要求された相対誤差 δ を達成するためには，変換 F と H によって生じる（定数係数 α による）悪化を補正するために，PTAS A_2 の相対誤差 ε を適切に選ぶことが必要であることに注意しよう．

演習問題 4.4.3.3 関係 $\leq_{\mathrm{AP}}$ が推移的であることを証明せよ． □

定義 4.4.3.4 最適化問題 $U \in \mathrm{NPO}$ が次の 2 条件を満たす時，APX 完全であるという．

(i) $U \in \mathrm{APX}$.
(ii) 任意の $W \in \mathrm{APX}$ に対して，$W \leq_{\mathrm{AP}} U$ が成り立つ． □

PCP 定理（次節を見よ）から（P $\neq$ NP の仮定の下で）ある最適化問題が定数 c に対して多項式時間 c-近似アルゴリズムを持たないことを証明できるので，ここでは，実際には APX 完全を取り扱わない．実用的な観点からは，P $\neq$ NP である限り U に対する PTAS が存在しないことを示すためには，これらの問題の 1 つを考えている最適化問題 U に帰着[39]すれば十分である．

以下では，AP 帰着の簡単な例を示す．

補題 4.4.3.5 MAX-SAT$\leq_{AP}$MAX-CL. $\square$

証明 補題 4.4.3.5 を証明するために，定義 4.4.3.1 で示した性質を満たす F, H, α を見つけなければならない．$\alpha = 1$ とする．ここで，入力 C, δ に対する変換 F の働きを考えてみる．ただし，$\delta \in \mathbb{Q}^+$ とし，$C = C_1 \wedge C_2 \wedge \cdots \wedge C_m$ $(m \in \mathbb{N})$ を変数の集合 $\{x_1, \ldots, x_n\}$ $(n \in \mathbb{N})$ 上の CNF 式とする．また，各 $i = 1, \ldots, m$ に対して，$C_i = l_{i1} \vee l_{i2} \vee \cdots \vee l_{ij_i}$ とする．

変換 F は δ に独立に働き，以下に定義される無向グラフ $G_C = (V, E)$ を構成する．

(i) $V = \{(i, p) \mid 1 \leq i \leq m, 1 \leq p \leq j_i\}$.
   $\{C$ におけるリテラルの各出現は G の頂点に対応する．$\}$

(ii) $E = \{\{(r, s), (p, q)\} \mid r \neq p$ かつ $l_{r,s} \neq \bar{l}_{p,q}\}$.
   $\{$異なる節のリテラルに対応する頂点間のみを，一方が他方の否定でない時に辺で接続する．$\}$

変換 H は $G_C = F(C, \delta)$ のクリークをブール値割当 $\gamma : \{x_1, \ldots, x_n\} \to \{0, 1\}^n$ に変換する．任意の $i \in \{1, \ldots, n\}$ に対して，$x_i, \bar{x}_i$ でラベル付けされた 2 頂点間に辺はないので，H を次のように定義できる．$Q = (V_Q, E_Q)$ を G_C のクリークとする．G_C の頂点 (r, s) が V_Q に含まれ，ある $j \in \{1, \ldots, n\}$ に対して $l_{r,s} = x_j$ となるならば，$x_j = 1$ とする．$(r, s) \in V_Q$，かつ，ある $z \in \{1, \ldots, n\}$ に対して $l_{rs} = \bar{x}_z$ となるならば，$x_z = 0$ とする．もし，この手続きで $\{x_1, \ldots, x_n\}$ の全ての変数にブール値割当をしなければ，残りの変数には任意のブール値割当を行う．結果として得られる $\{x_1, \ldots, x_n\}$ へのブール値割当を $H(G_C)$ と表す．

明らかに，F と H は定義 4.4.3.1 の条件 (i), (ii), (iii), (iv) を満たす．(v) を満たすことは，G_C の任意のクリーク $Q = (V_Q, E_Q)$ が少なくとも $|V_Q|$ 個の節[40]が充足されるブール値割当 $F(Q)$ を決定すること，および，r 個の節を充足する $\{x_1, \ldots, x_n\}$

---

[39] AP 帰着によって．

[40] $(r, s) \in V_Q$ ならば，$H(G_C)(l_{r,s}) = 1$ となり，節 C_r は充足される．G_C の定義より，同じ節の 2 つのリテラル間には辺がない．すなわち，V_Q は各節の高々 1 つの頂点しか含まない．このことは，$|V_Q|$ 個以上の異なる節が充足されなければならないことを意味している．V_Q によって値が決定されない変数へのブール値割当によって，他のいくつかの節も充足されるかもしれない．

に対する任意のブール値割当 β が G_C のちょうど r 頂点からなるクリークを決定することを示せば十分である．したがって，$Opt_{\text{MAX-SAT}}(C) = Opt_{\text{MAX-CL}}(G_C)$ が成り立ち，また，任意の $Q = (V_Q, E_Q) \in \mathcal{M}_{\text{MAX-CL}}(G_C)$ に対して，

$$cost_{\text{MAX-SAT}}(H(G_C)) \geq cost_{\text{Max-CL}}(Q) = |V_Q|$$

となる． □

演習問題 4.4.3.6 [*] MAX-CL は MAX-SAT に AP 帰着可能かどうかを示せ． □

演習問題 4.4.3.7 MAX-3SAT$\leq_{\text{AP}}$MAX-CL を証明せよ． □

AP 帰着には，最適化問題に対する PTAS が存在しないことの証明以外にも応用があることに注意しよう．パラメータ F, H, α に関して $U_1 \leq_{\text{AP}} U_2$ であり，与えられた定数 c について，U_1 に対する多項式時間 $(1+c)$-近似アルゴリズムが存在しないならば，U_2 に対する多項式時間 $\left(1 + \frac{c}{\alpha}\right)$-近似アルゴリズムは存在しない．この時，AP 帰着を，多項式時間近似可能性の特定の下界の証明に利用できる．補題 4.4.3.5 の $\alpha = 1$ の AP 帰着は，MAX-SAT の近似不可能性の全ての下界は，MAX-CL の近似不可能性の下界でもあることを示している．

演習問題 4.4.3.8 $U_1 \leq_{\text{AP}} U_2$ であり，U_1 がどのような $d \in Q^{\geq 1}$ に対しても多項式時間 d-近似アルゴリズムを持たないならば，U_2 もどのような定数の近似比に対しても多項式時間近似アルゴリズムを持たないことを証明せよ． □

演習問題 4.4.3.9 帰着 R による $\mathcal{A}$ の最も困難な問題が，$\text{P} \neq \text{NP}$ である限り，定数近似比の多項式時間近似アルゴリズムを持たないような，最適化問題のクラス（ただし，APX とは異なる）と，帰着 R を定義せよ． □

現在，近似不可能性の証明において最も成功してる帰着は，いわゆるギャップ保存帰着（GP 帰着）である．その目的は，特定の c に対してある最適化問題が多項式時間 c-近似アルゴリズムを持たないという既知の事実を，他の最適化問題がある d に対して 多項式時間 d-近似アルゴリズムを持たないことの証明に変換することである．c と d は定数でも，入力サイズの関数でもよい．重要なアイデアは，最適化問題に対応する特別な問題としてギャップ問題を考えることである．

定義 4.4.3.10 s, c を正の実数とし，$0 < s \leq c$ が成立するものとする．$U = (\Sigma_I, \Sigma_O, L, L_I, \mathcal{M}, cost, goal)$ を NPO に属する最適化問題とする．決定問題 $\mathbf{GAP}_{s,c}\text{-}U$ を次のように定義する．

入力： $x \in L_I$. ただし，$Opt_U(x)/|x| \geq c$ または $Opt_U(x)/|x| < s$ が成立

する.

出力： $Opt_U(x)/|x| \geq c$ ならば「イエス」. $Opt_U(x)/|x| < s$ ならば「ノー」.
　　　　　　　　　　　　　　　　　　　　　　　　　　　　　　　　　　　□

定義 4.4.3.4 の有用性は，次の補題で説明できる.

補題 4.4.3.11 $U \in \mathrm{NPO}$ とし，$s, c\,(0 < s \leq c)$ をある定数とする. $\mathrm{GAP}_{s,c}\text{-}U$ が NP 困難ならば，$\mathrm{P} \neq \mathrm{NP}$ である限り，U に対する多項式時間 $\frac{c}{s}$-近似アルゴリズムが存在しない.　　　　　　　　　　　　　　　　　　　　　　　□

証明 U に対する多項式時間 $\frac{c}{s}$-近似アルゴリズム A が存在すれば，A を用いて，$\mathrm{GAP}_{s,c}\text{-}U$ を以下のように決定することができる. 一般性を失うことなく，U を最大化問題と仮定する. $\mathrm{GAP}_{s,c}\text{-}U$ の許容された任意の入力 x に対し，$A(x) \in \mathcal{M}$ を計算し，$cost(A(x))$ を求める. この時，

$$cost(A(x)) < s \cdot |x| \iff Opt_U(x) < s \cdot |x|$$

が成り立つことを示す. もし $Opt_U(x) < s \cdot |x|$ ならば，$cost(A(x)) \leq Opt_U(x) < s \cdot |x|$ が成り立つのは明らかである.

もし $Opt_U(x)$ が $s \cdot |x|$ 以上なら，$Opt_U(x) \geq c \cdot |x|$ となる. A は $\frac{c}{s}$-近似アルゴリズムなので，

$$\frac{Opt_U(x)}{cost(A(x))} \leq \frac{c}{s}$$

が成り立つ. このことから直ちに，

$$cost(A(x)) \geq \frac{s}{c} \cdot Opt_U(x) \geq \frac{s}{c} \cdot c \cdot |x| \geq s \cdot |x|$$

を示すことができる. したがって，A を用いることにより，$\mathrm{GAP}_{s,c}\text{-}U$ が決定可能である.　　　　　　　　　　　　　　　　　　　　　　　　□

補題 4.4.2.1 で，既に TSP に対するギャップ問題を暗に考えていることに注意しよう. そこでは，HT 問題を，任意の $a > 1$, $d > 1$ に対して $\mathrm{GAP}_{a,d}\text{-TSP}$ に帰着した.

ギャップ保存帰着の基本的なアイデアは，最適化問題の多項式時間近似可能性の NP 困難性を対応するギャップ問題のレベルに帰着することである.

定義 4.4.3.12 $U_1 = (\Sigma_{I,1}, \Sigma_{O,1}, L_1, L_{I,1}, \mathcal{M}_1, cost_1, maximum)$, $U_2 = (\Sigma_{I,2}, \Sigma_{O,2}, L_2, L_{I,2}, \mathcal{M}_2, cost_2, maximum)$ をともに最大化問題とする. U_1 から U_2 へのパラメータ (c, s) と (c', s') に関するギャップ保存帰着（**GP 帰着**）$(0 < s \leq c, 0 < s' \leq c')$ は，次の 3 つの性質を満たす多項式時間アルゴリズム A である.

352 第 4 章 近似アルゴリズム

(i) 任意の入力インスタンス $x \in L_{I,1}$ に対し，$A(x) \in L_{I,2}$.

(ii) $\frac{Opt_{U_1}(x)}{|x|} \geq c$ ならば $\frac{Opt_{U_2}(A(x))}{|A(x)|} \geq c'$.

(iii) $\frac{Opt_{U_1}(x)}{|x|} < s$ ならば $\frac{Opt_{U_2}(A(x))}{|A(x)|} < s'$. □

観察 4.4.3.13 U_1 と U_2 を 2 つの最大化問題とする．U_1 から U_2 へのあるパラメータ (c,s) と (c',s') に関する GP 帰着が存在し $(0 < s \leq c, 0 < s' \leq c')$，$\text{GAP}_{s,c}$-$U_1$ が NP 困難であるならば，$\text{GAP}_{s',c'}$-U_2 も NP 困難である（すなわち，補題 4.4.3.11 より，P $\neq$ NP である限り，U_2 に対する多項式時間 $\frac{c'}{s'}$-近似アルゴリズムが存在しない）． □

AP 帰着の概念に対する GP 帰着の優位性は，その単純性である．GP 帰着は，単に，ギャップを他のギャップに帰着する多項式時間アルゴリズムである．一方，AP 帰着は，性質の集合によって関連付けられた 2 つの多項式時間変換から構成される．

ここで，GP 帰着の簡単な例を 2 つ示す．以下では，MAX-E3SAT の節の数を入力インスタンスのサイズと考え，mod 2 を用いた等式の数を MAX-E3LINMOD2 のサイズと考える．

補題 4.4.3.14 任意の $h \in [1/2, 1)$，$\varepsilon \in (0, (1-h)/2)$ に対して，MAX-E3LINMOD2 から MAX-E3SAT へのパラメータ $(1 - \varepsilon, h + \varepsilon)$ と $(1 - \frac{\varepsilon}{4}, \frac{3}{4} + \frac{h}{4} + \frac{\varepsilon}{4})$ に関する GP 帰着が存在する． □

証明 MAX-E3LINMOD2 から MAX-E3SAT への GP 帰着を以下に示す．まず，MAX-E3LINMOD2 の入力インスタンスは合同式

$$x + y + z \equiv a \,(\text{mod } 2) \tag{4.71}$$

の集合 S であることを思い出そう．ここで，x, y, z はブール変数であり，$a \in \{0, 1\}$ である．また目的は，充足された等式の数の最大化である．

任意の S に対して，同じ変数集合上の式 Φ_S を以下のように構成する．各合同式 $x + y + z \equiv 0 \,(\text{mod } 2)$ に対して，

$$\Phi_0(x,y,z) = (\overline{x} \vee y \vee z) \wedge (x \vee \overline{y} \vee z) \wedge (x \vee y \vee \overline{z}) \wedge (\overline{x} \vee \overline{y} \vee \overline{z})$$

を Φ_S に追加する．また，各合同式 $x + y + z \equiv 1 \,(\text{mod } 2)$ に対して，

$$\Phi_1(x,y,z) = (x \vee \overline{y} \vee \overline{z}) \wedge (\overline{x} \vee y \vee \overline{z}) \wedge (\overline{x} \vee \overline{y} \vee z) \wedge (x \vee y \vee z)$$

を Φ_S に追加する．$\Phi_0(x,y,z)$ と $\Phi_1(x,y,z)$ を合わせると，変数 $\{x,y,z\}$ の集合上の 8 個の異なる節全てを含むことがわかる．すなわち，$\{x,y,z\}$ 上の節で，$\Phi_0(x,y,z)$ と $\Phi_1(x,y,z)$ の両方に含まれるものは存在しない．

明らかに，$\{x, y, z\}$ への任意のブール値割当において，8 個の節のうちちょうど7個の節は充足されるが，残りの1つの節は充足されない．このことから，$\Phi_0(x, y, z)$ と $\Phi_1(x, y, z)$ に関して，任意の $a \in \{0, 1\}$ と $\alpha : \{x, y, z\} \to \{0, 1\}$ に対し，以下の2つの条件が成り立つことが直ちにわかる．

(i) $x + y + z \equiv a \pmod 2$ が α によって充足されるなら，$\Phi_a(x, y, z)$ の4つの節全てが充足される．

(ii) $x + y + z \equiv a \pmod 2$ が α によって充足されないなら，$\Phi_a(x, y, z)$ の節のうち，ちょうど3つの節が充足される（すなわち，$\Phi_a(x, y, z)$ のうち，ちょうど1つの節が充足されない）．

次に，上記の Φ_S の構成がパラメータ $(1 - \varepsilon, h + \varepsilon)$ と $(1 - \frac{\varepsilon}{4}, \frac{3}{4} + \frac{h}{4} + \frac{\varepsilon}{4})$ に関する GP 帰着であることを示す．S を $|S|$ 個の節を持つ MAX-E3LINMOD2 の入力インスタンスとする．$Opt(S) \geq (1 - \varepsilon) \cdot |S|$ ならば，Φ_S の充足される節は

$$4 \cdot (1 - \varepsilon) \cdot |S| + 3 \cdot \varepsilon \cdot |S| = (4 - \varepsilon) \cdot |S|$$

個以上存在する．Φ_S はちょうど $4 \cdot |S|$ 個の節からなる（$|\Phi_S| = 4 \cdot |S|$ とする）ので，

$$\frac{Opt(\Phi_S)}{|\Phi_S|} \geq \frac{(4 - \varepsilon) \cdot |S|}{4 \cdot |S|} \geq 1 - \frac{\varepsilon}{4}$$

が成立する．

S を $Opt(S) < (h + \varepsilon) \cdot |S|$ を満たす MAX-E3LINMOD2 の入力インスタンスとする．この時，Φ_S の充足される節は

$$4 \cdot (h + \varepsilon) \cdot |S| + 3 \cdot (1 - h - \varepsilon) \cdot |S| = (3 + h + \varepsilon) \cdot |S|$$

個未満である．したがって，

$$\frac{Opt(\Phi_S)}{|\Phi_S|} < \frac{(3 + h + \varepsilon) \cdot |S|}{4 \cdot |S|} = \frac{3}{4} + \frac{h}{4} + \frac{\varepsilon}{4}$$

が成立する． □

補題 4.4.3.14 の有用性は，次節で示すように，特に，PCP 定理との組み合わせに見られる．PCP 定理をうまく適用することによって，$\text{GAP}_{1/2 + \varepsilon, 1 - \varepsilon}$-MAX-E3LINMOD2 の NP 困難性を示すことができる．補題 4.4.3.14 を $h = \frac{1}{2}$, $\varepsilon = 4\delta$ に対して適用することにより，任意の小さな $\delta > 0$ に対して，$\text{GAP}_{7/8 + \delta, 1 - \delta}$-MAX-E3SAT の NP 困難性が得られる．したがって，P $\neq$ NP を仮定して，任意の $\varepsilon' > 0$ について，MAX-E3SAT に対する多項式時間 $(\frac{8}{7} - \varepsilon')$-近似アルゴリズムは存在しない．5.3 節では，MAX-E3SAT に対する多項式時間 $\frac{8}{7}$-近似アルゴリズムを設計するが，このことから，上記の MAX-E3SAT に対する多項式時間近似不可能性の下界は最適である

354 第4章 近似アルゴリズム

ことがわかる.

補題 4.4.3.15 任意の a, b $(0 < a \leq b \leq 1 - \frac{6}{10})$ に対して,MAX-E3SAT から MAX-2SAT へのパラメータ (b, a) と $\left(\frac{6}{10} + \frac{b}{10}, \frac{6}{10} + \frac{a}{10}\right)$ の GP 帰着が存在する. $\square$

証明 $C = C_1 \wedge C_2 \wedge \cdots \wedge C_m$ を MAX-E3SAT の入力インスタンスとする. ただし,$i = 1, \ldots, m$ に対して,$C_i = l_{i1} \vee l_{i2} \vee l_{i3}$ とする. また,3CNF C の変数集合を $\{x_1, \ldots, x_n\}$ とする.

拡張した変数集合 $\{x_1, \ldots, x_n, y_1, \ldots, y_m\}$ 上に 2CNF の式 Φ_C を構成する. ここで,$y_1, \ldots, y_m$ は新たな変数とする. 各節 $C_i = l_{i1} \vee l_{i2} \vee l_{i3}$ を次の式で置き換える.

$$
\begin{aligned}
\Phi(C_i) \quad = \quad & (l_{i1}) \wedge (l_{i2}) \wedge (l_{i3}) \\
& \wedge (\bar{l}_{i1} \vee \bar{l}_{i2}) \wedge (\bar{l}_{i2} \vee \bar{l}_{i3}) \wedge (\bar{l}_{i1} \vee \bar{l}_{i3}) \\
& \wedge (y_i) \wedge (l_{i1} \vee \overline{y}_i) \wedge (l_{i2} \vee \overline{y}_i) \wedge (l_{i3} \vee \overline{y}_i).
\end{aligned}
$$

したがって,$\Phi_C = \bigwedge_{i=1}^{m} \Phi(C_i)$ であり,また,Φ_C が MAX-2SAT の入力インスタンスであることは明らかである.

重要な点は次のことである. 任意の割当 $\alpha : \{x_1, \ldots, x_n\} \to \{0, 1\}$ と $i = 1, 2, \ldots, m$ に対し,以下の 3 つの性質が成り立つ.

(i) C_i が α によって充足されるなら,$\Phi(C_i)$ の 10 個の節のうち,ちょうど 7 個の節が充足されるような y_i へのブール値割当が存在する.

(ii) C_i が α によって充足されないなら,y_i に対してブール値をどのように割当てても,$\Phi(C_i)$ の 10 個の節のうち,高々 6 個の節しか充足されない.

(iii) 8 個以上の節を充足するような,y_i へのブール値割当は存在しない.

ブール値割当 α に対して,$\alpha(l_{i1}) = \alpha(l_{i2}) = \alpha(l_{i3}) = 1$ が成立するならば,$y_i = 1$ とすれば $\Phi(C_i)$ の 7 個の節を充足できる. これ以外の場合は[41]$y_i = 0$ とすれば 7 個の節が充足される. $\alpha(l_{i1}) = \alpha(l_{i2}) = \alpha(l_{i3}) = 0$(すなわち,$C_i$ が α によって充足されない)ならば,$\Phi(C_i)$ の最初の 3 個の節は充足されず,また,最後の 4 個の節のうち少なくとも 1 つの節は充足することができない. $\Phi(C_i)$ を $\{x_1, \ldots, x_n, y_i\}$ 上の式と考えれば,$Opt(\Phi(C_i)) = 7$ を容易に示すことができる.

後は (i), (ii), (iii) を用いて,C から Φ_C への変換が,パラメータ

$$
(b, a) \quad \text{と} \quad \left(\frac{6}{10} + \frac{b}{10}, \frac{6}{10} + \frac{a}{10}\right)
$$

の GP 帰着であることを示すだけである.

---

[41] 与えられたブール値割当 α によって,1 個,あるいは 2 個のリテラルが 1 となるならば.

C を $Opt(C) < a \cdot m = a \cdot |C|$ を満たす式とする．この時，Φ_C の充足される節の数は

$$7 \cdot a \cdot m + 6 \cdot (1 - a) \cdot m = (6 + a) \cdot m$$

未満である．Φ_C は $10 \cdot m$ 個の節から構成されている（すなわち，$|\Phi_C| = 10m$ と考える）ので，

$$\frac{Opt(\Phi_C)}{|\Phi_C|} < \frac{(6 + a) \cdot m}{10m} = \frac{6}{10} + \frac{a}{10}$$

が成立する．C を $Opt(C) \geq b \cdot m = b \cdot |C|$ を満たす式とする．この時，Φ_C に対する最適解で充足される節の数は

$$7 \cdot b \cdot m + 6 \cdot (1 - b) \cdot m = (6 + b) \cdot m$$

以上となる．したがって，

$$\frac{Opt(\Phi_C)}{|\Phi_C|} \geq \frac{(6 + b) \cdot m}{10 \cdot m} = \frac{6}{10} + \frac{b}{10}$$

が成り立つ． □

任意の小さな $\delta > 0$ に対して $\text{GAP}_{7/8+\delta, 1-\delta}\text{-Max-E3Sat}$ が NP 困難であるという事実と補題 4.4.3.15 から，$\text{GAP}_{55/80+\varepsilon, 7/10-\varepsilon}\text{-Max-2Sat}$ が NP 困難であることが示せる．$\frac{7/10}{55/80} = \frac{56}{55}$ より，$P \neq NP$ と仮定して，Max-2Sat に対する多項式時間 $(56/55 - \varepsilon)$-近似アルゴリズムは存在しない．したがって，Max-2Sat もクラス NPO(III) に属する．

次の結果は，Max-CL 問題が，ギャップが大きくなるように，自分自身に帰着できることを示している．

補題 4.4.3.16 任意の $a \in (0, 1-\varepsilon)$ と任意の小さな $\varepsilon \in (0, \frac{1}{2})$ に対して，パラメータ $(1-\varepsilon, a)$ と $((1-\varepsilon)^2, a^2)$ に関する GP 帰着によって，Max-CL を Max-CL に帰着可能である． □

証明 $G = (V, E)$ を Max-CL の入力インスタンスとする．G のサイズ $|G|$ が $|V|$ に等しい時を考える．次のように決定されるグラフ $G \times G = (V_{G \times G}, E_{G \times G})$ を構成する[42]．

$V_{G \times G} = \{<v, u> \mid v, u \in G\} = V \times V.$

$E_{G \times G} = \{\{<v, u>, <r, s>\} \mid v, u, r, s \in V \text{ かつ } \{v, r\}, \{u, s\} \in E\}.$

この時，

$$|V_{G \times G}| = |V|^2 \quad \text{かつ} \quad Opt_{\text{Max-CL}}(G \times G) = (Opt_{\text{Max-CL}}(G))^2$$

---

[42] 直観的に，$G \times G$ は，G の各頂点を G のコピーに置き換え，G の対応する頂点が隣接している時に，対応するコピー間を完全結合することによって構成される．

356 第4章 近似アルゴリズム

が成立することは明らかである。もし $Opt_{\text{MAX-CL}}(G) \geq (1-\varepsilon) \cdot |G|$ ならば，

$$Opt_{\text{MAX-CL}}(G \times G) \geq (1-\varepsilon)^2 \cdot |G|^2 = (1-\varepsilon)^2 \cdot |G \times G|$$

が成り立つ。また，$Opt_{\text{MAX-CL}}(G) < a \cdot |G|$ ならば，

$$Opt_{\text{MAX-CL}}(G \times G) < a^2 \cdot |G|^2 = a^2 \cdot |G \times G|$$

が成立する。 □

系 4.4.3.17

(a) ある $a \in (0,1)$ と任意の小さな ε $(1-a > \varepsilon > 0)$ に対して，$\text{GAP}_{(a,1-\varepsilon)}$-MAX-CL が NP 困難であるならば，$\text{GAP}_{(a^2,1-\delta)}$-MAX-CL も任意の小さな δ $(1-a^2 > \delta > 0)$ に対して NP 困難である。

(b) 任意の $c > 1$ について，MAX-CL に対する多項式時間 c-近似アルゴリズムが存在するならば，MAX-CL に対する多項式時間 $\sqrt{c}$-近似アルゴリズムが存在する。 □

系 4.4.3.17 の (a) より，$\text{GAP}_{(a,1-\varepsilon)}$-MAX-CL がある $a \in (0,1)$ と任意の小さな $\varepsilon > 0$ に対して NP 困難であるならば，$\text{GAP}_{(b,1-\delta)}$-MAX-CL も任意の $b \in (0,1)$ と任意の小さな δ $(0 < \delta < 1-b)$ に対して NP 困難である。したがって，ある $c > 1$ について，MAX-CL に対する多項式時間 c-近似アルゴリズムが存在しなければ，どのような $d > 1$ に対しても，多項式時間 d-近似アルゴリズムは存在しない。一方，系 4.4.3.17 の (b) より，ある $c > 1$ について，MAX-CL に対する多項式時間 c-近似アルゴリズムが存在すれば，MAX-CL に対する PTAS が存在する。したがって，MAX-CL に対する PTAS が存在するか，あるいは，MAX-CL に対する多項式時間定数近似アルゴリズムが存在しないかのいずれかである。MAX-SAT は APX 完全[43]であることと，補題 4.4.3.5 より MAX-SAT $\leq_{\text{AP}}$ MAX-CL であることから，後者の方が成り立つ。

4.4.4 確率的証明検査と近似不可能性

この節では，確率的証明検査の概念について説明し，PCP 定理を紹介する。さらに，PCP 定理を使って，MAX-E3SAT に対する PTAS が存在しないことを示す。重要な点は，PCP 定理が，$a < 1$ に対して，NP に属する任意の言語（決定問題）から $\text{GAP}_{a,1}$-MAX-SAT への帰着に適した，NP に属する言語の新しい特徴付けを完全に

---

[43] ここでは証明はしない。

4.4 近似不可能性

与えていることである．

まず最初に，2.3.3 節で紹介した（決定性）多項式時間検証者の一般化である，確率的検証者を定義する．**確率的検証者** V は次の (a)〜(d) の 4 本のテープを持つ多項式時間チューリング機械である（図 4.19 を見よ）．

(a) 入力系列 x を含む通常の入力テープ．
(b) 通常の作業用テープ（V の内部メモリ）．
(c) ランダム系列 $\tau \in \{0,1\}^*$ を含むランダムテープ．
(d) 系列 $\pi \in \{0,1\}^*$（事実 $x \in L$ の証明の候補）を含む証明用テープ．

V は入力テープとランダムテープに対しては読出し専用ヘッドを使い，証明用テープに対しては任意の位置を読むための直接アクセスを持つ．通常通り，V は作業用テープに対しては読出し／書込みヘッドを持つ．

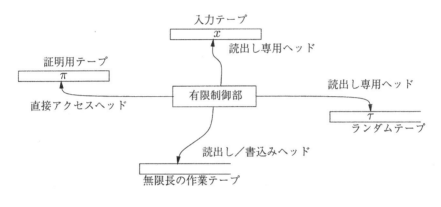

図 4.19

確率的検証者は次のように動作する．（入力 x を含む）入力テープと（ランダム系列 τ を含む）ランダムテープを読み，V はある正整数 c に対して，インデックスのリスト $i_1, i_2, \ldots, i_c$ を計算する．次に，V は π のビット $\pi_{i_1}, \pi_{i_2}, \ldots, \pi_{i_c}$ を読む．$\pi_{i_1}, \pi_{i_2}, \ldots, \pi_{i_c}, x, \tau$ に依存して，V は x を受理するか棄却するか決定する．V は $|x|$ に関する多項式時間で動作するので，c と $|\tau|$ も $|x|$ に関して多項式と考えられる．π の長さに関しては制約はない．

与えられた x, τ, π に対する V の決定を $V(x, \tau, \pi) \in \{\text{accept}, \text{reject}\}$ とする．τ が与えられると，V の計算は決定的なので，x, τ, π に対して，明らかに $V(x, \tau, \pi)$ は一意に決まる．

r と q を $\mathbb{N}$ から $\mathbb{N}$ への関数とする．**$(r(n), q(n))$-制約確率的検証者**は，任意の入力 x に対して，高々 $r(|x|)$ の長さのランダム系列を使い，証明に対して高々 $q(|x|)$ ビットの問い合わせ（クエリ）を行う検証者である．

358 第 4 章 近似アルゴリズム

以下では，任意の $(r(n), q(n))$-制約確率的検証者が入力長 n に対して，ちょうど $r(n)$ の長さのランダム系列を使うものと考える．さらに，系列上の一様確率分布 $Prob$ を仮定する．すなわち，$Prob(\tau) = \frac{1}{2^{|\tau|}}$ とする．任意の $(r(n), q(n))$-制約確率的検証者，入力 x，証明 π に対して，

$$Prob_\tau[V(x, \tau, \pi) = \text{accept}] = \sum_{\substack{\tau \\ V(x, \tau, \pi) = \text{accept}}} Prob(\tau)$$

と定義する．

以下の 2 つの条件が成立する時，確率的検証者 V が言語 L を受理するという．

(i) $x \in L$ ならば，ある $\pi \in \{0,1\}^*$ が存在して，任意の τ に対して，$V(x, \tau, \pi) = \text{accept}$ を満たす（すなわち，$Prob_\tau[V(x, \tau, \pi) = \text{accept}] = 1$）．

(ii) $x \notin L$ ならば，任意の $\pi \in \{0,1\}^*$ に対して，$Prob_\tau[V(x, \tau, \pi) = \text{accept}] \leq 1/2$ が成り立つ．

条件 (i) は **完全性** と呼ばれ，任意の入力 $x \in L$ について，任意のランダム系列 τ に対して V が x を受理するような事実 $x \in L$ の証明 π_x が存在しなければならないことを意味する．条件 (ii) は **健全性** と呼ばれる．これは，任意の $x \notin L$ に対して，任意の系列 π が事実 $x \in L$ に対する証明でないことが確率 $1/2$ 以上で認識されることを保証する．

例 4.4.4.1 SAT を受理する，以下の $(0, n)$-制約確率的検証者 V_S を考える．変数集合 $X = \{x_1, \ldots, x_m\}$ 上の任意の充足可能な式 Φ に対して，Φ を充足する X への任意の割当は，事実 $\Phi \in$ SAT の証明と見なせる．検証者 V_S の計算は決定的である．すなわち，ランダムテープは空である．V_S が証明テープの最初の m ビットを読み，それを X への割当 α と解釈する．V_S は α が Φ を充足するかどうかを調べ，α が Φ を充足する時，かつその時に限り，Φ を受理する．したがって，正しい証明に対し，V_S は常に式 Φ を受理する．もし Φ が充足不能ならば，V_S は証明テープの中身にかかわらず Φ を棄却する．m は常に $n = |\Phi|$ より小さく，V_S は多項式時間で動作するので，V_S は SAT に対する $(0, n)$-制約確率的検証者である． $\square$

例 4.4.4.1 は，NP に属する問題は決定性多項式時間検証者を持つ[44]というよく知られた事実（定理 2.3.3.9）を示しているだけである．本質的な疑問は，乱択化によって，証明への問い合わせビット量を減らすことができるかどうかということである．以下の例は，それが可能であることを示している．

例 4.4.4.2 ある $\varepsilon \in (0, 1)$ に対して，$\text{GAP}_{1-\varepsilon, 1}$-E3SAT 問題を考える．入力インス

---

[44] SAT は NP 完全であることを思い出そう．

タンスは 3CNF 式 Φ であり，それは充足可能であるか，あるいは，充足される節の割合が $(1-\varepsilon)$ 以下（すなわち，Φ が m 個の節から構成される時，$Opt_{\text{MAX-3SAT}}(\Phi) \leq (1-\varepsilon) \cdot m$）であることを思い出そう．$\Phi$ が充足可能な時，かつその時に限り，Φ を受理する $\left(\log_{1-\varepsilon}(1/2) \cdot \log_2 n, 3\lceil \log_{1-\varepsilon}(1/2) \rceil\right)$-制約確率的検証者 V を設計する．

$\Phi = F_1 \wedge F_2 \wedge \cdots \wedge F_m$ $(m \in \mathbb{N})$ を，変数集合 $\{x_1, \ldots, x_d\}$ $(d \leq 3m)$ 上の 3CNF 式とする．また，$n = |\Phi|$ とし，$k = \lceil \log_{1-\varepsilon}(1/2) \rceil$ とする．明らかに，$3m \leq n$ であり，$d \leq n$ である．まず，検証者 V は，一様ランダムに k 個のインデックス $i_1, i_2, \ldots, i_k \in \{1, \ldots, m\}$ を選択する．形式的には，これはランダムテープが $i_1, i_2, \ldots, i_k$ の 2 進符号である，長さ $k \cdot \lceil \log_2 m \rceil$ のランダム系列 τ を含むことを意味する．次に，V は $F_{i_1} \wedge F_{i_2} \wedge \cdots \wedge F_{i_k}$ に現れる全ての変数のインデックスに対応するビットを見る．したがって，問い合わせのビットは $3k$ 以下である．

これらの高々 $3k$ ビットが $F_{i_1} \wedge F_{i_2} \wedge \cdots \wedge F_{i_k}$ を充足する割当であるならば，V は Φ を受理する．そうでなければ，V は Φ を棄却する．

ここで，V が $\text{GAP}_{1-\varepsilon,1}$-E3SAT に対する確率的検証者であることを証明する．Φ が充足可能ならば，Φ を充足する $\{x_1, \ldots, x_d\}$ への割当 π が存在する．π が証明テープの内容ならば，V は常に Φ を受理する．すなわち，$Prob_\tau[V(\Phi, \tau, \pi) = \text{accept}] = 1$ が成立する．

Φ が充足不可能とする．これは，$\{x_1, \ldots, x_d\}$ のどのような割当も，Φ の $(1-\varepsilon) \cdot m$ 個未満の節しか充足できないことを意味する．π を証明テープの内容と考えられる，固定された 2 進系列とする．V は π の長さ d の接頭部を $\{x_1, \ldots, x_d\}$ への割当 α と解釈する．α は Φ の $\varepsilon \cdot m$ 個以上の節を充足しないので，一様ランダムに選んだ節 F_i が，α によって充足されない確率は ε 以上である．もし α がランダムに選んだ k 個の節 $F_{i_1}, F_{i_2}, \ldots, F_{i_k}$ のうち 1 つでも充足しなければ，V は Φ を棄却することを思い出そう．これらの節の全てが，α によって充足される確率は，

$$(1-\varepsilon)^k$$

以下である．したがって，k 個の節の中に，α によって充足されない節が存在する確率は，

$$1 - (1-\varepsilon)^k = 1 - (1-\varepsilon)^{\lceil \log_{1-\varepsilon}(\frac{1}{2}) \rceil} \geq \frac{1}{2}$$

以上である．すなわち，

$$Prob_\tau[V(\Phi, \tau, \pi) = \text{reject}] \geq \frac{1}{2}$$

が成立する． $\square$

例 4.4.4.2 から，困難問題に対して，$O(\log_2 n)$ のランダムビットと証明テープの $O(1)$ ビットの問い合わせだけを利用する確率的検証者が存在することが示される．

360　第 4 章　近似アルゴリズム

IN から IN への任意の関数 r, q に対して，

$$\mathrm{PCP}(r, q) \;=\; \{L \mid L \text{ は } (r(n), q(n))\text{-制約確率的検証者で受理される}\}$$

と定義する．

$\mathcal{W}, \mathcal{V}$ を IN から IN への全ての非減少関数からなるクラスの部分クラスとする．ここで，

$$\mathbf{PCP}(\mathcal{W}, \mathcal{V}) = \bigcup_{\substack{r \in \mathcal{W} \\ q \in \mathcal{V}}} \mathrm{PCP}(r, q)$$

と定義する．

観察 4.4.4.3　任意の $\varepsilon \in (0, 1)$ に対し，

$$\mathrm{GAP}_{(1-\varepsilon), 1}\text{-}\mathrm{Max}\text{-}\mathrm{E3Sat} \in \mathrm{PCP}(O(\log_2 n), O(1))$$

である． □

観察 4.4.4.4　*Poly*(*n*) を IN 上の全ての多項式からなるクラスとする．この時，以下が成立する．

(i)　$\mathrm{P} = \mathrm{PCP}(0, 0)$.
(ii)　$\mathrm{NP} = \mathrm{PCP}(0, Poly(n))$. □

証明　(i) は明らかである．なぜなら，検証者は与えられた言語 L に対して，ランダムテープも証明用テープも利用することなく，多項式時間アルゴリズムを単純にシミュレートできるからである．一方，ランダムテープと証明用テープにアクセスしなければ，検証者は通常の多項式時間チューリング機械である．

NP に属する言語 L の任意の x に対して，x のサイズに関する多項式の長さの証明 π_x が存在し，(π_x を全て読む) 決定性検証者が，π_x が事実 $x \in L$ の証明であるかどうかを多項式時間で検証できることが既にわかっている (2.3.3 節を見よ)．一方，ランダムテープにアクセスしない確率的検証者を，多項式時間非決定性チューリング機械で容易にシミュレートできる[45]． □

以下では，理論的計算機科学の最も深遠な結果であろう PCP 定理を示す．その証明は，計算量理論のいくつかの (算術化を含む) 巧妙なテクニックに基づいている．そのため，その証明は本書の初歩的なレベルを超えている．幸いにも，最適化問題の近似不可能性を証明するためには，その証明について学ぶ必要はない．PCP 定理を

---

[45] このチューリング機械は証明の候補として語 π を非決定的に生成 (推測) することで動作を開始する．

ある最適化問題の近似不可能性に関する下界の証明に直接適用できる．そして，適切な帰着を用いることにより，これらの下界はさまざまな最適化問題に拡張できる．

定理 4.4.4.5 （PCP 定理）

$$\mathrm{NP} = \mathrm{PCP}(O(\log_2 n), 11).$$ □

証明のアイデア $\mathrm{PCP}(O(\log_2 n), O(1)) \subseteq \mathrm{NP}$ は容易に証明できる．ここで，$L \in \mathrm{PCP}(O(\log_2 n), O(1))$ とする．この時，ある正整数 c, d について，L に対する $(c \cdot \log_2 n, d)$-制約確率的検証者 V が存在する．非決定チューリング機械は，事実 $x \in L$ の証明の候補である語 π の問い合わされる部分を非決定的に推測（生成）することにより，確率的検証者 V のシミュレートを開始する．ランダムテープの内容の長さは $c \cdot \log_2 n$ 以下であるので，ランダムテープには高々 n^c 個の異なるランダム系列が現れる．（ランダムテープを使用するという）このランダム性は，n^c 個の全てのランダム系列を辞書式順に生成し，生成されたランダム系列それぞれに対し，決定的に V の動作をシミュレートすることにより取り除ける．もし n^c 個のシミュレーション全てが受理で終了するならば，入力を受理する．そうでない場合は，入力は棄却される．各シミュレーションは多項式時間で実行でき，n^c 個のシミュレーションを実行するので，全体の決定性計算の計算時間は多項式時間である．

証明用テープの使用を除去するために非決定性を利用する．固定されたランダム系列 r に関する任意の計算において，証明の高々 d ビットが問い合わされる．したがって，n^c 個のシミュレーション全体では，問い合わされたビット数は $d \cdot n^c$ 以下である．非決定チューリング機械 A は，計算開始時に，非決定的にこれらの全てのビットと証明での位置を推測する．V は多項式時間で動作するので，任意の問い合わされたビットのインデックスは多項式長の 2 進系列で表すことができる．したがって，A によって非決定的に生成された 2 進系列の長さは入力長の多項式で抑えられる．計算の残りは，先に述べた n^c 個の決定的シミュレーションから構成される．したがって，A は L を受理する多項式時間非決定性チューリング機械である．

証明の難しい部分は，$\mathrm{NP} \subseteq \mathrm{PCP}(O(\log_2 n), 11)$ を証明することである．証明の非常に大まかなアイデアは，任意の言語 $L \in \mathrm{NP}$ と入力 $x \in L$ に対して，事実 $x \in L$ の特別な証明 $\pi(x, L)$ を構成することである．この証明は，$\pi(x, L)$ のあらゆる局所部分が証明の必要な大域情報を含むという特徴を持たなければならない．$\pi(x, L)$ の 11 個のランダムに選ばれたビットを見れば，事実 $x \in L$ に対する $\pi(x, L)$ の正当性の検証に十分である． □

次に，PCP 定理を利用して，Max-E3Sat に対する PTAS が存在しないことを証明する．

定理 4.4.4.6 $\varepsilon = (9 \cdot 2^{12})^{-1}$ とする. この時, $\mathrm{GAP}_{1-\varepsilon,1}$-3Sat は NP 困難である. $\qquad\qquad\qquad\qquad\qquad\qquad\qquad\qquad\qquad\qquad\qquad\qquad\quad\square$

証明 クラス NP に属する任意の言語 L が, $\mathrm{GAP}_{1-\varepsilon,1}$-3Sat に帰着可能であることを示す. $\mathrm{NP} = \mathrm{PCP}(O(\log_2 n), 11)$ なので, 定数 $c \in \mathbb{N}$ と L を受理する $(c \cdot \log_2 n, 11)$-制約確率的検証者 V_L が存在する. アイデアは, 任意の $x \in \Sigma_L^*$ に対して, 次の3条件を満たす 3CNF 式 Φ_x を構成することである.

(i) $x \in L$ ならば, Φ_x は充足可能である.
(ii) $x \notin L$ ならば, Φ_x の変数に対する任意の割当に対し, Φ_x の節のうち, 充足されない節の割合は ε 以上である.
(iii) Φ_x は V_L と x から多項式時間で構成できる.

このように, NP の任意の言語 L の認識を $\mathrm{GAP}_{1-\varepsilon,1}$-3Sat に帰着する.

次に, 与えられた入力語 x と検証者 V_L に対し, 3Sat の問題インスタンス Φ_x の構成法を示す. V_L によって問い合わされた証明 π を 2 進系列 $\pi = \pi_1\pi_2\pi_3\ldots$ と解釈する. ここで, 第 i ビットは変数 x_i で表される. まず, $X = \{x_1, x_2, x_3, \ldots\}$ の部分集合上に, F_x が 11CNF に属し, 上記の性質 (i), (ii), (iii) を満たすように, 式 F_x を構成する.

$$F_x = \bigwedge_{\tau} F_{x,\tau}$$

とする. ここで, $\bigwedge_{\tau}$ は V_L で用いられる n^c 個のランダム系列 τ 全てに対する論理積である. 固定した τ に対し, $F_{x,\tau}$ を次のように決定する. 入力 x とランダム系列 τ に対し, もし V_L が位置 $i_1, i_2, \ldots, i_{11}$ の π のビットを問い合わせたなら, $F_{x,\tau}$ は変数集合 $X_\tau = \{x_{i_1}, x_{i_2}, \ldots, x_{i_{11}}\}$ 上の式とする. x と τ が固定されているので, V_L は一意に X_τ 上のブール関数 $f_{x,\tau} : \{0,1\}^{11} \to \{0,1\}$ を次式を満たすように決定する.

$$f_{x,\tau}(a_{i_1}, a_{i_2}, \ldots, a_{i_{11}}) = 1$$
$$\Leftrightarrow V_L(x, \tau, \pi_1 \ldots a_{i_1} \pi_{i_1+1} \ldots a_{i_2} \pi_{i_2+1} \ldots a_{i_{11}} \pi_{i_{11}+1} \ldots) = \text{accept}.$$

$f_{x,\tau}$ は 11 変数上の式なので, 11CNF の式 $F_{x,\tau}$ で一意的に表現できる. 明らかに, $F_{x,\tau}$ は高々 2^{11} 個の節を含む.

$x \in L$ ならば, 任意のランダム系列 τ に対して, $V_L(x, \tau, \pi) = \text{accept}$ となる証明 π が存在する. したがって, π は $F_{x,\tau}$ 全てが充足されるような X への割当を決定する. すなわち, F_x は充足可能である.

$x \notin L$ ならば, 全ての証明 π に対し, V_L は n^c 個のランダム系列全てのうち, 高々半数に対して x を受埋する. したがって, F_x の変数の集合に対する任意の割当に対

し，式 $F_{x,\tau}$ の半数以上は充足されない．n^c 個の式 $F_{x,\tau}$ があるので，F_x の変数への任意の割当に対し，F_x の節のうち，少なくとも $\frac{n^c}{2}$ 個は充足されない．F_x の節は高々 $2^{11} \cdot n^c$ 個なので，任意の割当において，充足されない節の割合は $\frac{1}{2^{12}}$ 以上である．

固定した x と τ に対する $f_{x,\tau}$ を決定するために，x と τ に対して，V_L を $x_{i_1}, \ldots,$ $x_{i_{11}}$ への 2^{11} 通りの割当全て（すなわち，可能な証明全て）に対してシミュレートしなければならない．与えられた τ に対して V_L は決定的に多項式時間で動作し，2^{11} は定数なので，全ての関数 $f_{x,\tau}$（とその式 $F_{x,\tau}$）は多項式時間で生成可能である．定数 c に対して式 $F_{x,\tau}$ の数は n^c なので，式 F_x 全体は多項式時間で生成可能である．

後は，F_x を等価な 3CNF 式 Φ_x に変換することが残っている．これは，2.3 節に示したように，単に SAT から 3SAT への標準的な帰着によって実現できる．$F_{x,\tau}$ の各節は，8 個の新たな変数を用いて，3CNF 式 $\Phi_{x,\tau}$ の 9 個の節の論理積に変換できる．もし $F_{x,\tau}$ が割当 α によって充足されるなら，$\Phi_{x,\tau}$ も充足されるような，新たな変数の集合に拡張された α の拡張が存在する．もし割当 β で充足されない節が $F_{x,\tau}$ に 1 つでも存在するなら，新たな変数を含んだ β の拡張の割当に，$\Phi_{x,\tau}$ を充足できるものはない（すなわち，$\Phi_{x,\tau}$ の変数へのどのような割当でも，少なくとも 1 つの節は充足されない）．$\Phi_x = \bigvee_\tau \Phi_{x,\tau}$ とすれば，以下が成り立つ．

(1) $F_{x,\tau}$ が充足可能なのは，$\Phi_{x,\tau}$ が充足可能な時，かつその時に限る．

(2) F_x の m 個の部分式 $F_{x,\tau}$ が割当 β で充足されないなら，Φ_x のちょうど m 個の部分式 $\Phi_{x,\tau}$ は，β の Φ_x の全ての変数集合へのどのような拡張でも充足されない．

(1) および「$x \in L \Leftrightarrow F_x$ が充足可能である」ことより，条件 (i) は Φ_x に対して成立する．(2) および $x \notin L$ に対して，F_x の部分式 $F_{x,\tau}$ の少なくとも $\frac{n^c}{2}$ 個はどのような割当でも充足されないことより，$x \notin L$ ならば，Φ_x の少なくとも $\frac{n^c}{2}$ 個の部分式 $\Phi_{x,\tau}$ は Φ_x の入力変数の集合へのどのような割当でも充足されない．したがって，$x \notin L$ ならば，Φ_x の少なくとも $\frac{n^c}{2}$ 個の節は，どのような割当でも充足されない．Φ_x の節の数は $9 \cdot 2^{11} \cdot n^c$ 個以下なので，任意の割当において，Φ_x の充足されない節の割合は

$$\frac{1}{9 \cdot 2^{12}}$$

以上である．したがって，Φ_x に対して (ii) が成り立つ．F_x が多項式時間計算可能であること，および，F_x から Φ_x への変換が標準的な多項式時間帰着であることを証明したので，Φ_x に対して条件 (iii) も成り立つ．これで証明が完了する．□

系 4.4.4.7 P = NP でなければ，Max-3Sat に対する PTAS は存在しない．□

証明 定理 4.4.4.6 より，P ≠ NP である限り，Max-3Sat に対する多項式時間 $\frac{1}{1-\varepsilon}$-

364 第4章 近似アルゴリズム

近似アルゴリズムが存在しないことが直ちにわかる. □

MAX-3SAT から他の最適化問題への AP 帰着, あるいは, GP 帰着を用いることにより, これらの最適化問題に対する PTAS が存在しないことを証明できる. 補題 4.4.3.16 の結果(MAX-CL の自己帰着性)と補題 4.4.3.5 (MAX-SAT≤$_{AP}$MAX-CL)からでさえ, どのような正の定数 c に関しても, MAX-CL に対する多項式時間 c-近似アルゴリズムが存在しないことがわかる[46].

演習問題 4.4.4.8 ある正整数 d に対し, NP = PCP$(O(\log_2 n), d)$ が証明できるものと仮定する. この時, 定理 4.4.4.6 の証明の方法で, GAP$_{1-\varepsilon,1}$-3SAT の NP 困難性が証明可能な最大の $\varepsilon > 0$ を求めよ. □

演習問題 4.4.4.9$^{(**)}$ PCP 定理を用いて, 任意の $\varepsilon \in (0, \frac{1}{4})$ に対して, GAP$_{\frac{1}{2}+\varepsilon,1-\varepsilon}$-MAX-E3LINMOD2 が NP 困難であることを証明せよ. □

演習問題 4.4.4.9 の結果は, 系 4.4.4.7 の結果を本質的に改良するのに役立つ.

定理 4.4.4.10 P ≠ NP である限り, 任意の小さな定数 $\delta > 0$ について, MAX-3SAT に対する, 多項式時間 $(\frac{8}{7} - \delta)$-近似アルゴリズムは存在しない. □

証明 補題 4.4.3.14 で, 任意の小さな $\varepsilon \in (0, (1-h)/2)$, $h \in [1/2, 1)$ に対して, MAX-E3LINMOD2 から MAX-E3SAT へのパラメータ

$$(1-\varepsilon, h+\varepsilon) \quad \text{と} \quad \left(1-\frac{\varepsilon}{4}, \frac{3}{4}+\frac{h}{4}+\frac{\varepsilon}{4}\right)$$

の GP 帰着が存在することを証明した. $h = \frac{1}{2}$ とすれば, この帰着のパラメータは

$$\left(1-\varepsilon, \frac{1}{2}+\varepsilon\right) \quad \text{と} \quad \left(1-\frac{\varepsilon}{4}, \frac{7}{8}+\frac{\varepsilon}{4}\right)$$

となる.

演習問題 4.4.4.9 が示していることは, 任意の小さな $\varepsilon > 0$ に対して, GAP$_{1/2+\varepsilon,1-\varepsilon}$-MAX-E3LINMOD2 が NP 困難であるということである. 上記の GP 帰着をパラメータ

$$\left(1-\varepsilon, \frac{1}{2}+\varepsilon\right) \quad \text{と} \quad \left(1-\frac{\varepsilon}{4}, \frac{7}{8}+\frac{\varepsilon}{4}\right)$$

で適用することにより, 任意の ε' に対して, GAP$_{7/8+\varepsilon',1-\varepsilon'}$-MAX-3SAT が NP 困難であることが得られる. したがって, P ≠ NP である限り, どのような小さな $\delta > 0$ に関しても, MAX-3SAT に対する多項式時間 $(\frac{8}{7} - \delta)$-近似アルゴリズムは

---

[46] 系 4.4.3.17 も見よ.

4.4 近似不可能性 **365**

存在しない. □

演習問題 4.4.4.11 $^{(**)}$　任意の整数 $k \geq 3$ と任意の小さな $\varepsilon > 0$ に対して，$\mathrm{GAP}_{1-2^{-k}+\varepsilon,1}$-Max-E$k$Sat が NP 困難であることを証明せよ. □

演習問題 4.4.4.12 $^{(*)}$　$\mathrm{P} \neq \mathrm{NP}$ である限り，ある $\varepsilon > 0$ に対して，Max-CL に対する多項式時間 n^ε-近似アルゴリズムは存在しないことを証明せよ. □

4.4 節で導入されたキーワード

近似保存帰着，クラス APX，APX 完全問題，ギャップ問題，ギャップ保存帰着，確率的検証者

4.4 節のまとめ

最適化問題の多項式時間近似不可能性に関する下界を証明するには，3 つの基本的な方法がある．第 1 の方法は，NP 困難な問題を近似問題に帰着することである．このアプローチは，$\mathrm{P} \neq \mathrm{NP}$ である限り，どのような多項式 p に関しても，TSP に対する多項式時間 $p(n)$-近似アルゴリズムが存在しないことの証明に適する.

ある最適化問題の近似不可能性の下界が示されているなら，適切な帰着によって，その下界を他の最適化問題へ拡張できる．ここでは，そのような帰着を 2 種類示した．近似保存帰着（AP 帰着）とギャップ保存帰着（GP 帰着）である．定数近似比を持つ多項式時間定数近似可能な最適化問題のクラス APX を定義することにより，AP 帰着によって，APX 完全性を導入できる．この概念は NP 完全性の概念に類似しており，$\mathrm{P} \neq \mathrm{NP}$ である限り，APX 完全最適化問題に対して PTAS は存在しない.

近似不可能性の下界を証明する重要な方法は PCP 定理に基づくものである．PCP 定理は，制約確率的検証者によって，NP に属する言語の新たな基礎的な特徴付けを与えている．この制約は，証明のランダムビット数と問い合わせビット数という，検証者の 2 つの計算資源に関連している．NP に属する任意の言語は $O(\log_2 n)$ のランダムビットと 11 の問い合わせビットを用いる確率的検証者で受理可能である．NP に属する言語の，この $(O(\log_2 n), 11)$-制約確率的検証者による表現から始めて，NP に属する任意の言語から，特定の近似問題への多項式時間帰着を得ることができる．ここでは，Max-3Sat のギャップ問題へのこのような帰着を示した．このことから，（$\mathrm{P} \neq \mathrm{NP}$ である限り）Max-3Sat に対する PTAS が存在しないことが示せる.

366 第 4 章 近似アルゴリズム

4.5 文献と関連する話題

メイクスパンスケジューリング問題に対する Graham のアルゴリズム [Gra66] は，NPO に属する最適化問題に対する，おそらく最初に解析された近似アルゴリズムである．1971 年に Cook [Coo71] によって NP 完全性の概念が導入されると，近似可能性の疑問がすぐに注目され始めた．その後の数年の間に，多くの効率的な近似アルゴリズムが設計された（例えば，[Joh74, SG76, Chr76, IK75, Lov75] を見よ）．Garey, Johnson [GJ79], Sahni, Horowitz [SH78], Papadimitriou, Steiglitz [PS82] は，近似アルゴリズムに関する初期のすばらしい概説である．

近似アルゴリズムの設計と解析は現在の計算機科学の主要な話題の 1 つであるので，近似アルゴリズムに関する文献は多数ある．最近のベストセラーは，Hochbaum の編集による本 [Hoc97] や，Ausiello, Crescenzi, Gambosi, Kann, Marchetti-Spacca-mela, Protasi によるテキストブック [ACG+99] である．この分野をリードしている研究者たちによって書かれた本 [Hoc97] は，近似アルゴリズムに関する基本的な概念とアイデアのすばらしい網羅的なサーベイを含む．テキストブック [ACG+99] は，近似アルゴリズムに関するほとんど全ての側面に言及しており，わかりやすい導入部と，より高度な読者のための複雑な部分を含んでいる．近似の安定性の概念は最近導入され，[Hro98, BHK+99, Hro99a, Hro99b] で研究されている．双対近似アルゴリズムの概念は，Hochbaum, Shmoys [HS87] によるものである．

Papadimitriou, Steiglitz [PS82] は，頂点被覆問題に対する 2-近似アルゴリズム VCP を，Gavril, Yannakakis によるものとしている．集合被覆問題に対する貪欲法の最初の解析は Johnson [Joh74] と Lovász [Lov75] による．本書で示した解析は，Chvátal [Chv79] によって証明された貪欲アルゴリズムに関する，より一般的な結果に基づいている．MAX-CUT に対する 2-近似局所探索アルゴリズムは，MAX-CUT に対する最良近似のアプローチであると長い間考えられてきた．半定値計画法への緩和と丸めに基づく方法を用いて，Goemans, Williamson [GW95] は近似比を 1.139... に改良した．この概念により，近似応用アルゴリズム設計に対する半定値計画法の応用に大きな進歩がもたらされた（例えば，[FG95, AOH96, AHO+96, Asa97] を見よ）．Sahni [Sah75] は，ナップサック問題に対する初期の近似アルゴリズムを示した．ナップサック問題に対する FPTAS は Ibarra, Kim [IK75] による．Lawler [Law79] はナップサック問題に対するいくつかの他の近似スキームを与えている．△-TSP に対する 2-近似アルゴリズムは，いつの間にか研究者に知られていた．精巧版は Rosenkrantz, Stearns, Lewis [RSL77] によって公表された．Christofides のアルゴリズムは，Christofides [Chr76] による．この章で示したように，△-TSP に対するこれら 2 つのアルゴリズムの近似安定性に関する研究は，Böckenhauer, Hromkovič, Klasing, Seibert, Unger [BHK+99] による．三角不等式に違反するというアイデア

は，Andreae, Bandelt [AB95] によって既に研究されていた．彼らは，$\triangle$-TSP$_\beta$ に対する $\left(\frac{3}{2}\beta^2 + \frac{1}{2}\beta\right)$-近似アルゴリズムを設計した．最近，Böckenhauer ら [BHK$^+$99] は $\triangle$-TSP$_\beta$ に対する $\frac{3}{2}\beta^2$-近似アルゴリズムを設計し，Bender, Chekuri [BC99] は，$\triangle$-TSP$_\beta$ に対する 4β-近似アルゴリズムを設計した．さらに，P $\neq$ NP である限り，ある $\varepsilon < 1$ に対して，$\triangle$-TSP$_\beta$ は近似比 $1 + \varepsilon \cdot \beta$ では近似不能である [BC99]．強三角不等式を満たす $\triangle$-TSP の問題インスタンスに対して，近似比を改善できるということは，Böckenhauer, Hromkovič, Klasing, Seibert, Unger [BHK$^+$00] によって発見された．Böckenhauer, Seibert [BS00] は強三角不等式を満たす $\triangle$-TSP の多項式時間近似可能性の明確な下界を証明した．幾何学的 TSP に対する最初の PTAS は，Arora [Aro97] と Mitchell [Mit96] によって発見された．これらの時間計算量は，近似比 $1 + \varepsilon$ に対しておおよそ $O(n^{30 \cdot \frac{1}{\varepsilon}})$ であるので全く実用的ではない．Arora [Aro97] は，時間計算量 $O(n \cdot (\log n)^{40 \cdot \frac{1}{\varepsilon}})$ の乱択化 PTAS を設計し，大きな改善を達成した．ここで紹介したメイクスパンスケジューリング問題に対する PTAS は Hochbaum, Shmoys [HS87] によるものである．Crescenzi, Kann [CK99] は，最適化問題の近似可能性に関する，すばらしく，包括的で，システマティックに更新された概説である．

　多項式時間近似可能性による最適化問題のクラス分けに対する興味は，Cook [Coo71] によって NP 完全性の概念が発見された直後から始まった．1970 年代と 1980 年代には，近似アルゴリズムの設計は大いに進歩したが，近似不可能性を証明するという試みはうまくいかなかった．わずかに知られた近似不可能性に関する具体的な下界の 1 つは，定理 4.4.2.3 の TSP に対する多項式時間 $p(n)$-近似アルゴリズムが存在しないというものである．Sahni, Gonzales [SG76] は，この章で紹介したように，ハミルトン閉路問題に帰着することによってこれを証明した．Yannakakis [Yan79] はいくつかの最大部分グラフ問題に対して，同様の結果を示した．NP 完全性の概念と類似のアイデアにしたがって，近似不可能性に関する最適化問題の分類の枠組の構築を試みる研究の多くが行われた（例えば，[ADP77, ADP80, AMS$^+$80] を見よ）．最も成功したアプローチは，Papadimitriou, Yannakakis [PY91] によるもので，論理的な特徴付けによりクラス Max-SNP を導入し，いわゆる L 帰着を用いてこのクラスの完全性の概念を導入した．この概念の背景にあるアイデアは，どのような Max-SNP 完全最適化問題に対しても PTAS が存在しないことと，Max-3Sat に対する PTAS が存在しないことが同値であるということである．多くの最適化問題が Max-SNP 完全であることが証明された．

　PCP 定理は，いわゆる対話型証明システムに関する非常に集中的な研究の成果である．これらの証明システムの概念は，Goldwasser, Micali, Rackoff [GMR89] と Babai [Bab85] によって考え出された．確率的検査可能証明の概念は，Fortnow, Rompel, Sipser [FRS88] により導入された．制約確率的検証者の能力に関する集中

368 第4章 近似アルゴリズム

的な研究 ([BFL91, BFLS91, FGL91, AS92]) は，ついに Arora, Lund, Motwani, Sudan, Szegedy [ALM92] による PCP 定理の証明に至った．確率的検査可能証明と最適化問題の近似可能性の関係は，Feige, Goldwasser, Lovász, Safra, Szegedy [FGL91] によって，初めて発見された．彼らは NP $\subseteq$ PCP($\log n, \log n$) を示し，P $\neq$ NP は MAX-CL に対する定数近似アルゴリズムが存在しないことを意味することを示した．Arora, Lund, Motwani, Sudan, Szegedy [ALM92] は PCP 定理を証明しただけではなく，同時に，その結論として，APX 完全問題に対する PTAS が存在しないことも証明した．PCP 定理の自己完結型の証明は約 50 ページもの長さであり，[Aro94, HPS94, MPS98, ACG$^+$99] に記載されている．Mayr, Prömel, Steger によって編集された *Lecture Notes Tutorial* [MPS98] は証明検証の概念と，その近似不可能性に関する下界の証明への適用に関するすばらしい包括的なサーベイである．[Hoc97] の Arora, Lund [AL97] も，近似不可能性の結果に関する簡潔なサーベイである．このアプローチを用いて，近似問題に対する多くの下界が確立された．以下では，本書で示した近似アルゴリズムに関連する結果のみを簡単に紹介する．Håstad [Hås97b] は，P $\neq$ NP を仮定して，MAX-E3LINMOD2 と MAX-EkSAT のそれぞれに対して，任意の多項式時間近似アルゴリズムの近似比の下界が $2 - \varepsilon$ と $\frac{2^k}{2^k-1}$ であることを証明した．Feige [Fei96] は，任意の $\varepsilon > 0$ について，集合被覆問題に対する近似比 $(1 - \varepsilon) \cdot \ln |S|$ の多項式時間近似アルゴリズムが存在すれば，NP $\subseteq$ *DTIME*($n^{\log \log n}$) となることを証明した．したがって，紹介した貪欲アプローチは，近似の観点からは可能な最良のものである．1997 年に Håstad [Hås97b] は，MAX-CL は近似比 1.0624 以内では多項式時間近似不可能であることを証明した．さらに，最小頂点被覆は近似比 1.1666 以内では近似不可能であることを証明した．Engebretsen [Eng99], Böckenhauer et al. [BHK$^+$99], Papadimitriou, Vempala [PVe00] は，△-TSP に対する近似比の具体的な下界を証明した．

　現在，近似不可能性に関する下界を証明する最も効率的な方法は，既知の下界を帰着によって拡張することである．近似保存帰着のアイデアは 1981 年に示された Paz, Moran [PM81] による．問題は，そこで考えられた帰着の下では，最適化問題の完全性を証明することが非常に難しいとわかったことである．1995 年に，Crescenzi, Kann, Silvestri, Trevisan [CKS$^+$95] は，この節で紹介した AP 帰着を導入した．Trevisan [Tre97] は，MAX-3SAT が AP 帰着の下で APX 完全であることを証明した．

第5章 乱択アルゴリズム

真実の探求者に，誤りは未知ではない．

J. W. v. ゲーテ

5.1 序論

乱択アルゴリズム[1]は全ての非決定的な選択に対して確率分布を持つ非決定性アルゴリズムと見なすことができる．通常は，簡単のために，選択肢は2つで，どちらか1つを確率 1/2 でランダムに選ぶことだけを考える．もう1つの可能性として，乱択アルゴリズムを，追加入力としてランダムビット列をとる決定性アルゴリズムと考えることもできる．言い換えると，乱択アルゴリズムは，決定性アルゴリズムの集合と見なすことができ，与えられた入力に対して，その中から1つのアルゴリズムがランダムに選ばれる．

今考えている問題の固定された入力インスタンス x に対し，x を入力とする乱択アルゴリズムの毎回の実行（計算）は実際に用いるランダムビット列によって異なる．この違いは，計算量と特定の実行結果の両方に反映され得る．したがって，例えば，計算時間や出力は確率変数と考えることができる．一般に，出力が確率変数と考えることができるような乱択アルゴリズムをモンテカルロアルゴリズムと呼ぶ．反対に，出力は（ランダムビットによらず）常に正しく，計算量だけが確率変数と考えられる乱択アルゴリズムをラスベガスアルゴリズムと呼ぶ[2]．

乱択アルゴリズムは，現在知られている最良の決定性アルゴリズムと比べ，（より高速で使用領域が少ないなど）効率的で，また取り扱い（実装）が簡単になり得る．残念なことに，一般に，乱択化が本当に有効かどうか，すなわち，計算機資源に関して有意なペナルティなしに乱択アルゴリズムを決定性アルゴリズムに変換できるかどうかは明らかではない[3]．この問題は，多項式時間の計算において，どんな種類の妥当

---

[1] ［訳註］「乱択」という言葉は金藤栄孝氏が発案したもので，東京工業大学の渡辺治教授が提唱する "randomized" の訳語である．

[2] この分類の詳細は 5.2 節で与える．

[3] 乱択計算が決定性計算に比べ真に効率的であるということは，二者間の通信プロトコルや有限オートマトンといった，いくつかの限られた計算モデルに対してのみ証明されている．5.5 節でこのことに関する詳細を述べる．

370 第 5 章 乱択アルゴリズム

な乱択化に対しても未解決である．さらに悪いことに，どの NP 困難問題に対しても多項式時間の乱択アルゴリズムは見つかっていない．その一方で，素数判定問題[4]のように，いくつかの重要な問題に対しては，次のようなことが得られている．

(i) 効率的な多項式時間乱択アルゴリズムが存在する．

(ii) 多項式時間の決定性アルゴリズムは知られていない．

(iii) その問題が P（もしくは，NP 完全）であるかどうか未解決である．

したがって，本書の観点[5]からは，乱択アルゴリズムは非常に有用である．というのは，実用的観点から易しくする他のアプローチが知られていないような問題でも，乱択アルゴリズムでは効率的に解くことができるようになるからである．素数判定問題のようないくつかの問題は重要かつ日常的なアプリケーション（素数判定問題の場合には，暗号）に頻繁に現れるので，乱択アルゴリズムは計算機科学のほぼすべての分野で一般的な手法になっている．さらに，NP 困難最適化問題を効率的に解くために，乱択化を近似と組合わせることもできる．この場合には，近似比を確率変数と考えることができ，目標は最適解に対して良い近似となる実行可能解を高い確率で得ることにある．この方法では，近似アプローチ単独ではうまくいかない場合にすら最適化問題を易しく解けるようにすることができる．

モンテカルロ乱択アルゴリズムは確率的に出力を返す．この出力は正しい必要はないし，また，正確である必要もない．このため，誤った答や正確でない出力を許容できないクリティカルな業務では，乱択アルゴリズムは適さないと考えるかもしれない．しかし，その考えは必ずしも正しくない．誤り確率は，同じ入力に対して乱択アルゴリズムを独立に繰り返し実行することによって[6]，無視できるほど小さくすることができる．知られている最良の決定性アルゴリズムを実行している十分に長い時間にハードウェアがエラーを起こす確率よりも，誤り確率を小さくすることもできるほどである．

この章は次のような構成になっている．5.2 節では，乱択アルゴリズムの基本的な分類の定義と，いくつかの基本パラダイムについて述べる．この基本パラダイムは，なぜ乱択アルゴリズムで困難問題を解け得るのかという疑問の直観的な説明にもなっている．5.3 節では，これらのパラダイムの能力を示すために，実際に適用してみる．もう少し詳しく言うと，まず 5.3.2 節で，任意の素数 p に対して，$\mathbb{Z}_p$ 上の平方非剰余を見つける多項式時間ラスベガスアルゴリズムを示す．この問題が P に入るかど

---

[4] ［訳註］素数判定問題は 2002 年に，決定性多項式時間アルゴリズム（すなわち P に入ること）が示された．

[5] 本書では，知られている最良の決定性アルゴリズムの時間計算量が多項式であっても，その多項式の次数が大きいような問題は，難しい問題と考えていることを思い出そう．

[6] 独立に繰り返すとは，毎回新しい乱数列を使って実行するという意味である．

うかは未解決である．5.3.3 節では，素数判定問題に対するモンテカルロアルゴリズムを示す．5.3.4 節で，やはり P に入っているかどうかがわかっていない等価性問題を解くモンテカルロアルゴリズムの設計法を示す．5.3.5 節では MIN-CUT 問題の乱択最適化アルゴリズムを示す．5.3.6 節は，何種類かの充足可能性問題に対する，乱択近似アルゴリズムの設計について述べる．5.4 節はデランダマイゼーション，すなわち，乱択アルゴリズムを等価な決定性アルゴリズムに変換する手法を扱う．この章を理解するには，2.2.4 節と 2.2.5 節で扱った線形代数，数論，確率論の初歩的な知識が少し必要となる．

5.2 乱択アルゴリズムの分類と設計パラダイム

5.2.1 基礎

乱択アルゴリズムの概念を定式化したいならば，無限長のテープを追加した決定性チューリング機械 A を用いればよい．この追加テープは読み込み専用で，0 と 1 からなる無限の乱数列が書かれている．A はこのテープを左から右に読んでいくことしかできない．これとは別な定式化として，非決定性の選択肢が高々2 通りしかなく，それぞれに $\frac{1}{2}$ の確率が割り当てられている非決定性チューリング機械を使う方法もある．しかし，乱択アルゴリズムの完全な形式的定義を与えることはこの章の目的ではない．時々ランダムビットを用い，それらのランダムビットの値に依存して異なる方向に計算が進むものを乱択アルゴリズムと見なせば十分である．確率論の観点からは，乱択アルゴリズム A とその固定された入力 x は確率試行を決定していると考えられる．この確率試行は，確率空間 $(S_{A,x}, Prob)$ で表せる．ただし，$S_{A,x} = \{C \mid C$ は A の入力 x に対する（ランダムな）計算$\}$ であり，$Prob$ は $S_{A,x}$ 上の確率分布である．

乱択アルゴリズムの新しい計算量の尺度として，使用されているランダムビットの数を考える．任意の乱択アルゴリズム A を入力 x に対して実行した時，全ての可能なランダムな計算過程で，用いるランダムビットの最大の数を $\boldsymbol{Random_A(x)}$ とする．そして，任意の正整数 $n \in \mathbb{N}$ に対し，

$$\boldsymbol{Random_A(n)} = \max\{Random_A(x) \mid x \text{ はサイズ } n \text{ の入力}\}$$

とする．

この計算量の尺度は以下の 2 つの理由から重要である．

(1) 真の乱数列に対する妥当な「代用」と考えられる数列を作るための計算コストが大きく，また，そのコストは必要となる乱数列の長さに応じて増大する[7]．

---

[7] 本書ではこのトピックについて深く言及しない．「乱数」列の生成には複雑な理論が必要となるからであ

372　第5章　乱択アルゴリズム

(2) 乱択アルゴリズム A に対して $Random_A(x)$ が対数関数で抑えられるとすると[8]，大きさ n の任意に固定された入力が与えられた時，可能な計算の種類は $2^{Random_A(n)} \leq p(n)$ のようにある多項式 p で抑えられる[9]．これは，A に対する全ての計算の可能性を決定性アルゴリズムで（逐次的に）シミュレーションできることを意味する．A がそれぞれの実行を多項式時間で計算するなら，決定性のシミュレーションも多項式時間でできることになる．このようなシミュレーションを**デランダマイゼーション**という[10]．もちろん $Random_A(n)$ が大きければ（例えば線形，もしくは多項式），1つの入力に対する計算の種類はものすごく（例えば，指数関数的に）多くなり得る．このような場合には，乱択アルゴリズムを決定性アルゴリズムに「変換」する効率的で一般的な方法は知られていない．

入力 x に対する乱択アルゴリズム A の任意の（ランダムな計算の）実行 C に対して，C が実行される確率を考えることができる[11]．この確率は，入力 x に対する A の実行 C 中の全てのランダムな選択の確率の積で与えられる．すなわち，対応する乱数列が現れる確率とも言える．以下では，この確率を $\boldsymbol{Prob_{A,x}(C)}$ と書くことにする．乱択アルゴリズムへの単純なアプローチでは，この確率は C で用いたランダムビットの数だけ 2 をべき乗したものの逆数となる．

乱択アルゴリズム A は固定された入力 x に対して異なる結果を返し得るので，出力 y は（ランダムな）事象と考えることができる．**A が入力 x に対して y を出力する確率 $Prob(A(x) = y)$** は，出力 y を返すすべての可能な計算 C の起こる確率 $Prob_{A,x}(C)$ の和で与えられる．明らかに，乱択アルゴリズムを設計する時の目標は，入力 x に対して正しい出力 y が得られる確率 $Prob(A(x) = y)$ を高くすることである．

入力 x に対する A の異なる計算は実行時間も異なる可能性がある．すなわち，コストも異なる可能性がある．したがって，計算時間も確率変数となる．入力 x に対する A の実行 C の計算時間を $\boldsymbol{Time(C)}$ とする[12]．この時，**x に対する A の平均時間計算量**は

$$Exp\text{-}Time_A(x) = E[Time] = \sum_C Prob_{A,x}(C) \cdot Time(C)$$

　る．5.5 節の「文献と関連する話題」でもう少し触れる．

[8] 例えば，$c \cdot \log_2 n$.

[9] 今の例では n^c.

[10] この他にもデランダマイゼーション（乱択計算の効率的な決定的シミュレーション）の方法はあることに注意しよう．

[11] よって，計算の実行が基本事象である．

[12] $Time$ は確率変数であることに注意しよう．

で与えられる．ただし，x に対する A の可能な全ての実行 C で和をとっている[13]．$Exp\text{-}Time_A$ を入力サイズの関数として見るときは，最悪の値を用いる．すなわち，任意の整数 $n \in \mathbb{N}$ に対して **A の平均時間計算量**は

$$Exp\text{-}Time_A(n) = \max \{Exp\text{-}Time_A(x) \mid x \text{ はサイズ } n \text{ の入力}\}$$

で与えられる．与えられた乱択アルゴリズム A の平均時間計算量 $Exp\text{-}Time_A(n)$ の解析は，しばしば簡単ではない．この問題点を克服するため，最初から最悪時の解析を使うこともできる．すなわち，

$$Time_A(x) = \max \{Time(C) \mid C \text{ は } A \text{ の入力 } x \text{ に対する実行}\}$$

とする．この時，**A の（最悪）時間計算量** は

$$Time_A(n) = \max \{Time_A(x) \mid x \text{ はサイズ } n \text{ の入力}\}$$

となる．

　残念ながら，この定義はある場合において正しくない[14]．これは，与えられた任意の入力に対し，十分小さい確率ではあるが，乱択アルゴリズムが無限に実行を続ける可能性があるからである．明らかに，決定性アルゴリズムでは入力 x に対し無限に計算が続くことはあり得ない．もしそうならば，そのアルゴリズムは与えられた問題の入力 x を決して解くことができないことになるからである．もし，この決定性アルゴリズムの領域計算量について上界がわかっているなら（実際には必ずこの場合になる），無限に続く計算は無限ループを意味する．対照的に，確率的なアルゴリズムでは，無限に続く実行は無限ループを意味するわけではないので，起こり得ることである．なぜなら，新しいランダムな選択は常に正しい結果へと計算を導く可能性を持っているからである．事態を簡単にするために，時間計算量 $Time_A$ を外部で決定し，もしその時間内に終了しなければ乱択アルゴリズムを強制的に終了するという方法をとることもできる．この状況は「問題を時間内に解けなかった」という出力（あるいは出力「？」）と見なすことができる．任意の入力に対して $Time_A(n)$ 以内の時間でアルゴリズムが終了する確率が十分大きいなら，このアプローチは非常に有効である．この場合，「？」が出力されることは決して悪いわけではない．というのは，同じ入力に対して乱択アルゴリズムを最初からもう一度[15]やり直すべきであることを意味しているだけだからである．

---

[13] $Exp\text{-}Time_A(x)$ は，A に x を入力して実行した時の確率変数 $Time$ の期待値 $E[Time]$ である．

[14] 矛盾ですらある．

[15] もちろん，新たなランダムビット列を用いてである．

374 第 5 章 乱択アルゴリズム

5.2.2 乱択アルゴリズムの分類

以下では，ラスベガス，片側誤りモンテカルロ，両側誤りモンテカルロ，誤り無制限モンテカルロといった，乱択アルゴリズムの基本的なクラスを導入する．決定問題や関数の評価に対して，この分類は自然かつ都合が良い．最適化問題に対してはこの分類は意味をなさないので，乱択最適化アルゴリズムと乱択近似アルゴリズムの概念だけを導入する．

ラスベガスアルゴリズム

ラスベガスアルゴリズムとその時間計算量を定義するには 2 つの方法がある．どちらが使いやすいかは，状況によって異なるので，ここでは両方のアプローチを示す．しかし，ラスベガスアルゴリズムのどの定義にも共通するのは，決して誤った結果を出力しないことである[16]．

最初のアプローチでは，次のように定義する．乱択アルゴリズム A が問題 F の任意の入力インスタンス x に対して

$$Prob(A(x) = F(x)) = 1$$

を満たすとき，A は**問題 F を解くラスベガスアルゴリズムである**という．ここで，$F(x)$ は F の入力インスタンス x に対する解である．この定義において，A の時間計算量は，常に平均時間計算量 $Exp\text{-}Time_A(n)$ と考える．

2 番目のアプローチでは，出力「？」[17]を許したラスベガスアルゴリズムを定義する．問題 F の任意の入力インスタンス x に対し，乱択アルゴリズム A が

$$Prob(A(x) = F(x)) \geq \frac{1}{2}$$

かつ

$$Prob(A(x) = \lceil ? \rfloor) = 1 - Prob(A(x) = F(x)) \leq \frac{1}{2}$$

を満たす時，A は**問題 F を解くラスベガスアルゴリズムである**という．

この 2 番目のアプローチでは，$Time_A(n)$ を A の時間計算量と考えることができる．なぜなら，入力 x に対して $Time_A(|x|)$ ステップ後に停止し，もし出力が「？」の場合にはまた初期状態から新たに実行するのが，この手法の一般の場合だからである．

通常，最初のアプローチは関数を計算する時に用いられ，一方，2 番目のアプローチは決定問題に対してよく使われる．

---

[16] すなわち，出力は確率変数ではない．

[17] この場合，出力「？」の直観的な意味は，「1 回の試行で問題を解けなかった」ということである．

5.2 乱択アルゴリズムの分類と設計パラダイム **375**

例 5.2.2.1 おそらく最もよく知られているラスベガスアルゴリズムは乱択クイックソートである. 以下では S を, 要素に線形順序が存在する集合とする.

アルゴリズム 5.2.2.2 RQS (乱択クイックソート)

入力: $a_1, \ldots, a_n$ (ただし, 任意の $i = 1, \ldots, n \, (n \in \mathbb{N})$ に対して $a_i \in S$).

Step 1: $i \in \{1, \ldots, n\}$ を一様ランダムに選ぶ.
{ どの $i \in \{1, \ldots, n\}$ も選ばれる確率は等しい }

Step 2: A を多重集合 $\{a_1, \ldots, a_n\}$ とする.
if $n = 1$ **output**(S)
else 多重集合 $S_<, S_=, S_>$ を以下のように構成する.
$S_< := \{b \in A \mid b < a_i\};$
$S_= := \{b \in A \mid b = a_i\};$
$S_> := \{b \in A \mid b > a_i\}.$

Step 3: 再帰的に $S_<$ と $S_>$ をソートする.

出力: $\text{RQS}(S_<), \, S_=, \, \text{RQS}(S_>).$

確かに RQS は確率 1 で正しい出力を得る乱択アルゴリズム[18]である. したがって, RQS の「質」を評価するには, 関数 $Exp\text{-}Time_{\text{RQS}}$ を解析しなければならない. 例 2.2.5.28 で S が集合の場合の解析を既に扱っているので, この解析は省略する. □

例 5.2.2.3 与えられた集合に対して k 番目に小さい要素を見つける問題を考える. この問題に対する乱択アルゴリズムは RQS と同様のアイデアを用いる.

アルゴリズム 5.2.2.4 RANDOM-SELECT(S, k)

入力: $S = \{a_1, a_2, \ldots, a_n\}$, 正整数 $k \leq n$ (ただし $n \in \mathbb{N}$) .

Step 1: **if** $n = 1$ **then return** a_1
else $i \in \{1, 2, \ldots, n\}$ をランダムに選ぶ.

Step 2: $S_< = \{b \in S \mid b < a_i\};$
$S_> = \{c \in S \mid c > a_i\}.$

Step 3: **if** $|S_<| > k$ **then** RANDOM-SELECT$(S_<, k)$

---

[18] Step 1 より.

else if $|S_<| = k - 1$ **then return** a;
　　　　else RANDOM-SELECT$(S_>, k - |S_<| - 1)$.

出力： S の k 番目に小さい要素（すなわち，$|\{b \in S \mid b < a_l\}| = k - 1$）となるような a_l）．

　任意の入力 (S, k) で，最悪時の実行時間が $\Theta(n^2)$ であることはすぐにわかる（すなわち，$\Theta(n^2)$ 回の比較を導くランダムビット列が存在する）．直観的には，Step 1 での最も良い i の選択は $|S_<| = k - 1$ となる i である．妥当な選択となるのは $|S_<|$ と $|S_>|$ が大体同じになる（言い換えれば，Step 1 から Step 3 の 1 回の繰り返しで，入力インスタンス (S, k) が，S' が S のほぼ半分の大きさであるような (S', j) に縮小される）場合である．好ましくないのは，$|S_<|$ か $|S_>|$ のどちらかが非常に小さく，k 番目に小さい要素が集合 $S_<$ と $S_>$ の大きい方に含まれてしまう時である．以下では $T_{S,k}$ を入力インスタンス (S, k) に対して RANDOM-SELECT が行う比較の回数を表す確率変数として，$E[T_{S,k}]$ の上界の解析を行う．$|S| = n$ とすると，$E(T_{S,k})$ は，S の特定の要素ではなく，$|S| = n$ に依存するので，$T_{S,k}$ という記法だけでなく $T_{n,k}$ という記法を用いても問題はない．また，$T_n = \max\{T_{n,k} \mid 1 \le k \le n\}$ とする．

　最初に Step 1 から Step 3 を実行した時，S の要素同士の比較を $n - 1$ 回行う．Step 1 で i を等確率で選んでいるので，任意の $j = 1, \ldots, n$ に対し，a_i が S の中で j 番目に小さい値である確率は $1/n$ である．この場合，

$$
\begin{aligned}
T_{|S|,k} &\le n - 1 + \max\{T_{|S_<|,k}, T_{|S_>|,k-|S_<|-1}\} \\
&= n - 1 + \max\{T_{j-1,k}, T_{n-j,k-j}\} \\
&\le n - 1 + \max\{T_{j-1}, T_{n-j}\}
\end{aligned}
$$

となるので，次のような漸化式を得る．

$$
\begin{aligned}
E[T_n] &\le n - 1 + \frac{1}{n} \sum_{j=1}^{n-1} \max\{E[T_{j-1}], E[T_{n-j}]\} \\
&\le n - 1 + \frac{1}{n} \sum_{j=1}^{n-1} E\left[T_{\max\{j-1,n-j\}}\right] \\
&\le n - 1 + \frac{2}{n} \sum_{l=\lceil n/2 \rceil}^{n-1} E[T_l].
\end{aligned}
$$

　ここでは，帰納法を用いて，任意の n で $E[T_n] \le 5 \cdot n$ が成り立つことを証明する．明らかに $n = 1$ の時は成立する．次に，n 未満の全ての m で $E[T_m] \le 5 \cdot m$

が成立すると仮定する．この時,

$$
E[T_n] \underset{\text{帰納法の仮定}}{\leq} n-1+\frac{2}{n}\sum_{l=\lceil n/2 \rceil}^{n-1} 5 \cdot l
$$

$$
\leq n-1+\frac{10}{n}\left(\sum_{l=1}^{n-1} l - \sum_{l=1}^{\lceil n/2 \rceil -1} l\right)
$$

$$
= n-1+\frac{10}{n}\left(\frac{n \cdot (n-1)}{2} - \frac{(\lceil n/2 \rceil -1) \cdot \lceil n/2 \rceil}{2}\right)
$$

$$
\leq n-1+5(n-1)-5 \cdot (\lceil n/2 \rceil -1) \cdot \frac{1}{2}
$$

$$
\leq 5 \cdot n
$$

となる． □

　もう1つの例として，「?」を出力することがあり得るラスベガスアルゴリズムを以下で紹介する．例 5.2.2.5 を取り上げるのには，別の理由もある．その理由は，この例で考えられる計算モデルでは，与えられた問題を計算するどの決定性アルゴリズム[19]の計算量も，例で示されるラスベガスアルゴリズムの計算量より大きいことさえ証明できるからである．

例 5.2.2.5 以下のようなシナリオを考えよう．**一方向（通信）プロトコル**と呼ばれる，通信リンクで接続された2つのコンピュータ C_I と C_II から構成されているモデルがある．この2つのコンピュータの計算能力には制限がないとする．一般に，このシステムは，関数 $F: A_\mathrm{I} \times A_\mathrm{II} \to \{0,1\}$ を次のようなルールで計算する．

(i) まず C_I に $x \in A_\mathrm{I}$ が入力され，C_II には $y \in A_\mathrm{II}$ が入力される．

(ii) C_I はメッセージ $\overline{C}_\mathrm{I}(x) \in \{0,1\}^*$ を計算する．この時，C_I は関数 $\overline{C}_\mathrm{I}: A_\mathrm{I} \to \{0,1\}^*$ と見なせる．ただし，この関数は $x_1 \neq x_2$（ただし $x_1, x_2 \in A_\mathrm{I}$）ならば $\overline{C}_\mathrm{I}(x_1)$ が $\overline{C}_\mathrm{I}(x_2)$ の接頭辞にならないという性質を持つ．この性質を prefix-free という．

(iii) C_II は入力 y と $\overline{C}_\mathrm{I}(x)$ から $F(x,y)$ を計算する．すなわち，C_II は関数 $\overline{C}_\mathrm{II}: A_\mathrm{II} \times \{0,1\}^* \to \{0,1\}$ と考えられる．

　入力 (x,y) に対する計算コストは，メッセージ $\overline{C}_\mathrm{I}(x)$ の長さとする．一方向プロトコル $(C_\mathrm{I}, C_\mathrm{II})$ の**通信計算量**は

---

[19] 計算モデルで定義される，制限されたクラスに入るアルゴリズムである．

$$\max\left\{\left|\overline{C}_{\mathrm{I}}(x)\right| \mid x \in A_{\mathrm{I}}\right\}$$

となる.

ここで

$$Choice_n(x_1 x_2 \dots x_n, i) = x_i$$

で定義される関数

$$Choice_n : \{0,1\}^n \times \{1,2,\dots,n\} \to \{0,1\}$$

を考える.

まず, $Choice_n$ を計算する任意の決定性一方向プロトコル $(C_{\mathrm{I}}, C_{\mathrm{II}})$ の通信計算量が少なくとも n であることを示す. このようになる理由は次のように説明できる. C_{I} は $\{0,1\}^n$ のそれぞれの入力に対して異なるメッセージを使わなければならない. したがって, 少なくとも 2^n 種類のメッセージを使う必要がある. ここで逆の場合, すなわち, $\overline{C}_{\mathrm{I}}(u) = \overline{C}_{\mathrm{I}}(v)$ となる, 2つの異なる $u = u_1 u_2 \dots u_n$ と $v = v_1 v_2 \dots v_n$ (ただし $u,v \in \{0,1\}^n$) が存在すると仮定しよう. $u \neq v$ から, $u_j \neq v_j$ となるような添字 $j \in \{1,2,\dots,n\}$ が存在する. ここで, 入力 (u,j) と (v,j) に対する $(C_{\mathrm{I}}, C_{\mathrm{II}})$ のそれぞれの計算を考えよう. $\overline{C}_{\mathrm{I}}(u) = \overline{C}_{\mathrm{I}}(v)$ の仮定から, $\overline{C}_{\mathrm{II}}\left(j, \overline{C}_{\mathrm{I}}(u)\right) = \overline{C}_{\mathrm{II}}\left(j, \overline{C}_{\mathrm{I}}(v)\right)$ が得られる. すなわち, 一方向プロトコル $(C_{\mathrm{I}}, C_{\mathrm{II}})$ は異なる入力 (u,j) と (v,j) に対し, 同じ値を出力する. しかし,

$$Choice_n(u_1 u_2 \dots u_n, j) = u_j \neq v_j = Choice_n(v_1 v_2, \dots, v_n, j)$$

であるので, これはあり得ない. したがって $(C_{\mathrm{I}}, C_{\mathrm{II}})$ は少なくとも 2^n 種類のメッセージを用いる必要がある. さらに $\overline{C}_{\mathrm{I}}$ が prefix-free の性質を満たすことから, $(C_{\mathrm{I}}, C_{\mathrm{II}})$ の通信計算量は少なくとも n である.

実は, 通信計算量は n で十分でもある. なぜなら, 任意の $x \in \{0,1\}^n$ に対し, 単純に $\overline{C}_{\mathrm{I}}(x) = x$ とメッセージを定義し, さらに $\overline{C}_{\mathrm{II}}\left(j, \overline{C}_{\mathrm{I}}(x)\right) = \overline{C}_{\mathrm{II}}(j,x) = Choice_n(x,j)$ とすればよいからである.

次に, 任意の偶数 n に対し, 通信計算量 $n/2+1$ で $Choice_n$ を計算するラスベガス一方向プロトコル $(D_{\mathrm{I}}, D_{\mathrm{II}})$ を以下に示す.

ラスベガス一方向プロトコル $(D_{\mathrm{I}}, D_{\mathrm{II}})$

入力: (x,j), ただし $x = x_1 \dots x_n \in \{0,1\}^n$, $j \in \{1,\dots,n\}$.

Step 1: D_{I} はランダムビット $r \in \{0,1\}$ を選ぶ.

Step 2: D_{I} は, $r = 0$ ならばメッセージ $c_1 c_2 \dots c_{n/2+1} = 0 x_1 \dots x_{n/2} \in \{0,1\}^{n/2+1}$ を送り, $r = 1$ ならばメッセージ $c_1 c_2 \dots c_{n/2+1} = 1 x_{n/2+1} \dots x_n \in \{0,1\}^{n/2+1}$ を送る.

Step 3: D_{II} は, $r=0$ かつ $j \in \{1,2,\ldots,n/2\}$ ならば $c_{j+1}=x_j$ を出力し, $r=1$ かつ $j \in \{n/2+1,\ldots,n\}$ ならば $c_{j-n/2+1}=x_j=Choice(x,j)$ を出力する.

それ以外の場合, D_{II} は 「？」を出力する. □

片側誤りモンテカルロアルゴリズム

この種類の乱択アルゴリズムは, 決定問題に対してのみ用いられる. L を言語, A を乱択アルゴリズムとする. 次の 2 つの条件を満たす時[20], A を L を認識する**片側誤りモンテカルロアルゴリズム**と呼ぶ.

(i) 任意の $x \in L$ に対し, $Prob(A(x)=1) \geq 1/2$ を満たす.

(ii) 任意の $x \notin L$ に対し, $Prob(A(x)=0)=1$ を満たす.

したがって, 入力が要求される性質を満たさない場合には, 片側誤りモンテカルロアルゴリズムは絶対に「受理」を出力しない. 誤りは一方向のみで起こり得る. すなわち, 入力が「受理」であるはずの時に,「棄却」を出力することがたまにある.

片側誤りモンテカルロアルゴリズムは, 何度も繰り返して実行することにより, 正しい解を得る確率を指数関数的に良くすることができるので, 実用性が非常に高い. 片側誤りモンテカルロアルゴリズム A を同一の入力インスタンス x に対して k 回独立に実行した時の出力を $a_1, a_2, \ldots, a_k$ とする[21]. もし $a_i=1$ となる $i \in \{1,\ldots,k\}$ が存在すれば, 確実に $x \in L$ であることがわかる. $a_1=a_2=\cdots=a_k=0$ (すなわち, 反対の場合) であるなら, $x \in L$ である確率は高々 $(1/2)^k$ である. すなわち, $x \notin L$ と考えられ, その判断は $1-1/2^k$ 以上の確率で正しい.

以下では, ある特別な計算モデルにおいて, 片側誤りモンテカルロアルゴリズムが決定性アルゴリズムに比べ, 劇的に高速であることを示す.

例 5.2.2.6 例 5.2.2.5 で導入された一方向 (通信) プロトコルと,

$$Non\text{-}Eq_n(x,y)=1 \Leftrightarrow x \neq y$$

で定義される関数

$$Non\text{-}Eq_n : \{0,1\}^n \times \{0,1\}^n \to \{0,1\}$$

を考える.

例 5.2.2.5 と同様, $Non\text{-}Eq_n$ を計算する全ての決定性一方向プロトコルの通信計

---

[20] 出力 1 は受理 (yes) を, 0 は棄却 (no) を表している.

[21] これは $a_1, a_2, \ldots, a_k$ を独立事象と考えることができることを意味する.

380 第 5 章 乱択アルゴリズム

算量が少なくとも n であることを示す. このことを示すには, 任意の $u, v \in \{0,1\}^n$ に対し, $u \neq v$ ならば $\overline{C}_\mathrm{I}(u) \neq \overline{C}_\mathrm{I}(v)$ が成り立つことを示せばよい. ある 2 つの異なる $u, v \in \{0,1\}^n$ に対して $\overline{C}_\mathrm{I}(u) = \overline{C}_\mathrm{I}(v)$ と仮定する. この時, $(C_\mathrm{I}, C_\mathrm{II})$ は $Non\text{-}Eq_n$ を計算するので, 次のような矛盾が生じる.

$$0 = Non\text{-}Eq_n(u,u) = \overline{C}_\mathrm{II}\left(u, \overline{C}_\mathrm{I}(u)\right) = \overline{C}_\mathrm{II}\left(u, \overline{C}_\mathrm{I}(v)\right) = Non\text{-}Eq_n(v,u) = 1.$$

次に, $Non\text{-}Eq_n$ を計算する, 通信計算量が $O(\log_2 n)$ の乱択一方向プロトコルを与える. x と y との比較は, $Number(x)$ と $Number(y)$ との比較と等価であることを用いる[22].

Random Inequality $(R_\mathrm{I}, R_\mathrm{II})$

入力: $x, y \in \{0,1\}^n$.

Step 1: R_I は区間 $[2, n^2]$ から素数 p を一様ランダムに選ぶ.
{この区間にはおよそ $n^2 / \ln n^2$ 個の素数が存在する. したがって, このステップには $2\lceil \log_2 n \rceil$ 個のランダムビットを用いれば十分である. }

Step 2: R_I は $s = Number(x) \bmod p$ を計算し, p と s を R_II に送信する.
{$s \leq p \leq n^2$ であるので, メッセージの長さは $4\lceil \log_2 n \rceil$ ビット (p, s それぞれに $2\lceil \log_2 n \rceil$ ビットずつ) でよい. }

Step 3: R_II は $q = Number(y) \bmod p$ を計算する.
もし $q \neq s$ ならば R_II は 1 (「受理」) を出力する.
逆に $q = s$ ならば R_II は 0 (「棄却」) を出力する.

乱択プロトコル $(R_\mathrm{I}, R_\mathrm{II})$ の通信計算量は $4\lceil \log_2 n \rceil$ である. $(R_\mathrm{I}, R_\mathrm{II})$ が片側誤りモンテカルロ一方向プロトコルであることを示すには, 数論における難しい定理のひとつである素数定理を必要とする. 素数定理とは, 集合 $\{1, 2, 3, \ldots, m\}$ に含まれる素数の数がおよそ $m / \ln m$ であり, $m \geq 100$ に対しては, 少なくとも $m / \ln m$ であるという定理である.

$x = y$ の時, 任意の素数 p に対して $Number(x) \bmod p = Number(y) \bmod p$ が成立する. したがって,

$$Prob\left((R_\mathrm{I}, R_\mathrm{II}) \text{ が } (x,y) \text{ を受理しない}\right) = 1$$

となる.

$x \neq y$ とする. もし[23]ある素数 p に対して $Number(x) \bmod p = Number(y) \bmod$

---

[22] 任意の $x_1 \ldots x_n \in \{0,1\}^n$ に対して $Number(x_1 \ldots x_n) = \sum_{i=1}^{n} x_i \cdot 2^{n-i}$ である.

[23] $x \neq y$ という事実にもかかわらず.

p が成立したなら, $h = |Number(x) - Number(y)|$ は p で割り切れる. $h < 2^n$ なので, h の素因数は n 個より少ない. このことは, 区間 $\{2, 3, \ldots, n^2\}$ に存在する少なくとも $n^2/\ln n^2$ 個の素数のうち, 高々 $n-1$ 個の素数 l について

$$Number(x) \bmod l = Number(y) \bmod l \tag{5.1}$$

が成り立つことを意味する.

以上より, 与えられた入力 (x, y) に対して R_{I} がランダムに選んだ素数が (5.1) 式を満たす確率は高々

$$\frac{n-1}{n^2/\ln n^2} \leq \frac{\ln n^2}{n}$$

となる.

したがって,

$$Prob\left((R_{\mathrm{I}}, R_{\mathrm{II}}) \text{ が } (x, y) \text{ を受理する}\right) \geq 1 - \frac{\ln n^2}{n}$$

となる. この確率は $n \geq 100$ ならば $9/10$ 以上になる.

プロトコル $(R_{\mathrm{I}}, R_{\mathrm{II}})$ は区間 $\{2, 3, \ldots, n^2\}$ から k 個[24]の素数 $p_1, p_2, \ldots, p_k$ をランダムに選ぶことで改善できる. この時, 全ての $i = 1, 2, \ldots, k$ に対して

$$Number(x) \bmod p_i = Number(y) \bmod p_i$$

となる時, かつその時に限り, プロトコルは (x, y) を棄却する. □

演習問題 5.2.2.7 一方向プロトコル $(R_{\mathrm{I}}, R_{\mathrm{II}})$ の Step 1 において, 集合 $\{2, 3, \ldots, n^c\}$ からランダム素数を選ぶように変更する. ただし, c は 3 以上の正整数である. この時, 以下を解析せよ.

(i) 変更したプロトコルの通信計算量.

(ii) $x \neq y$ となる任意の入力 (x, y) に対して, $Prob((R_{\mathrm{I}}, R_{\mathrm{II}})$ が (x, y) を受理する$)$.

□

両側誤りモンテカルロアルゴリズム

乱択アルゴリズム A は, ある実数 ε（ただし $0 < \varepsilon \leq 1/2$）が存在し, 問題 F の任意の入力 x に対して

$$Prob(A(x) = F(x)) \geq \frac{1}{2} + \varepsilon.$$

を満たす時, **F を解く両側誤りモンテカルロアルゴリズム**であるという. このアルゴリズムをうまく使う戦略は, アルゴリズムを与えられた入力に対して t 回実行し,

---

[24] 1 個ではなく.

382 第5章 乱択アルゴリズム

もし，少なくとも $\lceil t/2 \rceil$ 回現れた解があれば，それを出力とするというものである．$p = p(x) \geq 1/2 + \varepsilon$ を，A が1回の実行で与えられた入力 x に対する正しい結果を計算する確率とすると，A を入力 x に対して t 回実行した時，ちょうど i 回正解を与える確率は

$$
\begin{aligned}
pr_i(x) &= \binom{t}{i} p^i (1-p)^{t-i} = \binom{t}{i} (p(1-p))^i (1-p)^{2\left(\frac{t}{2}-i\right)} \\
&\leq \binom{t}{i} \cdot \left(\frac{1}{4} - \varepsilon^2\right)^i \left(\frac{1}{4} - \varepsilon^2\right)^{\frac{t}{2}-i} = \binom{t}{i} \cdot \left(\frac{1}{4} - \varepsilon^2\right)^{\frac{t}{2}}
\end{aligned}
$$

のようになる．

以下のようなアルゴリズム A_t を考える．

アルゴリズム A_t

入力： x.

Step 1: アルゴリズム A を x に対して t 回独立に実行する．t 個の出力を $y_1, y_2, \ldots, y_t$ とする．

Step 2: もし $y_1, \ldots, y_t$ に少なくとも $\lceil t/2 \rceil$ 回出力されたものがあれば，それを y とする．

{少なくとも $\lceil t/2 \rceil$ 回出力されたものがなければ $y =?$ とする．}

出力： y.

A_t は少なくとも $\lceil t/2 \rceil$ 回 A が $F(x)$ を出力した時，またその時に限り $F(x)$ を計算するので，

$$
\begin{aligned}
Prob(A_t(x) = F(x)) &\geq 1 - \sum_{i=0}^{\lfloor t/2 \rfloor} pr_i(x) \\
&> 1 - \sum_{i=0}^{\lfloor t/2 \rfloor} \binom{t}{i} \cdot \left(\frac{1}{4} - \varepsilon^2\right)^{t/2} > 1 - 2^{t-1} \left(\frac{1}{4} - \varepsilon^2\right)^{t/2} \\
&= 1 - \frac{1}{2}(1 - 4\varepsilon^2)^{t/2}
\end{aligned}
\tag{5.2}
$$

となる．

したがって，任意に選択した定数 δ と任意の入力に対して $Prob(A_k(x) = F(x)) \geq 1 - \delta$ とするには，

$$
k \geq \frac{2 \log_2 2\delta}{\log_2 (1 - 4\varepsilon^2)}
\tag{5.3}
$$

とすれば十分である．

明らかに，δ と ε が定数[25]ならば，k も定数である．したがって，$Time_{A_k}(n) \in O(Time_A(n))$ がいえる．このことは，もし A が F に対する，知られている最良の決定性アルゴリズムよりも漸近的に速いなら，A_k も同様であることを意味する．

演習問題 5.2.2.8 例 5.2.2.5 と例 5.2.2.6 で用いた一方向プロトコルモデル，および任意の $n \in \mathbb{N}^+$ に対して，

$$Equality_n(x, y) = 1 \Leftrightarrow x \equiv y$$

で定義される関数

$$Equality_n : \{0, 1\}^n \times \{0, 1\}^n \to \{0, 1\}$$

を考える．

(i) 任意の $n \in \mathbb{N}^+$ に対して，$Equality_n$ を計算する，どの決定性一方向プロトコルの通信計算量も少なくとも n であることを示せ．

(ii) 通信計算量が $O(\log_2 n)$ となる，$Equality_n$ を計算する両側誤りモンテカルロ一方向プロトコルを設計せよ．

(iii) $Equality_n$ を計算する，どのような片側誤りモンテカルロ一方向プロトコルも，通信計算量が少なくとも n でなければならないことを示せ． □

誤り無制限モンテカルロアルゴリズム

これらはモンテカルロアルゴリズムとも呼ばれる，一般の乱択アルゴリズムである．問題 F の任意の入力 x に対して，乱択アルゴリズム A が

$$Prob(A(x) = F(x)) > \frac{1}{2}$$

を満たす時，**A は F を解く**（誤り無制限）**モンテカルロアルゴリズムである**という．

両側誤りモンテカルロアルゴリズムと誤り無制限モンテカルロアルゴリズムの本質的な違いを理解するためには，誤り無制限モンテカルロアルゴリズム A を繰り返し実行して，ある定数 δ（ただし $0 \leq \delta \leq 1/2$）に対して

$$Prob(A_k(x) = F(x)) \geq 1 - \delta$$

を満たす両側誤りモンテカルロアルゴリズム A_k を構成するために必要な繰り返しの回数 k（(5.3) 式を見よ）を調べればよい．A の欠点は，入力の長さが増えるにつ

---

[25] 入力のサイズと独立な．

384 第 5 章 乱択アルゴリズム

れ，$Prob(A(x) = F(x))$ と $1/2$ との差が限りなく 0 に近づくことである．入力 x に対して，A には $2^{Random_A(|x|)}$ 通りの異なる計算の可能性があり，それぞれの計算が行われる確率は $2^{-Random_A(|x|)}$ である[26]．この時

$$Prob(A(x) = F(x)) = \frac{1}{2} + 2^{-Random_A(|x|)} > \frac{1}{2}$$

となることがあり得る．

したがって，(5.2) 式と $\ln(1+x) \leq x$ （ただし，$-1 < x < 1$）より，

$$k = k(|x|) \underset{(5.3)}{=} \frac{2\log_2 2\delta}{\log_2(1 - 4 \cdot 2^{-2Random_A(|x|)})} \geq \frac{2\log_2 2\delta}{-4 \cdot 2^{-2Random_A(|x|)}}$$

$$= (-\log_2 2\delta) \cdot 2^{2Random_A(|x|)-1} \tag{5.4}$$

が得られる．

$Random_A(|x|) \leq Time_A(|x|)$ であり，$Time_A(n)$ は多項式で抑えられると考えられるので，k は $|x|$ の指数関数になり得る．以上をまとめると，誤り無制限モンテカルロアルゴリズム A から

$$Prob(A_{k(|x|)}(x) = F(x)) \geq 1 - \delta$$

を満たす乱択アルゴリズム $A_{k(n)}$ を構成するには，

$$Time_{A_{k(n)}}(n) = O(2^{2Random_A(n)} \cdot Time_A(n))$$

となることを受け入れなければならない．

演習問題 5.2.2.9　ZPP を多項式時間ラスベガスアルゴリズム（チューリング機械）が受理（決定）できる言語（決定問題）のクラスとする．同様に，**RP, BPP, PP** をそれぞれ多項式時間の，片側誤り，両側誤り，誤り無制限モンテカルロアルゴリズムで受理される言語のクラスとする．以下の関係を示せ．

(i)　$P \subseteq ZPP \subseteq RP \subseteq BPP \subseteq PP$．

(ii)　$RP \subseteq NP$．

(iii)　$ZPP = RP \cap \text{co-}RP$．

(iv)　$NP \subseteq \text{co-}RP$ ならば $NP = ZPP$．

(v)　$NP \cup \text{co-}NP \subseteq PP$．　　　　　　　　□

乱択最適化アルゴリズム

今までのような乱択アルゴリズムの分類は，最適化問題では本質的な意味を持たない．なぜなら，もし最適化問題 U に対して乱択アルゴリズム A を k 回実行した時，

---

[26] $2^{-Random_A(|x|)}$ は定数ではなく，入力の長さに依存する．

k 個の出力のうち,（コスト関数に関して）最も良いものを最終的な出力と見なせばいいからである．実行回数の少なくとも半分の回数で現れた結果を最終出力とする必要はない．したがって，正しい出力を，乱択アルゴリズムの一連の実行での出現頻度から識別しなくても[27]，単純に最も良い解を選べばよい．そこで，k 回の実行で最適解を得る確率は，

$$Prob\left(A_k(x) \in Output_U(x)\right) = 1 - \left[Prob\left(A(x) \notin Output_U(x)\right)\right]^k$$

となる．ここで，A_k は A を k 回実行する乱択アルゴリズムである．

もし，正定数 $\varepsilon < 1$ に対して $Prob(A(x) \notin Output_U(x)) \leq \varepsilon$ となるなら，A は片側誤りモンテカルロアルゴリズムと同じくらい実用的である．また，ある多項式 p に対して，$Prob\left(A(x) \in Output_U(x)\right) \geq 1/p(|x|)$ が成り立っている A も実用的である．なぜなら，高い確率で最適解を得るためには A を多項式回実行すれば十分であるからである．

乱択アルゴリズムは，高い確率でコスト（質）が最適解とそれほど変わらない解を出力する近似アルゴリズムにも用いられる．この場合には，近似比を確率変数と見なせる．乱択近似アルゴリズムには2つの異なる概念がある．1つ目の概念では，少なくとも確率 $1/2$ で近似比 δ を達成することが求められる．2つ目の概念では，平均近似比が上界 δ を持つことが要求される．

定義 5.2.2.10 $U = (\Sigma_I, \Sigma_O, L, L_I, \mathcal{M}, cost, goal)$ を最適化問題とする．乱択アルゴリズム A は，任意の正の実数 $\delta > 1$ に対し

(i) $Prob(A(x) \in \mathcal{M}(x)) = 1$
(ii) $Prob(R_A(x) \leq \delta) \geq 1/2$

を全ての $x \in L_I$ について満たす時，**U の乱択 δ-近似アルゴリズム**と呼ばれる．
任意の関数 $f : \mathbb{N} \to \mathbb{R}^+$ に対して

$$Prob(A(x) \in \mathcal{M}(x)) = 1 \text{ かつ } Prob(R_A(x) \leq f(|x|)) \geq \frac{1}{2}$$

が全ての $x \in L_I$ について成り立つ時，A を **U の乱択 $f(n)$-近似アルゴリズム**という．

乱択アルゴリズム A は，ある関数 $p : \mathbb{N} \times \mathbb{R}^+ \to \mathbb{N}$ で，全ての入力 $(x, \delta) \in L_I \times \mathbb{R}^+$ に対して次の3つの条件を満たす時，**U の乱択多項式時間近似スキーム (RPTAS)** と呼ばれる．

(i) $Prob(A(x, \delta) \in \mathcal{M}(x)) = 1$ {任意のランダムな選択に対し，A は U の実行可能解を出力する．}

---

[27] 両側誤りや誤り無制限モンテカルロアルゴリズムで行ったように．

386 第 5 章 乱択アルゴリズム

(ii) $Prob(\varepsilon_A(x,\delta) \le \delta) \ge 1/2$ {相対誤差が δ 以内の実行可能解が出力される確率
が $1/2$ 以上. }

(iii) $Time_A(x,\delta^{-1}) \le p(|x|,\delta^{-1})$ である（ただし, p は $|x|$ の多項式）.

$p(|x|,\delta^{-1})$ が $|x|$ と δ^{-1} 両方についての多項式になっている場合は, A は U の
乱択完全多項式時間近似スキーム (RFPTAS) と呼ばれる. □

次に, 平均近似比に注目する, 乱択近似アルゴリズムの 2 番目の概念を取り上げる.

定義 5.2.2.11 $U = (\Sigma_I, \Sigma_O, L, L_I, \mathcal{M}, cost, goal)$ を最適化問題とする. 乱択アル
ゴリズム A は, 任意の正の実数 $\delta > 1$ と全ての入力 $x \in L_I$ で以下の 2 つの条件を
満たす時, U の **乱択 δ-平均近似アルゴリズム** と呼ばれる.

(i) $Prob(A(x) \in \mathcal{M}(x)) = 1,$

(ii) $E[R_A(x)] \le \delta.$ □

上記の 2 種類の乱択最適化アルゴリズムの概念は異なることに注意しよう. 乱択 δ-
近似アルゴリズムは乱択 δ-平均近似アルゴリズムである必要はないし, 逆に, 乱択
δ-平均近似アルゴリズムは乱択 δ-近似アルゴリズムでなくてもよい. このことを理解
するために, 次のような例を考えよう. まず, 問題インスタンス x に対して乱択アル
ゴリズム A が行う全ての計算（実行）を考える. 今, 12 通りの異なる計算が存在し,
それらが全て等確率で起こり得ると仮定する. このうち 10 通りの計算で近似比がちょ
うど 2 となる x の実行可能解が出力され, 残りの 2 通りの計算では近似比 50 の実
行可能解が出力されるとする. したがって, $E[R_A(x)] = 1/12 \cdot (10 \cdot 2 + 2 \cdot 50) = 10$
となる. 全ての入力 x でこの状態になっていれば, A は乱択 10-平均近似アルゴリ
ズムである. しかし,

$$Prob\,(R_A(x) \le 2) = 10 \cdot \frac{1}{12} = \frac{5}{6} > \frac{1}{2}$$

となるので, A は乱択 2-近似アルゴリズムでもある. 次に, 乱択アルゴリズム B を
考えよう. B では, 1 つの入力に対し 1999 通りの計算が起こり得ると仮定する. こ
のうち, 1000 通りの計算では近似比が 11 となり, 残りの 999 通りでは近似比 1 と
なったとする. この時, $E[R_B(x)]$ は 6 より少し大きい程度であるが, B はどんな
$\delta < 11$ に対しても乱択 δ-近似アルゴリズムではない. B を独立に 2 回行い, 良い方
の答を出力するアルゴリズム B_2 を考えると, B_2 は乱択 1-近似アルゴリズムにすら
なる（すなわち B_2 は確率 $1/2$ 以上で最適解を出力する）.

次に挙げる例は, これまでに扱った 2 つの定義を説明するだけではなく, 全ての
入力 $x \subset L_I$ に対してアルゴリズム A の $E[R_A(X)]$ の上界 ε がわかっている時に,

5.2 乱択アルゴリズムの分類と設計パラダイム　**387**

A が適当な定数 δ に対して乱択 δ-近似アルゴリズムであることの証明手法を示している.

例 5.2.2.12 Max-EkSat 問題（ただし, k は 3 以上の整数）と例 2.2.5.25 で扱ったアルゴリズム 2.2.5.26 (Random Assignment) を考えよう. 与えられた n 変数の式 $F = F_1 \wedge F_2 \wedge \cdots \wedge F_m$ に対して, アルゴリズム Random Assignment は単純に, ランダムな真理値割当を生成して, 解として出力する. 既に見てきたように, k 個のリテラルからなるどの節 F_i もランダムに選んだ真理値割当によって確率 $1 - 2^{-k}$ で充足される. すなわち, Z_i を, F_i が充足される時 $Z_i = 1$, それ以外の時に $Z_i = 0$ となる確率変数とすると, $E[Z_i] = 1 - 2^{-k}$ となる. $Z = \sum_{i=1}^{m} Z_i$ を F の充足された節の数を数えるための確率変数とする. F は Max-EkSat の入力インスタンスなので, F に含まれるどの節もちょうど k 個のリテラルからなる. したがって, 期待値の線形性より

$$E[Z] = E\left[\sum_{i=1}^{m} Z_i\right] = \sum_{i=1}^{m} E[Z_i] = \sum_{i=1}^{m}\left(1 - \frac{1}{2^k}\right) = m \cdot \left(1 - \frac{1}{2^k}\right) \quad (5.5)$$

が得られる. 最適解でのコストは高々 m なので,

$$E\left[R_{\text{Random Assignment}}(F)\right] \leq \frac{m}{E[Z]} \leq \frac{m}{m \cdot (1 - 2^{-k})} = \frac{2^k}{2^k - 1}$$

となる. すなわち, Random Assignment は Max-EkSat の乱択 $(2^k/(2^k - 1))$-平均近似アルゴリズムである.

(5.5) 式を用いて, Random Assignment が Max-EkSat の乱択 $(2^{k-1}/(2^{k-1} - 1))$-近似アルゴリズムであることを示す. まず, $E[Z] = m(1 - 1/2^k)$ は, F に対する 2^n 個全ての真理値割当での充足される節の数の平均に他ならないことがわかる[28]. ここで, $m(1 - 1/2^k)$ は m と $m(1 - 2/2^k)$ との平均である. すなわち, $m(1 - 1/2^k)$ は数直線上で m と $m(1 - 2/2^k)$ のちょうど中間に位置する（図 5.1）. $m/(m(1 - 2^{-k+1})) = 2^{k-1}/(2^{k-1} - 1)$ なので, 証明を完了するには, 半分[29]以上

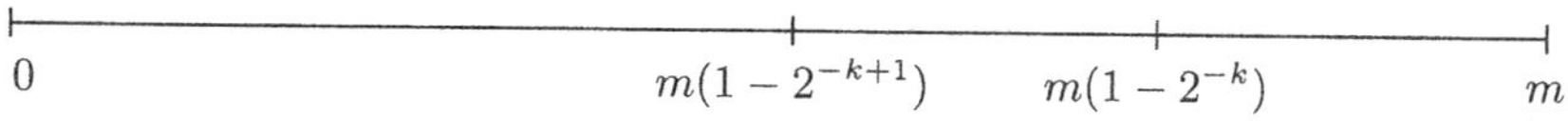

図 5.1 半分以上の真理値割当で, 少なくとも $m(1 - 2^{-k+1})$ 個の節が充足されることの説明図.

の真理値割当が少なくとも $m(1 - 2^{-k+1})$ 個の節を充足することを示せば十分であ

---

[28] F の変数に対する, どの真理値割当も等確率 $(1/2^n)$ で選ばれるからである.

[29] 2^{n-1} 個.

388 第 5 章 乱択アルゴリズム

る. l を $m(1 - 2^{-k+1})$ 個未満の節しか充足しない真理値割当の数とし, u を少なくとも $m(1 - 2^{-k+1})$ 個の節を充足する真理値割当の数とする. 明らかに, $l + u = 2^n$ である. この時,

$$E[Z] \leq \frac{1}{2^n} \cdot \left(l \cdot \left[m \left(1 - 2^{-k+1} \right) - 1 \right] + u \cdot m \right) \tag{5.6}$$

となる. (5.5) 式と (5.6) 式から

$$2^n \cdot m(1 - 2^{-k}) \leq l \cdot \left[m(1 - 2^{-k+1}) - 1 \right] + u \cdot m$$

が得られるが, この式は $u > l$ の時のみ成り立つ. □

次の例では, Max-Cut の乱択 2-平均近似アルゴリズムを示す.

例 5.2.2.13 次のような Max-Cut 問題に対する単純なアルゴリズム Ransam を考える.

アルゴリズム 5.2.2.14 Ransam

入力: 無向グラフ $G = (V, E)$.

Step 1: $V_1 = \emptyset$; $V_2 = \emptyset$;

Step 2: **for** $v \in V$ **do**

　　　　v を V_1 か V_2 に等確率で入れる.

出力: カット (V_1, V_2).

明らかに, アルゴリズム Ransam の出力 (V_1, V_2) は, G のカットになっているので, 入力インスタンス $G = (V, E)$ に対する実行可能解である. ここでは Ransam が Max-Cut の乱択 2-平均近似アルゴリズムであることを示す. 明らかに

$$Opt_{\text{Max-Cut}}(G) \leq |E|$$

が成り立つ. 任意の枝 $e = \{u, v\} \in E$ に対して, 確率変数 X_e を以下のように定義する.

$$X_e = \begin{cases} 0 & (u, v \in V_1 \text{ か } u, v \in V_2 \text{ の場合}) \\ 1 & (\text{それ以外の場合. すなわち } e \text{ がカット } (V_1, V_2) \text{ に含まれる場合}). \end{cases}$$

この時,

$$\begin{aligned}
Prob[X_{\{u,v\}} = 1] &= Prob(u \in V_1 \wedge v \in V_2) + Prob(u \in V_2 \wedge v \in V_1) \\
&= Prob(u \in V_1) \cdot Prob(v \in V_2) \\
&\quad + Prob(u \in V_2) \cdot Prob(v \in V_1) \\
&= \frac{1}{2} \cdot \frac{1}{2} + \frac{1}{2} \cdot \frac{1}{2} = \frac{1}{2}
\end{aligned}$$

と $Prob[X_{\{u,v\}} = 0] = 1/2$ が簡単に導ける．したがって，全ての枝 $e \in E$ に対して

$$E[X_e] = 1 \cdot Prob[X_e = 1] + 0 \cdot Prob[X_e = 0] = \frac{1}{2}$$

となる．

確率変数 $X = \sum_{e \in E} X_e$ に対して，期待値の線形性から

$$E[X] = \sum_{e \in E} E[X_e] = \frac{1}{2} \cdot |E| \geq \frac{1}{2} Opt_{\text{MAX-CUT}}(G)$$

が得られる．このことはすなわち，任意のグラフ G に対して，

$$Prob\left(R_{\text{RANSAM}}(G) \leq 2\right) \geq Prob\left(X \geq \frac{1}{2} \cdot |E|\right) \geq \frac{1}{2}$$

が成り立つことを直ちに意味する． □

5.2.3 乱択アルゴリズムの設計パラダイム

ここまで見てきたように，乱択アルゴリズムは，既に知られている最良の決定性アルゴリズムよりも効率が良いことがある．特に，通信プロトコルのような特別なモデルでは，乱択アルゴリズムは決定性アルゴリズムに比べておそらく非常に強力であることもわかった．このように乱択化がうまくいくことの本質はどこにあるのだろうか．この節では乱択アルゴリズムがうまくいくことを部分的に説明するパラダイム[30]をいくつか紹介する．ここで紹介するパラダイムは，乱択アルゴリズムの設計に非常に有用となり得る，重要かつ一般的な考えを含む．

敵対者を欺く

決定性アルゴリズムに対する古典的な「敵対者を欺く」手法では，そのアルゴリズムがうまく動作しない[31]難しい入力インスタンスを構成することによって，そのアルゴリズムの実行時間の下界を示している．このような難しい入力インスタンスは，各決定性アルゴリズムによって違う可能性がある．乱択アルゴリズムは，決定性アルゴリズムの集合における確率分布と見なすことができる．したがって，ある敵対者が集合中の1つ（あるいはごく一部）の決定性アルゴリズムに対する難しい入力を構成できたとしても，1つの入力で，ランダムに選ばれるどの（決定性）アルゴリズムでもうまく動作しないようにするのは困難である．

このパラダイムは全ての乱択アルゴリズムに共通である．なぜなら（以前にも触れたように）乱択アルゴリズムは，決定性アルゴリズムの集合と見なすことができ，1つのランダムビット列には1つの決定性アルゴリズムが対応するからである．

---

[30] 基礎的な原理．
[31] すなわち，時間計算量が大きい．

390 第 5 章 乱択アルゴリズム

豊富な証拠

この原理は決定問題に対する乱択解法で用いられる．決定問題を解くことは，入力 x がある性質を持つ $(x \in L)$ か持っていない $(x \notin L)$ かを判定する要件を見つけることと見なすことができる．次の条件を満たす任意の文字列 y を x に対する（事実 $x \in L$ に対する）証拠という．ある効率的な多項式時間手続き B に (x, y) を入力として与えた時，B は $x \in L$ を証明する．例えば，x を数，L を合成数の集合とすると，x の任意の因数（自明でない約数）y は x が L に入ることの証拠となる．$x \bmod y \equiv 0$ かどうかを検査するのは，追加の情報なしで $x \in L$ を示すことよりはるかに簡単である．したがって，一般には，決定問題の計算量を本質的に小さくできる時に限り，証拠を用いる．多くの問題において，証拠が存在する探索空間はしらみつぶしに探すには大きすぎるので，決定性の手法で証拠を見つけることは難しい[32]．しかし，もし探索空間に証拠が大量に存在することが言えれば，探索空間からランダムに要素を選べばたいていの場合十分である．すなわち，このようにしてランダムに選んだ要素は証拠である確率が高い．もし，この確率が十分大きくないなら，独立に何個かの要素をランダムに選ぶことによって，証拠が見つからない確率を減らすことができる．

通常，このアプローチは非常に扱いやすい．任意に与えられた入力 x に対して，x の証拠となり得る候補を全て含む集合 $CanW(x)$ を考える．この集合 $CanW(x)$ は効率的に列挙できる[33]．$Witness(x)$ を $CanW(x)$ に含まれる $x \in L$ の証拠全ての集合とする．このアプローチは，任意の入力 $x \in L$ に対して，証拠の集合 $Witness(x) \subseteq CanW(x)$ の大きさが探索空間 $CanW(x)$ の大きさに比例する時，大変うまくいく．

例 5.2.2.8 を使って，このパラダイムをもっとよく見てみよう．素数 p は以下の式が成り立つ時，事実 $x \neq y$ の証拠となる．

$$Number(x) \bmod p \neq Number(y) \bmod p.$$

任意の入力 $(x, y) \in \{0,1\}^n \times \{0,1\}^n$ に対して，$CanW(x)$ は $\{2, 3, \ldots, n^2\}$（ただし，$n = |x| = |y|$）に含まれる全ての素数の集合である．素数定理から $|CanW(x)|$ はおよそ $n^2 / \ln n^2$ となる．$x \neq y$ を満たすどの x, y でも，$CanW(x)$ のうち高々 $n-1$ 個の素数だけが事実 $x \neq y$ の証拠にならない（すなわち，$Number(x) \bmod p = Number(y) \bmod p$ となってしまう）．したがって，$CanW(x)$ のうち少なくとも $|CanW(x)| - n + 1$ 個の素数が $x \neq y$ に対する証拠となる．このため，乱択プロト

---

[32] さらに言えば，証拠は通常，探索空間内に偏って存在するので，しらみつぶし探索より効率的な決定性探索手法は存在しない．

[33] しばしば $CanW(x)$ は入力のサイズ $|x|$ で定まる．すなわち，$|x| = |y|$ となる全ての入力 x, y に対して $CanW(x) = CanW(y)$ となる．

コルが $x \neq y$ であるような任意の入力 (x, y) に対して正しい答を与える確率は

$$\frac{|CanW(x)| - n + 1}{|CanW(x)|}$$

となる.

豊富な証拠に基づく手法のもっと込み入った例として, 5.3.3 節で扱う素数判定が挙げられる.

指紋法

指紋法は Freivalds 法とも呼ばれ, 等価性問題の判定に用いられる. 一般的に, 等価性問題はオブジェクト (ブール関数や数, 語, 言語) のクラスとその表現の上で定義される. 重要な点は, オブジェクトの表現には (無限個にもなり得る) 多くの方法があることである[34]. 等価性問題とは, 与えられた 2 つの表現 R_1 と R_2 が同じオブジェクトを表現しているかどうかを判定する問題である. 指紋法は次に示す 3 つのステップで動作する.

Step 1: クラス M から写像 h をランダムに選ぶ.

Step 2: $h(R_1)$ と $h(R_2)$ を計算する.
$\{h(R_i)$ (ただし, $i = 1, 2$) は R_i の**指紋**と呼ばれる. $\}$

Step 3: **if** $h(R_1) = h(R_2)$ **then** output "yes"
else **output** "no".

重要な点は R_i の指紋 $h(R_i)$ は R_i より十分に短いことである. ただし, $h(R_i)$ はオブジェクト O_i を表現しているわけではない. これは $h(R_i)$ が O_i の部分的な情報のみを持っているだけだからである. したがって, 指紋 $h(R_1)$ と $h(R_2)$ の比較は R_1 と R_2 を直接比較することに比べ, 簡単に実行できることがメリットである. 反対に, 欠点は異なるオブジェクトの表現が同じ写像 (指紋) を持つ可能性があることである. すなわち, 必ず正しい答が得られる保証は失われる. 写像集合 M は R_1 と R_2 が同じオブジェクトの表現ならば, それぞれの指紋 $h(R_1)$ と $h(R_2)$ がどの $h \in M$ でも等しくなるようにする. すなわち, R_1 と R_2 が等しい時は, 必ず正しい答が得られる. 逆に R_1 と R_2 が異なるオブジェクトの表現である時は, $Prob_{h \in M}(h(R_1) \not\equiv h(R_2)) \geq 1/2$ を満たさなければならない. したがって, 指紋法は与えられた非等価性問題に対する片側誤りモンテカルロアルゴリズムとなり, したがって, 対応する等価性問題の両側誤りモンテカルロアルゴリズムとなる.

---

[34] 例えば, どのブール関数 f にも, f を表す無限に多くのブランチングプログラムが存在する.

392 第 5 章 乱択アルゴリズム

指紋法は，豊富な証拠を用いる手法の特殊な場合と見なすことができる．写像 $h \in M$ が $h(R_1) \neq h(R_2)$ となるなら，h は R_1 と R_2 が等価でないことの証拠と考えられる．したがって，例 5.2.2.8 での 2 つの文字列の比較は指紋法の典型的な例である．有限体上の多項式の非等価性問題と 1 回読みブランチングプログラムの非等価性問題に対して，指紋法のもっと高度な応用例を 5.3.4 節で示す．

ランダムサンプリング

集団から抽出した無作為標本は，しばしば集団全体を代表する．このパラダイムの特別な場合が**確率的手法**と呼ばれる手法である．この方法は次に挙げる 2 つの事実を基にしている．

事実 1 　任意の確率変数において，その期待値以上の値が存在し得る．逆に，期待値以下の値も存在し得る．

事実 2 　与えられた全体集合からランダムに選んだオブジェクトが，ある性質を正の確率で満たすならば，その性質を満たすオブジェクトが全体集合の中に少なくとも 1 つは存在しなければならない．

この 2 つの事実は当たり前に見えるかもしれないが，驚くほど強力な道具となる．時には，困難問題を解く最良のアプローチにもなる．例えば，例 5.2.2.12 で取り上げた MAX-EkSAT に対する RANDOM ASSIGNMENT アルゴリズムが良い例である．他にも例 5.2.2.13 で与えた RANSAM アルゴリズムもそうである．

緩和とランダム丸め

このパラダイムもランダムサンプリングの特別な場合と考えられる．アイデアは，与えられた最適化問題を，多項式時間で解ける問題に緩和しようというものである．元の最適化問題を整数（もしくはブール）計画問題に帰着し，さらにその整数計画問題を実数上の線形計画問題に緩和するのが典型的なパターンである．最終的に得られた線形計画問題は効率的に解くことが可能である．通常，緩和問題の解は，元の問題の実行可能解ではない．しかし，この解は，実数値の解を元の問題の実行可能解にするランダム丸めのための確率を計算するために使われる．このアプローチの成功例は 5.3.6 節で扱う MAX-SAT 問題への応用である．

5.2 節で導入されたキーワード

乱択アルゴリズム，デランダマイゼーション，平均計算量，ラスベガスアルゴリズム，片側誤りモンテカルロアルゴリズム，両側誤りモンテカルロアルゴリズム，誤り

無制限モンテカルロアルゴリズム，乱択近似アルゴリズム，乱択多項式時間近似スキーム，敵対者を欺く，豊富な証拠，ランダムサンプリング，緩和とランダム丸め

5.2 節のまとめ

　乱択アルゴリズムは決定性アルゴリズムの集合上の確率分布と見なすことができる．乱択アルゴリズムは主にラスベガスアルゴリズムとモンテカルロアルゴリズムに分類される．ラスベガスアルゴリズムは誤った解を決して出力しないが，モンテカルロアルゴリズムはある程度以下の確率で誤った解を出力することがある．

　常に正しい出力を返すラスベガスアルゴリズムでは，一般に，平均時間計算量 *Exp-Time* を調べる．*Exp-Time* は特定の計算の時間計算量を表す確率変数の期待値である．「?」を出力する可能性があるラスベガスアルゴリズムでは，通常の最悪時の計算量を用いることもできる．

　任意に小さな δ に対して，片側誤り，もしくは両側誤りモンテカルロアルゴリズムの成功確率を $1-\delta$ に上げるには，これらのアルゴリズムを定数回繰り返せば十分である．この方法は誤り無制限モンテカルロアルゴリズムではうまくいかない．誤り無制限モンテカルロアルゴリズムでは成功する確率を本質的に上げるためには，指数回の繰り返しが必要となってしまうからである．片側誤りモンテカルロ乱択化には決定性の計算よりも乱択化した計算の方がはるかに強力であることが証明されている特別な計算モデルがある．

　乱択アルゴリズムを設計するための基礎的な原理には，豊富な証拠，指紋法，ランダムサンプリング，緩和とランダム丸めなどがある．豊富な証拠のパラダイムは，判定問題に対する乱択アルゴリズムを設計する時に有用となり得る．任意の入力に対して，高い確率でランダムに証拠を見つけることができる場合，特にうまくいく．この場合，以下の理由から既知の決定性の手法は効率が悪い．第1に，証拠が存在する探索空間がしらみつぶし探索をするには広すぎること．第2に，どんな効率的な探索戦略に対しても，証拠が探索空間内で偏って存在しているからである．ランダムサンプリングのパラダイムは，集団の中から選んだ無作為標本が，集団全体の代表となることを用いている．緩和とランダム丸めは，線形計画問題への帰着と緩和を用いた最適化問題の解法である．

5.3　乱択アルゴリズムの設計

5.3.1　序論

　5.3 節では，困難問題に対する乱択アルゴリズム設計の具体的でわかりやすい例を取り上げる．まず，5.3.2 節で，任意に与えられた素数 p に対して 法 p の平方非剰

394 第5章 乱択アルゴリズム

余を求める効率的なラスベガスアルゴリズムを示す．この問題が P に入るかどうか
はわかっていない．ここで取り上げるラスベガスアルゴリズムはランダムサンプリン
グに基づいた手法である．この手法では，まず $\{1, \ldots, p-1\}$ からランダムに a を
選び，次に a が法 p の平方非剰余になっているかどうかを確かめる．この簡単なア
イデアがうまくいくのは，$\{1, 2, \ldots, p-1\}$ のうち，ちょうど半分が法 p の平方非剰
余になっているからである．逆に，この問題に対する決定性多項式時間アルゴリズム
が知られていないのは，法 p の平方非剰余が集合 $\{1, \ldots, p-1\}$ にどのように分布
しているのかわからないからである．

　5.3.3 節では，もっとも有名な乱択アルゴリズムの 1 つである，素数判定を行う
Solovay-Strassen アルゴリズムを紹介する．このアルゴリズムは豊富な証拠に基づ
く片側誤りモンテカルロアルゴリズムであり，その設計は素数であることの証拠の適
切な表し方を探していると見なすことができる．おそらく，この例は豊富な証拠のパ
ラダイムを理解するための最も有益な応用例である．5.3.3 節の最後では，このアル
ゴリズムを用いて，巨大な素数を見つける方法を述べる．

　5.3.4 節で，豊富な証拠を用いた手法の特殊な場合として指紋法を取り上げる．一
回読みブランチングプログラムの非等価性問題を，一回読みブランチングプログラム
よりも一般的なものの等価性問題に変換する．一般化した枠組みでは大量の使いやす
い証拠があるので，この一般化は驚くほど利用価値がある場合がある．

　MIN-CUT 問題を解く乱択最適化アルゴリズムを 5.3.5 節で述べる．MIN-CUT 問
題は P に入っているが，この節で取り上げる乱択アルゴリズムは現在知られている
どの決定性アルゴリズムよりも効率が良い．このアプローチでは，まず，（ランダムサ
ンプリングに似た）素朴な乱択化手法を使う．それから繰り返しをうまく行うことに
よって，効率を良くする．成功（この場合には最適解を見つける）確率を上げるため
に，乱択アルゴリズム全体を独立に繰り返す必要がないということが，重要な点であ
る．すなわち，本質的に成功確率を下げている重要な部分だけを繰り返せば十分とい
うことである．

　5.3.6 節では，MAX-SAT 問題に対する乱択近似アルゴリズムを 2 種類紹介する．
1 つはランダムサンプリングを基にしたアルゴリズムで，もう 1 つは緩和とランダム
丸めを用いた手法である．この 2 つのアルゴリズムは，平均近似比に関してどちらが
優れているかということは比較できない（ある入力に対しては 1 番目のアルゴリズ
ムが優れており，他の入力に対しては 2 番目のアルゴリズムの方が良い，というよう
に）．2 つのアルゴリズムを組合わせることにより，MAX-SAT の乱択 (4/3)-平均近
似アルゴリズムが得られる．

　5.3.7 節では，（3.5 節で導入された）指数時間アルゴリズムの最悪計算量の低減と
いう概念を述べる．ここでは 3SAT 問題を解く片側誤りモンテカルロアルゴリズム
を，多スタート局所探索を用いて設計する．このアルゴリズムの実行時間は n 変数

の任意の 3CNF 論理式 F に対しても $O(|F| \cdot n^{3/2}(4/3)^n)$ である.

5.3.2 平方剰余 —— ランダムサンプリングとラスベガス法

　この節では，与えられた素数 p に対して，法 p の平方非剰余[35]となる $a \in \mathbb{Z}$ を見つける問題を扱う．この問題を解く決定性多項式時間アルゴリズムは現在のところ知られていないが，補問題（つまり，法 p の平方剰余を見つける問題）は簡単である．任意の $a \in \{1, 2, \ldots, p-1\}$ を選び，$b = a^2 \bmod p$ を出力すればよい.

　以下では，平方非剰余を見つけるラスベガスアルゴリズムを示す．このアルゴリズムはランダムサンプリングに基づく手法で，より正確には，次の2つの事実を用いている.

(A) 素数 p と $a \in \mathbb{Z}_p$ が与えられた時，a が法 p の平方剰余であるかどうかは多項式時間で判定可能である.

(B) どの素数 p でも，$\mathbb{Z}_p$ のちょうど半分の要素は平方剰余である.

　したがって，この問題に対するラスベガスアルゴリズムを設計するには，$a \in \mathbb{Z}_p$ をランダム[36]に選び，a が平方剰余になっているかを多項式時間[37]で検証すれば十分である.

　事実 (A) と 事実 (B) を証明する前に，$a^b \bmod p$ を効率良く計算できることを示す．アイデアはとても簡単である．$b = 2^k$ の時に $a^b \bmod p$ を計算するには

$$a^2 \bmod p = a \odot_p a, \ a^4 \bmod p = a^2 \odot_p a^2, \ a^8 \bmod p = a^4 \odot_p a^4, \ldots,$$
$$a^{2^k} \bmod p = a^{2^{k-1}} \odot_p a^{2^{k-1}}$$

のように演算 $\odot_p$ を k 回用いる「反復自乗」と呼ばれる手法を使えばよい．b が 2 のべきではなく $1 < b = \sum_{i=0}^{k} b_i \cdot 2^i$ となる一般的な場合，すなわち，ある正整数 k に対し $b = Number(b_k b_{k-1} \ldots b_0)$ となる場合には，a^b の計算は

$$a^{b_0 \cdot 2^0} \cdot a^{b_1 \cdot 2^1} \cdot a^{b_2 \cdot 2^2} \cdot \ldots \cdot a^{b_k \cdot 2^k}$$

のように行うことができる．ただし，$a^{b_i \cdot 2^i}$ は $b_i = 1$ なら a^{2^i} となり，$b_i = 0$ ならば 0 である．このように，a^{2^i} は反復自乗を用いて計算できるので，法の下でのべき乗計算を次のようなアルゴリズムで計算できる.

---

[35] $x^2 = x \cdot x = a$ となる $x \in \mathbb{Z}_p$ が存在する時，a を法 p の平方剰余という．反対に，そのような x が存在しない時，a を法 p の平方非剰余という.

[36] 等確率で.

[37] 事実 (A) より.

396 第5章 乱択アルゴリズム

アルゴリズム **5.3.2.1** REPEATED SQUARING

入力： 正整数 a, b, p （ただし， $b = Number(b_k b_{k-1} \ldots b_0)$ ）．

Step 1: $C := a; D := 1.$

Step 2: **for** $I := 0$ **to** k **do**

$\qquad$ **begin if** $b_I = 1$ **then** $D := D \cdot C \bmod p;$

$\qquad\qquad C := C \cdot C \bmod p$

$\qquad$ **end**

Step 3: **return** D

出力： $D = a^b \bmod p.$

すぐわかる様に，アルゴリズム REPEATED SQUARING は $\mathbb{Z}_p$ 上での演算を $2(k+1)$ 回しか行わない．ここで入力長[38]は $3(k+1)$ である．長さが $k+1$ の任意の数同士の p を法とする乗算を実現するには，$O(k^2)$ 回の2項演算を行えば十分である．

以上で，事実 (A) と事実 (B) を証明する準備ができた．

定理 5.3.2.2 （オイラーの基準） 任意の $a \in \mathbb{Z}_p$ に対し，以下が成り立つ．

(i) a が法 p の平方剰余ならば，$a^{(p-1)/2} \equiv 1 \pmod{p}$.

(ii) a が法 p の平方非剰余ならば，$a^{(p-1)/2} \equiv -1 \pmod{p}$. $\qquad\square$

証明 $p = 2$ の時，すなわち $\mathbb{Z}_2$ では自明であるので，以下では $p > 2$ とする．この時，フェルマーの定理より，

$$a^{p-1} \equiv 1 \pmod{p} \quad \text{すなわち} \quad a^{p-1} - 1 \equiv 0 \pmod{p}$$

となる．ここで $p > 2$ なので，$p = 2p' + 1$ （すなわち，$p' = (p-1)/2$）とすることができ，

$$a^{p-1} - 1 = a^{2p'} - 1 = (a^{p'} - 1) \cdot (a^{p'} + 1) \equiv 0 \pmod{p}$$

と書ける．積は，少なくとも1つの因子が p で割り切れる時のみ p で割り切れる．したがって，$a^{p'} - 1$ と $a^{p'} + 1$ のどちらか1つは p で割り切れなければならないことが直ちにわかる．よって[39]

$$a^{(p-1)/2} \equiv 1 \pmod{p} \quad \text{または} \quad a^{(p-1)/2} \equiv -1 \pmod{p} \tag{5.7}$$

---

[38] $a, b \in \{1, \ldots, p-1\}$ であり，したがって $k+1 = \lceil \log_2 p \rceil$ である．

[39] この事実は定理 2.2.4.32 で証明済みである．

となる.

まず a が法 p の平方剰余であるときを考えよう. この時,

$$a \equiv x^2 \pmod{p}$$

となる $x \in \mathbb{Z}_p$ が存在する.

$$a^{(p-1)/2} = (x^2)^{(p-1)/2} \equiv x^{p-1} \pmod{p}$$

であり, またフェルマーの定理から $x^{p-1} \equiv 1 \pmod{p}$ となるので,

$$a^{(p-1)/2} \equiv x^{p-1} \equiv 1 \pmod{p}$$

が得られる.

次に, a が法 p の平方非剰余であるときを考える. (5.7) 式より, $a^{(p-1)/2} \not\equiv 1$ $\pmod{p}$ を示せば十分である. $(\mathbb{Z}_p^*, \odot_p)$ は巡回群であるので, $\mathbb{Z}_p^*$ の生成元 g が存在する. a が法 p の平方非剰余であることから, a は g の奇数乗となる. $a = g^{2l+1}$ (l はある非負の整数) とする. この時

$$a^{(p-1)/2} = \left(g^{2l+1}\right)^{(p-1)/2} = g^{l \cdot (p-1)} \cdot g^{(p-1)/2} \tag{5.8}$$

となる.

フェルマーの定理から $g^{p-1} \equiv 1 \pmod{p}$ となるので, $g^{l \cdot (p-1)} = \left(g^{p-1}\right)^l \equiv 1$ $\pmod{p}$ である. これを式 (5.8) に代入すると

$$a^{(p-1)/2} \equiv g^{(p-1)/2} \pmod{p}$$

が得られる. しかしながら, 法 p の下で $g^{(p-1)/2}$ は 1 になれない. なぜなら, もし 1 とすると, 任意の正整数 i に対して

$$g^{(p-1)/2+i} = g^{(p-1)/2} \cdot g^i \equiv g^i \pmod{p}$$

が成り立つ, すなわち g は高々 $(p-1)/2$ 種類の要素しか生成しないことになるからである. 明らかに, これは g が $\mathbb{Z}_p^*$ の生成元であることと矛盾する. □

定理 5.3.2.2 のオイラーの基準と, アルゴリズム REPEATED SQUARING から, 任意の素数 p における任意の $a \in \mathbb{Z}_p$ で, a が法 p の平方剰余であるかどうかを効率的に決定できることがわかる[40]. 次の定理で事実 (B) を証明する.

定理 5.3.2.3 任意の奇数の素数 p に対して, 0 でない $\mathbb{Z}_p$ の要素のちょうど半分[41]は

---

[40] 5.3.2 節の一番初めに述べた事実 (A) と一致する.

[41] $(p-1)/2$ 個.

398 第5章 乱択アルゴリズム

法 p の平方剰余である. □

証明

$$\left|\{1^2 \bmod p, 2^2 \bmod p, \ldots, (p-1)^2 \bmod p\}\right| = (p-1)/2 \tag{5.9}$$

を示さなければならない. まず, 任意の $x \in \{1, \ldots, p-1\}$ で

$$(p-x)^2 = p^2 - 2px + x^2 = p(p-2x) + x^2 \equiv x^2 \pmod{p}$$

が成り立つことがわかる. したがって, 法 p の平方剰余は高々 $(p-1)/2$ 個しかないことが示された.

次に, 任意の $x \in \{1, \ldots, p-1\}$ で, 合同式 $x^2 \equiv y^2 \pmod{p}$ が x と異なる高々 1 つの $y \in \{1, 2, \ldots, p-1\}$ で満たされることを証明すれば十分である.

一般性を失わず, $y > x$ と仮定する. すなわち, ある $i \in \{1, 2, \ldots, p-2\}$ に対して $y = x + i$ と書ける. したがって,

$$x^2 \equiv (x+i)^2 \equiv x^2 + 2ix + i^2 \pmod{p}$$

となる. この式から直ちに

$$2ix + i^2 = i(2x+i) \equiv 0 \pmod{p}$$

であることもわかる. $\mathbb{Z}_p$ が体であること[42]と, $i \in \{1, 2, \ldots, p-1\}$ から[43],

$$2x + i \equiv 0 \pmod{p} \tag{5.10}$$

が得られる. この合同式 (5.10) はちょうど 1 つの解 $i \in \{1, \ldots, p-1\}$ を持つ[44]ので, 証明が完了する[45]. □

以上で, 任意に与えられた素数 p に対して $\mathbb{Z}_p$ に含まれる平方非剰余を見つけるラスベガスアルゴリズムの準備ができた.

アルゴリズム 5.3.2.4 QUADRATIC NONRESIDUE

入力: 素数 p.

Step 1: $a \in \{1, \ldots, p-1\}$ を等確率でランダムに選ぶ.

Step 2: アルゴリズム REPEATED SQUARING を用いて, $X := a^{(p-1)/2} \bmod p$ を計算する.

---

[42] 特に, $a \cdot b = 0$ ならば $a = 0$ または $b = 0$ であることから.

[43] $i \not\equiv 0 \pmod{p}$.

[44] $2x < p$ ならば $i = p - 2x$, $2x > p$ ならば $i = -(2x - p)$.

[45] これは, 互いに異なる $x, y, z \in \{1, \ldots, p-1\}$ で $x^2 \equiv y^2 \equiv z^2 \pmod{p}$ となるものは存在しないということである.

Step 3:　**if** $X = p - 1$ **then return** a
　　　　else return「この試行では成功しなかった」
出力：　成功していれば，法 p の平方非剰余となる $a \in \{1, \ldots, p-1\}$.

定理 5.3.2.2 より，アルゴリズム QUADRATIC NONRESIDUE は決して誤った答を出力しない．なぜなら，a が法 p の平方非剰余である時，かつその時に限り $a^{(p-1)/2} \equiv -1 = p-1 \pmod{p}$ となるからである．また，定理 5.3.2.3 で $\{1, \ldots, p-1\}$ のちょうど半分の要素が平方非剰余であることを示したので，アルゴリズム QUADRATIC NONRESIDUE は確率 1/2 で平方非剰余を出力するラスベガスアルゴリズムである．前に述べたように，任意のラスベガスアルゴリズムを k 回[46]繰り返して実行することによって，少なくとも $1 - 1/2^k$ の確率で正しい答を得る．

アルゴリズム QUADRATIC NONRESIDUE で実際に計算をしている部分は，アルゴリズム REPEATED SQUARING を用いて $a^{(p-1)/2} \bmod p$ を計算する部分だけである．したがって，時間計算量は $O((\log_2 p)^3)$ となる．

演習問題 5.3.2.5　アルゴリズム QUADRATIC NONRESIDUE の時間計算量が $O((\log_2 p)^2)$ となるような，反復自乗の実現方法を示せ．　　　　□

さて，「平方非剰余を見つける問題を，なぜ多項式時間で決定的に解くことができないのだろうか？」という疑問があるかもしれない．$\{1, 2, \ldots, p-1\}$ の半分の要素が平方非剰余であることは判明しているが，この集合中でどのように分布しているかは全くわかっていない．このことは，どの決定性アルゴリズムでも，平方非剰余を見つけるまでに最悪で $(p-1)/2$ 個の数を試す可能性があることを意味している．しかし，この時間計算量 $\Omega(p)$ は $\log_2 p$ の指数関数である．この問題を解く決定性多項式時間アルゴリズムが存在するかどうかは，**拡張リーマン予想**という数学上の有名な仮説に依存している．もしこの仮説が正しいなら，$\mathbb{Z}_p$ の小さい方から $O((\log_2 p)^2)$ 個の中に平方非剰余が含まれていなければならない．すなわち，この $O((\log_2 p)^2)$ 個の数を全て試すことによって，簡単に平方非剰余を見つけることができる．

5.3.2 節のまとめ

ランダムサンプリングは，ある与えられた性質を満たすオブジェクトの探索に適用することができる．次のような場合には，どの決定性アルゴリズムよりも，ランダムサンプリングを用いた乱択アルゴリズムの方が効率的である．

(i)　可能な全てのオブジェクトの集合の中で，与えられた性質を満たすものの割合

---
[46] 独立に.

400 第 5 章 乱択アルゴリズム

が大きい時.

(ii) オブジェクトが与えられた時，そのオブジェクトが必要な性質を満たすかどうかを効率的に検査できる時.

(iii) 「適切な」オブジェクトが，オブジェクト全体の中でどのように分布しているかがわからず，かつ，その分布を効率的に求めることができない（もしくは，効率的に求める方法がわからない）時.

法 p の平方剰余と平方非剰余の $\{1, \ldots, p-1\}$ における分布は極端に不規則であるように思われる．したがって，与えられた素数 p に対して，法 p の平方非剰余を見つける決定性多項式時間アルゴリズムは知られていない．しかし，法 p の平方剰余の数と法 p の平方非剰余の数が等しいので，効率的なラスベガスアルゴリズムの設計がこの問題に対する最も自然なアプローチとなる.

5.3.3　素数判定 —— 豊富な証拠と片側誤りモンテカルロ法

与えられた奇数が素数か合成数かを判定する問題[47]は最も有名な問題の 1 つである．これまで，この問題を解く多項式時間アルゴリズムは知られていない[48]．その一方で，10 進数で 100 桁から 200 桁という巨大な素数が必要とされている．数 n が入力された時，入力サイズは $\lceil \log_2 n \rceil$（すなわち，n の 2 進表記の長さ）と考えられる．したがって，n が素数かどうかを判定するために，全ての $a \in \{1, \ldots, n-1\}$ に対し a が n の因数となっているかどうかを検査するという自明なアルゴリズムを用いると，時間計算量は少なくとも n となり，$\log_2 n$ の指数時間となってしまう．この方法は $\log_2 n = 100$ ではもう実行不可能である．因数の候補を $\{2, 3, \ldots, \lfloor \sqrt{n} \rfloor\}$ の範囲に減らしても，本質的な改善にはならない.

ここでのアイデアは，素数性の判定を，豊富な証拠の概念に基づいたアプローチの乱択アルゴリズムで行うというものである．実際には，合成数であるための証拠を探すことになる．明らかに，数 n の任意の因数 a は n が合成数であることの証拠となる．しかし，n が 2 つの素数 p と q の積，すなわち $n = p \cdot q$ の時には，n が合成数であることの証拠は，$\Omega(n)$ 個ある候補のうち p と q の 2 つだけしかない．よって，素数性と等価な定義が必要となる．フェルマーの定理は，次のようなことを示している.

「任意の素数 p と任意の $a \in \{1, \ldots, p-1\}$ に対して，

---

[47] この問題は，特に暗号に応用されるので，理論的にも実用的にもとても興味深い問題である.

[48] 本書の第 2 版を書いている最後の週に，Agrawal, Kayal, Saxena が素数判定の決定性多項式時間アルゴリズムを発表した [AKS02]．しかし，これによって，効率的に素数判定を行う乱択アルゴリズムへの興味が失われるわけではない．というのは，発表された決定性アルゴリズムの時間計算量は $O((\log_2 n)^{12})$ なので，(我々の基準からすれば) いまだに困難問題だからである.

$$a^{p-1} \equiv 1 \pmod{p} \text{ となる.」}$$

次の定理 2.2.4.32 は素数性と等価な定義を与える.

「**p が素数である** $\iff$ **全ての $a \in \{1, \ldots, p-1\}$ に対して**
$a^{(p-1)/2} \bmod p \in \{1, -1\}$ **が成り立つ.」**

合成数 p に対して $b^{(p-1)/2} \bmod p \notin \{1, -1\}$ となる $b \in \{1, \ldots, p-1\}$ が存在すれば, その b が p が合成数であることの証拠となる. 豊富な証拠を用いるためには, どの合成数 p にも大量の証拠がなければならない. 次の定理では, 任意の奇数の合成数 n が, $(n-1)/2$ も奇数ならば, 十分な証拠を持つことを示す.

定理 5.3.3.1 $(n-1)/2$ が奇数となる (すなわち, $n \equiv 3 \pmod 4$ である) 任意の奇数 n について, 以下が成り立つ.

(i) n が素数ならば, 全ての $a \in \{1, \ldots, n-1\}$ に対して $a^{(n-1)/2} \bmod n \in \{1, -1\}$ となる.

(ii) n が合成数ならば, $\{1, 2, \ldots, n-1\}$ のうち少なくとも半分の a に対して $a^{(n-1)/2} \bmod n \notin \{1, -1\}$ となる. $\qquad\square$

証明 (i) は定理 2.2.4.32 から直ちに導かれる.

(ii) を証明するために次のような戦略を考える. n を合成数とする. 数 $a \in \mathbb{Z}_n$ は $a^{(n-1)/2} \bmod n \in \{1, -1\}$ を満たす時, **オイラー的**と呼ばれる. (ii) を証明するには, $\mathbb{Z}_n$ から, オイラー的ではなく, かつ逆元 b^{-1} を持つ数 b を見つければ十分であることを示す. $Eu_n = \{a \in \mathbb{Z}_n \mid a$ はオイラー的 $\}$ とする. Eu_n の各要素に b を掛けることは $\mathbb{Z}_n - Eu_n$ への単射になっていることを証明に用いる. 任意の $a \in Eu_n$ に対して, b との積 $a \cdot b$ は

$$(a \cdot b)^{\frac{n-1}{2}} \bmod n = \left(a^{\frac{n-1}{2}} \bmod n\right) \cdot \left(b^{\frac{n-1}{2}} \bmod n\right) = \pm b^{\frac{n-1}{2}} \bmod n \notin \{1, -1\}$$

であるので, オイラー的ではない. 後は, $a_1 \neq a_2$ (ただし, $a_1, a_2 \in Eu_n$) ならば $a_1 \cdot b \not\equiv a_2 \cdot b \pmod n$ となることを示せばよい. ここで $a_1 \cdot b \equiv a_2 \cdot b \pmod n$ と仮定すると, 合同式の両辺に b^{-1} をそれぞれ掛けることによって

$$a_1 = a_1 \cdot b \cdot b^{-1} \bmod n = a_2 \cdot b \cdot b^{-1} \bmod n = a_2$$

となり, 仮定に矛盾する. したがって, $|\mathbb{Z}_n - Eu_n| \geq |Eu_n|$ である.

次に, オイラー的でなく, 逆元 b^{-1} を持つ $b \in \{1, 2, \ldots, n-1\}$ を見つける必要がある. 一般的な場合で説明すると話が複雑になるので, ここでは n が 2 つの異なる素数 p と q の積 (すなわち, $n = p \cdot q$) である場合についてだけ b の見つけ方を

402 第5章 乱択アルゴリズム

説明する．これには，次に挙げる中国剰余定理を用いる．

$$\mathbb{Z}_n \text{ は } \mathbb{Z}_p \times \mathbb{Z}_q \text{ と同型である．}$$

ここで，任意の $a \in \mathbb{Z}_n$ の $\mathbb{Z}_p \times \mathbb{Z}_q$ における表現は組 $(a \bmod p, a \bmod q)$ である．a がオイラー的であるとすると，$a^{(n-1)/2} \bmod n \ (\in \{1, -1\})$ の $\mathbb{Z}_p \times \mathbb{Z}_q$ における表現は $\left(a^{(n-1)/2} \bmod p, a^{(n-1)/2} \bmod q \right)$ となり，これは $(1,1)$ か $(-1,-1)$ のどちらかと等しい[49]．ここでは，$(1,-1) = (1, n-1)$ に対応する数 $b \in \mathbb{Z}_n$ を選ぶ．このようにして選んだ b が要求される性質を満たすことを示そう．$(n-1)/2$ が奇数なので，$b^{\frac{n-1}{2}} \bmod n$ は $\mathbb{Z}_p \times \mathbb{Z}_q$ で

$$\left(b^{\frac{n-1}{2}} \bmod p, b^{\frac{n-1}{2}} \bmod q \right) = \left(1^{\frac{n-1}{2}} \bmod p, (-1)^{\frac{n-1}{2}} \bmod p \right) = (1, -1)$$

と表される．したがって，b はオイラー的ではない[50]．最後に，$b^{-1} = b$ であることを確認する．明らかに，$(1,1)$ は $\mathbb{Z}_p \times \mathbb{Z}_q$ での積に関する単位元である．さらに，$(1,-1) \odot_{p,q} (1,-1) = (1,1)$ であるので，b は自分自身の逆元である[51]． $\square$

演習問題 5.3.3.2 $n = p \cdot q \cdot r = 3 \cdot 3 \cdot 7 = 63$ とした時，オイラー的でなく，かつ $b \cdot b^{-1} \equiv 1 \pmod{63}$ となる b^{-1} が存在する $b \in \mathbb{Z}_{63}$ を求めよ． $\square$

演習問題 5.3.3.3 ある正整数 e と素数 p に対し，$n = p^e$ とする．この時 $-(p-1)$ がオイラー的ではないことと，$\mathbb{Z}_n^*$ に積に関する逆元を持つことを示せ． $\square$

演習問題 5.3.3.4 [(*)] 定理 5.3.3.1 の (ii) の完全な証明を示せ．すなわち，$(n-1)/2$ が奇数であるような任意の合成数 n に対し，適当な b を求めよ． $\square$

以上で，$(n-1)/2$ が奇数であるような正整数 $n > 2$ に対する乱択素数判定アルゴリズムの準備が整った．

アルゴリズム 5.3.3.5 SSSA（簡略化された SOLOVAY-STRASSEN アルゴリズム）

　　入力：　$(n-1)/2$ が奇数であるような奇数 n．

　　Step 1:　$a \in \{1, 2, \ldots, n-1\}$ を一様ランダムに選ぶ

---

[49] $a^{(n-1)/2} \bmod pq = 1$ ならば，ある k で $a^{(n-1)/2} = k \cdot p \cdot q + 1$ と書ける．よって $a^{(n-1)/2} \bmod p = a^{(n-1)/2} \bmod q = 1$ となる．

[50] 任意のオイラー的な数 a に対して，$a^{(n-1)/2}$ の $\mathbb{Z}_q \times \mathbb{Z}_q$ における表現が $(1,1)$ か $(-1,-1)$ となることを上で示した．

[51] もし演算 $\odot_{p,q}$ を用いないで証明したければ，次のようにすればよい．ある k で $b = k \cdot p + 1$ となるので，$b^2 = k^2 \cdot p^2 + 2k \cdot p + 1 = p \cdot (k^2 p + 2k) + 1$，すなわち，$b^2 \bmod p = 1$ となる．また，ある l で $b = l \cdot q + pq - 1$ となるので，$b^2 = l^2 q^2 + 2l \cdot q(pq - 1) + (pq - 1)^2$ である．したがって，$b^2 \bmod q = (pq - 1)^2 \bmod q = (p^2 q^2 - 2pq + 1) \bmod q = 1$ となる．

Step 2: $A := a^{\frac{n-1}{2}} \bmod n$ を計算する

Step 3: **if** $A \in \{1, -1\}$

        then return (「素数」) { 棄却 }

        else return (「合成数」) { 受理 }.

定理 5.3.3.6 SSSA は $(n-1)/2$ が奇数であるような合成数 n を認識する多項式時間片側誤りモンテカルロアルゴリズムである. $\qquad\square$

証明 SSSA における唯一の計算部分は Step 2 にあり, この計算は反復自乗法を用いることによって効率的に実現できる.

まず, n が素数だと仮定する. 定理 2.2.4.32 より[52]任意の a で $a^{(n-1)/2} \equiv \pm 1 \pmod{n}$ となるので, Step 1 でどのような $a \in \{1, \ldots, n-1\}$ が選ばれても SSSA は「素数」を出力する. したがって

$$Prob(\text{SSSA が } n \text{ を棄却する}) = 1$$

となる.

次に, n が合成数だと仮定する. この時, 定理 5.3.3.1 の (ii) から

$$Prob(\text{SSSA が } n \text{ を受理する}) \geq \frac{1}{2}$$

となる. したがって, SSSA は $(n-1)/2$ が奇数であるような合成数 n を認識する片側誤りモンテカルロアルゴリズムである. $\qquad\square$

前述したように, 片側誤りモンテカルロアルゴリズムは, 独立した k 回の実行により, 正しい答を返す確率を $1 - 1/2^k$ まで上げることができる. したがって, SSSA は, 入力に制限があることを除けば, 非常に実用的である. というのは, いくつかの応用では, 与えられた数の素数性を判定する必要はなく, 大きな素数を生成できれば十分だからである.

成功確率が少し悪くなることを厭わなければ, 全ての奇数 n に対してこのアルゴリズムを使えるのではないかと考えるのはごく自然である. しかし, 残念ながら, その考えは正しくない. それは **Carmichael 数**と呼ばれる数が存在するからである. 合成数 n が $\gcd(a, n) = 1$ となる全ての $a \in \{1, 2, \ldots, n-1\}$ に対して

$$a^{n-1} \equiv 1 \pmod{n}$$

を満たすならば, n は Carmichael 数である. Carmichael 数を小さい方から 3 個挙げると, $561 = 3 \cdot 11 \cdot 17$, $1105 = 5 \cdot 13 \cdot 17$, $1729 = 7 \cdot 13 \cdot 19$ である. さらに悪い

---

[52] さらに, 定理 5.3.3.1 の (i) より.

404 第 5 章 乱択アルゴリズム

ことに，Carmichael 数は無限に存在することが知られている[53]．

Carmichael 数の存在は，フェルマーの定理を用いた素数判定（すなわち，$a^{n-1} \bmod n = 1$ かどうかを試すフェルマーテスト）が無限に多くの n に対してうまくいかないことを意味する．SSSA では $a^{(n-1)/2} \bmod n \in \{1, -1\}$ となるかどうかを判定するので，フェルマーテストほど単純ではない．しかし，残念なことに，証拠が少ししかないような合成数が無限に多く存在してしまう．

この問題点を解決するために，合成数に対する別な種類の証拠を探さなければならない．

任意の素数 $p > 2$ と $\gcd(a, p) = 1$ となる任意の整数 a に対して，**a と p の Legendre 記号**は

$$Leg\left[\tfrac{a}{p}\right] = \begin{cases} 1 & (a \text{ が法 } p \text{ の平方剰余の場合}) \\ -1 & (a \text{ が法 } p \text{ の平方非剰余の場合}) \end{cases}$$

で与えられる．オイラーの基準（定理 5.3.2.2）を用いると，

$$Leg\left[\tfrac{a}{p}\right] = a^{(p-1)/2} \bmod p$$

が得られる．この式から，与えられた a と p に対し，$Leg[\tfrac{a}{p}]$ を効率的に計算できることが直ちにわかる．全ての奇数に対する素数判定ができるように SSSA アルゴリズムを拡張するには，Legendre 記号の次のような一般化を必要とする．

定義 5.3.3.7（Jacobi 記号）　n を，素数 $p_1 < p_2 < \cdots < p_l$ と正整数 $k_1, k_2, \ldots, k_l$ で $n = p_1^{k_1} \cdot p_2^{k_2} \cdot \cdots \cdot p_l^{k_l}$ のように表される奇数とする．$\gcd(a, n) = 1$ であるような全ての正整数 a に対し，**a と n の Jacobi 記号 $Jac\left[\tfrac{a}{n}\right]$** は以下のように定義される．

$$Jac\left[\tfrac{a}{n}\right] = \prod_{i=1}^{l} \left(Leg[\tfrac{a}{p_i}]\right)^{k_i} = \prod_{i=1}^{l} \left(a^{(p_i-1)/2} \bmod p_i\right)^{k_i}. \qquad \square$$

観察 5.3.3.8　定義 5.3.3.7 の仮定を満たす全ての正整数 a, n に対し，$Jac\left[\tfrac{a}{n}\right] \in \{1, -1\}$ となる．$\qquad \square$

証明　任意の素数 p_i に対し，$a^{(p_i-1)/2} \bmod p_i$ は 1 か −1 のどちらかである（定理 2.2.4.32 を見よ）．$\qquad \square$

n の素因数分解がわかっていれば，$\gcd(a, n) = 1$ となる任意の a に対して Jacobi 記号 $Jac\left[\tfrac{a}{n}\right]$ を効率的に計算できるのは明らかである．n の素因数分解が未知の時

---

[53] その一方で，Carmichael 数はかなり少ない．例えば，0 から 10^8 までにある Carmichael 数はたったの 255 個である．

には，次の演習問題で述べる規則によって $Jac\left[\frac{a}{n}\right]$ を効率的に計算する手法が得られる．

演習問題 5.3.3.9 a, b, n が定義 5.3.3.7 の仮定を満たす時，以下を示せ．

(i) $Jac\left[\frac{a \cdot b}{n}\right] = Jac\left[\frac{a}{n}\right] \cdot Jac\left[\frac{b}{n}\right]$.

(ii) $a \equiv b \pmod{n}$ ならば $Jac\left[\frac{a}{n}\right] = Jac\left[\frac{b}{n}\right]$.

(iii) 互いに素な 2 つの奇数 a と n に対し，$Jac\left[\frac{a}{n}\right] = (-1)^{\frac{a-1}{2} \cdot \frac{n-1}{2}} \cdot Jac\left[\frac{n}{a}\right]$.

(iv) $Jac\left[\frac{1}{n}\right] = 1$.

(v) $n \equiv 3 \pmod{8}$ もしくは $n \equiv 5 \pmod{8}$ ならば $Jac\left[\frac{2}{n}\right] = -1$.
$n \equiv 1 \pmod{8}$ もしくは $n \equiv 7 \pmod{8}$ ならば $Jac\left[\frac{2}{n}\right] = 1$. $\qquad \square$

互いに素な 245 と 3861 の Jacobi 記号を，演習問題 5.3.3.9 の 5 つの性質を適用してどのように計算するかを以下に示す．

$$
\begin{aligned}
Jac\left[\tfrac{245}{3861}\right] &\underset{\text{(iii)}}{=} (-1)^{244 \cdot 3860/4} \cdot Jac\left[\tfrac{3861}{245}\right] = Jac\left[\tfrac{3861}{245}\right] \\
&\underset{\text{(ii)}}{=} Jac\left[\tfrac{186}{245}\right] \underset{\text{(i)}}{=} Jac\left[\tfrac{2}{245}\right] \cdot Jac\left[\tfrac{93}{245}\right] \underset{\text{(v)}}{=} (-1) \cdot Jac\left[\tfrac{93}{245}\right] \\
&\underset{\text{(iii)}}{=} (-1) \cdot (-1)^{92 \cdot 244/4} \cdot Jac\left[\tfrac{245}{93}\right] \underset{\text{(ii)}}{=} (-1) \cdot Jac\left[\tfrac{59}{93}\right] \\
&\underset{\text{(iii)}}{=} (-1) \cdot (-1)^{58 \cdot 92/4} \cdot Jac\left[\tfrac{93}{59}\right] \underset{\text{(ii)}}{=} (-1) \cdot Jac\left[\tfrac{34}{59}\right] \\
&\underset{\text{(i)}}{=} (-1) \cdot Jac\left[\tfrac{2}{59}\right] \cdot Jac\left[\tfrac{17}{59}\right] \underset{\text{(v)}}{=} (-1) \cdot (-1) \cdot Jac\left[\tfrac{17}{59}\right] \\
&\underset{\text{(iii)}}{=} (-1)^{16 \cdot 58/4} \cdot Jac\left[\tfrac{59}{17}\right] \underset{\text{(ii)}}{=} Jac\left[\tfrac{8}{17}\right] \underset{\text{(i)}}{=} \left(Jac\left[\tfrac{2}{17}\right]\right)^3 \\
&\underset{\text{(v)}}{=} (1)^3 = 1.
\end{aligned}
$$

演習問題 5.3.3.10 任意の奇数 n と $\gcd(a, n) = 1$ であるような全ての $a \in \{1, 2, \ldots, n-1\}$ に対し，$Jac\left[\frac{a}{n}\right]$ が $\log_2 n$ の多項式時間で計算できることを示せ．
ヒント：演習問題 5.3.3.9 の性質 (i) から (v) を用いよ． $\qquad \square$

次の定理は，合成数に対する新たな有用な証拠の定義を与える．

定理 5.3.3.11 任意の奇数 n に対し，以下が成り立つ．

(i) n が素数ならば，全ての $a \in \{1, 2, \ldots, n-1\}$ に対して $Jac\left[\frac{a}{n}\right] \equiv a^{(n-1)/2} \pmod{n}$ となる．

(ii) n が合成数ならば，少なくとも半分の $\gcd(a, n) = 1$ となる a に対して $Jac\left[\frac{a}{n}\right] \not\equiv a^{(n-1)/2} \pmod{n}$ となる． $\qquad \square$

406 第 5 章　乱択アルゴリズム

証明　まず (i) を示す. n が素数の時, 全ての $a \in \mathbb{Z}_n$ に対して $Jac\left[\frac{a}{n}\right] = Leg\left[\frac{a}{n}\right]$ となる. オイラーの基準 (定理 5.3.2.2) と Legendre 記号の定義から

$$Leg\left[\frac{a}{n}\right] = a^{(n-1)/2} \bmod n$$

となり, (i) が示された.

次に (ii) を示す. 任意の奇数 n に対し,

$$\overline{Wit_n} = \{a \in \mathbb{Z}_n^* \mid Jac\left[\frac{a}{n}\right] \equiv a^{(n-1)/2} \pmod{n}\}$$

とする. 明らかに $\mathbb{Z}_n^*$ は n が合成数であることの証拠となり得る候補全体の集合である. このうち, $\mathbb{Z}_n^* - \overline{Wit_n}$ が n が合成数であることの証拠の全てからなる集合であり, $\overline{Wit_n}$ には証拠が含まれない. 定理 5.3.3.11 の (i) は, 全ての奇数の素数に対して $\mathbb{Z}_n^* = \overline{Wit_n}$ となることを示している. そこで, 全ての奇数の合成数 n で

$$|\overline{Wit_n}| \leq |\mathbb{Z}_n^*|/2$$

となることを示せばよい. 演習問題 5.3.3.9 の Jacobi 記号の性質 (i) を用いれば, $(\overline{Wit_n}, \odot_{\bmod n})$ が群であることが簡単に導ける. さらに, $\overline{Wit_n} \subseteq \mathbb{Z}_n^*$ であることから, $(\overline{Wit_n}, \odot_{\bmod n})$ が $(\mathbb{Z}_n^*, \odot_{\bmod n})$ の部分群であることを定理 2.2.4.45 によって示すことができる. 定理 2.2.4.53 (Lagrange の定理) は, 任意の有限群 $(G, \circ)$ とその部分群 $(H, \circ)$ に対し, $|H|$ が $|G|$ を割り切ることを示しているので,

$$|\overline{Wit_n}| \text{ が } |\mathbb{Z}_n^*| \text{ を割り切る, すなわち, } |\mathbb{Z}_n^*|/|\overline{Wit_n}| \in \mathbb{N} - \{0\}$$

が成り立つ. したがって, 以下のことを示せば十分である.

$$(\overline{Wit_n}, \odot_{\bmod n}) \text{ は } (\mathbb{Z}_n^*, \odot_{\bmod n}) \text{ の真の部分群である.}$$

$\overline{Wit_n} \subset \mathbb{Z}_n^*$ を示すには, $a \in \mathbb{Z}_n^* - \overline{Wit_n}$ となる要素 a を見つければよい. ここで n の素因数分解を

$$n = p_1^{i_1} \cdot p_2^{i_2} \cdot \ldots \cdot p_k^{i_k}$$

とする (ただし 各 $j = 1, \ldots, k$ で $i_j \in \mathbb{N} - \{0\}$ とする). また, 表記を単純にするために

$$q = p_1^{i_1}, \ m = p_2^{i_2} \cdot \ldots \cdot p_k^{i_k}$$

とおく. 演習問題 2.2.4.28 より $(\mathbb{Z}_q^*, \odot_{\bmod q})$ は巡回群である. g を $\mathbb{Z}_q^*$ の生成元とする.

次の 2 つの合同式を用いて a を決定する.

$$a \equiv g \pmod{q}$$
$$a \equiv 1 \pmod{m}.$$

この式は a の $\mathbb{Z}_q \times \mathbb{Z}_m$ における表現が $(g,1)$ であることを示している. $m=1$ の場合(すなわち, $n=q=p_1^{i_1}$ かつ $i_1 \geq 2$ である時)は最初の合同式だけで a を決定できる.

まず, $a \in \mathbb{Z}_n^*$, すなわち, $\gcd(a,n)=1$ を示さなければならない. したがって, どの素数 $p_1,\ldots,p_k$ も a を割り切らないことを示す. p_1 が a を割り切るならば, $g \equiv a \pmod{p_1^{i_1}}$ は巡回群 $(\mathbb{Z}_q^*, \odot_{\bmod q})$ の生成元にはなれない. ある $r \in \{2,\ldots,k\}$ で p_r が a を割り切るとする. このとき, ある $b \in \mathbb{N}-\{0\}$ に対し $a=p_r b$ となる. 一方, ある $x \in \mathbb{N}$ で $a = m \cdot x + 1$ となることが合同式 $a \equiv 1 \pmod{m}$ から導かれる. よって $a = p_r b = mx+1 = p_r(m/p_r) \cdot x + 1$ となるが, これは $p_r(b-(m/p_r)x)=1$, すなわち, p_r が 1 を割り切ることを意味する.

最後に, $a \notin \overline{Wit_n}$ であることを示さなければならない. i_1 に関して, $i_1 = 1$ と $i_1 \geq 2$ の 2 つに場合分けを行う.

(i) $i_1 = 1$ の場合. a と n の Jacobi 記号と $a^{(n-1)/2} \bmod n$ を計算し, これらが異なることを示す. $n = p_1 \cdot m$, $m \neq 1$, $\gcd(p_1,m)=1$ であることに注意せよ.

$$
\begin{aligned}
Jac\left[\tfrac{a}{n}\right] &= \textstyle\prod_{j=1}^k Jac\left[\tfrac{a}{p_j}\right]^{i_j} && \{\text{定義 5.3.3.7 より}\} \\
&= Jac\left[\tfrac{a}{p_1}\right] \cdot \textstyle\prod_{j=2}^k \left(Jac\left[\tfrac{a}{p_j}\right]\right)^{i_j} && \{i_1 = 1\} \\
&= Jac\left[\tfrac{a}{p_1}\right] \cdot \textstyle\prod_{j=2}^k \left(Jac\left[\tfrac{1}{p_j}\right]\right)^{i_j} && \{\text{演習問題 5.3.3.9 の (ii) と} \\
& && \quad a \equiv 1 \pmod{m} \text{ より}\} \\[1em]
&= Jac\left[\tfrac{a}{p_1}\right] && \{\text{演習問題 5.3.3.9 の (iv) より}\} \\
&= Jac\left[\tfrac{g}{p_1}\right] && \{\text{演習問題 5.3.3.9 の (ii) と} \\
& && \quad a \equiv g \pmod{p_1} \text{ より}\} \\
&= Leg\left[\tfrac{g}{p_1}\right] && \{q = p_1 \text{ が素数であることより}\} \\
&= -1 && \{\mathbb{Z}_{p_1}^* \text{ の生成元 } g \text{ が} \\
& && \quad \text{平方剰余になれないことより}\}
\end{aligned}
$$

したがって, $Jac\left[\tfrac{a}{n}\right] = -1$ となる.

$a \equiv 1 \pmod{m}$ であるので,

$$a^{(n-1)/2} \bmod m = (a \bmod m)^{(n-1)/2} \bmod m = 1^{(n-1)/2} \bmod m = 1$$

を得る．ゆえに $a^{(n-1)/2} \bmod n = -1$（$\mathbb{Z}_n^*$ では $= n-1$）とはならない．なぜなら，もしそうであると仮定すると[54]

$$a^{(n-1)/2} \bmod m = -1 \ (\mathbb{Z}_m^* \text{ では} = m-1)$$

となってしまうからである．以上より

$$-1 = Jac\left[\frac{a}{n}\right] \neq a^{(n-1)/2} \bmod n,$$

すなわち $a \in \mathbb{Z}_n^* - \overline{Wit_n}$ が得られた．

(ii) $i_1 \geq 2$ の場合．背理法を用いて $a \notin \overline{Wit_n}$ を示すために，$a \in \overline{Wit_n}$ と仮定する．この仮定から

$$a^{(n-1)/2} \bmod n = Jac\left[\frac{a}{n}\right] \in \{-1, 1\}$$

が導かれるので，

$$a^{n-1} \bmod n = 1$$

となる．ここで，$n = q \cdot m$ であるので，

$$a^{n-1} \bmod q = 1$$

でもある．したがって，

$$1 = a^{n-1} \bmod q = (a \bmod q)^{n-1} \bmod q = g^{n-1} \bmod q$$

となる．g は巡回群 $(\mathbb{Z}_q^*, \odot \bmod q)$ の生成元であるので，g の次数は $|\mathbb{Z}_q^*|$ である．上で示した $g^{n-1} \bmod q = 1$ という事実から，$n-1$ は g の次数で割り切れる，すなわち $n-1$ は $|\mathbb{Z}_q^*|$ で割り切れることが導かれる．ここで $q = p_1^{i_1}$（ただし $i_1 \geq 2$）であるので[55]，$|\mathbb{Z}_q^*|$ は p_1 で割り切れる，すなわち $n-1$ は p_1 で割り切れる．一方，$n = p_1^{i_1} \cdot m$ であったので，n も $n-1$ も p_1 で割り切れることになるが，そのような素数は存在しないので矛盾となる． $\square$

定理 5.3.3.11 を用いて，一般の数に対して素数判定を行う次のような乱択アルゴリズムが得られる．

---

[54] Z_n の $-1 = n-1$ を $\mathbb{Z}_q \times \mathbb{Z}_m$ で表すと，$(-1, -1) = (q-1, m-1)$ である．

[55] $\mathbb{Z}_q^* = \{a \in \mathbb{Z}_q \mid \gcd(a, q) = 1\} = \{a \in \mathbb{Z}_q \mid a \text{ は } p_1 \text{ で割り切れない}\}$ であることに注意せよ．$\mathbb{Z}_q$ の要素で p_1 で割り切れるものはちょうど $|\mathbb{Z}_q|/p_1$ 個存在するので，$|\mathbb{Z}_q^*| = |\mathbb{Z}_q| - |\mathbb{Z}_q|/p_1 = p_1^{i_1} - p_1^{i_1-1} = p_1 \cdot (p_1^{i_1-1} - p_1^{i_1-2})$ となる．

5.3 乱択アルゴリズムの設計 *409*

アルゴリズム **5.3.3.12** Solovay-Strassen アルゴリズム

入力： 奇数 n.

Step 1: $\{1, 2, \ldots, n-1\}$ から a を一様ランダムに選ぶ.

Step 2: $\gcd(a, n)$ を求める.

Step 3: **if** $\gcd(a, n) \neq 1$ **then return** (「合成数」) { 受理 }.

Step 4: $Jac\left[\frac{a}{n}\right]$ と $a^{(n-1)/2} \bmod n$ を求める.

Step 5: **if** $Jac\left[\frac{a}{n}\right] \equiv a^{(n-1)/2} \pmod{n}$ **then return** (「素数」) { 棄却 }
else return (「合成数」) { 受理 }.

定理 5.3.3.11 から Solovay-Strassen アルゴリズムが素数判定の片側誤りモンテカルロアルゴリズムであることがわかる[56].

定理 2.2.4.32 では，任意の 2 以上の奇数 p に対して

$$p \text{ が素数} \iff \text{全ての } a \in \{1, \ldots, p-1\} \text{ で}$$
$$a^{(p-1)/2} \bmod p \in \{1, -1\} \text{ を満たす}$$

ことを示した．この結果から，Solovay-Strassen アルゴリズムで用いられている概念とは異なる，合成数であることの証拠の概念をもう 1 つ導入する．任意の素数 p と全ての $a \in \{1, 2, \ldots, p-1\}$ に対し $a^{(p-1)} \bmod p$ が 1 となることがフェルマーの定理であった．定理 2.2.4.32 の証明では，任意の素数 p に対し，法 p において 1 はちょうど 2 つの平方根 1 と -1 を持つことを示した．しかし，p が合成数の場合，1 は法 p での平方根を 4 つ以上持つことがある．例えば，

$$1 \equiv 1^2 \equiv 20^2 \equiv 8^2 \equiv 13^2 \pmod{21}$$

となるので，法 21 における 1 の平方根は $1, -1 = 20, 8, -8 = 13$ の 4 個となる．残念なことに，与えられた数 n に対して，法 n における 1 の平方根を全て求める多項式時間アルゴリズムは知られていない．SSSA でのアイデアは，もし $a^{p-1} \equiv 1 \pmod{p}$ ならば $a^{(p-1)/2} \bmod p$ が 1 の平方根の 1 つであるので，1 の平方根を少なくとも 1 つ求めることができるということであった．このアイデアを以下のように拡張する．素数判定の入力 n として考えるのは奇数だけなので，$n-1$ はもちろん偶数である．このことは，ある $m \geq 1$ と奇数 $s \in \mathbb{N} - \{0\}$ を使って $n-1$ を

$$n - 1 = s \cdot 2^m$$

---

[56] 正確には「合成数を認識するアルゴリズム」である.

のように表せることを意味する. $a \in \mathbb{Z}_n$ を選んだ時, もし $a^{n-1} \bmod n \neq 1$ であればば n は合成数である. また, $a^{n-1} \bmod n = 1$ であれば, 1 の平方根

$$a^{(n-1)/2} \bmod n = a^{s \cdot 2^{m-1}} \bmod n$$

を計算できる. このとき, $a^{(n-1)/2} \bmod n \notin \{1, -1\}$ ならば, n は合成数である. さらに, $a^{s \cdot 2^{m-1}} \bmod n = 1$ かつ $m \geq 2$ ならば, 再び 1 の平方根 $a^{s \cdot 2^{m-2}} \bmod n$ を計算できる. 一般に, もし

$$a^{s \cdot 2^{m-1}} \equiv a^{s \cdot 2^{m-2}} \equiv \cdots \equiv a^{s \cdot 2^{m-j}} \equiv 1 \pmod{n} \quad \text{かつ} \quad m > j$$

であれば, 1 の平方根 $a^{s \cdot 2^{m-j-1}} \bmod n$ を計算できる. この時, $a^{s \cdot 2^{m-j-1}} \bmod n \notin \{1, -1\}$ となれば, n が合成数であることを示せたことになる. また, $a^{s \cdot 2^{m-j-1}} = 1 \bmod n$ かつ $m > j+1$ であれば, この手順を続けることにより次の 1 の平方根を求める. もし $m = j+1$ もしくは $a^{s \cdot 2^{m-j-1}} \bmod n = -1$ ならば, a を用いて n が合成数であることを示すことはできないので, 終了する.

例として, 最小の Carmichael 数 $n = 561 = 3 \cdot 11 \cdot 17$ を考えよう. このとき, $n - 1 = 560 = 2^4 \cdot 35$ であり,

$$7^{560} \bmod 561 = 1 \quad \text{かつ} \quad 7^{280} \bmod 561 = 67$$

より 7 が 561 が合成数であることの証拠となる. すなわち, 67 が法 561 での 1 の平方根となる. 以上より, 合成数であることの証拠に関して次のような定義が得られる.

奇数 n を合成数とし, ある奇数 s と整数 $m \geq 1$ で $n - 1 = s \cdot 2^m$ となるとする. 数 $a \in \{1, \ldots, n-1\}$ が以下のいずれかの条件を満たす時, a を **n が合成数であることの平方根に関する証拠**という.

(1) $a^{n-1} \bmod n \neq 1$.

(2) ある $j \in \{0, 1, \ldots, m-1\}$ で

$$a^{s \cdot 2^{m-j}} \bmod n = 1 \quad \text{かつ} \quad a^{s \cdot 2^{m-j-1}} \bmod n \notin \{1, -1\}$$

を満たす.

次の定理では, 平方根に関する証拠の概念が, 豊富な証拠を用いる手法に対して適していることを示す.

定理 5.3.3.13 n を 2 より大きい奇数とする. この時, 以下が成り立つ.

(i) n が素数ならば, 全ての $a \in \{1, \ldots, n-1\}$ は n が合成数であることの平方根に関する証拠ではない.

{すなわち，平方根に関する証拠は，合成数であることの正しい証拠である.}

(ii) n が合成数ならば，少なくとも半分の $a \in \{1, \ldots, n-1\}$ は n が合成数であ
　　ることの平方根に関する証拠となる.

　　　{すなわち，合成数であることの平方根に関する証拠は豊富に存在する.}　　□

証明　まず，(i) を証明する．n を素数とする．フェルマーの定理から，全ての
$a \in \{1, \ldots, n-1\}$ に対し

$$a^{n-1} \bmod n = 1$$

となる．したがって，任意の $a \in \{1, \ldots, n-1\}$ は平方根に関する証拠の定義の条
件 (1) を満たすことができない.

　さらに，定義の条件 (2) も満たされないことを背理法で示す．ある奇数 s と整数
$m \geq 1$ を用いて $n-1 = s \cdot 2^m$ と表されるとする．この時，定義の条件 (2) である

$$a^{s \cdot 2^{m-j}} \bmod n = 1 \text{ かつ } a^{s \cdot 2^{m-j-1}} \bmod n \notin \{1, -1\}$$

を満たす $a \in \{0, 1, \ldots, n-1\}$ と $j \in \{0, 1, \ldots, m-1\}$ が存在すると仮定する．す
なわち，(2) を満たす a と j が存在する.

　$a^{s \cdot 2^{m-j}} \bmod n = 1$ であるので，

$$a^{s \cdot 2^{m-j}} - 1 \equiv 0 \pmod{n}$$

となる．この $a^{s \cdot 2^{m-j}} - 1$ を因数分解すると，

$$(a^{s \cdot 2^{m-j-1}} - 1) \cdot (a^{s \cdot 2^{m-j-1}} + 1) = a^{s \cdot 2^{m-j}} - 1 \equiv 0 \pmod{n}$$

となる．n が素数なので，$(\mathbb{Z}_n, \odot_{\bmod n})$ は群となる．したがって，

$$(a^{s \cdot 2^{m-j-1}} - 1) \bmod n = 0 \text{ または } (a^{s \cdot 2^{m-j-1}} + 1) \bmod n = 0$$

となる．以上より，$a^{s \cdot 2^{m-j-1}} \bmod n \in \{-1, 1\}$ となり，条件 (2) が成立するという
仮定に矛盾する.

　次に，定理の (ii)，すなわち，任意の奇数 $n > 2$ が合成数であることの平方根に
関する証拠は少なくとも $(n-1)/2$ 個あることを証明する．そのために，

$$\mathbb{Z}_n - \{0\} = \{1, 2, \ldots, n-1\} = Wit_n \cup NonWit_n$$

を考える．ただし，$Wit_n = \{a \in \mathbb{Z}_n - \{0\} \mid a$ は n が合成数であることの平方根
に関する証拠 $\}$ であり，$NonWit_n = (\mathbb{Z}_n - \{0\}) - Wit_n$ とする.

　まず，$NonWit_n \subseteq \mathbb{Z}_n^* = \{a \in \mathbb{Z}_n \mid \gcd(a, n) = 1\}$ であることを示す．平方根に
関する証拠の定義の (1) より，証拠でない任意の $a \in \mathbb{Z}_n$ で

$$a^{n-1} \bmod n = 1$$

412 第 5 章 乱択アルゴリズム

が成り立つ. このことから, $a \cdot a^{n-2} \equiv 1 \pmod{n}$ が導かれる. これは a^{n-2} が a の乗算に関する逆元であるということである. 以上のことと補題 2.2.4.57 より $\gcd(a, n) = 1$ となるので $a \in \mathbb{Z}_n^*$ である.

証明を完了するためには, $NonWit_n \subseteq B$ となり, かつ, $(B, \odot_{\bmod n})$ が $(\mathbb{Z}_n^*, \odot_{\bmod n})$ の真の部分群となるような $B \subseteq \mathbb{Z}_n^*$ が存在することを示せば十分である. なぜなら, これらの事実 (と定理 2.2.4.53 と系 2.2.4.54) からある整数 $c \geq 2$ に対して

$$|NonWit_n| \leq |B| \leq |\mathbb{Z}_n^*|/c \leq |\mathbb{Z}_n|/c$$

となるからである.

n が Carmichael 数かどうかによって場合分けをして上記を示す.

(a) n が Carmichael 数でないとする. すなわち,

$$b^{n-1} \bmod n \neq 1$$

を満たす $b \in \mathbb{Z}_n^*$ が存在する. この場合には,

$$B = \{a \in \mathbb{Z}_n^* \mid a^{n-1} \equiv 1 \pmod{n}\}$$

とする. $1 \in B$ であるので, B は空ではない. 全ての $a, d \in B$ に対して

$$(a \cdot d)^{n-1} \bmod n = (a^{n-1} \bmod n) \cdot (d^{n-1} \bmod n) \bmod n = 1 \cdot 1 \bmod n = 1$$

となるので, B は $\odot_{\bmod n}$ に関して閉じている. よって, 定理 2.2.4.45 より $(B, \odot_{\bmod n})$ は $(\mathbb{Z}_n^*, \odot_{\bmod n})$ の部分群である. また, 証拠とならない任意の a に対し $a^{n-1} \bmod n = 1$ であるので,

$$NonWit_n \subseteq B$$

となる. $b^{n-1} \bmod n \neq 1$ となる $b \in \mathbb{Z}_n^*$ が存在するという仮定から

$$b \in \mathbb{Z}_n^* - B$$

となるので, $(B, \odot_{\bmod n})$ は $(\mathbb{Z}_n^*, \odot_{\bmod n})$ の真の部分群である.

(b) n が Carmichael 数であるとする. すなわち, 全ての $a \in \mathbb{Z}_n^*$ に対して

$$a^{n-1} \bmod n = 1 \tag{5.11}$$

である. 明らかに, n は, 素数のべき乗 $n = p^r$ となっているか, 異なる 2 つの素数で割り切れるかのどちらかである. これら 2 つの場合に分けて考える.

(b.1) 素数 p と整数 $r \geq 2$ を用いて $n = p^r$ と表されるとする. この時, n は

Carmichael 数ではなく，したがってこの場合は起こり得ないことを示す．n は奇数であるので，p も奇数でなくてはならない．演習問題 2.2.4.28 の (ii) から，$(\mathbb{Z}_n^*, \odot_{\bmod n})$ は巡回群である．また，

$$\mathbb{Z}_n^* = \mathbb{Z}_n - \{h \in \mathbb{Z}_n - \{0\} \mid h \text{ は } p \text{ で割り切れる}\}$$

であるので，

$$|\mathbb{Z}_n^*| = p^r - p^{r-1} = p^{r-1}(p-1)$$

となる．g を $\mathbb{Z}_n^*$ の生成元とする．(5.11) 式から

$$g^{n-1} \bmod n = 1 = g^0 \tag{5.12}$$

を得る．列 $g^0, g^1, g^2, \ldots$ は周期 $|\mathbb{Z}_n^*|$ を持つので，(5.12) 式から $n-1-0 = n-1$ は $|\mathbb{Z}_n^*|$ で割り切れる．すなわち，$n-1 = p^r-1$ は $|\mathbb{Z}_n^*| = p^{r-1}(p-1)$ で割り切れる．しかし，$r \geq 2$ であることと $p^r - 1$ は p で割り切れないことから，このようなことはあり得ない．

(b.2) n が素数のべき乗ではないとする．n は奇数なので，

$$n = p \cdot q \quad \text{かつ} \quad \gcd(p, q) = 1$$

となる正の奇数 p, q が存在する．一方，$n-1$ は偶数なので，奇数 s と整数 $m \geq 1$ を用いて

$$n - 1 = s \cdot 2^m$$

と表される．ここで $Seq_n(a)$ を

$$Seq_n(a) = \{a^s \bmod n, \ldots, a^{s \cdot 2^{m-1}} \bmod n, a^{s \cdot 2^m} \bmod n\}$$

とする．任意の $a \in \mathbb{Z}_n^*$ に対し，$j_a \in \{0, 1, \ldots, m, Empty\}$ を

$$j_a = \begin{cases} Empty & (-1 \notin Seq_n(a) \text{ の場合}) \\ t & (a^{s \cdot 2^t} \bmod n = -1 \text{ かつ} \\ & \quad \text{全ての } i \in \{t+1, \ldots, m\} \text{ で } a^{s \cdot 2^i} \bmod n \neq -1 \text{ の場合}) \end{cases}$$

のように定義する．$n - 1 = -1 \in \mathbb{Z}_n^*$ かつ $(-1)^s = -1$ であるので，$j_a \neq Empty$ となる $a \in \mathbb{Z}_n^*$ が存在しなくてはならない．したがって

$$j = \max\{j_a \in \{0, 1, \ldots, m\} \mid a \in \mathbb{Z}_n^*\}$$

を定義することが可能である．B を

$$B = \{a \in \mathbb{Z}_n^* \mid a^{s \cdot 2^j} \bmod n \in \{1, -1\}\}$$

と定める．全ての $a, b \in B$ に対して

$$(a \cdot b)^{s \cdot 2^j} \bmod n = (a^{s \cdot 2^j} \bmod n) \cdot (b^{s \cdot 2^j} \bmod n) \in \{1, -1\}$$

414 第 5 章　乱択アルゴリズム

が成り立ち，したがって B は演算 $\odot_{\bmod n}$ に関して閉じている．すなわち，定理 2.2.4.45 より $(B, \odot_{\bmod n})$ は $(\mathbb{Z}_n^*, \odot_{\bmod n})$ の部分群である．全ての $a \in NonWit_n$ に対して

(i) $Seq_n(a) = \{1\}$ となり，$a^{s \cdot 2^j} = 1 \in \{1, -1\}$ であるか，

(ii) $Seq_n(a) \neq \{1\}$，すなわち

$$a^{s \cdot 2^m} \equiv a^{s \cdot 2^{m-1}} \equiv \cdots \equiv a^{s \cdot 2^{j_a+1}} \equiv 1 \pmod{n} \quad \text{かつ}$$

$$a^{s \cdot 2^{j_a}} \equiv -1 \pmod{n}$$

である

のどちらかが成り立つので

$$NonWit_n \subseteq B$$

となる．$j_a \leq j$ であるので，$a^{s \cdot 2^j} \in \{1, -1\}$ となる，つまり，$a \in B$ である．

後は B が $\mathbb{Z}_n^*$ の真の部分集合であることを示せばよい．まず $h \in \mathbb{Z}_n^*$ を

$$j_h = j$$

となるように固定する．次に，$\mathbb{Z}_n$ の要素の $\mathbb{Z}_p \times \mathbb{Z}_q$ における表現を考え，$w \in \mathbb{Z}_n$ を

$$\begin{aligned} w &\equiv h \bmod p, \\ w &\equiv 1 \bmod q \end{aligned}$$

を満たすように固定する．$n = p \cdot q$ かつ $\gcd(p, q) = 1$ と仮定していたので，中国剰余定理を用いると，このような w が存在し，またこれらの合同式より w を一意に求めることができる．

この w が $w \in \mathbb{Z}_n^* - B$ を満たすことを示す．まず，$w \notin B$ であること，すなわち，$w^{s \cdot 2^j} \bmod n \notin \{1, -1\}$ を示す．$h^{s \cdot 2^j} \bmod n = -1 = n - 1$ であるので，$h^{s \cdot 2^j} \bmod p = p - 1$ となる．ここで，$\mathbb{Z}_p$ において $p - 1$ は -1 と同値である．よって[57]

$$w^{s \cdot 2^j} \bmod p = (w \bmod p)^{s \cdot 2^j} \bmod p = (h)^{s \cdot 2^j} \bmod p = p - 1$$

と

$$w^{s \cdot 2^j} \bmod q = (w \bmod q)^{s \cdot 2^j} \bmod q = 1^{s \cdot 2^j} \bmod q = 1$$

---

[57] s が奇数であることに注意せよ．

が成り立ち, $w^{s \cdot 2^j} \bmod n$ の $\mathbb{Z}_p \times \mathbb{Z}_q$ における表現は $(p-1, 1) = (-1, 1)$ となる. 1 の $\mathbb{Z}_p \times \mathbb{Z}_q$ での表現は $(1, 1)$ であり, $n-1 = -1$ の $\mathbb{Z}_p \times \mathbb{Z}_q$ における表現は $(p-1, q-1) = (-1, -1)$ であるので, $w^{s \cdot 2^j} \bmod n \notin \{1, -1\}$, すなわち, $w \notin B$ が言える.

$n = p \cdot q$ かつ $\gcd(p, q) = 1$ であるので, $w \in \mathbb{Z}_n^*$ (つまり, $\gcd(w, n) = 1$) を証明するには, $\gcd(p, w) = 1 = \gcd(q, w)$ を示せば十分である.

$h \in \mathbb{Z}_n^*$ であるので, $\gcd(h, n) = 1$ が成り立つ. h が $n = p \cdot q$ との公約数を持たなければ, h と p の公約数は存在し得ない. すなわち

$$\gcd(p, h) = 1$$

となる. $w \equiv h \pmod{p}$ は w が $w = p \cdot k + h$ と書けることを意味するので, $\gcd(p, w) = b > 1$ は h が b で割りきれることを意味し, $\gcd(p, h) \geq b$ となる. 既に $\gcd(p, h) = 1$ であることを示しているので, b は 1 でなくてはならない. よって

$$\gcd(p, w) = 1$$

となる. w の値は合同式 $w \equiv 1 \pmod{q}$ で決定したので

$$\gcd(q, w) = 1$$

が直ちに導かれる. したがって $\gcd(n, w) = 1$ と $w \in \mathbb{Z}_n^* - B$ が成り立ち, 証明が完了した. $\qquad\qquad\square$

合成数であることの平方根に関する証拠の概念と, 定理 5.3.3.13 の議論から, 次のような素数判定の乱択アルゴリズムが得られる.

アルゴリズム 5.3.3.14 MILLER-RABIN アルゴリズム

入力: 奇数 n.

Step 1: a を $\{1, 2, \ldots, n-1\}$ から一様ランダムに選ぶ.

Step 2: $a^{n-1} \bmod n$ を計算する.

Step 3: **if** $a^{n-1} \bmod n \neq 1$ **then**
   return (「合成数」) {受理}
  else begin
    $n - 1 = s \cdot 2^m$ となる s と m を計算する;
    for $i := 0$ **to** $m - 1$ **do**
     $r[i] := a^{s \cdot 2^i} \bmod n$ { 反復自乗法を用いる };

416   第 5 章   乱択アルゴリズム

$$r[m] := a^{n-1} \bmod n;$$

if $r[m-j] = 1$ かつ $r[m-j-1] \notin \{1, -1\}$ となる
$\qquad j \in \{0, 1, \ldots, m-1\}$ が存在
$\qquad$ **then return** (「合成数」) { 受理 }
$\qquad$ **else return** (「素数」) { 棄却 }

end

定理 5.3.3.15 MILLER-RABIN アルゴリズムは奇数の合成数を認識する多項式時間片側誤りモンテカルロアルゴリズムである. □

証明 MILLER-RABIN アルゴリズムが片側誤りモンテカルロアルゴリズムであることは,定理 5.3.3.13 と,このアルゴリズムが合成数の平方根に関する証拠の豊富さに基づいていることから直ちに導かれる.

全ての数 $r[i]$ (ただし,$i = 0, \ldots, m$) は反復自乗法を 1 回用いることによって $O((\log_2 n)^3)$ 回の 2 項演算で計算できる.残りの部分は $O(m)$ 時間,すなわち $O(\log_2 n)$ 時間で実行できる. □

この節の残りでは,公開鍵暗号でよく必要となる次の問題を扱う.

「**与えられた正整数 l に対し,2 進表現で長さが l となる素数を生成せよ.**」

この問題は,与えられた数が素数かどうか判定することより少し複雑である.素数定理[58]より,長さ l の数 n をランダムに選んだ時に n が素数である確率はほぼ $\frac{1}{\log n} \approx \frac{1}{l}$ である.したがって,素数を見つけるために,SOLOVAY-STRASSEN アルゴリズム(もしくは MILLER-RABIN アルゴリズム)を複数の入力に対して実行することが必要となる.しかし,この方法で素数ではなく合成数が出力される確率は,SOLOVAY-STRASSEN アルゴリズムに対する入力の個数によって増加するので,注意が必要である.もちろん,ランダムに生成された長さ l の数それぞれに対し,SOLOVAY-STRASSEN アルゴリズムを,ある適切な回数 k だけ繰り返して実行することによって,この欠点は解消できる.

アルゴリズム 5.3.3.16 PRIME GENERATION(l, k) (PG(l, k))

入力: l, k.

Step 1: $X :=$ 「まだ見つかっていない」;
$\qquad\quad I := 0$

---

[58] 定理 2.2.4.16.

Step 2: **while** $X =$「まだ見つかっていない」かつ $I < 2l^2$

      do begin ビット列 $a_1, \ldots, a_{l-2}$ をランダムに生成;

           $n := 2^{l-1} + \sum_{i=1}^{l-2} a_i 2^i + 1$;

           n に対し, SOLOVAY-STRASSEN アルゴリズムを k 回実行;

           if k 回のうち 1 回でも「合成数」が出力

             then $I := I + 1$

             else do begin $X :=$「素数発見」;

                         output(n)

               end

      end

Step 3: **if** $I = 2l^2$ **output**(「素数が見つからなかった」).

まず最初に, 乱択アルゴリズム PRIME GENERATION(l, k) が整数を出力する確率を解析する. 十分大きい l に対して, 全ての l ビットの整数から素数を選ぶ確率は少なくとも $1/2l$ であることがわかっている. PG(l, k) が「素数が見つからなかった」と出力するのは, ランダムに生成された $2l^2$ 個の数全てが合成数であり, かつこれらの合成数に対する SOLOVAY-STRASSEN アルゴリズムの k 回の実行で, 合成数であることを示された時だけである. これは, n が素数ならば, SOLOVAY-STRASSEN アルゴリズムは必ず「素数」と出力するからである. したがって,「素数が見つからなかった」と出力される確率は高々

$$\left[\left(1 - \frac{1}{2l}\right) \cdot \left(1 - \frac{1}{2^k}\right) \right]^{2l^2} < \left(1 - \frac{1}{2l}\right)^{2l^2} = \left[\left(1 - \frac{1}{2l}\right)^{2l} \right]^l < \left(\frac{1}{e}\right)^l = e^{-l}$$

で抑えられる. 明らかに, e^{-l} は l が増加すると 0 に収束し, また, 任意の $l \geq 2$ に対し $e^{-l} < \frac{1}{4}$ である. 例えば, $l \geq 10$ ならば $e^{-l} < 0.00005$ となる. 通常, このアルゴリズムは $100 \leq l \leq 600$ という範囲の l に用いられるので,「素数が見つからなかった」と出力される確率は無視できるほど小さい.

次に, PG(l, k) が誤った答を返す, すなわち, 合成数 n を出力する確率を考える. これは明らかに l と k の関係に依存する. 以下では, $k = l$ とする. これは PG(l, k) が l の多項式時間で実行されることを意味するので, 計算量的な観点から「公平」である. PG(l, k) が合成数 n を出力するのは次の 3 つの条件が満たされる時だけである.

- n までに生成された全ての整数が合成数である.
- n 以外のそれらの数は SOLOVAY-STRASSEN アルゴリズムの k 回の繰り返しで合成数であることが示された.

- n に対する SOLOVAY-STRASSEN アルゴリズムの k 回の繰り返しで n が合成数であることを示せなかった.

したがって, この事象が起こる確率は高々

$$\left(1 - \frac{1}{2l}\right) \cdot \frac{1}{2^l} + \sum_{i=1}^{2l^2 - 1} \left[\left(1 - \frac{1}{2l}\right) \cdot \left(1 - \frac{1}{2^l}\right)\right]^i \cdot \left(1 - \frac{1}{2l}\right) \cdot \frac{1}{2^l}$$

$$\leq \left(1 - \frac{1}{2l}\right) \cdot \frac{1}{2^l} \cdot \left(\sum_{i=1}^{2l^2 - 1} \left(1 - \frac{1}{2l}\right)^i + 1\right)$$

$$\leq \left(1 - \frac{1}{2l}\right) \cdot \frac{1}{2^l} \cdot 2l^2 \leq \frac{l^2}{2^{l-1}}$$

となる.

明らかに, $l^2 \cdot 2^{-(l-1)}$ は l が大きくなれば 0 に収束し, 例えば $l \geq 10$ のときは $l^2 \cdot 2^{-(l-1)} \leq 1/5$ である. さらに $l \geq 100$ であれば,

$$l^2 \cdot 2^{-(l-1)} \leq 7.9 \cdot 10^{-27}$$

となり, $\mathrm{PG}(l,l)$ が間違った答を出力する確率は ビッグバンが起こってからのマイクロ秒数の逆数よりも小さい. すなわち, このようなことが起こることは, ほとんどあり得ない.

演習問題 5.3.3.17 次の場合の $\mathrm{PG}(l,k)$ の振舞いを解析せよ.

(i) $k = 2 \cdot \lceil \log_2 l \rceil$.
(ii) $k = 2 \cdot (\lceil \log_2 l \rceil)^2$. □

5.3.3 節のまとめ

素数判定は基礎的な計算問題の 1 つである. この問題が P に入るのか, それとも NP 困難なのかは知られていない[59]. 豊富な証拠を用いて, 素数判定を行う効率的な片側誤りモンテカルロアルゴリズムを設計することができる. 重要なアイデアは, p が合成数ならばその証拠が豊富に存在するような (もっと詳しく言えば, 証拠の候補 (例えば, $\gcd(a,p) = 1$ となる全ての a) のうち少なくとも半分が証拠となるような) 素数性の特徴 (または等価な定義) を見つけることである.

素数判定に対する片側誤りモンテカルロアルゴリズムは, 巨大な素数を生成する乱択アルゴリズムの構成に用いることができる.

---

[59] [訳註] 2002 年に P に入ることが証明された.

5.3.4　等価性判定 —— 指紋法とモンテカルロ法

5.2 節で，片側誤りモンテカルロアルゴリズムが決定性アルゴリズムより本質的に強力であることを示すために，一方向通信プロトコルモデルを用いた．この節では，2 つの 1 回読みブランチングプログラム (1BP) の非等価性を判定する問題 NEQ-1BP を効率的に解く片側誤りモンテカルロアルゴリズムを示す．この問題は簡単ではない．今のところ，この問題に対するどんな多項式時間決定性アルゴリズムも知られていないが，かと言って NP 完全とわかっているわけでもない．NEQ-1BP を解く乱択アルゴリズムを設計するために，この問題を体 $\mathbb{Z}_p$ 上（ただし，p は素数）の 2 つの多項式の非等価性を判定する問題に帰着する．まず，2 つの多項式の等価性を判定する乱択アルゴリズムが必要になる．2 つの多項式 $p_1(x_1, \ldots, x_n)$ と $p_2(x_1, \ldots, x_n)$ が等価であることを判定することは，多項式 $p_1(x_1, \ldots, x_n) - p_2(x_1, \ldots, x_n)$ が 0 と恒等であることを判定することと等しい．

最初に，補題を 2 つ示す．

補題 5.3.4.1　d を非負整数とする．次数が d の任意の 1 変数多項式 $p(x)$ は高々 d 個の根を持つか，常に 0 と等しいかのどちらかである．　　　　　　□

証明　次数 d に関する帰納法で示す．

(1) $d = 0$ の時，ある定数 c を用いて $p(x) = c$ と表せる．$c \neq 0$ ならば，$p(x)$ は根を持たない．

(2) $d - 1$ の時，補題 5.3.4.1 が成り立つとする．$p(x) \not\equiv 0$ とし，a を p の根とする．この時，$p(x) = (x - a) \cdot p_1(x)$ と書ける．ただし，$p_1(x) = p(x)/(x - a)$ は次数 $d - 1$ の多項式である．帰納法の仮定より，$p_1(x)$ は高々 $d - 1$ 個の根を持つので，$p(x)$ は高々 d 個の根を持つ．　　　　　　□

次に，有限体上の多項式 $p(x_1, \ldots, x_n)$ が 0 と恒等でないことを示すための，豊富な証拠を用いる方法を考える．明らかに，$p(a_1, a_2, \ldots, a_n) \neq 0$ となる任意の入力 $a_1, a_2, \ldots, a_n$ は $p(x_1, x_2, \ldots, x_n) \not\equiv 0$ であることの証拠となる．このような証拠が大量に存在することを示すことが目的である．

補題 5.3.4.2　n を素数とし，d, m を正整数とする．$p(x_1, \ldots, x_m)$ を変数 $x_1, x_2, \ldots, x_m$ を持つ $\mathbb{Z}_n$ 上の非零多項式とし，各変数の次数は高々 d であるとする．$\mathbb{Z}_n$ から一様ランダムに $a_1, a_2, \ldots, a_m$ を選ぶと[60]，

$$Prob(p(a_1, a_2, \ldots, a_n) = 0) \leq m \cdot d/n$$

---

[60] この試行において，$p(x_1, \ldots, x_m)$ は確率変数と見なすことができる．

420 第 5 章 乱択アルゴリズム

となる. □

証明 入力変数の数 m に関する帰納法で証明する.

(1) $m = 1$ とする. 補題 5.3.4.2 より 多項式 $p(x_1)$ は高々 d 個の根を持つ. $\mathbb{Z}_n$ の異なる要素は n 個あるので, ランダムに選んだ任意の $a_1 \in \mathbb{Z}_n$ に対して

$$Prob(p(a_1) = 0) \leq \frac{d}{n} = \frac{d \cdot m}{n}$$

となる.

(2) $m - 1$ の時に補題 5.3.4.2 が成り立つと仮定し, m の時にも成り立つことを示す. 明らかに, 以下を満たす多項式 $p_0(x_2, \ldots, x_m), p_1(x_2, \ldots, x_m), \ldots, p_d(x_2, \ldots, x_m)$ が存在する.

$$p(x_1, x_2, \ldots, x_m) = \tag{5.13}$$
$$p_0(x_2, \ldots, x_m) + x_1 \cdot p_1(x_2, \ldots, x_m) + \cdots + x_1^d \cdot p_d(x_2, \ldots, x_m).$$

もし, ある $a_1, a_2, \ldots, a_m$ で $p(a_1, a_2, \ldots, a_m) = 0$ となるなら, 次の 2 つのどちらかが成り立つ.

(i) 全ての $i = 0, 1, \ldots, d$ に対して $p_i(a_2, \ldots, a_m) = 0$ が成り立つ.

(ii) $p_j(a_2, \ldots, a_m) \neq 0$ となる $j \in \{0, 1, \ldots, d\}$ が存在し, a_1 が 1 変数多項式

$$\overline{p}(x_1) = p_0(a_2, \ldots, a_m) + p_1(a_2, \ldots, a_m) \cdot x_1 + \cdots + p_d(a_2, \ldots, a_m) \cdot x_1^d$$

の根となる.

ここで (i) と (ii) のそれぞれの場合についての確率を考える.

(i) $p(x_1, \ldots, x_m)$ は非零多項式なので, (5.13) 式より $p_k(x_2, \ldots, x_m)$ が非零多項式であるような $k \in \{0, 1, \ldots, d\}$ が存在する[61]. ランダムに選んだ $a_2, \ldots, a_m$ に対して, 全ての $j = 0, 1, \ldots, d$ で $p_j(a_2, \ldots, a_m) = 0$ となる確率は, $p_k(a_2, \ldots, a_m) = 0$ となる確率で抑えられる. 以上のことと帰納法の仮定より,

$$Prob(\text{事象 (i) が起こる})$$
$$= \quad Prob(p_0(a_2, \ldots, a_m) = \cdots = p_d(a_2, \ldots, a_m) = 0)$$
$$\leq \quad Prob(p_k(a_2, \ldots, a_m) = 0)$$
$$\underset{\text{(帰納法の仮定)}}{\leq} \quad (m - 1) \cdot d/n$$

が得られる.

---

[61] $p_k(x_2, \ldots, x_m)$ は高々 $m - 1$ 個の変数を持つことに注意しよう.

(ii) $\overline{p}(x_1)$ が非零多項式である場合，帰納法の仮定より，

$$Prob(\overline{p}(a_1) = 0) \leq d/n$$

が直ちに得られる．また，明らかに

$$Prob(\text{事象 (ii) が起こる}) \leq Prob(\overline{p}(a_1) = 0)$$

である．

以上より，ランダムに選んだ $a_1, \ldots, a_n$ に対して，

$$
\begin{aligned}
&Prob(p(a_1, \ldots, a_m) = 0) \\
&= \quad Prob(\text{事象 (i) が起こる}) + Prob(\text{事象 (ii) が起こる}) \\
&\leq \quad (m-1) \cdot d/n + d/n = m \cdot d/n
\end{aligned}
$$

となる． $\qquad\qquad\square$

系 5.3.4.3 n を素数，m, d を正整数とする．次数が高々 d の $\mathbb{Z}_n$ 上の任意の非零多項式 $p(x_1, \ldots, x_m)$ に対して，$p(x_1, \ldots, x_m)$ が非零であることの相異なる証拠が $(\mathbb{Z}_n)^m$ に少なくとも $\left(1 - \frac{m \cdot d}{n}\right) \cdot n^m$ 個存在する． $\qquad\square$

$n \geq 2md$ ならば，補題 5.3.4.2 より，2 つの多項式の等価性判定を行う次の乱択アルゴリズムが得られる．

アルゴリズム 5.3.4.4 NEQ-POL

入力：　次数が高々dの $\mathbb{Z}_n$ 上の 2 つの多項式 $p_1(x_1, \ldots, x_m)$ と $p_2(x_1, \ldots, x_m)$.
　　　　ただし，n は $n \geq 2dm$ を満たす素数．

Step 1:　$a_1, a_2, \ldots, a_m \in \mathbb{Z}_n$ を一様ランダムに選ぶ．

Step 2:　$I := p_1(a_1, a_2, \ldots, a_m) - p_2(a_1, a_2, \ldots, a_m)$ を計算する．

Step 3:　**if** $I \neq 0$ **then output**$(p_1 \not\equiv p_2)$ { 受理 }

　　　　　　else output$(p_1 \equiv p_2)$ { 棄却 }.

NEQ-POL は指紋法の応用でもある．なぜなら，実際には，ランダムに選んだ $a_1, \ldots, a_n$ に対して，p_1 の指紋である $p_1(a_1, \ldots, a_n)$ と p_2 の指紋 $p_2(a_1, \ldots, a_2)$ とが一致するかどうかを判定しているからである．

定理 5.3.4.5 アルゴリズム NEQ-POL は 2 つの多項式の非等価性を判定する多項式時間片側誤りモンテカルロアルゴリズムである． $\qquad\square$

証明 NEQ-POL で計算が行われているのは，Step 2 での多項式の値の評価だけなので，明らかに NEQ-POL は多項式時間アルゴリズムである．

$p_1 \equiv p_2$ の場合，全ての $a_1, a_2, \ldots, a_m \in \mathbb{Z}_n$ に対して $p_1(a_1, \ldots, a_m) = p_2(a_1, \ldots, a_m)$ である．したがって

$$Prob(\text{NEQ-POL が } (p_1, p_2) \text{ を棄却する}) = 1$$

となる．一方 $p_1 \not\equiv p_2$ ならば，$p_1(x_1, \ldots, x_m) - p_2(x_1, \ldots, x_m)$ は非零多項式となる．補題 5.3.4.2 と $n \geq 2dm$ より

$$Prob\left(p_1(a_1, a_2, \ldots, a_m) - p_2(a_1, a_2, \ldots, a_m) = 0\right) \underset{\text{補題 5.3.4.2}}{\leq} m \cdot d/n \leq \frac{1}{2}$$

となる．ゆえに

$$Prob(\text{NEQ-POL が } (p_1, p_2) \text{ を受理する})$$
$$= Prob(p_1(a_1, \ldots, a_m) - p_2(a_1, \ldots, a_m) \neq 0) \geq 1 - \frac{m \cdot d}{n} \geq \frac{1}{2}$$

となる． $\square$

NEQ-POL は 2 つの多項式の等価性判定問題の両側誤りモンテカルロアルゴリズムと見なすこともできる．

ここでの本来の問題である，2 つの 1 回読みブランチングプログラム (1BP) の等価性判定問題に話を戻そう．先ほど多項式の等価性判定で用いたアイデアは，ブランチングプログラムの等価性判定にはそのまま適用することはできない．変数集合 $\{x_1, \ldots, x_m\}$ 上の 2 つの 1BP A_1 と A_2 が，それぞれブール関数 f_1 と f_2 を計算するとする．もし f_1 と f_2 が 2^m 通りの入力のたった 1 つについてのみ値が異なるなら，$x_1, \ldots, x_m$ の値をランダムに選んで A_1 と A_2 を区別できる確率は $1/2^m$ でしかない．したがって，次のような困ったことが起こる．NEQ-POL で多項式 p_1 と p_2 をこのような 1BP A_1 と A_2 に置き換えたとする．この時 A_1 と A_2 が異なるブール関数を計算するにもかかわらず「等価である」という出力が $1 - 1/2^m$ という高い確率で得られてしまう．

この問題点を解決する方法は，それぞれの 1BP に対して多項式を構成し，元の 1BP の代わりにその多項式の等価性を判定するというものである．このアイデアの眼目は，構成された多項式が，ある十分大きな素数 p に対して $\mathbb{Z}_p$ 上の多項式であることと，与えられた 1BP と全てのブール変数への入力割当で等価であることの 2 点である．

これから，与えられた 1BP A に対する多項式 $p_A(x_1, \ldots, x_m)$ の構成方法を示す．次に挙げる法則に従って，多項式を A の各頂点と各辺に割り当てる．

(i) 定数多項式 1 を開始頂点に割り当てる．

(ii) 頂点 v が変数 x でラベル付けされていて，v に多項式 $p_v(x_1, \ldots, x_m)$ が割り当てられているとする．この時，v から出る 1 でラベル付けされた辺には多項式 $x \cdot p_v(x_1, \ldots, x_m)$ を，0 でラベル付けされた辺には $(1-x) \cdot p_v(x_1, \ldots, x_m)$ を，それぞれ割り当てる．

(iii) 頂点 u に入る辺全てに多項式が割り当てられているなら，それら全ての多項式の和を u に割り当てる．

(iv) 1 でラベル付けされたシンクに割り当てられた多項式を $p_A(x_1, \ldots, x_m)$ とする．

例 5.3.4.6 図 5.2 に示した 1BP A を考える．A は $a_1 + a_2 + a_3 \geq 2$ となる時，かつその時に限り $f_A(a_1, a_2, a_3) = 1$ となるブール関数 $f_A : \{0,1\}^3 \to \{0,1\}$ を計算する．上に挙げた構成法から

$$
\begin{aligned}
p_{v_1}(x_1, x_2, x_3) &= 1 \\
p_{v_2}(x_1, x_2, x_3) &= 1 \cdot (1 - x_1) = 1 - x_1 \\
p_{v_3}(x_1, x_2, x_3) &= 1 \cdot x_1 = x_1 \\
p_{v_4}(x_1, x_2, x_3) &= x_2 \cdot p_{v_2}(x_1, x_2, x_3) + (1 - x_2) \cdot p_{v_3}(x_1, x_2, x_3) \\
&= x_2 \cdot (1 - x_1) + (1 - x_2) \cdot x_1 \\
p_A(x_1, x_2, x_3) &= p_{v_5}(x_1, x_2, x_3) = x_3 \cdot p_{v_4}(x_1, x_2, x_3) + x_2 \cdot p_{v_3}(x_1, x_2, x_3) \\
&= x_3(x_2 \cdot (1 - x_1) + (1 - x_2) \cdot x_1) + x_2 \cdot x_1
\end{aligned}
$$

となる．

次のように $p_A(x_1, x_2, x_3)$ を DNF と同様の形式に変換することができる．

$$
\begin{aligned}
p_A(x_1, x_2, x_3) &= x_3 \cdot x_2 \cdot (1 - x_1) + x_3 \cdot (1 - x_2) \cdot x_1 + x_2 \cdot x_1 \\
&= (1 - x_1) \cdot x_2 \cdot x_3 + x_1 \cdot (1 - x_2) \cdot x_3 \\
&\quad + (x_3 + (1 - x_3)) \cdot x_2 \cdot x_1 \\
&= (1 - x_1) \cdot x_2 \cdot x_3 + x_1 \cdot (1 - x_2) \cdot x_3 \\
&\quad + x_1 \cdot x_2 \cdot x_3 + x_1 \cdot x_2 \cdot (1 - x_3).
\end{aligned}
$$

DNF の場合と同様，4 つの基本の「論理積」$(1 - x_1)x_2 x_3$, $x_1(1 - x_2)x_3$, $x_1 x_2 x_3$, $x_1 x_2(1 - x_3)$ は，まさに入力割当 $(0,1,1)$, $(1,0,1)$, $(1,1,1)$, $(1,1,0)$ のそれぞれに対応する．明らかに，これらの 4 つの入力割当だけが A が 1 を出力する割当に相当する． □

観察 5.3.4.7 変数集合 $\{x_1, x_2, \ldots, x_m\}$ 上の任意の 1BP A に対して次が成り立つ．

(i) $p_A(x_1, \ldots, x_m)$ は各変数について次数が高々 1 の多項式である．

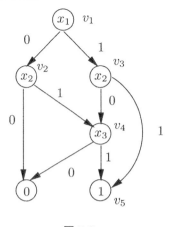

図 5.2

(ii) ブール変数への任意の入力 $(a_1,\ldots,a_m) \in \{0,1\}^m$ に対して $p_A(a_1,\ldots,a_m) = A(a_1,\ldots,a_m)$ となる. □

証明 A は 1BP なので (i) は明らかである. (ii) を示す. A は決定性の計算モデルなので, $A(a_1,a_2,\ldots,a_m) = 1\,[=0]$ となる入力割当 $a = a_1,a_2,\ldots,a_m \in \{0,1\}^m$ それぞれに対して, ソースから「1」[「0」] でラベル付けされたシンクへの路 P_A が一意に決定される. 変数 $x_1,\ldots,x_m$ に対する任意のブール割当に対して, A の各頂点に割り当てられた多項式はブール値を計算する. 任意のブール割当 a に対し, 値が 1 となる多項式は, その割当 a に対応する計算路 P_A にあるものだけである. □

補題 5.3.4.8 任意の 2 つの 1BP A と B は, p_A と p_B が等しい時, かつその時に限り等価である. □

証明 証明のために, 次数が高々 1 の任意の多項式を, ブール関数を表現する DNF に似た, 特別な「標準」形に変換する[62]. この標準形は「基本積」$y_1 y_2 \cdots y_m$ の和である. ただし, 全ての $i = 1,2,\ldots,m$ に対し, $y_i = x_i$ または $y_i = (1-x_i)$ のどちらかである. 次数が 1 の 2 つの多項式が等価である時, かつその時に限り, それらは同一の標準形を持つのは明らかである. さらに, この標準形の各基本積は, 1BP が「1」を計算する入力割当の 1 つに対応する. したがって, A と B が等価な時, かつその時に限り, p_A と p_B の標準形は同一である.

残っているのは, 次数 1 の全ての多項式 p_A に対して, 標準形が一意に定まることを示すことである[63]. 基本積の和を得るために分配則を用いる. もし, 基本積 y が

---
[62] 例 5.3.4.6 の $p_A(x_1,x_2,x_3)$ の変換を参照せよ.
[63] ここで示す p_A の標準形を構成する方法では, 2 つの 1BP の等価性を判定する効率的な決定性アルゴ

変数 x を含んでいないらならば，y を 2 つの基本積 $x \cdot y$ と $(1-x) \cdot y$ の和に置き換える．明らかに，この操作を繰り返すことによって標準形が得られる．□

これで 2 つの 1BP の非等価性を判定する乱択アルゴリズムを示す準備ができた．

アルゴリズム 5.3.4.9 NEQ-1BP

入力：　変数集合 $\{x_1, x_2, \ldots, x_m\}$ 上の 2 つの 1BP A と B．ただし，$m \in \mathbb{N}$ とする．

Step 1:　多項式 p_A と p_B を構成する．

Step 2:　ある $\mathbb{Z}_n$ 上で，$p_A(x_1, \ldots, x_m)$ と $p_B(x_1, \ldots, x_m)$ に対してアルゴリズム NEQ-POL を実行する．ここで，n は $2m$ より大きい素数とする．

出力：　NEQ-POL の出力．

定理 5.3.4.10 NEQ-1BP は 2 つの 1BP の非等価性問題に対する片側誤りモンテカルロアルゴリズムである． □

証明　Step 1 における p_A と p_B の構成は入力（1BP の表現）の長さの 2 乗時間で行える．（NEQ-POL の入力である）p_A と p_B の長さは NEQ-1BP の入力長の多項式サイズであり，また NEQ-POL は多項式時間アルゴリズムなので，Step 2 も多項式時間で終了する．

補題 5.3.4.8 より，A と B が等価なのは，p_A と p_B が等価な時，またその時に限る．A と B が等価な時（すなわち，p_A と p_B が等価な時）は，NEQ-POL は確率 1 で (p_A, p_B) を棄却する．すなわち，この場合アルゴリズムは誤った答を出力しない．次に，A と B が等価でない時は，NEQ-POL は (p_A, p_B) を少なくとも確率 $1 - m/n$ で受理する．$n > 2m$ であるので，この確率は少なくとも $1/2$ となる． □

系 5.3.4.11 NEQ-1BP で出力の「受理」と「棄却」を入れ替えることにより，2 つの 1BP の等価性問題の両側誤りモンテカルロアルゴリズムが得られる． □

演習問題 5.3.4.12 NEQ-POL の効率的な実装を行い，その時間計算量を正確に解析せよ． □

リズムは得られない．なぜなら，1BP A に割り当てられた多項式 p_A の長さに対して指数的な長さの標準形になり得るからである．

426 第 5 章 乱択アルゴリズム

5.3.4 節のまとめ

5.3.4 節では，等価性問題に対する豊富な証拠を用いた手法の特別な場合として，興味深く，また強力な指紋法の応用を導入した．2 つの与えられたオブジェクトの等価性（または非等価性）の証拠を十分多く見つけることができないならば，制限された「世界」でのこれらのオブジェクトを，より一般的な世界のオブジェクトに変換するとうまくいくことがある．この節で取り上げた例では，ブール代数から，十分大きな素数 n での有限体 $\mathbb{Z}_n$ に変換した．驚くべきことに，このより一般化された状況におけるオブジェクトでは，非等価性の証拠を十分たくさん見つけることができ，したがって，制限された世界における元の問題の判定をランダムに行うことができる．

5.3.5 MIN-CUT 問題に対する乱択最適化アルゴリズム

乱択最適化アルゴリズムのわかりやすい例として，多重グラフに対する MIN-CUT 問題[64]を取り上げる．この問題は，あるネットワークフローアルゴリズムを $|V|^2$ 回適用すれば解けるので，P に入ることはわかっている．しかし，ネットワーク (V, E) に対して，最良の決定性フローアルゴリズムの計算時間は $O(|V| \cdot |E| \cdot \log(|V|^2/|E|))$ なので，ある種の応用に関しては MIN-CUT 問題は困難問題と考えることもできる．

以下では，この最適化問題に対する効率的な乱択アルゴリズムを設計する．このアルゴリズムは，縮約と呼ばれる単純な操作に基づいている．与えられた多重グラフ G とその辺 $e = \{x, y\}$ に対し，$contraction(G, e)$ は 2 つの頂点 x と y を新しい 1 つの頂点 $ver(x, y)$ に置き換え，$r \in \{x, y\}$ かつ $s \notin \{x, y\}$ であるような全ての辺 $\{r, s\}$ を辺 $\{ver(x, y), s\}$ に置き換える操作である．自己ループは許さないので辺 $\{x, y\}$ は削除し，グラフのその他の部分はそのままとする．この操作によって得られた多重グラフを $G/\{e\}$ で表す．図 5.3 に一連の縮約操作を示す．

与えられた辺の集合 $F \subseteq E$ に対し，F の辺をどのような順序で縮約しても得られる結果は同じである．したがって，その結果の多重グラフを G/F で表す．明らかに，縮約された多重グラフ G/F の各頂点は，元の多重グラフ $G = (V, E)$ の頂点の集合に対応し，また，G/F の各辺は，E の辺のうち，両端点が G/F で同じ頂点に縮約されていないものである．

最初に示す乱択アルゴリズムは非常に簡単な概念に基づいている．すなわち，与えられた多重グラフ G を，2 頂点の多重グラフになるまで，ランダムな順番で縮約していく．この縮約されたグラフの 2 つの頂点それぞれに対応する G の頂点の集合が，G のカットを定める．この方法がうまくいくのは

---

[64] MIN-CUT 問題は与えられた多重グラフ $G = (V, E)$ に対して，$Edge(V_1, V_2) = E \cap \{\{x, y\} \mid x \in V_1, y \in V_2\}$ の要素数が最小となるようなカット (V_1, V_2) を見つける問題である．

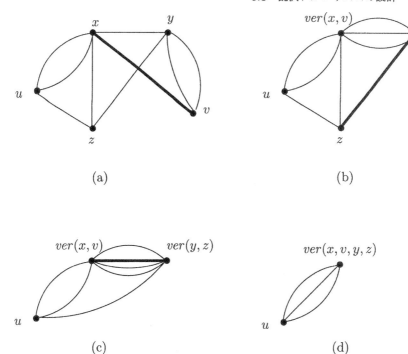

図 5.3 (a) 多重グラフ G; (b) 多重グラフ $G/\{\{x,v\}\}$; (c) 多重グラフ $G/\{\{x,v\},\{z,y\}\}$; (d) 多重グラフ $G/\{\{x,v\},\{z,y\},\{ver(x,v),ver(y,z)\}\}$.

「任意の辺の縮約は G の最小カットの大きさを変えない」

からである．任意の F に対して，G/F の任意のカットは G のカットに対応するので，これは明らかである．

アルゴリズム 5.3.5.1 RANDOM CONTRACTION

入力： 連結な多重グラフ $G = (V, E)$.

出力： G のカット (V_1, V_2).

Step 1: 各頂点 $v \in V$ に $label(v) = \{v\}$ とラベル付けする．

Step 2: **while** G の頂点数が 2 より大きい

　　　　do begin 一様ランダムに辺 $e = \{x,y\} \in E(G)$ を選ぶ;
　　　　　　$G := G/\{e\}$;
　　　　　　G の新しい頂点 z に，$label(z) = label(x) \cup label(y)$ とラベル付けし，上で述べたように辺を置き換える;

　　　　end

428 第 5 章 乱択アルゴリズム

Step 3: **if** ある多重集合 E' に対して, $G = (\{u, v\}, E')$ となる

       then output$(label(u), label(v))$.

図 5.3 に 5 頂点の多重グラフに対する RANDOM CONTRACTION アルゴリズムの動作の様子を示す. 3 回の縮約操作 $G/\{\{x,v\}\}, (G/\{\{x,v\}\})/\{\{z,y\}\}, (G/\{\{x,v\}, \{z,y\}\})/\{\{ver(x,v), ver(y,z)\}\}$ の後に, 3 本の辺からなるカットが出力される.

定理 5.3.5.2 RANDOM CONTRACTION アルゴリズムは, 任意の n 頂点多重グラフに対して, 少なくとも確率 $\frac{2}{n \cdot (n-1)}$ で最適なカットを見つける多項式時間乱択最適化アルゴリズムである.   □

証明 多重辺の代わりに, 1 本の辺に重みを付けることによって多重グラフを表現することにすれば, RANDOM CONTRACTION アルゴリズムは $O(n^2)$ 時間で動作することは明らかである.

既に述べたように, RANDOM CONTRACTION は明らかに, 与えられた多重グラフ G のカットを出力する. したがって, 出力されたカットが最適である確率が少なくとも $\frac{2}{n \cdot (n-1)}$ であることを示せばよい.

$G = (V, E)$ を多重グラフとし, $C_{min} = (V_1, V_2)$ を G の最小カットとする. $|E(C_{min})| = k$ は正整数とする[65].

以下では, RANDOM CONTRACTION がこの最小カット C_{min} を出力する確率が少なくとも $\frac{2}{n \cdot (n-1)}$ であることを示す. $|E(C_{min})| = k$ から G の各頂点の次数は少なくとも k となるので,

$$\text{「}G \text{ の辺の数は少なくとも } n \cdot k/2\text{」} \tag{5.14}$$

が成り立つ. アルゴリズムが C_{min} を出力するのは, 明らかに, $E(C_{min})$ のどの辺も縮約されない時, かつその時に限る. この事象が起こる確率を評価する.

$i = 1, \ldots, n-2$ に対して $Event_i$ を i 番目の縮約に $E(C_{min})$ のどの辺も使われない (ランダムに選ばれない) 事象とする. アルゴリズム全体で $E(C_{min})$ のどの辺も縮約されない確率は $Prob\left(\bigcap_{i=1}^{n-2} Event_i\right)$ となる. 条件付き確率を用いてこの確率を表すと

$$Prob\left(\bigcap_{i=1}^{n-2} Event_i\right) = Prob(Event_1) \cdot Prob(Event_2 \mid Event_1)$$
$$\cdot Prob(Event_3 \mid Event_1 \cap Event_2) \cdots \tag{5.15}$$

---

[65] $k > 1$ となるのは G が連結である時, またその時に限る. しかし, G が連結でない場合でも縮約法は G の連結成分を見つけるので, この場合も最小カットを見つけることになる.

$$\cdot Prob\left(Event_{n-2} \left| \bigcap_{j=1}^{n-3} Event_j \right.\right)$$

となる.

(5.15) 式を用いて目的の確率を求めるには，各 $i = 1, 2, \ldots, n-2$ に対して

$$Prob\left(Event_i \left| \bigcap_{j=1}^{i-1} Event_j \right.\right)$$

の下界を求める必要がある. G の辺数は ((5.14) 式より) 少なくとも $n \cdot k/2$ だったので

$$Prob(Event_1) = \frac{|E| - |E(C_{min})|}{|E|} = 1 - \frac{k}{|E|} \underset{(5.14)}{\geq} 1 - \frac{k}{k \cdot n/2} = 1 - \frac{2}{n} \quad (5.16)$$

となる.

一般に，$i-1$ 回の縮約後のグラフ G/F_i にはちょうど $n-i+1$ 個の頂点がある. もし $F_i \cap E(C_{min}) = \emptyset$ ならば[66]，C_{min} は G/F_i の最小カットでもある. しかし，このことは G/F_i の全ての頂点の次数が少なくとも $k = |E(C_{min})|$ であることを意味し ((5.14) 式より)，よって G/F_i には少なくとも $k \cdot (n-i+1)/2$ の辺が存在する. 以上より，$i = 2, \ldots, n-1$ に対して

$$Prob\left[Event_i \left| \bigcap_{j=1}^{i-1} Event_j \right.\right] \geq \frac{|E(G/F_i)| - |E(C_{min})|}{|E(G/F_i)|} \quad (5.17)$$

$$\geq 1 - \frac{k}{k(n-i+1)/2} = 1 - \frac{2}{(n-i+1)}$$

が成り立つ. (5.16) 式と (5.17) 式を (5.15) 式に代入すると，

$$Prob\left(\bigcap_{i=1}^{n-2} Event_i\right) \geq \prod_{i=1}^{n-2}\left(1 - \frac{2}{n-i+1}\right) = \prod_{l=n}^{3}\left(\frac{l-2}{l}\right) = \frac{1}{\binom{n}{2}} = \frac{2}{n \cdot (n-1)}$$

が得られる. □

演習問題 5.3.5.3 アルゴリズム RANDOM CONTRACTION において，辺の代わりに，2 つの頂点 x と y をランダムに選び，この 2 つの頂点を 1 つの頂点に置き換えることを考える. この時，この変更後のアルゴリズムが最小カットを見つける確率が，ある多重グラフに対して，n の指数的に小さくなることを示せ. □

定理 5.3.5.2 から，ある特定の最小カットを見つける確率は少なくとも

$$\frac{2}{n(n-1)} > \frac{2}{n^2}$$

---

[66] i 回目の縮約までに C_{min} の辺が用いられなかった場合，すなわち，$\bigcap_{j=1}^{i-1} Event_j$ の時.

430 第5章 乱択アルゴリズム

であることがわかった。5.2 節で紹介した，アルゴリズムを数回繰り返し実行し，その中で最も良い解を出力するアイデアを用いると，RANDOM CONTRACTION を独立に $n^2/2$ 回実行して最小カットを得る確率は少なくとも

$$1 - \left(1 - \frac{2}{n^2}\right)^{n^2/2} > 1 - \frac{1}{e}$$

となる。

アルゴリズム RANDOM CONTRACTION を $n^2/2$ 回繰り返すことの問題点は，時間計算量が $O(n^4)$ となり，現在知られている最良の決定性アルゴリズムの時間計算量 $O(n^3)$ より悪くなることである。したがって，この乱択アルゴリズムは改良する必要がある。定理 5.3.5.2 の証明より，最初の縮約で $E(C_{min})$ の辺が選ばれる確率は $\frac{2}{n}$ と小さく，2 回目以降は $\frac{2}{n-1}, \frac{2}{n-2}, \dots$ となる。これらの確率は，後になるほど大きくなり，最後には 2/3 と非常に大きくなる。最初の自然なアイデアは，G から頂点数が l となる G/F まで縮約し，この G/F の最小カットを最良の決定性アルゴリズムを用いて求めることである。以下では，このアプローチで，最良の決定性アルゴリズムの時間計算量 $O(n^3)$ を改善できることを示す。$l : \mathbb{N} \to \mathbb{N}$ を全ての $n \in \mathbb{N}$ で $1 \le l(n) \le n$ であるような単調関数とする。

アルゴリズム 5.3.5.4 l-COMB-CONTRACT

入力: n 頂点の多重グラフ $G = (V, E)$（ただし，$n \in \mathbb{N}$）。

出力: G のカット (V_1, V_2)。

Step 1: $l(n)$ 頂点の多重グラフ G/F になるまで RANDOM CONTRACTION を G に対して実行する。

Step 2: G/F の最小カットを決定性アルゴリズムを用いて求め，そのカットに対応する G のカットを出力する。

定理 5.3.5.5 任意の関数 $l : \mathbb{N} \to \mathbb{N}$（ただし，$1 \le l(n) \le n$）に対し，乱択アルゴリズム l-COMB-CONTRACT の時間計算量は $O(n^2 + (l(n))^3)$ であり，また，最小カットを出力する確率は少なくとも

$$\binom{l(n)}{2} \bigg/ \binom{n}{2}$$

である。 □

証明 Step 1 では $n - l(n)$ 回の縮約が行われるので，$(n - l(n)) \cdot O(n) = O(n^2)$ 時間で実現できる。Step 2 では $l(n)$ 頂点の多重グラフ G/F の最小カットを求めて

いるが，これは知られている最良の決定性アルゴリズムを用いて $O((l(n))^3)$ 時間で可能である．

定理 5.3.5.2 の証明と同様に，ある固定した最小カット C_{min} を考える．明らかに，G/F が C_{min} を含んでいれば，Step 2 で G の最小カットが得られる．したがって，G/F が特定の最小カット C_{min} を含む確率の下界を求めれば十分である．定理 5.3.5.2 の証明より，この確率は $Prob\left(\bigcap_{i=1}^{n-l(n)} Event_i\right)$ と等しい．(5.15) 式，(5.16) 式，ならびに (5.17) 式より

$$
\begin{aligned}
Prob\left(\bigcap_{i=1}^{n-l(n)} Event_i\right) &\geq \prod_{i=1}^{n-l(n)}\left(1-\frac{2}{n-i+1}\right) \\
&= \prod_{i=1}^{n-2}\left(1-\frac{2}{n-i+1}\right) \Big/ \prod_{j=n-l(n)+1}^{n-2}\left(1-\frac{2}{n-j+1}\right) \\
&= \frac{1}{\binom{n}{2}} \Big/ \frac{1}{\binom{l(n)}{2}} = \frac{\binom{l(n)}{2}}{\binom{n}{2}}
\end{aligned}
$$

となる． $\square$

系 5.3.5.6 任意の $l : \mathbb{N} \to \mathbb{N}$ （ただし，$1 \leq l(n) \leq n$）に対して，l-COMB-CONTRACT を $\frac{n^2}{(l(n))^2}$ 回繰り返し実行することにより，最小カットを得られる確率は少なくとも $1 - 1/e$ となる． $\square$

l-COMB-CONTRACT を $\frac{n^2}{(l(n))^2}$ 回繰り返し実行した時の時間計算量は

$$
O\left((n^2 + (l(n))^3) \cdot \frac{n^2}{(l(n))^2}\right) = O\left(\frac{n^4}{(l(n))^2} + n^2 \cdot l(n)\right)
$$

となるので，$l(n) = \lfloor n^{2/3} \rfloor$ が最適な l である．この場合，$\lfloor n^{2/3} \rfloor$-COMB-CONTRACT の繰り返しの時間計算量は $O\left(n^{8/3}\right)$ で，最小カットを出力する確率は $1/2$ 以上である．さらに $\lfloor n^{2/3} \rfloor$-COMB-CONTRACT を $\log_2 n$ 回繰り返し実行したとすると，$O(n^{8/3} \log_2 n)$ 時間で最小カットを得る確率は $1 - 1/n$ となる．よって，この乱択アルゴリズムは高い成功確率を持ち，知られている最良の決定性アルゴリズムより高速である．

最後に，アルゴリズム RANDOM CONTRACTION の改善法をもう1つ示す．この改善方法により $O((n \log_2 n)^2)$ 時間乱択アルゴリズムが得られる．基本的な考え方は l-COMB-CONTRACT と同様である．$E(C_{min})$ の辺が縮約される確率は，既に行われた縮約の回数に従って大きくなる．l-COMB-CONTRACT では，ある程度の回数のランダムな縮約の後に，決定性の最適化アルゴリズムを用いることにより，この問題を解決した．新しいアルゴリズム RRC (recursive random contraction) では，多重グラフのサイズが小さくなるに従って，RANDOM CONTRACTION の独立

432　第5章　乱択アルゴリズム

な実行の数を増加させる．より正確には，十分な成功確率を得るためには RANDOM CONTRACTION を $O(n^2)$ 回独立に実行することが必要である[67]．しかし，最初から入力を $O(n^2)$ 個にコピーして独立に実行する必要はない．なぜなら $E(C_{min})$ の辺を選ぶ確率はとても小さいからである．したがって，まず入力の多重グラフを2個にコピーし，それぞれを頂点数がほぼ $n/\sqrt{2}$ の多重グラフ G/F_1 と G/F_2 までランダムに縮約をする．次に，G/F_1 と G/F_2 それぞれのコピーを2つずつ作り，RANDOM CONTRACTION を用いて，これらの4つの多重グラフを頂点数がほぼ $n/2$ になるまでランダムに縮約をする．さらに，これらの4つの多重グラフのコピーを2個ずつ作り，得られた8つの多重グラフを頂点数がおよそ $n/(2 \cdot \sqrt{2})$ になるまでランダムに縮約する．毎回のステージで，頂点数を $1/\sqrt{2}$ 倍にしているので，頂点数が2になるまでのステージ数はおよそ $2 \cdot \log_2 n$ である．最終的に，$O(n^2)$ 個のカットが得られるので，その中から最良のものを取る．後で示すように，少ない個数の大きな多重グラフと，たくさんの小さな多重グラフに対して操作を行うので，このアプローチでは，元の RANDOM CONTRACTION アルゴリズムを $O(\log_2 n)$ 回独立に実行するのと漸近的に同じ時間がかかる．

以下に，このアルゴリズム RRC を再帰アルゴリズムとして示す．

アルゴリズム 5.3.5.7 RRC(G)

　　入力：　多重グラフ $G = (V, E)$（ただし $|V| = n$ とする）．

　　出力：　G のカット (V_1, V_2)

Procedure: **if** $n \leq 6$ **then** G の最小カットを決定性アルゴリズムで求める．

　　　　　　else begin　$h := \lceil 1 + n/\sqrt{2} \rceil$;
　　　　　　　　　　　G に対して，RANDOM CONTRACTION を独立に2回実行し，
　　　　　　　　　　　頂点数 h の多重グラフ G/F_1 と G/F_2 を得る;
　　　　　　　　　　　RRC(G/F_1);
　　　　　　　　　　　RRC(G/F_2);
　　　　　　　　　　　return RRC(G/F_1) と RRC(G/F_2) の出力のうち，小さい方.

　　　　end.

定理 5.3.5.8　アルゴリズム RRC の時間計算量は $O(n^2 \log_2 n)$ で，最小カットを出力する確率は少なくとも

$$\frac{1}{\Omega(\log_2 n)}$$

---

[67] 明らかに，この実行回数の増加は時間計算量を $O(n^2)$ 倍にする．

である. □

証明 まず RRC の時間計算量 $Time_{\mathrm{RRC}}$ を解析する. アルゴリズムの各ステージ で多重グラフの頂点数は $1/\sqrt{2}$ 倍に減少するので, 再帰呼び出しの回数は $\log_{\sqrt{2}} n = O(\log_2 n)$ で抑えられる. 元の RANDOM CONTRACTION アルゴリズムは n 頂点 の任意の多重グラフに対して $O(n^2)$ 時間で動作するので, m 頂点の多重グラフを $\left\lceil 1 + \frac{m}{\sqrt{2}} \right\rceil$ 頂点の多重グラフまで縮約するのも $O(m^2)$ 時間で可能である. したがっ て, $Time_{\mathrm{RRC}}$ に関する次のような漸化式を得る.

$$Time_{\mathrm{RRC}}(n) = 2 \cdot Time_{\mathrm{RRC}}\left(\left\lceil 1 + \frac{n}{\sqrt{2}} \right\rceil\right) + O(n^2).$$

この漸化式から $Time_{\mathrm{RRC}}(n) = O(n^2 \log_2 n)$ となることは容易に確認できる.

次に, RRC が最小カットを出力する確率の下界を求める. 与えられた多重グラフ G の最小カットを C_{min} とし, $|E(C_{min})| = k$ とする.

ここで, l 頂点の多重グラフ G/F がまだ C_{min} を含んでいる[68]と仮定する. 次のス テージで G/F の 2 つのコピーから独立に縮約された, 頂点数がそれぞれ $\lceil 1 + l/\sqrt{2} \rceil$ の多重グラフ G/F_1 と G/F_2 が得られる. G/F_1 が C_{min} をまだ含んでいる確率 p_l はいくらだろうか? 定理 5.3.5.2 の証明と同様にして,

$$p_l \geq \frac{\binom{\lceil 1 + l/\sqrt{2} \rceil}{2}}{\binom{l}{2}} = \frac{\lceil 1 + l \cdot \sqrt{2} \rceil \cdot (\lceil 1 + l\sqrt{2} \rceil - 1)}{l \cdot (l-1)} \geq \frac{1}{2}$$

となる.

RRC が与えられた n 頂点の多重グラフの固定された最小カットを見つける確率 を $Pr(n)$ とする. この時 $p_l \cdot Pr(\lceil 1 + l/\sqrt{2} \rceil)$ は, G/F が C_{min} を含んでいるとい う条件の下で, G/F を G/F_1 に縮約し, さらに G/F_1 に対して RRC を再帰呼び 出しして C_{min} を発見するという条件付き確率の下界となる. 以上より, G/F がま だ C_{min} を含んでいるという仮定の下で,

$$\left(1 - p_l \cdot Pr\left(\left\lceil 1 + l/\sqrt{2} \right\rceil\right)\right)^2$$

は RRC が C_{min} を出力しないという確率の上界となる[69]. したがって, Pr に関す る次の漸化式を得る.

$$\begin{aligned} Pr(l) &\geq 1 - \left(1 - p_l Pr\left(\left\lceil 1 + l/\sqrt{2} \right\rceil\right)\right)^2 \\ &\geq 1 - \left(1 - \frac{1}{2} Pr\left(\left\lceil 1 + l/\sqrt{2} \right\rceil\right)\right)^2. \end{aligned} \tag{5.18}$$

---

[68] すなわち, ここまで $E(C_{min})$ のどの辺も縮約されていない.

[69] これは G/F の 2 つのコピーに対して独立に (それぞれ G/F_1 と G/F_2 を経由して) RRC が実行 されるからである.

434 第 5 章 乱択アルゴリズム

この漸化式を満たす任意の関数が $1/\Theta(\log_2 n)$ に入ることは簡単に確認できる. □

演習問題 5.3.5.9 漸化式 (5.18) の解析を厳密に行い,差が小さい,ある定数 c_1, c_2 に対して

$$\frac{1}{c_1 \cdot \log_2 n} \le Pr(n) \le \frac{1}{c_2 \cdot \log_2 n}$$

が成り立つことを示せ. □

演習問題 5.3.5.10 1 回のステージでの縮約を次のように変えた RRC の時間計算量と成功確率を解析せよ.

(i) 頂点数を l から $\lfloor l/2 \rfloor$.
(ii) 頂点数を l から $\lfloor \sqrt{l} \rfloor$.
(iii) 頂点数を l から $l - \sqrt{l}$. □

明らかに n 頂点の多重グラフに対して RRC を独立に $O(\log_2 n)$ 回実行すると,

(i) 時間計算量 $O(n^2 \cdot (\log_2 n)^2)$
(ii) 最小カットを出力する確率が少なくとも $1/2$

を満たす.したがって,このアルゴリズムは MIN-CUT に対する最良の決定性アルゴリズムより本質的に高速で,成功確率も妥当である. RRC の実行回数を $O((\log_2 n)^2)$ 回に増やすと,最小カットを出力する確率が少なくとも $1 - 1/n$ になり,時間計算量も $O(n^2 \cdot (\log_2 n)^3)$ に増えるだけである.

5.3.5 節のまとめ

乱択最適化アルゴリズムの設計は,最適解を $1/p(n)$ (ただし,p はある多項式)という小さな確率で見つけるような乱択多項式時間アルゴリズムから行える.最適解を見つける確率を増やす単純な方法は,そのアルゴリズムを独立に何回も実行することである.もし,最適解を見つける確率の減少具合が計算の部分部分によって異なるならば,次に示す 2 つの概念のそれぞれで,単純に繰り返すよりも効率的に成功確率を増大することができる.

(i) 乱択計算中で,成功確率が大幅に減少する部分を決定性の方法で計算する.このアプローチは,この部分の「デランダマイゼーション」が効率的に行える時に有効となり得る.

(ii) 同じ入力に対して，アルゴリズム全体の独立な実行を何度も行わない．成功確率が大幅に減少する部分の計算は何度も独立に行い，成功確率の減少がごくわずかであるような部分の独立な実行回数は少なくする．このアプローチは，成功確率を本質的に減少させる部分が短い場合に特に有効である．

MIN-CUT 問題では，(i) と (ii) の両方で，単純に繰り返すよりももっと効率のよい乱択最適化アルゴリズムが得られる．

5.3.6 MAX-SAT 問題とランダムサンプリング

この節では，最適化問題の1つである MAX-SAT 問題を取り上げる．この問題に対して，ランダムサンプリングと，ランダム丸めを用いた線形計画法への緩和という2つの異なる乱択化手法を扱う．これらの方法で MAX-SAT 問題に対する乱択近似アルゴリズムが得られる．これらの手法のうち，どちらが良いのかは一概には言えない．なぜなら，ある入力に対してはランダムサンプリングの方が良い結果を出し，別な入力に対してはランダム丸めの方が良いからである．したがって，最終的には両方の手法を独立に実行し，2つの出力のうち良い方を採用する．この2つの手法を合わせたアルゴリズムが MAX-SAT に対する乱択 4/3-平均近似アルゴリズムであることを示す．

まず，例 2.2.5.25 で既に示した MAX-SAT の乱択 2-平均近似アルゴリズムをもう一度見てみよう．

アルゴリズム 5.3.6.1 RSMS (RANDOM SAMPLING FOR MAX-SAT)

入力：　変数集合 $\{x_1,\ldots,x_n\}$ 上のブール式 Φ（ただし $n \in \mathbb{N}$）．

Step 1：　一様ランダムに $\alpha_1,\ldots,\alpha_n \in \{0,1\}$ を選ぶ．

Step 2：　**output**$(\alpha_1,\ldots,\alpha_n)$．

出力：　$\{x_1,\ldots,x_n\}$ に対する真理値割当．

繰り返しになるが，RSMS が乱択 2-平均近似アルゴリズムである理由を挙げる[70]．Φ を m 個の節からなる CNF 式とする．一般性を失うことなく，Φ のどの節も定数や2個以上の同じ変数を含まないと仮定できる．k 個の異なるリテラルからなる任意の節をランダムな割当が充足する確率は $1 - 2^{-k}$ である．全ての正整数 k で $1 - 2^{-k} \geq 1/2$ となるので，充足される節の数の期待値は少なくとも $m/2$ となる．

---
[70] RSMS の詳細な解析は例 2.2.5.23 で行っている．

436　第5章　乱択アルゴリズム

Φ は m 個の節からなるので，最適な割当は高々 m 個の節を充足する．したがって，RSMS は MAX-SAT の乱択 2-平均近似アルゴリズムとなる．もし各節が少なくとも k 個の異なる非定数リテラルからなるとすると，ランダムな割当によって充足される節の数の期待値は $m \cdot \left(1 - 1/2^k\right)$ となり，よって，RSMS は乱択 $(2^k/(2^k - 1))$-平均近似アルゴリズムとなる．このことから，長い節からなる CNF 式に対しては RSMS は非常に良いアルゴリズムであるが，短い節からなる CNF 式に対してはおそらくそうでもないことがわかる．

ここでの目的は，短い節を持つ CNF 式に対しても良いであろう乱択近似アルゴリズムを設計することである．この目的を達成するために，ランダム丸めを用いた緩和法を使う．大まかに言うと，まず，MAX-SAT をブール変数からなる整数線形計画として定式化し，この変数を $[0,1]$ の実数値を取るように緩和した線形計画問題を解く．この線形計画問題の変数 x_i の最適解が α_i であったとする．最終的に x_i には確率 α_i で 1 を，確率 $1 - \alpha_i$ で 0 を割り当てる．したがって，RSMS アルゴリズムとこのアプローチとの相違点は Φ の変数への割当の決め方だけである．RSMS では一様ランダムに割当を決めるのに対し，このアプローチでは事前に計算した Φ に対応する線形計画問題の解から求めた確率に従ってランダムに割当を決定する．

MAX-SAT の入力インスタンスから LIN-P の入力インスタンスへの帰着は以下のように行う．$\Phi = F_1 \wedge F_2 \wedge \cdots \wedge F_m$ を変数集合 $\{x_1, \ldots, x_n\}$ 上の CNF 式とする．ただし，各 $i = 1, \ldots, m$ に対して F_i は節とする．$Set(F_i)$ を節 F_i に現れるリテラルの集合とする．$Set^+(F_i)$ を F_i に肯定のリテラルとして現れる変数の集合とし，$Set^-(F_i)$ を否定のリテラルとして現れる変数の集合とする．$In^+(F_i)$ と $In^-(F_i)$ をそれぞれ $Set^+(F_i)$ と $Set^-(F_i)$ に含まれる変数の添字の集合とする．この時，Φ に対応する LIN-P の入力インスタンス LP(Φ) は次のように定式化される．

最大化：　　$\displaystyle\sum_{j=1}^{m} z_j.$

制約：　　$\displaystyle\sum_{i \in In^+(F_j)} y_i + \sum_{i \in In^-(F_j)} (1 - y_i) \geq z_j \ \forall j \in \{1, \ldots, m\}$ 　　(5.19)

全ての $i \in \{1, \ldots, n\}, j \in \{1, \ldots, m\}$ で $y_i, z_j \in \{0, 1\}$. (5.20)

z_j が 1 となるのは，$Set^+(F_j)$ の少なくとも 1 つの変数が 1 となるか $Set^-(F_j)$ の少なくとも 1 つの変数が 0 となっている時のみ，言い換えれば F_j が充足されている時のみである．よって，目的関数 $\sum_{j=1}^{m} z_j$ は充足される節の数を表す．

ここで LP(Φ) の緩和，すなわち (5.20) 式が次の式に置き換わったものを考える．

全ての $i \in \{1, \ldots, n\}, j \in \{1, \ldots, m\}$ で $y_i, z_j \in [0, 1]$. 　　(5.21)

任意の $u \in \{y_1, \ldots, y_n, z_1, \ldots, z_m\}$ に対して，緩和された LP(Φ) の最適解での u の値を $\alpha(u)$ で表す．この時，緩和された LP(Φ) の目的関数の値は LP(Φ) の目的関数の値を上から抑えるので，

$$\sum_{j=1}^{m} \alpha(z_j) \text{ は，} \Phi \text{ の同時に充足できる節の数を上から抑える} \qquad (5.22)$$

が成り立つ．

これでランダム丸めを用いた緩和に基づくアルゴリズムの準備ができた．

アルゴリズム 5.3.6.2 RRRMS (RELAXATION WITH RANDOM ROUNDING FOR MAX-SAT)

入力: $X = \{x_1, \ldots, x_n\}$ 上の CNF 式 $\Phi = F_1 \wedge F_2 \wedge \cdots \wedge F_m$ （ただし $n, m \in \mathbb{N}$）．

Step 1: MAX-SAT 問題 Φ を制約条件 (5.19) と (5.20) に従って $\sum_{j=1}^{m} z_j$ を最大化する整数線形計画問題 LP(Φ) に定式化する．

Step 2: (5.21) 式に従って緩和した LP(Φ) を解く．この緩和された LP(Φ) の最適解を $\alpha(z_1), \alpha(z_2), \ldots, \alpha(z_m), \alpha(y_1), \ldots, \alpha(y_n) \in [0, 1]$ とする．

Step 3: $[0, 1]$ から n 個の値 $\gamma_1, \ldots, \gamma_n$ を一様ランダムに選ぶ．
for $i = 1$ **to** n **do**
    if $\gamma_i \in [0, \alpha(y_i)]$ **then** set $x_i = 1$
    else set $x_i = 0$
{Step 3 では x_i に確率 $\alpha(y_i)$ で値 1 を入れている．}

出力: X への割当．

ここでの最初の目標は，RRRMS で充足される節の数の期待値が少なくとも $(1 - 1/e) \cdot \sum_{j=1}^{m} \alpha(z_j)$，すなわち，$(1 - 1/e)$ と充足され得る節の最大数との積であることを示すことである．このために次の補題を示す．この補題は，充足される節の数の下界が $(1 - 1/e) \cdot \sum_{j=1}^{m} \cdot \alpha(z_j)$ であることよりもさらに強いことを主張する．

補題 5.3.6.3 F_j を k 個のリテラルからなる Φ の節とし（ただし，k は正整数），RRRMS での LP(Φ) の解を $\alpha(y_1), \ldots, \alpha(y_n), \alpha(z_1), \ldots, \alpha(z_m)$ とする．この時 RRRMS が出力する割当が F_j を充足する確率は少なくとも

$$\left(1 - \left(1 - \frac{1}{k}\right)^k\right) \cdot \alpha(z_j)$$

である． $\square$

証明 節 F_j は他の節と独立と考えられるので,一般性を失うことなく F_j は肯定形のリテラルのみからなり,かつその形が $x_1 \vee x_2 \vee \cdots \vee x_k$ と仮定できる.LP(Φ) の制約条件 (5.19) から

$$y_1 + y_2 + \cdots + y_k \geq z_j \tag{5.23}$$

である.節 F_j が充足されないのは,全ての変数 $x_1, x_2, \ldots, x_k$ が 0 である時,かつその時に限られる.RRRMS の Step 3 と,各変数は独立に丸められることから,このようなことが起こる確率は

$$\prod_{i=1}^{k} (1 - \alpha(y_i))$$

である.したがって,RRRMS の出力が F_j を充足する確率は

$$1 - \prod_{i=1}^{k} (1 - \alpha(y_i)) \tag{5.24}$$

となる.制約条件 (5.23) の下で,全ての $i = 1, \ldots, k$ で $\alpha(y_i) = \alpha(z_j)/k$ の時に式 (5.24) は最小になる.よって,

$$Prob(F_j \text{ が充足される}) \geq 1 - \prod_{i=1}^{k} (1 - \alpha(z_j)/k) \tag{5.25}$$

が得られる.証明を完了するには,任意の正整数 k と全ての $r \in [0,1]$(すなわち,任意の $\alpha(z_j)$)に対して

$$f(r) = 1 - (1 - r/k)^k \geq \left(1 - \left(1 - \frac{1}{k}\right)^k\right) \cdot r = g(r) \tag{5.26}$$

が成り立つことを示せば十分である.r に関して f は凹関数であり,g は線形関数であるので(図 5.4)この不等式が両端 $r = 0$ と $r = 1$ で成り立つことを示せばよい.$f(0) = 0 = g(0)$ かつ $f(1) = 1 - (1 - 1/k)^k = g(1)$ なので,不等式 (5.26) は成立している.(5.26) 式において $r = \alpha(z_j)$ とし,(5.26) 式を (5.25) 式に代入すると証明は完了する. $\square$

補題 5.3.6.3 から次の定理を得る.

定理 5.3.6.4 アルゴリズム RRRMS は MAX-SAT の多項式時間乱択 $(e/(e-1))$-平均近似アルゴリズムである.また MAX-EkSAT の多項式時間乱択 $(k^k/(k^k - (k-1)^k))$-平均近似アルゴリズムでもある. $\square$

証明 RRRMS が効率的に実装できることは明らかである.Step 2 以外の全ての Step は線形時間で行える.Step 2 では線形計画法を解いているが,これも多項式時

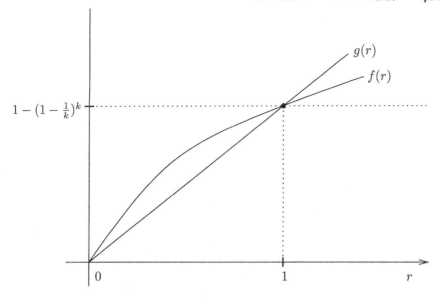

図 5.4

間決定性アルゴリズムでできる．

RRRMS が乱択 δ-平均近似アルゴリズムであることを証明するには，RRRMS の出力が充足する節の数の期待値が $\sum_{i=1}^{m} \alpha(z_i)/\delta$ であることを示せば十分である．$i = 1, \ldots, m$ に対して，Z_i を節 F_i が充足されている時に 1，充足されていない時に 0 をとる確率変数とする．補題 5.3.6.3 から，F_i が k 個の異なるリテラルからなる時は

$$E[Z_i] \geq \left(1 - \left(1 - \frac{1}{k}\right)^k\right) \alpha(z_i) \qquad (5.27)$$

となる．$Z = \sum_{i=1}^{m} Z_i$ とすると，明らかに Z は充足された節の数を表す確率変数である．全ての節が k 個のリテラルからなるとすると，期待値の線形性から

$$\begin{aligned} E[Z] &= \sum_{i=1}^{m} E[Z_i] \underset{(5.27)}{\geq} \sum_{i=1}^{m} \left(1 - \left(1 - \frac{1}{k}\right)^k\right) \cdot \alpha(z_i) \\ &\geq \left(1 - \left(1 - \frac{1}{k}\right)^k\right) \cdot \sum_{i=1}^{m} \alpha(z_i) \end{aligned}$$

が得られる．最適な割当でも $\sum_{i=1}^{m} \alpha(z_i)$ 個より多くの節は充足できないので，アルゴリズム RRRMS は $(1/(1-(1-1/k)^k))$-近似アルゴリズムである．

$$\left(1 - \left(1 - \frac{1}{k}\right)^k\right)^{-1} = \frac{k^k}{k^k - (k-1)^k}$$

なので，MaxEkSat に対する証明ができた．

440   第5章 乱択アルゴリズム

全ての正整数 k に対して $\left(1 - (1 - 1/k)^k\right) \geq (1 - 1/e)$ なので, 任意の CNF 式 Φ で

$$E[Z] \geq \left(1 - \frac{1}{e}\right) \cdot \sum_{i=1}^{m} \alpha(z_i)$$

となる. よって, アルゴリズム RRRMS は Max-Sat の乱択 $(e/(e-1))$-平均近似アルゴリズムである.   □

アルゴリズム RRRMS には次のような良い性質がある. 少なくとも $E(Z)$ 個の節を充足する X に対する割当を得る確率を RRRMS 全体を繰り返すことなく増やすことができる. 最も計算時間を必要とする Step 2 を一度だけ実行すれば, Step 3 において $\gamma_1, \ldots, \gamma_n$ を何度か独立に選べばよい. なぜなら, Step 2 では $\gamma_1, \ldots, \gamma_n$ に対する確率分布を求めていて, 新しく別の $\gamma_1, \ldots, \gamma_n$ をランダムに選ぶために確率分布を再計算する必要はないからである.

$2 > e/(e-1)$ であるので, 一般にアルゴリズム RRRMS の方が RSMS よりも良い Max-Sat のアルゴリズムである. しかしこの2つのアルゴリズムの振舞いを注意深く見ると, 長い節を持つ入力に対しては RSMS の方が良いことがわかる. 例えば, Max-EkSat 問題に対して, RSMS の近似比は $2^k/(2^k - 1)$ となる. したがって, これら2つのアルゴリズムを1つにまとめて, 2つのうち良い方の割当を出力するようにするのは自然なアイデアである.

アルゴリズム 5.3.6.5 Comb

入力: X 上の CNF 式 Φ.

Step 1:   アルゴリズム RSMS で X に対する割当 β を求める.

Step 2:   アルゴリズム RRRMS で X に対する割当 γ を求める.

Step 3:   if β で充足される節数が γ で充足される節数より多い
            then output(β)
            else output(γ).

定理 5.3.6.6   アルゴリズム Comb は Max-Sat の多項式時間乱択 $(4/3)$-近似アルゴリズムである.   □

証明 U を Comb の出力が充足する節数を表す確率変数とする. Y と Z をそれぞれ, アルゴリズム RSMS が出力した割当で充足される節数とアルゴリズム RRRMS が出力した割当で充足される節数を表す確率変数とする. $U = \max\{Y, Z\}$ であるので $E[U] \geq \max\{E[Y], E[Z]\}$ となる. どんな最適解も $\sum_{j=1}^{m} \alpha(z_j)$ 個より多くの節

を充足することはできないので，

$$\max\{E[Y], E[Z]\} \geq \frac{3}{4} \sum_{j=1}^{m} \alpha(z_j)$$

を示せば十分である．このために，

$$\frac{E[Y] + E[Z]}{2} \geq \frac{3}{4} \sum_{j=1}^{m} \alpha(z_j)$$

を証明する．任意の $k \geq 1$ に対して，$C(k)$ をちょうど k 個のリテラルを持つ Φ の節の集合とする．補題 5.3.6.3 を用いると，

$$E[Z] \geq \sum_{k \geq 1} \sum_{F_j \in C(k)} \left(1 - \left(1 - \frac{1}{k}\right)^k\right) \cdot \alpha(z_j) \tag{5.28}$$

である．また，RSMS の振舞いの解析と，$\alpha(z_j) \in [0,1]$ であることから，

$$E[Y] = \sum_{k \geq 1} \sum_{F_j \in C(k)} \left(1 - \frac{1}{2^k}\right) \geq \sum_{k \geq 1} \sum_{F_j \in C(k)} \left(1 - \frac{1}{2^k}\right) \cdot \alpha(z_j) \tag{5.29}$$

を得る．以上より，

$$\frac{E[Y] + E[Z]}{2} \geq \frac{1}{2} \sum_{k \geq 1} \sum_{F_j \in C(k)} \left[\left(1 - \frac{1}{2^k}\right) + \left(1 - \left(1 - \frac{1}{k}\right)^k\right)\right] \cdot \alpha(z_j) \tag{5.30}$$

となる．任意の正整数 k に対して

$$\left(1 - \frac{1}{2^k}\right) + \left(1 - \left(1 - \frac{1}{k}\right)^k\right) \geq \frac{3}{2} \tag{5.31}$$

であることは簡単に示せる．(5.31) 式を (5.30) 式に代入することにより，

$$\begin{aligned}
E[U] &\geq \frac{E[Y] + E[Z]}{2} \geq \frac{3}{4} \cdot \sum_{k \geq 1} \sum_{F_j \in C(k)} \alpha(z_j) \\
&= \frac{3}{4} \cdot \sum_{j=1}^{m} \alpha(z_j)
\end{aligned}$$

が最終的に得られる． □

5.3.6 節のまとめ

通常，最適化問題に対するランダムサンプリングの適用は，変数の値を一様ランダムに選ぶ（すなわち，実行可能解をランダムに選ぶ）ことだけを意味する．これは明らかにとても効率的で，かつ驚くべきことに，この単純なアプローチにより妥当な近似比の近似アルゴリズムが得られる．このアプローチがとてもうまくいく問題の例と

442   第5章 乱択アルゴリズム

して MAX-CUT と MAX-SAT が挙げられる.

変数の値を一様ではない確率分布でランダムに選ぶ方法は,ランダムサンプリングのより凝ったものと見なせる.この確率分布は緩和法により事前に計算される.この特殊なランダムサンプリング手法は,緩和とランダム丸め法とも呼ばれる.この手法も MAX-SAT に対して非常にうまく働く.

ランダムサンプリングのアプローチと緩和とランダム丸め法のうちどちらが MAX-SAT に対して優れているかは決められない.両方の手法を実行し,得られた2つの解のうち,良い方をとるのが最善の方法である.この方法により MAX-SAT の乱択 (4/3)-平均近似アルゴリズムが得られる.

5.3.7 3SAT と乱択多スタート局所探索

3.5 節で,指数時間アルゴリズムの最悪時計算量を低減させる概念を説明した.具体的には 3SAT に対して,分割統治法を用いた $O(|F| \cdot 1.84^n)$ 時間アルゴリズム(アルゴリズム 3.5.2.1)を設計した.この節では,乱択化によりもっと良いアルゴリズムを構成できることを示す.すなわち,3SAT 問題に対する片側誤りモンテカルロアルゴリズムを与え,このアルゴリズムが任意の n 変数 3CNF 式 F に対して $O(|F| \cdot n^{3/2} \cdot (4/3)^n)$ 時間で動くことを示す.繰り返し回数に対して,誤り確率が指数的に 0 に収束するので[71],このアルゴリズムはアルゴリズム 3.5.2.1 よりも実用的である.

設計技法は,組合せ最適化問題に対する局所探索法の乱択化に基づいている.MAX-SAT に対する局所探索で用いた近傍 $Flip$ [72] を考え,乱択化を 2 段階で行う.1つ目は,与えられた式 F の変数に対する割当を $O(\sqrt{n} \cdot (4/3)^n)$ 個ランダムに生成することである.MAX-SAT の最適解を探索する時と同様に,生成された割当それぞれから局所探索を行う.2つ目は,次の近傍をランダムに選ぶことである.通常の局所探索と大きく異なる点は,新しい割当が現在の割当よりも多くの節を充足する必要がないことである.実際には,現在の割当で充足されていない節を1つでも充足するだけでよい.また,生成されたどの割当からも高々 $3n$ ステップの局所探索を行う点も通常の局所探索とは大きく異なる.これは,最初の $3n$ ステップで F の充足解を見つける確率が,それ以降に見つける確率よりも大きいからである[73].以上より,アルゴリズムの記述は次のようになる.

---

[71] 全ての片側誤りモンテカルロアルゴリズムはこのすばらしい性質を持つことは既に述べた.

[72] 2つの変数割当がちょうど1ビットだけ異なる時,つまり,片方を1ビット反転させることによりもう片方が得られる時,近傍であるという.

[73] この点に関する議論は,後でアルゴリズムの解析として示される.

5.3 乱択アルゴリズムの設計　*443*

アルゴリズム **5.3.7.1** Schöning のアルゴリズム

入力：　　n 個のブール変数上の 3CNF 式 F.

Step 1:　$K := 0$;
　　　　　$UPPER := \lceil 20 \cdot \sqrt{3\pi n} \cdot \left(\frac{4}{3}\right)^n \rceil$
　　　　　$S := FALSE$.

Step 2:　**while** $K < UPPER$ かつ $S := FALSE$ **do**
　　　　　　　begin　$K := K + 1$;
　　　　　　　　割当 $\alpha \in \{0,1\}^n$ を一様ランダムに生成する;
　　　　　　　　if α が F を充足する **then** $S := TRUE$;
　　　　　　　　$M := 0$;
　　　　　　　　while $M < 3n$ かつ $S = FALSE$ **do**
　　　　　　　　　begin $M := M + 1$;
　　　　　　　　　　α で充足されていない節 C を見つける;
　　　　　　　　　　新しい割当 α を得るために C のリテラルをランダムに 1 つ
　　　　　　　　　　選び，その値を反転する;
　　　　　　　　　　if α が F を充足する **then** $S := TRUE$
　　　　　　　　end
　　　　　　　end

Step 3:　**if** $S = TRUE$ **output** 「F は充足可能」
　　　　　else **output** 「F は充足不可能」

このアルゴリズムの背景にあるアイデアは，局所探索の試行 1 回で充足割当を見つけるわずかな確率を，多くの（しかし 2^n よりは小さい）回数のランダムな試行で増大できることである．

定理 5.3.7.2 Schöning のアルゴリズムは n 変数 3Sat の任意のインスタンス F に対して $O(|F| \cdot n^{3/2} \cdot (4/3)^n)$ 時間で動作する片側誤りモンテカルロアルゴリズムである．　　　　　　　　　　　　　　　　　　　　　　　　　　　　　　　□

証明　まず，最悪時間計算量を解析する．Schöning のアルゴリズムでは，F の n 個の変数に対するランダムな割当からの局所探索を高々 $UPPER \in O(\sqrt{n} \cdot (4/3)^n)$ 回実行する．1 回の局所探索は高々 $3n$ ステップであり，各ステップは $O(|F|)$ 時間で行える．以上より，全体の時間計算量は $O(|F| \cdot n^{3/2} \cdot (4/3)^n)$ となる．
　次に与えられた 3CNF 式 F に対して Schöning のアルゴリズムが誤る確率を解析する．F が充足不可能な時は，アルゴリズムは確実に正しい答を出力する．

444 第5章 乱択アルゴリズム

F が充足可能な場合を考える．F の充足割当を α^* とし，ランダムな割当からの高々 $3n$ ステップの局所探索1回で α^* を見つける確率を p とする．p が，局所探索1回（Step 2 の内側の **while** ループ）で F を充足する割当を見つける確率の下界であることは明らかである．この解析で重要なことは，

$$p \geq \frac{1}{2\sqrt{3 \cdot \pi \cdot n}} \cdot \left(\frac{3}{4}\right)^n \tag{5.32}$$

を示すことである．

この背景には，$UPPER \gg 1/p$ 回の独立な試行が，成功確率を $1 - e^{-10}$ まで増加させるのに十分な回数であることがある．

以下では，2つの割当 α と β の距離を，α と β で異なるビットの数（つまり，局所探索で α から β まで移動するために必要となる反転の数）とする．次に $\{0,1\}^n$ の全ての割当を α^* からの距離 $j = 0, 1, \ldots, n$ にしたがって $n+1$ 個のクラス

$$Class(j) = \{\beta \in \{0,1\}^n \mid distance(\alpha^*, \beta) = j\}$$

に分割する．明らかに $|Class(j)| = \binom{n}{j}$ となり，一様ランダムに生成された割当が $Class(j)$ に入る確率はちょうど

$$p_j = \binom{n}{j} \bigg/ 2^n \tag{5.33}$$

である．

次に局所探索の振舞いを解析する．$\alpha \in Class(j)$ が F を充足しないなら，α に充足されない節 C が少なくとも1つ存在する．α^* は C を充足するので，C に現れる変数で，α でのその値を反転した割当 β が $\beta \in Class(j-1)$ を満たすものが存在する．すなわち，α^* までの距離が $distance(\alpha^*, \alpha)$ より小さくなる β を得る可能性がある．C には高々3つのリテラルがあり，そしてアルゴリズムはそのうちの1つをランダムに選ぶので，1ステップで α^* に向かう（すなわち，α^* への距離が1減少する）確率は少なくとも $1/3$ である．逆に，1ステップで α^* への距離が1増える確率は高々 $2/3$ である．全ての i, j（ただし，$i \leq j \leq n$）に対して，$q_{i,j}$ を，$\alpha \in Class(j)$ から $j+i$ 回 α^* に近づく方向に動き，i 回 α^* から離れる方向に動く（つまり，全部で $j+2i$ 回動く）ことにより α^* にたどりつく確率とする．すると，簡単な組合せの計算から

$$q_{j,i} = \binom{j+2i}{i} \cdot \frac{j}{j+2i} \cdot \left(\frac{1}{3}\right)^{j+i} \cdot \left(\frac{2}{3}\right)^i$$

が得られる[74]．明らかに $\alpha \in Class(j)$ から α^* に到達する確率 q_j は少なくとも

---

[74] $\binom{j+2i}{i} \cdot \frac{j}{j+2i}$ とは，$+$ を α^* へ近づく方向，$-$ を α^* から離れる方向とした時，これら2文字のアルファベット $\{+, -\}$ からなる語で決定される $\alpha \in Class(j)$ から α^* への異なる路の数である．任意のこのような語は，全ての接頭辞で $-$ よりも多くの $+$ を含まなければならない．

$\sum_{i=0}^{j} q_{j,i}$ である．Schöning のアルゴリズムでは高々 $3n$ ステップの局所変換を行うので，$i \leq j$ を満たす全ての $j \in \{0,1,\ldots,n\}$ に対して $j+2i$ ステップの局所変換を実行できる．したがって

$$
\begin{aligned}
q_j &\geq \sum_{i=0}^{j} \left[\binom{j+2i}{i} \cdot \frac{j}{j+2i} \cdot \left(\frac{1}{3}\right)^{j+i} \cdot \left(\frac{2}{3}\right)^{i} \right] \\
&\geq \frac{1}{3} \sum_{i=0}^{j} \left[\binom{j+2i}{i} \cdot \left(\frac{1}{3}\right)^{j+i} \cdot \left(\frac{2}{3}\right)^{i} \right] \\
&> \frac{1}{3} \binom{3j}{j} \cdot \left(\frac{1}{3}\right)^{2j} \cdot \left(\frac{2}{3}\right)^{j}
\end{aligned}
$$

となる．これに Stirling の公式

$$
r! \sim \sqrt{2\pi r} \left(\frac{r}{e}\right)^{r}
$$

を適用すると，

$$
\begin{aligned}
q_j &\geq \frac{1}{3} \cdot \frac{(3j)!}{(2j)!j!} \cdot \left(\frac{1}{3}\right)^{2j} \cdot \left(\frac{2}{3}\right)^{j} \\
&\sim \frac{1}{3} \cdot \frac{\sqrt{2\pi \cdot 3j} \cdot \left(\frac{3j}{e}\right)^{3j}}{\sqrt{2\pi \cdot 2j} \cdot \left(\frac{2j}{e}\right)^{2j} \cdot \sqrt{2\pi j} \cdot \left(\frac{j}{e}\right)^{j}} \cdot \left(\frac{1}{3}\right)^{2j} \cdot \left(\frac{2}{3}\right)^{j} \\
&= \frac{1}{3} \cdot \frac{\sqrt{3}}{2 \cdot \sqrt{\pi j}} \cdot \frac{3^{3j}}{2^{2j}} \cdot \left(\frac{1}{3}\right)^{2j} \cdot \left(\frac{2}{3}\right)^{j} \\
&= \frac{1}{2\sqrt{3\pi j}} \cdot \left(\frac{1}{2}\right)^{j}
\end{aligned} \tag{5.34}
$$

となる．

これで p を評価する準備ができた．明らかに

$$
p \geq \sum_{j=0}^{n} p_j \cdot q_j \tag{5.35}
$$

が成り立つ．この (5.35) 式に (5.33) 式と (5.34) 式を代入すると

$$
\begin{aligned}
p &\geq \sum_{j=0}^{n} \left[\left(\frac{1}{2}\right)^{n} \cdot \binom{n}{j} \cdot \left(\frac{1}{2 \cdot \sqrt{3\pi j}} \cdot \left(\frac{1}{2}\right)^{j} \right) \right] \\
&\geq \frac{1}{2 \cdot \sqrt{3\pi n}} \cdot \left(\frac{1}{2}\right)^{n} \cdot \sum_{j=0}^{n} \left[\binom{n}{j} \cdot \left(\frac{1}{2}\right)^{j} \right] \\
&= \frac{1}{2 \cdot \sqrt{3\pi n}} \cdot \left(\frac{1}{2}\right)^{n} \cdot \left(1 + \frac{1}{2}\right)^{n} \\
&= \frac{1}{2 \cdot \sqrt{3\pi n}} \cdot \left(\frac{3}{4}\right)^{n} = \tilde{p}
\end{aligned}
$$

446 第5章 乱択アルゴリズム

が得られる.

(5.32) 式から, 局所探索 1 回の試行で F の充足割当に到達しない確率は高々 $(1-\tilde{p})$ である. よって, t 回の試行が全て失敗する確率は高々

$$(1-\tilde{p})^t \le e^{-\tilde{p}t} \tag{5.36}$$

である. この (5.36) 式に

$$t = UPPER = 20 \cdot \sqrt{3\pi n} \cdot \left(\frac{4}{3}\right)^n$$

を代入すると,

$$(1-\tilde{p})^{UPPER} \le e^{-10} < 5 \cdot 10^{-5}$$

となる. したがって, SCHÖNING のアルゴリズムは 3SAT の片側誤りモンテカルロアルゴリズムである. □

全ての $k \ge 4$ の kSAT に対しても SCHÖNING のアルゴリズムを用いることができる. この場合の問題点は, 局所探索 (反転) で正しい方向に進む確率が $1/k$ まで減少することである. したがって, 失敗確率を十分小さくするためには試行の回数を増やさなければならない. 正確な解析は読者に任せたい.

演習問題 5.3.7.3 [*] 任意の整数 $k \ge 4$ に対して, $UPPER \in \left(|F| \cdot h(n) \cdot \left(2-\frac{2}{k}\right)^n\right)$ とした SCHÖNING のアルゴリズムが kSAT の片側誤りモンテカルロアルゴリズムであることを示せ. ただし, h は任意の多項式である. □

5.3.7 節のまとめ

乱択化の概念と, 指数時間アルゴリズムの最悪時間計算量を低減させる概念を組み合わせることによって, 困難問題を解く実用的なアルゴリズムを得ることができる. SCHÖNING のアルゴリズムでは, 3CNF 式の充足割当を見つけるランダムな試行を, 指数的に多くの回数だけ行う. 毎回の試行は局所変換ステップの回数が制限された局所探索となっている. 重要な点は, 1 回の試行で成功する確率が少なくとも $1/Exp(n)$ となっていることである. ここで, $Exp(n)$ は 2^n よりも増加が十分に遅い指数関数である. したがって, $O(Exp(n))$ 回のランダムな試行を行うことにより, $O(|F| \cdot n \cdot Exp(n))$ 時間で充足割当をほぼ確率 1 で見つけることができる. すなわち, SCHÖNING のアルゴリズムは 3SAT の $O(|F| \cdot (1.334)^n))$ 時間片側誤りモンテカルロアルゴリズムである. アルゴリズム設計技法の点から見ると, SCHÖNING のアルゴリズムは乱択多スタート局所探索である. これは, 割当 α をランダムに生成し, α から短いランダムウォーク (すなわち, 短いランダムな局所変換列) によって到達できる充足割当を探索する.

5.4 デランダマイゼーション

5.4.1 基本的なアイデア

この章ではこれまで，アルゴリズム理論において乱択化が強力な概念であることを見てきた．これは，いくつかの問題に対して，知られている最良の決定性アルゴリズムよりも効率が良い乱択アルゴリズムがあるからである．その上，乱択アルゴリズムは決定性アルゴリズムに比べ，しばしば非常にシンプルで，そのため実装しやすい点も無視できない．したがって，様々な処理において乱択アルゴリズムは決定性アルゴリズムよりも実用的と言ってもさしつかえない．

その一方で，全ての入力インスタンスに対して要求される近似比の解や正しい解を効率的に得られる決定性アルゴリズムは，高い確率でそれらを得るよりもはるかに望ましいであろう[75]．よって，計算量を本質的に一切増加せずに，ある乱択アルゴリズムを決定性アルゴリズムに変換する方法は興味深いものである．さらに，このような手法を考えることには理論的な理由もある．乱択アルゴリズムが決定性アルゴリズムよりも本質的に高速であることを示す結果は，現在に至るまで知られていない．例えば NP 完全問題に対するどのような多項式時間乱択アルゴリズムも知られていない．時間計算量を指数的に増やすことなく乱択計算をシミュレートする手法を見つける希望はある．

この節では，ある場合には乱択アルゴリズムを決定性アルゴリズムに効率良く変換できる 2 種類の手法を紹介する．これらの手法により，最良の決定性アルゴリズムを得られることもある[76]．

この 2 つのデランダマイゼーション手法の概念は大まかに言って次のようになる．

確率空間の縮小による手法

乱択アルゴリズム A が用いるランダムビットの長さ $Random_A(n)$ がほんのわずかならば，与えられた入力に対する A の $2^{Random_A(n)}$ 通りの可能な全ての計算を決定的にシミュレートし，それらの出力の中から正しい結果を得ることができることは既に述べた．実際には，$2^{Random_A(n)}$ は乱数列が選ばれる標本空間の大きさである．明らかに，A が多項式時間アルゴリズムで，かつ $2^{Random_A(n)}$ が多項式で抑えられるなら，多項式時間で決定的にシミュレートできる．しかし，確率空間の大きさは入力の多項式では抑えられないのが普通である．この概念の主たる考え方は，与えられた入力に対して A が動作する時の確率空間の大きさを縮小しようとすることである．

---

[75] さらに，乱択アルゴリズムの実装に必要な「良い」擬似乱数列を生成するという難解な問題も回避できる．

[76] 乱択アルゴリズムのデランダマイゼーションを行わずにそのような効率的な決定性アルゴリズムを得ることは，しばしば非常に難しいことである．

448　第5章　乱択アルゴリズム

驚くべきことに，A に現われる確率変数の数を全く減らさずに，確率空間を縮小することが可能な場合がある．これには，乱択アルゴリズムの確率的振舞いを解析する際に，ランダムな選択に完全な独立性が必要でないことがわかれば十分である．例えば，変数集合 $X = \{x_1, \ldots, x_n\}$ 上の MAX-EkSAT の問題インスタンスに対するランダムサンプリングを考えよう．この時，$x_1, \ldots, x_n$ に対する n 回のランダムな選択が完全に独立である必要はない．$x_1, \ldots, x_n$ の値に対するランダムな選択で，任意の特定の節が充足される確率が $1 - 1/2^k$ となるには，X のどの k 個の変数に対するランダムな選択も独立であればよい．後で触れるように，このことは X の全ての変数に対して独立であることとは本質的な違いとなり得る．重要な点は，このような場合には，ある k 個の変数 $y_1, \ldots, y_k$ に対するランダムな値の選択で，$x_1, \ldots, x_n$ に対するランダムな値の選択を「近似」できる点である[77]．k が n よりも本質的に小さいならば，確率空間は十分に縮小されていることになる．

条件付き期待値法

この手法は主に最適化問題に対して用いられるが，決定問題に対して全く使えないわけではない．乱択 α-平均近似アルゴリズムでは通常，出力がどのくらい良いかを示す確率変数 Z があり，期待値 $E[Z]$ がわかっている．決定性の α-近似アルゴリズムの設計には，$E[Z]$ より良い出力が得られる乱数列を見つければ十分である．このような乱数列は期待値の定義から明らかに存在する．条件付き期待値法では，もし可能ならば，このような乱数列を決定的に求めようとする．いくつかの問題では，乱択アルゴリズムをそのまま決定的にシミュレートできそうにもないにもかかわらず，このアプローチは驚くほどうまくいく．

この節の構成は次のようになっている．5.4.2 節は，確率空間縮小法の一般的な概念を説明し，このデランダマイゼーション概念がどのような場合にうまくいくのかを示す．5.4.3 節では，MAX-E3SAT に対するランダムサンプリングアルゴリズムに対する確率空間縮小法を用いたデランダマイゼーションを実際に行う．条件付き期待値法の詳細な解説は 5.4.4 節で行い，この手法がうまくいくための条件も議論する．これらのデランダマイゼーション手法がどのくらい強力なのかを，5.4.5 節で何種類かの充足可能性問題を用いて示す．

5.4.2　確率空間の縮小によるデランダマイゼーション

上で見たように，全てのランダムな選択が完全に独立である必要がない時に確率空間の大きさを減らすことが中心となるアイデアである．以下では，この手法を一般的

---

[77] 実際には，ランダムに選んだ $y_1, \ldots, y_k$ の値から $x_1, \ldots, x_n$ の値を効率的に決定（計算）できるということである．

な記述で詳細に説明する.

A を乱択アルゴリズムとする. ある固定した入力 w に対する A の実行は確率試行と見なすことができる. 確率空間 $(\Omega, Prob)$ は A が w に対して必要とする全ての乱数列の集合 Ω で定義される. $\Omega = \{\alpha \in \{0,1\}^{Random_A(w)}\}$ であり, 全ての $\alpha \in \Omega$ に対して $Prob(\alpha) = \frac{1}{2^{Random_A(w)}}$ となるのが典型的な例である. ここで扱う全ての乱択アルゴリズムは, この確率空間を持つか, このような確率空間を持つように実装できるかのどちらかである.

任意の入力 w で $Random_A(w)$ が $\log|w|$ の多項式で抑えられるとする. この時, 明らかに $|\Omega|$ は $|w|$ の多項式で抑えられ, w に対する $2^{Random_A(w)}$ 通り全ての計算を行うことで A を決定的にシミュレートすることができる[78]. しかし, たいていの場合, $Random_A(w)$ は入力長 $|w|$ に比例する. したがって, もし可能ならば, $Random_A(w)$ を減らせればよい. 以下では, $n = Random_A(w)$ とする.

乱数列の値を決めるランダムな選択を表す確率変数 $X_1, X_2, \ldots, X_n$ を考える. 通常, 全ての $i = 1, 2, \ldots, n$ に対し $Prob(X_i = 1) = \frac{1}{2} = Prob(X_i = 0)$ とする. 一般には, $Prob(X_i = 1) = 1 - Prob(X_i = 0)$ となることと, 任意の $a \in \{0,1\}$ に対し $Prob(X_i = a)$ が有理数であることを仮定できる. 独立でない確率変数は独立であるものに比べはるかに扱いづらいことが多いので, 普通は, これらの確率変数は独立であると仮定している. しかし, 時として, 乱択アルゴリズムの解析にはもっと弱い独立性で十分なことがある. 次の定義はそのような独立性を与える.

定義 5.4.2.1 $(\Omega, Prob)$ を確率空間, $X_1, X_2, \ldots, X_n$ をある確率変数とし, k を $2 \le k \le n$ であるような正整数とする. $\{X_1, \ldots, X_n\}$ の任意の k 個の確率変数が独立である時, すなわち, 全ての $i_1, \ldots, i_k \in \{1, \ldots, n\}$ (ただし, $1 \le i_1 < \cdots < i_n \le n$ とする) と全ての値 $\alpha_1, \alpha_2, \ldots, \alpha_k$ (ただし, 各 $j = 1, 2, \ldots, k$ で $\alpha_j \in Dom(X_{i_j})$) に対して

$$Prob[X_{i_1} = \alpha_1, X_{i_2} = \alpha_2, \ldots, X_{i_k} = \alpha_k] = Prob[X_{i_1} = \alpha_1] \cdot \cdots \cdot Prob[X_{i_k} = \alpha_k]$$

となる時, 確率変数 $X_1, X_2, \ldots, X_n$ は **k ずつの独立**であるという. $\qquad\square$

MAX-EkSAT に対するランダムサンプリングを基にした乱択アルゴリズム RSMS の解析には, この弱い独立性で十分である. なぜなら, 必要なのは, 個々の節に現れる k 個の変数に対するランダムな値の独立性だけだからである. 例えば,

$$\Phi = (x_1 \vee \overline{x}_2 \vee x_5) \wedge (x_2 \vee \overline{x}_4 \vee \overline{x}_5) \wedge (\overline{x}_1 \vee x_3 \vee \overline{x}_4),$$

とすると, 確率変数 $x_1, x_2, \ldots, x_n$ へのランダムな値の割当は, 変数集合 $\{x_1, x_2, x_5\}$,

---

[78] 乱数列を 1 つ固定してしまえば, A の動作は完全に決定的である.

$\{x_2, x_4, x_5\}$, $\{x_1, x_3, x_4\}$ のそれぞれに対してのみ独立でありさえすればよい. この条件によって, 各節が充足される確率は $1 - \frac{1}{2^3} = \frac{7}{8}$ となり, 充足される節の数の期待値は $3 \cdot \frac{7}{8} = \frac{21}{8}$ となることが保証される.

では,「k ずつの独立で十分である」という知識を, 確率空間を縮小するためにどのように使えばいいだろうか? 簡単のために, 確率変数 $X_1, \ldots, X_n$ の値は 0 か 1 しかとらないと仮定する. 以下の 2 つの条件を満たす, 基本事象 $E_1, \ldots, E_m$ を持つ確率空間 (S, Pr) と, 効率的に計算できる関数 $f : \{E_1, \ldots, E_m\} \times \{1, 2, \ldots, n\} \to \{0, 1\}$ の組を見つけることがキーとなるアイデアである.

(i) 任意の $i = 1, \ldots, n$ で $B \in \{E_1, \ldots, E_m\}$ に対して $X_i' = f(B, i)$ が (S, Pr) 上の確率変数であり, 全ての $\alpha \in \{0, 1\}$ に対して

$$|Pr[X_i' = \alpha] - Prob[X_i = \alpha]| \le \frac{1}{2n}$$

となるという意味で X_i' は X_i を近似する.

(ii) $|S| = O(n^k)$ となる ($|\Omega| = 2^n$ である).

したがって, 確率変数 $X_1, \ldots, X_n$ を確率変数 $X_1', \ldots, X_n'$ に置き換えることは, 確率空間を $(\Omega, Prob)$ から (S, Pr) に変えることに対応する. この変換の利点は, $|\Omega|$ が n の指数であるのに対し $|S|$ は n の多項式であることにある. その一方で, 次のような 2 つの欠点もある. 1 つ目は, (S, Pr) で $(\Omega, Prob)$ をシミュレートする時, $X_1, \ldots, X_n$ は $(\Omega, Prob)$ において完全に独立であるのに対し, $X_1', \ldots, X_n'$ は (S, Pr) において k ずつの独立でしかないことである. 2 つ目は, $X_1', \ldots, X_n'$ は $X_1, \ldots, X_n$ の近似でしかない, すなわち, $X_1', \ldots, X_n'$ の値と $X_1, \ldots, X_n$ の値が全く同じ確率で現れるのではないということである. 以下で扱うアプローチでは, 一般的な概念を少々簡略化して説明する. 上に挙げた性質 (i) を満たす関数 f を見つける代わりに, 標本空間を単純に関数の空間 $p : \{1, \ldots, n\} \to \{0, 1\}$ とし, $X_i' := p(i)$ とする. したがって, (S, Pr) 内の基本事象はどの関数を選ぶかということになり, その選択によってすべての $X_1', \ldots, X_n'$ の値は一意に決定される.

次の定理は, 任意の n と k に対し (S, Pr) をどのように見つけるかという問いに対する答である. この定理は, k ずつの独立性で十分な時に, 確率空間の大きさを縮小できることと, ランダムな選択の良い近似があることを保証しているので, 非常に強力である.

定理 5.4.2.2 $(\Omega, Prob)$ を確率空間, $X_1, \ldots, X_n$ を $\Omega = \{(X_1 = \alpha_1, \ldots, X_n = \alpha_n) \mid$ 全ての $i = 1, \ldots, n$ で $\alpha_i \in \{0, 1\}\}$ となるような $(\Omega, Prob)$ 上の確率変数とする. k を $2 \le k < n$ であるような正整数とし, $q \ge n$ を素数のべきとする. $GF(q) = \{r_1, r_2, \ldots, r_q\}$ を q 個の元からなる有限体とする. $A_{i,1}$ と $A_{i,2}$ を

$$A_{i,1} = \{r_1, r_2, \ldots, r_{d_i}\},$$
$$A_{i,0} = \mathrm{GF}(q) - A_{i,1}$$

とする. ただし, $d_i = \lceil q \cdot Prob[X_i = 1] - \frac{1}{2} \rceil$ である. この時, $S = \{p \mid p$ は次数が高々 $k-1$ の $\mathrm{GF}(q)$ 上の多項式 $\}$ と S 上の一様分布 Pr で定まる確率空間 (S, Pr) には次の 2 つの性質がある.

(i) $|S| = q^k$.

(ii) $i = 1, \ldots, n$ に対し,

$$X_i'(p) = \begin{cases} 1 & (p(r_i) \in A_{i,1} \text{ の場合}) \\ 0 & (p(r_i) \in A_{i,0} \text{ の場合}) \end{cases}$$

で定義される確率変数 $X_i' : S \to \{0, 1\}$ は次の性質を満たす.

$X_1', \ldots, X_n'$ は k ずつの独立性を満たす.

全ての $\alpha \in \{0, 1\}$ で $|Pr[X_i' = \alpha] - Prob[X_i = \alpha]| \le \frac{1}{2q}$ となる. $\qquad \square$

証明 次数が高々 $k-1$ の任意の多項式は k 個の係数で一意に決定され, これら k 個の係数は $\{r_1, r_2, \ldots, r_q\}$ から選ばれるので, 性質 (i) は明らかに成り立つ.

(ii) を示す前に, 次の性質が成り立つことを確かめよう. 全ての $r_i \in \mathrm{GF}(q)$ と任意の $a, b \in \mathrm{GF}(q)$ に対して,

$$Pr(p(r_i) = a) = Pr(p(r_i) = b) = \frac{1}{q}$$

となる, すなわち[79], 列

$$p_1(r_i), p_2(r_i), \ldots, p_{q^k}(r_i)$$

において a と b は同じ回数だけ現れる. ただし, $S = \{p_1, p_2, \ldots, p_{q^k}\}$ である. このことは, S の任意の多項式 p は k 箇所の値を決めれば一意に定まることから導かれる.

(ii.b) を示すために, 全ての $i = 1, \ldots, n$ に対して

$$\begin{aligned} Pr[X_i' = 1] &= \frac{|A_{i,1}|}{|\mathrm{GF}(q)|} \\ &= \frac{\lceil q \cdot Prob[X_i = 1] - \frac{1}{2} \rceil}{q} \end{aligned}$$

が成り立つことを用いる. よって, $Prob[X_i = 1]$ を最も近い $\frac{1}{q}$ の倍数に丸めれば $Pr[X_i' = 1]$ が得られる. 特に, このことから

$$|Pr[X_i' = 1] - Prob[X_i = 1]| \le \frac{1}{2q} \tag{5.37}$$

---

[79] すなわち, $\mathrm{GF}(q)$ 上の S は万能ハッシュとなる.

452 第 5 章 乱択アルゴリズム

が導かれる. 上界

$$|Pr[X_i' = 0] - Prob[X_i = 0]| \le \frac{1}{2q}$$

は (5.37) 式の他に, $Pr[X_i' = 0] = 1 - Pr[X_i' = 1]$ と $Prob[X_i = 0] = 1 - Prob[X_i = 1]$ という事実から直ちに得られる.

次に (ii.a) を示す. $i = 1, 2, \ldots, n$ に対して

$$A_{i,1} = \{r_1, r_2, \ldots, r_{d_i}\} \text{ かつ } A_{i,0} = \mathbb{Z}_q - A_{i,1} (\text{ただし } d_i = \lceil q \cdot Prob[X_i = 1] - \tfrac{1}{2} \rceil)$$

であった. $i_1, \ldots, i_k \in \{1, 2, \ldots, n\}$ が $1 \le i_1 < \cdots < i_k \le n$ を満たすとし, $l = 1, \ldots, k$ で $\alpha_l \in \{0, 1\}$ とすると,

$$Pr[X_{i_1}' = \alpha_1, \ldots, X_{i_k}' = \alpha_k] = Pr[p(r_{i_1}) \in A_{i_1, \alpha_1}, \ldots, p(r_{i_k}) \in A_{i_k, \alpha_k}]$$

となる. S には $p(i_1) \in A_{i_1, \alpha_1}, \ldots, p(i_k) \in A_{i_k, \alpha_k}$ を満たす相異なる多項式 p が正確に

$$|A_{i_1, \alpha_1}| \cdot \cdots \cdot |A_{i_k, \alpha_k}|$$

だけ存在する. というのは, 多項式 p の次数は高々 $k - 1$ であり, したがって p は k 個の係数の値を決めれば一意に定まるからである. 以上より

$$
\begin{aligned}
Pr[p(i_1) \in A_{i_1, \alpha_1}, \ldots, p(i_k) \in A_{i_k, \alpha_k}] &= \frac{|A_{i_1, \alpha_1}| \cdot \cdots \cdot |A_{i_k, \alpha_k}|}{|S|} \\
&\underset{(i)}{=} \frac{|A_{i_1, \alpha_1}| \cdot \cdots \cdot |A_{i_k, \alpha_k}|}{q^k} \\
&= \frac{|A_{i_1, \alpha_1}|}{q} \cdot \cdots \cdot \frac{|A_{i_k, \alpha_k}|}{q} \\
&= Pr[X_{i_1}' = \alpha_1] \cdot \cdots \cdot Pr[X_{i_k}' = \alpha_k]
\end{aligned}
$$

となり, $X_1', \ldots, X_n'$ は k ずつの独立性を満たす. □

演習問題 5.4.2.3 $Prob[X_i = 1] = Prob[X_i = 0] = \frac{1}{2}$ である時の, 定理 5.4.2.2 の特別な場合を考える. (i) と (ii.a) の他に, 全ての $\alpha \in \{0, 1\}$ に対して $Prob[X_i = \alpha] = Pr[X_i' = \alpha]$ を満たす, 確率空間 (S, Pr) と (S, Pr) 上の確率変数 $X_1', \ldots, X_n'$ を見つけよ. □

演習問題 5.4.2.4 $X_1', \ldots, X_n'$ で $X_1, \ldots, X_n$ を正確に「シミュレート」できるのは, $Prob[X_i = 1]$ がどのような値をとる時か? □

定理 5.4.2.2 は強力なデランダマイゼーション手法であるだけではない. 乱択アルゴリズムを「乱択アルゴリズムとして」実装する時においても, 使用されるランダムビットの数はプログラムの本質的なコストの尺度となる. 以下に示すように, 定

理 5.4.2.2 によりランダムビットの数を本質的に減らすことができる.

A を乱択アルゴリズムとする. ただし, 長さ n の任意の入力に対して A が用いるランダムビットの数は $Random_A(n) = n$ とする. また, 確率変数 $X_1, \ldots, X_n$ が k ずつの独立性を満たせば A はうまく動くとする. ランダムビットの数を減らした新しいアルゴリズム $\mathrm{RED}(A)$ は以下のように表せる.

アルゴリズム 5.4.2.5 $\mathrm{RED}(A)$

入力: A の入力 w.

Step 1: 定理 5.4.2.2 で示した確率空間 (S, Pr) から要素 p を一様ランダムに選ぶ.
{これは $\lceil \log_2 |S| \rceil = O(k \cdot \log_2 n)$ 個のランダムビットで実行できる.}

Step 2: 定理 5.4.2.2 の (ii) にある $X_1', X_2', \ldots, X_n'$ を計算する.

Step 3: k ずつで独立なランダムビット $X_1', X_2', \ldots, X_n'$ を用いてアルゴリズム A を w に対して実行する.

出力: Step 3 で計算した A の出力.

k が入力長 n に依存しない定数である時, 明らかにランダムビットの数を n から $Random_{\mathrm{RED(A)}} = O(\log_2 n)$ に減らしたことになる[80].

以上より, 確率空間縮小法に基づく一般的なデランダマイゼーションスキームは以下のようになる.

確率空間縮小法による A の決定的なシミュレーション $\mathrm{PSR}(A)$

入力: A の入力 w.

Step 1: 定理 5.4.2.2 に示したように確率空間 (S, Pr) を構成する.

Step 2: **for** 任意の $p \in S$ **do**
w に対して $\mathrm{RED}(A)$ をランダムな選択 p を用いてシミュレートし, 出力 $Result(p)$ を保存する.

Step 3: Step 2 で計算した全ての出力から「正しい」出力を推定する.
{Step 3 はどのような種類の問題を扱っているかに依存する. もし最適化問題であれば, 最も良いコストの出力が選ばれる. A が決定問題に対するアルゴリズムであれば「受理」と「棄却」のそれぞれが出力される確率を見なければならない.}

---

[80] もちろん, 入力長とランダムビットの数の両方を n と仮定する必要はない. 一般に, 定数 k に対して $Random_{\mathrm{RED(A)}}(w) = O(\log_2 Random_A(w))$ を得る.

454 第 5 章 乱択アルゴリズム

次節ではこのシミュレーションスキームを MAX-E3SAT に対して用いる.

5.4.3 確率空間の縮小と MAX-EkSAT

この節では, MAX-E3SAT に対するアルゴリズム RSMS に確率空間縮小法を適用する例を示す. 既に見てきたように, このランダムサンプリング手法の解析には, 同じ節に現れる変数の値が独立であれば十分である. したがって, 与えられた m 個の節のうち充足される節数の期待値が $\frac{7}{8} \cdot m$ であることを示すには, 確率変数が 3 ずつで独立であればよい. 入力 Φ が n 個のブール変数 $x_1, \ldots, x_n$ 上の m 節の式であるとき, アルゴリズム RSMS はちょうど n 個の確率変数を使う. 入力 Φ に対する RSMS の確率空間 $(\Omega, Prob)$ は次の 2 つの性質を満たす.

(i) $\Omega = \{(\alpha_1, \alpha_2, \ldots, \alpha_n) \in \{0,1\}^n\}$ であり $|\Omega| = 2^n$ となる. すなわち, 基本事象は n 個の変数 $X_1, \ldots, X_n$ に対するブール値の選択である.

(ii) 全ての $i = 1, 2, \ldots, n$ に対して, $Prob(X_i = 1) = Prob(X_i = 0) = \frac{1}{2}$ である.

x_i に対するランダムな選択 α_i は, アルゴリズム RSMS が x_i に値 α_i を割り当てることを意味する.

定理 5.4.2.2 から, r が $q = 2^r \geq n$ を満たす最も小さい数になるような $q = 2^r$ を選択できる. このような選択をするのは, 全ての $i \in \{1, \ldots, n\}$ と全ての $\alpha \in \{0, 1\}$ に対して $Pr[X_i' = \alpha] = Prob[X_i = \alpha]$ とするために q を偶数にしたいからである.

ここで, 新たな標本空間は

$$S = \{c_2 x^2 + c_1 x + c_0 \mid c_2, c_1, c_0 \in \mathrm{GF}(q)\}$$

となる. 任意のこれらの多項式 $c_2 x^2 + c_1 x_1 + c_0$ はそれぞれ 3 項組 $(c_2, c_1, c_0) \in (\mathrm{GF}(q))^3$ で一意に表現されるので, $|S| = q^3$ となる. また, q が偶数であることと $Prob[X_i = 1] = \frac{1}{2}$ から

$$\left\lceil q \cdot Prob[X_i = 1] - \frac{1}{2} \right\rceil = \left\lceil 2^r \cdot \frac{1}{2} - \frac{1}{2} \right\rceil = \left\lceil 2^{r-1} - \frac{1}{2} \right\rceil = 2^{r-1} = \frac{q}{2}$$

となる. すなわち, $|A_{i,1}| = |A_{i,0}| = \frac{q}{2}$ となる. $X_i'(p)$ の値は $p(i) \in A_{i,0}$ である時, またその時に限り 0 となり, また $p(i) \in A_{i,1}$ の時, またその時に限り 1 となるので,

$$Pr[X_i' = 0] = \frac{1}{2} = Pr[X_i' = 1]$$

を得る. よって, $X_1', \ldots, X_n'$ は正確に $X_1, \ldots, X_n$ を近時し, 定理 5.4.2.2 の (ii) から $X_1', \ldots, X_n'$ が 3 個ずつの独立性を持つことも保証される. 5.4.2 節に示した一般的なシミュレーションスキーム $\mathrm{RED}(A)$ と $\mathrm{PSR}(A)$ を用いることによって, 次のような MAX-E3SAT の決定性 (8/7)-近似アルゴリズムが得られる.

5.4 デランダマイゼーション　　**455**

アルゴリズム **5.4.3.1** Derand-RSMS-3

入力:　　　変数集合 $\{x_1, \ldots, x_n\}$ 上の 3CNF 式 Φ.

Step 1:　$2^r \geq n$ を満たす最小の正整数 r を求め, $q := 2^r \geq n$ とする.

Step 2:　**for** $c_0 = 0$ **to** $q - 1$ **do**

　　　　　　for $c_1 = 0$ **to** $q - 1$ **do**

　　　　　　　for $c_2 = 0$ **to** $q - 1$ **do**

　　　　　　　　　begin

　　　　　　　　　for $i = 1$ **to** n **do**

　　　　　　　　　　if $(c_2 i^2 + c_1 i + c_0) \in \{r_1, r_2, \ldots, r_{q/2}\} \subsetneq \mathrm{GF}(q)$

　　　　　　　　　　　then $x_i = 1$

　　　　　　　　　　　else $x_i = 0$;

　　　　　　　　　$x_1, \ldots, x_n$ で充足される Φ の節の数を数え, 充足する節の数
　　　　　　　　　がこれまでで最大となる割当 $\alpha_1, \ldots, \alpha_n$ を保存する.

　　　　　　　　　end

出力:　　　$\alpha_1, \ldots, \alpha_n$.

アルゴリズム Derand-RSMS-3 は, アルゴリズム RSMS の $O(n^3)$ 回の繰り返しからなる. n 変数 m 節の式 Φ に対する RSMS の 1 回の実行は $O(n + m)$ 時間かかるので, Derand-RSMS-3 の時間計算量は $O(n^4 + n \cdot m)$ となる.

RSMS は MAX-E3Sat 問題に対する乱択 8/7-平均近似アルゴリズムであるので, Red(RSMS) も平均近似比は高々 8/7 である. より正確には, Red(RSMS) の出力で充足される節の数の期待値は少なくとも $\frac{8}{7} \cdot m$ である. よって, 少なくとも $\frac{8}{7}m$ 個の節を充足する割当 $X_1', \ldots, X_n'$ に対応する c_0, c_1, c_2 の値が存在しなければならない. Derand-RSMS-3 では, c_0, c_1, c_2 がとり得る全ての値を調べるので, Derand-RSMS-3 は少なくとも $\frac{8}{7}m$ 個の節を充足する割当を必ず出力する.

演習問題 5.4.3.2 Max-E3Sat に対するアルゴリズム Red(RSMS) を設計し実装せよ. また, この実装に対する確率変数の正確な数はいくつか?　　　　　□

演習問題 5.4.3.3 5.4.2 節で用いた一般的な概念とスキームに従って, 任意の $k > 3$ に対する以下のアルゴリズムを設計せよ.

(i) 使用するランダムビットの数をできるだけ少なくした (すなわち標本空間も小さい), Max-EkSat に対する乱択 $(2^k/(2^k - 1))$-平均近似アルゴリズム.

456　第 5 章　乱択アルゴリズム

(ii) MAX-EkSAT に対する決定性 $(2^k/(2^k-1))$-近似アルゴリズム.

どちらに対しても，設計したアルゴリズムの計算量を解析せよ.　　　　　　　□

演習問題 5.4.3.4　確率空間の縮小を用いたデランダマイゼーション手法を用いて，MAX-E6SAT に対する $O(n^4)$ 時間の決定性 δ-近似アルゴリズムを設計することは可能か？　　　　　　　　　　　　　　　　　　　　　　　　　　□

　ここまで，確率空間の縮小を用いたデランダマイゼーション手法がとても一般的で，かつ非常に強力であることを見てきた．しかし，得られる決定性アルゴリズムの計算量は非常に大きくなり得る．n 変数の 3CNF 式に対する $O(n^4)$ 時間でも大き過ぎるかもしれない．したがって，実用的な観点からは，乱択アルゴリズムにおけるランダムビット（ランダムな選択）の数を本質的に減らせることが，この手法の現在における主な貢献であろう.

5.4.4　条件付き期待値法によるデランダマイゼーション

　この節では，条件付き期待値法の一般的な概念を解説する．説明を簡単にするために，最大化問題に対する手法のみを取り上げるが，最小化問題にもそのまま適用できる[81]．次節でこの手法の典型的な適用例をいくつか取り上げる.

　A を最大化問題 $MAX = (\Sigma_I, \Sigma_O, L, L_I, \mathcal{M}, cost, maximum)$ に対する乱択アルゴリズムとする．任意の固定された入力 $w \in L_I$ に対して，ある確率変数 $X_1, X_2, \ldots, X_m$ にブール値を割り当てることによって各基本事象を決定できるような確率空間 $(\Omega, Prob)$ がある．一般に，全ての $i = 1, \ldots, n$ と全ての $\alpha \in \{0, 1\}$ で $Prob[X_i = \alpha]$ を有理数とすることができる[82]．A の任意の出力 u のコスト $cost(u)$ を確率変数 Z で表すとする．このとき，$Prob[Z = \beta]$ は A の入力 w に対する出力 u が $cost(u) = \beta$ を満たす確率である．ここでの目標は，A を，出力のコストが必ず少なくとも $E[Z]$ であるような決定性アルゴリズムに変換することである.

　乱択アルゴリズムは $2^{Random_A(w)}$ 種類の決定性アルゴリズム A_α の集合と見なせることを思い出してほしい．ただし，任意の $\alpha \in \{0, 1\}^n$ で，A_α は入力 w に対して $\{X_1, \ldots, X_n\}$ の割当 α を用いて動作する．$E[Z]$ は A の w に対する全ての可能な出力のコストの重み付き平均であるので，コストが $cost(v) \geq E[Z]$ となるような出力 v が必ず存在する[83]．すなわち，決定性アルゴリズム A_β の出力のコストが少なくとも $E[Z]$ となるような割当 $\beta = \beta_1, \ldots, \beta_n \in \{0, 1\}^n$ が存在しなければな

---

[81] 通常，この手法は最適化問題に対して用いられるが，もちろん決定問題にも適用できる.

[82] 通常，一様分布のみを考える.

[83] もし全ての出力のコストが $E[Z]$ より小さいと，$E[Z]$ がそれらの重み付き平均ではなくなってしまうので，そのようなことはあり得ない.

らない．条件付き期待値法の真髄は，このような β を決定的に求め，後は，与えられた入力 w に対する A_β の動作をシミュレートするだけであるところにある．明らかに，β は入力 w に依存するので，β は実際の入力毎に計算する必要がある[84]．得られた決定性アルゴリズムの計算量は $Time_{A_\beta}(w)$ と β を求めるための計算量の和になる．よって，正しい β を効率よく見積もることが，この手法の（$Time_A(n)$ と比較してどの程度時間計算量が増加するかという点での）効率の本質となる．

ここで説明する方法では，$\beta = \beta_1, \ldots, \beta_n$ を 1 ビットずつ，逐次的に計算していく．この β を求める方法は**悲観的推定量法**と呼ばれる．まず最初に

$$E[Z \mid X_1 = 1] \geq E[Z \mid X_1 = 0]$$

であれば β_1 に値 1 を選択し，そうでなければ 0 とする．一般に，$\beta_1, \beta_2, \ldots, \beta_i$ の値が既に推定してある時，

$$E[Z \mid X_1 = \beta_1, X_2 = \beta_2, \ldots, X_i = \beta_i, X_{i+1} = 1] \geq$$
$$E[Z \mid X_1 = \beta_1, X_2 = \beta_2, \ldots, X_i = \beta_i, X_{i+1} = 0]$$

であれば，$\beta_{i+1} := 1$ とし，そうでなければ $\beta_{i+1} := 0$ とする．このようにして得られた $\beta = \beta_1, \ldots, \beta_n$ で $cost(A_\beta(w)) \geq E[Z]$ という要求を満たせることを示すために，次の補題を用いる．

補題 5.4.4.1 $(\Omega, Prob)$ を確率空間とし，$X_1, \ldots, X_n$ と Z を上で述べた確率変数とする．与えられた入力 w に対して，$\beta = \beta_1, \beta_2, \ldots, \beta_n \in \{0,1\}^n$ が悲観的推定量法で求められたとすると

$$E[Z] \quad \leq \quad E[Z \mid X_1 = \beta_1] \leq E[Z \mid X_1 = \beta_1, X_2 = \beta_2] \leq \cdots$$
$$\leq \quad E[Z \mid X_1 = \beta_1, \ldots, X_n = \beta_n] = cost(A_\beta(w))$$

が成り立つ． □

証明 $E[Z \mid X_1 = \beta_1, \ldots, X_n = \beta_n] = cost(A_\beta(w))$ となることは明らかである．以下では，全ての $i = 0, 1, \ldots, n-1$ で

$$E[Z \mid X_1 = \beta_1, \ldots, X_i = \beta_i] \leq E[Z \mid X_1 = \beta_1, \ldots, X_i = \beta_i, X_{i+1} = \beta_{i+1}]$$

$$(5.38)$$

となることを証明する．$X_1, X_2, \ldots, X_n$ は独立であると考えられるので，任意の $\alpha_1, \ldots, \alpha_i \in \{0,1\}^i$ で

---

[84] このことに注意を払うためには β と書く代わりに $\beta(w)$ とした方がよいのかもしれない．しかし 5.4.4 節では w は固定されていると考えるので，β と省略する．

458 第 5 章 乱択アルゴリズム

$$E[Z \mid X_1 = \alpha_1, \ldots, X_i = \alpha_i] =$$
$$Prob[X_{i+1} = 1] \cdot E[Z \mid X_1 = \alpha_1, \ldots, X_i = \alpha_i, X_{i+1} = 1] +$$
$$Prob[X_{i+1} = 0] \cdot E[Z \mid X_1 = \alpha_1, \ldots, X_i = \alpha_i, X_{i+1} = 0]$$

となることは簡単にわかる. $Prob[X_{i+1} = 1] = 1 - Prob[X_{i+1} = 0]$ であることと, 2 つの数の重み付きの平均が最大値より大きくなることは起こり得ないので,

$$E[Z \mid X_1 = \beta_1, \ldots, X_i = \beta_1] \le$$
$$\max\{E[Z \mid X_1 = \beta_1, \ldots, X_i = \beta_i, X_{i+1} = 1], \qquad (5.39)$$
$$E[Z \mid X_1 = \beta_1, \ldots, X_i = \beta_i, X_{i+1} = 0]\}$$

となる.

β_{i+1} の割当は式 (5.39) の条件付き期待値の最大値に相当するので, (5.39) 式から (5.38) 式は直ちに導かれる. □

これで, 一般的なデランダマイゼーションスキームを以下のように定式化できる.

アルゴリズム 5.4.4.2 COND-PROB(A)

入力: A に対する入力 w.

Step 1: **for** $i := 1$ **to** n **do**
    if $E[Z \mid X_1 = \beta_1, \ldots, X_{i-1} = \beta_{i-1}, X_i = 1] \ge$
        $E[Z \mid X_1 = \beta_1, \ldots, X_{i-1} = \beta_{i-1}, X_i = 0]$
    then $\beta_i := 1$
    else $\beta_i := 0$

Step 2: w に対する A_β の動作をシミュレートする. ただし, $\beta = \beta_1, \beta_2, \ldots, \beta_n$ である.

出力: $A_\beta(w)$.

補題 5.4.4.1 から $cost(A_\beta(w)) \ge E[Z]$ であることが直ちにわかる. A が多項式時間アルゴリズムで, なおかつ Step 1 が多項式時間で実行できれば, アルゴリズム COND-PROB(A) も多項式時間アルゴリズムとなる. したがって, 条件付き期待値 $E[Z \mid X_1 = \alpha_1, \ldots, X_i = \alpha_i]$ が多項式時間で計算できるかどうかが重要になる. 次節で, このようなことが可能である例を示す.

5.4.5 条件付き期待値法と充足可能性問題

この節では, 条件付き期待値法の実用性をいくつかの充足可能性問題に対して適用

することで説明する．実際，5.3.6 節で設計した Max-E3Sat に対する全ての乱択アルゴリズムがこの手法でデランダマイズできることを示す．さらに言うと，ランダムサンプリングを用いた Max-E3Sat のアルゴリズムに条件付き期待値法を用いたデランダマイゼーションを行うと，5.4.3 節の確率空間縮小法で得られた Derand-RSMS-3 よりも効率的な決定性近似アルゴリズムが得られる．

まず最初に，正整数 $k \geq 2$ での Max-EkSat 問題とランダムサンプリングを基にしたアルゴリズム RSMS をとりあげる．Max-EkSat の入力をブール変数 $\{x_1, \ldots, x_n\}$ 上の Φ とし，Φ の節の集合を $C = \{C_1, \ldots, C_m\}$ とする（ただし，$m \in \mathbb{N}$ である）．Φ に対する RSMS の動作を解析するために，確率空間 $(\Omega, Prob)$ を考えた．ただし，$\Omega = \{0,1\}^n$ であり，Ω の各基本事象は確率変数 $X_1, \ldots, X_n$ に値 0 または 1 を割り当てることに対応する．この時，全ての $i = 1, \ldots, n$ と全ての $\alpha \in \{0,1\}$ で確率変数 X_i に値 α を割り当てる確率は $Prob(X_i = \alpha) = 1/2$ である．さらに，各 $j \in \{1, \ldots, m\}$ に対して確率変数 Z_i を節 C_j が充足されているかを示す指示変数とする．既に，全ての $j = 1, \ldots, m$ で

$$E[Z_j] = 1 - \frac{1}{2^k} = \frac{2^k - 1}{2^k}$$

となることを示した．確率変数 $Z = \sum_{j=1}^{m} Z_j$ は充足されている節の数を表し，期待値の線形性より

$$E[Z] = \frac{2^k - 1}{2^k} \cdot m$$

となる．

RSMS のデランダマイゼーションには，任意の $i \in \{1, \ldots, n\}$ と $\alpha_1, \alpha_2, \ldots, \alpha_i \in \{0,1\}^i$ に対して条件付き期待値 $E[Z \mid X_1 = \alpha_1, X_2 = \alpha_2, \ldots, X_i = \alpha_i]$ が効率的に計算できることを示せば十分である．ここで

$$E[Z \mid X_1 = \alpha_1, \ldots, X_i = \alpha_i] = \sum_{j=1}^{m} E[Z_j \mid X_1 = \alpha_1, \ldots, X_i = \alpha_i]$$

であるので，次のアルゴリズムを使えば計算できる．

アルゴリズム 5.4.5.1 CCP

入力： Φ と $\alpha_1, \ldots, \alpha_i \in \{0,1\}^i$（ただし，$i$ はある正整数）．

Step 1: **for** $j = 1$ **to** m **do**

    begin 節 C_j に現れる変数 $x_1, \ldots, x_i$ をそれぞれ定数 $\alpha_1, \ldots, \alpha_i$ に置き換え，簡約化した節を $C_j(\alpha_1, \ldots, \alpha_i)$ とする；

    if $C_j \equiv 0$

    then $E[Z_j \mid X_1 = \alpha_1, \ldots, X_i = \alpha_i] := 0$ とする

else if $C_j \equiv 1$
  then $E[Z_j \mid X_1 = \alpha_1, \ldots, X_i = \alpha_i] := 1$ とする
  else $E[Z_j \mid X_1 = \alpha_1, \ldots, X_i = \alpha_i] := 1 - \frac{1}{2^l}$ とする
    ただし，l は $C_j(\alpha_1, \ldots, \alpha_i)$ に現れる異なる変数の数である．

end

Step 2: $E[Z \mid X_1 = \alpha_1, \ldots, X_i = \alpha_i] := \sum_{j=1}^{m} E[Z_j \mid X_1 = \alpha_1, \ldots, X_i = \alpha_i]$.

出力： $E[Z \mid X_1 = \alpha_1, \ldots, X_i = \alpha_i]$.

CCP が条件付き期待値 $E[Z \mid X_1 = \alpha_1, \ldots, X_i = \alpha_i]$ の正しい値を求めることは簡単に確かめられる．また，Step 1 は $O(n+m)$ 時間，Step 2 は $O(m)$ 時間で実行できる，CCP は入力長の線形時間で動作する，すなわち，非常に効率的なアルゴリズムである．

条件付き期待値法による一般的なデランダマイゼーションスキーム（アルゴリズム 5.4.4.2）に従うと，次の結果が得られる．

定理 5.4.5.2 任意の整数 $k \geq 3$ で，条件付き期待値を CCP で求めたアルゴリズム COND-PROB(RSMS) は MAX-EkSAT に対する $(2^k/(2^k - 1))$-近似アルゴリズムであり，その計算時間は $Time_{\text{COND-PROB(RSMS)}}(N) = O(N^2)$ となる（ただし，N は入力長である）． $\square$

証明 補題 5.4.4.1 で証明したように，COND-PROB(RSMS) で求められた割当が充足する節は少なくとも $E[Z]$ 個ある．m 個の節からなる任意の入力 Φ で RSMS は

$$E[Z] \geq \frac{2^k - 1}{2^k} \cdot m$$

を満たすので，COND-PROB(RSMS) の近似比は高々 $2^k/(2^k - 1)$ となる．

COND-PROB(RSMS) の Step 1 では条件付き期待値を $2n$ 回計算する．これは CCP で 1 回につき $O(n+m)$ 時間でできる．よって，Step 1 は $O(N^2)$ 時間で実行できる．Step 2 は求めた列 β を用いたアルゴリズム RSMS のシミュレーションなので，$O(n+m) = O(N)$ 時間かかる． $\square$

MAX-SAT の任意のインスタンスに対して COND-PROB(RSMS) を用いると，MAX-SAT の 2-近似アルゴリズムが得られる．これは RSMS が MAX-SAT に対する 2-平均近似アルゴリズムであるからである．しかし，5.3.6 節で，MAX-SAT に対して緩和とランダム丸めを用いた乱択 $e/(e-1)$-平均近似アルゴリズム RRRMS

を設計している．RSMS との違いは確率空間 (Ω, Pr) にある．$\Omega = \{0,1\}^n$ である
ことと，Ω の各基本事象が確率変数 $X_1, \ldots, X_n$ に値 0 または 1 を割り当てるこ
とであることには変わりはない．しかし，確率分布 Pr は Φ に対応する線形計画の
解によって与えられる点が異なる．$\alpha(x_1), \ldots, \alpha(x_n)$ を LP(Φ) の変数 $x_1, \ldots, x_n$
に対する解とすると，確率変数 X_i に値 0 または 1 を割り当てる確率はそれぞれ
$Pr[X_i = 1] = \alpha(x_i)$ と $Pr[X_i = 0] = 1 - \alpha(x_i)$ となる．補題 5.3.6.3 では，節 C_j
が k 個の異なる変数からなり，$\alpha(z_j)$ が LP(Φ) の変数 z_j に対する解である時，

$$E[Z_j] \geq \left(1 - \left(1 - \frac{1}{k}\right)^k\right) \cdot \alpha(z_j)$$

となることを示した．しかし，重要な点は (5.26) 式で示した

$$E[Z_j] = 1 - \prod_{i=1}^{k}(1 - \alpha(x_i))$$

となることである．

この議論によって，条件付き期待値を次のようにして計算できる．

アルゴリズム 5.4.5.3 CCP-LP

入力： Φ と $j = 1, \ldots, n$ に対する $\alpha_j = \alpha(x_j)$ とある整数 i $(1 \leq i \leq n)$ に
対する $\beta_1 \ldots \beta_j \in \{0,1\}^i$．ただし，$\alpha(x_j)$ は LP(Φ) のブール変数 x_j
に対する解である．

Step 1: **for** $j = 1$ **to** m **do**
  begin 節 C_j に現れる変数 $x_1, \ldots, x_i$ をそれぞれ定数 $\beta_1, \ldots, \beta_i$ に
    置き換え，簡略化したものを $C_j(\beta_1, \ldots, \beta_i) = x_{l_1}^{\gamma_1} \vee x_{l_2}^{\gamma_2} \vee \cdots$
    $\vee x_{l_r 1}^{\gamma_r}$ とする；
  if $C_j \equiv \delta \in \{0,1\}$ { すなわち，$r = 0$}
  then $E[Z_j \mid X_1 = \beta_1, \ldots, X_i = \beta_i] := \delta$
  else $E[Z_j \mid X_1 = \beta_1, \ldots, X_i = \beta_i] := 1 - \prod_{i=1}^{r}(1 - \alpha(x_{l_i}))$
  end

Step 2: $E[Z \mid X_1 = \beta_1, \ldots, X_i = \beta_i] := \sum_{j=1}^{m} E[Z_j \mid X_1 = \beta_1, \ldots, X_i = \beta_i]$．

出力 $E[Z \mid X_1 = \beta_1, \ldots, X_i = \beta_i]$．

アルゴリズム RRRMS のデランダマイゼーションは次のように実現できる．

462 第 5 章 乱択アルゴリズム

アルゴリズム **5.4.5.4** DER-RRRMS

入力： $X = \{x_1, \ldots, x_n\}$ 上の CNF 式 Φ （ただし， $n \in \mathbb{N}$）．

Step 1: MAX-SAT のインスタンス Φ を線形計画問題のインスタンス LP(Φ) として定式化する．

Step 2: LP(Φ) を緩和したものを解く．

Step 3: $E[Z] \le E[Z \mid X_1 = \beta_1, \ldots, X_n = \beta_n]$ となる $\beta_1, \ldots, \beta_n$ を COND-PROB() で示した戦略に基づいて求める．この時，条件付き期待値は CCP-LP を用いて計算する．

出力 X に対する割当 $\beta_1 \ldots \beta_n$.

定理 5.4.5.5 任意の整数 $k \ge 3$ に対して，決定性アルゴリズム DER-RRRMS は MAX-EkSAT の多項式時間 $\frac{k^k}{k^k - (k-1)^k}$-近似アルゴリズムである． $\square$

証明 DER-RRRMS が多項式時間アルゴリズムであるのは明らかである．基にしたアルゴリズムである RRRMS の平均近似比が $\frac{k^k}{k^k - (k-1)^k}$ であったので，DER-RRRMS の近似比が $\frac{k^k}{k^k - (k-1)^k}$ より悪くなることはあり得ない． $\square$

5.3.6 節で MAX-SAT の乱択 (4/3)-平均近似アルゴリズムを設計した．これは 2 つのアルゴリズム RSMS と RRRMS を独立に実行し，得られた 2 つの解のうち良い方を採用するというものであった．条件付き期待値法を用いて RSMS と RRRMS の両方をデランダマイゼーションできたので，次に示すアルゴリズムは MAX-SAT に対する決定性多項式時間 (4/3)-近似アルゴリズムになる．

アルゴリズム **5.4.5.6**

入力： X 上の CNF 式 Φ.

Step 1: COND-PROB(RSMS) で X の割当 γ を求め，γ で充足される Φ の節数を $I(\gamma)$ とする．

Step 2: DER-RRRMS で X の割当 δ を求め，δ で充足される Φ の節数を $I(\delta)$ とする．

Step 3: **if** $I(\gamma) \ge I(\delta)$ **then output**(γ)
else output(δ).

5.4 節のまとめ

デランダマイゼーションの目的は，計算量を本質的に増加させずに乱択アルゴリズムを決定性アルゴリズムに変換することである．ここでは 2 つの基本的なデランダマイゼーション手法，すなわち，確率空間縮小法と条件付き期待値法を示した．

確率空間縮小法は，アルゴリズムの振舞いに確率変数が完全に独立である必要がない時にうまくいく．わかりやすい例として，MAX-EkSAT に対するランダムサンプリングを用いたアルゴリズムが挙げられる．このアルゴリズムの振舞いの解析では，変数は全ての k 個の組で独立でありさえすればよい．というのは，個々の節が充足される確率を他の節とは独立に考えるからである．定理 5.4.2.2 で，このような場合に確率空間を縮小し，また確率変数の数も減らす一般的な戦略を示した．確率空間を縮小した後は，乱択アルゴリズムの（新しい確率空間に関する）全ての可能な動作を決定的にシミュレートすればよい．

条件付き期待値法は主に最適化問題に対して用いられる．この方法は，特定の乱数列を効率的に求めようというアイデアに基づいている．この乱数列を用いた乱択アルゴリズムが出力する実行可能解のコストは，少なくとも平均コストと同じくらい良い．5.4.2 節で示したように，この手法で MAX-SAT に対する乱択近似アルゴリズムを効率良くデランダマイゼーションでき，MAX-SAT の（決定性）多項式時間 (4/3)-近似アルゴリズムが得られる．

5.5 文献と関連する話題

「モンテカルロ」という概念は Metropolis, Ulam [MU49] が最初に示した．乱択化という概念はおそらく物理学では既に用いられていたと思われるが，原子力分野で用いられていたので公にはされなかったのである．最初の頃は，モンテカルロアルゴリズムという言葉は全ての乱択アルゴリズムを指した．「ラスベガスアルゴリズム」という用語は Babai [Bab79] が，絶対に誤らないアルゴリズムと，ある程度の確率で誤ることがあるアルゴリズムとを区別するために導入した．

乱択アルゴリズムに関する最も総合的な資料として Motwani, Raghavan による優秀な教科書 [MR95] が挙げられる．乱択アルゴリズムの設計パラダイムの複雑なあらましは Harel [Har87] や Karp [Kar91] による．乱択化を用いたアプローチの最近の話題は Brassard, Bratley [BB96] や Ausiello, Crescenzi, Gambosi, Kann, Marchetti-Spaccamela, Protasi [ACG$^+$99] に見られる．乱択アルゴリズムと近似アルゴリズムの関係に関しては Mayr, Prömel, Steger [MPS98] が詳しい．Bach, Shallit [BS96] はアルゴリズム的な数論の代表的な書籍である．

5.3.2 節に示したラスベガスアルゴリズム QUADRATIC NONRESIDUE は Adleman,

464 第5章 乱択アルゴリズム

Manders, Miller [AMM77] が効率的に平方剰余の平方根を計算するために用いたものである.

素数判定は計算機科学における基本的な問題の1つである. Pratt [Pra75] は素数判定が NP であることを示した. 17世紀にフェルマー (Fermat) が, 効率的な素数判定アルゴリズム設計のスタートとなっているフェルマーの (小) 定理として知られる結果を証明した. フェルマーの定理に基づく素数判定は, 全ての数に対してうまくいくわけではない. 特に, いわゆる Carmichael 数に対してはうまくいかない. Carmichael 数は Carmichael [Car12] で定義され, Carmichael 数が無限にあるという証明は Alford, Granville, Pomerance [AGP92] によって与えられた. 本書で最初に示した素数判定の片側誤りモンテカルロアルゴリズムは Solovay, Strassen [SS77] によるものである. Strassen [Str96] は, このアルゴリズムの概念を非常にわかりやすく説明している. Miller [Mil76] は拡張リーマン予想が成り立つことを仮定して, 素数判定の多項式時間決定性アルゴリズムを設計した. Rabin [Rab76, Rab80] は Miller [Mil76] のアルゴリズムを基にして, 本書で MILLER-RABIN アルゴリズムとして取り上げた, 素数判定の片側誤りモンテカルロアルゴリズムを構成した. この乱択アルゴリズムには, 入力が素数なら必ず「素数」と答え, 入力が合成数の場合にはわずかな確率で間違えるという特徴がある. したがって, 素数判定のラスベガスアルゴリズムを求める試みが行われてきた. まず, Goldwasser, Kilian [GK86] が例外的な素数のごく一部を除く全ての入力に対して正しく動作するラスベガスアルゴリズムを与えた. 最終的に, Adleman, Huang [AH87] による非常に複雑な概念を用いて, 素数判定のラスベガスアルゴリズムが得られた. 1983年に Adleman, Pomerance, Rumely [APR83] によって素数判定の決定性 $(\log_2 n)^{O(\log\log\log n)}$ 時間アルゴリズムという進歩が達成された. 現在, Agrawal, Kayal, Saxena が素数判定の多項式時間アルゴリズムという非常に大きな, そしてすばらしい結果を打ち立てた. このアルゴリズムの時間計算量は $O((\log_2 n)^{12})$ であり, 乱択アルゴリズムほど効率は良くない. しかし, 素数判定が P であるということはアルゴリズム論における最も優れた業績の1つである. 素数判定とアルゴリズム的数論に関する良い文献としては Angluin [Ang82], Johnson [Joh86], Lenstra, Lenstra [LL90], Pomerance [Pom82], Zippel [Zip93], Bach, Shallit [BS96] などがある.

MIN-CUT に対するアルゴリズム RANDOM CONTRACTION は Karger [Kar93] によるものである. このアルゴリズムは Nagamochi, Ibaraki [NI92] による MIN-CUT の決定性アルゴリズムを基にしている. 現在最も高速な RRC は Karger, Stein [KS93] が設計したものである.

MAX-SAT 問題は基本的な最適化問題の1つである. 1974年の時点で既に, Johnson [Joh74] が MAX-SAT の決定性 (3/2)-近似アルゴリズムを示している. このアルゴリズムは MAX-SAT に対するランダムサンプリングアルゴリズムを条件付き期待値

法を用いてデランダマイゼーションしたものと見なすことができる．MAX-SAT の決定性 (4/3)-近似アルゴリズムは Yannakakis [Yan92] によるものである．本書では，Goemans, Williamson [GW94b] に基づいて説明した．彼らは [GW94a] で半定値計画法を用いた緩和を改善し，MAX-2SAT 問題の 1.139-近似アルゴリズムを示している．MAX-SAT に関しては Mayr, Prömel, Steger [MPS98] が詳しい．

この 10 年で，充足可能性問題に対する実用的な指数時間乱択アルゴリズムの開発がとても進んだ．Paturi, Pudlák, Zane [PPZ97] は kSAT（ただし，$k \geq 3$）に対する $O(n^{(1-1/k)n})$ 時間乱択アルゴリズムを示した．5.3.7 節で取り上げた 3SAT に対する SCHÖNING のアルゴリズムは，Schöning [Schö99] が提案した kSAT（ただし，$k \geq 3$）の乱択多スタート局所探索の特別な場合である．このアルゴリズムは $k \geq 3$ の kSAT に対して $O\left(\frac{2k}{k+1}\right)$ 時間で動作する．Schöning の用いたコンセプトは，Dantsin, Goerdt, Hirsch, Schöning [DGHS00], Goerdt, Krivelevich [GoK01], Friedman, Goerdt [FrG01] でさらに発展している．

第 5 章で触れなかった重要な話題として，コンピュータでどのようにして真のランダムビットを生成するかという問題がある．実際のコンピュータは完全に決定的であるので，原理的には全ての動作を予測できる．したがって，コンピュータでは真のランダムビット列（乱数列）は生成できない．この問題を克服する基本的なアプローチは 2 つある．1 つは，物理的な供給源に頼る方法である．この方法の欠点は，物理的な観点から真のランダム性があるかどうか疑わしいことだけではなく，特にそのコストにある．2 番目のアプローチは**擬似乱数列**生成を用いることである．擬似乱数列とは，真の乱数列と多項式時間で区別できない数列として定義される．擬似乱数生成手法に関しては Knuth [Knu69] や Devroye [Dev86] が幅広く扱っている．一般的な概念は Vazirani [Vaz86, Vaz87] によって与えられた．他にも擬似乱数生成器の例として，L'Écuyer [L'E88, L'E90] や，Blum, Micali [BMi84], Yao [Yao82], Blum, Blum, Shub [BBS86], Brassard [Bra88], Brassard, Bratley [BB96] などが挙げられる．

デランダマイゼーション手法の優れた解説として Siegling [Sie98] がある．確率空間縮小法は Alon, Babai, Itai [ABI86] によるもので，本書の定理 5.4.2.2 よりさらに一般的な結果が示されている．この手法は，Lancaster [Lan65]（O'brien によるサーベイ [O'B80] も見よ）による 2 つずつでの独立性を一般化したもので，Karp, Wigderson [KW84] が，ある乱択アルゴリズムを決定性アルゴリズムに変換するために開発した．本書での条件付き期待値法の説明は，Ragharan [Rag88] と Spencer [Spe94] に従った．

おそらく，理論計算機科学における最も基礎的な研究課題は，決定性計算，乱択計算，非決定性計算それぞれの計算能力の比較である．残念なことに，現在に至るまで，多項式時間の計算に対しては，どの計算モードも分類できていない．領域計算量

466 第5章 乱択アルゴリズム

$S(n) \geq \log_2 n$ に関してのみ，ラスベガスが非決定性と同じくらい強力であることが
わかっている（この結果に関しては，Gill [Gil77] と Macarie, Seiferas [MS97] を参
照のこと）．P $\neq$ NP と予想されているので，Cook [Coo71] による NP 完全の概念
によって，計算困難性に関する分類が行える．しかし残念なことに，決定性多項式時間
のクラスと乱択多項式時間のクラスの比較にはこの概念は役に立たない．というのも，
NP 困難問題に対する効率的な乱択アルゴリズムが発見されていないからである．この
分野における研究は，制限された計算モデルにおいて，決定性計算と乱択計算の計算
能力を比較することに集中している．この方面における最大の成功は，本書でも特定の
乱択計算モードが強力であることを示す簡潔かつわかりやすい例として用いた，通信
プロトコルの通信計算量に関する結果である．例 5.2.2.6 で示した決定性プロトコルと
片側誤りモンテカルロの乱択プロトコルの指数的な差は，Freivalds [Fre77] による結
果である．Ďuriš, Hromkovič, Rolim, Schnitger [DHR+97] は一方向プロトコルに
対する決定性とラスベガスとの間には線形関係があることを示した．また，Mehlhorn,
Schmidt [MS82] は一般的な双方向プロトコルにおいて，ラスベガスと決定性との間に
多項式[85]程度の関係があることを証明した．Jájá, Prassanna Kumar, Simon [JPS84]
はモンテカルロプロトコルと，決定性もしくは非決定性のプロトコルの間に指数的な差
があることを示した．この話題に関するサーベイには Hromkovič [Hro97, Hro00] や
Kushilevitz, Nisan [KN97] がある．通信プロトコルにおける異なる計算モードの比較
の結果の一部は，有限オートマトンや異なる制限のあるブランチングプログラムといっ
た他の計算モデルにも拡張されている（例えば，Ďuriš, Hromkovič, Inoue [DHI00] や，
Freivalds [Fre77], Sauerhoff [Sau97, Sau99], Dietzfelbinger, Kutylowski, Reischuk
[DKR94], Hromkovič, Schnitger [HrS99, HrS00], Hromkovič, Sauerhoff [HrSa00]
といった文献を見よ）．

---

[85] 高々2乗である．

第6章 ヒューリスティクス

確かに即興は精神の試金石である.

J.B. モリエール

6.1 序論

　この章では，ヒューリスティクスという呼び名で知られるようになったいくつか
のアルゴリズム設計の技法を紹介する．組合せ最適化の分野において，ヒューリス
ティクスという用語は，明確に定義されているわけではない．そのため，ヒューリス
ティクスという用語は，さまざまな意味で用いられている．非常に一般的な意味で
は，ヒューリスティックアルゴリズムとは，最適化問題の全ての実行可能解の集合の
中で探索するあるわかりやすい（通常，単純な）戦略（アイデア）に基づく，無矛盾
なアルゴリズムであり，最適解を求めることは保証されない．この意味では，たとえ
ヒューリスティック技法によって得られるのが近似アルゴリズムであっても，局所探
索ヒューリスティクスや貪欲ヒューリスティクスと呼ばれる．狭義では，ヒューリス
ティクスは無矛盾なアルゴリズムの基礎となる技法で，得られたアルゴリズムが妥当
な時間（例えば，多項式時間）で妥当な精度の実行可能解を与えることを証明できな
いが，そのアイデアは考えている最適化問題の典型的な問題インスタンスに対しては，
よい振舞いが得られることが期待できるというものである．したがって，この意味で
は，多項式時間近似アルゴリズムは，その設計アイデアが単純であっても，ヒューリ
スティクスと考えることはできない．この狭義の定義では，アルゴリズムの振舞いの
解析ができない間，それをヒューリスティックアルゴリズムと考えてよいという意味
で，ヒューリスティクスは相対的な用語であることに注意しよう．しかし，計算量と
生成された解の精度（乱択アルゴリズムの場合は，エラーを制限した確率をともなっ
てさえ）へのある妥当な限界が証明された後は，そのアルゴリズムは（乱択）近似ア
ルゴリズムとなり，もはやヒューリスティックアルゴリズムとは考えられない．

　（いずれの意味で用いようと）ヒューリスティクスのもう1つの一般的な性質は，
高度なロバスト性である．ロバスト性は，同じヒューリスティック技法を，その組合
せ的構造が非常に異なる場合でさえ，広範な最適化問題に適用できることを意味す
る．これが，ヒューリスティクスの主要な利点であり，ヒューリスティクスが一般的

468 第 6 章 ヒューリスティクス

でよく利用されるようになった原因である.

　本書では，ヒューリスティクスの定義として，次の非常に狭義の定義を用いる.

　　　ヒューリスティクスは最適化問題に対する乱択アルゴリズムを設計する
　　　ためのロバストな技法である．その技法で設計された乱択アルゴリズム
　　　に対しては，どのような定数確率 $p > 0$ に対しても，アルゴリズムの効
　　　率と求める実行可能解の精度を同時には保証できない.

　この定義から乱択という語を取り去れば，3.6 節の局所探索アルゴリズムもヒュー
リスティックアルゴリズムと見なすことができる．3.6.3 節では，局所探索アルゴリ
ズムがいくらでも精度の悪い実行可能解を生成し得るという意味で，局所探索が苦手
とする TSP の問題インスタンスが存在することを示した．これは，時間計算量が実
行可能解の総数より小さい場合の，ヒューリスティクス共通の欠点である[1].

　この章では，2 つの有名なロバストなヒューリスティクスである，焼きなまし法と
遺伝アルゴリズムに焦点を当てる．これら 2 つの手法はいずれも，ある自然界の最適
化プロセスをシミュレートしようとするものである．焼きなまし法は熱力学のプロセ
スのアナロジーに基づいており，一方遺伝アルゴリズムは進化のプロセスにおける集
団遺伝学の最適化を目指すものである.

　この章の構成は以下の通りである．6.2 節では，焼きなまし法について述べる．焼
きなまし法を，局所探索アルゴリズムの拡張として示す．つまり，焼きなまし法では
ある確率でより悪い実行可能解に移動する（すなわち，解を悪化させる）ことを許す．
この概念の背後にあるアイデアは，局所最適解の周りの「丘」を克服する可能性を導
入することにより，非常に悪い局所最適解に留まってしまうことを避け，より良い解
を探索することである．解の精度を悪化させる確率はその悪化の度合いが大きいほど
小さくなるが，それは熱力学の法則で正確に定められる.

　6.3 節では，遺伝アルゴリズムについて述べる．遺伝アルゴリズムも，連続する改
良の繰り返しで実現されている．しかし，局所探索とは異なり，個体群と呼ばれる実
行可能解の集合から開始する．そして，各繰返しステップでは，新たな個体群を生成
する．この生成は，DNA 系列の組み替えを模倣しようとするある操作や一部分（遺
伝子）のあるランダム変化によって行う．その後，新たな個体群の構成要素として，
最良解（個体）が（ランダムに）選択される．遺伝アルゴリズムの利点は，出力とし
て 1 つの最良解ではなく，最良の個体群を得ることである．このことは，最適解の
基準が不明確で不完全な時に特に有用である．この場合，計算で得られた解の集合か
ら，ある明確でない基準を用いて，ユーザが最良の解を選択することができる.

---

[1] ヒューリスティクスの振舞いはさらに悪く，もし存在するなら妥当な精度の実行可能解を求めることを
　保証するのを可能にするためには，時間計算量は本質的に $|\mathcal{M}(x)|$ より大きくなることを後に示す.

6.2 焼きなまし法　　**469**

6.2 節と 6.3 節は同じように構成されている．これらの節の前半では，ある特定の
ヒューリスティック技法の基本概念を示し，それについて議論する．後半では，これ
らのヒューリスティクスの振舞いを考察し，なるべく良い振舞いを得るために，「自
由」パラメータをいかに調整すればよいかという問題について述べる．

さらに，6.2.3 節では，焼きなまし法の一般化と見なせる，乱択タブーサーチにつ
いて述べる．

6.2　焼きなまし法

6.2.1　基本概念

焼きなまし法は局所探索の拡張と見なすことができる．つまり，より良い解を見つ
けるために，乱択決定によって局所最適からの脱出を可能にした局所探索と見なすこ
とができる．以下では，焼きなまし法の概念を注意深く説明する．最小化問題 U の
与えられた近傍 $Neigh$ に対し，局所探索のスキームは以下のように表すことができ
ることを思い出そう．

LSS($Neigh$)

入力：　　U の問題インスタンス x.

Step 1： 実行可能解 $\alpha \in \mathcal{M}(x)$ を求める．

Step 2： $Neigh_x(\alpha)$ から最良解 β を求める．

Step 3： $cost(\beta) < cost(\alpha)$ ならば $\alpha := \beta$ とし，Step 2 へ．そうでなければ
終了．

3.6.3 節に示したように，TSP の問題インスタンスの中には，LSS($Neigh$) がいくら
でも悪い局所最適に留まってしまうようなものが存在する．局所探索のこの主要な欠点
を克服しようとするための，さまざまなアプローチがある．3.6.2 節では，貪欲戦略を
用いて，局所最適解 α から遠い距離の改善解を探すことを可能とした Kernighan-Lin
の深さ可変探索アルゴリズムを紹介した．もう 1 つの単純なアプローチは，ランダム
に選択した複数の異なる初期解それぞれから LSS($Neigh$) の実行を開始することで
ある．このアルゴリズムは，**多スタート局所探索**と呼ばれる．開始点の数が増加すれ
ば，最適解に到達する確率が 1 に近づくのは確かである．しかし，最適解への到達確
率が十分大きいことを保証するのに必要な開始点の数は，通常，全ての実行可能解に
対するしらみつぶし探索の時間計算量よりもはるかに多い．局所最適から脱出しよう
とするためのもう 1 つの方法は，いわゆる，**閾値局所探索**である．閾値局所探索アル
ゴリズムは，その悪化が与えられた閾値以下の時には，現在の解より悪い解への移動
を許す．3.6.3 節で示した TSP の病的な問題インスタンスは，閾値局所探索アルゴ

470　第6章　ヒューリスティクス

リズムでも，いくらでも悪い局所最適から脱出できないことを示している．

　焼きなまし法の基本的アイデアは，ある種のコイントス（ランダムな決定）によって，局所最適から脱出する（すなわち，現在の解より悪い解へ移動する）ことを可能にすることである．この繰り返しプロセスにおいて，解の悪化を許す確率は，それまでの繰り返し回数と悪化の大きさに依存する．そして，それは次のような物理とのアナロジーによって決定される．

　物性物理学において，**焼きなまし**は熱浴によって，固体が低エネルギー状態に遷移するプロセスである．このプロセスは，次に述べる意味で，最適化プロセスと見なせる．最初は，結晶構造に多くの欠陥のある固体物質がある．目的は欠陥のない完全な固体の構造を得ることであり，その構造は固体の最小エネルギーの状態に相当する．焼きなましの物理プロセスは，次の2ステップからなる．

(1) 熱浴の温度を最大値まで上げ，固体を溶解させる．これにより，全ての粒子がランダムに並ぶ．

(2) 熱浴の温度を決められた冷却スケジュールにしたがってゆっくりと下げ，固体の低エネルギー状態（欠陥のない結晶構造）を得る．

　重要な点は，この最適化プロセスが，乱択局所探索と見なせる METROPOLIS アルゴリズムでモデル化できることである．与えられた状態 s の固体のエネルギーを $E(s)$ と表し，k_B をボルツマン定数とする．

METROPOLIS アルゴリズム

Step 1： s を固体の初期状態とし，そのエネルギーを $E(s)$ とする．また，熱浴の初期温度を T とする．

Step 2： 摂動メカニズムを適用して，ランダムな小さなひずみ（例えば，小粒子のランダムな変位）で状態 s から状態 q を生成する．

　　　　if $E(q) \leq E(s)$ **then** $s := q$

　　　　else 確率

$$p(s \to q) = e^{-\frac{E(q) - E(s)}{k_B \cdot T}}$$

　　　　で q を新たな状態とする（すなわち，確率 $1 - p(s \to q)$ で状態は s のまま変化しない）．

Step 3： T を適切に下げる．

　　　　if T が 0 に近すぎない **then** **repeat** Step 2,

　　　　else **output**(s).

　まず第1に，METROPOLIS アルゴリズム と局所探索スキームとの間には，強い

類似性があることがわかる．現在の状態 s からの遷移において，s の小さな局所的変化のみで次の状態 q を生成する．もし生成された状態 q が s 以上に良ければ，q を新たな状態と考える．METROPOLIS アルゴリズム と局所探索スキームとの主な相違点は以下の通りである．

(i) METROPOLIS アルゴリズム は，確率

$$p(s \rightarrow q) = e^{-\frac{E(q)-E(s)}{k_B \cdot T}}$$

で，より悪い状態 q に遷移することを許す．

(ii) 局所探索スキームの停止条件は局所最適に到達することであるのに対し，METROPOLIS アルゴリズムの停止は初期条件のパラメータ T の値によって決まる．

確率 $p(s \rightarrow q)$ は，温度 T でエネルギーが ΔE 増加する確率 $p(\Delta E)$ が

$$p(\Delta E) = e^{-\frac{\Delta E}{k_B \cdot T}}$$

であるという熱力学の法則にしたがっている．

もし温度が十分にゆっくりと下がれば，どの温度でも固体はいわゆる**熱平衡**状態に達することができる．ある固定された温度 T を考え，$s_1, s_2, \ldots, s_m$ $(m \in \mathbb{N})$ を固体の取り得る全状態とする．X を確率変数とし，$X = i$ は固体が（温度 T で）状態 s_i であることを表すこととする．熱平衡は，**ボルツマン分布**で特徴付けられる．ボルツマン分布は，固体が状態 s_i にある確率と温度 T を関連付けるもので，

$$Prob_T(X = i) = \frac{e^{-\frac{E(s_i)}{k_B \cdot T}}}{\sum_{j=1}^{m} e^{-\frac{E(s_j)}{k_B \cdot T}}}$$

で与えられる．ボルツマン分布は，METROPOLIS アルゴリズムが最適状態に収束することを証明するのに必要である．$p(s \rightarrow q)$ の最も重要な特性は次の通りである．

● 状態 s から状態 q への遷移確率 $p(s \rightarrow q)$ は，$E(q) - E(s)$ が大きくなるとともに減少する．すなわち，悪化が大きいほどその悪化は起こりにくい．

● 遷移確率 $p(s \rightarrow q)$ は T が大きくなると増加する．すなわち，大きな悪化は最初ほど（T が大きい時ほど）起こりやすく，後になるほど（T が小さくなるほど）起こりにくい．

このことは直観的には，最初のうちは非常に深い局所最適の周りの「高い丘」を越えて，他の深い谷に到達することが可能であり，後になればそれほど深くない局所探索のみから脱出できることを意味している．非常に大まかに言うと，この最適化アプローチは，次の意味で再帰手続きと見なせる．まず，非常に高い山の頂上に登り，最

472　第 6 章　ヒューリスティクス

も期待できる地域（深い谷）を探す．次に，その地域に行き，再帰的にその地域のみ
で最も深い地点の探索を続ける．

　組合せ最適化問題の乱択局所探索に METROPOLIS アルゴリズムの戦略を使うため
には，熱力学最適化と組合せ最適化の間の次の対応関係を利用しなければならない．

- システム状態の集合
- 状態のエネルギー
- 摂動メカニズム
- 最適状態
- 温度

- 実行可能解の集合
- 実行可能解のコスト
- 近傍からのランダムな選択
- 最適な実行可能解
- 制御パラメータ

　焼きなましアルゴリズムは，METROPOLIS アルゴリズムとの類似に基づいた局所
探索アルゴリズムである．最小化問題 $U = (\Sigma_I, \Sigma_O, L, L_I, \mathcal{M}, cost, minimum)$ の
近傍 $Neigh$ を定めると，焼きなましアルゴリズムは次のように表すことができる．

U に対する $Neigh$ による焼きなまし法
SA($Neigh$)

入力：　入力インスタンス $x \in L_I$.

Step 1：初期実行可能解 $\alpha \in \mathcal{M}(x)$ を計算あるいは（ランダム）選択によって
　　　　決める．

　　　　初期温度（制御パラメータ）T を選択する．

　　　　T と時間を引数とする温度減少関数 f を決める．

Step 2：$I := 0$;

　　　　while $T > 0$ （あるいは，T が 0 にそれほど近くない）**do**

　　　　　begin ランダムに $\beta \in Neigh_x(\alpha)$ を選択;

　　　　　　if $cost(\beta) \leq cost(\alpha)$ **then** $\alpha := \beta$

　　　　　　else begin $(0, 1)$ から一様に乱数 r を生成する;

　　　　　　　if $r < e^{-\frac{cost(\beta) - cost(\alpha)}{T}}$

　　　　　　　then $\alpha := \beta$

　　　　　　end;

　　　　　$I := I + 1$;

　　　　　$T := f(T, I)$

　　　　　end

Step 3：**output(α)**.

6.2 焼きなまし法　　*473*

　焼きなまし法には，主要な自由パラメータが2つある．1つは近傍（任意の局所探索アルゴリズムと同様）であり，他の1つは温度の低下速度を決定する冷却スキームである．T をゆっくりと減少させれば，焼きなまし法の時間計算量が非常に大きくなり得ることがわかるが，後に示すように，時間計算量の増加は，精度の高い実行可能解を得る確率を増加させる．次節では，近傍と冷却スキームの選択によって生じる，焼きなまし法の時間計算量と解の精度との間のトレードオフに関して得られていることを理論的及び実験的側面から述べる．

6.2.2　理論と実験による考察

　焼きなまし法は，組合せ最適化に対して成功を収めた広く用いられる手法となっている．この成功の主要な理由は，次の通りである．

- 焼きなまし法は単純でわかりやすいアイデアに基づいており，実現が容易である[2]．

- 焼きなまし法は非常にロバストであり，ほとんど全ての（組合せ）最適化問題に適用できる．

- 局所探索では次の解に移動するかどうかを決定性基準に基づいて決定しているが，焼きなまし法ではそれを確率的に決定する．これにより，焼きなまし法は局所探索（これも上記の利点，すなわち，単純性とロバスト性を有する）よりもうまく振舞う．

　明らかに，焼きなまし法アルゴリズムの特定の最適化問題への適用の成功は，焼きなまし法の自由パラメータ，すなわち，近傍と冷却スケジューリングの選択に依存する．最適化問題の組合せ構造には熱力学プロセスとの共通点はなく，したがって物理的な焼きなましプロセスで用いられているパラメータを焼きなまし法のパラメータとしてそのまま使うことはできないことに注意しよう．

　この節では，近傍と冷却スケジュールの選択に関する焼きなまし法の振舞いについて，理論的結果と実験的結果の両方を示す．焼きなまし法のユーザは理論的結果の証明を必ずしも知る必要はなく，証明に必要な数学的解析は本書のレベルを超えているので，ここでは省略する．

　最も重要な結果は，焼きなまし法の最適解への漸近的収束を保証するには，近傍と冷却スキームに関するある弱い仮定で十分であるということである．

定理 6.2.2.1　U を最小化問題とし，*Neigh* を U に対する近傍とする．次の2つの条件が満たされる時，入力 x に対する，焼きなまし法アルゴリズムの漸近的収束が

---

[2] このことは，与えられた最適化問題に対する焼きなまし法アルゴリズムの開発に要するコストが低く，開発時間が短いことを意味している．

474 第 6 章 ヒューリスティクス

保証される.

(i) $\mathcal{M}(x)$ の全ての実行可能解は, $\mathcal{M}(x)$ の任意の実行可能解から到達可能である（定義 3.6.1.1 の近傍の定義の条件 (iii)）.

(ii) 初期温度 T は, 最も深い局所最小の深さ[3]以上である. □

　漸近的収束とは, 繰り返しステップ数の増加とともに, 大域最適に至る確率が 1 に収束することを意味している. すなわち, 繰り返しステップを無限に繰り返せば, 最適解に到達する. 漸近的収束の意味することは, 焼きなまし法アルゴリズムが生成する実行可能解の系列の極限が最適解である, と誤解されることもあるが, 実際はそういうことを意味しないことに注意しよう. 正しい解釈は, 焼きなまし法では, 時間経過とともに大域最適解に至る確率が高くなる, ということである. このことは, 収束の観点からは好ましいことである. なぜなら, 局所探索では, 多項式時間探索可能な近傍に対して, このような一般的な結果を保証できないからである. 一方, この結果は我々が望むものからはほど遠い. なぜなら, 我々は, 限られた時間内に生成される実行可能解の精度に関心があるからである. ところが, 定理 6.2.2.1 は多項式時間の計算に関しては何も保証していない. 焼きなまし法の収束に関する結果の, 我々の部分的に明確さに欠ける表現は, 暗に, 冷却がゆっくりと行われることを仮定していることに注意しよう. さらに, 焼きなまし法アルゴリズムが最適解の集合に漸近的に収束するためには, 近傍と冷却スキームがどのような仮定を満たせばよいかを示すさらにいくつかの理論的結果が知られている. 必要な条件のうち典型的なものは, 近傍の対称性（定義 3.6.1.1 における近傍の定義の条件 (ii)）, 近傍の一様性

$$\text{任意の } \alpha, \beta \in \mathcal{M}(x) \text{ に対し, } |Neigh_x(\alpha)| = |Neigh_x(\beta)|$$

および, 特定の冷却スケジュールによる T のゆっくりとした低下である.

　焼きなまし法に関する最も重要な疑問は, 妥当な制限された繰り返しステップ数によって精度の高い実行可能解を得ることを保証できるかどうかという問題である. 不幸なことに, その疑問に対しては否定的な解答が知られている. 最適解に対する近似の保証を得るためには, 少なくとも解空間のサイズの 2 乗の繰り返しステップ数が必要である. したがって, 良い近似を保証するまで焼きなまし法を実行するよりは, $\mathcal{M}(x)$ に対してしらみつぶし探索を適用する方が容易である. TSP の場合, 精度の高い実行可能解に到達するためには, 焼きなまし法は繰り返しステップの実行を $\Omega\left(n^{n^{2n-1}}\right)$ 回も必要とする. $n^{n^{2n-1}}$ は $|\mathcal{M}(x)| \le n!$ $(n = |x|)$ よりもはるかに大きいことに注意しよう. 最後の観察は, 焼きなまし法の収束率は, 繰り返しステップ数

―――――――――――――――――
[3] 局所最小 α の深さとは, α から脱出するのに十分な, 最小の悪化のサイズである.

の対数であることである.

3.6 節で,局所探索の成功のために必要な近傍のサイズの役割について詳しく議論したので,ここではその議論を繰り返さない.局所探索と異なり,焼きなまし法は局所探索から脱出できるので,小さな(単純に限定された)近傍が好まれる.小さな近傍を用いることにより,各繰り返しステップは効率良く実行できる.このため,多くの繰り返しステップを実行可能なこの戦略は,大きな近傍で繰り返し回数が少ない戦略よりも,良い解を求めることが多い.理論的結果によると,次の構造的特徴を持つ近傍を避けるのが経済的である.

- 棘状構造(地形).
- 深いくぼみ.
- 大きな平坦状の区域.

一般に,解空間の良い構造を保証することは容易ではない.なぜならば,どのような近傍に対しても,非常に複雑なトポロジを持つ病的な問題インスタンスが存在し得るからである.

以降では,冷却スケジュールについて述べる.評価実験によると,スケジュールの半ばで解が最も大きく改良されることが多い.この理由は,焼きなまし法アルゴリズムの最初の部分は,非常に高い温度の下で実行されるために,ほとんど全ての変化(悪化)が起こり得るからである.したがって,この部分はほとんどランダムな実行可能解の系列の生成と見なせる.すなわち,初期解のほとんどランダムな探索である.一方,T が既に小さくなっていると,大きな悪化は非常に起こりにくくなり,大きな変化は実際には生じ得ない.

冷却スケジュールに関して述べるには,次のパラメータを明確にしなければならない.

- 初期温度 T.
- 温度減少関数[4] $f(T, t)$.
- 終了条件($T \leq term$ の時に焼きなまし法を終了するための値 $term$).

初期温度の選択

物理的な焼きなましにおいては,全ての粒子が液相でランダムに配置されるように,最初に固体を溶解するまで熱する.これに対応して,焼きなまし法では,どのような遷移も許容できるように,初期温度 T は十分に大きな値としなければならない.

---

[4] 減少関数や冷却率とも呼ばれる.

476 第6章 ヒューリスティクス

1つの方法は，互いに他方の近傍に含まれる2つの解のコストの差の最大値を T とすることである．実際にはこの値を計算すること自体が難しいかもしれないので，この値の推定値（上界）を効率良く見つければ十分である．

もう1つの実際的な方法として，任意の値 T から始め，初期解 α の近傍 β を選び，β がほとんど確率1で受理できるように T を増加させるという方法もある．この方法を最初の数ステップの間繰り返すことによって，T の妥当な初期値を得ることができる．したがって，これらの最初のステップは，物理的な焼きなましの加熱の手順と見なすことができる．

温度減少関数の選択

典型的な温度減少関数の選択は，T にある定数 r $(0.8 \le r \le 0.99)$ を乗ずるというものである．この減少関数を用いる場合，固定された温度 T で繰り返しステップを d 回（d は定数）動作させ，その後，

$$T := r \cdot T$$

とする．これにより，k 回減少させた後の温度 T_k は $r^k \cdot T$ となる．

もう1つのよく用いられる温度減少関数は[5]

$$T_k := \frac{T}{\log_2(k+2)}$$

である．d（任意の一定温度に対する繰り返し回数）の値は，通常，近傍の大きさに設定する．

終了条件

終了条件として，T とは独立で，かつ，ある期間解のコストが変化しなければ，焼きなまし法を終了するというものも可能である．あるいは，ある定数 $term$ をとり，$T \le term$ となった時に終了するというのも可能である．

熱力学においては，近似比 ε の実行可能解を得られる確率 p に対して，

$$term \le \frac{\varepsilon}{\ln[(|\mathcal{M}(x)| - 1)/p]}$$

とすることを考えることができる．

理論的知識に裏付けられた一般的な経験則によると，冷却の方法は冷却率ほど重要でない．したがって，冷却率が同じなら，冷却スキームの選択にあまりに多くの時間

---

[5] ここで紹介している2つの関数は，いずれも静的関数と言われる．冷却速度が時間とともに変化するより複雑な冷却関数も存在する．そのような冷却関数は動的関数と呼ばれる．それらはある複雑な統計的解析に基づいており，この入門的な本ではこれらについては述べない．

6.2 焼きなまし法　**477**

を費やす必要はない．しかし，初期温度 T の選択と，同一温度での繰り返し回数 d を十分に大きくすることには，注意を払うべきである．

最後に，焼きなまし法を多項式時間実行させて得られた知見について述べる．まず，特定のアプリケーションに独立ないくつかの一般的性質を列挙する．そして，特定の最適化問題に関して，焼きなまし法と他の手法とを比較する．

一般的な考察

- 焼きなまし法は多大な計算量を必要とするが，高い精度の実行可能解が求まることが期待できる．
- 出力の精度は，（局所探索とは異なり，）初期実行可能解に必ずしも依存しない．
- 焼きなまし法の重要なパラメータは，冷却率と近傍である．特定の問題に対して，これらのパラメータを適切に調整するためには，多くの実験的作業が必要である．
- 焼きなまし法の平均時間計算量と最悪時間計算量の差は小さい．
- 同じ近傍を考える場合，焼きなまし法は，局所探索や多スタート局所探索よりも実質的にうまく振舞う（同じ時間でより精度の高い解を求める）．

次に，焼きなまし法がうまく動作するかどうかは，考えている最適化問題のクラスに本質的に依存し得ることを示す．

特定の最適化問題への適用

- グラフポジショニング問題（MAX-CUT，MIN-CUT など）に対し，焼きなまし法は解の精度と時間計算量の両方に関して，Kernighan-Lin の深さ可変探索アルゴリズム（3.6.2 節）よりも優れている．
- VLSI 設計分野のインスタンスなどのいくつかの工学的な問題に対し，焼きなまし法は最良のアプローチと思える．それは，工夫された近似アルゴリズムより優れている．
- TSP や TSP に類する問題に対して焼きなまし法は効果的でない．通常は他のアプローチによって，より短時間で実質的により良い解を求めることができる．

6.2.3　乱択タブーサーチ

タブーサーチは，局所探索に基づくヒューリスティクスである．タブーサーチをここで紹介する主な理由は，乱択タブーサーチは次の意味で，焼きなまし法の一般化と見なせるからである．局所探索アルゴリズムと焼きなまし法アルゴリズムは，無記憶

478　第6章　ヒューリスティクス

のアルゴリズムである．ここで無記憶とは，次のステップが現在の実行可能解のみに（焼きなまし法の場合は，冷却スケジュールにも）依存し，アルゴリズムの動作履歴に依存しないという意味である．Kernighan-Lin の深さ可変探索アルゴリズムは無記憶ではない[6]．なぜなら，このアルゴリズムでは，実行可能解の系列の生成において，局所的な後戻りを避けるからである．つまり，いくつかの近傍は禁止されており（タブー），次の実行可能解の選択は任意に行われるわけではない．これがタブーサーチのアイデアである．最近に生成された実行可能解の系列についてのある情報を格納しておき，次の実行可能解の生成にこの情報を利用する．最適化問題 U に対する，タブーサーチの一般的スキームは，次のようになる．局所探索と同様，U に対する近傍 $Neigh$ を定める．一般性を失うことなく，U を最小化問題と仮定できる．

U に対する $Neigh$ によるタブーサーチ
TS($Neigh$)

　　入力：　U の問題インスタンス x.

　　Step 1：初期解 $\alpha \in \mathcal{M}(x)$ を選択する；
　　　　　　$TABU := \{\alpha\}$; $STOP := FALSE$; $BEST := \alpha$.

　　Step 2：最良の実行可能解 $\beta \in Neigh_x(\alpha) - TABU$ を選択する；
　　　　　　if $cost(\beta) < cost(BEST)$ **then** $BEST := \beta$;
　　　　　　$TABU$ と $STOP$ を更新する；
　　　　　　$\alpha := \beta$.

　　Step 3：**if** $STOP = TRUE$ **then** output($BEST$) **else** **goto** Step 2.

β が α より悪くても，TS($Neigh$) は β を新たな α とすることに注意しよう．この点が，タブーサーチと局所探索との主要な相違点である．変数 $BEST$ は，それまでに TS($Neigh$) で生成された解のうち最良のものを格納するために使用されるので，TS($Neigh$) の出力となる．

上記のスキームでは，$STOP$ と $TABU$ の更新方法は明記していない．$STOP$ を更新する最も単純な方法は，局所探索で用いられる標準的な方法である．解が改善されない場合（すなわち，$cost(\beta) \geq cost(\alpha)$ となる時）は，$STOP := TRUE$ とする．$TABU$ が変化するかもしれないので，これが常に最良の方法ではなく，Step 2 で何回か連続して解を改善できない時に停止するという方法も可能である．

$TABU$ の仕様によって，多くの異なる戦略が可能である．基本的なのは，ある正整数 k に対し，直近の k ステップで生成された任意の実行可能解を禁止するという

---

[6] 3.6.2 節で示した．

ものである．これにより，同じ解の繰り返しや短いサイクルも避けることができる．（Kernighan-Lin に類似の方法として，）実行可能解の表現に着目し，局所変換がその表現の同じ部分ばかりを変更することを避けるという方法もある．タブーサーチの発展形として，近傍 $Neigh(\alpha)$ の探索において，コスト関数を変更するという方法もある．それは，現在の解表現の最近変更された部分を局所変換することによって得られる解には元のコスト関数より大きいコストを与え，最近変更されなかった部分を局所変換して得られる解には元のコスト関数より小さいコストを与えるというものである．この方法では，タブーは次の実行可能解を選択する際の禁止を意味せず，次の実行可能解を選ぶ時のある付加コストを与える．例えば，MAX-SAT と近傍 $Flip$ を考えると，TS($Flip$) において，近傍の解のうち，最近よく反転された変数の反転によって得られる解のコストを小さくすればよい．また，TS($Flip$) において，近傍の解のうち，過去の k ステップで変更されなかった変数を反転させることで得られる解のコストを大きくすればよい．したがって，$Flip(\alpha)$ からの「最良」解の選択は，コスト関数と $TABU$ によって決まるコストの増加分と減少分に関して行われる．

局所探索を焼きなまし法によってランダム化したのと同様に，タブーサーチをランダム化することができる．つまり，新たに改悪解を選択する確率を，解の悪化が大きいほど小さくなるようにすればよい．

乱択タブーサーチ
RTS($Neigh$)

入力：　最小化問題 U の問題インスタンス x．

Step 1：初期解 $\alpha \in \mathcal{M}(x)$ を選択する；

$TABU := \{\alpha\};\ STOP := FALSE;\ BEST := \alpha;$

値 T を選択する；

Step 2：最良の実行可能解 $\beta \in Neigh_x(\alpha) - TABU$ を選択する ；

if $cost(\beta) < cost(BEST)$ **then** $BEST := \beta;$

if $cost(\beta) < cost(\alpha)$ **then** $\alpha := \beta;$

else 次の確率で β を新たな解として受理する $(\alpha := \beta)$

$prob(\alpha \to \beta) = e^{-\frac{cost(\beta) - cost(\alpha)}{T}};$

$TABU$ を更新；

$STOP$ を更新；

Step 3：**if** $STOP = TRUE$ **then** **output**($BEST$)

else goto Step 2.

上記のスキームで，$TABU$ を，絶対的な禁止として使用する代わりに，禁止なしで

480 第 6 章 ヒューリスティクス

コストの増加や減少に利用する相対的なものに変更することが可能である．重要な点は，RTS(*Neigh*) が Metropolis アルゴリズムに基づく確率 $prob(\alpha \rightarrow \beta)$ を用いず，$cost(\beta) - cost(\alpha)$ の増加とともに減少する他の妥当な確率を用いても，RTS(*Neigh*) の漸近的収束を証明できることである．

6.2.3 節で導入したキーワード

焼きなまし，多スタート局所探索，Metropolis アルゴリズム，冷却スケジュール，熱平衡，ボルツマン分布，焼きなまし法，タブーサーチ，乱択タブーサーチ

6.2.3 節のまとめ

焼きなまし法は，現在よりも悪い実行可能解への移動（すなわち，解のコストを悪化させること）を確率的に許し，より良い解を求めて局所最適から脱出できるように，局所探索を拡張したものと見なせる．焼きなまし法は，物性物理の焼きなまし（熱浴によって，固体の低エネルギー状態を得るプロセス）との類似性に基づいている．焼きなましのプロセスは，固体のエネルギー最小化に対する局所探索と見なせる Metropolis アルゴリズムで記述できる．固体の生成された状態 β のエネルギーが，現状態 α のエネルギーよりも低ければ，Metropolis アルゴリズムでは，常に β が新たな状態となる．逆に状態 β のエネルギーが現状態 α のエネルギーよりも高ければ，状態の悪化（β と α のエネルギーの差）が大きくなるにつれて減少する（熱力学の法則で与えられる）確率で β が新たな状態となる．固体の状態の代わりに実行可能解を考え，エネルギーの代わりにコスト関数を考えれば，Metropolis アルゴリズムは最小化問題を解くのに使うことができる．こうして得られたアルゴリズムが焼きなまし法である．

焼きなまし法アルゴリズムの漸近的収束を保証するには，近傍に関する弱い仮定で十分である．不幸にもこの収束は大変遅く，多項式時間で精度の高い解を得ることを保証できない．にもかかわらず，焼きなまし法は常に局所探索より優れており，あるクラスの最適化問題に対しては，焼きなまし法はそれらを解く数少ない最良の方法である．また，TSP のように，焼きなまし法が効果的でない問題も存在する．

局所探索と焼きなまし法は，次の実行可能解の選択が計算履歴に依存しないという意味で，無記憶アルゴリズムである．タブーサーチは，最近の数ステップ（の実行可能解）に関するある情報を保存する局所探索である．この情報を近傍のある実行可能解の生成を禁止するのに用いたり，少なくとも近傍の実行可能解のコストの調整に利用したりする．タブーサーチでは，近傍のタブー以外の最良解へ常に移動することにより，解の改悪が起こり得る（それにより，局所最適からの脱出が可能となる）．悪化が大きいほど小さくなる確率で改悪解を受理する乱択タブーサーチは，焼きなまし

法の一般化と見なせる.

6.3 遺伝アルゴリズム

6.3.1 基本概念

焼きなまし法と同様に,遺伝アルゴリズムの概念は,自然界のある最適化プロセスに基づいた最適化アルゴリズム設計技法である.焼きなまし法と遺伝アルゴリズムの両方に共通するもう1つの重要な性質は,これらが乱択アルゴリズムであり,これらが効果的に振舞うために乱択化がきわめて重要であることである.焼きなまし法が物理プロセスとの類似に基づいているのに対し,遺伝アルゴリズムは個体群の進化プロセスでの最適化との類似に基づいている.

考えている進化プロセスの主要なパラダイムは次の通りである.

(1) 個体群を構成する各個体は,有限アルファベット上の列(すなわち,ベクトル)で表される.ここで,列とは染色体の遺伝構造の符号(DNA列)のことである.

(2) 新たな個体は2つの親を必要とし,2つの親に対してよく知られた遺伝子操作である**交差**を適用することによって生成される.交差は親の染色体の一部を交換する操作である.すなわち,「子」は両方の親から遺伝情報を引き継ぐ(例えば,染色体の前半部分を一方の親から,後半部分を他方の親から獲得する).例えば,2つの親

$$\alpha = 01001101 \ \text{と} \ \beta = 11100011$$

に対し,5ビット目の直後だけで交差させれば,2つの子

$$\gamma = 01001011 \ \text{と} \ \delta = 11100101$$

が得られる.明らかに,γ は α の最初の5ビットと,β の最後の3ビットからなる.一方,δ は β の最初の5ビットと,残りの3ビットは α の最後の3ビットからなる.

(3) 各個体に対して,**適合値**が定義されており,それによって各個体の質(遺伝的優位性)が判定される.親は個体群からランダムに選択されるが,適合値の高い個体の方が適合値の低い個体よりも高い確率で親として選択される.

(4) 遺伝子操作である**突然変異** が各個体にランダムに適用される.この操作により,染色体の一部のランダムな変更が生じる.

(5) 個体は死滅し得る.各個体の寿命はその個体の適合値に強く依存する.

生物学の進化プロセスをモデル化している上記の原理を最適化問題に適用するためには,次のような用語の対応を考えなければならない.

482　第 6 章　ヒューリスティクス

- 個体
- 遺伝子
- 適合値
- 個体群
- 突然変異

- 実行可能解
- 解表現の要素
- コスト関数
- 実行可能解の集合の部分集合
- ランダムな局所遷移

　遺伝アルゴリズムと焼きなまし法との間には，2 つの主要な相違点がある．1 つ目は，遺伝アルゴリズムは 1 つの実行可能解を更新していくのではなく，実行可能解の部分集合を更新していくことである．遺伝アルゴリズムでは精度の高い実行可能解の集合を生成することができ，複数の異なる解の生成が必要なアプリケーションがあるので，これは遺伝アルゴリズムの長所と見なせる．2 つ目の相違点は，1 つ目の相違点と関係がある．2 つ目の相違点は，遺伝アルゴリズムは交差操作で新たな個体を生成するので，純粋な局所探索と見なせないことである．新たな個体が両方の親からちょうど半分ずつの遺伝コードを引き継いだ場合，その生成を可能とする小さな（局所的な）近傍は存在しない．

　個体の遺伝的な表現（上記のパラダイム (1)）より，遺伝アルゴリズムを組合せ最適化に適用できるための主要な仮定は，貪欲アルゴリズムに要求されたのと同様に，実行可能解が列やベクトルによって都合良く表現できることである[7]．ここで考えているほとんど全ての最適化問題に対し，それは可能であることがわかる．実行可能解の表現が満たすべきより困難な条件は，任意の実行可能解の対に対して，交差操作で得られる列も実行可能解の表現になっていることを保証する表現を見つけることである．実行可能解の適切な表現が決まれば，遺伝アルゴリズムの一般的スキームは，次のように表すことができる．

遺伝アルゴリズムスキーム (GAS)

入力：　最適化問題 $U = (\Sigma_I, \Sigma_O, L, L_I, \mathcal{M}, cost, goal)$ の問題インスタンス x.

Step 1：サイズ k の初期個体群 $P = \{\alpha_1, \ldots, \alpha_k\}$ を（できればランダムに）生成する；

$t := 0$;

$\{t$ は生成された個体群の数を表す$\}$

Step 2：$i = 1, \ldots, k$ に対し，適合値 $fitness(\alpha_i)$ を計算する

$\{$各個体 α_i の適合値は $cost(\alpha_i)$ でもよい$\}$

適合値が低い実行可能解よりも適合値が高い実行可能解の方に高い確率

---

[7] 木や他の特別な構造などの非線形のデータ表現を用いることもあることに注意しよう．しかし，このような表現を用いた場合，交差操作に代わる生物学的な操作を見つけるのが困難である．

が割り当てられるように, $fitness(\alpha_i)$ を用いて, P 上の確率分布 $Prob_P$ を定める.

Step 3: $Prob_P$ を用いて, $k/2$ 対の実行可能解の対 $(\beta_1^1, \beta_1^2), (\beta_2^1, \beta_2^2), \ldots, (\beta_{k/2}^1, \beta_{k/2}^2)$ をランダムに選択する. 親の各対 (β_i^1, β_i^2) $(i = 1, \ldots, k/2)$ に対して, 交差操作を用いて新たな個体を生成し, それらを P に追加する.

Step 4: P の各個体に対し, 突然変異操作をランダムに適用する.

Step 5: P の全ての個体 γ の適合値 $fitness(\gamma)$ を計算し, それを用いて, サイズ k の部分集合 $P' \subseteq P$ を選択する.

できれば近傍に対する局所探索によって, P' の各個体を改良する.

Step 6: $t := t + 1$;

$P := P'$;

if 停止条件が成立していないならば, **goto** Step 2

else P の中の最良の個体を出力とする.

上記の遺伝アルゴリズムスキームには, 値を調整しなければならない多くの自由パラメータがあり, その選び方もさまざまである. 実行可能解 (個体) の表現以外の, 自由パラメータの調整については次節で議論する. ここでは, 遺伝アルゴリズムの一般的性質と振舞いに関する知見に焦点を絞る.

遺伝アルゴリズムの概念を適用する前に, まず最初にしておかなければならないことは, 実行可能解の適切な表現を選び, 2 つの実行可能解から 2 つの実行可能解が生成されるように, 交差操作を決定することである. 自明な表現を用いる例は, カット問題と最大充足化問題である. 例えば, $V = \{v_1, v_2, \ldots, v_n\}$ に対するカット問題では, 実行可能解は列 $\alpha = \alpha_1 \alpha_2 \ldots \alpha_n \in \{0, 1\}^n$ で表す. ここで, α は $V_1 = \{v_i \in V \mid \alpha_i = 1\}$, $V_2 = \{v_j \in V \mid \alpha_j = 0\}$ となるカット (V_1, V_2) を表す. 明らかに, 2 つの列 $\alpha, \beta \in \{0, 1\}^n$ に対する任意の交差操作で得られる列は $\{0, 1\}^n$ 上の列である. $\{0, 1\}^n$ 上の任意の列が (実行可能解の) カットの表現となるので, 通常の交差操作を利用でき, 遺伝アルゴリズムのスキームをそのまま適用できる. 最大充足化問題に対しても同様である. $\{0, 1\}^n$ 上の列は与えられた論理式の n 個のブール変数へのブール値の割当てを表す. TSP, ナップサック問題, 箱詰め問題, 最小集合被覆問題などの最適化問題を考えると, 今までに用いた実行可能解の表現では, 上記のような単純な交差操作ではうまくいかないことが簡単にわかる. 例えば, $(\alpha_1, \alpha_2, \ldots, \alpha_n)$ と $(\beta_1, \beta_2, \ldots, \beta_n)$ が入力インスタンス $(X, \{S_1, S_2, \ldots, S_n\})$ に対する, 2 つの集合被覆の特徴ベクトルを表すならば, ベクトル $(\alpha_1, \alpha_2, \ldots, \alpha_i, \beta_{i+1}, \ldots, \beta_n)$ が X を被覆しない (すなわち, 制約が満たされない) $\varphi \subseteq Pot(X)$ を表す可能性がある. これらの場合にどのように対応すればよいかについては, 次節で議論する.

484 第6章 ヒューリスティクス

焼きなまし法の場合と同様，遺伝アルゴリズムの振舞いについて何を証明できるか，ということは基本的な問題である．生成された最良の実行可能解の精度を保証するさまざまな試みが行われている．不幸にも，大域最適解への高速な収束を保証できる妥当な仮定は知られておらず，そのような条件の存在性すらも疑わしい．遺伝アルゴリズムの振舞いに関する理論的解析については，2つの実際的な結果が知られているだけである．以下では，その概要を示す．

交差操作を用いず，突然変異操作のみを適用して次世代を生成するという制限を設けた遺伝アルゴリズムを考えてみよう．もし個体の全ての項目（遺伝子）に対して，突然変異が同じ小さな確率で行われ，次世代のメンバーとしての選択確率が適合値に依存するようにすれば，焼きなまし法とこの制限された遺伝アルゴリズムとの間に，強い類似性を見い出すことができる．突然変異操作はおそらくは小さい近傍からのランダムな選択と見なすことができ，次世代の個体のランダムな選択は，新たな個体のランダムな受理の基準と見なすことができる．これら全ての確率を適切に選択することにより，焼きなまし法と同様に，漸近的収束に関する結果を証明できる可能性がある．

遺伝アルゴリズムの振舞いを解析した2番目の成果は，いわゆる**スキーマ定理**と呼ばれるものであり，遺伝アルゴリズムの振舞いに関する直観を説明するための実際的で形式的な議論を見出そうとするものである．以下では，実行可能解が2進列で表現できる問題に対するスキーマ定理を紹介する．

定義 6.3.1.1 $U = (\Sigma_I, \Sigma_O, L, L_I, \mathcal{M}, cost, goal)$ を最適化問題とする．サイズ n の与えられた問題インスタンス $x \in L_I$ に対し，任意の $\alpha \in \{0,1\}^n$ は，x に対する実行可能解を表すものとする（すなわち，$\mathcal{M}(x) = \{0,1\}^n$）．$\mathcal{M}(x)$ に対する**スキーマ**とは，任意のベクトル $s = (s_1, s_2, \ldots, s_n) \in \{0,1,*\}^n$ である．スキーマ $s = (s_1, s_2, \ldots, s_n)$ が表す実行可能解の集合を，次のように定義する．

$$
\begin{aligned}
Schema(s_1, s_2, \ldots, s_n) \ = \ & \{\gamma_1, \gamma_2, \ldots, \gamma_n \in \mathcal{M}(x) \,| \\
& s_i \in \{0,1\} \ (i \in \{1, \ldots, n\}) \ \text{ならば} \gamma_i = s_i, \\
& s_j = * \ (j \in \{1, \ldots, n\}) \ \text{ならば} \gamma_j \in \{0,1\}\}.
\end{aligned}
$$

スキーマ s の長さを s の $*$ でない要素の最初と最後の位置の間の距離と定義し，$length(s)$ と表す．**スキーマ s のオーダー**を $*$ でない要素の数と定義し，$order(s)$ と表す．個体群 P における**スキーマ $s = (s_1, s_2, \ldots, s_n)$ の適合値**を，$Schema(s)$ 中の実行可能解の平均適合値と定義する．すなわち，

$$
Fitness(s, P) = \frac{1}{|Schema(s) \cap P|} \cdot \sum_{\gamma \in Schema(s) \cap P} cost(\gamma)
$$

である．個体群 P における**スキーマ s の適合率**を

$$Fit\text{-}ratio(s, P) = \frac{Fitness(s, P)}{\frac{1}{|P|} \sum_{\beta \in P} cost(\beta)}$$

とする. また, $Aver\text{-}Fit(P) = \frac{1}{|P|} \sum_{\beta \in P} cost(\beta)$ を, **個体群 P の平均適合値**と呼ぶ. □

　スキーマは, 実行可能解の表現において, いくつかの項目 (遺伝子) の値を固定するものに他ならない. * でラベル付けされた位置は自由であり, $|Schema(s)|$ は, ちょうど 2 の s における * の個数乗となる. 個体群 P の平均適合値よりも本質的に大きい $Fitness(s, P)$ を持つスキーマは, 良い遺伝情報を持つように見え, それは進化過程で広がっていくべきである. ここでの我々の目的は, スキーマ s が高い適合率 (少なくとも 1 より大きい適合率) を持つならば, $Schema(s) \cap P$ の要素数が $|P|$ に相対して増加することを示すことである. 以下では, 全ての親が死滅し, 新たな世代が交差して突然変異操作を施した子のみからなるような, 遺伝アルゴリズムの単純版を考える.

　まず, 3 つの単純な技巧的な補題を証明する. P_0 を初期個体群とし, 遺伝アルゴリズムの t 回目の繰り返しステップで生成された個体群を P_t $(t = 1, 2, \ldots)$ とする. 固定されたスキーマ s と個体群 P_t $(t = 1, 2, \ldots)$ に対して, $X_{t+1}(s)$ を P_t からランダムに選ばれた親のうち, $Schema(s)$ に含まれるものの数を示す確率変数とする. $\alpha \in P_t$ を選択する確率は,

$$Pr_{par}(\alpha) = \frac{cost(\alpha)}{\sum_{\beta \in P_t} cost(\beta)} = \frac{cost(\alpha)}{|P_t| \cdot Aver\text{-}Fit(P_t)} \tag{6.1}$$

と考えられる.

補題 6.3.1.2 任意の $t \in \mathbb{N}$ と任意のスキーマ s に対し,

$$E[X_{t+1}(s)] = Fit\text{-}ratio(s, P_t) \cdot |P_t \cap Schema(s)|$$

が成り立つ. □

証明　親を選ぶ手順は, P_t からの 1 個体のランダムな選択を独立に $|P_t|$ 回繰り返すことからなる. $X_{t+1}^i(s)$ を i 回目の選択で選ばれた個体が $Schema(s)$ に属する時値 1 となり, それ以外は 0 となる確率変数とする. 任意の $i = 1, 2, \ldots, |P_t|$ に対し,

$$E[X_{t+1}^i(s)]$$

$$= \sum_{\alpha \in Schema(s) \cap P_t} Pr_{par}(\alpha)$$

$$\underset{(6.1)}{=} \sum_{\alpha \in Schema(s) \cap P_t} \frac{cost(\alpha)}{|P_t| \cdot Aver\text{-}Fit(P_t)}$$

486 第6章 ヒューリスティクス

$$= \frac{\sum_{\alpha \in Schema(s) \cap P_t} cost(\alpha)}{|P_t| \cdot Aver\text{-}Fit(P_t)}$$

$$= \frac{|Schema(s) \cap P_t|}{|P_t| \cdot Aver\text{-}Fit(P_t)} \cdot \left(\frac{1}{|Schema(s) \cap P_t|} \cdot \sum_{\alpha \in Schema(s) \cap P_t} cost(\alpha) \right)$$

$$= |Schema(s) \cap P_t| \cdot \frac{Fitness(s, P_t)}{|P_t| \cdot Aver\text{-}Fit(P_t)}$$

$$= \frac{1}{|P_t|} \cdot |Schema(s) \cap P_t| \cdot Fit\text{-}ratio(s, P_t)$$

が成立する. $X_{t+1} = \sum_{i=1}^{|P_t|} X_{t+1}^i(s)$, および期待値の線形性より,

$$
\begin{aligned}
E[X_{t+1}(s)] &= \sum_{i=1}^{|P_t|} E[X_{t+1}^i(s)] \\
&= \sum_{i=1}^{|P_t|} \frac{1}{|P_t|} \cdot |Schema(s) \cap P_t| \cdot Fit\text{-}ratio(s, P_t) \\
&= |Schema(s) \cap P_t| \cdot Fit\text{-}ratio(s, P_t)
\end{aligned}
$$

が成り立つ. □

$Parents_{t+1}$ を, 上述のように P_t から選ばれた親の集合とする. $Parents_{t+1}$ に属する選ばれた個体のうち, $Schema(s)$ に属する個体数の期待値は $E[X_{t+1}(s)]$ であり, $|P_t| = |Parents_{t+1}|$ となることがわかっている. ここで, 遺伝アルゴリズムの次のステップが次のように動作すると考える. $Parents_{t+1}$ の個体から, 一様ランダムに対を作るので, $\frac{1}{2} \cdot |P_t|$ 対の親のペアが作られる. 親の各対は, 単純な1点交差によって, 2つの子を生成する. 交差位置は, n 個の位置から, 一様ランダムに選択する (すなわち, 各位置は確率 $\frac{1}{n}$ で選択される). このようにして生成された $|P_t|$ 個の子の集合を $Children_{t+1}$ とする.

$Y_{t+1}(s)$ を $Children_{t+1}$ に属する個体のうち, $Schema(s)$ に属する個体数を数える確率変数とする. また, $Y_{t+1}^i(s)$ を i 番目の親の対から生成された子のうち, $Schema(s)$ に属するものの数を数える確率変数とする[8].

補題 6.3.1.3 任意のスキーマ s と任意の $t = 1, 2, \ldots$ に対し,

$$
\begin{aligned}
E[Y_{t+1}(s)] \geq \ & \frac{|P_t|}{2} \cdot \left[2 \cdot \left(\frac{E[X_{t+1}(s)]}{|P_t|} \right)^2 \right. \\
& \left. + 2 \cdot \frac{n - length(s)}{n} \cdot \frac{E[X_{t+1}(s)]}{|P_t|} \cdot \left(1 - \frac{E[X_{t+1}(s)]}{|P_t|} \right) \right]
\end{aligned}
$$

が成立する. □

---

[8] $Y_{t+1}^i(s)$ の取り得る値は $\{0, 1, 2\}$ のいずれかであることに注意しよう.

証明 $Y_{t+1}(s) = \sum_{i=1}^{|P_t|/2} Y_{t+1}^i(s)$ が成り立つ．さらに，任意の $i, j \in \{1, \ldots, |P_t|/2\}$ に対し $E[Y_{t+1}^i(s)] = E[Y_{t+1}^j(s)]$ が成立する[9]．これらと，期待値の線形性より，

$$E[Y_{t+1}(s)] = \sum_{i=1}^{|P_t|/2} E[Y_{t+1}^i(s)] = \frac{|P_t|}{2} \cdot E[Y_{t+1}^1(s)]$$

が成立する．このことから，補題を証明するには，$Y_{t+1}^1(s)$ の下界を証明すれば十分である．1対の両方の親が $Schema(s)$ から選ばれる確率は正確に

$$\left(\frac{E[X_{t+1}(s)]}{|P_t|} \right)^2$$

である．この場合，任意の交差位置の選択に対して，明らかに，生成される両方の子は $Schema(s)$ に属する．

ここで，一方の親が $Schema(s)$ に属し，他方が属さない場合を考える．このような親が選択される確率は，

$$2 \cdot \frac{E[X_{t+1}(s)]}{|P_t|} \left(1 - \frac{E[X_{t+1}(s)]}{|P_t|} \right)$$

である．交差位置が，s の最初の $*$ でない要素位置と s の最後の $*$ でない要素位置の間にない場合（すなわち，交差操作がスキーマ s を破壊しない場合），生成される子のうちの1つは $Schema(s)$ に属する．このような交差位置になる確率は，$(n - length(s))/n$ である．したがって，

$$E[Y_{t+1}^1(s)] \geq 2 \left(\frac{E[X_{t+1}(s)]}{|P_t|} \right)^2 + \frac{n - length(s)}{n} \cdot 2 \cdot \frac{E[X_{t+1}(s)]}{|P_t|} \cdot \left(1 - \frac{E[X_{t+1}(s)]}{|P_t|} \right)$$

が成り立つ．

交差操作が $Schema(s)$ に属する親の s を破壊する時でも，$Schema(s)$ に属する子が得られることがあるが，ここでの $E[Y_{t+1}(s)]$ の下界の導出ではこの確率を無視している[10]． □

系 6.3.1.4 任意のスキーマ s と任意の $t = 1, 2, \ldots$ に対し，

$$E[Y_{t+1}(s)] \geq \frac{n - length(s)}{n} \cdot E[X_{t+1}(s)]$$

が成立する． □

証明 補題 6.3.1.3 から，次式を得る．

---

[9] $Parents_{t+1}$ から $Children_{t+1}$ を生成する際に一様確率分布を用いているため．

[10] $Schema(s)$ に属さない2つの親から交差操作によって得られる子が $Schema(s)$ に属することもあるが，その確率も無視していることに注意しよう．

$$
\begin{aligned}
E[Y_{t+1}(s)] \;\geq\;& |P_t| \cdot \left(\frac{E[X_{t+1}(s)]}{|P_t|} \right) \\
& \cdot \left[\frac{E[X_{t+1}(s)]}{|P_t|} + \frac{n - length(s)}{n} \cdot \left(1 - \frac{E[X_{t+1}(s)]}{|P_t|} \right) \right] \\
\geq\;& E[X_{t+1}(s)] \cdot \frac{n - length(s)}{n} \cdot \left[\frac{E[X_{t+1}(s)]}{|P_t|} + 1 - \frac{E[X_{t+1}(s)]}{|P_t|} \right] \\
=\;& E[X_{t+1}(s)] \cdot \frac{n - length(s)}{n}.
\end{aligned}
$$

$\square$

この解析が考えている遺伝アルゴリズムの最後の部分は，$Children_{t+1}$ の全ての子 α について，α の全ての項目（遺伝子）に対し，通常，0 に非常に近い確率 pr_m で突然変異操作を実行することである．P_{t+1} を上述の方法で突然変異操作を適用した子からなるものとし，$Z_{t+1}(s)$ を P_{t+1} の個体のうち，$Schema(s)$ に属する個体数を数える確率変数とする．この時，次の補題が明らかに成り立つ．

補題 6.3.1.5 任意のスキーマ s と任意の $t = 1, 2, \ldots$ に対し，

$$
\begin{aligned}
E[Z_{t+1}(s)] \;\geq\;& (1 - pr_m)^{order(s)} \cdot E[Y_{t+1}(s)] \\
\geq\;& (1 - order(s) \cdot pr_m) \cdot E[Y_{t+1}(s)]
\end{aligned}
$$

が成立する． $\square$

これまでに示した全ての補題を組み合わせて，次の定理を得る．

定理 6.3.1.6（GAS に対するスキーマ定理） 任意のスキーマ s と任意の $t = 1$, $2, \ldots$ に対し，$(t+1)$ 番目の個体群 P_{t+1} において，$Schema(s)$ に属する個体数の期待値は

$$
E[Z_{t+1}] \geq Fit\text{-}ratio(s, P_t) \cdot \frac{n - length(s)}{n} \cdot (1 - order(s) \cdot pr_m) \cdot |P_t \cap Schema(s)|
$$

である． $\square$

証明

$$
\begin{aligned}
E[Z_{t+1}] \;\underset{\text{補題 6.3.1.5}}{\geq}\;& (1 - order(s) \cdot pr_m) \cdot E[Y_{t+1}(s)] \\[1ex]
\underset{\text{系 6.3.1.4}}{\geq}\;& (1 - order(s) \cdot pr_m) \cdot \frac{n - length(s)}{n} \cdot E[X_{t+1}(s)] \\[1ex]
\underset{\text{補題 6.3.1.2}}{\geq}\;& (1 - order(s) \cdot pr_m) \cdot \frac{n - length(s)}{n} \\
& \cdot Fit\text{-}ratio(s, P_t) \cdot |P_t \cap Schema(s)|.
\end{aligned}
$$

$\square$

確率 pr_m は通常，非常に小さい値に設定するので，$order(s)$ が非常に大きくない限り，項 $(1 - order(s) \cdot pr_m)$ はほとんど 1 である．また，$length(s)$ が非常に大きくない限り，$\frac{n-length(s)}{n}$ は 1 に近い．このことは，適合値 $Fit\text{-}ratio(s, P_t)$ の大きい短いスキーマは，進化過程の間に，個体群においてそのスキーマに属する要素が増加することを意味する．

したがって，遺伝アルゴリズムの理想的な状況は，短いスキーマの組合せで，より良い解が生成されていくというものである．これが現実に対応するという仮定が，いわゆる**積木仮説**である．

個体群における $Schema(s)$ に属する個体数が $Fit\text{-}ratio(s, P_t)$ よりわずかに小さい係数で増加することが，必ずしも良い発展を意味しているとは限らないことに注意しよう．なぜなら，スキーマ s（複数存在するかもしれない）を好んでいると，ある局所最適に収束するかもしれないからである．

6.3.2 自由パラメータの調整

前節で示した遺伝アルゴリズムのスキームでは，完全な実現をするには，調整しなければならないパラメータがいくつか存在することがわかる．これらのパラメータのいくつかは単純に数値であるが，いくつかはさまざまな可能性のある戦略の選択に関連する．以下では，遺伝アルゴリズムの次の自由パラメータについて議論する．

- 個体群のサイズ．
- 初期個体群の選択[11]．
- 適合値評価と親の選択メカニズム．
- 個体の表現と交差操作．
- 突然変異の確率．
- 新たな個体群の選択メカニズム．
- 終了基準．

焼きなまし法の場合と異なり，個体の表現が事前に確定している場合ですら，遺伝アルゴリズムの概念の妥当な実現法にはさまざまな可能性があることに注意しよう．

個体群のサイズ

（多スタート焼きなまし法の場合と同様に，）明らかに，以下のことが言える．

---

[11] 初期個体群に対して質の高い実行可能解を事前に計算しようとする時，文献によっては *seeding* と呼んでいる．

490　第6章　ヒューリスティクス

(i) 個体群のサイズが小さいと，適合値が大域的最適解よりはるかに小さな局所最適に収束してしまう危険性が大きくなる．

(ii) 個体群のサイズが大きいと，大域的最適解に到達する確率が増加する．

一方，個体群のサイズが大きくなると計算量も増加する．ここでも，時間計算量と精度の高い解を見つける確率の間の妥当な妥協点を見つける必要がある．しかし，個体群のサイズの選択に有効な理論はない．いくつかの問題に対して個体群サイズを 30 とするのが非常に妥当だと信じている実用家がいる．一方で，問題インスタンスのサイズ n に対し，区間 $[n, 2n]$ から個体群のサイズを選択するのがよいという実験結果も存在する．時間計算量に関して他のアプローチと対抗できるようにするために，実用家は一般に個体群のサイズを小さくすることを好む．

初期個体群の選択

よく使用される方法の1つは，全ての個体（実行可能解）を等確率でランダムに選択するというランダム選択をとる方法である．ある前計算によって求めた精度の高い実行可能解を初期個体群に加えれば，遺伝アルゴリズムの収束が加速されるので有用となり得るという実験結果もある．この前計算は，局所探索，あるいは，他の高速なヒューリスティクスでできる．しかし，選択を完全に決定的に行うと，ある局所最適解に高速に収束してしまうというリスクも負うことになる．おそらく最良の方法は，個体のランダムな選択と適合値の高いいくつかの個体の前計算を組み合わせることであろう．

適合値の評価と親の役割に対する選択メカニズム

最大化問題に対する適合値を選ぶ最も簡単な方法は，$cost(\alpha)$ そのものを個体（実行可能解）α の適合値とすることである．すなわち，コスト関数を適合値と同一視することである．この場合，個体群 P の各個体 α に対して，確率

$$p(\alpha) = \frac{cost(\alpha)}{\sum_{\beta \in P} cost(\beta)}$$

を割り当て，この確率分布に従って親の役割に対する個体を選択することができる．$\max(P) = \max\{cost(\alpha) \mid \alpha \in P\}$, $\min(P) = \min\{cost(\beta) \mid \beta \in P\}$ とする．$\frac{\max(P) - \min(P)}{\min(P)}$ が小さければ（すなわち，$\max(P)/\min(P)$ が 1 に近ければ），たとえ $cost(\alpha)$ と $cost(\beta)$ がかなり違っていても，$p(\alpha)$ と $p(\beta)$ の差は小さい．この場合，P 上の確率分布 p は一様分布に非常に近く，したがって高い適合値の個体が選択されることはほとんどなくなる．この欠点を克服する標準的な方法は，ある定数 $C < \min(P)$ に対して，適合値を

$$fitness(\alpha) = cost(\alpha) - C$$

と設定することである. C を $\min(P)$ に近い値に設定すれば, 高いコストの個体が高い確率で選択されることを意味する.

親の選択を部分的に決定的に行うことを考えることも可能である. P のうち, 最も高い適合値を持つ個体群の部分集合を決定的に親の集合に移動し, 残りの親はランダムに選択する. 例えば, 良い方から $k/2$ 個の個体 $\alpha_1, \ldots, \alpha_{k/2}$ を選び, α_i $(i = 1, \ldots, k/2)$ のペア β_i をランダムに選ぶ.

親のランダムな選択に対する全く異なるアプローチは, いわゆるランキングに基づくものである. $\alpha_1, \ldots, \alpha_n$ を, 個体群 P の要素を $cost(\alpha_1) \leq cost(\alpha_2) \leq \cdots \leq cost(\alpha_n)$ となるようにソートしたソート列とする. この時, $i = 1, \ldots, n$ に対して,

$$prob(\alpha_i) = \frac{2i}{n(n+1)}$$

とする. 確率分布 $prob$ において, 最良の個体の選択確率は, 個体 $\alpha_{\lfloor n/2 \rfloor}$ の選択確率のおよそ 2 倍である.

個体の表現と交差操作

遺伝アルゴリズムにおける個体の表現の選択は, 局所探索における近傍の選択と同じように重要である. さらに, 交差操作があるので, 全ての表現が適切なわけではない. このため, カット問題や最大充足問題のように個体を単に 2 進列で表現することは, 他の多くの問題では不可能である.

TSP などのいくつかの問題では, 実行可能解の表現として, $1, 2, \ldots, n$ の順列を考える. しかし明らかに, この表現は, 交差を非常に狭い意味で解釈する時, 交差操作に適さない. 例えば, 2 つの親

$$P_1 = 2\,1\,8\,7\,4\,3\,6\,5 \quad \text{と} \quad P_2 = 7\,8\,3\,5\,1\,4\,2\,6$$

に, 4 番目の要素の直後に単純な交差操作を適用すると,

$$I_1 = 2\,1\,8\,7\,1\,4\,2\,6 \quad \text{と} \quad I_2 = 7\,8\,3\,5\,4\,3\,6\,5$$

という 2 つの列が生成されるが, これらは $1, 2, 3, 4, 5, 6, 7, 8$ の順列となっていない. この問題点を克服する 1 つの可能性は, 交差位置より前の接頭部をまずコピーし, 2 番目の親の要素での相対的な順を保持して, その終了を完成させるという方法である. こうすれば, P_1 と P_2 に対して 4 番目の要素の直後に交差操作を適用すると, $1, 2, 3, 4, 5, 6, 7, 8$ の順列である, 2 つの子

$$I_1 = 2\,1\,8\,7\,3\,5\,4\,6 \quad \text{と} \quad I_2 = 7\,8\,3\,5\,2\,1\,4\,6$$

が得られる.

492   第6章 ヒューリスティクス

　交差操作によってどの実行可能解も表現しない個体が生成されることを許すが，そのような個体に対しては適合値を著しく減少させることでこの問題を解決する実用家もいる．このアプローチのリスクは，交差操作に対して非常に悪い表現が存在し，実行可能解を表現しない個体の数が急速に増加する可能性があることである．

　もう1つの一般的な戦略としては，交差操作を親の実際の表現に適用するのではなく，親のある特性（パラメータ，性質）の表現に適用し，そして，この交差によって得られた混合された性質を有する子を探すという方法もある．

　上記の全ての場合においては交差位置がちょうど1つの単純な交差を考えてきた．より複雑な交差操作と組み合わせることも可能である．単純な拡張は，ある定数 k に対し，k 箇所での交差を許すことである．極端な場合は，2進ベクトル $(x_1, x_2, \ldots, x_n) \in \{0,1\}^n$ をマスクと考え，i 番目の遺伝子として，$x_i = 1$ $(i = 1, 2, \ldots, n)$ の時，かつその時に限り，第1の親の i 番目の遺伝子をとることである．この交差操作が持つと考えられる利点は，高い適合値のスキーマで表現される個体数の増加は，スキーマの長さにもはや依存せず，そのオーダー[12]のみに依存することである．

突然変異の確率

　遺伝アルゴリズムにおける突然変異の役割は，焼きなまし法における解のランダムな改悪の役割と同様である．突然変異によって，個体群の多様性が妥当なレベルに保たれ，最適化プロセスの交差操作に対する局所最適からの脱出が可能になる．通常，個体の表現の1つの遺伝子のランダムな変化の確率は，$\frac{1}{100}$ よりも小さい確率に調整する．また，$\frac{1}{n}$ や $\frac{1}{k^{0.93}\sqrt{n}}$ がよいと提案している実用家もいる．ここで，n は遺伝子の数，k は個体群のサイズを表す．あるいは，計算の途中で突然変異確率を動的に変えることも可能である．それ故，個体群の個体の類似性が高すぎる（個体群の多様性が小さい）場合は，質の悪い局所最適への早まった収束を避けるために突然変異の確率を増加させなければならない．

新たな個体群の選択メカニズム

　新たな個体群の選択の主要な方法として，次の2つが可能である．

(i) 親を子で完全に置き換える．すなわち，新たな個体群は子のみからなる．この戦略は**アン・ブロック戦略**と呼ばれる．

(ii) 古い個体群と生成された子から，新たな個体群を選択する何らかのメカニズムが存在する．このメカニズムで調整しなければならないのは，親に対する子の優先度である．エリートモデルでは，古い個体群の中で適合値の最も高い数個

---

[12] 遺伝子の数.

6.3 遺伝アルゴリズム **493**

を決定的に選択し，新たな個体群の大部分は子からなることを許容する．すなわち，エリートモデルでは，親よりも子の方が強く優先される．もう1つの極端な方法では，古い個体群と全ての子を一緒にし，それぞれの適合値を評価し，その適合値に関して，決定的，あるいは，ランダムに，新たな個体群の個体を選択する．これら2つの極端な場合の間にはたくさんの可能性が存在する．

新たな個体群の個体を選択した後，次の個体群の生成を直ちに開始してもよいし，新たな個体群の平均適合値の改良をさらに試みてもよい．後者では，小さな近傍を選択し，局所探索や焼きなまし法を全ての個体に適用することによって各個体を局所最適にする．この場合は，新たな個体群はこれらの局所探索手順による改良後の個体からなる．

停止基準

限られた時間で実行可能解を求めることが必要な場合[13]，最初に生成される個体群の数を固定することもできる．あるいは，個体群の平均適合値と個体間の偏差を計算し，直前の数世代の個体群で平均適合値の変化が小さい場合，もしくは，個体間の類似性が高いように思える場合に，遺伝アルゴリズムを終了させることもできる．

これまで，遺伝アルゴリズムスキームのそれぞれをどのように実現するかについてのさまざまな可能性について議論してきた．ここでは多数の組合せを示したにもかかわらず，このトピックの網羅的なサーベイにはほど遠い．その一例として，この節の最後に，これまでに示した遺伝アルゴリズムの各版とは本質的に異なる，**島モデル**と呼ばれる遺伝アルゴリズムのモデルを示す．島モデルでは，r 個の個体群 $P_1, P_2, \ldots, P_r$ から開始し，各個体群に対して遺伝アルゴリズムのある版の繰り返しステップを h 回適用する．直観的には，各個体群が孤立した島で進化すると仮定できる．そして，生成された r 個の個体群それぞれから最良の個体を選択し，他の全ての個体群（島）にそれが伝えられる．その後再び，r 個の個体群それぞれは，他の個体群から独立に，生成ステップを h 回繰り返すことによって進化する．次に，各個体群の最良個体が島の間で交換される，というプロセスを繰り返す．明らかに，この概念を個々に実現する方法としては，非常に多くの仕様の変形が存在する．この島モデルの背後にあるアイデアは，個体群の早まった収束を防ぐことである．島の個体群は，それぞれ異なった方向に進化し得る．孤立した個体群が局所最適解に収束する前に，異なる構造を持つであろう新たな質の高い個体が個体群に追加され，質の悪い局所最適解に留まることを防ぐことができる．

---

[13] 例えば，実時間アプリケーションの場合．

494   第6章　ヒューリスティクス

6.3 節で導入されたキーワード

遺伝アルゴリズム，個体群，交差操作，突然変異，適合値，遺伝子，親，子，スキーマ，スキーマ長，スキーマのオーダー，スキーマの適合値，個体群の平均適合値，アン・ブロック選択メカニズム，エリートモデル，島モデル

6.3 節のまとめ

最適化問題を解く遺伝アルゴリズムの概念は，進化生物学との類似に基づいている．実行可能解（個体と呼ばれる）を列で表現し，遺伝子からなる染色体と見なす．個体群と呼ばれる実行可能解の集合から開始する．新たな個体（子と呼ぶ）は，2つの個体（親）に対して，遺伝学でよく知られている染色体の交差操作をシミュレートした，交差操作を適用することで生成される．生成された子は，ランダムに突然変異する．遺伝アルゴリズムは，通常，高いランダム性を有する．なぜならば，親の選択，交差位置の選択，新たな個体群のメンバーとなる個体の選択などは，個体の質（適合値）に基づいてランダムに実現することが推奨されているからである．ランダムな突然変異は早すぎる収束を防ぐのに必要であり，したがって多くのアプリケーションで遺伝アルゴリズムが成功するために必要である．

焼きなまし法の場合と同様，遺伝アルゴリズムに関しても，多項式時間で精度の高い実行可能解を生成することは保証されていない．一方，ランダムな突然変異は，焼きなまし法の解のランダムな改悪をシミュレートするために用いることができることが示せる．したがって遺伝アルゴリズムのある版が大域最適に漸近的収束することは保証できる．スキーマ定理は，高い局所適合値を有する染色体の小さなグループ（組合せ）を含む個体の数は，世代ごとに増加していくことを証明している．

焼きなまし法に対する遺伝アルゴリズムの主要な優位性は，遺伝アルゴリズムの出力が実行可能解の集合になっていることであろう．これは，特定の実際の問題において，全ての制約や最適化基準を明確に定式化できず，最後の段階で，ユーザの直感と経験に頼って適切な実行可能解を選択しなければならない場合に，特に興味深い．典型的な例はマクロ分子生物学における評価実験であり，そこでは，目的関数はある理論的知識に基づいて評価されるのではなく，むしろ経験によって推測される．

遺伝アルゴリズムには，多数の自由パラメータがある．これらは，考えている最適化問題に応じて，個別に調整される必要がある．通常，計算量と生成される解の精度の間の妥当なトレードオフを得ることを目指す．パラメータ調整に関する考察のほとんどは，質の悪い局所最適への早まった収束を避けることに集中している．

6.4 文献と関連する話題

物性物理における焼きなましプロセスをシミュレートするための Metropolis アルゴリズムは，1953 年に Metropolis, A.W. Rosenbluth, M.N. Rosenbluth, A.H. Teller, E. Teller [MRR$^+$53] によって発見された．Černý [Čer85], Kirkpatrick, Gellat, Vecchi [KGV83] は独立に，6.2.1 節に示したように，固体の状態を最適化問題の実行可能解に対応づけることにより，Metropolis アルゴリズムを組合せ最適化に使えることを示した．

焼きなまし法の振舞いの理論的，実験的両面の研究の最良の情報源は，van Laarhoven, Aarts [LA88], Aarts, Korst [AK89], Otten and van Ginneken [OvG89] による網羅的な研究論文である．6.2.2 節の焼きなまし法の漸近的収束についての議論は，Hájek [Háj85, Háj88] による．Johnson, McGeoch [JG97], Aarts, Korst, van Laarhoven [AKL97], Dowsland [Dow95] は，焼きなまし法の別の側面についてまとめている．

タブーサーチのアイデアの起源は，1970 年代にまでさかのぼる．というのも，Kernighan-Lin の深さ可変探索アルゴリズム [KL70] では，既に，ある近傍への移動を禁止するというアイデアが用いられているからである（3.6.2 節）．ここで述べた最近の形式は，Glover [Glo86], Hansen [Han86] による．Glover [Glo89, Glo90], de Werra, Hertz [dWH89] は，このアルゴリズム設計技法の形式化へのさらなる発展的内容を示している．Faigle, Kern [FaK92] は乱択タブーサーチのある版を提案し，乱択タブーサーチが大域最適に漸近的に収束することも証明した．[FaK92] に示された重要な結果は，確率的に収束するという性質を失うことなく，現在の実行可能解から近傍の実行可能解に移動するさまざまな確率を選択できることである．Glover, Laguna [GLa95], Hertz, Taillard, de Werra [HTW97] は，タブーサーチの優れたサーベイである．

進化の主要原理としての自然淘汰の基礎原理は，遺伝学メカニズムの発見のはるか前に，ダーウィン (Darwin) によって定式化された．遺伝因子の親から子孫への遺伝の基本規則は，1865 年にメンデル (Mendel) によって発見された．染色体が遺伝情報の主要な媒介であるという事実の実験的証明が Morgan によって示されたが，これが近代遺伝学の出発点である．遺伝アルゴリズムでは，遺伝学の用語を借用し，最適化プロセスを生物的進化としてモデル化することを目指している．遺伝アルゴリズムは 1960 年代と 1970 年代に，主に適応性に興味を持った Holland によって，最初に発展した．遺伝アルゴリズムの振舞いの理論的解析も含め，最初に系統的に扱ったのは Holland [Hol75] である．またこれとは独立に，Rechenberg [Rec73], Schwefel [Sch81] は，組合せ最適化における進化戦略を研究した．本書で紹介した遺伝アルゴリズムは，これら全ての成果とその組合せによる．

遺伝アルゴリズムに関する文献は多数ある．このトピックに関する，一般的で網羅

496　第 6 章　ヒューリスティクス

的なサーベイは，例えば，Goldberg [Gol89], Davis [Dav87, Dav91], Michalewicz [Mic92], Michalewicz, Fogel [MiF98], Schwefel [Sch95] などである．Reeves [Ree95a] は，優れたわかりやすい概要である．遺伝アルゴリズムの振舞いの理論的解析を行うためには，集団遺伝学理論における基礎的な研究（例えば，Crow, Kimura [CK70], Crow [Cr86]）に目を向けるのがよい．[AL97] に収録されている Mühlenbein [Müh97] は，遺伝アルゴリズムの収束に関する理論的解析のすばらしいサーベイである．個体（実行可能解）を直接に最適化する代わりに，ある最適化特性（制御パラメータ）の進化のために遺伝アルゴリズムを使用するというアイデアは，Branke, Kohlmorgen, Schmeck, Veith [BKS$^+$95], Branke, Middendorf, Schneider [BMS98], Julstrom, Raidl [JR00] による．Tanese [Ta89], Whitley, Starkweather [WhS90], Schmeck, Branke, Kohlmorgen [SBK00] は島モデルの詳細を述べている．

　特定の問題を解くための遺伝アルゴリズムや焼きなまし法の計算量に関する理論的解析を行っている論文は数点しかない．Droste, Jansen, Wegener [DJW98, DJW98a, DJW99, DJW01], Jansen, Wegener [JWe99], や Wegener [Weg00] は，ある作為的な最適化問題に対してだが，遺伝アルゴリズムと焼きなまし法の単純版の収束速度の比較を最初に行った．そこでの結論は，それらは比較不能ということである [Weg00]．すなわち，特定の問題では焼きなまし法の方が遺伝アルゴリズムよりも優れているかもしれないが，別の問題では遺伝アルゴリズムの方が焼きなまし法よりも優れているかもしれない，ということである．

第7章 困難問題を解くためのガイド

> 議論し，誤りを犯し，間違いなさい．しかし，
> どうか，考えなさい．たとえ間違っていたとし
> ても，自分自身の意見を考えなさい．
>
> G.E. レッシング

7.1 序論

この章までに，困難問題を解くためのさまざまなアルゴリズム設計技法やアルゴリズムの概念を導入してきた．これらがどのくらい強力で，どのように使えるかを示すために，たくさんの個別のアルゴリズムを紹介した．しかし，これまでは

「困難問題を解く時に何をするべきか？」

という問題には触れずに，数多くのアプローチを羅列し，それらで何ができて，何がおそらくできないのかを議論してきただけであった．この章では，ユーザが規定した要求や制約に依存した，与えられた問題を解くのに適切な手法をどのように見出すかを考える．以下のように系統立てた説明を行う．

7.2 節では，与えられた問題を解くことの（経済的な）重要性に関して，またアルゴリズム的解法を設計したり実装する時の費用に関して，最初にどのような決断をすべきかということを取り上げる．7.3 節では，これまでの章で扱った手法を組み合わせる最も一般的な方法を述べる．7.4 節で，特定の問題に対する複数のアルゴリズム[1]を理論的もしくは実験的に比較する時の問題点を考え，他の文献からの実験的な結果を用いて，特定のアプローチの長所と短所を説明する．7.5 節で，これまでに紹介したアルゴリズム設計技法を，並列計算を用いて高速化できるかどうかを議論する．7.6 節では，困難問題を解く新しいテクノロジーとなる可能性を秘めた，DNA計算や量子計算の概念を簡潔かつ大まかに紹介する．この章の最後は，本書で扱った用語の解説に当てる．この解説では，大まかな説明だけを示し，形式的な定義や結果などは，本書の該当箇所へのポインタを示すにとどめる．

---

[1] おそらくは，異なるアルゴリズム設計技法を用いている．

498 第7章 困難問題を解くためのガイド

7.2 アルゴリズム的な仕事にとって代わるべきこと，コストに関して一言

　困難問題を解決する依頼があった時，まず最初に次の問いを考えるべきである．

 (i) アルゴリズム的解法の質の高さが，依頼者の経済的利益にどの程度影響するのか？
 (ii) その問題を解くアルゴリズムの設計と実装にどの程度の投資の準備があるのか？
(iii) その依頼に対してどの程度の時間を使えるのか？

　特に，そのアルゴリズムの経済的重要性と，アルゴリズム設計に対する投資とのトレードオフをバランスよく設定することに注意を払わなければならない．例えば，最適化問題を扱っていて，出力された実行可能解の精度が，その後数年にわたって毎年数億円ものコストを節約できるかどうかを左右するほど重要なファクターであったとする．そして，依頼者がアルゴリズム設計のために数ヶ月間もう1人か2人雇うことにやぶさかでないとしたら，その依頼者を思いとどまらせるべきである．あなたが設計しているソフトウェアの質は，あなたがどのくらい頭脳労働を行ったかということと，このプロジェクトにどのくらいの時間をとれるかに大きく依存していることを，知らしめることが重要である．依頼者がどこに投資をするのが最も効果的かということを判断できるようになるためには，あなたが携わっているアルゴリズムプロジェクトの成果の質が投資にどの程度左右されるかを学んでもらう必要がある．

　最初の問いの答えが得られて，経済状況が多少なりとも明らかになったら，ようやくアルゴリズムに関する初期決定を扱うことができる．取り組んでいる問題が一般的な（例えば，アルゴリズムがもうライブラリに入っているような）ものでないとすると，大まかに言って次のような基本的な戦略がある．

 (i) 予算が潤沢でなく，プロジェクトに費やす時間もあまりとれない場合，局所探索法や焼きなまし法，遺伝アルゴリズムといったロバストな手法を取り入れるべきである．そうすれば，後はこれらのロバストな手法の自由パラメータを問題の詳細にあわせる作業をすればいいだけになる．しかし，枠組みにおいても，パラメータを調整するために行う実験の量は，このプロジェクトで利用できる時間や資源に依存してしまう．
 (ii) もし，扱っているアプリケーションにおいて，アルゴリズム的解法の質が非常に重要だとする．このような時は，与えられた問題固有の性質に完全にマッチするアルゴリズムを開発するために，しかるべき専門家に問題の詳細な分析を依頼し，問題の特徴を全て使うよう努力すべきである．

7.3 異なる概念と技法の融合   **499**

したがって，与えられた問題の特徴をどのくらい詳細に解析するかということは，精度の高い解を得ることがどのくらい重要かということと密接に関係していることを，上記の戦略は意味している．この戦略は，ロバストなヒューリスティクスをそのまま適用するのに比べ，問題を詳細に解析して得られたアルゴリズムの方が，たいていの場合，優れているという経験に基づいている (Aarts, Korst [AK89], Černý [Čer98], Wegener [Weg00])．特に組合せ最適化やオペレーションズリサーチの最近の結果から，物理学や生物学からの類推を基にしたどのようなヒューリスティクスよりも，複雑な数学的手法の方がはるかに強力であることがわかってきた（Aarts, Lenstra [AL97a] の序論や Wegener [Weg00] を見よ）．その一方で，この戦略が絶対的な原則と考えるべきではない．VLSI 回路設計におけるレイアウト問題 [AK89] などのような最適化問題では，典型的な入力インスタンスに特定のヒューリスティクスがうまくフィットすれば，ロバストなヒューリスティクスでも，とても良い解が得られる可能性がある．したがって，いくつかの異なるアプローチを用いてアルゴリズムを設計し，それらから何らかの評価基準で最善のものを選ぶのが，重要な問題に対する妥当なアプローチであろう[2]．

また，問題の詳細な解析や，乱択化や近似，その他の数学的なアプローチを扱うには，それなりの専門家が必要となることも勘定に入れなければならない．その一方で，単純なヒューリスティクスを用いるには，数学的な知識もアルゴリズムに関する知識も初歩的なものだけでよい[3]．

大まかな初期決定の後，具体的な概念や設計技法の選択や，それらがどのように組み合わせられるか，また，特定の応用に関連した実験的な比較などについて検討しなければならない．これらのことについては，この後で触れることにしよう．

7.3 異なる概念と技法の融合

困難問題を解くことの真髄は，問題の定式化や仕様，もしくは解に関する条件をほんの少しだけ変えることによって，コンピュータの作業量（計算量）を大幅に減少させることにあることを，これまでの各章で見てきた．魅力的な例として，ある種の問題に対する乱択化や近似が挙げられる．この 2 つの手法では，正確な（最適な）解を求めることを 100% 保証するという要求を，精度の高い近似解を高い確率で求めることに変更することで，最善の決定性アルゴリズムでは手に負えないほどの計算を，ほんの数分の計算に減少できる．これまで見てきたように，入力インスタンスの集合に妥当な制約を加えることによっても同じような効果が得られる．この節では，第 3

---

[2] 7.4 節で，特定のアプリケーションにおいて，異なる手法を理論的・実験的に比較する話題を取り上げる．

[3] コストのことだけではなく，このことも，ヒューリスティクスがこれだけ一般的に広まった理由だろう．

500　第 7 章　困難問題を解くためのガイド

章から第 6 章で取り上げた手法の，標準的かつ有益な組合せ方を取り上げる．

これまでに，困難問題を解くための概念として以下のものを紹介した．

- 擬多項式時間アルゴリズム．
- パラメータ化計算量．
- 指数時間アルゴリズムの最悪計算量の低減．
- 近似アルゴリズム．
- 双対近似アルゴリズム．
- 近似の安定性．
- 乱択アルゴリズム（敵対者を欺く手法，豊富な証拠，ランダムサンプリング，ランダム丸め，指紋法）．
- デランダマイゼーション．

また，次のようなアルゴリズム設計技法を取り上げた．

- 局所探索．
- Kernighan-Lin の深さ可変探索．
- 分枝限定法．
- 線形計画法への緩和．
- 焼きなまし法．
- タブーサーチ．
- 遺伝アルゴリズム．

上に挙げた概念を実現するには，分割統治法や動的計画法，貪欲アルゴリズム，局所探索といった一般的でロバストなアルゴリズム設計技法[4]が使える．

まず，ある最適化問題で入力インスタンスの最適解を，どんなにコストがかかっても絶対に見つけたいという状況を想定してみよう．もちろん，入力サイズ n が大きい場合は，全ての入力インスタンスに対して実現するのは不可能であることはわかっている．しかし，今，考えているアプリケーションでは，サイズ n の典型的なほとんどの入力インスタンスでは現実的であるかもしれない．このような場合，最適コストの上界（もしくは下界）を事前に計算してから，分枝限定法を行うのが最も良いと考えられる．この事前計算には，上に挙げた任意の概念とアルゴリズム設計技法を用いることができる．今のところ，最適コストの良い見積もりを得る方法で最も良い結果を

---

[4] アルゴリズムを設計する上で，はっきりした枠組みを与える設計技法と，考え方と目標を与えるが，どのように実現するかという手法や仕様は与えない概念とを区別していることに注意してほしい．

得られるのは，線形計画法への緩和か，もしくはオペレーションズリサーチにおける
もっと高等な手法をいくつか組み合わせたものである．もし，扱っている最適化問題
で良い近似が可能なら，事前計算には効率的な近似アルゴリズムを用いるのがよい．

遺伝アルゴリズムにおいても，他の手法を用いて事前計算を行うという考え方は重
要である．精度の良い個体をいくつか事前に求め，個体群の初期値に加えることに
よって，遺伝アルゴリズムの収束を高速にできる可能性がある．

組合せ最適化問題における，もう1つの標準的な組合せの例として，乱択化と近似
の概念の組合せが挙げられる．これによって，第5章に示したような効率的な乱択近
似アルゴリズムが得られる．さらに，デランダマイゼーション技法を用いれば，全く
新しい（決定性）近似アルゴリズムが得られることもある．線形計画法への緩和とラ
ンダム丸めの組合せは，乱択近似アルゴリズムを開発する標準的な例の1つである．

乱択化は，他のほとんど全てのアプローチと組み合わせることができる，普遍的な
概念である．例えば，指数時間アルゴリズムの最悪計算量を低減する概念と組み合
わせることによって，充足可能性問題の実用的なアルゴリズムが得られるし，タブー
サーチと組み合わせて強力なヒューリスティックを作ることもできる．また，乱択化
は焼きなまし法[5]と遺伝アルゴリズムの本質でもある．敵対者を欺く手法と豊富な証
拠を用いた手法から，乱択化は最も難しい問題インスタンスに取り組むための最善な
手法と思われる．乱択化は，パラメータ化計算量や近似の安定性の概念との組合せを
含む，まだ調べられていない組合せによってさらなる進展をもたらすのではないかと
推測される．

分割統治法や動的計画法，局所探索，貪欲アルゴリズムといった古典的かつ一般的
なアルゴリズム設計技法で，たいていの場合，妥当な近似比の近似アルゴリズムが得
られる．擬多項式時間アルゴリズムと近似アルゴリズムにも特別な関係がある．それ
は，整数値問題の入力インスタンスで，全てのアイテムの値をある同一の大きな数で
割ることによって，入力値のサイズを減らすというものである．通常，この除算は，
ある種の丸めと関係がある．この縮小された入力インスタンスでは，どの擬多項式時
間アルゴリズムも効率的に実行できる．縮小された入力インスタンスの解が，元の入
力インスタンスの最適解の良い近似になるなら，効率的な近似アルゴリズムのみなら
ず PTAS をも得たことになる．入力インスタンス間の帰着は，片方の入力インスタ
ンスをもう1つで近似していると考えられるので，いくつかの問題に対して，このや
り方で近似アルゴリズムを得る可能性がある．

最後に，Kernighan-Lin の深さ可変探索は局所探索と貪欲手法の組合せに他なら
ないことを述べておく．

---

[5] 焼きなまし法は乱択局所探索と見なすこともできる．

502   第7章　困難問題を解くためのガイド

7.4　異なるアプローチの比較

　今，解かなければならない問題が大変困難で，しかし依頼者はとても重要な問題だと考えているとしよう．このような場合，通常は，さまざまな考え方やアプローチを試し，その結果として与えられた問題に対するいくつかの異なるアルゴリズムが得られる．これらの中で，実際に適用するのに最善なものを選ばなければならないが，純粋に理論的解析によって決められる可能性はほとんどない．もしできるとすれば，ある1つのアルゴリズムだけが正しい結果を出力するか，もしくは十分に高い確率で最適解に対する精度の高い近似を出力することを証明でき，他のアルゴリズムではそのような保証が得られなかった時だけである．さらに，このアルゴリズムを選んだことが正しいのは，上の条件に加えて，実際にこのアルゴリズムの性能が他のアルゴリズムと比べて悪くない場合だけになる．異なるアルゴリズムの性能の比較を実験によって行うのは，大体の場合に妥当なことである．というのは，通常，最悪時の時間計算量よりもむしろ扱っているアプリケーションの典型的な入力における「平均」時間計算量の方に興味があるからである．

　したがって，一般には，異なるアルゴリズムを実験によって比較しなければならない．最適化問題を扱っている場合を考えてみよう．この時，出力される解の精度と，時間計算量（コンピュータが実行した仕事量）という2つの重要なパラメータを比較しなければならない．しかし，パラメータを2つ比較するとなると，他のどのアルゴリズムよりも性能が良いというものがない，すなわち，どのアルゴリズムも最善ではないということが，明らかにあり得る．そのような場合には，依頼者の意向に従うべきである．というのは，解の精度が少し悪くても計算時間が重要な場合もあるし，逆にどんなに時間がかかっても精度の高い近似が好まれる場合もあるからである．

　実験による比較を行う際には，次の3点に注意すべきである．

(i)　全てのアルゴリズムを同じプログラミング言語で実装し，同じコンピュータで実行すること．

(ii)　実験に使うテストデータが，実際のアプリケーションの典型的なものであること．

(iii)　最適解のコストがわからない時に，出力された解の精度の比較基準をどうとるか．

以下では，この3点について議論する．

均一な実装

　条件 (i) は，異なるアルゴリズムの性能を比較する時に重要となる．同じプログラ

7.4 異なるアプローチの比較 **503**

ミング言語を使うことも，同じコンピュータ（同じ CPU かつ同じシステムソフトウェア）で実行することも公正な比較には不可欠である．他の論文にあるアルゴリズムの実験結果に基づいて，あるアルゴリズムが他のものより優れているという主張をすることには慎重になるべきなのは，このためである[6]．

テストデータの選び方

　良いテストデータを選ぶ方法は自明でない問題である．というのは，特定のアプリケーションの典型例となるようなデータが欲しいからである．データをランダムに生成するというのも 1 つの手である．ある種のアプリケーションに対してはこれでよいだろう．しかし，一般にはこの手法は慎重に扱うべきである．それは，ランダムに生成されたデータが典型的な例とは全く異なるようなアプリケーションは数多くあるからである．もちろん，典型的な入力インスタンスの集合を形式的に定められるなら，この集合からランダムに選ぶことも可能である．しかし，そのような仕様を作るのは一般的にはもっと難しいことである．

　テストデータの選び方の他の候補として，扱っているアプリケーションで実際に現れたデータを収集して用いるという方法がある．例えば，特定のアプリケーションである期間内に現れた入力インスタンスを収集するのである．いくつかの最適化問題では，公開されたテストデータが利用可能である．Reinelt は TSP のインスタンスのデータベースを収集している [Rei91, Rei94]．TSPLIB と呼ばれるこのデータベースは，`softlib.rice.edu` の匿名 ftp で公開されている．TSPLIB にはサイズの異なる（頂点数が 8 万以上のものすらある）問題インスタンスを含み，またさまざまな応用分野（例えば，VLSI 回路設計や実際の地理的なインスタンス）からのインスタンスがある．

解の精度の比較

　比較を行う最も単純な方法は，それぞれのアルゴリズムの出力解のコストを互いに比較することである．この場合，実験に用いた全てのインスタンスの解の精度での順序の平均に関するアルゴリズムの順序付けが得られる．

　もしもっと複雑な比較をしたいのであれば，それぞれのアルゴリズムが出力した実行可能解のコストの差を考慮すべきだろう．しかし，本当にコストの差そのものの値を用いるのは正しくない．実際には最適解のコストに関して正規化をしなければならない．問題は，通常，最適解のコストが不明で，計算もできないということにある．この問題点を克服する手段の 1 つとして，最適解を指定してテスト問題インス

---

[6] 残念なことに，実験的アルゴリズム論の文献にはよくある間違いである．

504 第 7 章 困難問題を解くためのガイド

タンスを生成するという方法が挙げられる．しかし，このようにして生成された入力
インスタンスが特定のアプリケーションの典型例と考えてよいかどうかは疑問であ
る．この他によく使われる方法として，線形計画法への緩和を用いて得られるコス
トの下界である **Held-Karp 下界** [HeK80, HeK71] と比較することが挙げられる．
この方法では驚くほどよい下界が得られる場合がある．Johnson, McGeoch は，メ
トリック TSP のテスト入力インスタンス集合において，たいていの場合，この方法
で得られた下界が最適コストと 0.01％ も変わらないということを報告した [JG97]．
Wolsey [Wol80] や Shmoys, Williamson [SW90] は，メトリック TSP に対し，線
形計画法から得られた下界が最悪でも最適コストの 2/3 を下回ることがないことも
示した．

　現在では，特定の困難問題を解くためのアルゴリズム的手法に関する実験的な知識
が大量にある．Johnson, McGeoch は TSP を解くさまざまな手法の比較に関する
詳細なすばらしい報告を行っている [JG97]．それによれば，解の精度と時間計算量
のトレードオフという観点からは，Kernighan-Lin アルゴリズムがメトリック TSP
のランダムなインスタンスに対する最良のアルゴリズムである．より精度の高い解は
焼きなまし法と遺伝アルゴリズムによってのみ得られる．ただし，時間計算量が本質
的に増加することが許容されるならばであるが．この莫大な実験的評価で用いられた
のは貪欲法や Chistofides アルゴリズムといった構成的なアルゴリズムや何種類かの
局所探索，焼きなまし法，遺伝アルゴリズム，さらにこれらを改良したり組み合わせ
たいくつかのアルゴリズムである．その一方，Aarts, Lenstra は [AL97a] の序文に
おいて，線形計画法を基にした最適化技法が局所探索やヒューリスティクスを用いた
アプローチよりも優れていると報告している．

　組合せ最適化問題のアルゴリズムに対する大規模な実験の結果報告には Bentley
[Ben90], Reinelt [Rei92], Fredman, Johnson, McGeoch, Ostheimer [FJGO95],
van Laarhoven, Aarts, Lenstra [LAL92], Vaessens, Aarts, Lenstra [VAL96],
Reiter and Sherman [ReS65], Johnson [Joh90a], Johnson, Aragon, McGeoch,
Scheron [JAGS89, JAGS91], Gendreau, Laporte, Potvin [GLP97], Anderson,
Glass, Potts [AGP97], Aarts, van Laarhoven, Lin, Pan [ALLP97] が挙げられる．

7.5 並列化による高速化

　ここまで見てきたアルゴリズムは全て逐次的なアルゴリズムであった．逐次的なア
ルゴリズムというのは，データに対する操作の連続という形で実装されるものであ
る．これに対し，並列計算とは，与えられた計算を，いくつかの独立なプロセッサを

協調させて行うものである．並列計算には次に挙げる 2 つのモデルがあるが，この節ではどちらのモデルを用いても問題はない．

(i) 複数のプロセッサで共有するメモリがあり，直接このメモリに対して書き込み・読み込みアクセスを行うことで協調動作（通信）を実現する．

(ii) それぞれのプロセッサ間に通信リンクを持つ接続ネットワークを使って，協調動作をする．

重要なことは，アルゴリズム A の時間計算量 $Time_A(n)$ が，実行される操作の数（つまり，コンピュータで行う計算の量）以外の何物でもないことである．したがって，$p(n)$ 個のプロセッサを使って，サイズ n の入力に対して A を実行すると，計算時間が $\frac{Time_A(n)}{p(n)}$ より速くなることはあり得ない．これは，並列アルゴリズムで行われる計算の量（実行される操作の数）が，高々プロセッサの数と並列計算時間との積でしかないことからも明らかである．したがって，

$$（逐次計算時間）\leq（プロセッサ数）\cdot（並列計算時間） \tag{7.1}$$

となる．

　このことからすぐにわかることは，並列化自体は，困難問題を解くための独立したアプローチとは考えられないということである．これは，手に負えないほど膨大な量の操作を並列アルゴリズムで実行しようとしても，プロセッサの数を同じように膨大な数にしなければならないか，並列計算時間が爆発的に増えるかのどちらかになってしまうことからも明らかである．

　並列化の技巧は，並列計算時間が，逐次計算時間をプロセッサの数で割ったものにできるだけ近づくように，アルゴリズムの並列実装をすることにある．よって，並列化は主にアルゴリズムの実行速度の向上に寄与する．このような高速化の重要性は次の例で説明できる．A を困難な最適化問題の典型的な入力インスタンスに対して 1 時間で高い精度の解を計算する，すばらしい近似アルゴリズムであるとしよう．しかし，実行可能解を 5 分以内に求めなくてはならないようなリアルタイム処理が必要で，しかも A と同等の精度を保証した，もっと高速な（逐次）アルゴリズムは望めない状況であったとする．こんな時こそ，並列計算の出番である．もしアルゴリズムがいくつかの妥当な性質[7]を満たすなら，20 個の CPU を積んだ並列計算機（もしくは 20 台の PC のネットワーク）で，逐次アルゴリズムより 10 倍速くなる可能性がある．一般に，スケジューリング問題のような多くの最適化問題では，解が出力されるまでの待ち時間を短縮することは，解の精度と同じかそれ以上に重要なことである．時に，この両方の要求を満たすのは並列化だけであることもある．

---

[7] 例えば，本質的に逐次的でないなど．

506 第7章 困難問題を解くためのガイド

この節では，基本的な並列計算のモデルや設計を示すことはしない．この点については以下に示す文献を参照してほしい．

(i) 一般的な優れた情報源：Jájá [Já92] や，Leighton [Lei92], Reif [Rei93] など．

(ii) 並列アルゴリズムの設計技法に関して：Karp, Ramachandran [KR90] や Kindervater, Lenstra, Shmoys [KLS89], Díaz, Serna, Spirakis, Torán [DSS T97].

(iii) 並列計算に関する計算量理論：Greenlaw, Hoover, Ruzzo [GHR95].

(iv) 並列アルゴリズム（特に組合せ最適化に特化した）広範囲な参考文献集：Kinder-vater, Lenstra [KiL85, KiL85a] や Kindervater, Trienekens [KiT85].

(v) プロセッサネットワーク（並列アーキテクチャ）における通信タスクの解法：Leighton [Lei92] や Hromkovič, Klasing, Monien, Peine [HKM+96].

この節では，困難問題に対する以下のアルゴリズム設計技法と並列実装の相性について軽く触れる．

(i) 局所探索．

(ii) 分枝限定法．

(iii) ランダムサンプリング．

(iv) 豊富な証拠．

(v) Kernighan-Lin の深さ可変探索とタブーサーチ．

(vi) 焼きなまし法．

(vii) 遺伝アルゴリズム．

ここで取り上げるのは設計手法だけであり，擬多項式時間アルゴリズムのような概念は扱わないことに注意してほしい．というのは，概念で与えられる枠組みでは大まかすぎて，並列化の可能性に関してまとめきれないからである．一方，アルゴリズム設計技法の仕様は，並列化の可能性を考えるためにも十分詳細なものである．

図 7.1 に示したような，一般的な分類をしてみよう．与えられた逐次アルゴリズム A の並列化が可能かどうかを調べるためには，主に次の2つのパラメータを考慮しなければならない．

● 実行される計算の量（時間計算量）．

● A の並列実行中に必要なプロセッサ間の情報交換（通信）の量．

通信量を考慮に入れるのは，通信にかかるコストが大きいからである．プロセッサ間の通信は，時間がかかる可能性がある．というのは，同期化やメッセージルーティングの決定，あるいは，あまりにも大量のプロセッサが互いに通信しようとして起こる通信リンクの混雑の解消などが必要になるからである．さらに，並列に実行されるプ

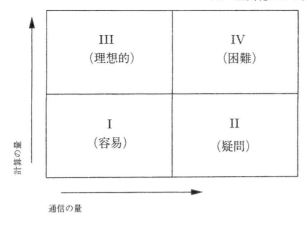

図 7.1

ロセス間の依存関係が強すぎると，プロセッサは，本来の計算作業よりも，（他のプロセッサでの結果である）データを待つことに，より時間を費やしてしまう．このような場合には，逐次的に実装したアルゴリズムの実行時間に対するスピードアップ率は，並列化実装で用いるプロセッサの数よりもかなり小さくなりかねない．ここで注意しなければならないのは，単純に「通信の量」を，並列実行時のプロセッサ間でやり取りするビット数と考えてはならないということである．今，数回の通信で送れるメッセージがたくさんあるとする（つまり，2つのプロセッサ間の物理的接続をたくさんまとめれば，その接続がたくさんの情報を送るのに使われる）．この時，各プロセッサの独立な動作が中断せず，長時間続くので，並列アルゴリズムの効率は一般に良い．逆に，最悪の場合は，大量の小さなメッセージを絶えず通信しなければならず，各プロセッサは他のプロセッサからのデータが送られてくるまで計算を続行できないような場合である．以上より，通信の量というのは，送受信されたビット数ではなく，通信の頻度を意味する．

それでは，図 7.1 に示した，計算量と並列化した時の通信の量に関するアルゴリズムの分類表[8]を見ていこう．分類 I は単純に並列化できる効率的なアルゴリズムを意味している．というのも，並列実行時において，プロセス間の協調を行うためにほとんど通信を必要としないからである．その一方で，全体で行う計算の量も十分多いわけではないので，逐次アルゴリズムに比べてそれほど高速にもならない．したがって，このようなアルゴリズムに対して並列化を行うのは，リアルタイム処理が必要な場合だけである．

II に分類されるアルゴリズムは，効率的（しなければならない計算の量が少ない）であるが，どのように並列化しても大量の通信を余儀なくさせられる．これは，ほん

---

[8] もちろん，この分類表は並列化問題をやや単純化して描かれている．

508　第7章　困難問題を解くためのガイド

の少し高速にするために，大変な苦労（あるいは大量のプロセッサ）を必要とするということである．この場合には，アルゴリズムの高速化をするために並列計算が正しい選択かどうかは，全くもって疑問である．したがって，まだ少し高速化が必要であるのに，データ構造を工夫したり，あるいは他の逐次的な実装を使うことがもう不可能であるような場合にのみ並列化を試すべきである．

　分類 III のアルゴリズムは，並列化という観点からは理想的な状況にある．大量の処理を実行しなければならないので，普通は計算を高速にしなければならないというニーズがある．さらに，実行すべき処理を，ほとんど独立に実行できるいくつかのジョブに分割することができる．すなわち，通信を少し行うだけで各プロセッサで行う処理を並列に行えるので，並列化によって効率的に実行できる．

　通常，分類 IV のアルゴリズムの並列化は非常に難しい．大量の処理を実行しなければならないので，高速化したいと考えるのは非常に自然なのだが，与えられたアルゴリズムでの計算を，実行時の依存度が小さくなるように分割できる可能性はない．解決法の 1 つとして，頻出する部分計算を高速に計算する回路を設計する（つまり，ビットレベルの並列化である）ことが挙げられよう．あるいは，与えられたアルゴリズムの並列化をあきらめ，効率的に並列化できるような全く新しいアルゴリズムを設計するというのも，もう 1 つの手段ではある．最速の逐次アルゴリズムよりも著しく速い並列アルゴリズムが存在しないという意味で，本質的に逐次的な計算に対する並列化は本当に困難である．高速な並列アルゴリズムが存在するかどうかに関して問題を分類した計算量理論の良書として Greenlaw, Hoover, Ruzzo による [GHR95] がある．

　以下では，本書で取り上げたアルゴリズム設計技法を，図 7.1 の 4 つの分類にしたがって見ていこう．

局所探索

　局所探索は，初期実行可能解を反復的に改善していく．この反復的な処理[9]は本質的に逐次的であるので，並列化によって高速化できるのは各反復処理の時間計算量を減らすことだけである．つまり，次に挙げる 2 点に並列化を適用できる．

- 与えられた近傍に対して，現在の実行可能解が局所最適であるかどうかのチェック．
- 局所最適でない実行可能解に対する，より良い近傍の探索．

これによってどのくらい高速化できるかは，近傍の構造やサイズ，局所変換の時間計算量に依存する．今，実行可能解 α にいるとする．最も単純なアプローチでは，（可能ならば）近傍 $Neigh(\alpha)$ を p 個の排他的な部分集合に分割し，p 個のプロセッサ

---

[9] つまり，次から次へと実行可能解を渡り歩いていく．

で各部分集合内を独立に調べればよい。最も良い近傍 $\beta \in Neigh(\alpha)$ を探すか, α が局所最適であることを示すのであれば, この並列計算で行われる唯一の通信は, 全てのプロセッサがそれぞれに割り当てられた近傍の部分集合内の探索を終了した後, すなわち一番最後の時点で行われる。p 個のプロセッサ全てで求めた, 最も良い解を認めるのは普通の処理であり, 並列実行ですぐに済んでしまう。また, もし p 個のプロセッサが現在の実行可能解よりも良いものを探しているだけなら, 各プロセッサは新しい実行可能解を見つけ次第, 他の全てのプロセッサに発見したことを通知し, 新しい実行可能解を送る[10]。通知を受け取った各プロセッサは, 次の反復処理を開始する。

一般に, 局所探索の 1 回の反復ステップを並列化することは III に分類される。しかしながら, 並列化でどんなに高速化しても, 局所最適解を見つけるのにかかる反復処理の回数には及ばない。Yannakakis による並列局所探索の計算量に関するすばらしいサーベイが, [Yan97] の Section 6 にある。

もっと良い並列化ができる局所探索は, 多スタート局所探索である。つまり, p 個の異なる初期解から p 個の独立な局所探索を行うことができる。

分枝限定法

バックトラックや分枝限定法は並列化にとても適している。これらは計算量が大きい上に, 通信要求が少ない。最も単純なのは, バックトラックを並列に行う方法である。すなわち, 実行可能解全体をいくつかの部分集合に単純に分割し, それぞれの部分集合の中を並列に探索する。いくつかのプロセッサが探索し終わり, 残りが探索中なら, まだ探索が行われている部分集合の未探索部分を再分割することも可能である。各プロセッサでの最良の解から, 全体で最も良い実行可能解を見つけるための通信が, 唯一必要となる通信である。分枝限定法を並列に行う時は, もう少し通信が必要となる。任意のプロセッサが現時点での最良の解(あるいは事前計算した推定値)よりも良い解を見つけた時は, そのコストを他の全てのプロセッサにブロードキャストする。事前計算で求めた最適解のコストの推定値が $Opt_U(x)$ に近いなら, その値の改善の回数, つまりブロードキャストが行われる回数は小さくなる。しかし, 事前計算で得た $Opt_U(x)$ の上界(または下界)が $Opt_U(x)$ とは大きく異なる時は[11], 状況が変わってくる。とはいえ, このような場合にも, 実験的には, 通信が頻繁に行われることは稀である。

---

[10] ここでは, 複数のプロセッサが同時に新しい実行解を見つけた時に, どうやって調停するかという議論は省略した。

[11] 事前計算の並列計算量については, どのような手法を使っているかに大きく依存するので, 省略する。

510 第 7 章 困難問題を解くためのガイド

ランダムサンプリング

ランダムに実行可能解を選び，それを出力するだけという，この非常に簡単かつ効率的な乱択手法には，どこに並列化が必要なのかという疑問があるかもしれない．しかし，一般に，精度の高い解を高い確率で得るためには，独立に何回もの選択が必要になる．あるランダムな試行で精度の高い解を得る確率が小さい場合には，成功確率を十分に大きくするために，解をランダムかつ独立に選ぶ回数を増やさなければならない．ランダムな選択は別々のプロセッサで並列に行えるので，これは，並列化の概念にとって理想的な状況である．一般に，多くの乱択アルゴリズムに対して，次のようなアイデアが適用可能である．

- 与えられた入力に対して乱択アルゴリズムを何回も独立に並列実行する．

- 独立に得られた全ての出力から，最終的な出力を計算する．

豊富な証拠

高い確率で証拠を得るには，何回か独立に，証拠の候補集合全体からランダムに1つ選べばよい．これはランダムサンプリングと全く同じ状況で，したがってランダムな選択は簡単に並列に実装できる．そこでここでは，もう少し複雑なやり方を考えてみよう．証拠の候補集合に証拠が本当に豊富に存在し，1回だけ証拠の候補をランダムに選べば十分であるような状況を考えよう．例えば，$x \neq y$ となる任意の $x, y \in \{1, 2, \ldots, 2^n\}$ に対して，$\{2, 3, \ldots, n^4\}$ に存在するおよそ $n^4/(4 \cdot \ln n)$ 個の素数のうち，少なくとも $n^4/(4 \cdot \ln n) - n$ 個が，事実 $x \neq y$ に対する証拠となる（すなわち，$x \bmod b \neq y \bmod b$ となる）．ゆえに，$x \neq y$ であることの証拠とならない候補を選ぶ確率は高々 $4 \ln n / n^3$ となる．n が十分に大きければ，ランダムな試行を複数回行う理由はなくなってしまう．したがって，このアプローチは，b をランダムに選び，$x \bmod b$ と $y \bmod b$ の計算結果を比較するということになり，本質的に逐次的なものに見える．通信プロトコルの枠組みでは，相手に送信しなければならないのは b と $x \bmod b$ であり，メッセージ長は $\lceil 8 \cdot \log_2 n \rceil$ となる．このような状況では，元の証拠よりもサイズが小さくなる表現が可能かどうかを考え，大きな証拠の代わりに小さな証拠をいくつか使うのが一般的なアイデアである．この例では，区間 $[2, n^4]$ ではなく，区間 $[2, n^{1+\varepsilon}]$（ただし ε は $0 < \varepsilon < 1$ となるような適当な数）から素数を選ぶようにすることができる．このようにすると，証拠とならない素数を選ぶ確率は高々 $\frac{\ln(1+\varepsilon)}{n^\varepsilon}$ となる．さらに並列に k 回選ぶことにより，誤り確率を $\left(\frac{\ln(1+\varepsilon)}{n^\varepsilon}\right)^k$ まで減らすことができる．

7.5 並列化による高速化   *511*

Kernighan-Lin の深さ可変探索とタブーサーチ

これらの技法も，局所探索とほとんど同じ状況にある．唯一無視できない違いは，計算の途中で禁止される近傍の部分集合が変化していくことである．したがって，近傍を各プロセッサに割り振る時に，固定された（静的な）分割が最も効率的な方法であるとは限らない．この（「利用可能な」近傍を不均等に分割して探索をするという）問題点[12]を解決するために，各実行可能解の近傍を探索する時に，並列動作するプロセッサ間での近傍の動的な分割，もしくは一種の負荷分散を考えなくてはならない．

焼きなまし法

焼きなまし法の本質は，局所探索よりもさらに本質的に逐次的であるので，焼きなまし法を並列化するのは難しい．これは，反復的な改善を連鎖的に行うからだけではなく，ランダムに近傍を選ぶ方法が（全ての近傍をしらみつぶし探索する局所探索とは対照的に）典型的な逐次処理であることにも起因する．並列化で焼きなまし法をそれなりに高速化するには，大幅な計算の追加が必要となるであろうことを考慮すべきである．焼きなまし法の並列実装には以下に挙げる独立な2つのアプローチが考えられる．

(i) **パイプライン処理**：現在の解に対する近傍のランダムな生成と，そのコストの計算，さらに新しい解として受理するかどうかの決定を，それぞれ並列に行う．よって，問題インスタンスの表現レベルの処理と，この表現での各アイテム上の基本演算レベルの処理が必要になる．このアプローチが成功するかどうかは，個々の最適化問題と，その実行可能解をどう表現するかによる．例えば，TSP に対してこの方法でうまく並列化できた例はないが，Casotto, Romeo, Sangiovanni-Vincentelli [CRS87] と Kravitz, Rutenbar [KRu87] はこのアプローチで配置問題の並列化に成功した．

(ii) **並列に新しい解を探索**：各プロセッサは独立に，実行可能解をランダムに生成し，その実行可能解を新しい解として受理するかどうかを（ランダムに）決定する．どのプロセッサも受理しなかった場合，全てのプロセッサが次の解の探索を続行する．ちょうど1つのプロセッサで新しい解が受理された場合，この解を次の解とする．同時に2つ以上のプロセッサがそれぞれの解を受理した時は，それらの中から（ランダムな）比較によって次の解を選ぶ．

全く異なる戦略として，多スタート焼きなまし法が挙げられる．つまり，焼きなまし法を何回も独立にランダムな初期解から実行するのである．多スタート焼きなまし

---

[12] この問題は，あるプロセッサに割り当てられた近傍のほとんどが禁止されていて，他のプロセッサでは割り当てられた全ての近傍の実行可能解を調べなければならない時に起こる．

512   第7章 困難問題を解くためのガイド

法はもちろん並列化に向いているが，これは焼きなまし法の並列実装とは見なせない．Aarts, Korst による並列焼きなまし法の設計に関するすばらしく，また詳しい解説が [AK89] の Chapter 6 にある．

　以上をまとめると，焼きなまし法の本質は逐次的なので，逐次実行に比べ本質的に高速な並列アルゴリズムを設計するのは簡単ではない．解決策は，焼きなまし法特有のレベルに視点を変えることである．これによって，ボルツマンマシン（詳しくは Hinton, Sejnowski [HiS83], Hinton, Sejnowski, Ackley [HSA84], Ackley, Hinton, Sejnowski [AHS85] を参照してほしい）が考案された．これは，物理法則による最適化と並列計算を組み合わせたものと見なすことができる．このトピックに関するすばらしく，また詳しい解説として Aarts, Korst [AK89] が挙げられる．

遺伝アルゴリズム

　遺伝アルゴリズムは，ほぼ理想的に並列化できる．これは個体群の各個体に対する遺伝子操作は独立に行われるためであり，したがって，次のようなステップが単純に並列実装できる．

- 初期個体群の生成．

- 個体の適合推定．

- 交差操作と突然変異の適用．

プロセッサ間の通信は，選択（親の選択と新しい個体群の選択）をする手順で必要となる．なぜなら，特定の個体を個体群からランダムに選ぶ確率を推定するには，各プロセッサ間で分配されている全体的な情報が必要となるからである[13]．この全体的な情報とは，例えば，個体群の平均適合値や，各個体の適合値に関する順序である．しかし，この全体的な情報は，通信量が許容範囲となる標準的な並列アルゴリズムで，効率的に計算できる[14]．

　島モデルの遺伝アルゴリズムでは，この全体的な情報を計算する問題は単純になる．各島での進化はある期間独立に行われ，その後で行われる最善の個体の交換にはそれほど多くの通信を必要としない．したがって，島モデルの遺伝アルゴリズムをそのまま並列に実装するだけで，逐次的な遺伝アルゴリズムの大幅な高速化が達成できる．Tanese [Ta89] と Whitley, Starkweather [WhS90] が島モデルとその並列実装のオリジナルの文献である．このトピックのすばらしい，また詳しい概観として Schmeck, Branke, Kohlmorgen [SBK00] がある．

---

[13] 各プロセッサは，1 個体，もしくは，ほんの一部の個体についてのみ情報を持っていると仮定する．
[14] 通信は，接続ネットワークでのブロードキャストにほぼ相当する．

7.6 新しいテクノロジー **513**

一般的な注意

既に述べたように，擬多項式時間アルゴリズムや，指数時間アルゴリズムの最悪時間計算量の低減，双対近似アルゴリズム，近似アルゴリズム，パラメータ化計算量などの概念の並列実装については，十分に詳細な仕様がないため扱わなかった．これらの概念を用いたアルゴリズムを並列化するには，アルゴリズムの実装に用いられている標準的アルゴリズム設計技法の並列化が可能かどうかを調べるべきである．本書では，分割統治法や，動的計画法，貪欲アルゴリズムを頻繁に用いた．貪欲アルゴリズムは，解の表現のアイテムを逐次的に1つずつ決めることで実行可能解を作るので，本質的に逐次的である．唯一の可能性は，次のアイテムの値を並列に選ぶことである．しかし，逐次的に貪欲アルゴリズムを実装しても，通常は非常に効率的なので，並列化して高速化しようということは稀であろう．通常，分割統治法や動的計画法の部分問題は独立に解けるので，この2つはとても並列化しやすい[15]．さらに，ある種の問題では，いくつかの部分問題インスタンスの解から全体の問題インスタンスの解を求めることが，並列化によって効率的に行える．このような問題では，並列化によって十分な高速化が可能であろう．

7.6 新しいテクノロジー

7.6.1 序論

本書で取り上げてきたアルゴリズムは全て標準的な電子計算機（理論的にはチューリング機械）のモデルに基づくものであった．ここで重要なのは，計算モデルが，実行できる初等演算とメモリの管理方法，アクセス方法で定義されていることである．本書での標準的なモデルでは，算術演算や比較のような，コンピュータの語（固定されたアルファベット記号）に対する演算を許していた．また，常にダイレクトアクセスが可能なメモリを仮定していた．これは，効率的な実装をするためには本質的であるが，計算可能性や易しさという観点からはあまり関係のないものであった．その他の計算モデルを考える1つ目の動機は，チューリング機械では簡単にシミュレートできないような，情報の処理方法や記憶方法を実現する方法はないのかという問いからきている．

2つ目の動機は，技術の進化に関連している．コンピュータの進化には，そろばんから始まり，機械的な装置から電子的なコンピュータへと続く長い歴史がある．この進化過程での能力とスピードの増加は桁外れなものである．Moore は，18ヵ月ごとにコンピュータの能力は2倍になるという法則[16]を提唱した．この進化と高速化は微

---

[15] 必要なデータを全体の共有メモリに置くことで可能になる．

[16] ［訳註］「Moore の法則」として知られている．

514　第 7 章　困難問題を解くためのガイド

細化の結果である．しかし，現在のコンピュータ技術での微細化には限界があること
が知られており，巨視的にはこの進化は永遠に続けられるものではない．したがって，
コンピュータの能力を本質的に改善するには，ミクロレベル（分子レベル）の世界に
足を踏み入れなければならない．

　上で述べたアイデアから，まったく異なる 2 つの概念 — **DNA 計算**と**量子計算**が
産まれた．DNA 計算は DNA 鎖に対する化学的操作に基づいているのに対し，量
子計算は量子物理学の法則に基づいている．現時点で，DNA 計算は，入力サイズが
小さい場合にはすでに利用可能である．しかし，本書で示した古典的なアルゴリズム
に比べると，まだ利用価値はない．計算可能性という観点からは，DNA 計算の数学
的モデルはチューリング機械モデルと等価である．よって，DNA 鎖の長さと数に比
例して時間計算量を増やせば，DNA 計算を逐次的にシミュレーションできる．した
がって，もし与えられた問題を解くために指数回の「古典的な」処理が必要ならば，
DNA 計算でも指数回の分子レベルの操作が必要となることは明らかである．しかし，
DNA 計算の力は 10^{16} 本もの DNA 鎖に対する化学的な操作を 1 回で行うことがで
きること，すなわち，電子的な並列計算機や接続ネットワークでも達成できないほど
大規模な超並列計算が可能なことにある．数百年かけても電子計算機で 10^{16} 回もの
処理を逐次的に行うのは不可能である．電子計算機に対する DNA 計算の長所は，古
典的な計算では全く不可能なほどの入力サイズに対する指数時間アルゴリズムを「効
率的に」実行できる点にある．

　量子計算に関する状況は DNA 計算とは全く異なる．まだ量子計算機は入手可能
ではなく，実験物理学では 7 ビットの量子計算機を試作するために，物理的な問題
点に取り組んでいる．そのため，近い将来に量子計算機が実用化できる見込みはまだ
ない．重要なのは，チューリング機械での量子計算モデルのシミュレーションには，
知られている最も良いものでも指数的に時間計算量が増加してしまうことと，与えら
れた数の因数を求める多項式時間量子アルゴリズムが存在することである（多項式時
間の古典的な計算で因数分解問題を解くのは難しいだろうと考えられている）．した
がって，DNA 計算とは対照的に，P が多項式時間量子計算で解ける問題のクラスの
真の部分集合になる可能性が残っている．量子計算機が物理的に実現された時には，
アルゴリズム論，特に暗号の分野[17]に多大な衝撃を与えるだろう．

　現在のところ，本書で扱った困難問題を解くためのアルゴリズム的なアプローチに
関して，DNA 計算と量子計算が秀でているわけではないが，しかし，将来的に状況は
変わり得る．そのために，この 2 つの新しい計算モデルの大まかな紹介を与えるので
ある．これらの話題を扱った解説書（例えば，Păun, Rozenberg, Salomaa [PRS98]
や Gruska [Gru99], Hirvensalo [Hi00], Preskill [Pre00]）も既にあるので，本書で

---

[17] 公開鍵暗号である RSA 暗号の安全性は，因数分解問題が難しいという仮定に依存していることを思い
　　出してほしい．

は詳しくは取り上げない．特に量子計算については，本格的に取り組むには量子力学に関するかなりの知識が要求されるので，なおさらである．この節では，DNA 計算と量子計算の基本的な概念を紹介し，アルゴリズム論に将来的に与え得る影響を示す．7.6 節は次のように構成した．まず，7.6.2 節で DNA 計算の概念を，実際に DNA アルゴリズムを示しながら説明する．7.6.3 節では，量子計算機の動作について大まかな説明をし，量子計算の能力について解説する．

7.6.2 DNA 計算

DNA 計算の基本的なアイデアは，データを DNA 鎖で表現し，DNA 鎖に対する化学的な操作（処理）を用いて計算することである．DNA 鎖でデータを表現するのは自然なアイデアである．というのは，通常，データはアルファベットで構成される語（記号の列）として表現され，DNA 鎖は A（アデニン），G（グアニン），C（シトシン），T（チミン）という 4 種類のアルファベットの列として表現されるからである．

DNA 鎖に対して化学的操作を行うというアイデアは，超並列計算の概念に関連がある．というのも，DNA 鎖の多重集合に対する化学的操作は，試験管の中で全部一度に実行できるからであり，さらにその多重集合の濃度はとても大きい（例えば 10^{16}）からである．

分子レベルで超並列計算をして計算を高速化するというアイデアは 1961 年には Feynman によって考案されていた [Fey61]．しかし，実験的にこのアイデアが実現されるまでには 30 年以上の年月がかかってしまった．1994 年に Adleman が，NP 困難なハミルトン路問題に対して，(7 頂点という) 小さなインスタンスを解くための分子計算を実現することに成功した [Adl94]．この重要な実験結果が，DNA 計算と呼ばれる学際的な学問分野の草分けである．Adleman の結果は即座に Gifford [Gif94] や Kaplan, Thaler, Libchaber [KTL97]，Morimoto, Suyama [MoS97] によって変更・改良された．

Lipton が最初に分子計算の抽象的なモデルを定義した [Lip94, Lip95]．このモデルの要素（メモリ）は試験管の集合であり，それぞれの試験管には DNA 鎖の多重集合が入っている．このモデルでは，試験管の内容に対して処理を行い，処理は実験室レベルでの 1 ステップで完了する．さらに簡略化したモデルが Adleman によって提案された [Adl95]．近年，さらに抽象的なモデルが導入・研究されている（例えば，Csuhaj-Varju, Freund, Kari, Păun [CFK⁺96, CKP96] や，Liu, Guo, Coudon, Corn, Lagally, Smith [LGC⁺96], Kurtz, Mahaney, Royer, Simon [KMR⁺96], Reif [Rei95], Yokomori, Kobayashi [YoK97] を参照されたい）．

多くの論文で，DNA 計算のモデルが万能，すなわち，チューリング機械モデル

516 第 7 章 困難問題を解くためのガイド

と等価であることを示している（優れたサーベイとして，Păun, Rozenberg, Salomaa [PRS98] や Salomaa [Sal98] がある）．これらのモデルの一部に対して，Beaver や Reif, Papadimitriou は指数時間で動作する線形領域有界チューリング機械を指数的に高速化できることをそれぞれ独立に証明した [Bea95, Rei98, Pap95]．おそらく最も興味深い理論的成果は Pudlák によって確立された，いわゆる**遺伝チューリング機械**である．遺伝チューリング機械は *PSPACE* のすべての言語を（すなわち，全ての NP 困難言語も）多項式時間で認識できる．DNA 計算量をさまざまな観点から概観するには，Gifford [Gif94] や，Smith, Schweitzer [SmS95], Rubin [Rub96], Delcher, Hood, Karp [DHK96], Reif [Rei98] を参照されたい．

この節の目的は DNA 計算の基本の紹介である．この後は次のようなことを取り上げる．まず，DNA 計算の単純なモデルを説明し，その後に困難問題に対する DNA アルゴリズムの例を 2 つ示す．最後に，DNA 計算の理論的もしくは技術的な限界について解説する．本書では分子生物学に関することは一切取り上げない．この分野の知識がない読者には Drlica による書籍 [Drl92] が分子生物学や遺伝子工学の良い入門書となるだろう．

DNA 計算のモデル

このモデルでのメモリは定数本の試験管であり，それぞれの試験管には DNA 鎖の多重集合（$\{A, G, C, T\}$ からなる文字列の多重集合）が入っている．試験管に対する操作を以下に列挙する．ただし，試験管 T に入っている文字列の多重集合を $MulS(T)$ で表す．

Copy 試験管 T_1, T_2 に対して，$Copy(T_1, T_2)$ は試験管 T_1 に入っている内容 $MulS(T_1)$ を（元々空である）試験管 T_2 にコピーする．

Merge 与えられた試験管 T_1, T_2 と空の試験管 T に対し，$Merge(T_1, T_2, T)$ は $MulS(T) = MulS(T_1) \cup MulS(T_2)$ とする．

Detect 任意の試験管 T に対し，$Detect(T) \in \{yes, no\}$ は $MulS(T) \neq \emptyset$ の時かつその時に限り $Detect(T) = yes$ となる．

Separate 試験管 T と文字列 w に対し，$Separate(T, w)$ は T から w を部分文字列として含まない全ての文字列を削除する．

Extract 試験管 T と文字列 w に対し，$Extract(T, w)$ は T から w を部分文字列として含む全ての文字列を削除する．

Separate-Pref 試験管 T と文字列 w に対し，$Separate\text{-}Pref(T, w)$ は T から接頭辞が w とならない全ての文字列を削除する．

Separate-Suff 試験管 T と文字列 w に対し，$Separate\text{-}Suff(T, w)$ は T から接尾辞が w とならない全ての文字列を削除する．

Amplify 試験管 T に対し，$Amplify(T)$ は T に入っている DNA 鎖の数を倍にする．

Length-Separate 試験管 T と長さ l に対し，$Length\text{-}Separate(T, l)$ は T から長さが l ではない文字列を全て削除する．

Concatenate 試験管 T に対し，$Concatenate(T)$ は T に入っている DNA 鎖をランダムに連接する．T に入っているそれぞれの文字列が大量にあれば，$Concatenate(T)$ の後の T は，非常に高い確率で，ある長さまでの，可能な全てのパターンの連接を含む．

Cut 試験管 T に対し，$Cut(T)$ は $MulS(T)$ の DNA 鎖をランダムに切断して，より短い DNA 鎖にする．

Select 試験管 T に対し，$Select(T)$ は T から DNA 鎖をランダムに 1 本選び，新しい試験管に入れる．

上記の操作を実験室ではどのように行うかということは，本書の守備範囲を外れるので説明しない．技術的な詳細は Adleman [Adl94, Adl95] と Păun, Rozenberg, Salomaa [PRS98] の序文の一部などを調べてほしい．分子生物学の教科書としては，Drlica [Drl92] のほか，Alberts, Bray, Lewis, Raff, Roberts, Watson [ABL$^+$94] や Walker, Rapley [WR97] がある．

DNA 計算の抽象的モデルの重要な計算量の尺度として，以下のものがある

- 操作の回数．
- 試験管のサイズ（試験管 T のサイズは $MulS(T)$ の濃度で与えられる．つまり，重複も含めて数える）．

がある．

1 つ目の計算量尺度は 2 つの意味で重要である．第 1 に，実験室での操作は，電子計算機での 1 ステップのようにマイクロ秒単位などではなく，数時間かかることすらある．第 2 に，現在の技術では，ほとんどの操作において正しく実行されるという確実な保証がない．すなわち，誤り確率を受け入れざるを得ない．したがって，DNA アルゴリズムが正しく出力する確率は，操作の回数が増えるに従って急速に減少する[18]．

---

[18] この問題の詳細は後ほど議論する．というのは，DNA 計算が古典的なアルゴリズム技法に比べて強力となるかどうかは，生化学分野の技術革新によって誤り確率が小さくなるかどうかに依存しているからである．

518 第 7 章 困難問題を解くためのガイド

DNA アルゴリズムを設計するためには，まず適当なデータの表現を既にある DNA
鎖を用いて作らなければならない．それから，しかるべきアルゴリズムを，上で列挙し
た操作の列として設計する．データ表現には生化学の基礎知識が必要となるので，ここ
では扱わない．DNA 計算における典型的なアルゴリズムの概念は非常に単純である．
決定問題に対しては，単に，解候補集合全体をしらみつぶし探索することに相当する．
通常，全ての解候補集合を試験管の中に生成するために *Amplify* と *Concatenate* の操
作を使う．その後，*Extract* や，*Separate*，*Separate-Pref*，*Separate-Suff*，*Length-*
Separate といった操作を，解でない全ての候補を試験管から取り除くために用いる．
最後に，*Detect* 操作によってアルゴリズムの出力が得られる．この概念を，2 つの
例を使って具体的に説明しよう．

Adleman の実験とハミルトン路問題

ラベル付き有向ハミルトン路問題 LDHP に対する Adleman の DNA アルゴリズ
ムの概略を示す．これは決定問題である．LDHP 問題の入力インスタンスはグラフ
$G = (V, E)$ と G の 2 つのラベル付き頂点 v_{in} と v_{out} である．Adleman のアルゴ
リズムのアイデアは，可能な全ての頂点の列を試験管内に生成し，v_{in} から v_{out} へ
のハミルトン路になっていないものを取り除くというものである．

ADLEMAN のアルゴリズム

入力： n 頂点 $v_1, v_2, \ldots, v_n$ 上の有向グラフ $G = (V, E)$ と 2 つの頂点 $v_1 =$
$v_{in}, v_n = v_{out} \in V$.

準備： G の n 個の頂点を表すために，長さが等しく l で「都合の良い」DNA
鎖を n 種類選び，試験管 T に入れる．

Step 1: 操作 *Amplify* を $2n \log_2 n$ 回行い，T がどの種類の DNA 鎖も少なく
とも $2^{2n \cdot \log_2 n} = n^{2n}$ 本含むようにする．

Step 2: 操作 *Concatenate*(T) を行い，長さが n までの G の頂点の列全てが
T に高い確率で含まれるようにする．

Step 3: 操作 *Separate-Pref*(T, v_{in}) を行い，v_{in} で始まらない全ての列を取り
除く．

Step 4: 操作 *Separate-Suff*(T, v_{out}) を行い，v_{out} で終わらない全ての列を取
り除く．

Step 5: 操作 *Length-Separate*$(T, l \cdot n)$ を行い，n 頂点からなる路に相当しな
い列を全て取り除く．

Step 6: $Separate(T, v_2), Separate(T, v_3), \ldots, Separate(T, v_{n-1})$ の $n - 2$ 回
の操作を順に行い，G の n 頂点全てを持たない列を取り除く．

出力： $Detect(T)$.

　明らかに，ADLEMAN のアルゴリズムは LDHP 問題を判定する．このアルゴリズムでは，$2n \log_2 n + n + 3$ の操作を行う．つまり，操作の回数は n に伴って増加する．したがって，現在利用できる技術では，ADLEMAN のアルゴリズムは信頼できるものにはならない．Step 2 で行っている *Concatenation* 操作は，実はもっと複雑なことをしている．実際には，試験管の中には，頂点に対応する DNA 鎖だけではなく，辺に対応する DNA 鎖も必要である．辺 (u, v) に対応する DNA 鎖は前半が u の DNA 鎖の接尾辞[19]となり，後半が v の DNA 鎖の接頭辞となっていなければならない．このようにすると，頂点の列として 2 重らせんを作ることになる．

3 彩色可能性問題

　グラフ G は，辺で接続された頂点が同じ色にならないように，各頂点を k 色で塗り分けられる時 k 彩色可能であるという．3 彩色可能性問題は，与えられたグラフ G が 3 彩色可能かどうかを判定する問題で，NP 完全であることが知られている．以下では，この問題に対する DNA アルゴリズムを与える．先ほどと同様に，与えられたグラフの頂点に対する，全ての可能な 3 色の割当を表現する大量の DNA 鎖を生成し，実行可能な 3 彩色になっていない色の割り当て方を全て取り除く，という方法を用いる．

アルゴリズム 3-COL

入力： グラフ $G = (V, E)$（ただし $V = \{v_1, v_2, \ldots, v_n\}$ とする）．

準備： G の頂点を表すための長さが等しく l である n 本の DNA 鎖 $strand(v_1)$, $\ldots, strand(v_n)$，色を表すための長さが h である DNA 鎖 $strand(c_1)$, $strand(c_2)$, $strand(c_3)$ を選ぶ．試験管 U に DNA 鎖 $strand(v_i)strand(c_j)$（ただし $i = 1, \ldots, n$, $j = 1, 2, 3$）を入れる．

Step 1: $Amplify(U)$ 操作を $3n$ 回行い，各 DNA 鎖 $strand(v_i)strand(c_j)$ が U に 2^{3n} 本あるようにする．

Step 2: 操作 $Concatenate(U)$ を適用し，$u_1 u_2 \cdots u_m$（ただし，$m \in \mathbb{N} - \{0\}$）という DNA 鎖を作る．ここで，全ての $k = 1, \ldots, m$ に対して

$$u_k \in \{strand(v_i)strand(c_j) \mid i \in \{1, \ldots, n\}, j \in \{1, 2, 3\}\}$$

---

[19] 生物学的には接尾辞と接頭辞ではなく，接頭辞や接尾辞の「生物学的な相補」である．

520 第 7 章 困難問題を解くためのガイド

である.

Step 3: n 頂点に対する色の割当になっていない列を取り除くために, *Length-Separate*$(U, n \cdot (l + h))$ 操作を行う.
{この列にはいくつかの頂点が複数回現れる可能性があり, したがって全ての頂点に対する色の割当の正しい表現には不要である}

Step 4: **for** $i = 1$ **to** n **do** *Separate*(U, v_i)
{この操作の後には, 全ての列にはちょうど G の n 個の頂点がそれぞれちょうど 1 回ずつ現れる.}

Step 5: **for** $i = 1$ **to** $n - 1$ **do**
    do begin *Copy*(U, T_1); *Copy*(U, T_2); *Copy*(U, T_3)
    for $j = 1$ **to** 3 **do in parallel**
        do begin *Extract*$(T_j, strand(v_i) strand(c_{(j+1) \bmod 3}))$;
        Extract$(T_j, strand(v_i) strand(c_{(j+2) \bmod 3}))$;
        {この操作の後には, T_j は頂点 v_i が色 j で塗られる彩色だけを含む.}
        for every $\{v_i, v_k\} \in E$ **do**
          Extract$(T_j, strand(v_k) strand(c_j))$;
    {この操作の後には, 各 $j = 1, 2, 3$ に対して T_j は頂点 v_i に色 j を割り当て, v_i のどの隣接頂点も色 j が割り当てられていない彩色だけを含む.}
    Merge(T_1, T_2, T); *Merge*(T, T_3, U)
    end
    {一番外側のループの r 回目が終わると, $v \in \{v_1, v_2, \ldots, v_r\}$ の各頂点はそれぞれの隣接頂点と異なる色が割り当てられている.}
    end

Step 6: *Detect*(U).

アルゴリズム 3-COL の Step 1 から 4 は ADLEMAN のアルゴリズムの動作と同様である. 3-COL で重要なのは. 3 彩色にならない塗り分けを全て取り除く Step 5 である. このステップの実現には複数の試験管を必要とする. ここでは, 頂点 v_i がそれぞれ色 c_1, c_2, c_3 で塗られる場合を分けて扱うために 3 本の試験管を用いている. v_i に接続される辺で矛盾する全ての彩色を取り除いた後, 3 本の試験管の中身を元の 1 本に戻す. G の辺の数は n の 2 乗になり得るので, Step 5 の時間計算量は $\Theta(n^2)$ となるように思える. 操作の数が 2 乗で増えるのは, たとえ現在の生化学の技術が本質的に改良されたとしても, 実用的な観点からは非現実的である. しかし, 重要な点

は，3-COL を $O(n)$ ステップで実装できるということである．これは，現在の技術でも，試験管 T と文字列の集合 S に対して，少なくとも 1 つの $w \in S$ を部分文字列として持つ全ての文字列を T から削除する操作 $Extract(T, S)$ を行うことができるからである．したがって，Step 5 の内側のループ

"**for** every $\{v_i, v_k\} \in E$ **do** $Extract(T_j, strand(v_k)strand(c_j))$"

は $Extract(T_j, S_{ij})$ として実現できる．ただし，$S_{ij} = \{strand(v_k)strand(c_j) \mid \{v_i, v_k\} \in E\}$ である．

適用可能性の限界と展望

既に見てきたように，DNA を用いた計算機は，莫大な数（例えば 10^{16} 個）のプロセッサを使った並列計算機と考えられる．この超並列計算によって逐次的計算を桁外れに高速化できる．その一方で，問題のインスタンスを解くのに 10^{100} 回もの演算が必要だとすると，宇宙のように大きな試験管でも，宇宙が始まってからの時間内で 10^{100} 回の演算を実現するには十分ではない．以上より，DNA アルゴリズムは，電子計算機で扱える入力サイズよりかなり大きな入力でも指数時間アルゴリズムをシミュレートできるが，DNA 計算で扱える入力サイズにも物理的定数による限界があることがわかる．したがって，多項式時間の DNA 計算で解ける問題を易しいと考えるのはあまり公正ではない．これは，試験管内の分子の数や大きさが実験室での操作数に従って指数的に増加する可能性があることだけでなく，化学的な操作を実行するために必要な時間のためでもある．

DNA 計算における最も深刻な問題は，操作ごとに異なる，実験室での操作の信頼性であろう．ある操作における**誤り確率**を，その操作の実行中に誤りを引き起こす分子の割合と定義する．$\sigma_1, \sigma_2, \ldots, \sigma_n$ という n 回の操作の誤り確率をそれぞれ $e_1, e_2, \ldots, e_n$ とすると，n 回の操作後の最終結果での誤り確率は大まかに言って

$$1 - (1 - e_1) \cdot (1 - e_2) \cdot \cdots \cdot (1 - e_n)$$

となる．したがって，現在の技術での誤り確率が $5 \cdot 10^{-2}$ であるなら，全体での誤り確率は，操作の回数に従ってあまりに急速に増加してしまう．もちろん，試験管内の DNA 鎖の複製数を増やすことによって，正しい答えを得る確率を増やそうとすることもできる[20]．Adleman, Rothemund, Roweiss, Winfree はデータ暗号化規格 (DES) を解読するためのある特別な DNA アルゴリズムに対して興味深い計算を行った [ARR⁺96]．それによると，63% の確率で正しい暗号鍵が最後の試験管内に得られるようにするために必要な DNA 鎖の量は次のようになる．

---

[20] これは，実験中に行うランダムな試行の回数を増やすことと見なせる．

522　第 7 章　困難問題を解くためのガイド

(i) 誤り確率 10^{-4} が実現可能なら，DNA 鎖は 1.4 グラムあれば十分．

(ii) 誤り確率が 10^{-3} で抑えられるなら，1 kg 以下の DNA 鎖があれば十分．

(iii) 誤り確率が 10^{-2} なら，およそ地球 23 個分もの質量の DNA 鎖が必要となる．

実験室での操作ステップ数と，DNA 鎖の数の間のトレードオフをさまざまな問題に対して考察した文献として，Boneh, Dunworth, Lipton, Sgall [BDL$^+$96] を推奨する．

　これまで見てきたように，DNA 計算が将来的に成功するかどうかは，主に分子生物学や化学といった分野の研究結果次第である．古典的な計算に対して DNA 計算がどのくらい実用的になるかは，実験室での操作の精度や信頼性がどこまで高められるかという点にかかっている．一方，アルゴリズム面での進化も必要である．現在の DNA アルゴリズムは基本的には，指数的に大きな空間のしらみつぶし探索である．すなわち，指数回の古典的操作を実行している．しかし，必ずそうしなければならないわけではない．本書で取り上げたアルゴリズムの概念と DNA 計算を組み合わせることで，実用的な DNA アルゴリズムが得られることがある．この方向の第一歩は，Bach, Condon, Glaser, Tangway が，DNA 計算に指数時間アルゴリズムの最悪時間計算量の低減の概念を組み合わせたことである [BCG$^+$98]．この組合せにさらに乱択化の概念を結び付けた結果が，Chen, Ramachandran [ChR00] や Díaz, Esteban, Ogihara [DEO00] に見られる．

　DNA 計算が標準的な技術となるかどうかはまだわからない．しかし，分子生物学や化学で実験室での手法がうまく開発されているということから，楽観視することはできる．この節の最後を，DNA 計算に大きな期待を寄せる Adleman の文章 [Adl94] で締めくくろう．

> 『長い間，分子計算の可能性は想像するだけのものであった．チューリング機械の各時点の状態を DNA の 1 分子でエンコードできることと，現在ある手法と酵素で（少なくとも理想的な条件においては）連続的に分子を変更できること，これはチューリング機械を実行することに相当する，はもっともらしい．将来的には，分子生物学の進歩によって，巨大分子を扱う改良された技術が得られるだろうし，化学の進歩からは人工的な合成酵素がもたらされるだろう．そして，単一巨大分子を複合したリボソーム的な酵素の集合を用いる以外の何物でもない汎用計算機の最終的な出現を想像できるだろう．』

7.6.3　量子計算

Turing [Tu36] がチューリング機械モデルを導入した時，彼はそのモデルで，ある

方法（アルゴリズム）に従って記号レベルで計算をする数学者の頭の中をシミュレートできると主張した．Turing や Church, Post, Gödel といった計算機科学の先駆者たちは，チューリング機械やその他の等価な形式的なシステムを計算の形式的モデル，つまり，アルゴリズムの直感的な概念の数学的形式化と考えた．これは，彼らが計算（アルゴリズム）の概念の形式化を数学的公理として仮定したことを意味する．公理とは，一般に正しいと信じられているが，その正しさは数学的な証明によって検証できないものである．このことが，計算機科学の根本に対する物理学からの批判の中心である．物理学者たちに言わせると，情報とは物理的なものであり，記録や転送，処理も常に物理的な意味をもってなされる．したがって，計算のモデルも，物理法則に対応し，また，実験によって検証できる物理的なモデルであるべきである．なぜ，数学的なモデル付けと物理的なモデル付けの違いがそれほど重要なのであろうか？実際，チューリング機械モデルを物理的装置（電子的なコンピュータ）として実現することは可能だし，任意の妥当な数学的な計算モデルのどの基本演算も物理的に簡単に実行できる．さらに，Benioff は，チューリング機械を量子素子で構成できること，すなわち，チューリング機械は量子力学レベルの現実的存在として考えられることを証明した [Be80]．しかし，重要なのは，量子力学システムにおける基本的な操作（演算やステップの更新）が，チューリング機械の観点からは単純でも自然でもないことである．この点をもう少し注意深く説明するために，量子計算の歴史を簡単に振り返ってみよう．

1980 年代の初めに Feynman は，普通のコンピュータで指数的な速度低下なしに量子力学システムをシミュレートできるかどうかを考えた [Fey82][21]．彼は，個人的な推測として，効率的なシミュレーションは不可能であると主張した．そして，量子物理の法則に従って動くコンピュータを構成できる可能性，つまり，効率的に量子力学システムをシミュレートできる可能性について問うた．

1985 年に Deutsch [Deu85] が，計算の量子モデルを導入し，万能量子計算機を構成した．この Deutsch の論文が量子計算理論の発展の最初の一歩である．というのも，このモデルは量子計算理論や量子計算量理論に確かな根拠を与えたからである．これによって，量子計算機で多項式時間で解ける問題は，量子力学の観点からは易しいと仮定できる．万能量子計算機はチューリング機械でシミュレートできるので (Bernstein, Vazirani [BV93])，量子計算機の出現は Church の提唱を破るものではない．しかし，量子計算に対する，現在知られているどの古典計算におけるシミュレーションも時間計算量が指数的に増加してしまう．よって，量子計算では多項式時間で解けるが古典計算では多項式時間で解けない問題が存在するかどうかということが，量子計算の分野での主要な研究課題となった．

---

[21] どんな古典物理システムも効率的に（多項式程度の速度低下で）標準的なコンピュータモデルでシミュレートできる．

524 第 7 章 困難問題を解くためのガイド

Deutsch, Josza [DJ92] や Bernstein, Vazirani [BV93], Simon [Sim94] といった量子アルゴリズムの発展は，因数分解の効率的な量子アルゴリズムを示した Shor の結果 [Sho94] が発表されるに及んで，頂点に達した．因数分解は多項式時間アルゴリズムも知られていないし，NP 困難であるかもわかっていない．だが，因数分解は困難問題だと考えられているし，P には入らないという推測もある．したがって，Shor の結果は，古典（乱択）計算では多項式時間で解けない問題を量子計算で効率的に解けるという仮説を支持するものになる．

量子計算モデルの説明には，基礎的な量子力学の知識が必要になるが，それは本書の意図から外れてしまう．量子計算がどのように動作し，なぜ強力となり得るのかということの大まかなアイデアを示すために，量子計算モデルの大ざっぱなスケッチを，乱択計算との類似で与える．$s_1, s_2, \ldots, s_m$ を乱択機械 A の全ての可能な状態（状況） [22] とする．この時，任意の非負整数 t に対し，以下を満たす確率 $p_{t,1}, p_{t,2}, \ldots, p_{t,m}$ が存在する．

(i) 全ての $i \in \{1, \ldots, m\}$ において，$p_{t,i}$（ただし，$1 \geq p_{t,i} \geq 0$）は，t ステップの計算後で状態 s_i となる確率である．

(ii) $\sum_{i=1}^{m} p_{t,i} = 1$，すなわち，$p_{t,1}, \ldots, p_{t,m}$ は A の状態に対する確率分布を決定する．

A の計算は行列 $M_A = [q_{ij}]_{i,j=1,\ldots,m}$ で記述できる．ただし，q_{ij} は，A の計算の 1 ステップで状態 s_j から状態 s_i に遷移する確率とする．$q_{ij}, q_{2j}, \ldots, q_{mj}$ は状態 s_j からの到達可能性に関する A の状態集合上の確率分布なので，明らかに全ての乱択アルゴリズムは各 $j \in \{1, \ldots, m\}$ において

$$\sum_{i=1}^{m} q_{ij} = 1 \tag{7.2}$$

という性質を満たす．また，任意の正整数 t において

$$\begin{pmatrix} p_{t,1} \\ p_{t,2} \\ \vdots \\ p_{t,m} \end{pmatrix} = \begin{pmatrix} q_{11} & q_{12} & \cdots & q_{1m} \\ q_{21} & q_{22} & \cdots & q_{2m} \\ \vdots & \vdots & \ddots & \vdots \\ q_{m1} & q_{m2} & \cdots & q_{mm} \end{pmatrix} \cdot \begin{pmatrix} p_{t-1,1} \\ p_{t-1,2} \\ \vdots \\ p_{t-1,m} \end{pmatrix}$$

となり，性質 (7.2) より

$$\sum_{i=1}^{m} p_{t,i} = \sum_{i=1}^{m} p_{t-1,i} \tag{7.3}$$

---

[22] ここで，状態（状況）とは，計算の与えられた時点における，計算機の完全な記述であるとする．

である．よって，確率分布 $p_{0,1}, p_{0,2}, \ldots, p_{0,m}$ から始めると（つまり，$\sum_{i=1}^{m} p_{0,i} = 1$ を仮定すると），(7.3) 式から全ての t において $p_{t,1}, p_{t,2}, \ldots, p_{t,m}$ が確率分布となる．

これから，量子計算機の動作のあらましを，乱択計算と量子計算との類似性と差異を示すことで説明する．量子力学システムは Hilbert 空間という特別なベクトル空間と関連がある．簡単のために，$X_1 = (1, 0, \ldots, 0), X_2 = (0, 1, 0, \ldots, 0), \ldots, X_n = (0, 0, \ldots, 0, 1)$ からなる直交基 $\{X_1, X_2, \ldots, X_n\}$ を持つ，複素数上の n 次元ベクトル空間を考えよう．このシステムの任意の量子状態は

$$S = \alpha_1 X_1 + \alpha_2 X_2 + \cdots + \alpha_n X_n$$

のように記述できる．ただし，α_i は**振幅 (amplitude)**[23]と呼ばれる複素数であり，

$$\sum |\alpha_i|^2 = 1$$

を満たす．

S はベクトルではなく，ベクトル（基状態）$X_1, X_2, \ldots, X_n$ の**重ね合わせ (superposition)** と考えるべきである．乱択計算では $|\alpha_1|^2, |\alpha_2|^2, \ldots, |\alpha_n|^2$ は基状態の集合 $\{X_1, X_2, \ldots, X_n\}$ 上の確率分布と見なせるが，量子計算と乱択計算とでは解釈が異なる．乱択計算では t 時間で（基）状態に到達する確率となる．しかし，量子システムは全ての基状態 $X_1, X_2, \ldots, X_n$ を同時に持つと仮定し[24]，$S = \alpha_1 X_1 + \alpha_2 X_2 + \cdots + \alpha_n X_n$ を見た時に，基状態 X_i が得られる確率が $|\alpha_i|^2$ であると考える．重要なのは，重ね合わせ S の全体を見ることも，全ての $\alpha_1, \ldots, \alpha_n$（$S$ が持つ全ての情報）を知ることも不可能であることである．重ね合わせ S を物理的に測定すると，基状態が 1 つ得られ，この状態が X_i となる確率は $|\alpha_i|^2$ である．$|\alpha_i|^2$ は X_i が**観測される**確率であるともいう．さらに，S を測定して X_i が得られた時，量子システムの状態が

$$X_i = 0 \cdot X_1 + \cdots + 0 \cdot X_{i-1} + 1 \cdot X_i + 0 \cdot X_{i+1} + \cdots + 0 \cdot X_n.$$

になってしまうという意味で，測定は量子システムの計算（進展）を破壊してしまう．

重ね合わせを量子システムの記述として用いるためには，どのようにシステムを進展させるか，すなわち，重ね合わせ上の演算を説明しなければならない．乱択計算と同様に，システムの進展は行列を使って表せる．$A = [a_{ij}]_{i,j=1,\ldots,n}$ を $n \times n$ 行列とする．重ね合わせ $S = \alpha_1 X_1 + \cdots + \alpha_n X_n$ に A を適用すると，

---

[23] 対応する基に対する．

[24] 通常のマクロ世界では不可能なことである．

526 第 7 章 困難問題を解くためのガイド

$$
\begin{pmatrix} \alpha'_1 \\ \alpha'_2 \\ \vdots \\ \alpha'_n \end{pmatrix} = \begin{pmatrix} a_{11} & a_{12} & \dots & a_{1n} \\ a_{21} & a_{22} & \dots & a_{2n} \\ \vdots & \vdots & \ddots & \vdots \\ a_{n1} & a_{n2} & \dots & a_{nn} \end{pmatrix} \cdot \begin{pmatrix} \alpha_1 \\ \alpha_2 \\ \vdots \\ \alpha_n \end{pmatrix} \tag{7.4}
$$

によって重ね合わせ $S' = \alpha'_1 X_1 + \dots + \alpha'_n X_n$ が得られる. この時使える行列は, 任意のベクトル $(\alpha_1, \alpha_2, \dots, \alpha_n)^\mathsf{T}$ に対して

$$
\sum_{i=1}^n |\alpha'_i|^2 = \sum_{i=1}^n |\alpha_i|^2 \tag{7.5}
$$

という性質を満たすものである. この性質 (7.5) を満たす行列は**ユニタリ行列 (unitary matirix)**[25] と呼ばれる.

量子計算はある既知の重ね合わせ S から始まる. それぞれの計算はユニタリ行列の列 $A_1, A_2, \dots, A_t$ として表せる. つまり, $S' = A_t \cdot A_{t-1} \cdot \dots \cdot A_1 \cdot S$ を計算するのである. 計算の最後に S' を測定し, 対象となる Hilbert 空間の基状態を 1 つ得る.

偏りのないコイン投げ (真のランダムビット生成) を実現する量子システムという単純な例で, 量子計算の概念を説明しよう. 真のランダムビットを計算できる, 抽象的な決定性計算機は存在しない[26]. 基状態 $(1,0)^\mathsf{T}$ と $(0,1)^\mathsf{T}$ を持つ複素数上の 2 次元ベクトル空間を考える. 明らかに $\{(1,0)^\mathsf{T}, (0,1)^\mathsf{T}\}$ はこの Hilbert 空間の直交基である. 基状態 $(1,0)^\mathsf{T}$ で古典ビット 1 を表し, 基状態 $(0,1)^\mathsf{T}$ は古典ビット 0 に対応させる. ユニタリ行列

$$
H_2 = \begin{pmatrix} \frac{1}{\sqrt{2}} & \frac{1}{\sqrt{2}} \\ \frac{1}{\sqrt{2}} & -\frac{1}{\sqrt{2}} \end{pmatrix}
$$

を計算に用いる.

明らかに

$$
\begin{aligned}
H_2 \cdot (1,0)^\mathsf{T} &= \left(\frac{1}{\sqrt{2}}, \frac{1}{\sqrt{2}} \right)^\mathsf{T}, \\
H_2 \cdot (0,1)^\mathsf{T} &= \left(\frac{1}{\sqrt{2}}, -\frac{1}{\sqrt{2}} \right)^\mathsf{T}
\end{aligned}
$$

である. 重ね合わせ

$$
\frac{1}{\sqrt{2}} \cdot (1,0)^\mathsf{T} + \frac{1}{\sqrt{2}} \cdot (0,1)^\mathsf{T}
$$

から $(1,0)^\mathsf{T}$ が測定される確率は $\left(1/\sqrt{2}\right)^2 = 1/2$ であり, 同様に $(0,1)^\mathsf{T}$ も確率 $1/2$

---

[25] ユニタリ行列 A とは, A の複素共役転置行列が A の逆行列 A^{-1} となる行列である.
[26] 真のランダムビットを得るためには, 物理的な情報源を用意する必要がある.

で測定される. $(1,0)^{\mathsf{T}}$ と $(0,1)^{\mathsf{T}}$ はそれぞれ古典ビットの 1 と 0 に対応するので, 偏りのないコイン投げが実現できたことになる. 同じことが, 重ね合わせ

$$\frac{1}{\sqrt{2}} \cdot (1,0)^{\mathsf{T}} + \left(-\frac{1}{\sqrt{2}}\right) \cdot (0,1)^{\mathsf{T}}$$

を測定した時にも成り立つ. すなわち, $(1,0)^{\mathsf{T}}$ と $(0,1)^{\mathsf{T}}$ のどちらの状態から始めてもかまわない. もう 1 つ興味深い点は

$$H_2 \cdot (H_2 \cdot (1,0)^{\mathsf{T}}) = H_2 \cdot \left(\frac{1}{\sqrt{2}}, \frac{1}{\sqrt{2}}\right)^{\mathsf{T}} = (1,0)^{\mathsf{T}},$$

$$H_2 \cdot (H_2 \cdot (0,1)^{\mathsf{T}}) = H_2 \cdot \left(\frac{1}{\sqrt{2}}, -\frac{1}{\sqrt{2}}\right)^{\mathsf{T}} = (0,1)^{\mathsf{T}}$$

となることである. つまり, H_2 を 2 回適用すると, 必ず最初の基状態に戻るのである. このことは, 計算の任意の奇数ステップで測定すると, ランダムビットが得られ, 任意の偶数ステップで測定すると初期基状態が確率 1 で得られることを意味する.

この節を終えるにあたって, 量子計算の持つ能力について少し触れよう. ここまで見てきた量子計算の記述から, 量子計算が強力なのは次のような理由からだろうと考えられる.

(i) **超並列計算**

量子計算機では, ベクトル空間の次元によらず, 重ね合わせを 1 回の計算ステップでユニタリ変換により変形することができる.

(ii) **無限に多くの重ね合わせ**

測定できるのは有限の基ベクトルのうちたった 1 つであるが, 計算は無限に多くの重ね合わせの上で動作する.

(iii) **基を自由に選択できる**

重ね合わせを測定する時, システムの状態空間の直交基を自由に選択できる.

(iv) **推論**

重ね合わせの振幅 $\alpha_1, \alpha_2, \ldots, \alpha_k$ が

$$1 = \sum_{i=1}^{k} |\alpha_i|^2 \neq \left|\sum_{i=1}^{k} \alpha_i\right|^2$$

を満たす時, 推論を使うことができる. 以下の相殺的推論の例から, 乱択計算による量子計算の効率的なシミュレーションが得られていない理由がわかるだろう. 量子計算で基ベクトル X に 2 回到達したとしよう. そのうち, 1 回は振幅が $\frac{1}{2}$ で, もう 1 回は振幅 $-\frac{1}{2}$ だったとする. すると, X にいる確率は

$$\left(\frac{1}{2} + \left(-\frac{1}{2}\right)\right)^2 = 0^2 = 0$$

528 第 7 章 困難問題を解くためのガイド

となる. これとは対照的に, どちらか一方の場合で 1 回だけ X になったとすると, その時の X にいる確率は $\left(\frac{1}{2}\right)^2 = \left(-\frac{1}{2}\right)^2 = \frac{1}{4}$ となる. もちろん, このような振舞いは古典的な乱択計算では不可能である.

今のところ, 量子計算の計算能力を評価するのは非常に難しい. 素因数分解には, Shor [Sho94] の効率的な量子アルゴリズムが存在するが, 乱択多項式時間アルゴリズムがあるとは信じがたい[27]. さらに, 物理学者たちによる古典的な計算機での量子システムの効率的なシミュレーションの試みがうまくいっていないことからも, 量子計算機が実現されれば計算能力がはるかに上がると考えられる.

Nielsen, Chuang による教科書 [NC00] に量子計算に関するすばらしい, また網羅的な概観が載っている. また, Buhrman, Röhrig [BR03] にはこの分野のよいサーベイがある.

7.7 基本的用語の辞書

この節は, 困難問題のためのアルゴリズム論における基本的かつ簡潔な用語集にあてる. ここで取り上げる用語は, 困難問題に対するアルゴリズムの設計技法や概念に大きく関連し, 計算機科学者ならば知っているべきものばかりである. この節では, 各キーワードの形式的な定義ではなく, 大まかな意味を説明する. 本書で取り上げた形式的な定義やアプリケーションへのポインタも付けてあるので, そちらも参照して欲しい.

- **Adleman の実験 (Adleman's experiment)**
  Adleman の実験は, DNA 技術を計算に用いる可能性を初めて立証した. この実験では, 7 頂点のハミルトン路問題の入力インスタンスが解かれた (7.6.2 節).

- **近似アルゴリズム (approximation algorithm)**
  最適化問題に対する近似アルゴリズムは, 最適解とあまり変わらない精度の実行可能解を出力するアルゴリズムである. 近似アルゴリズムの性能は, そのアルゴリズムの近似比で測定される (4.2.1 節).

- **近似保存帰着 (approximation-preserving reduction)**
  近似保存帰着とは, 実行可能解の近似比がある程度は保存される (2 つの最適化問題間の) 多項式時間帰着である (4.4.3 節).

- **近似比 (approximation ratio)**
  最小化 (または, 最大化) 問題 U の入力 x に対するアルゴリズム A の近似

---

[27] 素因数分解がどのくらい難しいかは (NP 困難かどうかすらも) わかっていない.

比は，x の最適コストを A が出力した x に対する実行可能解のコストで（最大化問題の場合は，実行可能解のコストを最適解のコストで）割ったものである（定義 4.2.1.1）．

- **バックトラック (backtracking)**
  バックトラックは，最適化問題を解く時に，系統的なしらみつぶし探索で全ての実行可能解の集合から最適解を見つける手法である．また，有限ゲームにおいて，そのゲームの構成全ての集合から最適戦略を決定することにも用いられる．バックトラックは分枝限定法の基本でもある（2.3.4 節）．

- **箱詰め問題 (bin-packing problem)**
  箱詰め問題は，最適化問題である．入力インスタンスとして，$[0,1]$ からの有理数の列 $w_1, \ldots, w_n$ が与えられ，大きさが 1 の箱 (bin) に（1 を超えないように）これらの数字を入れていく．目的は，使用する箱の数を最小にする入れ方を見つけることである（2.3.2 節）．

- **分枝限定法 (branch-and-bound)**
  分枝限定法は，最適化問題を解く時に用いられるアルゴリズム設計技法である．分枝限定法では，バックトラック木のうち，最適解を含んでいないとわかった部分木の生成を省略することで，バックトラックをより効率的にしている．通常，バックトラックをより効率的にするために，分枝限定法を始める前に，最適解のコストの上界（もしくは下界）を計算しておく．この最適コストの上界（もしくは下界）の計算にはさまざまな方法が用いられるが，典型的な手法として線形計画法への緩和が挙げられる（3.4 節）．

- **Carmichael 数 (Carmichael number)**
  Carmichael 数 n は，合成数であるが，全ての $a \in \{1, 2, \ldots, n-1\}$ に対して（もちろん全ての素数に対しても）$a^{n-1} \equiv 1 \pmod{n}$ を満たす．Carmichael 数が（まれにしかないが，しかし無限に多く）存在するので，フェルマーの定理を用いて素数性と等価な定義を作れない．つまり，素数判定が複雑になるのである（5.3.3 節）．

- **中国剰余定理 (Chinese Remainder Theorem)**
  中国剰余定理は，有限体の直積として表せる $\mathbb{Z}_n$ の構造に関する定理である．この定理は，素数判定の乱択アルゴリズムの設計で大きな役割を担っている（定理 2.2.4.32，定理 2.2.4.33）．

- **Christofides アルゴリズム (Christofides algorithm)**
  Christofides アルゴリズムはメトリック巡回セールスマン問題の 1.5-近似アルゴリズムである（4.3.5 節）．

530 第 7 章 困難問題を解くためのガイド

- **Church の提唱 (Church thesis)**
  Church の提唱は，Church-Turing の提唱とも呼ばれ，計算機科学における最初の公理である．チューリング機械が「アルゴリズム」という直感的概念の数学的な定式化であることを主張している（7.6 節）

- **クリーク問題 (clique problem)**
  クリーク問題は，与えられたグラフ G と正整数 k に対して，G が k 頂点のクリークを含むかどうかを判定する決定問題である（2.3.2 節）．

- **交差 (crossover)**
  交差操作は，遺伝アルゴリズムで用いられる操作である．この操作は，ある世代から別の世代に遺伝子によってどのように性質が伝わるかをシミュレートするという意味で，遺伝アルゴリズムと集団遺伝学の類似を示している（6.3 節）．

- **決定問題 (decision problem)**
  決定問題とは，与えられた入力が所定の性質を持つかどうかを判定する問題である（2.3.2 節）．

- **デランダマイゼーション (derandomization)**
  デランダマイゼーションとは，乱択アルゴリズムを決定性アルゴリズムに変換することで，効率的な決定性アルゴリズムを設計する概念である（5.4 節）．

- **分割統治法 (divide-and-conquer)**
  分割統治法は，与えられた問題インスタンスをいくつかの部分インスタンスに分割して解くアルゴリズム設計技法である．このとき，部分インスタンスの解から元の問題インスタンスの解が簡単に計算できるように分割する．各部分インスタンスの解も同様にして求めるので，分割統治法は再帰手続きでもある（2.3.4 節）．

- **DNA 計算 (DNA computing)**
  DNA 計算，は新しい計算技術である．データは DNA 鎖としてコード化され，試験管内の DNA 鎖に化学的操作をすることで計算が行われる（7.6.2 節）．

- **双対近似アルゴリズム (dual approximation algorithms)**
  双対近似アルゴリズムは，解の最適性ではなく，実行可能解の集合（つまり実行可能性）を近似する．出力された解のコストは少なくとも最適コストと同じくらい良い．しかし，この解は実行可能である必要はない．というのは，制約に少し違反しているかもしれないからである．したがって実行可能性に関する制約が厳密に得られていない場合には，双対近似アルゴリズムは適切である．双対近似アルゴリズムの概念は近似アルゴリズムの設計にも用いられる（4.2.4 節，4.3.6 節）．

7.7 基本的用語の辞書　　*531*

- **動的計画法 (dynamic programming)**
  動的計画法は，アルゴリズム設計技法である．部分インスタンスの解を組み合わせて元の問題の解を得るという点で，分割統治法と似ている．分割統治法が部分インスタンスを再帰的に解くのとは異なり，動的計画法は最小の部分インスタンスの解から始め，徐々に問題サイズを大きくしてボトムアップ式に元の問題インスタンスの解を構成する．分割統治法が全く同じ部分問題の解を複数回求めることがあるのに対し，動的計画法では各部分問題を高々1回だけ解けばよいということが，分割統治法より優れている主な点である（2.3.4 節）．

- **ユークリッドのアルゴリズム (Euclid's algorithm)**
  ユークリッドのアルゴリズムは，2 つの整数の最大公約数を求める効率的なアルゴリズムである（2.2.4 節）．

- **オイラーの基準 (Euler's criterion)**
  オイラーの基準は，乱択アルゴリズムで効率的に検証できる，素数性と等価な定義を与える．これは素数判定の Solovay-Strassen アルゴリズムの基礎となっている．

- **実行可能解 (feasible solution)**
  最適化問題の問題インスタンスに対する実行可能解は，与えられた問題インスタンスの全ての制約を満たす解である．

- **指紋法 (fingerprinting)**
  指紋法は，等価性問題の効率的な乱択アルゴリズムを設計するための技法であり，豊富な証拠を用いた手法の特別な場合と見なすことができる．あるオブジェクトの 2 つの表現を比較するために，特別な写像のクラスからランダムに 1 つ写像を選び，その写像をそれぞれの表現に適用する．この写像によるそれぞれの値を指紋と呼ぶ．元のオブジェクトの表現よりも指紋はかなり短いので，この指紋を直接比較することで等価性問題を解くことができる（5.2.3 節，5.3.4 節）．

- **敵対者を欺く (foiling an adversary)**
  敵対者を欺く手法は，乱択アルゴリズム設計の基本的なパラダイムである．これは，乱択アルゴリズムは決定性アルゴリズムの集合に対する確率分布と見なせることに基づいている．つまり，敵対者が集合中の一部の決定性アルゴリズムにとって難しい入力インスタンスを見つけられるとしても，ランダムに選ばれたアルゴリズムに対して難しいであろう入力を 1 つ見つけるのは困難であるということである（5.2.3 節）．

- **代数学の基本定理 (Fundamental Theorem of Arithmetics)**
  代数学の基本定理とは，任意の整数が素数のベキの積として表現でき，また，この

532　第7章　困難問題を解くためのガイド

素数のベキの積は並べ替えを除いて一意であるという定理である（定理 2.2.4.14）.

- **遺伝アルゴリズム (genetic algorithms)**
  遺伝アルゴリズムの概念は，最適化問題を解くヒューリスティクスであり，個体群の進化プロセスでの最適化との類似に基づいている（6.3 節）.

- **貪欲法 (greedy method)**
  貪欲法は，最適化問題に対する古典的なアルゴリズム設計技法であり．ステップごとに実行可能解を連続的に定めていく．この各ステップで，貪欲法は（局所的に）最適なパラメータを選んでいく（2.3.4 節）.

- **ハミルトン閉路問題 (Hamiltonian cycle problem)**
  ハミルトン閉路問題 (HC) は，与えられたグラフ G がハミルトン閉路を持つかを判定する決定問題である（2.3.2 節，3.6.3 節）.

- **Held-Karp の下界 (Held-Karp bound)**
  最適化問題に対するアルゴリズムを設計した時，そのアルゴリズムの精度を実験的に解析するのは簡単ではない．というのは，アルゴリズムが出力した解のコストと，通常は未知である最適コストとを比較しなければならないからである．このような場合，未知の最適コストの代わりに，線形計画法への緩和を用いて計算した解のコスト（これを最適コストの Held-Karp の下界と呼ぶ）を用いることができる（7.4 節）.

- **ヒューリスティクス (heuristics)**
  ヒューリスティクスは，妥当な時間内に正しい結果を出力する保証がないアルゴリズム（もしくはアルゴリズム設計技法）である．シンプルでロバストであるという利点があるので，与えられた問題に対するアルゴリズムを作る上で最も容易な方法となる．代表的なヒューリスティクスとして，焼きなまし法や遺伝アルゴリズム，タブーサーチが挙げられる（第6章）.

- **推論 (inference)**
  推論は，量子計算の重要な特徴である．ある構成（基状態）に2通りの方法で到達でき，それぞれが正の確率で起こり得るとする．この時，推論によって，この構成に到達する確率を 0 にすることができる．古典的な乱択計算ではこのような振舞いをシミュレートするのは不可能である（7.6.3 節）.

- **整数計画法 (integer programming)**
  整数計画法は，線形方程式系の最適な整数解を計算する問題で，NP 困難な最適化問題である（2.3.2 節，3.7 節）.

- **島モデル (island model)**
  島モデルは特別な遺伝アルゴリズムである．島モデルでは，まず，いくつかの

個体群をしばらくの間，孤立した状態で進化させる．そして，それぞれの個体群の最良の個体を全ての個体群に伝える．さらにしばらくの間，孤立した状態で進化させる…と続いていく．島モデルの基本的アイデアは，個体群の早まった収束を防ぐということである．標準的な遺伝アルゴリズムに比べ，効率的な並列化が可能であるという利点も持つ（6.3.2 節，7.5 節）．

- **Kernighan-Lin の深さ可変探索 (Kernighan-Lin's variable depth search)**
  Kernighan-Lin の深さ可変探索は，局所探索と貪欲法を組み合わせた，最適化問題に対するアルゴリズム設計手法である（3.6.2 節）．

- **ナップサック問題 (knapsack problem)**
  ナップサック問題 (KP) は，NP 困難な最適化問題である．入力インスタンスは，重さとコストが与えられているたくさんの物体（アイテム）と，ナップサックに入る重さの上限である．問題の目的は，ナップサックに入る重さの上限を超えずに，ナップサックに詰めたアイテムの総コストを最大化することである．KP には FPTAS があり，したがってこの問題は近似という観点からは易しい問題と考えられる（2.3.4 節，4.3.4 節）．

- **ラスベガス (Las Vegas)**
  ラスベガスアルゴリズムは，決して誤った答えを出力しない乱択アルゴリズムである．ラスベガス乱択アルゴリズムには 2 通りの定義がある．1 つ目の定義では，アルゴリズムの全ての実行で必ず正しい答えを出力することが要求され，計算量の基準として平均計算量を用いる．2 番目の定義では，ある程度以下の確率で「解が見つからなかった」という出力を許すものである．この時の計算量は最悪時のものを用いる（5.2 節，5.3.2 節）．

- **線形計画法 (linear programming)**
  線形計画法は，線形方程式系で与えられた制約の下で線形関数を最小化する最適化問題で，多項式時間で解くことができる（2.2.1 節，3.7 節）．

- **局所最適 (local optimum)**
  最適化問題のインスタンスに対する実行可能解全ての集合に対して，各実行可能解に近傍集合を割り当てることで近傍を定義できる．この時，どの近傍よりも良いコストを持つ解を局所最適であるという（3.6 節）．

- **局所探索 (local search)**
  局所探索は，最適化問題に対するシンプルかつロバストなアルゴリズム設計技法である．任意の実行可能解からスタートし，その近傍を探索して解を改善していく．局所探索アルゴリズムは，局所最適に到達すると停止する（2.3.4 節，3.6 節）．

534　第7章　困難問題を解くためのガイド

- 指数時間アルゴリズムの最悪時間計算量の低減 (lowering worst case complexity of exponential algorithms)
  この概念の目的は，最悪時間計算量が例えば $O(c^n)$（ただし，$c<2$）となるような，より一般的には解候補[28]の数よりも最悪時間計算量が本質的に小さくなるような，指数時間アルゴリズムを設計することである（3.5 節，5.3.7 節）.

- メイクスパンスケジューリング (makespan scheduling)
  メイクスパンスケジューリングは，与えられたジョブの集合を与えられた台数の機械で実行する時の実行時間を最小化する NP 困難な最適化問題である（2.3.2 節，4.2.1 節，4.3.6 節）.

- 最大クリーク問題 (maximum clique problem)
  最大クリーク問題は，与えられたグラフ中の最大のクリークを見つける問題である. この NP 困難な最適化問題は，多項式時間近似可能性という観点から最も難しい問題の1つである（2.3.2 節，4.4 節）.

- 最大カット問題 (maximum cut problem)
  最大カット問題は，与えられたグラフに対して，サイズが最大となるカットを見つける問題である. この NP 困難な最大化問題はクラス APX に入る（2.3.2 節，4.3.3 節）.

- 最大充足化問題 (maximum satisfiability, MAX-SAT)
  最大充足化問題 (MAX-SAT) は，与えられた乗法標準形 (CNF) 論理式に対し，充足される節の数が最大となる割当を見つける問題である. MAX-SAT は代表的な NP 困難問題の1つであり，クラス APX に入る.

- 条件付き期待値法 (method of conditional expectation)
  条件付き期待値法は，乱択最適化アルゴリズムを決定性に変換するデランダマイゼーション手法である. この手法では，出力の近似比が少なくとも平均近似比より良くなる乱数列を決定的に計算する（5.4.1 節，5.4.4 節，5.4.5 節）.

- 確率空間縮小法 (method of reduction of the probability space)
  確率空間縮小法は，乱択アルゴリズムを決定性アルゴリズムに変換するデランダマイゼーション手法である. この手法は，使用するランダムビットの数を，乱択アルゴリズムの全ての実行パターンを多項式時間でシミュレートできるくらいに少なくすることに基づいている. 乱択アルゴリズムの確率的な振舞いの解析には，この確率空間の縮小は必要ではない（5.4.1 節，5.4.2 節，5.4.3 節）.

- Metropolis アルゴリズム (Metropolis algorithm)
  Metropolis アルゴリズムは，物性物理学における焼きなましの最適化プロセス

---

[28] 最適化問題の場合には実行可能解.

のモデルであり，ある確率で実行可能解が悪くなることも許容される局所探索と見なせる．Metropolis アルゴリズムは焼きなまし法の基本である（6.2.1 節）．

- モンテカルロ (Monte Carlo)

  モンテカルロアルゴリズムは，誤りを許した乱択アルゴリズムである（第 5 章）．誤り確率によって，モンテカルロアルゴリズムは片側誤り，両側誤り，誤り無制限に分類される．

- 突然変異 (mutation)

  突然変異の操作は，遺伝アルゴリズムにおいて，与えられた個体群に対してランダムな変化を与えるために用いられる．

- 近傍 (neighborhood)

  最適化問題の任意のインスタンス I において，I の各実行可能解に実行可能解の集合を割り当てる写像を近傍とする．どの局所最適も大域最適であれば，そのような近傍は**正確**であるという．任意の実行可能解 α に対して，α が局所最適かどうかを判定する多項式時間アルゴリズムが存在するならば，その近傍は**多項式時間探索可能**であるという（3.6 節）．

- NP 完全 (NP-complete)

  言語（決定問題）は NP に入り，かつ NP 困難であるならば，NP 完全であるという（2.3.3 節）．

- NP 困難 (NP-hard)

  言語（決定問題）L は，NP に入る全ての言語を多項式時間で L に帰着できる時，NP 困難であるという．最適化問題は，その閾値言語が NP 困難である時に，NP 困難である（2.3.3 節）．

- 並列計算 (parallel computation)

  並列計算は，いくつかのプロセッサを協調させて問題を解く計算方法である．

- パラメータ化 (parameterization)

  与えられた問題のパラメータ化とは，その問題の入力インスタンス全体の集合をクラス分けする分割である．ただし，この分割は，入力インスタンスが与えられた時に，その入力インスタンスがどのクラスに入るかを効率的に計算できるようなものである（3.3.1 節）．

- パラメータ化計算量 (parameterized complexity)

  パラメータ化計算量は，与えられた問題の入力インスタンスそれぞれの難しさに従って分類するためにパラメータ化を行う，困難問題に対するアルゴリズム設計の概念である（3.3 節）．

536　第7章　困難問題を解くためのガイド

- **PCP 定理 (PCP-Theorem)**
  PCP 定理は，理論計算機科学における基本的な結果である．定理の長さに関して多項式長の任意の証明は，たったの 11 ビットを調べれば確率的に検査できる証明に変換できることを PCP 定理は示している．この驚くべき結果は，多項式時間近似可能性の下界を証明する定理の真髄となっている（4.4 節）．

- **多項式時間近似スキーム (polynomial-time approximation scheme)**
  多項式時間近似スキーム (PTAS) は，入力インスタンス I と正の実数 ε に対して，近似比が高々 ε となる I の実行可能解を計算する多項式時間アルゴリズムである．入力サイズと ε^{-1} の両方に関して多項式時間で動作するならば，完全多項式時間近似スキーム (fully polynomial-time approximation scheme, FPTAS) と呼ばれる（定義 4.2.1.6，4.3.4 節，4.3.6 節）．

- **素数判定 (primality testing)**
  素数判定問題とは，与えられた正整数が素数かどうかを判定する問題であり，近代の暗号の基礎となっている．この問題が P に入るかどうかは不明であるが[29]，多項式時間ラスベガスアルゴリズムが存在する（5.3.3 節）．

- **素数定理 (Prime Number Theorem)**
  素数定理は，1 から n に含まれる素数の数は n が増大するにつれて $n/\ln n$ に近づくという，数論の基本的定理である．この定理は，乱択アルゴリズムの設計，特に豊富な証拠を用いた手法と指紋法において重要な役割を果たす（定理 2.2.4.16，5.2 節）．

- **擬多項式時間アルゴリズム (pseudo-polynomial-time algorithm)**
  擬多項式時間アルゴリズムは，整数の値が入力長の多項式で抑えられている整数値問題の入力インスタンスに対して，効率的なアルゴリズムである．擬多項式時間アルゴリズムはパラメータ化計算量の特別な場合である（3.2 節）．

- **量子計算機 (quantum computer)**
  量子計算機は，量子力学の原理に基づいた計算のモデルである（7.6.3 節）．

- **ランダム丸め (random rounding)**
  ランダム丸めは，乱択アルゴリズムの設計技法である．通常，線形計画法への緩和とともに用いられる．最適化問題を緩和し，この緩和問題の最適解を多項式時間で求める．この緩和問題の解にランダム丸めを用いて元の問題の実行可能解を得る（5.2.3 節，5.3.6 節）．

- **ランダムサンプリング (random sampling)**
  集団からの選んだ無作為標本（ランダムサンプル）は，しばしば集団全体の典型

---

[29]　［訳注］2002 年に P に入ることが証明された [AKS02].

例となる．ある事前に設定された性質を満たすオブジェクトを探索する問題に対して，ランダムサンプリングは効率的な解法となり得る（5.2.3 節，5.3.6 節）．

- 乱択計算 (randomized computation)

乱択計算は，次の動作が，現在の状態だけでなくコイン投げの結果にも依存する計算方法である（第 5 章）．

- 相対誤差 (relative error)

近似アルゴリズムの相対誤差とは，アルゴリズムが出力した実行可能解の精度の尺度である．入力 x に対するアルゴリズム A の相対誤差は，最適コストと $A(x)$（A が x に対して出力した解）のコストとの差の絶対値と，最適コストとの比である（定義 4.2.1.1）．

- 線形計画法への緩和 (relaxation to linear programming)

線形計画法への緩和は，次に示す 3 ステップからなる，最適化アルゴリズムの設計技法である．第 1 ステップでは，最適化問題の入力インスタンス I を線形整数計画問題の入力インスタンス I' として定式化する．第 2 ステップでは，緩和を行う．つまり，I' を線形計画問題のインスタンスとして最適解を計算する．第 3 ステップで，この解を用いて，元の問題インスタンス I に対する実行可能解を求める（3.7 節，4.3.2 節，5.3.6 節）．

- 充足可能性問題 (satisfiability problem)

充足可能性問題は，代表的な NP 完全問題の 1 つであり，与えられた乗法標準形のブール式が充足可能かそうでないかを判定する問題である（2.3.2 節，3.5 節，5.3.7 節，5.4 節）．

- スキーマ定理 (Schema Theorem)

スキーマ定理は，遺伝アルゴリズムの振舞いに関する，最も知られた解析的な結果である（残念ながら，しばしば誤解されているが）．ある妥当な仮定の下で，適合値が大きく，表現が短い個体の数が，個体群の中で増加するという定理である（6.3 節）．

- シンプレックス法 (simplex algorithm)

シンプレックス法は，線形計画法を解くアルゴリズムである．実際には，多面体の頂点間を多面体の辺を通って移動する，局所探索アルゴリズムに他ならない．最悪計算量は指数時間となるが，平均的には非常に高速である（3.7.3 節）．

- 焼きなまし法 (simulated annealing)

焼きなまし法は，もっと良い解を探索するために局所最適から脱出することを可能にする，ある種のランダムな決定を組み込んだ，局所探索の 1 種と見なせる．焼きなましプロセスを固体の状態の最適化プロセスとしてモデル化した Metropolis アルゴリズムが基本となっている（6.2 節）．

538   第7章 困難問題を解くためのガイド

- **Solovay-Strassen アルゴリズム**
  Solovay-Strassen アルゴリズムは，素数判定の多項式時間片側誤りモンテカルロアルゴリズムである．このアルゴリズムは豊富な証拠を用いた手法によって設計されており，Jacobi 記号による素数の特徴付けに基づいている（5.3.3 節）．

- **近似の安定性 (stability of approximation)**
  近似の安定性は，困難な最適化問題を取り扱うための概念である．主なアイデアは，どの程度多項式時間で近似可能かという点から全ての入力インスタンスの集合を無限に多くのクラスに分割するために，入力インスタンスの重要な特徴を見つけるというのものである（4.2.3 節，4.3.4 節，4.3.5 節）．

- **タブーサーチ (tabu search)**
  タブーサーチは局所探索を基にしたヒューリスティックである．古典的な局所探索や焼きなまし法と異なり，タブーサーチは無記憶なアルゴリズムではない．というのは，直近に行った多くのステップに依存して，近傍を動的に制限するからである（6.2.3 節）．

- **巡回セールスマン問題 (traveling salesperson problem)**
  巡回セールスマン問題 (TSP) は，代表的な NP 困難な最適化問題の１つであり，与えられた重み付き完全グラフに対する，コストが最小のハミルトン閉路を見つける問題である．この問題は，多項式時間近似可能性という意味で，NPO における最も難しい最適化問題の１つでもある（2.3.2 節，3.6.3 節，4.3.5 節）．

- **頂点被覆 (vertex cover)**
  頂点被覆問題は，与えられたグラフ G と数 k に対して，G が大きさ k の頂点被覆を持つかどうかを判定する問題である．

参考文献

全てを知っている者こそ
不幸である.
L. パストゥール

[AB95]　Andreae, T., Bandelt, H.-J.: Performance guarantees for approximation algorithms depending on parameterized triangle inequalities. *SIAM Journal on Discrete Mathematics* 8 (1995), 1–16.

[ABI86]　Alon, N., Babai, L., Itai, A.: A fast and simple randomized parallel algorithm for the maximal independent set problem. *Journal of Algorithms* 7 (1986), 567–583.

[ABL+94]　Alberts, B., Bray, D., Lewis, J., Raff, M., Roberts, K., Watson, J. D.: *Molecular Biology of the Cell*. 3rd edition, Garland Publishing, New York, 1994.

[ACG+99]　Ausiello, G., Crescenzi, P., Gambosi, G., Kann, V., Marchetti-Spaccamela, A., Protasi, M.: *Complexity and Approximation (Combinatorial Optimization Problems and Their Approximability Properties)*, Springer-Verlag, 1999.

[Adl78]　Adleman, L.: Two theorems on random polynomial time. In: *Proc. 19th IEEE FOCS*, IEEE, 1978, pp. 75–83.

[Adl94]　Adleman, L. M.: Molecular computation of solution to combinatorial problems. *Science* 266 (1994), 1021–1024.

[Adl95]　Adleman, L. M.: On constructing a molecular computer. In: [LiB96], pp. 1–22.

[ADP77]　Ausiello, G., D'Atri, A., Protasi, M.: On the structure of combinatorial problems and structure preserving reductions. In: *Proc. 4th ICALP '77, Lecture Notes in Computer Science* 52, Springer-Verlag, 1977, pp. 45–60.

[ADP80]　Ausiello, G., D'Atri, A., Protasi, M.: Structure preserving reductions among convex optimization problems. *Journal of Computer and System Sciences* 21 (1980), 136–153.

[AGP92]　Alford, W. R., Granville, A., Pomerance, C.: There are infinitely many Carmichael numbers. *University of Georgia Mathematics Preprint Series*, 1992.

[AGP97]　Anderson, E. J., Glass, C. A., Potts, C. N.: Machine scheduling. In: [AL97a], pp. 361–414.

[AH87]　Adleman, L., Huang, M.: Recognizing primes in random polynomial time. In: *Proc. 19th ACM STOC*, ACM, 1987, pp. 482–469.

[AHS85]　Ackley, D. H., Hinton, G. E., Sejnowski, T. J.: A learning algorithm for Boltzmann machines. *Cognitive Science* 9 (1985), 147–169.

[AHU74]　Aho, A. J., Hopcroft, J. E., Ullman, J. D.: *The Design and Analysis of Computer Algorithms*. Addison-Wesley, 1974.

[AHU83]　Aho, A. J., Hopcroft, J. E., Ullman, J. D.: *Data Structures and Algorithms*. Addison-Wesley, 1983.

[AHO+96]　Asano, T., Hori, K., Ono, T., Hirata, T.: Approximation algorithms for MAXSAT: Semidefinite programming and network flows approach. Technical Report, 1996.

[AK89]　Aarts, E. H. L., Korst, J. H. M.: *Simulated Annealing and Boltzmann machines (A Stochastic Approach to Combinatorial Optimization and Neural Computing)*. John Wiley & Sons, Chichester, 1989.

540   参考文献

[AKL97]   Aarst, E. H. L., Korst, J. H. M., van Laarhoven, P. J. M.: Simulated annealing. In: [AL97a], pp. 91–120.

[AKS02]   Agrawal, M., Kayal, N., Saxena, N.: PRIMES is in P. Unpublished manuscript.

[AL97]   Arora, S., Lund, C.: Hardness of approximation. In: *Approximation Algorithms for NP-hard Problems* (D.S. Hochbaum, Ed.), PWS Publishing Company, Boston, 1997.

[AL97a]   Aarts, E., Lenstra, J. K. (Eds.): *Local Search in Combinatorial Optimization*. Wiley-Interscience Series in Discrete Mathematics and Optimization, John Wiley & Sons, 1977.

[AL97b]   Aarts, E., Lenstra, J. K.: Introduction. In:[AL97a], pp. 1–18.

[Ali95]   Alizadeh, F.: Interior point method in semidefinite programming with applications to combinatorial optimization. *SIAM Journal on Optimization* 5, no. 1 (1995), 13–51.

[ALLP97] Aarts, E. H. L., van Laarhoven, P. J. M., Lin, C. L., Pan, P.: VLSI layout synthesis. In [AL97a], pp. 415–440.

[ALM92]   Arora, S., Lund, C., Motwani, R., Sudan, M., Szegedy, M.: Proof verification and hardness of approximation problems. In: *Proc. 33rd IEEE FOCS*, IEEE, 1992, pp. 14–23.

[AMM77]   Adleman L., Manders, K., Miller, G. L.: On taking roots in finite fields. In: *Proc. 18th IEEE FOCS*, IEEE, 1977, pp. 151–163.

[AMS+80] Ausiello, G., Marchetti-Spaccamela, A., Protasi, M.: Towards a unified approach for the classification of NP-complete optimization problems. *Theoretical Computer Science* 12 (1980), 83–96.

[Ang82]   Angluin, D.: Lecture notes on the complexity on some problems in number theory. Technical Report 243, Department of Computer Science, Yale University, 1982.

[AOH96]   Asano, T., Ono, T., Hirata, T.: Approximation algorithms for the maximum satisfiability problem. *Nordic Journal of Computing* 3 (1996), 388–404.

[APR83]   Adleman, L., Pomerance, C., Rumely, R.: On distinguishing prime numbers from composite numbers. *Annals of Mathematics* 117 (1983), 173–206.

[Aro94]   Arora, S.: Probabilistic checking of proofs and hardness of approximation problems, Ph.D. thesis, Department of Computer Science, Berkeley, 1994.

[Aro96]   Arora, S.: Polynomial time approximation shemes for Euclidean TSP and other geometric problems. In: *Proc. 37th IEEE FOCS*, IEEE, 1996, pp. 2–11.

[Aro97]   Arora, S.: Nearly linear time approximation schemes for Euclidean TSP and other geometric problems. In: *Proc. 38th IEEE FOCS*, IEEE, 1997, pp. 554–563.

[ARR+96] Adleman, L. M., Rothemund, P. W. K., Roweiss, S., Winfree, E.: On applying molecular computation to Data Encryption Standard. In: [BBK+96], pp. 28–48.

[AS92]   Arora, S., Safra, S.: Probabilistic checking proofs: A new characterization of NP. In: *Proc. 38th IEEE FOCS*, IEEE, 1997, pp. 2–13.

[Asa92]   Asano, T.: Approximation algorithms for MaxSat: Yannakakis vs. Goemanns-Williamson. In: *Proc. 33rd IEEE FOCS*, IEEE, 1992, pp. 2–13.

[Asa97]   Asano, T.: Approximation algorithms for MAXSAT: Yannakakis vs. Goemans-Williamson. In: Proc. *5th Israel Symposium on the Theory of Computing and Systems*, 1997, pp. 24–37.

[AV79]   Angluin, D., Valiant, L.: Fast probabilistic algorithms for Hamiltonian circuits and matchings. *Journal of Computer and System Sciences* 18 (1979), 155–193.

[Baa88]   Baase, S.: *Computer Algorithms – Introduction to Design and Analysis*. 2nd edition, Addison-Wesley, 1988.

[Bab79]   Babai, L.: Monte Carlo algorithms in graph isomorphism techniques. In: *Research Report no. 79-10*, Département de mathématiques et de statistique, Université de Montréal, Montréal, 1979.

[Bab85]   Babai, L.: Trading group theory for randomness. In: *Proc. 17th ACM STOC*, ACM, 1985, pp. 421–429.

[Bab90]   Babai, L.: E-mail and the unexpected power of interaction. In: *Proc. 5th Annual Conference on Structure in Complexity Theory*, 1990, pp. 30–44.

[BB88]   Brassard, G., Bratley, P.: *Algorithms: Theory and Practice*. Prentice-Hall, 1988.

[BB96]   Brassard, G., Bratley, P.: *Fundamentals of Algorithmics*. Prentice-Hall, Englewood Cliffs, 1996.

[BBK+96] Baum, E., Boneh, D., Kaplan, P, Lipton, R., Reif, J., Soeman, N. (Eds.): *DNA Based Computers*. Proc. 2nd Annual Meeting, Princeton, 1996.

[BBS86]   Blum, L., Blum, M., Shub, M.: A simple unpredictable pseudorandom number generation. *SIAM Journal on Computing* 15 (1986), 364–383.

[BC99]   Bender, M. A., Chekuri, C.: Performance guarantees for the TSP with a parametrized triangle inequality. In: *Proc. 6th WADS'99, Lecture Notes in Computer Science* 1663, Springer-Verlag, 1999, pp. 80–85.

[BC00]   Bender, M. A., Chekuri, C.: Performance guarantees for the TSP with a parametrized triangle inequality. *Information Processing Letters* 73, no. 1–2 (2000), 17–21.

[BCG+98] Bach, E., Condon, A., Glaser, E., Tangway, C.: DNA models and algorithms for NP-complete problems. *Journal of Computer and System Sciences* 57 (1988), 172–186.

[BDF+92] Balasubramanian, R., Downey, R., Fellows, M., Raman, V.: Unpublished manuscript, 1992.

[BDL+96] Boneh, D., Dunworth, C., Lipton, R. J., Sgall, J.: On the computational power of DNA. *Discrete Applied Mathematics* 71 (1996), 79–94.

[Be80]   Benioff, J. A.: The computer as a physical system: A microsopic quantum mechanical Hamiltonian model of computers as represented by Turing machines. *Journal of Statistical Physics* 22 (1980), 563–591.

[BE95]   Beigel, R., Eppstein, D.: 3-coloring in time $O(1.344^n)$: A No-MIS algorithm. In *Proc. 36th IEEE FOCS*, IEEE, 1995, pp. 444–453.

[Bea95]   Beaver, D.: Computing with DNA. *Journal of Computational Biology* 2 (1995), 1–7.

[Ben90]   Bentley, J. L.: Experiments on traveling salesman heuristics. In: *Proc. 1st ACM-SIAM Symposium on Discrete Algorithms*, ACM, New York 1990, and SIAM, Philadelphia, 1990, pp. 91–99.

[BFL91]   Babai, L., Fortnow, L., Lund, C.: Non-deterministic exponential time has two-prover interactive protocols. In: *Computational Complexity* 1 (1991), pp. 3–40.

[BFLS91] Babai, L., Fortnow, L., Levin, L., Stegedy, M.: Checking computations on polylogarithmic time. In: *Proc. 23rd ACM STOC*, ACM, 1991, pp. 21–31.

[BFR00]   Balasubramanian, R., Fellows, M., Raman, V.: An improved fixed parameter algorithm for vertex cover. *Information Processing Letters*, to appear.

[BHK+99] Böckenhauer, H.-J., Hromkovič, J., Klasing, R., Seibert, S., Unger, W.: Towards the notion of stability of approximation for hard optimization tasks and the traveling salesman problem. *Electronic Colloqium on Computational Complexity*, Report No. 31 (1999). Extended abstract in: *Proc. CIAC 2000, Lecture Notes in Computer Science* 1767, Springer-Verlag, 2000, pp. 72–86.

[BHK+00] Böckenhauer, H.-J., Hromkovič, J., Klasing, R., Seibert, S., Unger, W.: Approximation algorithms for the TSP with sharpened triangle inequality. *Information Processing Letters* 75 (2000), 133–138.

542 参考文献

[BKS+95] Branke, J., Kohlmorgen, U., Schmeck, H., Veith, H.: Steuerung einer Heuristik zur Losgrößenplanung unter Kapazitätsrestriktionen mit Hilfe eines parallelen genetischen Algorithmus. In: *Proc. Workshop Evolutionäre Algorithmen*, Göttingen, 1995 (in German).

[BM88] Babai, L., Moran, S.: Arthur-Merlin games: A randomized proof system, and a hierarchy of comlexity classes. *Journal of Computer and System Sciences* 36 (1988), 254–276.

[BM95] Bacik, R., Mahajan, S.: Semidefinite programming and its applications to NP problems. In: *Proc. 1st COCOON, Lecture Notes in Computer Science* 959, Springer-Verlag, 1995.

[BMi84] Blum, M., Micali, S.: How to generate cryptographically strong sequences of pseudo-random bits. *SIAM Journal on Computing* 13 (1984), 850–864.

[BMS98] Branke, J., Middendorf, M., Schneider, F.: Improved heuristics and a genetic algorithm for finding short supersequences. *OR Spektrum* 20 (1998), 39–45.

[BN68] Bellmore, M., Nemhauser, G.: The traveling salesperson problem: A survey. *Operations Research* 16 (1968), 538–558.

[Boc58a] Bock, F.: An algorithm for solving 'traveling-salesman' and related network optimization problems: abstract. *Bulletin Fourteenth National Meeting of the Operations Research Society of America*, 1958, p. 897.

[BoC93] Bovet, D. P., Crescenzi, C.: *Introduction to the Theory of Complexity*. Prentice-Hall, 1993.

[BR03] Buhrman, H., Röhrig, H.: Distributed quantum computing. In: *Proc. 28th MFCS'03, Lecture Notes in Computer Science 2747*, Springer-Verlag, 2003, pp.1–20.

[Bra88] Brassard, G.: *Modern Cryptology: A Tutorial. Lecture Notes in Computer Science* 325, Springer-Verlag, 1988.

[Bra94] Brassard, G.: Cryptology column – Quantum computing: The end of classical cryptograpy? *ACM Sigact News* 25, no. 4 (1994), 15–21.

[Bre89] Bressoud, D. M.: *Factorization and Primality Testing*. Springer-Verlag, 1989.

[BS94] Bellare, M., Sudan, M.: The complexity of decision versus search. In: *Proc. 26th ACM STOC*, ACM, 1994, pp. 184–193.

[BS96] Bach, E., Shallit, J.: *Algorithmic Number Theory, Vol. 1*, MIT Press, 1996.

[BS00] Böckenhauer, H.-J.: Seibert S.: Improved lower bounds on the approximability of the traveling salesman problem. *Theoretical Informatics and Applications*, 34, no. 3 (2000), pp. 213–255.

[BSW+98] Bonet, M., Steel, M. S., Warnow, T., Yooseph, S.: Better methods for solving parsimony and compatibility. Unpublished manuscript, 1998.

[Bu89] Buss, S.: Unpublished manuscript, 1989.

[BV93] Bernstein, E., Vazirani, U. V.: Quantum complexity theory. In: *Proc. 25th ACM STOC*, ACM, 1993, pp. 11–20 (also: *SIAM Journal of Computing* 26 (1997), 1411–1473).

[Car12] Carmichael, R.: On composite numbers p which satisfy the Fermat congruence $a^{p-1} \equiv p$. *American Mathematical Monthly* 19 (1912), 22–27.

[CCD98] Calude, C. S., Casti, J., Dinneen, M. J. (Eds.): *Unconventional Models of Computation*. Springer-Verlag 1998.

[Čer85] Černý, V.: A thermodynamical approach to the traveling salesman problem: An efficient simulation algorithm. *Journal of Optimization Theory and Applications* 45 (1985), 41–55.

[Cer98] Černý, V.: personal communication.

543

[CFK⁺96] Csuhaj-Varju, E., Freund, R., Kari, L., Păun, Gh.: DNA computing based on splicing: Universality results. In: *Proc. 1st Annual Pacific Symposium on Bio-computing*, Hawai 1996 (L. Hunter, T. E. Klein, Eds.), World Scientific, 1996, pp. 179–190.

[Cha79] Chachian, L. G.: A polynomial algorithm for linear programming. *Doklady Akad. Nauk USSR* 224, no. 5 (1979), 1093–1096 (in Russian), translated in *Soviet Math. Doklady* 20, 191–194.

[Chr76] Christofides, N.: Worst case analysis of a new heuristic for the travelling sales-man problem. Technical Report 388, Graduate School of Industrial Administration, Carnegie-Mellon University, Pittsbourgh, 1976.

[ChR00] Chen, K., Ramachandran, V.: A space-efficient randomized DNA algorithm for k-SAT. In: [CoR00], pp. 171–180.

[Chv79] Chvátal, V.: A greedy heuristic for the set-covering problem. *Mathematics on Operations Research* 4 (1979), 233–235.

[Cob64] Cobham, A.: The intrinsic computation difficulty of functions. In: *Proc. 1964 Int. Congress of Logic Methodology and Philosophie of Science*, (Y. Bar-Hillel, Ed.), North-Holland, Amsterdam, 1964, pp. 24–30.

[Coo71] Cook, S. A.: The complexity of theorem proving procedures. In: *Proc. 3rd ACM STOC*, ACM, 1971, pp. 151–158.

[CoR00] Condon, A., Rozenberg, G. (Eds.): *DNA Based Computing. Proc. 6th Int. Meeting*, Leiden Center for Natural Computing, 2000.

[Cr86] Crow, J. F.: *Basic Concepts in Population, Quantitive and Evolutionary Genetics.* Freeman, New York, 1986.

[Cro58] Croes, G. A.: A method for solving traveling salesman person. *Operations Research* 6 (1958), 791–812.

[CRS87] Casotto, A., Romeo, F., Sangiovanni-Vincentelli, A. L.: A parallel simulated annealing algorithm for the placement of macro-cells. *IEEE Transactions on Computer-Aided Design* 6 (1987), 838–847.

[CK70] Crow, J. F., Kimura, M.: *An Introduction to Population Genetic Theory.* Harper and Row, New York, 1970.

[CK99] Crescenzi, P., Kann, V.: A Compendium of NP Optimization Problems. http://www.nada.kth.se/theory/compendium/

[CKP96] Csuhaj-Varju, E., Kari, L., Păun, Gh.: Test tube distributed system based on splicing. *Computers and Artificial Intelligence* 15 (1996), 211–232.

[CKS⁺95] Crescenzi, P., Kann, V., Silvestri, R., Trevisan, L.: Structure in approximation classes. In: *Proc. 1st Computing and Combinatorics Conference (CONCOON), Lecture Notes in Computer Science* 959, Springer-Verlag, 1995, pp. 539–548.

[CLR90] Cormen, T., Leiserson, C., Rivest, R.: *Introduction to Algorithms*, MIT Press, and McGraw-Hill, 1990.

[Cro86] Crow, J. F.: *Basic Concepts in Population Quantitative and Evolutionary Genet-ics*, Freeman, New York, 1986.

[Dan49] Dantzig, G. B.: Programming of independent activities, II, Mathematical model. *Econometrics* 17 (1949), 200–211.

[Dan63] Dantzig, G. B.: *Linear Programming and Extensions.* Princeton University Press, 1963.

[Dan82] Dantsin, E.: Tautology proof system based on the splitting method. Ph.D. disser-tation, Steklov Institute of Mathematics (LOMI), Leningrad, 1982 (in Russian).

[Dav87] Davis, L. (Ed.): *Genetic Algorithms and Simulated Annealing.* Morgan Kauffmann, Los Altos, 1987.

544　参考文献

[Dav91] Davis, L. (Ed.): *Handbook of Genetic Algorithms*. Van Nostrand Reinhold, New York, 1991.

[Deu85] Deutsch, D.: Quantum theory, the Church-Turing principle and the universal quantum computer. In: *Proceedings of the Royal Society*, London, 1992, vol. A439, pp. 553-558.

[Dev86] Devroye, L.: *Non-Uniform Random Variate Generation*. Springer-Verlag, 1986.

[DEO00] Díaz, S., Esteban, J. L., Ogihara, M.: A DNA-based random walk method for solving k-SAT. In: [CoR00], pp. 181–191.

[DF92] Downey, R. G., Fellows, M. R.: Fixed-parameter tractability and completeness. *Congressus Numerantium* 87 (1992), 161–187.

[DF95a] Downey, R. G., Fellows, M. R.: Fixed-parameter tractability and completeness I: Basic results. *SIAM Journal of Computing* 24 (1995), 873–921.

[DF95b] Downey, R. G., Fellows, M. R.: Fixed-parameter tractability and completeness II: On completeness for $W[1]$. *Theoretical Computer Science* 141 (1995), 109–131.

[DF99] Downey, R. G., Fellows, M. R.: *Parameterized Complexity*. Monographs in Computer Science, Springer-Verlag, 1999.

[DFF56] Dantzig, G. B., Ford, L. R., Fulkerson, D. R.: A primal-dual algorithm for linear programming. In: *Linear Inequalities and Related Systems*, (H.W. Kuhn, A. W. Tucker, Eds.), Princeton University Press, 1956.

[DFF$^+$61] Dunham, B., Fridshal, D., Fridahal, R., North, J. H.: Design by natural selection. IBM Res. Dept. RC-476, June 2000, 1961.

[DGHS00] Dantsin, E., Goerdt, A., Hirsch, E.A., Schöning, U.: Deterministic algorithms for k-SATbased on covering codes and local search. In: *Proc. ICALP '00, Lexture Notes in Computer Science*, Springer-Verlag, 2000, pp. 236-247.

[DHI00] Ďuriš, P., Hromkovič, J., Inoue, K.: A separation of determinism, Las Vegas and nondeterminism for picture recognition. In: *Proc. IEEE Conference on Computation Complexity*, IEEE, 2000, pp. 214–228.

[DHK96] Delcher, Al. L., Hood, L., Karp, R. M.: Report on the DNA/Biomolecular Computing Workshop, 1996.

[DHR$^+$97] Ďuriš, P., Hromkovič, J., Rolim, J.D.P., Schnitger, G.: Las Vegas versus determinism for one-way communication complexity, finite automata and polynomial-time computations. In: Proc. *STACS '97, Lecture Notes in Computer Science* 1200, Springer-Verlag, 1997, pp. 117–128.

[Dij59] Dijkstra, E. W.: A note on two problems in connexion with graphs. *Numerische Mathematik* 1 (1959), 269–271.

[DJ92] Deutsch, D., JoD., Joza, R.: Rapid solution of problems by quantum computation. *Proceedings of the Royal Society, London A* 439 (1992), 553–558.

[DJW98] Droste, S., Janses, T., Wegener, I.: A rigorous complexity analysis of the $(1 + 1)$ evolutionary algorithm for separable functions with Boolean inputs. *Evolutionary Computation* 6 (1998), 185–196.

[DJW98a] Droste, S., Janses, T., Wegener, I.: On the optimization of unimodal functions with the $(1 + 1)$ evolutionary algorithm. In: *Proc. 5th Parallel Problem Solving from Nature, Lecture Notes in Computer Science* 1998, Springer-Verlag, Cambridge University Press, 1998, pp. 47–56.

[DJW99] Droste, S., Janses, T., Wegener, I.: Perhaps not a free lunch but at least a free appetizer. In: *Proc. 1st Genetic and Evolutionary Computation Conference* (W. Banzaf, J. Daida, A. E. Eiben, M. H. Garzon, V. Honarir, M. Jakiela, and R. E. Smith, Eds.), Morgan Kaufmann, San Francisco, 1999, pp. 833–839.

[DJW01] Droste, S., Janses, T., Wegener, I.: On the analysis of the $(1 + 1)$ evolutionary algorithm. *Theoretical Computer Science*, to appear.

[DKR94] Dietzfelbinger, M., Kutylowski, M., Reischuk, R.: Exact lower bounds for computing Boolean functions on CREW PRAMs. *Journal of Computer and System Sciences* 48 (1994), pp. 231–254.

[Dow95] Dowsland, K. A.: Simulated annealing. In: [Ree95], pp. 20–69.

[Drl92] Drlica, K.: *Understanding DNA and Gene Cloning. A Guide for the CURIOUS.* John Wiley & Sons, New York, 1992.

[DSST97] Díaz, J., Serna, M., Spirakis, P. Torán, J.: *Paradigms for Fast Parallel Approximability*, 1997.

[dWH89] de Werra, D., Hertz, A.: Tabu search techniques: a tutorial and an application to neural networks. *OR Spektrum* 11 (1989), 131–141.

[Eas58] Eastman, W. L.: Linear programming with pattern constraints. Ph.D. Thesis, Report No. Bl.20, The Computation Laboratory, Harvard University, 1958.

[Edm65] Edmonds, J.: Paths, Trees, and Flowers. *Canadian International Mathematics* 17 (1965), 449–467.

[ELR85] O'hEigeartaigh, M., Lenstra, J. K., Rinnovy Kan, A. H. (Eds.): *Combinatorial Optimization: Annotated Bibliographies.* John Wiley & Sons, Chichester, 1985.

[Eng99] Engebretsen, L.: An explicit lower bound for TSP with distances one and two. In: *Proc. 16th STACS, Lecture Notes in Computer Science* 1563, Springer-Verlag, 1999, pp. 373–382. (full version: *Electronic Colloquium on Computational Complexity* TR99-046, 1999).

[Eve80] Even, S.: *Graph Algorithms.* Computer Science Press, 1980.

[FaK92] Faigle, U., Kern, W.: Some convergence results for probabilistic tabu search. *ORSA Journal on Computing* 4 (1992), 32–37.

[Fei96] Feige, U.: A threshold of $\ln n$ for approximation set cover. In: *Proc. 28th ACM STOC*, ACM, 1996, pp. 314–318.

[Fel88] Fellows, M. R.: On the complexity of vertex set problems. Technical report, Computer Science Department, University of New Mexico, 1988.

[Fey61] Feynman, R. P.: In: *Miniaturization* (D. H. Gilbert, Ed.), Reinhold, New York, 1961, pp. 282 - 296.

[Fey82] Feynman, R.: Simulating physics with computers. *International Journal of Theoretical Physics* 21, nos. 6/7 (1982), 467–488.

[Fey86] Feynman, R.: Quantum mechanical computers. *Foundations of Physics* 16, no. 6 (1986), 507–531; originally appeared in *Optics News*, February 1985.

[FF62] Ford, L. R., Fulkerson, D. R.: *Flows in Networks.* Princeton University Press 1962.

[FG95] Feige, U., Goemans, M.: Approximating the value of two prover proof systems, with application to Max2Sat and MaxDiCut. In: *Proc 3rd Israel Symposium on the Theory of Computing and Systems*, 1995, pp. 182–189.

[FGL91] Feige, U., Goldwasser, S., Lovász, L., Safra, S, Szegedy M.: Approximating clique is almost NP-complete. In: *Proc 32nd IEEE FOCS*, IEEE, 1991, pp. 2–12.

[FJGO95] Fredman, M. L., Johnson, D. S., McGeoch, L. A., Ostheimer, G.: Data structures for traveling salesman. *Journal of Algorithms* 18 (1995), 432–479.

[FK94] Feige, U., Kilian, J.: Two-prover one-round proof systems: Their power and their problems. In: *Proc. 24th ACM STOC*, ACM, 1992, pp. 733–744.

[FL88] Fellows, M. R., Langston, M. A.: Nonconstructive advances in polynomial-time complexity. *Information Processing Letters* 28 (1988), 157–162.

[FRS88] Fortnow, L., Rompel, J., Sipser, M.: On the power of multi-prover interactive protocols. In: *Proc. 3rd IEEE Symposium on Structure in Complexity Theory*, IEEE, 1988, pp. 156–161.

[Fre77] Freivalds, R.: Probabilistic machines can use less running time. In: *Information Processing 1977, IFIP*, North-Holland, 1977, pp. 839–842.

546   参考文献

[FrG01]   Friedman, J., Goerdt, A.: Recognizing more unsatisfiable random 3-SATinstances efficiently. In: *ICALP '01, Lecture Notes in Computer Science*, Springer-Verlag 2001, pp. 310-321.

[Gar73]   Garfinkel, R.: On partitioning the feasible set in a branch-and-bound algorithm for the asymetric traveling salesperson problem. *Operations Research* 21 (1973), 340–342.

[GB65]   Colomb, S. W., Baumert, L. D.: Backtrack programming. *Journal of the ACM* 12, no. 4 (1965), 516 –524.

[GHR95]   Greenlaw, R. Hoover, H., Ruzzo, W.: *Limits to Parrallel Computation: P-completness Theory*. Oxford University Press, 1995.

[Gif94]   Gifford, D.: On the path to computing with DNA. *Science* 266 (1994), 993–994.

[Gil77]   Gill, J.: Computational complexity of probabilistic Turing machines. *SIAM Journal on Computing* 6 (1977), 675–695.

[GJ78]   Garey, M. R., Johnson, D. S.: Strong NP-completeness results: Motivations, examples and applications. *Journal of the ACM* 25 (1978), 499–508.

[GJ76]   Garey, M. R., Johnson, D. S.: Approximation algorithms for combinatorial problems: An annotated bibliography. In: *Algorithms and Complexity: Recent Results and New Directions* (J.F. Traub, Ed.), Academic Press, 1976, pp. 41–52.

[GJ79]   Garey, M. R., Johnson, D. S.: *Computers and Intractability. A Guide to the Theory on NP-Completeness*. W. H. Freeman and Company, 1979.

[GK86]   Goldwasser, S., Kilian, J.: Almost all primes can be quickly certified. In: *Proc. 18th ACM STOC*, ACM, 1986, pp. 316–329.

[GLa95]   Glover, F., Laguna, M.: Tabu search. In: [Ree95], pp. 70–150.

[Glo86]   Glover, F.: Future paths for integer programming and links to artificial intelligence. *Computers & Operations Research* 5 (1986), 533–549.

[Glo89]   Glover, F.: Tabu search: Part I. *ORSA Journal on Computing* 1 (1989), 190–206.

[Glo90]   Glover, F.: Tabu search: Part II. *ORSA Journal on Computing* 2 (1990), 4–32.

[GLP97]   Gendreau, M., Laporte, G., Potvin, J.-Y.: Vehicle routing: handling edge exchanges. In: [AL97a], pp. 311–336.

[Gol89]   Goldberg, D. E.: *Genetic Algorithms in Search, Optimization, and Machine Learning*. Addison-Wesley, Reading, 1989.

[GLS81]   Grötschel, M., Lovász, L., Schrijver, A.: The Elipsoid method and its consequences in combinatorial optimization. *Combinatorica* 1 (1981), 169–197.

[GMR89]   Goldwasser, S., Micali, S., Rackoff, C.: The knowledge complexity of interactive proof-systems. *SIAM Journal of Computing* 18 (1989), 186–208.

[GMW91]   Goldreich, O., Micali, S., Wigderson, A.: Proofs that yield nothing but their validity, or all languages in NP have zero-knowledge proof system. *Journal of the ACM* 38 (1991), 691–729.

[GN00]   Gramm, J., Niedermeier, R.: Faster exact solutions for MAX2SAT. In: *Proc. CIAC 2000, Lecture Notes in Computer Science* 1767, Springer-Verlag, 2000, pp. 174–186.

[Goe97]   Goemans, M.: Semidefinite programming in combinatorial optimization. In: *Proc. 16th International Symposium on Mathematical Programming*, 1997.

[GoK01]   Goerdt, A., Krivelevich, M.: Efficient recognition of random unsatisfiable *k*-SATinstances by spectral methods. In: *Proc. STACS '01, Lecture Notes in Computer Science*, Springer-Verlag, 2001, pp. 294-304.

[Gol95]   Goldreich, O.: Probabilistic proof systems (survey). Technical report, Department of Computer Science and Applied Mathematics, Weizmann Institute of Science, 1995.

[Gra66]   Graham, R.: Bounds for certain multiprocessor anomalics. *Bell System Technical Journal* 45 (1966), pp. 1563–1581.

[GrKP94] Graham, R., Knuth, D. E., Patashnik, O.: *Concrete Mathematics: A Foundation for Computer Science*. Addison-Wesley, 1994.

[Gru99]   Gruska, J.: *Quantum Computing*. McGraw-Hill, 1999.

[GW94a]   Goemans, M., Williamson, D.: .878-Approximation algorithms for MAX CUT and MAX 2SAT. In: Proc *26th ACM STOC*, ACM, 1994, pp. 422–431.

[GW94b]   Goemans, M., Williamson, D.: New 3/4-approximation algorithms for the maximum satisfiability problem. *SIAM Journal on Discrete Mathematics* 7 (1994), 656–666.

[GW95]   Goemans, M., Williamson, D.: Improved approximation algorithms for maximum cut and satisfiability problems using semidefinite programming. *Journal of the ACM* 42 (1995), 1115–1145.

[Háj85]   Hájek, B.: A tutorial survey of the theory and applications of simulated annealing. In: *Proc. 24th IEEE Conference on Decision and Control*, IEEE, 1985, pp. 755–760.

[Háj88]   Hájek, B.: Cooling schedules for optimal annealing. *Mathematics of Operations Research* 13 (1988), 311–329.

[Han86]   Hansen, P.: The steepest ascent mildest descent heuristic for combinatorial programming. Talk presented in: *Congress on Numerical Methods in Combinatorial Optimization*, Capri, 1986.

[Har87]   Harel, D.: *Algorithmics: The Spirit of Computing*. Addison-Wesley, 1987; 2nd edition 1992.

[HáS89]   Hájek, B., Sasaki, G.: Simulated annealing: To cool it or not. *Systems Control Letters* 12, 443–447.

[Hås96a] Håstad, J.: Clique is hard to approximate within $n^{1-\varepsilon}$. In: *Proc. 37th IEEE FOCS*, IEEE, 1996, pp. 627–636.

[Hås96b] Håstad, J.: Testing of the long code and hardness for clique. In: *Proc. 28th ACM STOC*, ACM, 1996, pp. 11–19.

[Hås97a] Håstad, J.: Clique is hard to approximate within $n^{1-\varepsilon}$. Technical Report TR97-038, *Electronic Colloquium on Computational Complexity*, 1997. An earlier version was presented in [Hås96a].

[Hås97b] Håstad, J.: Some optimal inapproximability results. In: *Proc. 29th ACM STOC*, ACM, 1997, pp. 1–10. Also appeared as Technical Report TR97-037, *Electronic Colloquium on Computational Complexity*.

[HeK71]   Held, M., Karp, R. M.: The traveling-salesman problem and minimum spanning trees, part II. *Mathematical Programming* 1 (1971), 6–25.

[HeK80]   Held, M., Karp, R. M.: The traveling-salesman problem and minimum spanning trees. *Operations Research* 18 (1970), 1138–1162.

[HH98]   Hofmeister, T., Hühne, M.: Semidefinite programming and its application to approximation algorithms. In: [MPS98], pp. 263-298.

[Hir98]   Hirsch, E. A.: The new upper bounds for SAT. In: *Proc. 9th ACM-SIAM Symposium on Discrete Algorithms*, 1998, pp 521–530; extended version – to appear in *Journal of Automated Reasoning*.

[Hi00]   Hirvensalo, M.: *Quantum Computation. Springer Series on Natural Computing*. Springer-Verlag, 2000, to appear.

[Hir00]   Hirsch, E. A.: A new algorithm for MAX-2-SAT. In: *Proc. 17th STACS 2000, Lecture Notes in Computer Science* 1700, Springer-Verlag, 2000, pp. 65–73.

[HiS83]   Hinton, G. E., Sejnowski, T. J.: Optimal perceptual inference. In: *Proc. IEEE Conference on Computer Vision and Pattern Recognition*, IEEE, Washington, 1983, pp. 448–453.

548　参考文献

[HK65] Hall, M., Knuth, D. E.: Combinatorial analysis and computers. *American Mathematical Monthly* 72 (1965), 21–28.

[HK70] Held, M., Karp, R.: The traveling salesperson problem and minimum spanning trees. *Operations Research* 18 (1970), 1138–1162.

[HK71] Held, M., Karp, R.: The traveling salesperson problem and minimum spanning trees: Part II. *Mathematical Programming* 1 (1971), 6–25.

[HKM+96] Hromkovič, J., Klasing, R., Monien, B., Peine, R.: Dissemination of information in interconnection networks (Broadcasting and Gossiping). In: *Combinatorial Network Theory* (Ding-Zhu Du, Frank Hau, Eds.), Kluwer Academic Publishers, 1996, pp. 125 – 212.

[HL96] Hofmeister, T., Lefman, H.: A combinatorial design approach to MaxCut. *Random Structures and Algorithms* 9 (1996), 163–175.

[Hoa92] Hoare, C. A. R.: Quicksort. *Computer Journal* 5, no. 1 (1962), 10–15.

[Hoc97] Hochbaum, D. S. (Ed.): *Approximation Algorithm for NP-hard Problems*. PWS Publishing Company, Boston, 1997.

[Hol75] Holland, J. H.: *Adaptation in Natural and Artificial Systems*. University of Michigan Press, Ann Arbor, 1975.

[HPS94] Hougardy, S., Prömel, H., Steger, A.: Probabilistically checkable proofs and their consequences for approximation algorithms. *Discrete Mathematics* 136, (1994), 175–223.

[Hro97] Hromkovič, J.: *Communication Complexity and Parallel Computing*. EATCS Monographs, Springer-Verlag, 1997.

[Hro98] Hromkovič, J.: Towards the notion of stability of approximation algorithms for hard optimization problems. Department of Computer Science I, RWTH Aachen, May 1998.

[Hro99a] Hromkovič, J.: Stability of approximation algorithms and the knapsack problem. In: *Jewels Are Forever* (J. Karhumäki, M. Mauer, G. Pann, G. Rozenberg, Eds.), Springer-Verlag, 1999, pp. 29–46.

[Hro99b] Hromkovič, J.: Stability of approximation algorithms for hard optimization problems. In: *Proc. SOFSEM '99, Lecture Notes in Computer Science* 1725, Springer-Verlag, 1999, pp. 29–46.

[Hro00] Hromkovič, J.: Communication protocols: An exemplary study of the power of randomness. In: *Handbook of Randomized Computing* (P. Pardalos, S. Rajasekaran, J. Reif, J. Rolim, Eds.), Kluwer Academic Publishers.

[HrS99] Hromkovič, J., Schnitger, G.: On the power of Las Vegas II: Two-way finite automata. In: *Proc. ICALP '99, Lecture Notes in Computer Science* 1644, Springer-Verlag, 1999, pp. 433–442 (full version–to appear in *Theoretical Computer Science*).

[HrS00] Hromkovič, J., Schnitger, G.: On the power of Las Vegas for one-way communication complexity, OBDDs, and finite automata. *Information and Computation*, to appear.

[HrSa00] Hromkovič, J., Sauerhoff, M.: Tradeoffs between nondeterminism and complexity for communication protocols and branching programs. In *Proc. STACS '2000, Lecture Notes in Computer Science* 1770, Springer-Verlag 2000, pp. 145–156.

[HS76] Horowitz, E., Sahni, S.: *Fundamentals of Data Structures*. Computer Science Press, 1976.

[HS78] Horowitz, E., Sahni, S.: *Fundamentals of Computer Algorithms*. Computer Science Press, 1978.

[HS85] Hochbaum, D. S., Shmoys, D.: A best possible heuristic for the k-center problem. *Mathematics of Operations Research* 10 (1975), 180–184.

[HS87]	Hochbaum, D. S., Shmoys, D. B.: Using dual approximation algoritms for scheduling problems: practical and theoretical results. *Journal of ACM* 34 (1987), pp. 144–162.
[HSA84]	Hinton, G. E., Sejnowski, T. J., Ackley, D. H.: Boltzmann machines constraint satisfaction networks that learn. Technical report CMU-CS-84-119 Carnegie-Mellon University, 1984.
[HT74]	Hopcroft, J. E., Tarjan, R. E.: Efficient algorithms for graph manipulation. *Journal of the ACM* 21, no. 4 (1974), 294–303.
[HTW97]	Hertz, A., Taillard, E., de Werra, D.: Tabu search. In: [AL97a], pp. 121–136.
[HU79]	Hopcroft, J. E., Ullman, J. D.: *Introduction to Automata Theory, Languages and Computation.* Addison-Wesley, 1979.
[Hu82]	Hu, T. C.: *Combinatorial Algorithms.* Addison-Wesley, Reading, 1982.
[IK75]	Ibarra, O. H., Kim, C. E.: Fast approximation algorithms for the knapsack and sum of subsets problem. *Journal of the ACM* 22 (1975), 463–468.
[IS65]	Ignall, E., Schrage, L.: Application of the branch-and-bound technique to some flow-shop scheduling problems. *Operations Research* 13 (1965), 400–412.
[JAGS89]	Johnson, D. S., Aragon, C. R., McGeoch, L. A, Scheron, C.: Optimization by simulated annealing; and experimental evaluation: Part I, graph partitioning. *Operations Research* 37 (1989), 865–892.
[JAGS91]	Johnson, D. S., Aragon, C. R., McGeoch, L. A, Scheron, C.: Optimization by simulated annealing: An experimental evaluation; part II, graph coloring and number partitioning. *Operations Research* 39 (1991) 378–406.
[Já92]	Jájá, J.: *An Introduction to Parallel Algorithms.* Addison-Wesley, 1992.
[Jer73]	Jeroslow, R. J.: The simplex algorithm with the pivot rule of maximizing criterion improvement. *Discrete Mathematics* 4 (1973), 367–378.
[JG97]	Johnson, D. S., McGeoch, L. A.: The traveling salesman problem: A case study. In [AL97a], pp. 215–310.
[Joh73]	Johnson, D. S.: Near-optimal Bin-packing algorithms. Doctoral dissertation, Massachusetts Institute of Technologie, MIT Report MAC TR-109, 1973.
[Joh74]	Johnson, D. S.: Approximation algorithms for combinatorial problems. *Journal of Computer and System Sciences* 9 (1974), 256–289.
[Joh86]	Johnson, D. S.: Computing in the Math Department: Part I (The NP-completeness column: An ongoing guide). *Journal of Algorithms* 7 (1986), 584–601.
[Joh87]	Johnson, D. S.: The NP-completeness column: An ongoing guide. *Journal of Algorithms* 8, no. 2 (1987), 285–303, and no. 3 (1987), 438–448.
[Joh90]	Johnson, D. S.: A catalog of complexity classes. In: *Handbook of Theoretical Computer Science, Volume A,* (J. van Leeuwen, Ed.), Elsevier and MIT Press, 1990, pp. 67–161.
[Joh90a]	Johnson, D. S.: Local optimization and the traveling salesman problem. In: *Proc. ICALP '90, Lecture Notes in Computer Science* 443, Springer-Verlag 1990, pp. 446–461.
[JPS84]	Jájá, J., Prassanna Kumar, V.K., Simon, J.: Information transfer under different sets of protocols. *SIAM Journal of Computing* 13 (1984), 840–849.
[JPY88]	Johnson, D. S., Papadimitriou, Ch., Yannakakis, M.: How easy is local search? *Journal of Computer and System Sciences* 37 (1988), 79–100.
[JR00]	Julstrom, B., Raidl, G. R.: A weighted coding in a genetic algorithm for the degree-constrained minimum spanning tree problem. In: *Proc. ACM Symposium of Applied Computing,* ACM, 2000.
[JWe99]	Jansen, T., Wegener, I.: On the analysis of evolutionary algorithms – a proof that crossover really can help. In: *Proc. 7th ESA, Lecture Notes in Computer Science* 1643, Springer-Verlag, 1999, pp. 184–193.

550 参考文献

[Kar72]   Karp, R. M.: Reducibility among combinatorial problems. In: *Complexity of Computer Computations* (R. E. Miller, J. W. Thatcher, Eds.). Plenum Press, 1972, pp. 85–103.

[Kar84]   Karmarkar, N.: A new polynomial-time algorithm for linear programming. *Combinatorica* 4 (1984), 373–395.

[Kar91]   Karp, R.: An introduction to randomized algorithms. *Discrete Applied Mathematics* 34 (1991), 165–201.

[Kar96]   Karloff, H.: How good is the Goemans-Williamson MaxCut algorithm? In: *Proc. 28th ACM STOC*, ACM, 1996, pp. 427–434.

[Kar93]   Karger, D. K.: Global min-cuts in RNC, and other ramifications of a simple min-cut algorithm. In: *Proc. 4th ACM-SIAM Symposium on Discrete Algorithms*, 1993, pp. 21–30.

[KGV83]   Kirkpatrick, S., Gellat, P. D., Vecchi, M. P.: Optimization by simulated annealing. *Science* 220 (1983), 671–680.

[Kha79]   Khachian, L.: A polynomial algorithm in linear programmng. *Soviet Mathematics Doklady* 20 (1979), 191–194.

[KiL85]   Kindervater, G. A. P., Lenstra, J. K.: An introduction to parallelism in combinatorial optimization. In: [LeL85], pp. 163–184.

[KiL85a] Kindervater, G. A. P., Lenstra, J. K.: Parallel algorithms. In: [ELR85], pp. 106–128.

[KiT85]   Kindervater, G. A. P., Trienekens, H. W. J. M.: Experiments with parallel algorithms for combinatorial problems. Technical Report 8550/A, Erasmus University, Rotterdam, Econometric Institute, 1985.

[KK82]   Karmarkar, N., Karp, R.: An efficient approximation scheme for the one-dimensional bin packing problem. In: *Proc. 23rd IEEE FOCS*, IEEE, 1982, pp. 312–320.

[KL70]   Kernighan, B. W., Lin, S.: An efficient heuristic procedure for partitioning graphs. *Bell System Technical Journal* 49 (1970), 291–307.

[KL96]   Klein, P., Lu, H.: Efficient approximation algorithms for semidefinite programs arising from MaxCut and Coloring. In: *Proc. 28th ACM STOC*, ACM, 1996, pp. 338–347.

[KLS89]   Kindervater, G. A. P., Lenstra, J. K., Shmoys, D. B.: The parallel complexity of TSP heuristics. *Journal of Algorithms* 10 (1989), 249–270.

[KTL97]   Kaplan, P., Thaler, D., Libchaber, A.: Parallel overlap assembly of paths through a directed graph. In: *3rd. DIMACS Meeting on DNA Based Computers*, University of Pennsylvania, 1997.

[KM72]   Klee, V., Minty, G. J.: How good is the simplex algorithm? In: *Inequalities III* (O. Shesha, Ed.), Academic Press, New York, 1972, pp. 159–175.

[KMR+96] Kurtz, S. A., Mahaney, S. R., Royer, J. S., Simon, J.: Active transport in biological computing. In: *Proc. 2nd Annual DIMACS Meeting on DNA-Based Computers*, 1996.

[KMS94]   Karger, D., Motwani, R., Sudan, M.: Approximate graph coloring by semidefinite programming. In: *Proc. 35th IEEE FOCS*, IEEE, 1994, pp. 2–13.

[KMS+94] Khanna, S., Motwani, R., Sudan, M., Vazirani, U.: On syntactic versus computational views of approximability. In *Proc. 26th ACM STOC*, ACM, 1994, pp. 819–830.

[KN97]   Kushilevitz, E., Nisan, N.: *Communication Complexity*, Cambridge University Press, 1997.

[Knu68]   Knuth, D. E.: *The Art of Computer Programming; Volume 1: Fundamental Algorithms*. Addison-Wesley, 1968; 2nd edition, 1973.

[Knu69]	Knuth, D. E.: *The Art of Computer Programming; Volume 2: Seminumerical Algorithms*. Addison-Wesley, 1969; 2nd edition, 1981.
[Knu73]	Knuth, D. E.: *The Art of Computer Programming; Volume 3: Sorting and Searching*. Addison-Wesley, 1973.
[Knu75]	Knuth, D. E.: Estimating the efficiency of backtrack programms. *Mathematics of Computation* 29 (1975), 121–136.
[Knu81]	Knuth, D.: *The Art of Computer Programming, Vol. 2, Seminumerical Algorithms*. 2nd edition, Addison-Wesley, 1981.
[Ko92]	Kozen, D. C.: *The Design and Analysis of Algorithms*. Springer-Verlag, 1992.
[KP80]	Karp, R. M., Papadimitriou, Ch.: On linear characterizations of combinatorial optimization problems. In: *Proc. 21st IEEE FOCS*, IEEE, 1980, pp. 1–9.
[KP89]	Kum, S. H., Pomerance, C.: The probability that a random probable prime is composite. *Mathematics of Computation* 53, no. 188 (1989), 721–741.
[KR90]	Karp, R. M., Ramachandran, V.: Parallel algorithms for shared-memory machines. In [Lee90], pp. 869–941.
[Kru56]	Kruskal, J. B., Jr.: Parallel computation and conflicts in memory access. *Information Processing Letters* 14, no. 2 (1956), 93–96.
[KRu87]	Kravitz, S. A., Rutenbar, R.: Placement by simulated annealing on a multiprocessor. *IEEE Transactions on Computer-Aided Design* 6 (1987), 534–549.
[Kuh55]	Kuhn, H. W.: The Hungarian method for the assignment problem. *Naval Research Logistics Quartely* 2 (1955), 83–97.
[Kul99]	Kullman, O.: New methods for 3-SAT decision and worst case analysis. *Theoretical Computer Science* 223 (1999), 1–71.
[KW84]	Karp, R.M., Wigderson, A.: A fast parallel algorithm for the maximal independent set problem. In: *Proc. 16th ACM STOC*, ACM, 1984, pp.266–272.
[KS93]	Karger, D. R., Stein, C.: An $\Theta(n^2)$ algorithm for minimum cuts. In: *Proc. ACM STOC*, ACM, 1993, pp. 757–765.
[LAL92]	van Laarhoven, P. J. M., Aarts, E. H. L., Lenstra, J. K.: Job shop scheduling by simluated annealing. *Operations Research* 40 (1992), 113–125.
[Lap92]	Laporte, G.: The travelling salesman problem: An overview of exact and approximate algorithms. *European Journal of Operations Research* 59 (1992), 231–247.
[Law76]	Lawler, E. L.: *Combinatorial Optimization: Networks and Matroids*. Holt, Rinehart and Winston, 1976.
[Law79]	Lawler, E. L.: Fast approximation algorithms for knapsack problems. *Mathematics of Operations Research* 4 (1979), 339–356.
[L'E88]	L'Écuyer, P.: Efficient and portable combined random number generators. *Communications of the ACM* 31, no. 6 (1988), 742–749.
[L'E90]	L'Écuyer, P.: Random numbers for simulation. *Communication of the ACM* 33, no. 10 (1990), 85–97.
[Lei92]	Leighton, F. T.: *Introduction to Parallel Algorithms and Architectures: Arrays, Trees, Hypercubes*. Morgan Kaufmann 1992.
[LeL85]	van Leeuwen, J., Lenstra, J. K.: *Parallel Computers and Computation, CWI Syllabus*, Vol. 9, Center for Mathematics and Computer Science, Amsterdam, 1985.
[LD91]	Lweis, H. R., Denenberg, L.: *Data Structures & Their Algorithms*. Harper Collins Publishers, 1991.
[Lee90]	van Leeuwen, J. (Ed.): *Handbook of Theoretical Computer Science; Volume A: Algorithms and Complexity*. Elsevier and MIT Press, 1990.
[LFK+92]	Lund, C., Fortnow, L., Karloff, H., Nisan, N.: Algebraic methods for interactive proof systems. *Journal of the ACM* 39, no. 4 (1992), 859–868.

552   参考文献

[LGC+96] Liu, Q., Guo, Z., Condon, A. E., Corn, R. M., Lagally, M. G., Smith, L. M.: A surface-based approach to DNA computation. In: *Proc. 2nd Annual Princeton Meeting on DNA-Based Computing*, 1996.

[Lan65]   Lancaster, H.O.: Pairwise statistical independence. *Ann. Mathematical Statistics*, 36 (1965), 1313–1317.

[LiB96]   Lipton, R. J., Baum, E. B. (Eds.): *DNA Based Computers, Proc. DIMACS Workshop*, Princeton 1995, AMS Press, 1996.

[Lin65]   Lin, S.: Computer solutions of the traveling salesman problem. *Bell System Technical Journal* 44 (1965), 2245–2269.

[Lip94]   Lipton, R. J.: Speeding up computations via molecular biology. Princeton University Draft, 1994.

[Lip95]   Lipton, R. J.: DNA solution of hard computational problems. *Science* 268 (1995), 542–545.

[LK73]   Lin, S, Kernighan, B. W.: An effective heuristic algorithm for the traveling-salesman problem. *Operations Research* 21 (1973), 498–516.

[LA88]   van Laarhoven, P. J. M., Aarts, E. H. L.: *Simulated Annealing: Theory and Applications*. Kluwer, Dordrecht, 1988.

[Llo93]   Lloyd, S.: A potentially realizable quantum computer. *Science* 261 (1991), 1569–1571.

[LL85]   Lawler, E., Lenstra, J., Rinnovy Kan, A., Shmoys, D.: *The Traveling Salesman Problem*. John Wiley & Sons, 1985.

[LL90]   Lenstra, A. K., Lenstra, M. W. Jr.: Algorithms in number theory. In: *Handbook of Theoretical Computer Science* (J. van Leeuwen, Ed.), Vol. A, Elsevier, Amsterdam, 1990, pp. 673–715.

[LMS+63] Little, J. D. C., Murtly, K. G., Sweeny, D. W., Karel, C.: An algorithm for the Traveling-Salesman Problem. *OR* 11 (1963), 972–989.

[LP78]   Lewis, H. R., Papadimitriou, Ch.: The efficiency of algorithms. *Scientific American* 238, no. 1 (1978).

[Lov75]   Lovász, L.: On the ratio of the optimal integral and functional covers. *Discrete Mathematics* 13 (1975), 383–390.

[Lov79]   Lovász, L.: Graph theory and integer programming. *Annals of Discrete Mathematics* 4 (1979), 146–158.

[Lov80]   Lovász, L.: A new linear programming algorithm – better or worse than the simplex method? *The Mathematical Intelligence* 2 (1980), 141–146.

[Lue75]   Lueker, G.: Two polynomial complete problems in non-negative integer programming. Manuscript TR-178, Department of Computer Science, Princeton University, Princeton, 1975.

[LW66]   Lawler, E. L., Wood, D. W.: Branch-and-bound methods: A survey. *Operations Research* 14, no. 4 (1966), 699–719.

[LY93]   Lund, C., Yannakakis, M.: On the hardness of approximating minimization problems. In: *Proc. 25th ACM STOC*, ACM, 1993, pp. 286–293.

[Man89a] Manber, U.: *Introduction to Algorithms: A Creative Approach*. Addison-Wesley, Reading, 1989.

[Man89b] Manber, U.: Memo functions, the graph traverser, and a simple control situation. In: *Machine Intelligence* 5 (B. Meltzer, D. Michie, Eds.), American Elsevier and Edinburgh University Press 1989, pp. 281–300.

[Meh84a] Mehlhorn, K.: *Data Structures and Algorithms 1: Sorting and Searching*. EATCS Monographs, Springer-Verlag, 1984.

[Meh84b] Mehlhorn, K.: *Data Structures and Algorithms 2: Graph Algorithms and NP-Completeness*. EATCS Monographs, Springer-Verlag, 1984.

[Meh84c] Mehlhorn, K.: *Data Structures and Algorithms 3: Multi-Dimensional Searching and Computational Geometry.* EATCS Monographs, Springer-Verlag, 1984.

[MC80] Mead, C. A., Conway, L. C.: *Introduction to VLSI Design.* Addison-Wesley, Reading, 1980.

[Mic92] Michalewicz, Z.: *Genetic Algorithms + Data Structures = Evolution Programs.* Springer-Verlag, 1992.

[MiF98] Michalewicz, Z., Fogel, D. B.: *How to Solve It: Modern Heuristics.* Springer-Verlag 1998.

[Mil76] Miller, G.: Riemann's hypothesis and tests for primality. *Journal of Computer and System Sciences* 13 (1976), 300–317.

[Mit96] Mitchell, I. S. B.: Guillotine subdivisions approximate polygonal subdivisions: Part II – a simple polynomial-time approximation scheme for geometric k-MST, TSP and related problems. Technical Report, Department of Applied Mathematics and Statistics, Stony Brook, 1996.

[MNR96] Motwani, R., Naor, J., Raghavan, P.: Randomized approximation algorithms in combinatorial optimization. In: *Approximation Algorithms for NP-hard Problems* (D. S. Hochbaum, Ed.), PWS Publishing Company, 1997, pp. 447–481.

[Mon80] Monier, L.: Evaluation and comparison of two efficient probabilistic primality testing algorithms. *Theoretical Computer Science* 12 (1980), 97–108.

[MoS97] Morimoto, N, Suyama, M. A. A.: Solid phase DNA solution to the Hamiltonian path problem. In: *3rd DIMACS Meeting on DNA Based Computers,* University of Pennsylvania 1997.

[MS79] Monien, B., Speckenmeyer, E.: 3-satisfiability is testable in $O(1.62^r)$ steps. Bericht Nr. 3/1979, Reihe Theoretische Informatik, Universität Paderborn, 1979.

[MS82] Mehlhorn, K., Schmidt, E.: Las Vegas is better than determinism in VLSI and ditributed computing. In: Proc *14th ACM STOC,* ACM, 1982, pp. 330–337.

[MS85] Monien, B., Speckenmeyer, E.: Solving satisfiability in less than 2^n steps. *Discrete Applied Mathematics* 10 (1985), 287–295.

[MS97] Macarie, I. I., Seiferas, J. I.: Strong equivalence of nondeterministic and randomized space-bounded computations. Manuscript, 1997.

[MPS98] Mayr, E. W., Prömel, H. J., Steger, A. (Eds.): *Lecture on Proof Verification and Approximation Algorithms. Lecture Notes in Computer Science* 1967, Springer-Verlag, 1998.

[MR95] Motwani, R., Raghavan, P.: *Randomized Algorithms.* Cambridge University Press, 1995.

[Müh97] Mühlenberg, H.: Genetic algorithms. In: [AL97], pp. 137–171.

[MU49] Metropolis, I. N., Ulam, S.: The Monte Carlo method. *Journal of the American Statistical Assosiation* 44, no. 247 (1949), 335–341.

[MRR+53] Metropolis, N., Rosenbluth, A. W., Rosenbluth, M. N., Teller A. H., Teller, E.: Equation of state calculation by fast computing machines. *Journal of Chemical Physics* 21 (1953), 1087–1091.

[NI92] Nagamochi, H., Ibaraki, T.: Computing edge connectivity in multigraphs and capacitated graphs. *SIAM Journal on Discrete Mathematics* 5 (1992), 54–66.

[Nis96] Nisan, N.: Extracting randomness: How and why–A survey. In: *Proc. IEEE Symposium on Structure in Complexity Theory,* IEEE, 1996.

[NC00] Nielsen, M.A., Chuang, I.L.: *Quantum Computation and Quantum Information.* Cambridge University Press, 2000.

[NP80] Nešetřil, J., Poljak, S.: Geometrical and algebraic correspondences of combinatorial optimization. In: *Proc. SOFSEM '80,* Computer Research Center Press, Bratislava, 1980, pp. 35–77 (in Czek).

[NR99]	Niedermeier, R., Rossmanith, P.: New upper bounds for MaxSat. In: *Proc. 26th ICALP'99, Lecture Notes in Computer Science* 1644, Springer-Verlag, 1999, pp. 575–584.
[OtW96]	Ottmann, T., Widmayer, P.: *Algorithmen und Datenstrukturen.* Spektrum Akademischer Verlag, 1996 (in German).
[OvG89]	Otten, R. H. J. M., van Ginneken, L. P. P. P.: *The Annealing Algorithm.* Kluwer Academic Publishers, 1989.
[O'B80]	O'Brien, G.L.: Pairwise independent random variables. *Ann. Probability* 8 (1980), 170–175.
[Pap77]	Papadimitriou, Ch.: The Euclidean travelling salesman problem is NP-complete. *Theoretical Computer Science* 4 (1977), 237–244.
[Pap94]	Papadimitriou, Ch.: *Computational Complexity.* Addison-Wesley, 1994.
[Pap95]	Papadimitriou, Ch.: personal communication to J. Reif.
[Ple82]	Plesník, J.: Complexity of decomposing graphs into factors with given diameters or radii. *Mathematica Slovaca* 32, 379–388.
[Ple83]	Plesník, J.: *Graph Algorithms.* VEDA, Bratislava, 1983 (in Slovak).
[Ple86]	Plesník, J.: Bad examples of the metric traveling salesman problem for the 2-change heuristic. *Acta Mathematica Universitatis Comenianae* 55 (1986), 203–207.
[PM81]	Paz, A., Moran, S.: Nondeterministic polynomial optimization problems and their approximation. *Theoretical Computer Science* 15 (1981), 251–277.
[Pol75]	Pollard, J. M.: A Monte Carlo method of factorization. *BIT* 15, (1975), 331–334.
[Pom81]	Pomerance, C.: On the distribution of pseudoprimes. *Mathematics of Computation* 37, no. 156 (1981), 587–593.
[Pom82]	Pomerance, C.: The search for prime numbers. *Scientific American* 2476 (1982).
[Pom87]	Pomerance, C.: Very short primality proofs. *Mathematics of Computation* 48, no. 177 (1987), 315–322.
[PPZ97]	Paturi, R., Pudlák, P., Zane, F.: Satisfiability coding lemma. In: *Proc. 38th IEEE FOCS*, IEEE, 1997, pp. 566–574.
[PPSZ98]	Paturi, R., Pudlák, P., Saks, E., Zane, F.: An improved exponential-time algorithm for k-SAT. In: *Proc. IEEE FOCS*, IEEE, 1998, pp. 628–637.
[Pra75]	Pratt, V.: Every prime has a succint certificate. *SIAM Journal on Computing* 4, no. 3 (1975), 214–220.
[Pre00]	Preskill, J.: *Lecture Notes on Quantum Information and Quantum Computation.* Web address: `www.theory.caltech.edu/people/preskill/ph229`.
[PRS98]	Păun, G., Rozenberg, G., Salomaa, A.: *DNA Computing (New Computing Paradigms).* Springer-Verlag, 1998.
[PS77]	Papadimitriou, Ch., Steiglitz, K.: On the complexity of local search for the traveling salesman problem. *SIAM Journal of Computing* 6 (1977), 76–83.
[PS78]	Papadimitriou, Ch., Steiglitz, K.: Some examples of difficult traveling salesman problems. *Operations Research* 26 (1978), 434–443.
[PS82]	Papadimitriou, Ch., Steiglitz, K.: *Combinatorial Optimization: Algorithms and Complexity.* Prentice-Hall, Englewood Cliffs, 1982.
[PS84]	Papadimitriou, Ch., Sipser, M.: Communication complexity. *Journal of Computer and System Sciences* 28 (1984), pp. 260–269.
[Pud94]	Pudlák, P.: Complexity theory and genetics. In: *Proc. 9th Conference on Structure in Complexity Theory*, 1994, pp. 183–195.
[PVe00]	Papadimitriou, Ch., Vempala, S.: On the approximability of the travling salesperson problem. In: *Proc. 32nd ACM STOC*, ACM, 2000.

[PY91]	Papadimitriou, Ch., Yannakakis, M.: Optimization, approximation, and complexity classes. *Journal of Computer and System Sciences* 43, 3 (1991), 425–440.
[PY93]	Papadimitriou, Ch., Yannakakis, M.: On limited nondeterminism and the complexity of the V-C dimension. In: *Proc. 8th Conference on the Structure in Complexity Theory*, 1993, pp. 12–18.
[Rab76]	Rabin, M. O.: Probabilistic algorithms. In: *Algorithms and Complexity: Recent Results and New Directions*. (J. F. Traub, Ed.), Academic Press, 1976, pp. 21–39.
[Rab80]	Rabin, M. O.: Probabilistic algorithm for primality testing. *Journal of Number Theory* 12 (1980), 128–138.
[Rag88]	Raghavan, P.: Probabilistic construction of deterministic algorithms: Approximating packing integer programs. *Journal of Computer and System Sciences* 37 (1988), 130–143.
[Rec73]	Rechenberg, I.: Evolutionsstrategie: Optimierung technischer Systeme nach Prinzipien der biologischen Information. Fromman, Freiburg, 1973, (in German).
[Ree95]	Reeves, C. R. (Ed.): *Modern Heuristic Techniques for Combinatorial Problems*. McGraw-Hill, London, 1995.
[Ree95a]	Reeves, C. R.: Genetic algorithms. In: [Ree95], pp. 151–196.
[Rei91]	Reinelt, G.: TSPLIB: A traveling salesman problem library. *ORSA Journal on Computing* 3 (1991), 376–384.
[Rei92]	Reinelt, G.: Fast heuristics for large geometric traveling salesman problems. *ORSA Journal on Computing* 4 (1992), 206–217.
[Rei93]	Reif, J. H. (Ed.): *Synthesis of Parallel Algorithms*. Morgan Kaufmann, 1993.
[Rei94]	Reinelt, G.: *The Traveling Salesman: Computational Solutions for TSP Applications*. Lecture Notes in Computer Science 840, Springer-Verlag, 1994.
[Rei95]	Reif, J.: Parallel molecular computation: Models and simulations. In: *Proc. 17th ACM Symp. on Parallel Algorithms and Architectures*, ACM, 1995, pp. 213–223.
[Rei98]	Reif, J.: Paradigms for biomolecular computation. In: [CCD98], pp. 72–93.
[ReS65]	Reiter, S., Sherman, G.: Discrete optimizing. *Jorunal of the Society for Industrial and Applied Mathematics* 13, (1965), 864–889.
[RND82]	Reingold, E. M., Nievergelt, J., Deo, N.: *Combinatorial Algorithms: Theory and Practice*. Prentice-Hall, Englewood Cliffs, 1982.
[Ros00]	Rosen, K. M. (Ed.): *Handbook of Discrete and Combinatorial Mathematics*. CRC Press LLC, 2000.
[RS65]	Reiter, S., Sherman, G.: Discrete optimizing. *Journal of the Society for Industrial and Applied Mathematics* 13 (1965), 864–889.
[RSL77]	Rosenkrantz, D. J., Stearns, R. E., Lewis, P. M.: An analysis of several heuristics for the traveling salesman problem. *SIAM Journal on Computing* 6 (1977), 563–581.
[RT87]	Rödl, V., Tovey, C. A.: Multiple optima in local search. *Journal of Algorithms* 8 (1987), 250–259.
[Rub96]	Rubin, H.: Looking for the DNA killer app. *Nature* 3 (1996), 656–658.
[Sah75]	Sahni, S.: Approximate algorithms for the 0/1 knapsack problem. *Journal of the ACM* 22 (1975), 115–124.
[Sal98]	Salomaa, A.: Turing, Watson-Crick and Lindemeyer. Aspects of DNA complementarity. In: [CCD98], pp. 94–107.
[Sau97]	Sauerhoff, M.: On nondeterminism versus randomness for read-once branching programs. *Electronic Colloquium on Computational Complexity* TR 97 - 030 (1997).
[Sau99]	Sauerhoff, M.: On the size of randomized OBDDs and read-once branching programs for k-stable functions. In: Proc. *STACS '99, Lecture Notes in Computer Science* 1563, Springer-Verlag, 1999, pp. 488–499.

556 参考文献

[SBK00] Schmeck, H., Branke, J., Kohlmorgen, U.: Parallel implementations of evolutionary algorithms. In: *Solutions to Parallel and Distributed Computing Problems* (A. Zomaya, F. Ercal, S. Olariu, Eds.), John Wiley & Sons, 2000, to appear.

[SC79] Stockmeyer, L. J., Chandra, A. K.: Intrinsically difficult problems. In: *Scientific American* 240, no. 5 (1979), 140–159.

[Sch81] Schwefel, H.-P.: *Numerical Optimization of Computer Models.* John Wiley & Sons, Chichester, 1981.

[Sch95] Schwefel, H.-P.: *Evolution and Optimum Seeking.* John Wiley & Sons, Chichester, 1995.

[Schö99] Schöning, U.: A probabilistic algorithm for k-SAT and constraint satisfaction problems. In: *Proc. 40th IEEE FOCS*, IEEE, 1999, pp. 410–414.

[Sed89] Sedgewick, R.: *Algorithms.* 2nd edition, Addison-Wesley, 1989.

[SG74] Sahni, S., Gonzales, T.: P-complete problems and approximate solutions. Compututer Science Technical Report 74-5, University of Minnesota, Minneapolis, Minn., 1974.

[SG76] Sahni, S., Gonzales, T.: P-complete approximation problems. *Journal of the ACM* 23 (1976), 555–565.

[SH78] Sahni, S., Horowitz, E.: Combinatorial problems: Reducibility and approximation. *Operations Research* 26, no. 4 (1978), 718–759.

[Sha79] Shamir, A.: Factoring numbers in $O(\log n)$ arithmetic steps. *Information Processing Letters* 8, no. 1 (1979), 28–31.

[Sh92] Shallit, J.: Randomized algorithms in 'primitive' cultures, or what is the oracle complexity of a dead chicken. *ACM Sigact News* 23, no. 4 (1979), 77–80; see also *ibid.* 24, no. 1 (1993), 1–2.

[Sha92] Shamir, A.: IP=PSPACE. *Journal of the ACM* 39, no. 4 (1992), 869–877.

[She92] Shen, A.: IP=PSPACE: Simplified proof. *Journal of the ACM* 39, no. 4 (1992), 878–880.

[Sho94] Shor, P. W.: Algorithms for quantum computation: Discrete logarithmics and factoring. In: *35th IEEE FOCS*, IEEE, 1994, pp. 124–134.

[Sie98] Siegling, D.: Derandomization. In: [MPS98], pp. 41–61.

[Sip92] Sipser, M.: The history and status of the P versus NP question. In: *Proc. 24th ACM STOC*, ACM, 1992, pp. 603–618.

[Sim94] Simon, D. R.: On the power of quantum computation. In: *Proc. 35th IEEE FOCS*, IEEE, 1994, pp. 116–123, (also: *SIAM Journal on Computing* 26 (1997), 1484–1509).

[Spe94] Spencer, J.: Randomization, derandomization and antirandomization: three games. *Theoretical Computer Science* 131 (1994), 415–429.

[SS77] Solovay, R., Strassen, V.: A fast Monte Carlo test for primality. *SIAM Journal on Computing* 6, no. 1 (1977), 84–85; erratum, *ibid.* 7, no. 1 (1978), 118.

[SmS95] Smith, W., Schweitzer, A.: DNA computers in vitro and vivo. NEC Research Institute Technical Report 95 - 057 - 3 - 0058 - 3, 1995.

[Sti85] Stinson, D. R.: *An Introduction to the Design and Analysis of Algorithms.* The Charles Babbage Research Centre, St. Pierre, Manitoba, 1985; 2nd edition, 1987.

[Str96] Strassen, V.: Zufalls-Primzahlen und Kryptographie. In: *Highlights aus der Informatik* (I. Wegener, Ed.), Springer-Verlag, 1996, pp. 253–266 (in German).

[Sud92] Sudan, M.: Efficient checking of polynomials and proofs and the hardness of approximation problems. Ph.D. thesis, Department of Computer Science, Berkeley, 1992.

557

[SW90]   Shmoys, D. B., Williamson, D. P.: Analysing the Held-Karp TSP bound: A monotonicity property with applications. *Information Processing Letters* 35 (1990), 281–285.

[Ta89]   Tanese, R.: Distributed genetic algorithms. In: *Proc. 3rd Int. Conference on Genetic Algorithms* (J. D. Schaffer, Ed.), Morgan Kaufmann, San Mateo, 1989, pp. 434–439.

[Tre97]   Trevisan, L.: Reductions and (Non)-Approximability. Ph.D. thesis, Computer Science Department, University of Rome "La Sapienze", 1997.

[TSS$^+$96]   Trevisan, L., Sorkin, G., Sudan, M, Williamson, D.: Gadgets, approximation, and linear programming. In: *Proc. 37th IEEE FOCS*, IEEE, 1996, pp. 617–626.

[Tu36]   Turing, A. M.: On computable numbers, with an application to the Entscheidungsproblem. *Proceedings London Mathematical Society*, Ser. 2, 42 (1936), 230–265; a correction, 43 (1936), 544–546.

[Tu50]   Turing, A. M.: Computing machinery and intelligence. *Mind* 59 (1950), 433–460.

[UAH74]   Ullman, J., Aho, A., Hopcroft, J.: *The Design and Analysis of Computer Algorithms*. Addison-Wesley, 1974.

[VAL96]   Vaessens, R. J. M., Aarts, E. H. L, Lenstra, J. K.: A local search template. In: *Parallel Problem Solving from Nature 2* (R. Manner, B. Manderick, Eds.), North-Holland, Amsterdam, 1996, pp. 65–74.

[Vaz86]   Vazirani, U. V.: Randomness, adversaries, and computation. Doctoral dissertion, Deptartment of Computer Science, University of California, Berkeley, 1986.

[Vaz87]   Vazirani, U. V.: Efficiency considerations in using semi-random sources. In: *Proc. 19th ACM STOC*, ACM, 1987, pp. 160–168.

[Ver94]   Verma, R. M.: A general method and a master theorem for divide-and-conquer recurrences with applications. *Journal of Algorithms* 16 (1994), 67–79.

[vNe53]   von Neumann, J.: A certain zero-sum two-person game equivalent to the optimal assignment problem. In: *Contributions to the Theory of Games II* (H. W. Kuhn, A. W. Tucker, Eds.), Princeton University Press, 1953.

[Wal60]   Walker, R., J.: An enumerative technique for a class of combinatorial problems. In: *Proc. of Symposia of Applied Mathematics*, Vol. X, AMS, 1960.

[Weg93]   Wegener, I.: *Theoretische Informatik: eine algorithmenorientierte Einführung*. B.G. Teubner, 1993 (in German).

[Weg00]   Wegener, I.: On the expected runtime and the success probability of evolutionary algorithms. In: *Preproceedings of 26th WG 2000*, University of Konstanz, 2000, pp. 229–240 (also: *Proc. 26th WG 2000, Lecture Notes in Computer Science* 1928, Springer-Verlag, 2000, pp. 1–10).

[Wel71]   Wells, M. B.: *Elements of Combinatorial Computing*. Pergamon Press, Oxford, 1971.

[WhS90]   Whitley, L. D., Starkweather, T.: Genitor II: A distributed genetic algorithm. *Expt. Theor. Artif. Intelligence* 2 (1990), 189–214.

[Wi78]   Williams, H.: Primality testing on a computer. *Ars Combinatoria* 5, no. 6 (1979), 347–348.

[Win87]   Winter, P.: Steiner problem in networks: A survey. *Networks* 17, no. 1 (1987), 129–167.

[Wo93]   Wood, D.: *Data Structures, Algorithms, and Performance*. Addison-Wesley, 1993.

[Wol80]   Wolsey, L. A.: Heuristic analysis, linear programming, and branch-and-bound. *Mathematical Programming Studies* 13 (1980), 121–134.

[WR97]   Walker, M. R., Rapley, R.: *Route Maps in Gene Technology*. Blackwell Science, Oxford, 1997.

| [Yan79] | Yannakakis, M.: The effect of a connectivity requirement on the complexity of maximum subgraph problems. *Journal of the ACM* 26 (1979), 618–630. |

| [Yao82] | Yao, A. C.-C.: Theory and applications of trapdoor functions. In: *Proc: 23rd IEEE FOCS*, IEEE, 1982, pp. 80–91. |

| [Yan92] | Yannakakis, M.: On the approximation of maximum satisfiability. In: *Proc. 3rd ACM-SIAM Symposium on Discrete Algorithms*, 1992, pp. 1–9. |

| [Yan97] | Yannakakis, M.: Computational complexity. In: [AL97a], pp. 19–58. |

| [YoK97] | Yokomori, T., Kobayashi, S.: DNA-EC, a model of DNA-computing based on equality checking. In: *3rd. DIMACS Meeting on DNA-Based Computing*, University of Pennsylvania, 1997. |

| [Zad73] | Zadeh, N.: A bad network problem for the simplex method and other minimum cost flow algorithms. *Mathematical Programming* 5 (1973), 255–266. |

| [Zad73a] | Zadeh, N.: More pathological examples for network flow problems. *Mathematical Programming* 5 (1973), 217–224. |

| [Zip93] | Zippel, R. E.: *Efficient Polynomial Computations*. Kluwer Academic Publishers, Boston, 1993. |

訳者あとがき

　本書は，言語理論や乱択（ランダマイズド）アルゴリズムの計算量などで有名な
ユーライ・ホロムコヴィッチ教授の Algorithmics for hard problems 2nd edition の
翻訳書です．ホロムコヴィッチ教授は新しい講義形式を目指したアルゴリズム関連の
教科書を精力的に執筆しています．本書はそのうちのひとつで，2000 年の夏，訳者
のひとりである和田がアーヘン工科大学（RWTH）滞在中に本書第一版のゲラを見
せていただいたのがきっかけで，この翻訳が始まりました．

　本書の特徴は，計算困難な問題に対するアルゴリズム設計技法にのみ焦点が当てら
れていることと，新しい講義形式に基づいて執筆されていることです．計算困難な問
題に対するアルゴリズム設計技法に関して得られた成果を概観し，それらの詳細を順
序だててわかりやすく説明した本はこれまでにはありませんでした．従来はアルゴリ
ズム技法からのアプローチが中心で，その技法がこのような NP-困難な問題に適用
でできるというものがほとんどでした．一方，本書は計算困難な問題に対処するとい
う観点から，アルゴリズム技法についてまとめられている点が新しく，他に類をみな
いでしょう．

　もうひとつの特徴は，本書が新しい講義形式を目指している点です．本書はアーヘ
ン工科大学の大学院の授業の教科書として執筆されたものですが，大学院の授業でさ
え 100 人を超える受講学生に対して，講義のために高く設定された必要条件を満足
し，かつ学生個々の学習が円滑に行えることを目指して，本書は書かれています．ホ
ロムコヴィッチ教授が新しい講義形式の基礎として考えている 3 本柱「単純さ」,「わ
かりやすさ」,「全てを説明しないことが時として多くを伝える」が，本書でも基本に
なっています．我々も講義では心がけなければならないことではありますが，なかな
か教科書として一貫させるのは難しく，本書では全ての項目にわたって，この 3 本柱
が見事に貫かれています．その結果として本書は不必要な数学的抽象化を避け，出来
る限り具体的な記述になっています．しかし理論的正確さは全く失われておらず，証
明に必要な数学的定義は全て盛り込まれていて，本書だけで自己完結している点も本
書の大きな特徴です．本書は大学院レベルの内容ですが，ある程度の数学の素養があ

560 訳者あとがき

れば学部学生にも十分理解できる内容になっています．また，そうなることによって，ホロムコヴィッチ教授の目的が達成されることになるのですが，その問題も序文で示された最適化問題の解決と同様に読者に残されています．

ホロムコヴィッチ教授は，2004年にアーヘン工科大学からスイス連邦工科大学チューリッヒ校（ETH）に移られました．このあとがきの締め切りと和田の ETH 訪問が重なったため，現在ホロムコヴィッチ教授のいるチューリッヒでこのあとがきを書いています．もちろんこれは偶然ですが，原著の初版完成時にはアーヘンに滞在しており，本訳書のあとがきをここチューリッヒで書いていることに，著者とともに本書とのつながりを感じながら筆をおきたいと思います．

最後になりましたが，共訳者の増澤先生と元木先生にはいろいろとご迷惑をおかけしました．特に，元木先生には訳文ファイルの管理等，本訳書全体の取りまとめをしていただきました．ここに感謝致します．また，本書の翻訳にあたっては，原著翻訳の重要性を認めていただき，本書の翻訳をサポートしてくださったシュプリンガー・ファーラーク東京に感謝いたします．

2005 年 10 月

チューリッヒにて

訳者を代表して　和田幸一

索　引

■欧文索引

△-TSP, 306, 308, 309, 319, 366

3-colorability(3 彩色可能性), 519

3CNF, 362

● A

Aarts, 263, 495, 499, 504, 512, 539, 540, 552, 557

abundance of witnesses(豊富な証拠), 390, 393, 394, 400, 418, 419, 426, 501, 506, 510

Ackley, 512, 539

acyclic(アサイクリック), 43, 46

adenine(アデニン), 515

adjacency matrix(隣接行列), 112

adjacent(隣接), 41

Adleman, 463, 464, 515, 517, 521, 539, 540

Adleman's algorithm(Adleman のアルゴリズム), 518

affine subspace(アフィン部分空間), 29

Agrawal, 540

Aho, 539, 557

Alberts, 517, 539

Alford, 464, 539

algebra(代数), 57

algorithm design techniques(アルゴリズム設計技法), 163

Alizadeh, 540

Alon, 465, 539

alphabet(アルファベット), 101, 103, 111, 515

input —(入力—), 110

output —(出力—), 110

analysis(解析)

theoretical —(理論的—), 502

worst case —(最悪時—), 125

Anderson, 504, 539

Andreae, 367, 539

Angluin, 464, 540

approximability(近似可能性), 366, 368

polynomial-time —(多項式時間—), 342, 351

approximation(近似), 170, 385, 474, 499, 501

approximation algorithm(近似アルゴリズム), 268, 270, 282, 308, 313, 327, 342, 366, 368, 460, 462, 501

dual —(双対—), 280

randomized —(乱択—), 385, 435, 436

approximation factor(近似比), 366

approximation problem(近似問題), 343

approximation ratio(近似比), 269, 284, 286, 300, 309, 316, 342, 368, 370, 385, 394, 441, 447, 460, 462

expected —(平均—), 386

APX, 346, 348

Aragon, 504, 549

Arora, 367, 368, 540

Asano, 539, 540

assignment(割当)

satisfying —(充足—), 446

asymptotic grow(漸近的な増加), 125

Ausiello, 366, 463, 539, 540

axiom(公理), 523

● B

Baase, 540

Babai, 367, 463, 465, 539–542

Bach, 263, 463, 464, 522, 541, 542

Bacik, 542

backtracking(バックトラック, バックトラッキング), 151, 154, 164, 190, 197, 281, 509

Balasubramanian, 262, 541

Bandelt, 367, 539

basis(基), 25

orthonormal —(直交—), 525–527

Baum, 541, 552

Baumert, 262, 546

Bayes' Theorem(ベイズの定理), 91

Beaver, 515, 541

Beigel, 263, 541

Bellare, 542

Bellmore, 263, 542

Bender, 367, 541

Benioff, 523, 541

Bentley, 504, 541

Bernstein, 523, 524, 542

Big Bang(ビッグバン), 129

BIN-P, 334, 337, 338

bin-packing(箱詰め), 118

— problem(—問題), 333

binomial coefficients(2 項係数), 33

Blum, 465, 541, 542

Bock, 263, 542

Böckenhauer, 367, 368, 541, 542

Boltzmann machine(ボルツマンマシン), 512

Boneh, 522, 541

Bonet, 262, 542

Boolean formulae (ブール式), 50

Boolean function(ブール関数), 48, 107

Boolean logic (ブール論理), 47

Boolean values (ブール値), 47

Boolean variable (ブール変数), 48
Bovet, 542
branch-and-bound(分枝限定, 分枝限定法), 163,
190, 191, 193, 194, 197, 226, 262, 263,
500, 506, 509
branching program (ブランチングプログラム),
54, 107
one-time-only —(1 回読み—), 56, 419
Branke, 496, 542, 556
Brassard, 463, 465, 541, 542
Bratley, 463, 465, 541
Bray, 517, 539
breadth-first-search(幅優先探索), 152
Bressoud, 542
Buhrman, 542
Buss, 262, 542

● C
Calude, 542
Carmichael, 464, 542
Carmichael numbers(Carmichael 数), 403, 464
Casotto, 511, 543
Casti, 542
ceiling(切上げ), 34
Černý, 495, 499, 542
certificate(証明書), 133
Chachian, 265, 543
Chandra, 556
Chekuri, 541
Chen, 522, 543
Cheruki, 367
Chinese Remainder Theorem(中国剰余定理),
74, 75, 402
Christofides, 366, 543
Christofides algorithm(Christofides アルゴリズ
ム), 316, 319, 321, 323, 504
Chuang, 553
Church, 523
Church thesis(Church の提唱), 523
Church-Turing thesis(Church-Turing の提唱),
127
Chvátal, 366, 543
class P(クラスP), 128
clause(節), 51, 193
clique(クリーク), 107, 116, 138, 139
clique problem(クリーク問題), 107, 139
CNF, 54, 107, 140
complete —(完全—), 54
Cobham, 265, 543
Colomb, 546
combination(組合せ), 32
combinatorial optimization(組合せ最適化), 226,
265, 472, 495, 499, 504
communication(通信), 506, 507, 509, 512
communication complexity(通信計算量), 377,
380, 381, 466

commutative(可換的), 58
comparison(比較), 504
experimental —(実験による—), 502
competition(競争), 503
complementary slackness conditions(相補的な
余裕変数条件), 255
dual —(双対問題の—), 255
primal —(主問題の—), 255
complete(完全)
APX —(APX —), 348
complexity(計算量), 125
average —(平均—), 125
exponential —(指数—), 129, 161
problem —(問題—), 127
Turing machine —(チューリング機械—), 127
worst case —(最悪—), 199, 244, 263
complexity analysis(計算量解析), 123
complexity theory(計算量理論), 126
composite(合成数), 62, 400
computation(計算)
DNA —(DNA —), 522
nondeterministic —(非決定性—), 130
parallel —(並列—), 506
quantum —(量子—), 515, 523, 525–527
quantum model of —(——の量子-モデル), 523
randomized —(乱択—), 525
— model(—モデル), 523
— tree(—木), 131
computational complexity(計算量), 122
computer word(計算機の語), 101, 123
computing model(計算モデル), 513
concatenation(連接), 102, 103
Condon, 263, 515, 522, 541, 543, 552
conjunction(乗法), 47
conjunctive normal form(乗法標準形), 54
complete —(完全—), 54
convex set(凸集合), 236
Conway, 553
Cook, 366, 367, 466, 543
Cook's Theorem(Cook の定理), 137
cooling schedule(冷却スケジュール), 473, 475
Cormen, 543
Corn, 515, 552
coset(剰余類), 80
left —(左—), 80
right —(右—), 80
cost function(コスト関数), 110, 111
Crescenzi, 366–368, 463, 539, 542, 543
Croes, 263, 543
crossover operation(交差操作), 512
Crow, 496, 543
Csuhaj-Varju, 515, 543
cut(カット), 42
cycle(閉路), 41, 46
simple —(単純な—), 41

cytosine(シトシン), 515

● D

D'Atri, 539
Dantsin, 263, 543, 544
Dantzig, 264, 265, 543, 544
Darwin, 495
Davis, 495, 543, 544
de Werra, 495, 545, 549
decision problem(決定問題), 105, 107–109
   suboptimality —(非最適性—), 216
Delcher, 516, 544
Denenberg, 551
Deo, 555
depth-first-search(深さ優先探索), 152, 197, 306
derandomization(デランダマイゼーション), 371,
       372, 447, 448, 452, 453, 456, 458, 460,
       461, 463–465, 501
Deutsch, 523, 524, 544
Devroye, 465, 544
diamond(ダイヤモンド), 217, 221
Díaz, 506, 522, 545
Dietzfelbinger, 466, 545
Dijkstra, 265, 544
Dineen, 542
disjunction(加法), 47
disjunctive normal form(加法標準形)
   complete —(完全—), 53
distance function(距離関数), 275, 297
   constraint —(制約—), 279
distribution(分布)
   Boltzmann —(ボルツマン—), 471
   discrete probability —(離散確率—), 88
   uniform probability —(一様確率—), 88
distribution function(分布関数), 92
distributive laws(分配則), 61
divide-and-conquer(分割統治, 分割統治法), 145,
       147–149, 187, 200, 201, 500, 513
divisor(約数), 59
   greatest common —(最大公—), 66
DNA algorithm(DNA アルゴリズム), 517, 519,
       521
DNA computing(DNA 計算), 514, 515, 522
DNA-sequence(DNA-列), 481
DNF
   complete —(完全—), 53
Downey, 262, 541, 544
Dowsland, 545
Drlica, 516, 517, 545
Droste, 496, 544
dual problem(双対問題), 247
Dunham, 263, 544
Dunworth, 522
Ďuriš, 466, 544
dynamic programming(動的計画法), 148, 149,
       262, 281, 334, 500, 513

● E

Eastman, 262, 545
edge(辺), 40
Edmonds, 265, 545
element(元)
   inverse —(逆—), 58
   neutral —(単位—), 58
ellipsoid algorithm(エリプソイドアルゴリズム),
   265
Engebretsen, 368, 545
Eppstein, 263, 541
equivalence(等価), 47
   — of two polynomials(2 つの多項式の—),
       422
equivalence problem(等価性問題), 106, 107,
       394, 426
error rate(誤り確率), 521
Esteban, 522
Euc-TSP, 319
Euclid's Algorithm(ユークリッドのアルゴリズム),
   69
Euclidean distance(ユークリッド距離), 20, 113
Euclidean space(ユークリッド空間), 113
Euler's Criterion(オイラーの基準), 396
Eulerian number(オイラー的な数), 402
Eulerian tour(オイラー閉路), 41, 311, 312, 320,
   324
Even, 545
event(事象), 87, 372, 428
   certain —(全—), 87
   elementary —(基本—), 86, 450, 456, 459
   null —(空—), 87
evolution(進化), 468
exclusive or(排他的論理和), 47
exhaustive search(しらみつぶし探索), 200, 211,
   522
expectation(期待値), 94, 97, 392
   conditional —(条件付き—), 459, 460
   linearity of —(—の線形性), 387, 389
expected value(期待値), 94
experiments(実験), 504
exponential complexity(指数計算量), 164
Extended Riemann Hypothesis(拡張リーマン予
   想), 399, 464

● F

face (面), 241
factor (因数), 59, 390
factorization (因数分解), 514, 524, 528
Faigle, 495, 545
feasible solution (実行可能解), 110, 152, 206
Feige, 368, 545
Fellows, 262, 541, 544, 545
Fermat's Theorem (フェルマーの定理), 71, 396,
   397, 400
Feynman, 515, 523, 545

564 索 引

Fibonacci number (フィボナッチ数), 149
field(体), 61
   finite —(有限—), 419
fingerprinting(指紋法), 391–394, 421, 426
fitness(適合), 481
   — estimation(—推定), 512
floor(切捨て), 34
Floyd algorithm(Floyd のアルゴリズム), 150
Fogel, 495, 553
foiling an adversary(敵対者を欺く), 389, 501
Ford, 265, 544, 545
form(形)
   canonical —(正規—), 227
   general —(一般—), 229
   standard —(標準—), 227
   standard inequality —(不等式標準—), 228
formal language theory(形式言語理論), 100
formula(式), 103, 107, 137, 140, 200
   satisfiable —(充足可能—), 119
Fortnow, 367, 541, 545, 551
FPTAS, 272, 282, 303, 305, 366
Fredman, 504, 545
Freivalds, 466, 545
Freivalds' technique(Freivalds 法), 391
Freund, 515, 543
Fridshal, 263, 544
Friedman, 546
Fulkerson, 265, 544, 545
Fundamental Theorem of Arithmetics(代数学
   の基本定理), 64

● G
Gambosi, 366, 463, 539
Garey, 262, 366, 546
Garfinkel, 546
Gavril, 366
Gellat, 495
Gendreau, 504, 546
generator(生成元), 60, 397
genetic algorithms(遺伝アルゴリズム), 191, 468,
   481–483, 485, 489, 491–493, 495, 498,
   501, 504, 506
genetic engineering(遺伝子工学), 516
genetics(遺伝学), 495
Gifford, 515, 516, 546
Gill, 466, 546
Glaser, 263, 522, 541
Glass, 504, 539
Glover, 495, 546
Gödel, 523
Goemans, 265, 366, 464, 545–547
Goerdt, 544, 546
Goldberg, 495, 546
Goldreich, 546
Goldwasser, 367, 368, 464, 545, 546
Golomb, 262

Gonzales, 367, 556
GP-reduction(GP 帰着), 352, 355
Graham, 547
Gramm, 263, 546
Granville, 464, 539
graph(グラフ), 40
   bipartite —(2 部—), 42
   complete —(完全—), 42
   directed —(有向—), 44
   weighted —(重み付き—), 46
greedy(貪欲), 156, 157, 213, 269, 272, 281, 285,
   294, 366, 368, 467, 500, 501, 504, 513
greedy algorithm(貪欲アルゴリズム), 156, 157
Greenlaw, 506, 508, 546
Grötschel, 265, 546
group(群), 58
   cyclic —(巡回—), 397
Gruska, 514, 547
guanine(グアニン), 515
Guo, 515, 552

● H
Hájek, 547
halfplane(半平面), 238
Hall, 262, 548
Hamiltonian cycle(ハミルトン閉路), 108, 112,
   152, 218, 219, 222, 223
Hamiltonian cycle problem(ハミルトン閉路問
   題), 108, 182
   restricted —(制限された—), 217
Hamiltonian path(ハミルトン路), 218, 325, 515,
   518
Hamiltonian tour(ハミルトン閉路), 41, 153,
   158, 194, 195, 209, 311, 312, 320, 323–
   325, 344, 367
   optimal —(最適な—), 112
Hansen, 495, 547
Harel, 463, 547
harmonic number(調和数), 37
Håstad, 368, 547
Held, 263, 504, 547, 548
Held-Karp bound(Held-Karp 下界), 504
Hertz, 495, 545, 549
heuristics(ヒューリスティクス), 263, 467, 499
Hilbert space(Hilbert 空間), 526
Hinton, 512, 539, 547, 549
Hirata, 539, 540
Hirsch, 263, 544, 547
Hirvensalo, 514, 547
Hoare, 548
Hochbaum, 366, 548, 549
Hofmeister, 265, 547, 548
Holland, 495, 548
Hood, 516, 544
Hoover, 506, 508, 546
Hopcroft, 539, 549, 557

Hori, 539
Horowitz, 263, 366, 548, 556
Hougardy, 548
Hromkovič, 367, 466, 506, 541, 544, 548
HT, 344, 345
Hu, 262, 549
Huang, 464, 539
Hühne, 265, 547
hyperplane(超平面), 239
   supporting —(支持—), 241

● I

Ibaraki, 464, 553
Ibarra, 262, 366, 549
Ignall, 262, 549
implication(含意), 47
inapproximability(近似不可能性), 368
   polynomial-time —(多項式時間—), 346
incident(接続), 41
indegree(入次数), 45
independence(独立性), 448, 463
   3-wise —(3 ずつの—), 454
   k-wise —(k ずつの—), 450
independent(独立)
   k-wise —(k ずつの—), 452
indicator variable(指示変数), 95
inference(推論), 527
   destructive —(相殺的—), 527
information(情報), 523
Inoue, 544
input assignment(入力割当), 48
input length(入力長), 102
integer programming(整数計画法), 109, 120
integer-valued problem(整数値問題), 165, 181, 185, 501
   cost-bounded —(コスト有界な—), 216
interconnection network(接続ネットワーク), 505
island model(島モデル), 493
Itai, 465, 539

● J

Jacobi Symbol(Jacobi 記号), 404
Jájá, 466, 506, 549
Jansen, 496, 544, 549
Jeroslow, 265, 549
Johnson, 262–264, 366, 464, 504, 545, 546, 549
Josza, 524, 544
Julstrom, 496, 549

● K

Kann, 366–368, 463, 539, 543
Kaplan, 515, 541
Karel, 262, 552
Karger, 464, 550, 551
Kari, 515, 543
Karloff, 550, 551
Karmarkar, 550

Karp, 263, 265, 463, 504, 506, 516, 544, 547, 548, 550, 551
Kayal, 540
Kern, 495, 545
Kernighan, 264, 550, 552
Kernighan-Lin algorithm(Kernighan-Lin アルゴリズム), 504
Kernighan-Lin's variable depth search
   (Kernighan-Lin の深さ可変探索), 495, 501, 506
Khachian, 550
Khanna, 550
Kilian, 464, 545, 546
Kim, 262, 366, 549
Kimura, 496, 543
Kindervater, 506, 550
Kirkpatrick, 495, 550
Klasing, 367, 506, 541, 548
Klee, 264, 550
Klein, 550
knapsack problem(ナップサック問題), 117, 166, 168, 185, 230, 262, 294, 366
   simple —(単純—), 117
Knuth, 262, 465, 547, 548, 550, 551
Kobayashi, 515, 558
Kohlmorgen, 496, 542, 556
Korst, 495, 499, 512, 539, 540
Kozen, 551
KP, 294, 303, 305
Kravitz, 511, 551
Krivelevich, 546
Kruskal, 551
Kuhn, 265, 551
Kullman, 263, 551
Kum, 551
Kurtz, 515
Kushilevitz, 466, 550
Kutylowski, 466, 545

● L

L-reduction(L 帰着), 367
Laarhoven, 495
Lagally, 515, 552
Laguna, 495, 546
Lancaster, 552
Langston, 262, 545
language(言語), 103, 104
   threshold —(閾値—), 142
   — of feasible problem instances(実行可能な問題インスタンスの—), 110
Laporte, 504, 546, 551
Las Vegas(ラスベガス), 369, 374, 377, 393, 395, 398, 400, 463, 464, 466
Lawler, 262, 366, 551, 552
L'Écuyer, 465, 551
Lefman, 548

Leighton, 506, 551

Leiserson, 543

Lenstra, 263, 464, 499, 504, 506, 540, 545, 550, 552, 557

Lewis, 366, 517, 539, 552, 555

Libchaber, 515

Lin, 263, 504, 540, 550, 552

linear algebra(線形代数), 13

linear combination(線形結合), 24

linear equation(線形方程式), 13

linear programming(線形計画法), 226, 230, 235, 242, 264, 436, 439, 504

  0/1 —(0/1 —), 225

  integer —(整数—), 225

  relaxation to —(—への緩和), 164

  — modulo p(p を法とする—), 109

linearity of expectation(期待値の線形性), 95, 439, 459, 486, 487

linearly dependent(線形従属), 25

linearly independent(線形独立), 25

Lipton, 515, 522, 541, 552

literal(リテラル), 54

Little, 262, 552

Liu, 515, 552

Lloyd, 552

load balancing(負荷均衡), 511

local optimum(局所最適解), 204, 206, 264, 291, 508

local search (局所探索), 154–156, 164, 191, 204, 207, 208, 213, 215, 235, 243, 263, 264, 281, 442–444, 446, 467, 469, 472–474, 477, 478, 498, 500, 501, 504, 506, 508, 509

  multistart —(多スタート—), 446, 469, 477

  parallel —(並列—), 509

  randomized —(乱択—), 470, 472

  threshold —(閾値—), 469

local transformations(局所変換), 206, 209

Lovász, 265, 366, 368, 545, 546, 552

lower bounds(下界), 342

lowering the worst case complexity of exponential algorithms(指数時間アルゴリズムの最悪計算量の低減), 204

lowering the worst case exponential complexity(最悪指数時間計算量の低減), 263

LP-duality(LP 双対性), 246

Lu, 550

Lueker, 264, 552

Lund, 367, 368, 540, 541, 551, 552

Lweis, 551

● M

Macarie, 466, 553

Mahajan, 542

Mahaney, 515

makespan scheduling(メイクスパンスケジューリ

ング), 113, 269, 366, 367

makespan scheduling problem(メイクスパンスケジューリング問題), 333, 338

Manber, 552

Manders, 463, 540

Marchetti-Spaccamela, 366, 463, 540

Master Theorem(マスター定理), 148

matching(マッチング), 42, 311

  maximal —(極大—), 42

matrix (行列), 15

  0-diagonal —(0 対角—), 16

  1-diagonal —(1 対角—), 16

  adjacency —(隣接—), 40, 44, 102

  Boolean —(ブール—), 16

  coefficient —(係数—), 18

  identity —(単位—), 16

  nonsingular —(正則—), 19

  square —(正方—), 15

  unitary —(ユニタリ—), 526

  zero —(零—), 16

MAX-2SAT, 354, 355

MAX-3SAT, 367

MAX-CL, 356, 364, 365, 368

MAX-CUT, 366

MAX-E3LINMOD2, 352, 364, 368

MAX-E3SAT, 352, 354, 356, 361, 364

MAX-EkSAT, 368

MAX-SAT, 356, 392

MAX-SNP, 367

maximization problem(最大化問題), 110

maximum clique problem(最大クリーク問題), 116

maximum cut problem(最大カット問題), 116, 291

maximum satisfiability(最大充足化), 119

maximum satisfiability problem(最大充足化問題), 209

maxterm(最大項), 52

Mayr, 368, 463, 464, 553

McGeoch, 263, 504, 545, 549

Mead, 553

measurement(尺度)

  logarithmic cost —(対数コスト—), 123, 124

  uniform cost —(一様コスト—), 123

measurement(測定), 525

Mehlhorn, 466, 552, 553

Mendel, 495

message routing(メッセージルーティング), 506

method of conditional expectation(条件付き期待値法), 448, 456, 459, 462–465

method of pessimistic estimators(悲観的推定量法), 457

method of probability space reduction(確率空間縮小法), 448, 453, 454, 463

metric space(距離空間), 113

Metropolis, 463, 495, 553
Metropolis algorithm(Metropolis アルゴリズ
　ム), 470, 472, 495
Micali, 367, 465, 542, 546
Michalewicz, 495, 553
Middendorf, 496, 542
Miller, 463, 464, 540, 553
Miller-Rabin Algorithm(Miller-Rabin アルゴリ
　ズム), 415
miniaturization(微細化), 514
minimal spanning tree(最小全域木), 311
minimization problem(最小化問題), 110
minimum cut(最小カット), 428, 430, 431, 433
minimum cut problem(最小カット問題), 116
minimum vertex cover(最小頂点被覆), 114
minterm(最小項), 52
Minty, 264, 550
Mitchell, 367, 553
molecular biology(分子生物学), 516
Monien, 263, 506, 548, 553
Monier, 553
monoid(モノイド), 60
Monte Carlo(モンテカルロ), 369, 370, 379, 380,
　383, 393, 394, 403, 463
　one-sided-error ―(片側誤り―), 379, 403,
　　409, 418, 419, 421, 425, 442, 443, 446,
　　464, 466
　two-sided-error ―(両側誤り―), 381, 383,
　　422, 425
　unbounded-error ―(誤り無制限―), 383
Moore, 513
Moran, 368, 542, 554
Morgan, 495
Morimoto, 515, 553
Motwani, 367, 463, 540, 550, 553
MS, 339
Mühlenbein, 496
Mühlenberg, 553
multigraph(多重グラフ), 43
multiple(倍数), 59
　lowest common ―(最小公―), 66
Murtly, 262, 552
mutation(突然変異), 512
mutually exclusive(互いに素), 87
mutually independent(相互独立), 96

● N
Nagamochi, 464, 553
Naor, 553
negation(否定), 47
neighborhood(近傍), 205, 207, 208, 210, 213,
　243, 264, 442, 469, 473, 477, 479, 484,
　508
　exact ―(正確な―), 214, 217
　exact polynomial-time searchable ―(正確で
　　多項式時間探索可能な―), 215, 216, 264

polynomial-time searchable ―(多項式時間探
　索可能な―), 215
― graph(―グラフ), 205, 210
neighborhood(隣接関係), 154
neighbors(隣接), 205
Nemhauser, 263, 542
Nešetřil, 265, 553
Niedermeier, 263, 546, 554
Nielsen, 553
Nievergelt, 555
Nisan, 466, 550, 551, 553
nonequivalence(非等価性)
　― of two polynomials(2 つの多項式の―),
　　419
North, 263, 544
NP-complete(NP 完全), 136, 419, 519
NP-completeness(NP 完全性), 130, 366, 466
NP-hard(NP 困難), 136, 137, 142, 161, 181,
　184, 217, 225, 226, 265, 342, 355, 466,
　515
　strongly(強), 181, 189, 215, 216
NP-hardness(NP 困難性), 143, 181, 216, 351
　strong(強), 262
NPO, 141, 366
number theory(数論), 57

● O
O'Brien, 554
O'hEigeartaigh, 545
observation(観測), 527
Ogihara, 522
Ono, 539, 540
operation(操作)
　crossover ―(交差―), 481, 483, 491
　mutation ―(突然変異―), 481, 484
operations research(オペレーションズリサーチ),
　226, 235, 499
optimal solution(最適解), 110, 197
　unique ―(唯一の―), 223
optimality(最適性), 428
optimization(最適化), 384
　randomized ―(乱択―), 394
optimization algorithm(最適化アルゴリズム)
　randomized ―(乱択―), 426
optimization problem (最適化問題), 110, 141–
　143, 151, 197, 205, 216, 225, 226, 265,
　268, 273, 342, 343, 366, 368, 384, 392,
　435, 498, 500
　integer-valued ―(整数値―), 207, 215
　NP-hard ―(NP 困難な―), 214
Ostheimer, 504
Otten, 495, 554
Ottmann, 554
outdegree(出次数), 45

● P
Pan, 504, 540

Papadimitriou, 262, 264, 265, 366, 367, 515, 549, 551, 552, 554, 555
parallel algorithm(並列アルゴリズム), 505, 507
parallel computation, parallel computing(並列計算), 504, 509
parallel computer(並列計算機), 505
parallel time(並列実行時間), 505
parallelism(並列計算), 505, 508, 512, 515
  massive —(超—), 514, 521, 527
parallelization(並列化), 505–509
parameterization(パラメータ化), 183–185, 188, 189
parameterized complexity(パラメータ化計算量), 163, 183, 184, 262, 501
parameterized polynomial-time algorithm(パラメータ化多項式時間アルゴリズム), 183, 185–188
Patashnik, 547
path(路), 41, 45
Paturi, 263, 554
Păun, 514, 515, 517, 543, 554
Paz, 368, 554
PCP-Theorem(PCP 定理), 356, 361, 364, 367, 368
Peine, 506, 548
permutation(順列), 31
planar(平面的), 40
Plesník, 554
PO, 142
Poljak, 265, 553
Pollard, 554
polynomial(多項式), 34, 106
polynomial-time(多項式時間)
  randomized —(乱択—), 130
  — algorithm(—アルゴリズム), 130, 136, 143
  — reducible(—帰着可能), 136
  — reduction(—帰着), 136, 137
polynomial-time approximation scheme (多項式時間近似スキーム), 272
  dual —(双対—), 333
  fully —(完全—), 272
  h-dual —(h-双対—), 280, 337
  h-dual fully —(h-双対完全—), 280
  randomized —(乱択—), 385
  randomized fully —(乱択完全—), 386
polynomially equivalent(多項式等価), 128
polytope(ポリトープ), 237, 242
Pomerance, 464, 539, 540, 551, 554
population genetics(集団遺伝学), 468
population size(個体群のサイズ), 490
Post, 523
Potts, 504, 539
Potvin, 504, 546
Prassanna Kumar, 466, 549
Pratt, 464, 554

prefix(接頭語), 102
Preskill, 514, 554
primal problem(主問題), 247
primal-dual method(プライマルデュアル法), 254, 265
primality(素数性), 400, 418, 464
primality testing(素数判定), 105, 106, 370, 394, 418, 464
prime(素数), 62, 70, 71, 106, 121, 380, 381, 390, 395, 400, 402, 416, 419
Prime Number Theorem(素数定理), 65, 380, 416
probabilistic experiment(確率試行), 371, 449
probabilistic method(確率的手法), 392
probabilistic proof checking(確率的証明検査), 356
probabilistic verifier(確率的検証者), 357, 359, 360, 367
probabilistically checkable proofs(確率的検査可能証明), 367
probability(確率), 88, 371–373, 385, 387, 390, 394, 417, 428, 430, 433, 434, 438, 440, 442, 444, 446, 456, 471
  conditional —(条件付き—), 89, 433
  — axioms(—の公理), 87
  — distribution(—分布), 87, 389, 461, 491, 524, 525
  — space(—空間), 448–450, 452, 454, 456, 457, 459, 460, 463, 465
  — theory(—論), 86
Prömel, 368, 463, 464, 548, 553
proof(証明), 133
Protasi, 366, 463, 539, 540
protocol(プロトコル), 377, 380
  one-way —(一方向—), 381, 383
  randomized —(乱択—), 380
pseudo-polynomial-time algorithm(擬多項式時間アルゴリズム), 163, 165, 166, 169, 181, 185, 207, 215, 216, 501
pseudorandom sequences(擬似乱数列), 465
PTAS, 272, 282, 296, 302, 319, 339, 346, 347, 350, 367
  dual —(双対—), 282, 338
  h-dual —(h-双対—), 334, 335
public key cryptography(公開鍵暗号), 416
Pudlák, 263, 515, 554

● Q
quadratic nonresidue(平方非剰余), 370, 393, 395, 397–399
quadratic residue(平方剰余), 397
quantum computer(量子計算機), 514
  universal(万能), 523
quantum computing(量子計算), 514, 523
quantum mechanics(量子力学), 523
quantum physics(量子物理学), 514

Quicksort(クイックソート)
　randomized —(乱択—), 98

● R
Rabin, 464, 555
Rackoff, 367, 546
Raff, 517, 539
Raghavan, 463, 465, 553, 555
Raidl, 496, 549
Ramachandran, 506, 522, 543, 551
Raman, 541
random(ランダム)
　— bits(—ビット), 371
　— rounding(—丸め), 392–394, 435, 437, 442, 460, 501
　— sample(無作為標本), 392, 393
　— sampling(—サンプリング), 191, 393–395, 399, 435, 441, 449, 454, 459, 463, 464, 506, 510
　— sequences(乱数列), 371, 465
　— variable(確率変数), 92, 95, 369, 370, 385, 387, 388, 392, 440, 456, 459, 471, 485
randomization(乱択化), 370, 389, 393, 446, 447, 499, 501, 522
randomized algorithm(乱択アルゴリズム), 369, 371–373, 379, 384, 386, 393, 394, 399, 400, 419, 426, 430, 447–449, 452, 456, 460, 463, 464, 510, 524
randomized computation(乱択計算), 372, 434
rank(ランク), 28
Rapley, 517, 557
Rechenberg, 495, 555
reducible(帰着可能)
　AP —(AP —), 346
reduction(帰着), 143, 265, 436
　AP —(AP —), 349, 350, 364, 368
　approximation-preserving —(近似保存—), 346
　gap-preserving —(ギャップ保存—), 351
　GP —(GP —), 364
　master —(万能—), 137
　polynomial-time —(多項式時間—), 217, 218
　self —(自己—), 364
reduction to linear programming(線形計画法への帰着), 191
Reeves, 495, 555
Reif, 506, 515, 516, 541, 555
Reinelt, 504, 555
Reingold, 555
Reischuk, 466, 545
Reiter, 263, 504, 555
relative error(相対誤差), 268
relaxation(緩和), 191, 226, 366, 392–394, 435, 437, 442, 460, 464
　— to linear programming(線形計画法への—), 226, 265, 501, 504

　— to semidefinite programming(半定値計画法への—), 265
repeated squaring(反復自乗), 395, 399
ring(環), 61
Rinnovy Kan, 545, 552
Rivest, 543
Roberts, 517, 539
robust(ロバスト), 498
Rödl, 264, 555
Röhrig, 542
Rolim, 466, 544
Romeo, 511, 543
Rompel, 367, 545
root(根), 43
Rosen, 555
Rosenbluth, 495, 553
Rosenkrantz, 366, 555
Rossmanith, 263, 554
Rothemund, 521, 540
rounding(丸め), 244, 366
Roweiss, 521, 540
Royer, 515
Rozenberg, 514, 515, 517, 543, 554
Rubin, 516, 555
Rumely, 540
Rutenbar, 511, 551
Ruzzo, 506, 508, 546

● S
Safra, 368, 540, 545
Sahni, 263, 366, 367, 548, 555, 556
Saks, 263, 554
Salomaa, 514, 515, 517, 554, 555
sample space(標本空間), 86
Sangiovanni-Vincentelli, 511, 543
satisfiability problem(充足可能性問題), 107
satisfiable(充足可能), 49, 191
Sauerhoff, 466, 548, 555
Saxena, 540
scalar multiple(スカラー積), 17
Schema Theorem(スキーマ定理), 484, 488
Scheron, 504, 549
Schmeck, 496, 542, 556
Schmidt, 466, 553
Schneider, 496, 542
Schnitger, 466, 544, 548
Schöning, 263, 544, 556
Schrage, 262, 549
Schrijver, 265, 546
Schwefel, 495, 556
Schweitzer, 516, 556
Sedgewick, 556
Seibert, 367, 541, 542
Seiferas, 466
Sejnowski, 512, 539, 547, 549
Sekanina's algorithm(Sekaninaのアルゴリズム),

326, 327
semidefinite programming(半定値計画法), 366, 464
semigroup(半群), 60
series(級数), 36
  arithmetic ―(算術―), 36
  telescoping ―(階差―), 38
Serna, 506, 545
set cover(集合被覆), 114
set cover problem(集合被覆問題), 282
set of feasible solutions(実行可能解の集合), 110
Sgall, 522
Shallit, 463, 464, 542, 556
Shamir, 556
Shen, 556
Sherman, 263, 504, 555
Shmoys, 366, 504, 506, 548–550, 552, 557
Shor, 524, 528, 556
Shub, 465, 541
Siegling, 465, 556
Silvestri, 368, 543
Simon, 466, 515, 549, 556
simple knapsack problem(単純ナップサック問題), 294
simplex algorithm(シンプレックスアルゴリズム), 235, 243, 244, 264
simplex method(シンプレックス法), 235
simulated annealing(焼きなまし法), 155, 191, 468, 469, 472–475, 477, 495, 498, 501, 504, 506, 511
  multistart ―(多スタート―), 511
  parallel ―(並列―), 511
simulation(シミュレーション), 523
Sipser, 367, 545, 554, 556
SKP, 294, 296
Smith, 515, 516, 552, 556
Soeman, 541
Solovay, 464, 556
Solovay-Strassen algorithm(Solovay-Strassen アルゴリズム), 394, 464
solution(解), 110
  feasible ―(実行可能―), 205
  optimal ―(最適―), 119, 190, 215, 474, 503
Sorkin, 557
space(空間)
  probability ―(確率―), 447, 448
space complexity(空間計算量), 124
Speckenmeyer, 263, 553
Spencer, 465, 556
Spirakis, 506, 545
stability of approximation(近似の安定性), 274, 366, 501
stable(安定), 275, 300, 320, 323, 327
Starkweather, 496
Stearns, 366, 555

Steel, 262, 542
Steger, 368, 463, 464, 548, 553
Steiglitz, 264, 366, 554
Stein, 464
Stinson, 556
Stirling's formula(Stirling の公式), 445
Stockmeyer, 556
Strassen, 464, 556
subgraph(部分グラフ), 44
subword(部分語), 102
Sudan, 367, 540, 542, 550, 556, 557
suffix(接尾語), 102
superposition(重ね合わせ), 525, 527
superstable(超安定), 278, 300, 302
Suyama, 515, 553
Sweeny, 262, 552
symbol(シンボル), 101
synchronization(同期化), 506
system of linear equations(線形方程式系), 14, 108
Szegedy, 367, 368, 540, 545

● T
tabu search(タブーサーチ), 479, 495, 501, 506
  randomized ―(乱択―), 477, 495
Taillard, 495, 549
Tanese, 496, 557
Tangway, 263, 522, 541
Tarjan, 549
Teller, 495, 553
test data(テストデータ), 503
test tube(試験管), 516, 520
Thaler, 515
Theorem(定理)
  Bayes' ―(ベイズの―), 91
  Chinese Remainder ―(中国剰余―), 74, 75
  Fermat's ―(フェルマーの―), 71
  Master ―(マスター―), 39
thermal equilibration (熱平衡), 471
thermodynamics(熱力学), 468, 471
thymine(チミン), 515
time complexity(時間計算量), 123, 124, 126, 132, 433, 502, 506
  expected ―(平均―), 372, 374, 393
  exponential ―(指数―), 162
Torán, 506
tour(閉路)
  Eulerian ―(オイラー―), 42
  Hamiltonian ―(ハミルトン―), 42
Tovey, 264, 555
tractability(易しさ), 128, 183, 199, 204, 513
  fixed-parameter ―(固定パラメータにおける―), 188
tractable(易しい), 128, 184, 523
  fixed-parameter ―(固定パラメータにおいて―), 184, 189, 262

transpose(転置), 18
traveling salesperson problem(巡回セールスマン問題)
  geometrical —(幾何学的—), 113
  metric —(メトリック—), 113
tree(木), 43
  rooted —(根付き—), 43
Trevisan, 368, 543, 557
triangle inequality(三角不等式), 113, 182, 306
Trienekens, 506, 550
TSP, 319, 345, 351
Turing, 522, 523, 557
Turing machine(チューリング機械), 127, 360, 513, 515

● U
Ulam, 463, 553
Ullman, 539, 549, 557
Unger, 367, 541
unstable(不安定), 275

● V
Vaessens, 504, 557
Valiant, 540
van Ginneken, 495, 554
van Laarhoven, 504, 540, 551, 552
van Leeuwen, 551
variable-depth search(深さ可変探索), 211
  Kernighan-Lin's —(Kernighan-Lin の—), 213, 478
Vazirani, 465, 523, 524, 542, 550, 557
Vecchi, 495
vector(ベクトル), 20
  trivial — subspace(自明な—部分空間), 24
  — space(—空間), 19, 120, 525
  — subspace(—部分空間), 23
Veith, 496, 542
verification(検証), 132
verifier(検証者), 133
Verma, 557
vertex(頂点), 40
vertex cover(頂点被覆), 108, 139, 185, 262
vertex cover problem(頂点被覆問題), 108, 186, 187, 189, 282, 366
von Neumann, 265, 557

● W
Walker, 262, 517, 557
Warnow, 262, 542
Watson, 517, 539
Wegener, 496, 499, 544, 549, 557
Wells, 557
Whitley, 496, 557
Widmayer, 554
Wigderson, 546, 551
Williams, 557
Williamson, 265, 366, 464, 504, 547, 557

Winfree, 521, 540
Winter, 557
witness (証拠), 390, 394, 400, 419, 510
Wolsey, 504, 557
Wood, 262, 552, 557
word (語), 101
  empty —(空—), 101
  length of a —(—の長さ), 101

● Y
Yannakakis, 262–264, 366, 367, 464, 509, 549, 552, 555, 558
Yao, 558
Yokomori, 515, 558
Yooseph, 262, 542

● Z
Zadeh, 265, 558
Zane, 263, 554
zero division free(零因子を持たない), 61
Zippel, 464, 558

■欧字先頭和文索引
Adleman のアルゴリズム (Adleman's algorithm), 518
Carmichael 数 (Carmichael numbers), 403, 464
Christofides アルゴリズム (Christofides algorithm), 316, 319, 321, 323, 504
Church の提唱 (Church thesis), 523
Church-Turing の提唱 (Church-Turing thesis), 127
Cook の定理 (Cook's Theorem), 137
DNA アルゴリズム (DNA algorithm), 517, 519, 521
DNA 計算 (DNA computing), 514, 515, 522
DNA-列 (DNA-sequence), 481
Floyd のアルゴリズム (Floyd algorithm), 150
Freivalds 法 (Freivalds' technique), 391
GP 帰着 (GP-reduction), 352, 355
Held-Karp 下界 (Held-Karp bound), 504
Hilbert 空間 (Hilbert space), 526
Jacobi 記号 (Jacobi Symbol), 404
Kernighan-Lin アルゴリズム (Kernighan-Lin algorithm), 504
Kernighan-Lin の深さ可変探索 (Kernighan-Lin's variable depth search), 495, 501, 506
L 帰着 (L-reduction), 367
LP 双対性 (LP-duality), 246
Metropolis アルゴリズム (Metropolis algorithm), 470, 472, 495
Miller-Rabin アルゴリズム (Miller-Rabin Algorithm), 415
NP 完全 (NP-complete), 136, 419, 519
NP 完全性 (NP-completeness), 130, 366, 466
NP 困難 (NP-hard), 136, 137, 142, 161, 181, 184, 217, 225, 226, 265, 342, 355, 466,

515
強 (strongly), 181, 189, 215, 216
NP 困難性 (NP-hardness), 143, 181, 216, 351
強 (strong), 262
PCP 定理 (PCP-Theorem), 356, 361, 364, 367, 368
Sekanina のアルゴリズム (Sekanina's algorithm), 326, 327
Solovay-Strassen アルゴリズム (Solovay-Strassen algorithm), 394, 464
Stirling の公式 (Stirling's formula), 445

■和文索引
●あ行
アサイクリック (acyclic), 43, 46
アデニン (adenine), 515
アフィン部分空間 (affine subspace), 29
誤り確率 (error rate), 521
アルゴリズム設計技法 (algorithm design techniques), 163
アルファベット (alphabet), 101, 103, 111, 515
出力— (output —), 110
入力— (input —), 110
安定 (stable), 275, 300, 320, 323, 327

遺伝アルゴリズム (genetic algorithms), 191, 468, 481–483, 485, 489, 491–493, 495, 498, 501, 504, 506
遺伝学 (genetics), 495
遺伝子工学 (genetic engineering), 516
入次数 (indegree), 45
因数 (factor), 59, 390
因数分解 (factorization), 514, 524, 528

エリプソイドアルゴリズム (ellipsoid algorithm), 265

オイラー的な数 (Eulerian number), 402
オイラーの基準 (Euler's Criterion), 396
オイラー閉路 (Eulerian tour), 41, 311, 312, 320, 324
オペレーションズリサーチ (operations research), 226, 235, 499

●か行
解 (solution), 110
最適— (optimal —), 119, 190, 215, 474, 503
実行可能— (feasible —), 205
解析 (analysis)
最悪時— (worst case —), 125
理論的— (theoretical —), 502
下界 (lower bounds), 342
可換的 (commutative), 58
拡張リーマン予想 (Extended Riemann Hypothesis), 399, 464
確率 (probability), 88, 371–373, 385, 387, 390, 394, 417, 428, 430, 433, 434, 438, 440, 442, 444, 446, 456, 471

条件付き—(conditional —), 89, 433
—空間 (— space), 448–450, 452, 454, 456, 457, 459, 460, 463, 465
—空間縮小法 (method of — space reduction), 448, 453, 454, 463
—試行 (probabilistic experiment), 371, 449
—的検証可能証明 (probabilistically checkable proofs), 367
—的検証者 (probabilistic verifier), 357, 359, 360, 367
—的手法 (probabilistic method), 392
—的証明検査 (probabilistic proof checking), 356
—の公理 (— axioms), 87
—分布 (— distribution), 87, 389, 461, 491, 524, 525
—変数 (random variable), 92, 95, 369, 370, 385, 387, 388, 392, 440, 456, 459, 471, 485
—論 (— theory), 86
重ね合わせ (superposition), 525, 527
カット (cut), 42
加法 (disjunction), 47
加法標準形 (disjunctive normal form)
完全—(complete —), 53
環 (ring), 61
含意 (implication), 47
完全 (complete)
APX —(APX —), 348
観測 (observation), 527
緩和 (relaxation), 191, 226, 366, 392–394, 435, 437, 442, 460, 464
線形計画法への—(— to linear programming), 226, 265, 501, 504
半定値計画法への—(— to semidefinite programming), 265

基 (basis), 25
直交—(orthonormal —), 525–527
木 (tree), 43
根付き—(rooted —), 43
擬似乱数列 (pseudorandom sequences), 465
期待値 (expectation), 94, 97, 392
条件付き—(conditional —), 459, 460
—の線形性 (linearity of —), 387, 389
期待値 (expected value), 94
期待値の線形性 (linearity of expectation), 95, 439, 459, 486, 487
擬多項式時間アルゴリズム (pseudo-polynomial-time algorithm), 163, 165, 166, 169, 181, 185, 207, 215, 216, 501
帰着 (reduction), 143, 265, 436
AP —(AP —), 349, 350, 364, 368
GP —(GP —), 364
ギャップ保存 (gap-preserving), 351
近似保存 (approximation-preserving), 346

自己 (self), 364
多項式時間 (polynomial-time), 217, 218
万能 (master), 137
帰着可能 (reducible)
　AP —(AP —), 346
級数 (series), 36
　階差—(telescoping —), 38
　算術—(arithmetic —), 36
競争 (competition), 503
行列 (matrix), 15
　0 対角—(0-diagonal —), 16
　1 対角—(1-diagonal —), 16
　係数—(coefficient —), 18
　正則—(nonsingular —), 19
　正方—(square —), 15
　単位—(identity —), 16
　ブール—(Boolean —), 16
　ユニタリ—(unitary —), 526
　隣接—(adjacency —), 40, 44, 102
　零—(zero —), 16
局所最適解 (local optimum), 204, 206, 264, 291,
　508
局所探索 (local search), 154–156, 164, 191, 204,
　207, 208, 213, 215, 235, 243, 263, 264,
　281, 442–444, 446, 467, 469, 472–474,
　477, 478, 498, 500, 501, 504, 506, 508,
　509
　閾値—(threshold —), 469
　多スタート—(multistart —), 446, 469, 477
　並列—(parallel —), 509
　乱択—(randomized —), 470, 472
局所変換 (local transformations), 206, 209
距離関数 (distance function), 275, 297
　制約—(constraint —), 279
距離空間 (metric space), 113
切上げ (ceiling), 34
切捨て (floor), 34
近似 (approximation), 170, 385, 474, 499, 501
近似アルゴリズム (approximation algorithm),
　268, 270, 282, 308, 313, 327, 342, 366,
　368, 460, 462, 501
　双対—(dual —), 280, 366
　乱択—(randomized —), 385, 435, 436
近似可能性 (approximability), 366, 368
　多項式時間—(polynomial-time —), 342, 351
近似の安定性 (stability of approximation), 274,
　366, 501
近似比 (approximation factor), 366
近似比 (approximation ratio), 269, 284, 286,
　300, 309, 316, 342, 368, 370, 385, 394,
　441, 447, 460, 462
　平均—(expected —), 386
近似不可能性 (inapproximability), 368
　多項式時間—(polynomial-time —), 346
近似問題 (approximation problem), 343

近傍 (neighborhood), 205, 207, 208, 210, 213,
　243, 264, 442, 469, 473, 477, 479, 484,
　508
　—グラフ (— graph), 205, 210
　正確で多項式時間探索可能な—(exact
　polynomial-time searchable —), 215,
　216, 264
　正確な—(exact —), 214, 217
　多項式時間探索可能な—(polynomial-time
　searchable —), 215
グアニン (guanine), 515
クイックソート (Quicksort)
　乱択—(randomized —), 98
空間 (space)
　確率—(probability —), 447, 448
空間計算量 (space complexity), 124
組合せ (combination), 32
組合せ最適化 (combinatorial optimization),
　226, 265, 472, 495, 499, 504
クラス P(class P), 128
グラフ (graph), 40
　2 部—(bipartite —), 42
　重み付き—(weighted —), 46
　完全—(complete —), 42
　有向—(directed —), 44
クリーク (clique), 107, 116, 138, 139
クリーク問題 (clique problem), 107, 139
群 (group), 58
　巡回—(cyclic —), 397
形 (form)
　一般—(general —), 229
　正規—(canonical —), 227
　標準—(standard —), 227
　不等式標準—(standard inequality —), 228
計算 (computation)
　DNA —(DNA —), 522
　非決定性—(nondeterministic —), 130
　並列—(parallel —), 506
　乱択—(randomized —), 525
　量子—(quantum —), 515, 523, 525–527
　—木 (— tree), 131
　—モデル (— model), 523
　—の量子モデル (quantum model of —), 523
計算機の語 (computer word), 101, 123
計算モデル (computing model), 513
計算量 (complexity), 125
　最悪—(worst case —), 199, 244, 263
　指数—(exponential —), 129, 161
　チューリング機械—(Turing machine —), 127
　平均—(average —), 125
　問題—(problem —), 127
計算量 (computational complexity), 122
計算量解析 (complexity analysis), 123
計算量理論 (complexity theory), 126
形式言語理論 (formal language theory), 100

決定問題 (decision problem), 105, 107–109
　　非最適性—(suboptimality —), 216
元 (element)
　　逆—(inverse —), 58
　　単位—(neutral —), 58
言語 (language), 103, 104
　　閾値—(threshold —), 142
　　実行可能な問題インスタンスの—(— of feasible problem instances), 110
検証 (verification), 132
検証者 (verifier), 133

語 (word), 101
　　空—(empty —), 101
　　—の長さ (length of a —), 101
公開鍵暗号 (public key cryptography), 416
交差操作 (crossover operation), 512
合成数 (composite), 62, 400
公理 (axiom), 523
コスト関数 (cost function), 110, 111
個体群のサイズ (population size), 490

●さ行
最悪指数時間計算量の低減 (lowering the worst case exponential complexity), 263
最小カット (minimum cut), 428, 430, 431, 433
最小カット問題 (minimum cut problem), 116
最小化問題 (minimization problem), 110
最小項 (minterm), 52
最小全域木 (minimal spanning tree), 311
最小頂点被覆 (minimum vertex cover), 114
最大カット問題 (maximum cut problem), 116, 291
最大化問題 (maximization problem), 110
最大クリーク問題 (maximum clique problem), 116
最大項 (maxterm), 52
最大充足化 (maximum satisfiability), 119
最大充足化問題 (maximum satisfiability problem), 209
最適化 (optimization), 384
　　乱択—(randomized —), 394
最適化アルゴリズム (optimization algorithm)
　　乱択—(randomized—), 426
最適解 (optimal solution), 110, 197
　　唯一の—(unique —), 223
最適化問題 (optimization problem), 110, 141–143, 151, 197, 205, 216, 225, 226, 265, 268, 273, 342, 343, 366, 368, 384, 392, 435, 498, 500
　　NP 困難な—(NP-hard —), 214
　　整数値—(integer-valued —), 207, 215
最適性 (optimality), 428
三角不等式 (triangle inequality), 113, 182, 306
3 彩色可能性 (3-colorability), 519

時間計算量 (time complexity), 123, 124, 126, 132, 433, 502, 506
　　指数—(exponential —), 162
　　平均—(expected —), 372, 374, 393
式 (formula), 103, 107, 137, 140, 200
　　充足可能 —(satisfiable —), 119
試験管 (test tube), 516, 520
指示変数 (indicator variable), 95
事象 (event), 87, 372, 428
　　基本—(elementary —), 86, 450, 456, 459
　　空—(null —), 87
　　全—(certain —), 87
指数計算量 (exponential complexity), 164
指数時間アルゴリズムの再悪計算量の低減 (lowering the worst case complexity of exponential algorithms), 204
実験 (experiments), 504
実行可能解 (feasible solution), 110, 152, 206
実行可能解の集合 (set of feasible solutions), 110
シトシン (cytosine), 515
島モデル (island model), 493
シミュレーション (simulation), 523
指紋法 (fingerprinting), 391–394, 421, 426
尺度 (measurement)
　　一様コスト—(uniform cost —), 123
　　対数コスト—(logarithmic cost —), 123, 124
集合被覆 (set cover), 114
集合被覆問題 (set cover problem), 282
充足可能 (satisfiable), 49, 191
充足可能性問題 (satisfiability problem), 107
集団遺伝学 (population genetics), 468
主問題 (primal problem), 247
巡回セールスマン問題 (traveling salesperson problem)
　　幾何学的—(geometrical —), 113
　　メトリック—(metric —), 113
順列 (permutation), 31
条件付き期待値法 (method of conditional expectation), 448, 456, 459, 462–465
証拠 (witness), 390, 394, 400, 419, 510
乗法 (conjunction), 47
情報 (information), 523
乗法標準形 (conjunctive normal form), 54
　　完全—(complete —), 54
証明 (proof), 133
証明書 (certificate), 133
剰余類 (coset), 80
　　左—(left —), 80
　　右—(right —), 80
しらみつぶし探索 (exhaustive search), 200, 211, 522
進化 (evolution), 468
シンプレックスアルゴリズム (simplex algorithm), 235, 243, 244, 264
シンプレックス法 (simplex method), 235
シンボル (symbol), 101

索引 575

推論 (inference), 527
　相殺的—(destructive —), 527
数論 (number theory), 57
スカラー積 (scalar multiple), 17
スキーマ定理 (Schema Theorem), 484, 488

整数計画法 (integer programming), 109, 120
整数値問題 (integer-valued problem), 165, 181,
　　185, 501
　コスト有界な—(cost-bounded —), 216
生成元 (generator), 60, 397
節 (clause), 51, 193
接続 (incident), 41
接続ネットワーク (interconnection network),
　　505
接頭語 (prefix), 102
接尾語 (suffix), 102
漸近的な増加 (asymptotic grow), 125
線形計画法 (linear programming), 226, 230,
　　235, 242, 264, 436, 439, 504
　0/1 —(0/1 —), 225
　p を法とする—(— modulo p), 109
　整数—(integer —), 225
　—への緩和 (relaxation to —), 164
　—への帰着 (reduction to —), 191
線形結合 (linear combination), 24
線形従属 (linearly dependent), 25
線形代数 (linear algebra), 13
線形独立 (linearly independent), 25
線形方程式 (linear equation), 13
線形方程式系 (system of linear equations), 14,
　　108

相互独立 (mutually independent), 96
操作 (operation)
　交差—(crossover —), 481, 483, 491
　突然変異—(mutation —), 481, 484
相対誤差 (relative error), 268
双対問題 (dual problem), 247
相補的な余裕変数条件 (complementary slackness
　　conditions), 255
　主問題の—(primal —), 255
　双対問題の— (dual —), 255
測定 (measurement), 525
素数 (prime), 62, 70, 71, 106, 121, 380, 381,
　　390, 395, 400, 402, 416, 419
素数性 (primality), 400, 418, 464
素数定理 (Prime Number Theorem), 65, 380,
　　416
素数判定 (primality testing), 105, 106, 370, 394,
　　418, 464

●た行
体 (field), 61
　有限—(finite —), 419
代数 (algebra), 57
代数学の基本定理 (Fundamental Theorem of

　　Arithmetics), 64
ダイヤモンド (diamond), 217, 221
互いに素 (mutually exclusive), 87
多項式 (polynomial), 34, 106
多項式時間 (polynomial-time)
　乱択—(randomized —), 130
　—アルゴリズム (— algorithm), 130, 136, 143
　—帰着 (— reduction), 136, 137
　—帰着可能 (— reducible), 136
多項式近似時間スキーム (polynomial-time ap-
　　proximation scheme), 272
　h-双対—(h-dual —), 280, 337
　h-双対完全—(h-dual fully —), 280
　乱択—(randomized —), 385
　乱択完全—(randomized fully —), 386
　完全—(fully —), 272
　双対—(dual —), 333
多項式等価 (polynomially equivalent), 128
多重グラフ (multigraph), 43
タブーサーチ (tabu search), 479, 495, 501, 506
　乱択—(randomized —), 477, 495
単純ナップサック問題 (simple knapsack prob-
　　lem), 294

チミン (thymine), 515
中国剰余定理 (Chinese Remainder Theorem),
　　74, 75, 402
チューリング機械 (Turing machine), 127, 360,
　　513, 515
超安定 (superstable), 278, 300, 302
頂点 (vertex), 40
頂点被覆 (vertex cover), 108, 139, 185, 262
頂点被覆問題 (vertex cover problem), 108, 186,
　　187, 189, 282, 366
超平面 (hyperplane), 239
　支持—(supporting —), 241
調和数 (harmonic number), 37

通信 (communication), 506, 507, 509, 512
通信計算量 (communication complexity), 377,
　　380, 381, 466

定理 (Theorem)
　中国剰余—(Chinese Remainder —), 74, 75
　フェルマーの—(Fermat's —), 71
　ベイズの—(Bayes' —), 91
　マスター—(Master —), 39
適合 (fitness), 481
　—推定 (— estimation), 512
敵対者を欺く (foiling an adversary), 389, 501
出次数 (outdegree), 45
テストデータ (test data), 503
デランダマイゼーション (derandomization), 371,
　　372, 447, 448, 452, 453, 456, 458, 460,
　　461, 463–465, 501
転置 (transpose), 18
等価 (equivalence), 47

576 索 引

等価性 (equivalence)
2 つの多項式の—(— of two polynomials), 422
等価性問題 (equivalence problem), 106, 107, 394, 426
同期化 (synchronization), 506
動的計画法 (dynamic programming), 148, 149, 262, 281, 334, 500, 513
独立 (independent)
k ずつの—(k-wise —), 452
独立性 (independence), 448, 463
3 ずつの—(3-wise —), 454
k ずつの—(k-wise —), 450
凸集合 (convex set), 236
突然変異 (mutation), 512
貪欲 (greedy), 156, 157, 213, 269, 272, 281, 285, 294, 366, 368, 467, 500, 501, 504, 513
—アルゴリズム (— algorithm), 156, 157

●な行
ナップサック問題 (knapsack problem), 117, 166, 168, 185, 230, 262, 294, 366
単純—(simple —), 117

2 項係数 (binomial coefficients), 33
入力長 (input length), 102
入力割当 (input assignment), 48

根 (root), 43
熱平衡 (thermal equilibration), 471
熱力学 (thermodynamics), 468, 471

●は行
倍数 (multiple), 59
最小公—(lowest common —), 66
排他的論理和 (exclusive or), 47
箱詰め (bin-packing), 118
—問題 (— problem), 333
バックトラック, バックトラッキング (backtracking), 151, 154, 164, 190, 197, 281, 509
幅優先探索 (breadth-first-search), 152
ハミルトン閉路 (Hamiltonian cycle), 108, 112, 152, 218, 219, 222, 223
ハミルトン閉路 (Hamiltonian tour), 41, 153, 158, 194, 195, 209, 311, 312, 320, 323–325, 344, 367
最適な—(optimal —), 112
ハミルトン閉路問題 (Hamiltonian cycle problem), 108, 182
制限された—(restricted —), 217
ハミルトン路 (Hamiltonian path), 218, 325, 515, 518
パラメータ化 (parameterization), 183–185, 188, 189
パラメータ化計算量 (parameterized complexity), 163, 183, 184, 262, 501

パラメータ化多項式時間アルゴリズム (parameterized polynomial-time algorithm), 183, 185–188
半群 (semigroup), 60
半定値計画法 (semidefinite programming), 366, 464
反復自乗 (repeated squaring), 395, 399
半平面 (halfplane), 238
比較 (comparison), 504
実験による—(experimental —), 502
悲観的推定量法 (method of pessimistic estimators), 457
微細化 (miniaturization), 514
ビッグバン (Big Bang), 129
否定 (negation), 47
非等価性 (nonequivalence)
2 つの多項式の—(— of two polynomials), 419
ヒューリスティクス (heuristics), 263, 467, 499
標本空間 (sample space), 86
不安定 (unstable), 275
フィボナッチ数 (Fibonacci number), 149
ブール関数 (Boolean function), 48, 107
ブール式 (Boolean formulae), 50
ブール値 (Boolean values), 47
ブール変数 (Boolean variable), 48
ブール論理 (Boolean logic), 47
フェルマーの定理 (Fermat's Theorem), 71, 396, 397, 400
負荷均衡 (load balancing), 511
深さ可変探索 (variable-depth search), 211
Kernighan-Lin の—(Kernighan-Lin's —), 213, 478
深さ優先探索 (depth-first-search), 152, 197, 306
部分グラフ (subgraph), 44
部分語 (subword), 102
プライマルデュアル法 (primal-dual method), 254, 265
ブランチングプログラム (branching program), 54, 107
1 回読み—(one-time-only —), 56, 419
プロトコル (protocol), 377, 380
一方向—(one-way —), 381, 383
乱択—(randomized —), 380
分割統治, 分割統治法 (divide-and-conquer), 145, 147–149, 187, 200, 201, 500, 513
分枝限定, 分枝限定法 (branch-and-bound), 163, 190, 191, 193, 194, 197, 226, 262, 263, 500, 506, 509
分子生物学 (molecular biology), 516
分配則 (distributive laws), 61
分布 (distribution)
一様確率—(uniform probability —), 88
ボルツマン—(Boltzmann —), 471
離散確率—(discrete probability —), 88

分布関数 (distribution function), 92
ベイズの定理 (Bayes' Theorem), 91
平方剰余 (quadratic residue), 397
平方非剰余 (quadratic nonresidue), 370, 393, 395, 397–399
平面的 (planar), 40
並列アルゴリズム (parallel algorithm), 505, 507
並列化 (parallelization), 505–509
並列計算 (parallel computation, parallel computing), 504, 509
並列計算 (parallelism), 505, 508, 512, 515
　超—(massive —), 514, 521, 527
並列計算機 (parallel computer), 505
並列実行時間 (parallel time), 505
閉路 (cycle), 41, 46
　単純な—(simple —), 41
　オイラー—(Eulerian —), 42
　ハミルトン—(Hamiltonian —), 42
ベクトル (vector), 20
　自明な—部分空間 (trivial — subspace), 24
　—空間 (— space), 19, 120, 525
　—部分空間 (— subspace), 23
辺 (edge), 40
豊富な証拠 (abundance of witnesses), 390, 393, 394, 400, 418, 419, 426, 501, 506, 510
ポリトープ (polytope), 237, 242
ボルツマンマシン (Boltzmann machine), 512

●ま行
マスター定理 (Master Theorem), 148
マッチング (matching), 42, 311
　極大—(maximal —), 42
丸め (rounding), 244, 366

路 (path), 41, 45

無作為標本 (random sample), 392, 393

メイクスパンスケジューリング (makespan scheduling), 113, 269, 366, 367
メイクスパンスケジューリング問題 (makespan scheduling problem), 333, 338
メッセージルーティング (message routing), 506
面 (face), 241

モノイド (monoid), 60
モンテカルロ (Monte Carlo), 369, 370, 379, 380, 383, 393, 394, 403, 463
　誤り無制限—(unbounded-error —), 383
　片側誤り—(one-sided-error —), 379, 403, 409, 418, 419, 421, 425, 442, 443, 446, 464, 466
　両側誤り—(two-sided-error —), 381, 383, 422, 425

●や行
焼きなまし法 (simulated annealing), 155, 191,

468, 469, 472–475, 477, 495, 498, 501, 504, 506, 511
　多スタート—(multistart —), 511
　並列—(parallel —), 511
約数 (divisor), 59
　最大公—(greatest common —), 66
易しい (tractable), 128, 184, 523
　固定パラメータにおいて—(fixed-parameter —), 184, 189, 262
易しさ (tractability), 128, 183, 199, 204, 513
　固定パラメータにおける—(fixed-parameter —), 188
ユークリッド距離 (Euclidean distance), 20, 113
ユークリッド空間 (Euclidean space), 113
ユークリッドのアルゴリズム (Euclid's Algorithm), 69

●ら行
ラスベガス (Las Vegas), 369, 374, 377, 393, 395, 398, 400, 463, 464, 466
ランク (rank), 28
乱数列 (random sequences), 371, 465
乱択アルゴリズム (randomized algorithm), 369, 371–373, 379, 384, 386, 393, 394, 399, 400, 419, 426, 430, 447–449, 452, 456, 460, 463, 464, 510, 524
乱択化 (randomization), 370, 389, 393, 446, 447, 499, 501, 522
乱択計算 (randomized computation), 372, 434
ランダムサンプリング (random sampling), 191, 393–395, 399, 435, 441, 449, 454, 459, 463, 464, 506, 510
ランダムビット (random bits), 371
ランダム丸め (random rounding), 392–394, 435, 437, 442, 460, 501

リテラル (literal), 54
量子計算 (quantum computing), 514, 523
量子計算機 (quantum computer), 514
　万能—(universal —), 523
量子物理学 (quantum physics), 514
量子力学 (quantum mechanics), 523
隣接 (adjacent), 41
隣接 (neighbors), 205
隣接関係 (neighborhood), 154
隣接行列 (adjacency matrix), 112

零因子を持たない (zero division free), 61
冷却スケジュール (cooling schedule), 473, 475
連接 (concatenation), 102, 103

ロバスト (robust), 498

●わ行
割当 (assignment)
　充足—(satisfying —), 446

【著者】

J. ホロムコヴィッチ（Juraj Hromkovič）
Swiss Federal Institute of Technology, ETH Zürich, Department of Computer Science,
ETH Zentrum, CAB F16, Universitätstrasse 6, CH-8092 Zürich.
1958 年，チェコスロヴァキアのブラティスラヴァに生まれる．1986 年，Comenius 大学で B. Rovan
と E. Toman の指導を受け，博士号を取得．Comenius 大学，RWTH Aachen などで教授職を歴任
し，現在，スイス連邦工科大学チューリッヒ校計算機科学科教授．著書として，本書の他に Design and
Analysis of Randomized Algorithms Part I（Springer-Verlag, 2005），Dissemination of Information in
Communication Networks（共著，Springer-Verlag, 2005）などがある．

【訳者】

和田　幸一（わだ　こういち）
大阪大学大学院基礎工学研究科博士後期課程修了．
法政大学理工学部応用情報工学科教授．工学博士．
専門：計算機科学．
著書に『IT テキスト　アルゴリズム論』（共著，オーム社，2003 年），訳書に『アルゴリズムイントロダクショ
ン 1，2，3』（共訳，近代科学社，1996 年）がある．

増澤　利光（ますざわ　としみつ）
大阪大学大学院基礎工学研究科博士後期課程修了．
大阪大学大学院情報科学研究科教授．工学博士．
専門：分散アルゴリズム．
著書に『IT テキスト　アルゴリズム論』（共著，オーム社，2003 年）がある．

元木　光雄（もとき　みつお）
東京工業大学大学院情報理工学研究科数理・計算科学専攻博士後期課程修了．
金沢工業大学工学部情報工学科准教授．博士（理学）．
専門：計算量理論，アルゴリズム理論．
著書に『ポストゲノム時代の遺伝統計学』（共著，羊土社，2001 年）がある．

計算困難問題に対するアルゴリズム理論
組合せ最適化，ランダマイゼーション，近似，ヒューリスティクス

平成 24 年 1 月 20 日　　発　　　行
令和 5 年 7 月 10 日　第 8 刷発行

訳　者　　和　田　幸　一
　　　　　増　澤　利　光
　　　　　元　木　光　雄

編　集　　シュプリンガー・ジャパン株式会社

発行者　　池　田　和　博

発行所　　丸善出版株式会社

〒101-0051　東京都千代田区神田神保町二丁目17番
編集：電話（03）3512-3266／FAX（03）3512-3272
営業：電話（03）3512-3256／FAX（03）3512-3270
https://www.maruzen-publishing.co.jp

© Maruzen Publishing Co., Ltd., 2012

印刷・製本／大日本印刷株式会社

ISBN 978-4-621-06548-8　C3041　　　　　　Printed in Japan

本書の無断複写は著作権法上での例外を除き禁じられています．

本書は，2005年12月にシュプリンガー・ジャパン株式会社より
出版された同名書籍を再出版したものです．